JN418945

# 핵심 Fourier 해석과 복소해석

2판

진병재 지음

TEXTBOOKS
텍스트북스

■ 저자 소개

진병재 | seac09@pusan.ac.kr

부산대학교 전기공학과

**핵심 Fourier 해석과 복소해석, 2판**

2016년 6월 20일 발행

저 자 | 진병재
발행인 | 이한성
발행처 | 텍스트북스
주 소 | 경기도 파주시 광인사길 121 (문발동 507-9)
전 화 | 031-944-5725
팩 스 | 031-944-5735
웹사이트 | www.textbooks.co.kr

등록번호 | 제313-2004-00146호
ISBN | 978-89-93543-60-5 93410

정가 28,000원

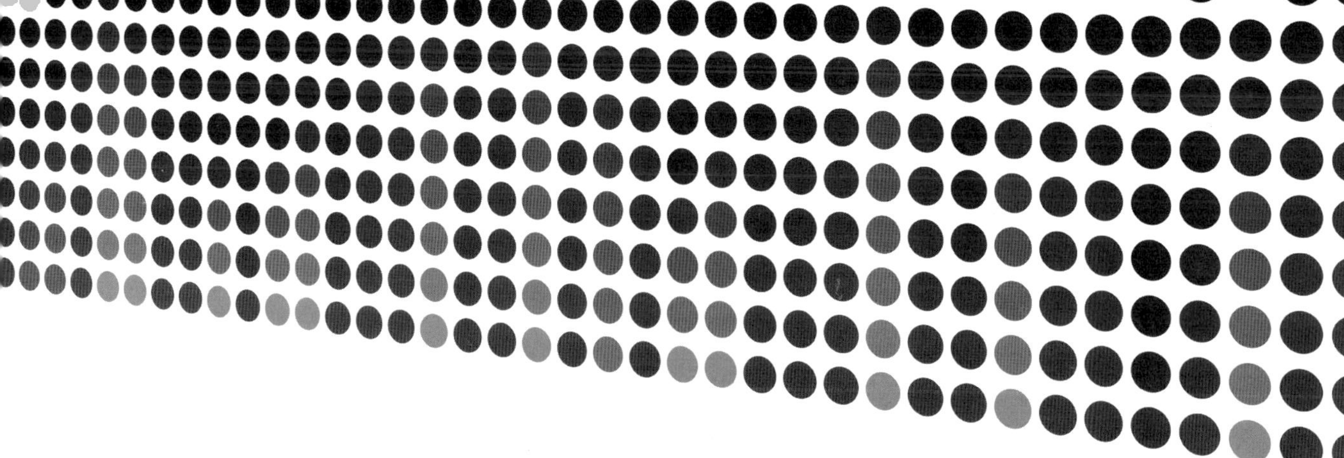

# 머리말

점점 치열해지는 경쟁 사회에서 수학적 사고능력은 업종과 직업을 불문하고 필수적 역량이 되어가고 있다. 그러므로 수학적 활용능력은 어느 분야에서나 통하는 실력, 곧 삶의 질을 높이는 기초기술이라 생각한다. 실제로 수학을 열심히 공부한 경험이 있는 사람과 그렇지 못한 사람 사이에 상당한 과학적 사고력의 차이가 있다는 교육학자의 연구보고는 과학적 사고력 증진에 수학의 영향이 지대함을 알 수 있다. 또 자연과학이나 공학은 자연계에서 나타나는 여러 현상을 수학적으로 서술하고 현상의 미세한 변화에 대한 관계를 분석하는데 다양한 수학적 지식을 필요로 한다.

공학적 응용에서 흔히 나타나는 주기현상에 대한 해석을 위해 사용하는 수학적 도구가 Fourier 급수이다. Fourier 급수는 임의의 주기함수를 주파수가 다른 사인이나 코사인과 같은 삼각함수의 무한급수 형태로 표현하는 것이다. 이를 이용하여 상미분 및 편미분방정식에 관련된 문제를 해결할 수 있으며, 더구나 비주기함수에 대해 Fourier 급수의 방법을 일반화하여 Fourier 적분을 얻게 되고, Fourier 급수의 복소수형태를 일반화하여 Fourier 변환을 얻게 되는데, 역시 이를 이용하여 편미분방정식문제를 해결할 수 있게 된다. Fourier 변환은 신호가 포함하고 있는 모든 정보를 각 주파수가 포함하고 있는 정보로 분해하여 신호를 해석하기 쉬운 형태로 변환하는 것이다. 따라서 Fourier 변환을 사용하면 복잡한 계산을 간단히 할 수 있는 것이 많다. 따라서 Fourier 해석(Fourier Analysis)은 Fourier 급수, Fourier 적분과 Fourier 변환 등의 해석기법을 이용하여 함수를 해석하는 것이다.

오늘날 Fourier 해석은 편미분방정식을 풀거나 무한급수의 합을 구하거나 정적분을 계산함은 물론이고 신호처리, 통신, 통계, 양자역학, 의학, 경영학, 경제학, 금융공학, 음악, 미술 등 학문의 전반에 걸쳐 Fourier 해석이 널리 이용되고 있고, 또한 앞으로도 그 활용도는 더욱 높아질 것이므로 Fourier 해석을 이해하는데 이 책이 조금이나마 도움이 되었으면 좋겠다.

복소해석(Complex Analysis)은 복소함수의 성질을 이용하여 여러 분야의 공학문제를 해결하는데 적용되어 해석상의 간편성과 편리성을 제공한다. 복소함수를 사용하게 되면 사인이나 코사인과 같은 삼각함수로 나타나는 정현파 신호들을 더욱 쉽고 간단하게 취급할 수 있기 때문에 여러 학문분야에서 복소함수를 기초로 하는 수학적 모델이 많이 사용되고 있다. 이 책에서는 실변수함수에서 사용되던 여러 가지 해석적인 도구들을 복소변수함수로 자연스럽게 확장하여 복소변수함수의 미분과 적분, Taylor 급수 및 Laurent 급수에 대해 학습하고, 유수(Residue) 개념을 도입하여 유수정리를 이용한 일반적인 복소선적분을 계산할 수 있는 유수적분법을 다루어 실변수함수의 복잡한 적분을 해결하는데 활용할 수 있게 될 것이다.

이 책에서는 미적분학을 공부한 경험이 있는 이공계 학생들이 자신들의 전공분야를 성공적으로 연구하기 위하여 필요한 고급수학의 분야 중 Fourier 해석과 복소해석을 다루었고, 각 주제와 개념에 대하여 이해를 하기 쉽도록 자세히 설명하였으며 이러한 수학적 원리의 이해를 바탕으로 응용능력 배양을 위해 다양한 예문을 제시하였다. 그리하여 이 책을 통해서 독자들이 튼튼한 기초와 응용능력을 키워 실무 현장에서 더욱 유능하고 지혜로운 전문가로서의 역량을 발휘하기를 바란다.

끝으로 이 책의 준비 작업과 진행에 공헌한 모든 사람들에게 감사를 표하고 싶다. 먼저 초고를 이용해준 학생들에게 감사하고, 따뜻한 격려를 아끼지 않은 가족들과 이 책이 출판될 수 있도록 도와주신 텍스트북스에 감사한다.

청명한 가을 금정산 기슭 교정에서 저자 씀

# 차 례

## 제2부 복소해석 157

# 제 1 부

# Fourier 해석

공학적 응용에서 주기현상은 흔히 접할 수 있으며, 이에 대한 해석을 위해 사용하는 수학적 도구가 Fourier 급수이다. Fourier 급수는 임의의 주기함수를 주파수가 다른 사인이나 코사인과 같은 삼각함수의 무한급수 형태로 표현하는 것이다. 이를 이용하여 상미분 및 편미분 방정식에 관련된 문제를 해결할 수 있으며, Taylor 급수로 전개가 불가능한 불연속 주기함수에 대해서도 다룰 수 있기 때문에 Taylor 급수보다 더 보편적이다.

Fourier 급수에서 전개된 기법들은 공학 분야의 비주기현상에서도 유사하게 적용될 수 있으며, 이는 Fourier 적분과 Fourier 변환문제로 귀착된다.

이와 같이 공학적인 응용분야에서 흔히 접할 수 있는 주기 또는 비주기 현상에 대한 이해를 위해서는 Fourier 급수, Fourier 적분과 Fourier 변환 등의 해석기법을 이용해야 하며, 이를 총괄적으로 Fourier 해석(Fourier Analysis)이라 한다.

## 제1부 Fourier 해석

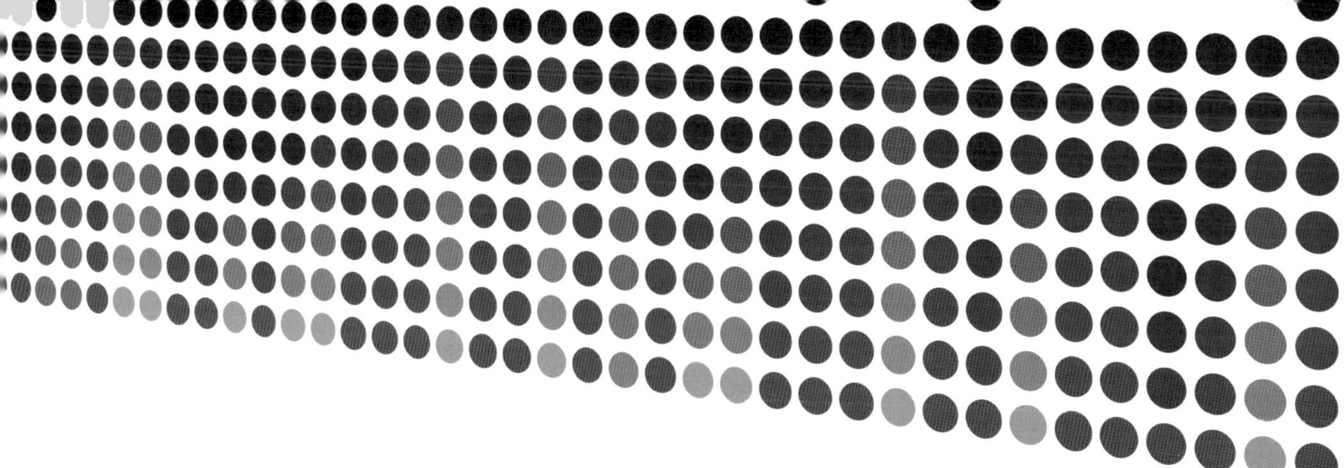

제1장

# Fourier 급수

이 장에서는 삼각급수를 통해 주기함수를 Fourier 급수로 전개하는 방법과 주어진 주기함수가 우함수 또는 기함수인 경우 나타나는 Fourier 코사인 급수(cosine series) 및 사인 급수(sine series)에 대해 공부한다. 또한 주기함수가 아닌 비주기함수에 대해 반구간 전개 방법을 통해 특정 구간에서의 Fourier 급수로 표현하는 것을 다룬다. 그리고 Fourier 급수의 복소수 형태를 학습하여 복소수형 Fourier 계수를 결정하는 공식을 유도한다.

## 1.1 주기함수와 직교함수

**정의 1.1 (주기함수)**

실수위에서 정의된 실수값을 갖는 함수 $f(x)$에 대해서,

$$f(x) = f(x+T) \tag{1}$$

를 만족시키는 최소의 양수 $T$가 존재할 때, $f(x)$를 주기함수라 하고, $f$의 주기를 $T$라고 한다. 또한 두 함수 $f$와 $g$가 주기 $T$인 주기함수이면, 임의의 두 실수 $a, b$에 대하여 함수 $af(x)+bg(x)$도 주기 $T$인 주기 함수이다. 즉,

$$af(x+T)+bg(x+T)=af(x)+bg(x) \tag{2}$$

이다.

---

**정의 1.2 (함수의 내적)**

구간 $[a,b]$에서 정의된 두 함수 $f(x)$와 $g(x)$의 내적(inner product)은

$$(f,g)=\int_a^b f(x)g(x)dx \tag{3}$$

으로 정의한다. 또한

$$\| f \|^2 = (f,f) \tag{4}$$

을 $f$의 제곱놈(square norm)이라 하고, $\| f \|$을 $f$의 놈(norm)이라 한다.

---

**정의 1.3 (직교함수)**

다음과 같은 식이 성립하면 두 함수 $f(x)$와 $g(x)$가 구간 $[a,b]$에서 서로 직교한다(orthogonal)고 정의한다.

$$(f,g)=\int_a^b f(x)g(x)dx = 0$$

---

### 정의 1.4 (직교집합)

실수값을 갖는 함수들의 집합 $\{\phi_0(x), \phi_1(x), \phi_2(x), \cdots\}$이 구간 $[a,b]$에서

$$(\phi_m, \phi_n) = \int_a^b \phi_m(x)\phi_n(x)dx = 0 \ \ (m \neq n)$$

이 성립하면 직교집합(orthogonal set)이라고 한다. 또는 함수들의 집합이 직교성(orthogonality)을 가진다고 한다.

### 정의 1.5 (정규직교집합)

직교집합 $\{\phi_n(x)\}$ $(n=0,1,2,\cdots)$의 각 함수 $\phi_n(x)$가 구간 $[a,b]$에서 $n=0,1,2,\cdots$에 대하여 $\|\phi_n\|=1$이면 $\{\phi_n(x)\}$를 이 구간에서 정규직교집합(orthonormal set)이라고 한다.

### 예제 1

주기가 $2L$인 주기 함수들의 집합 $\left\{1, \cos\frac{\pi}{L}x, \cos\frac{2\pi}{L}x, \cdots, \sin\frac{\pi}{L}x, \sin\frac{2\pi}{L}x, \cdots\right\}$이 구간 $[-L, L]$에서, 직교집합이 되는 지를 보여라.

**풀이**

집합 내에 있는 임의의 함수 두 개를 내적했을 때, 직교함수의 관계가 성립하는 지를 보이자.

① 1과 $\cos\frac{n\pi}{L}x$ $(n=1,2,\cdots)$

$$\int_{-L}^{L} \cos\frac{n\pi}{L}x\,dx$$

$$= \frac{L}{n\pi} \sin \frac{n\pi}{L} x \Big|_{-L}^{L}$$

$$= \frac{L}{n\pi} [\sin n\pi - \sin(-n\pi)] = 0$$

② 1과 $\sin \frac{n\pi}{L} x \ (n = 1, 2, \cdots)$

$$\int_{-L}^{L} \sin \frac{n\pi}{L} x \, dx$$

$$= \frac{-L}{n\pi} \cos \frac{n\pi}{L} x \Big|_{-L}^{L}$$

$$= \frac{-L}{n\pi} [\cos n\pi - \cos(-n\pi)] = 0$$

③ $\cos \frac{m\pi}{L} x$와 $\sin \frac{n\pi}{L} x \ (m, n = 1, 2, \cdots)$

$$\int_{-L}^{L} \cos \frac{m\pi}{L} x \ \sin \frac{n\pi}{L} x \ dx$$

$$= \frac{1}{2} \int_{-L}^{L} \left[ \sin \frac{(m+n)\pi}{L} x - \sin \frac{(m-n)\pi}{L} x \right] dx$$

$$= \frac{1}{2} \left[ - \frac{L}{(m+n)\pi} \cos \frac{(m+n)\pi}{L} x \Big|_{-L}^{L} + \frac{L}{(m-n)\pi} \cos \frac{(m-n)\pi}{L} x \Big|_{-L}^{L} \right] = 0$$

$(m \neq n)$,

$$\int_{-L}^{L} \cos \frac{m\pi}{L} x \ \sin \frac{n\pi}{L} x \ dx \quad (m = n)$$

$$= \frac{1}{2} \int_{-L}^{L} 2\cos \frac{m\pi}{L} x \ \sin \frac{m\pi}{L} x \ dx$$

$$= \frac{1}{2} \int_{-L}^{L} \sin \frac{2m\pi}{L} x \ dx$$

$$= \frac{1}{2} \left( \frac{-L}{2m\pi} \cos \frac{2m\pi}{L} x \right) \Big|_{-L}^{L} = 0$$

④ $\cos\frac{m\pi}{L}x$와 $\cos\frac{n\pi}{L}x$ $(m,n=1,2,\cdots,\ m\neq n)$

$$\int_{-L}^{L}\cos\frac{m\pi}{L}x\ \cos\frac{n\pi}{L}x\ dx$$

$$=\frac{1}{2}\int_{-L}^{L}\left[\cos\frac{(m+n)\pi}{L}x+\cos\frac{(m-n)\pi}{L}x\right]dx$$

$$=\frac{1}{2}\left[\frac{L}{(m+n)\pi}\sin\frac{(m+n)\pi}{L}x\ \Big|_{-L}^{L}+\frac{L}{(m-n)\pi}\sin\frac{(m-n)\pi}{L}x\ \Big|_{-L}^{L}\right]=0$$

⑤ $\sin\frac{m\pi}{L}x$와 $\sin\frac{n\pi}{L}x$ $(m,n=1,2,\cdots,\ m\neq n)$

$$\int_{-L}^{L}\sin\frac{m\pi}{L}x\ \sin\frac{n\pi}{L}x\ dx$$

$$=-\frac{1}{2}\int_{-L}^{L}\left[\cos\frac{(m+n)\pi}{L}x-\cos\frac{(m-n)\pi}{L}x\right]dx$$

$$=-\frac{1}{2}\left[\frac{L}{(m+n)\pi}\sin\frac{(m+n)\pi}{L}x\ \Big|_{-L}^{L}-\frac{L}{(m-n)\pi}\sin\frac{(m-n)\pi}{L}x\ \Big|_{-L}^{L}\right]=0$$

이다. 따라서 주어진 삼각함수들의 집합은 직교성이 성립한다. ■

## 연습문제 1.1

1. 다음의 $\phi_1(x)$와 $\phi_2(x)$가 구간 $[-1,1]$에서 직교하는지를 판정하라.

(1) $\phi_1(x)=x^2,\ \phi_2(x)=x^3$

(2) $\phi_1(x)=x,\ \phi_2(x)=x^2$

(3) $\phi_1(x)=1,\ \phi_2(x)=x^2$

(4) $\phi_1(x)=x^0,\ \phi_2(x)=e^x$

(답) (1)직교 (2)직교 (3)직교하지 않는다. (4)직교하지 않는다.

2. $\{1, x, x^2, x^3, \cdots\}$은 $[-1, 1]$에서 직교집합인지 판정하라.

(답) 직교집합이 아니다.

## 1.2 Fourier 급수

구간 $[-L, L]$에서 정의된 함수 $f(x)$를 $\{1,\ \cos\frac{\pi}{L}x,\ \cos\frac{2\pi}{L}x,\ \cdots,\ \sin\frac{\pi}{L}x,\ \sin\frac{2\pi}{L}x,\ \cdots\}$과 같은 삼각함수로 이루어진 직교집합으로 전개하여보자. 즉 주어진 구간에서 함수 $f(x)$를 다음과 같은 삼각함수들의 급수, 즉 삼각급수

$$f(x) = \frac{a_0}{2} + \sum_{n=1}^{\infty}\left(a_n \cos\frac{n\pi}{L}x + b_n \sin\frac{n\pi}{L}x\right)$$

로 표현했을 때, 삼각급수의 직교성을 이용하여 계수 $a_0, a_n, b_n\ (n = 1, 2, \cdots)$들을 정할 수 있다.

우선, $f(x)$의 급수 전개식에 대해 양변을 각각 구간 $[-L, L]$에서 적분하면

$$\int_{-L}^{L} f(x)dx = \int_{-L}^{L} \frac{a_0}{2}dx + \sum_{n=1}^{\infty}\left(a_n \int_{-L}^{L} \cos\frac{n\pi}{L}x\,dx + b_n \int_{-L}^{L} \sin\frac{n\pi}{L}x\,dx\right)$$

이고,

$$\int_{-L}^{L} \cos\frac{n\pi}{L}x\,dx = 0 \quad (n = 1, 2, \cdots),$$

$$\int_{-L}^{L} \sin\frac{n\pi}{L}x\,dx = 0 \quad (n = 1, 2, \cdots)$$

이므로

$$\int_{-L}^{L} f(x)dx = \int_{-L}^{L} \frac{a_0}{2}dx = La_0$$

가 된다. 따라서

$$a_0 = \frac{1}{L}\int_{-L}^{L} f(x)dx$$

이다.

다음으로, $f(x)$의 급수 전개식에 대해 양변에 $\cos\frac{m\pi}{L}x$를 곱하고, 양변을 각각 구간 $[-L, L]$에서 적분하면

$$\int_{-L}^{L} f(x)\cos\frac{m\pi}{L}x\,dx = \frac{a_0}{2}\int_{-L}^{L}\cos\frac{m\pi}{L}x\,dx$$
$$+\sum_{n=1}^{\infty}\left(a_n\int_{-L}^{L}\cos\frac{n\pi}{L}x\cos\frac{m\pi}{L}x\,dx + b_n\int_{-L}^{L}\sin\frac{n\pi}{L}x\cos\frac{m\pi}{L}x\,dx\right)$$

이고, 직교성에 의해 다음 식들이 성립한다.

$$\int_{-L}^{L}\cos\frac{m\pi}{L}x\,dx = 0,$$
$$\int_{-L}^{L}\sin\frac{n\pi}{L}x\cos\frac{m\pi}{L}x dx = 0,$$
$$\int_{-L}^{L}\cos\frac{n\pi}{L}x\cos\frac{m\pi}{L}x dx = 0 \ \ (m \neq n)$$

또한 $m = n$ 일 때

$$\begin{aligned}&\int_{-L}^{L}\cos\frac{n\pi}{L}x\cos\frac{n\pi}{L}xdx \\ &= \frac{1}{2}\int_{-L}^{L}1+\cos\frac{2n\pi}{L}x\,dx \\ &= L+\frac{1}{2}\left(\frac{L}{2n\pi}\sin\frac{2n\pi}{L}x\right)\Big|_{-L}^{L} = L\end{aligned}$$

이 성립한다. 따라서 $m = n$일 때

$$\int_{-L}^{L} f(x)\cos\frac{n\pi}{L}x\,dx = a_nL$$

이므로,

$$a_n = \frac{1}{L}\int_{-L}^{L} f(x)\cos\frac{n\pi}{L}x\,dx$$

를 얻는다.

이제 $f(x)$의 급수 전개식에 대해 양변에 $\sin\frac{m\pi}{L}x$를 곱하고 양변을 각각 구간 $[-L, L]$에서 적분하면 다음과 같다.

$$\int_{-L}^{L} f(x)\sin\frac{m\pi}{L}x\,dx = \frac{a_0}{2}\int_{-L}^{L}\sin\frac{m\pi}{L}x\,dx$$
$$+\sum_{n=1}^{\infty}\left(a_n\int_{-L}^{L}\cos\frac{n\pi}{L}x sin\frac{m\pi}{L}x\,dx + b_n\int_{-L}^{L}\sin\frac{n\pi}{L}x sin\frac{m\pi}{L}x\,dx\right)$$

앞에서와 동일하게 직교성에 의해 다음 관계를 얻는다.

$$\int_{-L}^{L}\sin\frac{m\pi}{L}x\,dx = 0,$$

$$\int_{-L}^{L}\cos\frac{n\pi}{L}x\sin\frac{m\pi}{L}x\,dx = 0,$$

$$\int_{-L}^{L}\sin\frac{n\pi}{L}x\sin\frac{m\pi}{L}x\,dx = 0 \quad (m \neq n)$$

한편 $m = n$일 때

$$\int_{-L}^{L}\sin\frac{n\pi}{L}x\,\sin\frac{n\pi}{L}x\,dx$$
$$= \frac{1}{2}\int_{-L}^{L} 1 - \cos\frac{2n\pi}{L}x\,dx$$
$$= L - \frac{1}{2}\left(\frac{L}{2n\pi}\sin\frac{2n\pi}{L}x\right)\Big|_{-L}^{L} = L$$

이므로, $m = n$일 때

$$\int_{-L}^{L} f(x)\sin\frac{n\pi}{L}x\,dx = b_n L$$

이 성립하며,

$$b_n = \frac{1}{L}\int_{-L}^{L} f(x)\sin\frac{n\pi}{L}x\,dx$$

이다. ■

여기서 계수 $a_0, a_n, b_n$ $(n = 1, 2, 3, \cdots)$을 적분구간은 임의의 구간에 대하여 한주기 동안만 선택하여 적분하여도 결과에는 변화가 없음을 알 수 있다. 즉, 구간 $[-L, L]$을 $[0, 2L]$ 또는 $\left[-\frac{L}{2}, \frac{3L}{2}\right]$로 대체해도 상관없다. 또한 한 점에서 $f(x)$의 값이 적분값에 영향을 미치지 않으므로 구간의 양 끝점과 $f(x)$가 불연속인 점에서 $f(x)$의 값을 정의되지 않은 상태로 둘 수 있다.

**정의 1.6 (Fourier 급수)**

구간 $(-L, L)$에서 정의된 함수 $f(x)$의 Fourier 급수(Fourier series)는

$$f(x) = \frac{a_0}{2} + \sum_{n=1}^{\infty}\left(a_n\cos\frac{n\pi}{L}x + b_n\sin\frac{n\pi}{L}x\right) \tag{5}$$

이고, Fourier 계수(Fourier coefficient)는

$$a_0 = \frac{1}{L}\int_{-L}^{L} f(x)dx \tag{6}$$

$$a_n = \frac{1}{L}\int_{-L}^{L} f(x)\cos\frac{n\pi}{L}x\,dx \tag{7}$$

$$b_n = \frac{1}{L}\int_{-L}^{L} f(x)\sin\frac{n\pi}{L}x\,dx \tag{8}$$

이다.

다음의 Fourier 급수의 수렴성 정리는 한 점에서 Fourier 급수가 수렴할 충분조건을 나타낸다.

---

**정리 1.1 (Fourier 급수의 수렴성)**

---

$f(x)$와 $f'(x)$ 구간 $(-L, L)$에서 조각별 연속(piecewise continuous)이라고 하자. 즉 $f(x)$와 $f'(x)$가 그 구간 내에서 몇 개의 점을 제외하고는 연속이며, 그 점들에 대해서도 유한 불연속성을 갖는다고 하자. 그러면 $f$의 Fourier 급수는 구간 내에서 연속인 점에서 $f(x)$에 수렴한다. 불연속점에서는 Fourier 급수가 다음과 같은 평균값

$$\frac{f(x+)+f(x-)}{2}$$

에 수렴한다. 여기서 $f(x+)$와 $f(x-)$는 각각 $x$에서의 $f$의 우극한과 좌극한을 나타낸다.

---

참고로, 조각별 연속인 함수의 불연속점에서 좌극한과 우극한의 차를 도약(jump)라 부른다.

그리고, Fourier 급수는 조각별 연속인 주기함수에 대하여 Fourier 급수로 전개가 가능하므로 미적분학에서 다룬 Taylor 급수보다 훨씬 더 보편적이다.

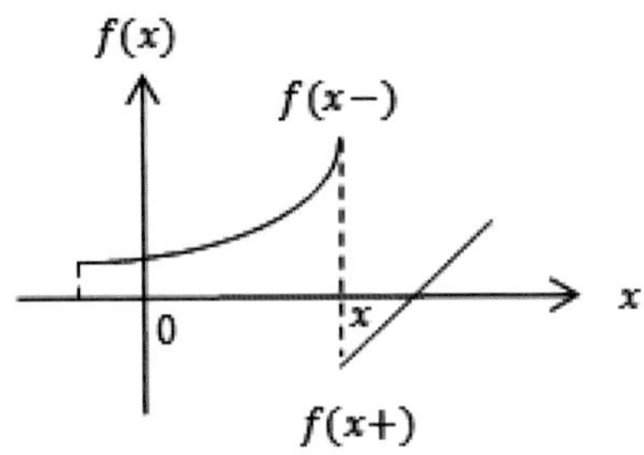


그림 1.1 조각별 연속인 함수 $f(x)$

### 예제 1 (Fourier 급수 전개)

다음 함수를 Fourier 급수로 전개하고, $1+\frac{1}{3^2}+\frac{1}{5^2}+\frac{1}{7^2}+\cdots=\frac{\pi^2}{8}$ 임을 보여라.

$$f(x)=\begin{cases}0 & , \ -1<x<0 \\ 1-x, & 0<x<1\end{cases}$$

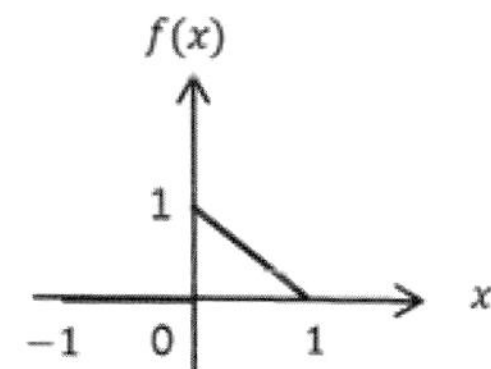


**그림 1.2** 예제 1의 함수 $f(x)$

**풀이**

Fourier 급수전개식 (5)에서 $L=1$로 놓으면

$$\begin{aligned} a_0 &= \frac{1}{1}\int_{-1}^{1} f(x)dx \\ &= \int_{-1}^{0} 0dx + \int_{0}^{1}(1-x)dx \\ &= x-\frac{1}{2}x^2 \Big|_0^1 = \frac{1}{2} \end{aligned}$$

이고

$$\begin{aligned} a_n &= \frac{1}{1}\int_{-1}^{1} f(x)\cos n\pi x\, dx \\ &= \int_{-1}^{0} 0\, dx + \int_{0}^{1}(1-x)\cos n\pi x\, dx \\ &= (1-x)\left(\frac{1}{n\pi}\sin n\pi x\right)\Big|_0^1 - \int_0^1 (-1)\frac{1}{n\pi}\sin n\pi x\, dx \end{aligned}$$

$$= \frac{1}{n\pi}\left(\frac{-1}{n\pi}\cos n\pi x\right)\Big|_0^1$$

$$= \frac{-\cos n\pi + 1}{n^2\pi^2} = \frac{1-(-1)^n}{n^2\pi^2}$$

이며

$$b_n = \frac{1}{1}\int_{-1}^{1} f(x)\sin n\pi x\, dx$$

$$= \int_{-1}^{0} 0\, dx + \int_0^1 (1-x)\sin n\pi x\, dx$$

$$= (1-x)\left(\frac{-1}{n\pi}\cos n\pi x\right)\Big|_0^1 - \int_0^1 (-1)\left(\frac{-1}{n\pi}\cos n\pi x\right)dx$$

$$= \frac{1}{n\pi} - \frac{1}{n\pi}\left(\frac{1}{n\pi}\sin n\pi x\right)\Big|_0^1 = \frac{1}{n\pi}$$

이다. 그러므로

$$f(x) = \frac{1}{4} + \sum_{n=1}^{\infty}\left[\frac{1-(-1)^n}{n^2\pi^2}\cos n\pi x + \frac{1}{n\pi}\sin n\pi x\right]$$

이다. 따라서 구간 $(-1,1)$에서 $x=0$를 제외한 모든 $x$에 대해 이 급수는 $f(x)$에 수렴한다.

더욱이 $x=0$에서는 함수가 불연속이므로 이 급수에서 $x=0$인 경우

$$\frac{1}{4} + \sum_{n=1}^{\infty}\frac{1-(-1)^n}{n^2\pi^2} = \frac{f(0+)+f(0-)}{2} = \frac{1+0}{2} = \frac{1}{2}$$

으로부터

$$\frac{2}{\pi^2}\left(\frac{1}{1} + \frac{1}{3^2} + \frac{1}{5^2} + \cdots\right) = \frac{1}{4}$$

이 되어

$$1+\frac{1}{3^2}+\frac{1}{5^2}+\frac{1}{7^2}+\cdots=\frac{\pi^2}{8}$$

임을 알 수 있다. ■

◆ 주기적 확장(periodic extension)

Fourier 급수는 구간 $(-L, L)$에서 원래의 함수 $f(x)$를 나타낼 뿐만 아니라, 구간 바깥에서도 동일한 함수를 주기(period)가 $2L$이 되도록 반복해서 나타낸다.

주기 $T=2L$의 주기함수 $f(x)$와 $f'(x)$가 조각별 연속이면 $x=-L$과 $x=L$에서 우도함수와 좌도함수가 존재하므로 $f(x)$의 Fourier 급수는 이들 끝점에서 평균값 $\frac{f(L-)+f(-L+)}{2}$로 수렴한다. 그리고 이 값은 $\pm 3L$, $\pm 5L$, $\pm 7L$등에서 주기적으로 확장된다.

결론적으로 주어진 함수를 주기적이라고 가정해도 Fourier 급수로 전개가능하다.

예를 들어, 예제 1에서의 Fourier 급수는 $(-1, 1)$에서 주어진 함수 $f(x)$를 주기적으로 확장한 함수 $\tilde{f}(x)$의 Fourier 급수이다.

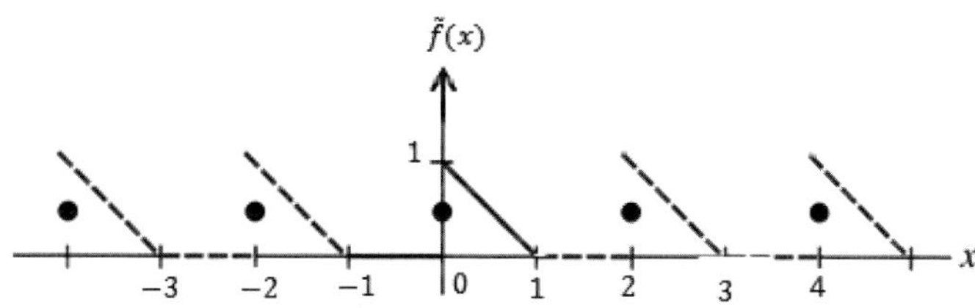


**그림 1.3** 그림1.2의 함수 $f(x)$를 주기적으로 확장한 함수 $\tilde{f}(x)$

**정리 1.2 (주기함수의 Fourier 급수의 수렴성)**

주기가 $2L$인 주기함수 $f(x)$에 대하여 $f(x)$와 $f'(x)$가 구간 $(-L, L)$에서 조각별 연속일 때, 전 구간에 속하는 $x^*$에 대하여 $f(x)$가 $x = x^*$에서 연속이면 $x^*$에서의 $f(x)$의 Fourier 급수는 $f(x^*)$에 수렴한다. 즉,

$$\frac{a_0}{2} + \sum_{n=1}^{\infty}\left(a_n \cos\frac{n\pi x^*}{L} + b_n \sin\frac{n\pi x^*}{L}\right) = f(x^*)$$

이다. $f(x)$가 $x = x^*$에서 불연속이면 $x^*$에서의 $f(x)$의 Fourier 급수는 $\dfrac{f(x^*+) + f(x^*-)}{2}$에 수렴한다. 즉,

$$\frac{a_0}{2} + \sum_{n=1}^{\infty}\left(a_n \cos\frac{n\pi x^*}{L} + b_n \sin\frac{n\pi x^*}{L}\right) = \frac{f(x^*+) + f(x^*-)}{2}$$

여기서 $f(x^*+)$와 $f(x^*-)$는 각각 $x^*$에서의 $f$의 우극한과 좌극한을 나타낸다.

**예제 2** 주기가 $2L$인 다음의 주기함수 $f(x)$의 Fourier 급수를 구하라.

$$f(x) = \begin{cases} 0, & -L < x < 0 \\ 1, & 0 < x < L \end{cases}$$

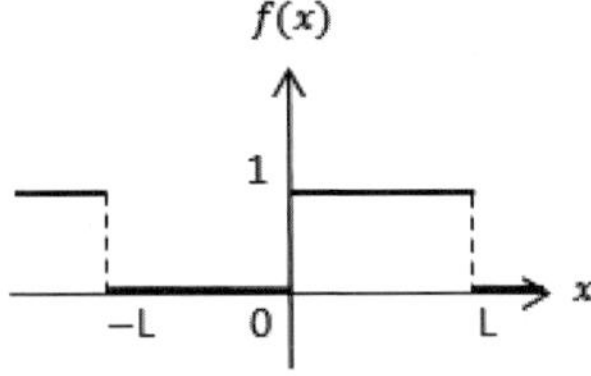


**그림 1.4** 예제 2의 주기함수 $f(x)$

**풀이**

Step 1 : $a_0$의 연산

$$a_0 = \frac{1}{L}\int_{-L}^{L} f(x)dx$$

$$= \frac{1}{L}\left[\int_{-L}^{0} 0\,dx + \int_{0}^{L} 1\,dx\right] = 1$$

Step 2 : $a_n$의 연산

$$a_n = \frac{1}{L}\int_{-L}^{L} f(x)\cos\frac{n\pi}{L}x\,dx$$

$$= \frac{1}{L}\left[\int_{-L}^{0} 0\,dx + \int_{0}^{L}\cos\frac{n\pi}{L}x\,dx\right]$$

$$= \frac{1}{L}\left(\frac{L}{n\pi}\sin\frac{n\pi x}{L}\right)\Bigg|_{0}^{L}$$

$$= \frac{1}{n\pi}(\sin n\pi - 0) = 0$$

Step 3 : $b_n$의 연산

$$b_n = \frac{1}{L}\int_{-L}^{L} f(x)\sin\frac{n\pi}{L}x\,dx$$

$$= \frac{1}{L}\left[\int_{-L}^{0} 0\,dx + \int_{0}^{L}\sin\frac{n\pi}{L}x\,dx\right]$$

$$= \frac{1}{L}\left(\frac{-L}{n\pi}\cos\frac{n\pi}{L}x\right)\Bigg|_{0}^{L}$$

$$= \frac{-1}{n\pi}(\cos n\pi - 1)$$

$$= \frac{1-(-1)^n}{n\pi}$$

이다. 따라서 $f(x)$의 Fourier 급수는 다음과 같다.

$$f(x) = \frac{a_0}{2} + \sum_{n=1}^{\infty} a_n\cos\frac{n\pi}{L}x + \sum_{n=1}^{\infty} b_n\sin\frac{n\pi}{L}x$$

$$= \frac{1}{2} + \sum_{n=1}^{\infty} \frac{1-(-1)^n}{n\pi} \sin\frac{n\pi}{L}x$$

즉

$$f(x) = \frac{1}{2} + \frac{2}{\pi}\sin\frac{\pi x}{L} + \frac{2}{3\pi}\sin\frac{3\pi x}{L} + \frac{2}{5\pi}\sin\frac{5\pi x}{L} + \cdots$$

이다.

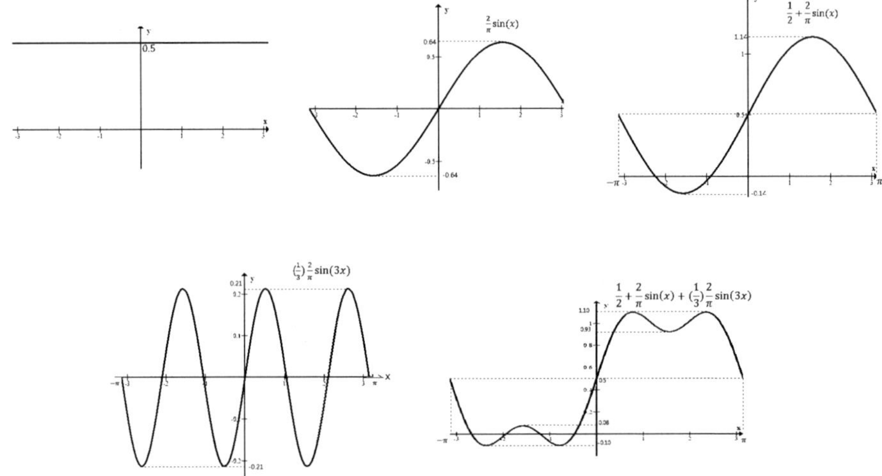


**그림 1.5** 예제 2의 함수 $f(x)$에 대한 Fourier 급수의 부분합 $(L=\pi)$

그림1.5에서 보는 바와 같이 항의 개수가 증가될수록 Fourier 급수는 원래의 함수에 수렴해 감을 알 수 있다. ■

## 연습문제 1.2

1. 주기가 2인 다음의 함수 $f(x)$의 Fourier 급수를 구하시오.

$$f(x) = e^x, \quad -1 < x < 1$$

(답) $f(x)=\left(e-e^{-1}\right)\left[\frac{1}{2}+\sum_{n=1}^{\infty}\left(\frac{(-1)^n}{1+n^2\pi^2}\cos n\pi x+\frac{n\pi(-1)^{n+1}}{1+n^2\pi^2}\sin n\pi x\right)\right]$

2. 다음 함수를 Fourier 급수로 전개하라.

$$f(x)=x^2,\ 0<x<2$$

(답) $f(x)=\frac{4}{3}+\sum_{n=1}^{\infty}\left(\frac{4}{n^2\pi^2}\cos n\pi x-\frac{4}{n\pi}\sin n\pi x\right)$

3. 주기가 $2\pi$인 다음 함수 $f(x)$의 Fourier 급수를 구하라.

$$f(x)=e^{-x},\ -\pi<x<\pi$$

(답) $f(x)=\frac{e^{\pi}-e^{-\pi}}{\pi}\left[\frac{1}{2}+\sum_{n=1}^{\infty}\left(\frac{(-1)^n}{1+n^2}\cos nx+\frac{n(-1)^n}{1+n^2}\sin nx\right)\right]$

4. 주기가 2인 다음 함수의 Fourier 급수를 구하라.

$$f(x)=\begin{cases}1, & -1<x<0\\ x, & 0<x<1\end{cases}$$

(답) $f(x)=\frac{3}{4}+\sum_{n=1}^{\infty}\left(\frac{(-1)^n-1}{n^2\pi^2}\cos n\pi x-\frac{1}{n\pi}\sin n\pi x\right)$

5. 다음 함수의 Fourier 급수를 구하라.

$$f(x)=x\ (0<x<2),\ f(x+2)=f(x)$$

(답) $f(x)=1-\sum_{n=1}^{\infty}\frac{2}{n\pi}\sin n\pi x$

6. (1) 다음 함수의 Fourier 급수를 구하라.

$$f(x)=\begin{cases}0, & -\pi<x<0\\ x^2, & 0<x<\pi\end{cases}$$

$$f(x+2\pi)=f(x)$$

(2) (1)의 결과를 이용하여 다음을 보여라.

(i) $\displaystyle\sum_{n=1}^{\infty}\frac{(-1)^{n-1}}{n^2}=\frac{\pi^2}{12}$

(ii) $\displaystyle\sum_{n=1}^{\infty}\frac{1}{n^2}=\frac{\pi^2}{6}$

(답) (1) $\displaystyle f(x)=\frac{\pi^2}{6}+\sum_{n=1}^{\infty}\left[\frac{2(-1)^n}{n^2}\cos nx+\left(\frac{(-1)^{n+1}\pi}{n}+\frac{2(-1)^n}{n^3\pi}-\frac{2}{n^3\pi}\right)\sin nx\right]$,

(2) (i) $\displaystyle\frac{\pi^2}{12}=1-\frac{1}{2^2}+\frac{1}{3^2}-\frac{1}{4^2}+\ldots$

(ii) $\displaystyle\frac{\pi^2}{6}=1+\frac{1}{2^2}+\frac{1}{3^2}+\frac{1}{4^2}+\ldots$

7. 함수 $f(x)=x^2+x$에 대하여 다음 구간에서 Fourier 급수를 구하라.

(1) 구간 $(-\pi,\pi)$

(2) 구간 $(-1,1)$

(답) (1) $\displaystyle f(x)=\frac{\pi^2}{3}+\sum_{n=1}^{\infty}\left((-1)^n\frac{4}{n^2}\cos nx+(-1)^{n+1}\frac{2}{n}\sin nx\right)$

(2) $\displaystyle f(x)=\frac{1}{3}+\sum_{n=1}^{\infty}\left((-1)^n\frac{4}{n^2\pi^2}\cos n\pi x+(-1)^{n+1}\frac{2}{n\pi}\sin n\pi x\right)$

8. 다음 함수의 Fourier 급수를 구하라.

$$f(x)=x+2\ (0<x<2),\ f(x+2)=f(x)$$

(답) $\displaystyle f(x)=3-\sum_{n=1}^{\infty}\frac{2}{n\pi}\sin n\pi x$

## 1.3 Fourier 코사인 급수와 사인 급수

Fourier 급수는 상수와 코사인 함수로 구성된 우함수(even function)와 사인 함수로 구성된 기함수(odd function)의 합의 형태로 표현되기 때문에, 만일 주어진 주기함수가 우함수 또는 기함수인 경우 Fourier 급수의 계산이 매우 간단하게 된다. 먼저 우함수와 기함수에 대해 살펴보자.

$xy-$좌표평면에서 정의된 함수 $f(x)$가 $y$축 대칭인 우함수(even function) 또는 원점 대칭인 기함수(odd function)인 경우에는 다음의 성질이 성립된다.

우함수의 경우 : $f(-x)=f(x)$
기함수의 경우 : $f(-x)=-f(x)$

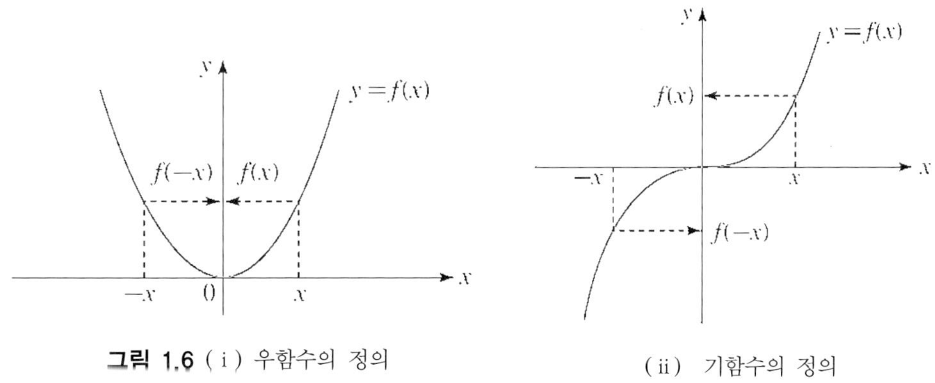


**그림 1.6** ( i ) 우함수의 정의 ( ii ) 기함수의 정의

또한 우함수와 기함수의 곱에 대해서는 다음과 같은 특성이 있다.

(우함수)(우함수) = 우함수
(우함수)(기함수) = 기함수
(기함수)(기함수) = 우함수

그리고 구간 $(-L, L)$에서 함수를 적분할 때는

$$\int_{-L}^{L} (\text{우함수})dx = 2\int_{0}^{L} (\text{우함수})dx$$

$$\int_{-L}^{L}(\text{기함수})dx = 0$$

이 성립한다. 이 사실들과 Fourier 급수의 계수 $a_0$, $a_n$및 $b_n(n=1,2,...)$을 자세히 관찰해 보자.

먼저

$$a_0 = \frac{1}{L}\int_{-L}^{L} f(x)dx$$

이므로

$$f(x)\text{가 우함수인 경우는 } a_0 = \frac{2}{L}\int_{0}^{L} f(x)dx$$

이고

$$f(x)\text{가 기함수인 경우는 } a_0 = 0$$

이다. 그리고

$$a_n = \frac{1}{L}\int_{-L}^{L} f(x)\cos\frac{n\pi}{L}xdx$$

이다. 즉 코사인 함수는 $y$축 대칭인 우함수이므로 $f(x)\cos\frac{n\pi}{L}x$는 $f(x)$가 우함수이면 우함수가 되고 $f(x)$가 기함수이면 기함수가 된다. 따라서 $a_n$은 다음과 같이 바꾸어 쓸 수 있다.

$$f(x)\text{가 우함수인 경우는 } a_n = \frac{2}{L}\int_{0}^{L} f(x)\cos\frac{n\pi}{L}xdx$$

이고

$$f(x)\text{가 기함수인 경우는 } a_n = 0 \quad (n=1,2,...)$$

이다.

한편

$$b_n = \frac{1}{L}\int_{-L}^{L} f(x)\sin\frac{n\pi}{L}x\,dx$$

이므로 기함수인 사인 함수의 성질에 의해 $f(x)$가 우함수이면 $f(x)\sin\frac{n\pi}{L}x$는 기함수가 되고 $f(x)$가 기함수이면 $f(x)\sin\frac{n\pi}{L}x$는 우함수가 된다. 그리하여 $b_n$은

$$f(x)\text{가 우함수인 경우는 } b_n = 0$$

이고

$$f(x)\text{가 기함수인 경우는 } b_n = \frac{2}{L}\int_{0}^{L} f(x)\sin\frac{n\pi}{L}dx$$

와 같이 표현된다.

즉 $f(x)$가 우함수이면 $f(x)$의 Fourier 계수에서 $a_0$와 $a_n$만 존재하며, $f(x)$가 기함수이면 $f(x)$의 Fourier 계수에서 $b_n$만이 남게 된다. 따라서 주어진 함수가 우함수 또는 기함수인 경우에는 Fourier 급수를 보다 간략하게 표현할 수 있다. 이때 $f(x)$가 우함수인 경우의 Fourier 급수를 Fourier 코사인 급수(cosine series)라 하며, $f(x)$가 기함수인 경우의 Fourier 급수를 Fourier 사인 급수(sine series)라고 부른다.

**정의 1.7 Fourier 코사인 급수 (consine series)**

구간 $(-L, L)$에서 정의된 함수 $f(x)$가 우함수인 경우

$$f(x) = \frac{a_0}{2} + \sum_{n=1}^{\infty} a_n \cos\frac{n\pi}{L}x \tag{11}$$

를 $f(x)$의 Fourier 코사인 급수 (cosine series)라 하며, Fourier 계수 $a_0$ 및 $a_n$은 다음과 같다.

$$a_0 = \frac{2}{L}\int_{0}^{L} f(x)dx \tag{12}$$

$$a_n = \frac{2}{L}\int_{0}^{L} f(x)\cos\frac{n\pi}{L}x\,dx \quad (n = 1, 2, 3 \cdots) \tag{13}$$

**정의 1.8 Fourier 사인 급수(sine series)**

구간 $(-L, L)$에서 정의된 함수 $f(x)$가 기함수인 경우

$$f(x)=\sum_{n=1}^{\infty} b_n \sin\frac{n\pi}{L}x \tag{14}$$

를 $f(x)$의 Fourier 사인 급수(sine series)라 하며, Fourier 계수 $b_n$은 다음과 같다.

$$b_n=\frac{2}{L}\int_0^L f(x)\sin\frac{n\pi}{L}x\,dx \quad (n=1,2,3\cdots) \tag{15}$$

### ◆ 주기적 확장(periodic extension)

Fourier 코사인 급수의 Fourier 사인 급수는 모두 Fourier 급수의 일종이므로 주어진 함수를 주기적이라고 가정해도 Fourier 코사인 급수와 Fourier 사인 급수로 전개 가능하다.

**정리 1.3 (주기함수에 대한 Fourier 코사인 급수의 수렴성)**

$f(x)$와 $f'(x)$가 구간 $(-L, L)$에서 조각별 연속이면 우함수 $f(x)$의 주기가 $2L$일 때 전 구간에 속하는 $x^*$에 대하여 $f(x)$가 $x=x^*$에서 연속이면 $x^*$에서의 우함수 $f(x)$의 Fourier 코사인 급수는 $f(x^*)$에 수렴한다. 즉,

$$\frac{a_0}{2}+\sum_{n=1}^{\infty} a_n \cos\frac{n\pi}{L}x^* = f(x^*) \tag{16}$$

이다. $f(x)$가 $x=x^*$에서 불연속이면, $x^*$에서의 우함수 $f(x)$의 Fourier 코사인 급수는 $\dfrac{f(x^*+)+f(x^*-)}{2}$에 수렴한다. 즉

$$\frac{a_0}{2}+\sum_{n=1}^{\infty} a_n \cos\frac{n\pi}{L}x^* = \frac{f(x^*+)+f(x^*-)}{2}$$

이다. 여기서 $f(x^*+)$와 $f(x^*-)$는 각각 $x^*$에서의 $f$의 우극한과 좌극한을 나타낸다.

**정리 1.4 (주기함수에 대한 Fourier 사인 급수의 수렴성)**

기함수 $f(x)$의 주기가 $2L$일 때 $f(x)$와 $f'(x)$가 구간 $(-L, L)$에서 조각별 연속이면 전구간에 속하는 $x^*$에 대하여 $f(x)$가 $x = x^*$에서 연속이면 $x^*$에서의 기함수 $f(x)$의 Fourier 사인 급수는 $f(x^*)$에 수렴한다. 즉,

$$\sum_{n=1}^{\infty} b_n \sin\frac{n\pi}{L}x^* = f(x^*) \tag{18}$$

이다. $f(x)$가 $x = x^*$에서 불연속이면 $x^*$에서의 기함수 $f(x)$의 Fourier 사인 급수는 $\dfrac{f(x^*+)+f(x^*-)}{2}$에 수렴한다. 즉

$$\sum_{n=1}^{\infty} b_n \sin\frac{n\pi}{L}x^* = \frac{f(x^*+)+f(x^*-)}{2} \tag{19}$$

이다. 여기서 $f(x^*+)$와 $f(x^*-)$는 각각 $x^*$에서의 $f$의 우극한과 좌극한을 나타낸다.

**예제 1**

주기가 $4L$인 다음의 주기함수

$$f(x) = \begin{cases} 0 & (-2L < x < -L) \\ 1 & (-L < x < L) \\ 0 & (L < x < 2L) \end{cases}$$

를 Fourier 급수로 전개하라.

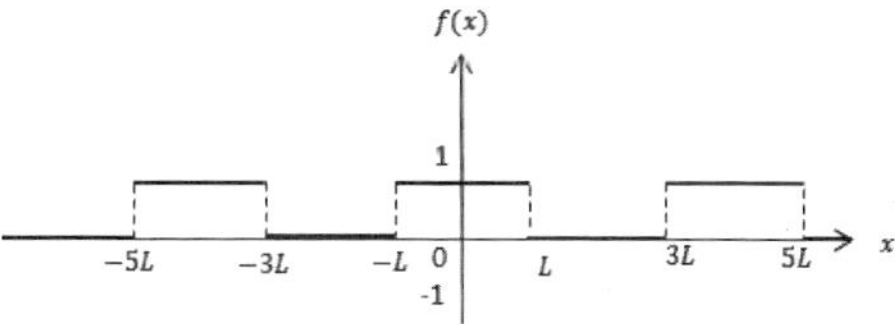


**그림1.7** 예제 1의 주기함수 $f(x)$

**풀이**

$f(x)$는 주기 $T=4L$이고 우함수이므로

$$f(x)=\frac{a_0}{2}+\sum_{n=1}^{\infty}a_n\cos\frac{n\pi}{2L}x$$

로 표현된다. Fourier 계수를 구하면

$$a_0=\frac{1}{2L}\int_{-2L}^{2L}f(x)dx=\frac{1}{2L}\int_{-L}^{L}1dx=1$$

이고,

$$\begin{aligned}a_n&=\frac{1}{2L}\int_{-2L}^{2L}f(x)\cos\frac{n\pi}{2L}x\,dx\\&=\frac{1}{2L}\int_{-L}^{L}\cos\frac{n\pi}{2L}x\,dx\\&=\frac{2}{2L}\int_{0}^{L}\cos\frac{n\pi}{2L}x\,dx\\&=\frac{1}{L}\left(\frac{2L}{n\pi}\sin\frac{n\pi}{2L}x\right)\Bigg|_0^L\\&=\frac{2}{n\pi}\sin\frac{n\pi}{2}\qquad(n=1,2,\ldots)\end{aligned}$$

이다. 그러므로

$$f(x)=\frac{1}{2}+\sum_{n=1}^{\infty}\frac{2}{n\pi}\sin\frac{n\pi}{2}\cos\frac{n\pi}{2L}x$$

인 Fourier 코사인 급수로 전개된다. ■

### 예제 2

주기가 4인 다음 함수 $f(x)$의 Fourier 급수를 구하라.

$$f(x)=\begin{cases}2+x, & -2<x<0\\ 2-x, & 0<x<2\end{cases}$$

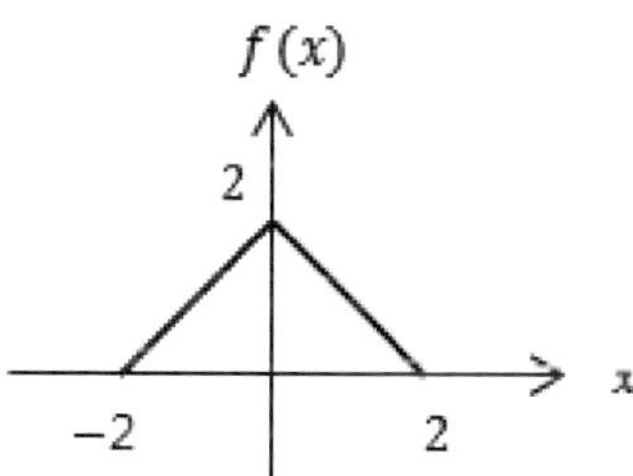


**그림1.8** 예제 2의 함수 $f(x)$

**풀이**

주어진 함수 $f(x)$는 우함수이므로 $f(x)$의 Fourier 급수는 Fourier 코사인 급수가 된다. 즉

$$f(x)=\frac{a_0}{2}+\sum_{n=1}^{\infty}a_n\cos\frac{n\pi}{2}x$$

로 표현되고 Fourier 계수를 구하자.

$$\begin{aligned}a_0 &= \frac{2}{2}\int_0^2 f(x)\,dx\\ &= \int_0^2 -x+2\,dx\\ &=-\frac{x^2}{2}+2x\,\Big|_0^2=2\end{aligned}$$

이고

$$a_n=\frac{2}{2}\int_0^2 f(x)\cos\frac{n\pi}{2}x\,dx$$

$$= \int_0^2 (-x+2)\cos\frac{n\pi}{2}x\,dx$$

$$= (-x+2)\left(\frac{2}{n\pi}\sin\frac{n\pi}{2}x\right)\Big|_0^2 - \int_0^2 (-1)\frac{2}{n\pi}\sin\frac{n\pi}{2}x\,dx$$

$$= \frac{2}{n\pi}\left(\frac{-2}{n\pi}\cos\frac{n\pi}{2}x\right)\Big|_0^2$$

$$= -\frac{4}{n^2\pi^2}(\cos n\pi - 1)$$

$$= \frac{4}{n^2\pi^2}(1-(-1)^n) \quad (n=1, 2, 3, \cdots)$$

이다. 그러므로 $f(x)$의 Fourier 급수는

$$f(x) = \frac{a_0}{2} + \sum_{n=1}^{\infty} a_n \cos\frac{n\pi}{2}x$$

$$= 1 + \sum_{n=1}^{\infty} \frac{4}{n^2\pi^2}(1-(-1)^n)\cos\frac{n\pi}{2}x$$

인 Fourier 코사인 급수로 전개된다. ■

### 예제 3

( i ) 주기가 $2L$인 주기함수 $f(x)$의 Fourier 급수를 구하라.

$$f(x) = \begin{cases} -1, & -L < x < 0 \\ 1, & 0 < x < L \end{cases}$$

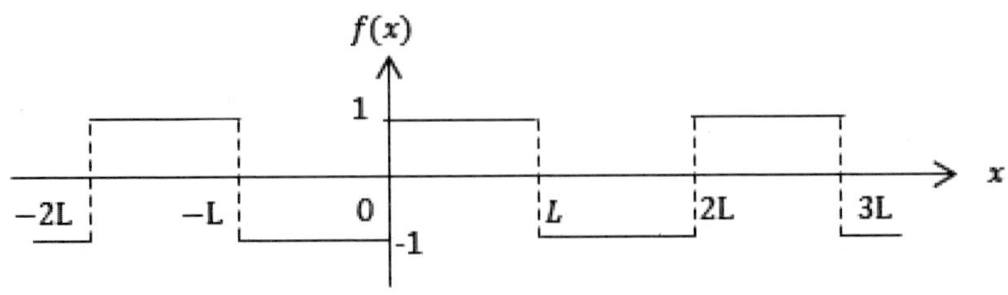


**그림 1.9** 예제 3의 함수 $f(x)$

(ii) 이 함수 $f(x)$의 Fourier 급수를 이용하여 $\frac{\pi}{4} = 1 - \frac{1}{3} + \frac{1}{5} - \frac{1}{7} + \cdots$로 표현됨을 보여라.

**풀이**

(i) 주어진 함수 $f(x)$는 기함수이므로 $f(x)$의 Fourier 급수는 Fourier 사인 급수로 표현된다. 즉,

$$f(x) = \sum_{n=1}^{\infty} b_n \sin \frac{n\pi}{L} x$$

이다. 이제 Fourier계수 $b_n$을 구하자.

$$\begin{aligned}
b_n &= \frac{1}{L} \int_{-L}^{L} f(x) \sin \frac{n\pi}{L} x \, dx \\
&= \frac{1}{L} \left[ \int_{-L}^{0} (-1) \sin \frac{n\pi}{L} x \, dx + \int_{0}^{L} 1 \cdot \sin \frac{n\pi}{L} x \, dx \right] \\
&= \frac{1}{L} \left( \frac{L}{n\pi} \cos \frac{n\pi}{L} x \right) \Bigg|_{-L}^{0} - \frac{1}{L} \left( \frac{L}{n\pi} \cos \frac{n\pi}{L} x \right) \Bigg|_{0}^{L} \\
&= \frac{1}{n\pi} (1 - \cos n\pi) - \frac{1}{n\pi} (\cos n\pi - 1) \\
&= \frac{2}{n\pi} (1 - (-1)^n) \qquad (n = 1, 2, 3, \cdots)
\end{aligned}$$

이므로 $f(x)$의 Fourier 급수는

$$f(x) = \sum_{n=1}^{\infty} \frac{2}{n\pi} (1 - (-1)^n) \sin \frac{n\pi}{L} x$$

인 Fourier 사인급수로 전개된다.

(ii) (i)에서

$$\begin{aligned}
f(x) &= \sum_{n=1}^{\infty} \frac{2}{n\pi} (1 - (-1)^n) \sin \frac{n\pi}{L} x \\
&= \frac{4}{\pi} \left( \sin \frac{\pi}{L} x + \frac{1}{3} \sin \frac{3\pi}{L} x + \frac{1}{5} \sin \frac{5\pi}{L} x + \frac{1}{7} \sin \frac{7\pi}{L} x + \cdots \right)
\end{aligned}$$

이고

$$f\left(\frac{L}{2}\right)=1$$

이므로

$$1=f\left(\frac{L}{2}\right)=\frac{4}{\pi}\left(\sin\frac{\pi}{2}+\frac{1}{3}\sin\frac{3\pi}{2}+\frac{1}{5}\sin\frac{5\pi}{2}+\frac{1}{7}\sin\frac{7\pi}{2}+\cdots\right)$$
$$=\frac{4}{\pi}\left(1-\frac{1}{3}+\frac{1}{5}-\frac{1}{7}+\cdots\right)$$

이 성립한다. 따라서

$$\frac{\pi}{4}=1-\frac{1}{3}+\frac{1}{5}-\frac{1}{7}+\cdots$$

이다. ■

## 예제 4

주기가 2인 $f(x)=-x \quad (-1<x<1)$의 Fourier 급수를 구하라.

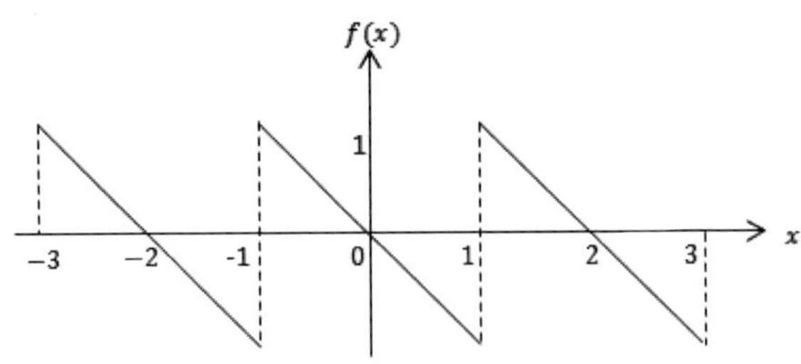


**그림1.10** 예제 4의 주기함수 $f(x)$

**풀이**

주어진 함수는 기함수이므로 Fourier 급수는 Fourier 사인급수로 표현된다. 즉

$$f(x) = \sum_{n=1}^{\infty} b_n \sin n\pi x$$

이다. Fourier 계수 $b_n$을 구해보면

$$b_n = \frac{2}{1}\int_0^1 f(x)\sin\frac{n\pi}{1}x\,dx$$
$$= 2\int_0^1 (-x)\sin n\pi x\,dx$$

여기서 적분의 연산은 다음과 같다.

$$\int_0^1 x\sin n\pi x\,dx$$
$$= x\left(\frac{-1}{n\pi}\cos n\pi x\right)\Big|_0^1 - \int_0^1 \frac{-1}{n\pi}\cos n\pi x\,dx$$
$$= -\frac{1}{n\pi}\cos n\pi + \frac{1}{n\pi}\left(\frac{1}{n\pi}\sin n\pi x\right)\Big|_0^1$$
$$= \frac{(-1)^{n+1}}{n\pi} \qquad (n = 1, 2, \ldots)$$

그러므로

$$b_n = \frac{2}{n\pi}(-1)^n \qquad (n = 1, 2, 3, \cdots)$$

이나.

따라서 $f(x)$의 Fourier 급수는

$$f(x) = \sum_{n=1}^{\infty} b_n \sin n\pi x$$
$$= \sum_{n=1}^{\infty} \frac{2}{n\pi}(-1)^n \sin n\pi x$$

인 Fourier 사인급수로 전개된다. ■

### 정리 1.5 (Parseval의 등식)

주기가 $2L$인 주기함수 $f(x)$가 구간 $(-L, L)$에서 조각별 연속일 때 $f(x)$의 Fourier 계수 $a_0, a_n, b_n$ $(n=1, 2, 3, \cdots)$에 대하여 다음의 식이 성립한다.

$$\frac{1}{L}\int_{-L}^{L}[f(x)]^2 dx = \frac{{a_0}^2}{2} + \sum_{n=1}^{\infty}\left({a_n}^2 + {b_n}^2\right)$$

**증명**

주기가 $2L$인 함수 $f(x)$의 Fourier 급수는

$$f(x) = \frac{a_0}{2} + \sum_{n=1}^{\infty}\left(a_n \cos\frac{n\pi}{L}x + b_n \sin\frac{n\pi}{L}x\right)$$

이고, Fourier 계수 $a_0, a_n, b_n\,(n=1, 2, 3, \cdots)$은

$$a_0 = \frac{1}{L}\int_{-L}^{L} f(x)dx\,,$$

$$a_n = \frac{1}{L}\int_{-L}^{L} f(x)\cos\frac{n\pi}{L}x\,dx\,,$$

$$b_n = \frac{1}{L}\int_{-L}^{L} f(x)\sin\frac{n\pi}{L}x dx \qquad (n=1, 2, 3, \cdots)$$

이다.

위식의 양변에 $f(x)$를 곱하여 한 주기 동안 적분하면

$$\begin{aligned}
&\int_{-L}^{L}[f(x)]^2 dx \\
&= \int_{-L}^{L}\frac{a_0}{2}f(x)dx + \int_{-L}^{L}f(x)\sum_{n=1}^{\infty}\left(a_n \cos\frac{n\pi}{L}x + b_n \sin\frac{n\pi}{L}x\right)dx \\
&= \frac{a_0}{2}\int_{-L}^{L}f(x)dx + \sum_{n=1}^{\infty}a_n\int_{-L}^{L}f(x)\cos\frac{n\pi}{L}xdx + \sum_{n=1}^{\infty}b_n\int_{-L}^{L}f(x)\sin\frac{n\pi}{L}xdx \\
&= 2L\left(\frac{a_0}{2}\right)^2 + \sum_{n=1}^{\infty}\left({a_n}^2 + {b_n}^2\right)
\end{aligned}$$

이므로

$$\frac{1}{L}\int_{-L}^{L}[f(x)]^2dx=\frac{{a_0}^2}{2}+\sum_{n=1}^{\infty}\left({a_n}^2+{b_n}^2\right)$$

이다. 이 식을 Parseval의 등식이라 부른다. ■

---

**연습문제 1.3**

1. $f(x)=x^2\,(-\pi<x<\pi)$의 Fourier 급수를 구하라.

(답) $f(x)=\frac{\pi^2}{3}+4\sum_{n=1}^{\infty}\frac{(-1)^n}{n^2}\cos nx$

2. $f(x)=x^2\,(-1<x<1)$의 Fourier 급수를 구하라.

(답) $f(x)=\frac{1}{3}+\frac{4}{\pi^2}\sum_{n=1}^{\infty}\frac{(-1)^n}{n^2}\cos n\pi x$

3. 다음 함수의 Fourier 급수를 구하라.

$$f(x)=\begin{cases} x^2, & 0<x<\pi \\ x^2, & -\pi<x<0,\ f(x+2\pi)=f(x)\end{cases}$$

(답) $f(x)=\sum_{n=1}^{\infty}\left[\frac{2\pi}{n}(-1)^{n+1}+\frac{4}{n^3\pi}(-1)^n-\frac{4}{n^3\pi}\right]\sin nx$

## 1.4 반구간 전개(Half-range expansion)

반구간 전개(Half range expansion)란 유한구간 $0<x<L$에서만 정의된 비주기 함수 $f(x)$에 대한 Fourier 급수를 사용해야할 때, 우함수 또는 기함수 형태의 주기함수로 확장함으로써 Fourier 급수를 얻는 방법이다. 그리하여 얻어진 Fourier 급수를 $0<x<L$에서만 사용하

면 주어진 함수 $f(x)$의 Fourier 급수표현이 된다.

### ◆ 반구간 전개 (우함수 확장)

구간 $(0, L)$에서 정의된 $f(x)$를 $(-L, L)$구간에서 우함수 형태로 확장하여 이것을 주기함수 형태로 새롭게 정의한 함수 $f_e(x)$를 Fourier 급수로 전개하면 Fourier 코사인 급수로 표현된다. 즉, $f_e(x)$를 $f_e(x+2L)=f_e(x)$이고

$$f_e(x)=\begin{cases} f(x), & 0<x<L \\ f(-x), & -L<x<0 \end{cases} \tag{20}$$

으로 정의하면

$$f_e(x)=\frac{a_0}{2}+\sum_{n=1}^{\infty} a_n \cos\frac{n\pi}{L}x \tag{21}$$

$$a_0=\frac{1}{L}\int_{-L}^{L} f_e(x)dx=\frac{2}{L}\int_0^L f(x)dx \tag{22}$$

$$a_n=\frac{2}{L}\int_0^L f_e(x)\cos\frac{n\pi}{L}x dx=\frac{2}{L}\int_0^L f(x)\cos\frac{n\pi}{L}x dx \quad (n=1,2,\ldots) \tag{23}$$

이다.

식 (21) Fourier 급수 표현에서 $x$의 범위를 $0<x<L$로 제한하면

$$f_e(x)=f(x) \quad 0<x<L \tag{24}$$

이 성립하므로, 식 (21)은 $0<x<L$ 범위에서 $f(x)$의 Fourier 급수로 사용할 수 있다. 이때 식 (22)와 (23)은 Fourier 계수이다.

**예제 1**

( i ) 다음 함수 $f(x)$를 반구간 전개하여 Fourier 코사인 급수를 구하라.

$$f(x)=x \ (0<x<L)$$

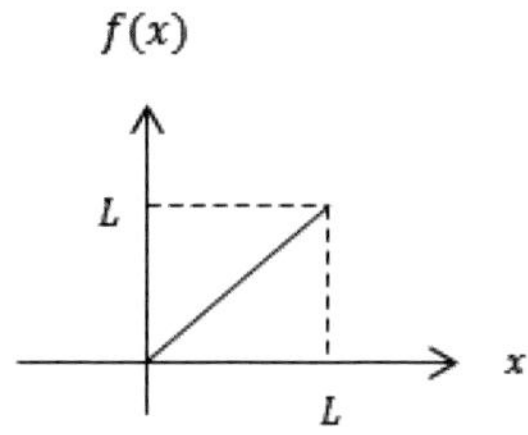


**그림 1.11** $f(x)=x\ (0<x<L)$

(ii) 위의 Fourier 코사인 급수를 이용하여 $1+\frac{1}{3^2}+\frac{1}{5^2}+\frac{1}{7^2}+\cdots=\frac{\pi^2}{8}$ 임을 보여라.

**풀이**

( i ) 먼저 주어진 $f(x)$를 우함수로 확장하면 다음과 같다.

$$f_e(x)=\begin{cases} x, & 0<x<L \\ -x, & -L<x<0 \end{cases}$$

$$f_e(x+2L)=f_e(x)$$

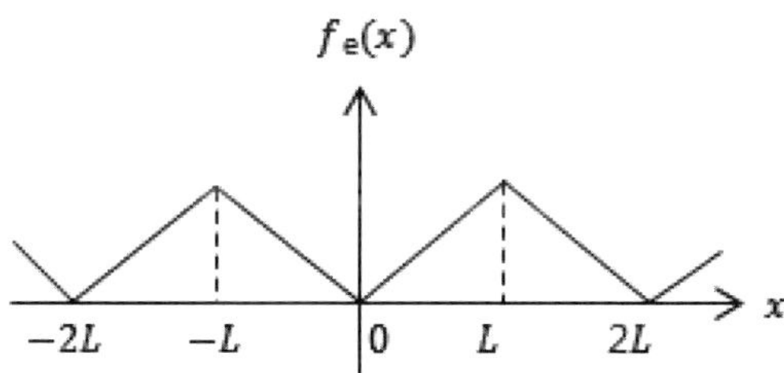


**그림 1.12** 예제 1의 함수 $f(x)$를 우함수로 확장한 함수 $f_e(x)$

$$a_0=\frac{2}{L}\int_0^L f_e(x)dx$$

$$=\frac{2}{L}\int_0^L x\,dx=\frac{2}{L}\left(\frac{1}{2}x^2\right)\Big|_0^L=L$$

이고

$$a_n=\frac{2}{L}\int_0^L f_e(x)\cos\frac{n\pi}{L}x\,dx$$

$$= \frac{2}{L}\int_0^L x\cos\frac{n\pi}{L}x\,dx$$

$$= \frac{2}{L}\left(\frac{L}{n\pi}x\sin\frac{n\pi}{L}x\right)\Big|_0^L - \frac{2}{L}\int_0^L \frac{L}{n\pi}\sin\frac{n\pi}{L}x\,dx$$

$$= \frac{2L}{n\pi}\sin n\pi - \frac{2}{n\pi}\left(-\frac{L}{n\pi}\cos\frac{n\pi}{L}x\right)\Big|_0^L$$

$$= \frac{2L}{n^2\pi^2}(\cos n\pi - 1)$$

$$= \frac{2L}{n^2\pi^2}[(-1)^n - 1]$$

$$= \begin{cases} 0\ , & n = 2,4,\ldots \\ -\dfrac{4L}{n^2\pi^2}, & n = 1,3,\ldots \end{cases}$$

이므로

$$f_e(x) = \frac{L}{2} + \sum_{n=1}^{\infty}\frac{2L}{n^2\pi^2}[(-1)^n - 1]\cos\frac{n\pi}{L}x$$

$$= \frac{L}{2} - \frac{4L}{\pi^2}\left(\cos\frac{\pi}{L}x + \frac{1}{3^2}\cos\frac{3\pi}{L}x + \frac{1}{5^2}\cos\frac{5\pi}{L}x + \cdots\right)$$

이다. 구간 $(0, L)$에서 $f_e(x) = f(x)$이므로

$$f(x) = \frac{L}{2} + \sum_{n=1}^{\infty}\frac{2L}{n^2\pi^2}[(-1)^n - 1]\cos\frac{n\pi}{L}x$$

이다.

(ii) 위 급수표현에서 $x = 0$ 일 때

$$0 = f(0) = \frac{L}{2} - \frac{4L}{\pi^2}\left(1 + \frac{1}{3^2} + \frac{1}{5^2} + \cdots\right)$$

이므로

$$1 + \frac{1}{3^2} + \frac{1}{5^2} + \cdots = \frac{\pi^2}{8}$$

임을 알 수 있다. ■

### 예제 2

다음 함수를 반구간 전개하여, Fourier 코사인 급수를 구하라.

$$f(x)=\begin{cases} 1, & 0 < x < \pi \\ -1, & \pi < x < 2\pi \end{cases}$$

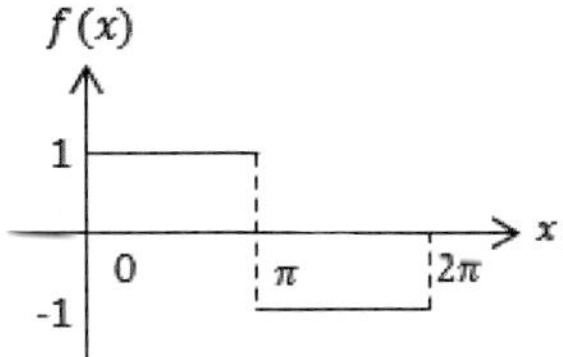


**그림 1.13** 예제 2의 함수 $f(x)$

### 풀이

이 함수를 주기 $4\pi$인 우함수로 확장한 함수 $f_e(x)$는 다음과 같고, 구간 $(0, 2\pi)$에서 $f_e(x)= f(x)$이다.

$$f_e(x)=\begin{cases} -1, & -2\pi < x < -\pi \\ 1, & -\pi < x < \pi \\ -1, & \pi < x < 2\pi \end{cases}$$

$$f_e(x+4\pi)= f_e(x)$$

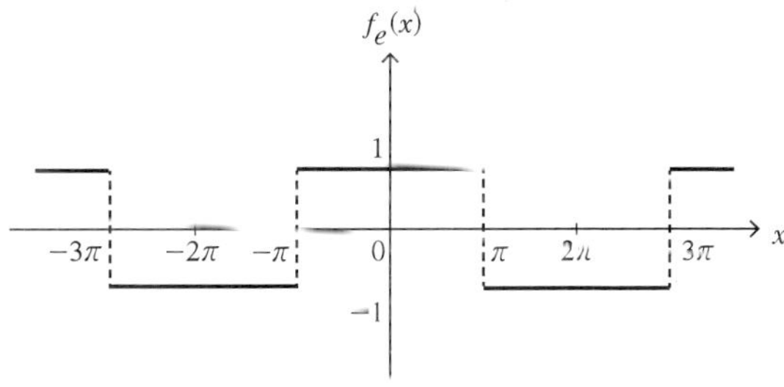


**그림 1.14** 예제 2의 함수 $f(x)$를 우함수로 확장한 함수 $f_e(x)$

$f_e(x)$는 우함수이고 주기 $T= 4\pi = 2L$이므로 $L = 2\pi$이므로

$$f_e(x) = \frac{a_0}{2} + \sum_{n=1}^{\infty} a_n \cos \frac{n\pi}{2\pi} x$$

이다. Fourier 계수 $a_n, n = 0, 1, 2, \cdots$를 구하자.

$$\begin{aligned} a_0 &= \frac{2}{L}\int_0^L f_e(x)dx \\ &= \frac{2}{L}\int_0^L f(x)dx \\ &= \frac{1}{\pi}\int_0^{2\pi} f(x)dx \\ &= \frac{1}{\pi}\int_0^{\pi} 1dx + \frac{1}{\pi}\int_{\pi}^{2\pi}(-1)dx \ = 0 \end{aligned}$$

이고

$$\begin{aligned} a_n &= \frac{2}{L}\int_0^L f_e(x)\cos\frac{n\pi}{2\pi}x\,dx \\ &= \frac{1}{\pi}\int_0^{2\pi} f(x)\cos\frac{n}{2}x\,dx \\ &= \frac{1}{\pi}\left[\int_0^{\pi}\cos\frac{n}{2}xdx + \int_{\pi}^{2\pi}(-1)\cos\frac{n}{2}xdx\right] \\ &= \frac{1}{\pi}\left(\frac{2}{n}\sin\frac{n}{2}x\right)\Big|_0^{\pi} - \frac{1}{\pi}\left(\frac{2}{n}\sin\frac{n}{2}x\right)\Big|_{\pi}^{2\pi} \\ &= \frac{4}{n\pi}\sin\frac{n\pi}{2} \qquad (n = 1, 2, 3, \cdots) \end{aligned}$$

이다. $f_e(x) = f(x)$ $(0 < x < 2\pi)$이므로 구간 $(0, 2\pi)$에서 $f(x)$의 Fourier 코사인 급수는

$$\begin{aligned} f(x) &= \frac{a_0}{2} + \sum_{n=1}^{\infty} a_n \cos\frac{n}{2}x \\ &= \sum_{n=1}^{\infty}\frac{4}{n\pi}\sin\frac{n\pi}{2}\cos\frac{n}{2}x \end{aligned}$$

이다. ■

### ◆ 반구간 전개(기함수 확장)

구간 $(0, L)$에서 정의된 비주기함수 $f(x)$를 $(-L, L)$구간에서 기함수 형태로 확장하여 이를 주기함수 형태로 새롭게 정의한 함수 $f_o(x)$를 Fourier 급수로 전개하면 Fourier 사인 급수로 표현된다. 즉, $f_o(x)$는 $f_o(x+2L)=f_o(x)$이고

$$f_o(x)=\begin{cases} f(x), & 0<x<L \\ -f(-x), & -L<x<0 \end{cases} \tag{25}$$

으로 정의하면

$$f_o(x)=\sum_{n=1}^{\infty} b_n \sin\frac{n\pi}{L}x \tag{26}$$

$$\begin{aligned} b_n &= \frac{1}{L}\int_{-L}^{L} f_0(x)\sin\frac{n\pi}{L}x\,dx \\ &= \frac{2}{L}\int_{0}^{L} f(x)\sin\frac{n\pi}{L}x\,dx \qquad (n=1,2,\ldots) \end{aligned} \tag{27}$$

이다.

이때 식 (26)의 Fourier 급수 표현에서 $x$의 범위를 $0<x<L$로 제한하면

$$f_o(x)=f(x),\ 0<x<L \tag{28}$$

이 성립하므로, 식 (26)은 $0<x<L$ 범위에서 $f(x)$의 Fourier 급수로 사용할 수 있다. 여기서, 식 (27)은 Fourier 계수이다.

**예제 3**

다음 함수 $f(x)$를 반구간 전개하여 Fourier 사인 급수를 구하라.

$$f(x)=x\ (0<x<L)$$

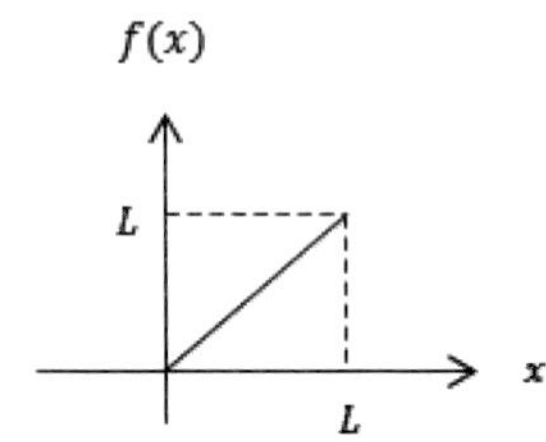


**그림 1.15** $f(x)=x\ (0<x<L)$

**풀이**

주어진 $f(x)$를 기함수로 확장하면 다음과 같다.

$$f_o(x)=x \qquad (-L<x<L)$$

$$f_o(x+2L)=f_o(x)$$

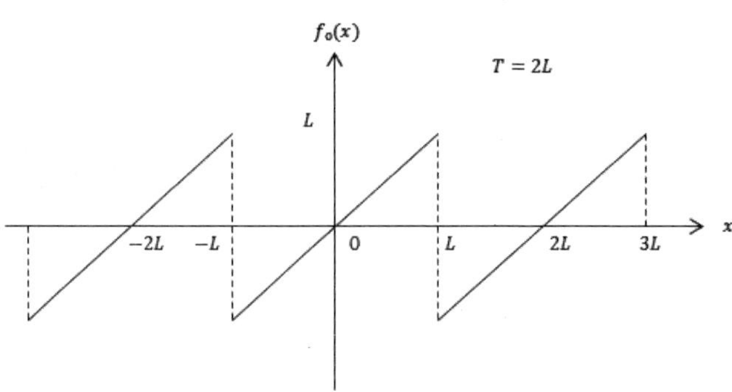


**그림 1.16** 예제 3의 함수 $f(x)$를 기함수로 확장한 함수 $f_o(x)$

이와 같은 주기 $2L$인 기함수 $f_o(x)$는 Fourier 사인급수로 표현된다. 즉,

$$f_o(x)=\sum_{n=1}^{\infty} b_n \sin\frac{n\pi}{L}x$$

이다. Fourier 계수 $b_n$을 구하면

$$b_n=\frac{2}{L}\int_0^L f(x)\sin\frac{n\pi}{L}x\,dx$$

$$= \frac{2}{L}\int_0^L x\sin\frac{n\pi}{L}x\,dx$$

$$= \frac{2}{L}\left[x\left(-\frac{L}{n\pi}\cos\frac{n\pi}{L}x\right)\Big|_0^L - \int_0^L -\frac{L}{n\pi}\cos\frac{n\pi}{L}x\,dx\right]$$

$$= \frac{2}{L}\left[-\frac{L^2}{n\pi}\cos n\pi + \frac{L}{n\pi}\left(\frac{L}{n\pi}\sin\frac{n\pi}{L}x\right)\Big|_0^L\right]$$

$$= -\frac{2L\cos n\pi}{n\pi}$$

$$= \frac{2L(-1)^{n+1}}{n\pi} \qquad (n = 1, 2, \cdots)$$

이다. 따라서 $f_o(x)$의 Fourier 급수 표현은 나음과 같다.

$$f_o(x) = \sum_{n=1}^{\infty}\frac{2L(-1)^{n+1}}{n\pi}\sin\frac{n\pi}{L}x \qquad (-L < x < L)$$

그러므로 $f(x)$의 Fourier 사인 급수는

$$f(x) = f_o(x) = \sum_{n=1}^{\infty}\frac{2L(-1)^{n+1}}{n\pi}\sin\frac{n\pi}{L}x \qquad (0 < x < L)$$

로 전개된다. ■

**예제 4**

(i) 다음 함수를 반구간 전개하여 Fourier 사인 급수를 구하라.

$$f(x) = 1 \quad (0 < x < \pi)$$

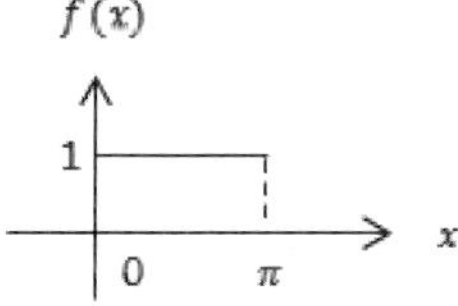


**그림1.17** 예제 4의 함수 $f(x)$

(ii) 위의 Fourier 사인급수를 이용하여 $1-\frac{1}{3}+\frac{1}{5}-\frac{1}{7}+\cdots=\frac{\pi}{4}$임을 보여라.

**풀이**

(i) 주어진 함수 $f(x)$를 기함수 확장한 함수 $f_o(x)$의 그림은 다음과 같다.

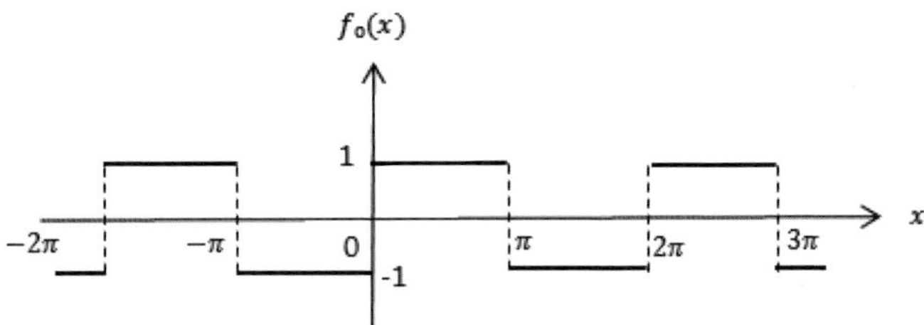


**그림 1.18** 예제 4의 함수 $f(x)$를 기함수 확장한 함수 $f_o(x)$

$$f_o(x)=\sum_{n=1}^{\infty} b_n \sin\frac{n\pi}{\pi}x \quad ,$$

$$f(x)=f_o(x) \qquad (0<x<\pi),$$

$$\begin{aligned} b_n &= \frac{2}{\pi}\int_0^{\pi} \sin nx\, dx \\ &= \frac{2}{\pi}\left(-\frac{1}{n}\cos nx\right)\Big|_0^{\pi} \\ &= \frac{2}{n\pi}(1-(-1)^n) \qquad (n=1,2,3,\cdots) \end{aligned}$$

이다. 따라서

$$\begin{aligned} f(x) &= \sum_{n=1}^{\infty}\frac{2}{n\pi}(1-(-1)^n)\sin nx \\ &= \frac{4}{\pi}\left(\sin x+\frac{1}{3}\sin 3x+\frac{1}{5}\sin 5x+\frac{1}{7}\sin 7x+\cdots\right) \qquad (0<x<\pi) \end{aligned}$$

로 전개된다.

(ii) 주어진 함수 $f(x)$에서 $f\left(\frac{\pi}{2}\right)=1$이므로 (i)에서

$$1 = f\left(\frac{\pi}{2}\right) = \frac{4}{\pi}\left(\sin\frac{\pi}{2} + \frac{1}{3}\sin\frac{3\pi}{2} + \frac{1}{5}\sin\frac{5\pi}{2} + \frac{1}{7}\sin\frac{7\pi}{2} + \cdots\right)$$
$$= \frac{4}{\pi}\left(1 - \frac{1}{3} + \frac{1}{5} - \frac{1}{7} + \cdots\right)$$

이다. 따라서

$$1 - \frac{1}{3} + \frac{1}{5} - \frac{1}{7} + \cdots = \frac{\pi}{4}$$

임을 알 수 있다. ■

### ◆ Fourier 급수 전개를 위한 주어진 함수의 일반형 확장

지금까지 주어진 함수 $f(x)$를 반구간 전개를 통해 우함수 또는 기함수 형태의 주기함수로 확장하여 Fourier 코사인 급수 또는 Fourier 사인 급수로 전개하였다. 한편 주어진 구간을 한 주기로 생각하여 $f(x)$를 주기가 $L$인 주기함수 $\tilde{f}(x)$로 확장하여 Fourier 급수 표현을 얻을 수도 있다. 그러나 이 경우에는 반구간 전개에 비해 Fourier 계수의 계산이 복잡하게 된다.

**예제 5**

다음 함수 $f(x)$를 주기가 $L$인 주기함수로 확장하여 Fourier 급수를 구하라.

$$f(x) = x \ (0 < x < L)$$

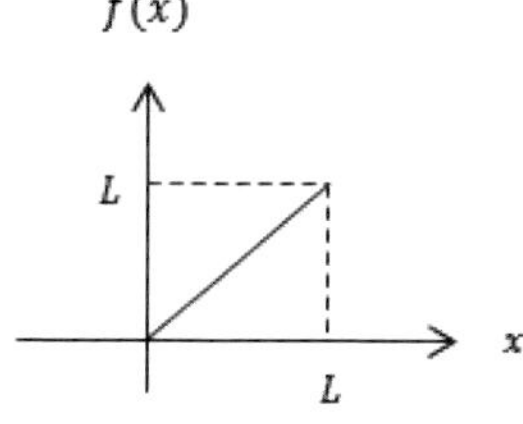


**그림 1.19** $f(x) = x \ (0 < x < L)$

**풀이**

주어진 함수를 주기 $L$인 주기함수로 확장한 $\tilde{f}(x)$의 그림은 다음과 같다.

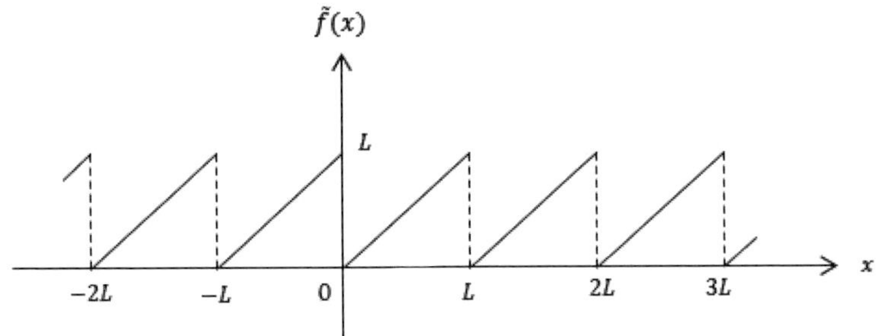


**그림 1.20** 주어진 함수 $f(x)$를 주기 L인 주기함수로 확장한 함수 $\tilde{f}(x)$

$$\tilde{f}(x) = a_0 + \sum_{n=0}^{\infty} a_n \cos\left(\frac{n\pi}{\frac{L}{2}}x\right) + b_n \sin\left(\frac{n\pi}{\frac{L}{2}}x\right)$$

라 두면 $\tilde{f}(x) = f(x)$ $(0 < x < L)$이며

$$a_0 = \frac{1}{\frac{L}{2}} \int_0^L f(x)dx = \frac{2}{L}\int_0^L x\, dx = L$$

이고

$$\begin{aligned} a_n &= \frac{1}{\frac{L}{2}} \int_0^L f(x)\cos\left(\frac{n\pi x}{\frac{L}{2}}\right)dx \\ &= \frac{2}{L}\int_0^L x\cos\frac{2n\pi}{L}x\, dx \\ &= \frac{2}{L}\left[x\left(\frac{L}{2n\pi}\sin\frac{2n\pi}{L}x\right)\Big|_0^L - \int_0^L \frac{L}{2n\pi}\sin\frac{2n\pi x}{L}dx\right] \\ &= \frac{1}{n\pi}\left(\frac{L}{2n\pi}\cos\frac{2n\pi x}{L}\right)\Big|_0^L = 0 \qquad (n = 1, 2, 3, \cdots) \end{aligned}$$

이다. 또한

$$b_n = \frac{1}{\frac{L}{2}}\int_0^L f(x)\sin\left(\frac{n\pi x}{\frac{L}{2}}\right)dx$$

$$= \frac{2}{L}\int_0^L x\sin\frac{2n\pi}{L}x\,dx$$

$$= \frac{2}{L}\left[x\left(\frac{-L}{2n\pi}\cos\frac{2n\pi}{L}x\right)\Big|_0^L - \int_0^L \frac{-L}{2n\pi}\cos\frac{2n\pi}{L}x\,dx\right]$$

$$= \frac{-L}{n\pi} \qquad (n = 1, 2, 3, \cdots)$$

이다. 그러므로 구간 $(0, L)$에서

$$f(x) = \tilde{f}(x) = \frac{L}{2} + \sum_{n=1}^{\infty}\frac{-L}{n\pi}\sin\frac{2n\pi}{L}x$$

이다. ■

◆ 편미분방정식의 Fourier 급수에 의한 해

**편미분방정식(partial differential equation, PDE)**은 보통 시간 $t$와 한 개 또는 여러 개의 공간변수로 구성되는 두 개 이상의 독립변수들에 의해 종속되는 (미지)함수 $u$의 한 개 또는 그 이상의 편도함수를 포함하는 방정식이다. 이때 가장 높은 편도함수의 **계수(order)**를 편미분방정식의 계수(order)라 한다. 또한 편미분방정식을 만족하는 함수 $u$를 **해(solution)**이라 부른다.

상미분방정식에서와 마찬가지로, 미지함수 $u$와 그의 편도함수의 차수가 1차인 편미분방정식을 **선형(linear)**이라 하고, 그렇지 않으면 **비선형(nonlinear)**이라고 한다.

$u$를 $x$와 $y$를 독립변수로 하는 종속변수로 두면 $u = u(x,y)$에 대한 **선형 2계 편미분방정식(linear second-order partial differential equation)**의 일반형은 다음과 같다.

$$A(x,y)\frac{\partial^2 u}{\partial x^2} + B(x,y)\frac{\partial^2 u}{\partial x\partial y} + C(x,y)\frac{\partial^2 u}{\partial y^2} + D(x,y)\frac{\partial u}{\partial x} + D(x,y)\frac{\partial u}{\partial y} + F(x,y)u = G(x,y)$$

$G(x,y) = 0$이면 위 식을 **제차(homogeneous)**라 하고, 그렇지 않으면 **비제차(nonhomogeneous)**라 한다.

예를 들어, 다음의 선형 편미분방정식은 제차이다.

$$a^2\frac{\partial^2 u}{\partial x^2}=\frac{\partial u}{\partial t^2} \qquad \text{(1차원 파동방정식)}$$

$$a^2\frac{\partial^2 u}{\partial x^2}=\frac{\partial u}{\partial t} \qquad \text{(1차원 열전도방정식)}$$

$$\frac{\partial^2 u}{\partial x^2}+\frac{\partial u}{\partial y^2}=0 \qquad \text{(2차원 Laplce 방정식)}$$

한편

$$\frac{\partial^2 u}{\partial x^2}+\frac{\partial u}{\partial y^2}=f(x,y) \qquad \text{(2차원 Poisson 방정식)}$$

은 비제차이다. 여기서 $a$는 상수, $t$는 시간, $x,y$는 직교좌표이며 차원(dimension)은 방정식 중의 이 좌표들의 개수이다.

선형 편미분방정식의 해를 구하는 방법으로 **변수분리법(method of seperation of variable)** 이 있다. 즉, 주어진 선형편미분방정식의 해 $u=u(x,y)$를 $x$의 함수와 $y$의 함수의 곱(product)의 형태

$$u(x,y)=X(x)\,Y(y)$$

로 구하는 것이다.

편미분방정식의 유일해는 해$u(x,y)$가 있는 $(x,y)$의 정의영역에서 경계조건 또는 초기조건을 추가하여 얻을 수 있다.

그러나 모든 선형 편미분방정식을 변수분리법으로 구할 수는 없다. 즉 어떤 선형 편미분방정식은 변수분리가 불가능한 경우도 있다. 예를 들어 $\frac{\partial^2 u}{\partial x^2}-\frac{\partial u}{\partial y}=x$의 해를 구하기 위해 $u=XY$로 놓고 풀면 이 조건으로는 해가 없음을 알 수 있다.

제차 선형 상미분방정식에서와 같이 제차 선형 편미분방정식에서도 **중첩의 원리(super-position principle)**가 성립한다. 즉

만일 $u_1,u_2,\ldots,u_k$가 제차 선형 편미분방정식의 해이면, 일차결합

$$u=c_1u_1+c_2u_2+\ldots+c_ku_k$$

도 역시 해가 된다. 여기서 $c_i(i=1,2,\ldots,k)$는 임의의 상수이다.

이제 Fourier 급수를 활용하여 편미분 방정식의 해를 구해보자.

**예제 6**

다음의 편미분방정식의 해를 구하라.

$$a^2\frac{\partial^2 u}{\partial x^2}=\frac{\partial^2 u}{\partial t^2} \qquad (0<x<L,\ t>0)$$

$$\frac{\partial u}{\partial x}(0,\ t)=0,\ \frac{\partial u}{\partial x}(L,\ t)=0 \qquad (t>0)$$

$$u(x,\ 0)=x,\ \frac{\partial u}{\partial t}(x,\ 0)=0 \qquad (0<x<L)$$

**풀이**

편미분방정식의 해가 $u(x,t)=X(x)T(t)$의 형태로 표현된다고 가정하여 주어진 편미분방정식에 대입하면

$$\frac{\partial^2 u}{\partial x^2}=\frac{\partial^2}{\partial x^2}X(x)T(t)=X''(x)T(t)$$

$$\frac{\partial^2 u}{\partial t^2}=\frac{\partial^2}{\partial t^2}X(x)T(t)=X(x)T''(t)$$

이 성립하므로

$$a^2X''(x)T(t)=X(x)T''(t)$$

이 성립하여

$$\frac{X''(x)}{X(x)}=\frac{T''(t)}{a^2T(t)}$$

이 된다. 그런데 위식의 좌변과 우변은 각각 $x$ 및 $t$만의 함수가 되므로, 좌변과 우변이 모두 $x$와 $t$에 대해 항상 같으려면

$$\frac{X''(x)}{X(x)} = \frac{T''(t)}{a^2 T(t)} = -\lambda$$

이 성립해야 한다. 여기서 $\lambda$는 임의의 상수이다.

또한 $u_x(0,t)=0$의 조건으로부터 $X'(0)T(t)=0$이므로 $X'(0)=0$이고 $u_x(L,t)=0$의 조건으로부터 $X'(L)T(t)=0$이므로 $X'(L)=0$이며 $u_t(x,0)=0$의 조건으로부터 $X(x)T'(0)=0$이므로 $T'(0)=0$임을 알 수 있다.

따라서 주어진 편미분방정식은 다음과 같은 두 개의 상미분방정식으로 바꾸어 표현될 수 있다.

$$\begin{cases} X''(x)+\lambda X(x)=0, \; X'(0)=0=X'(L) \\ T''(t)+\lambda a^2 T(t)=0, \; T'(0)=0 \end{cases}$$

① $\lambda=0$인 경우

$X''(x)=0$이므로 $X(x)=c_1x+c_2$이고 조건 $X'(0)=0$로부터 $c_1=0$가 되어 $X(x)=c_2$이다.

그리고 $T''(t)=0$이므로 $T(t)=c_3t+c_4$이고 조건 $T'(0)=0$로부터 $c_3=0$가 되어 $T(t)=c_4$이다.

따라서

$$u(x,t)=X(x)T(t)=c_2c_4=C_0 \quad (C_0\text{는 임의의 상수})$$

이다.

② $\lambda=-\alpha^2<0$인 경우

$X''(x)-\alpha^2X(x)=0$이므로 $X(x)=c_1e^{\alpha x}+c_2e^{-\alpha x}$는 일반해이고 $X'(x)=\alpha c_1e^{\alpha x}-\alpha c_2e^{-\alpha x}$이다.

$X'(0)=0$로부터 $c_1=c_2$이고 $X'(L)=0$로부터 $0=\alpha c_1e^{\alpha L}-\alpha c_2e^{-\alpha L}=\alpha c_1(e^{\alpha L}-e^{-\alpha L})$이므로 $c_1=c_2=0$이 된다. 따라서 $X(x)=0$이므로

$$u(x,t)=X(x)T(t)=0$$

이다. 즉 자명해(trivial solution)이다.

③ $\lambda = \alpha^2 > 0$인 경우

$X''(x) + \alpha^2 X(x) = 0$이므로 일반해는

$$X(x) = c_1 \cos \alpha x + c_2 \sin \alpha x$$

이고

$$X'(x) = -\alpha c_1 \sin \alpha x + \alpha c_2 \cos \alpha x$$

이다. 조건 $X'(0) = 0$으로부터 $c_2 = 0$가 되고, 조건 $X'(L) = 0$으로부터 $-\alpha c_1 \sin \alpha L = 0$이므로 $\alpha L = n\pi \ (n = 1, 2, \cdots)$이다. 즉, $\alpha = \dfrac{n\pi}{L} (n = 1, 2, \cdots)$일 때 비자명해(nontrivial solution)인

$$X(x) = c_1 \cos \frac{n\pi}{L} x \quad (n = 1, 2, \ldots)$$

를 얻게 된다.

그리고 $\lambda = \alpha^2 = \dfrac{n^2\pi^2}{L^2}$일 때 $T''(t) + \left(\dfrac{n\pi a}{L}\right)^2 T(t) = 0$의 일반해는

$$T(t) = c_3 \cos \frac{n\pi a}{L} t + c_4 \sin \frac{n\pi a}{L} t$$

이다. 그러면

$$T'(t) = -\frac{n\pi a}{L} c_3 \sin \frac{n\pi a}{L} t + \frac{n\pi a}{L} c_4 \cos \frac{n\pi a}{L} t$$

이 된다. 조건 $T'(0) = 0$으로부터 $0 = T'(0) = c_4 \dfrac{n\pi a}{L}$이므로 $c_4 = 0$가 되어

$$T(t) = c_3 \cos \frac{n\pi a}{L} t$$

가 된다. 따라서

$$
\begin{aligned}
u_n(x,t) &= X(x)T(t) \\
&= c_1c_3\cos\frac{n\pi}{L}x\cos\frac{n\pi a}{L}t \\
&= c_4\cos\frac{n\pi}{L}x\cos\frac{n\pi a}{L}t \\
&= C_n\cos\frac{n\pi}{L}x\cos\frac{n\pi a}{L}t \quad (n=1,2,3,\cdots)
\end{aligned}
$$

이다. 여기서 $C_n$은 각 $n$에서의 $c_4$를 의미한다.

그러므로 중첩의 원리에 의해 $n=0$일 때와 $n\neq 0$ 일 때를 종합하면 주어진 편미분 방정식을 만족하는 해 $u(x,t)$는 다음과 같이 모든 해의 일차결합 형태로 표현된다.

$$u(x,t) = C_0 + \sum_{n=1}^{\infty} C_n\cos\frac{n\pi}{L}x\cos\frac{n\pi a}{L}t$$

이다.

이제 $C_0$와 $C_n$ $(n=1,2,\ldots)$ 들을 구하기 위해 남은 하나의 조건 $u(x,0)=x$를 사용하면 다음의 식을 얻는다.

$$x = u(x,0) = C_0 + \sum_{n=1}^{\infty} C_n\cos\frac{n\pi}{L}x$$

이 식은 구간 $(0,L)$에서 $x$에 대한 Fourier 코사인 급수로 반구간 전개한 것으로 볼 수 있다.

따라서 함수 $x$의 Fourier 코사인 급수의 Fourier 계수 $C_0$와 $C_n$ $(n=1,2,\ldots)$는

$$C_0 = \frac{1}{2}\left(\frac{2}{L}\int_0^L x\,dx\right) = \frac{1}{L}\left(\frac{L^2}{2}\right) = \frac{L}{2}$$

이고

$$
\begin{aligned}
C_n &= \frac{2}{L}\int_0^L x\cos\frac{n\pi}{L}x\,dx \\
&= \frac{2}{L}\left[x\left(\frac{L}{n\pi}\sin\frac{n\pi}{L}x\right)\Big|_0^L - \int_0^L \frac{L}{n\pi}\sin\frac{n\pi}{L}x\,dx\right]
\end{aligned}
$$

$$= \frac{2}{L}\left[\frac{L^2}{n\pi}\sin n\pi - \frac{L}{n\pi}\left(\frac{-L}{n\pi}\cos\frac{n\pi}{L}x\right)\Big|_0^L\right]$$

$$= \frac{2L}{n\pi}\sin n\pi + \frac{2L}{n^2\pi^2}(\cos n\pi - 1) \qquad (n = 1, 2, 3, \cdots)$$

이다. 그러므로

$$u(x,t) = \frac{L}{2} + \sum_{n=1}^{\infty}\left[\frac{2L}{n\pi}\sin n\pi + \frac{2L}{n^2\pi^2}(\cos n\pi - 1)\right]\cos\frac{n\pi}{L}x\cos\frac{n\pi a}{L}t$$

이다. ■

참고로 예제 6의 풀이과정에서 $X(x) = c_1 e^{\alpha x} + c_2 e^{-\alpha x}$는 $X(x) = c_1\cosh\alpha x + c_2\sinh\alpha x$로 표현될 수 있으므로 $X'(x) = c_1\alpha\sinh\alpha x + c_2\alpha\cosh\alpha x$으로부터 경계조건 $X'(0) = 0$를 적용하여 $c_2 = 0$를 얻고, $X'(L) = 0$을 적용하여 $c_1 = 0$를 얻게 되어 $X(x) = 0$가 성립한다고 설명해도 된다.

## 연습문제 1.4

1. $f(x) = x^2 \quad (0 < x < 1)$을 반구간 전개하여 Fourier 사인 및 코사인 급수를 구하라.

(답) $f(x)$의 Fourier 코사인급수는

$$f(x) = \frac{1}{3} + \sum_{n=1}^{\infty}\frac{4(-1)^n}{n\pi}\cos n\pi x$$

$f(x)$의 Fourier 사인급수는

$$f(x) = \sum_{n=1}^{\infty}\left[\frac{2(-1)^{n+1}}{n\pi} + \frac{4(-1)^n}{n^3\pi^3} - \frac{4}{n^3\pi^3}\right]\sin n\pi x$$

2. $f(x) = x + 1 \quad (-1 < x < 0)$를 반구간 전개하여 Fourier 코사인 급수를 전개하라.

(답) $f(x)=\frac{1}{2}+\frac{2}{\pi^2}\sum_{n=1}^{\infty}\frac{1-(-1)^n}{n^2}\cos n\pi x$

3. 다음의 함수

$$f(x)=\begin{cases}0, & 0<x<1\\ 1, & 1<x<2\end{cases}$$

를 반구간 전개하여 Fourier 사인급수를 구하라.

(답) $f(x)=\sum_{n=1}^{\infty}\frac{2}{n\pi}\left[(-1)^{n+1}+\cos\frac{n\pi}{2}\right]\sin\frac{n\pi}{2}x$

4. 다음의 함수

$$f(x)=\begin{cases}0, & 0<x<1\\ x, & 1<x<2\end{cases}$$

를 반구간 전개하여 Fourier 사인급수를 구하라.

(답) $f(x)=\sum_{n=1}^{\infty}\left[\frac{4}{n\pi}(-1)^{n+1}+\frac{2}{n\pi}\cos\frac{n\pi}{2}-\frac{4}{n^2\pi^2}\sin\frac{n\pi}{2}\right]\sin\frac{n\pi}{2}x$

5. 다음의 비주기함수 $f(x)$에 대해 물음에 답하라.

$$f(x)=\begin{cases}1, & 0<x<k\\ 0, & k<x<2k\end{cases}$$

(1) $f(x)$를 반구간 전개하여 Fourier 코사인 급수를 구하라.
(2) $f(x)$글 반구간 전개하여 Fourier 사인 급수를 구하라.

(답) (1) $f(x)=\frac{1}{2}+\sum_{n=1}^{\infty}\frac{2}{n\pi}\sin\frac{n\pi}{2}\cos\frac{n\pi}{2k}x$

(2) $f(x)=\sum_{n=1}^{\infty}\frac{2}{n\pi}\left(1-\cos\frac{n\pi}{2}\right)\sin\frac{n\pi}{2k}x$

6. $f(x)=-x \quad (0<x<1)$를 주기가 1인 함수로 확장하여 Fourier 급수표현을 구하라.

(답) $f(x) = -\frac{1}{2} + \sum_{n=1}^{\infty} \frac{1}{n\pi} \sin 2n\pi x$

7. 다음 함수를 주기$2\pi$인 함수로 확장하여 Fourier 급수표현을 구하라.

$$f(x) = \begin{cases} x, & 0 < x < \pi \\ 0, & \pi < x < 2\pi \end{cases}$$

(답) $f(x) = \frac{\pi}{4} + \sum_{n=1}^{\infty} \frac{(-1)^n - 1}{n^2\pi} \cos nx + \frac{(-1)^{n+1}}{n} \sin nx$

8. 다음 함수를 주기$2\pi$인 함수로 확장하여 Fourier 급수표현을 구하라.

$$f(x) = \begin{cases} \cos x, & 0 < x < \pi \\ 0, & \pi < x < 2\pi \end{cases}$$

(답) $f(x) = \frac{1}{2} \cos x + \sum_{n=2}^{\infty} \frac{[1 + (-1)^n]n}{\pi(n^2 - 1)} \sin nx$

9. 다음 함수를 주기2인 함수로 확장하여 Fourier 급수표현을 구하라.

$$f(x) = \begin{cases} 1 - x, & 0 < x < 1 \\ 0, & 1 < x < 2 \end{cases}$$

(답) $f(x) = \frac{1}{4} + \sum_{n=1}^{\infty} \left[ \frac{1 - (-1)^n}{n^2\pi^2} \cos n\pi x + \frac{1}{n\pi} \sin n\pi x \right]$

10. 다음 편미분방정식의 해 $u(x, y)$를 구하라.

$$\frac{\partial^2 u(x,y)}{\partial x^2} + \frac{\partial^2 u(x,y)}{\partial y^2} = 0, \quad 0 < x < M,\ 0 < y < L$$

$$\left.\frac{\partial u}{\partial x}\right|_{x=0} = \left.\frac{\partial u}{\partial x}\right|_{x=M} = 0,\ u(x, 0) = 0,\ u(x, L) = g(x)$$

(답) $u(x, y) = C_0 y + \sum_{n=1}^{\infty} C_n \cos \frac{n\pi}{M} x \sinh \frac{n\pi}{M} y$

$$= \left( \frac{1}{ML} \int_0^M g(x) dx \right) y + \sum_{n=1}^{\infty} \left( \frac{2}{M \sinh \frac{n\pi}{M} L} \int_0^M g(x) \cos \frac{n\pi}{M} x \, dx \right) \cos \frac{n\pi}{M} x \sinh \frac{n\pi}{M} y$$

11. 다음 편미분방정식에 대해

$$\sigma \frac{\partial^2 v(x,t)}{\partial x^2} = \frac{\partial v(x,t)}{\partial t}, \quad 0 < x < M, \ t > 0$$

$$v(0,t) = v(M,t) = 0, \quad v(x,0) = g(x)$$

(1) $v(x,t)$를 구하라.

(2) $g(x) = x$일 때 $v(x,t)$를 구하라.

(답) (1) $v(x,t) = \sum_{n=1}^{\infty} \frac{2}{M} \left( \int_0^M g(x) \sin \frac{n\pi}{M} x \, dx \right) e^{-\sigma \left( \frac{n\pi}{M} \right)^2 t} \sin \frac{n\pi}{M} x$

(2) $v(x,t) = \frac{2}{\pi} \sum_{n=1}^{\infty} \frac{M^2 (-1)^{n+1}}{n} e^{-\sigma \left( \frac{n\pi}{M} \right)^2 t} \sin \left( \frac{n\pi}{M} x \right)$

12. 다음 편미분 방정식의 해 $u(x,t)$를 구하라.

$$\frac{\partial^2 u}{\partial x^2} = \frac{\partial u}{\partial t}, \quad 0 < x < 1, \ t > 0$$

$$u(0,t) = u(1,t) = 0, \quad u(x,0) = 1 - x$$

(답) $u(x,t) = \sum_{n=1}^{\infty} \frac{2}{n\pi} e^{-n^2 \pi^2 t} \sin n\pi x$

## 1.5 복소 Fourier 급수

Fourier 급수는 삼각함수들의 급수로 표현하였으나 복소수가 포함된 지수형으로 Fourier 급수를 표현하면 계산시간을 단축해줄 뿐만 아니라 Fourier 급수의 표현을 간단하게 해주는 장점이 있어 더욱 편리하다.

Euler 공식에서

$$e^{ix} = \cos x + i\sin x \tag{29}$$

$$e^{-ix} = \cos x - i\sin x \tag{30}$$

이므로 삼각함수

$$\cos x = \frac{1}{2}(e^{ix} + e^{-ix}) \tag{31}$$

$$\sin x = \frac{1}{2i}(e^{ix} - e^{-ix}) \tag{32}$$

가 되어 코사인 함수와 사인 함수를 복소 지수함수로 표현할 수 있으므로 앞 절에서 논의한 주기함수 $f(x)$의 Fourier 급수를 복소 지수함수의 무한급수 형태로 나타낼 수 있다.

주기 $2L$인 함수 $f$에 대하여 $f$와 $f'$가 구간 $(-L, L)$에서 조각별 연속이면 Fourier 급수는

$$f(x) = \frac{a_0}{2} + \sum_{n=1}^{\infty}\left(a_n \cos\frac{n\pi}{L}x + b_n \sin\frac{n\pi}{L}x\right) \quad (-\infty < x < \infty) \tag{33}$$

$$a_0 = \frac{1}{L}\int_{-L}^{L} f(x)dx \tag{34}$$

$$a_n = \frac{1}{L}\int_{-L}^{L} f(x)\cos\frac{n\pi}{L}x\,dx \quad (n = 1, 2, 3, \cdots) \tag{35}$$

$$b_n = \frac{1}{L}\int_{-L}^{L} f(x)\sin\frac{n\pi}{L}x\,dx \quad (n = 1, 2, 3, \cdots) \tag{36}$$

이다. 이때

$$\cos\frac{n\pi}{L}x = \frac{1}{2}(e^{i\frac{n\pi}{L}x} + e^{-i\frac{n\pi}{L}x}), \qquad \sin\frac{n\pi}{L}x = \frac{1}{2i}(e^{i\frac{n\pi}{L}x} - e^{-i\frac{n\pi}{L}x})$$

으로부터 다음이 성립한다.

$$\begin{aligned} & a_n \cos\frac{n\pi}{L}x + b_n \sin\frac{n\pi}{L}x \\ &\quad = a_n \frac{1}{2}(e^{i\frac{n\pi}{L}x} + e^{-i\frac{n\pi}{L}x}) + b_n \frac{1}{2i}(e^{i\frac{n\pi}{L}x} - e^{-i\frac{n\pi}{L}x}) \end{aligned}$$

$$= \frac{a_n - ib_n}{2} e^{i\frac{n\pi}{L}x} + \frac{a_n + ib_n}{2} e^{-i\frac{n\pi}{L}x} \tag{37}$$

이제 식 (34), (35) 및 (36)으로부터 다음을 얻는다.

$$c_n = \frac{a_n - ib_n}{2} = \frac{1}{2L}\int_{-L}^{L} f(x) e^{-i\frac{n\pi}{L}x} dx \quad (n = 1, 2, 3 \cdots) \tag{38}$$

$$c_{-n} = \frac{a_n + ib_n}{2} = \frac{1}{2L}\int_{-L}^{L} f(x) e^{i\frac{n\pi}{L}x} dx \quad (n = 1, 2, 3 \cdots) \tag{39}$$

$$c_0 = \frac{a_0}{2} = \frac{1}{2L}\int_{-L}^{L} f(x) dx \tag{40}$$

이들을 식 (33)에 대입하면 다음 결과를 얻는다.

$$f(x) = c_0 + \sum_{n=1}^{\infty} c_n e^{i\frac{n\pi}{L}x} + \sum_{n=1}^{\infty} c_{-n} e^{-i\frac{n\pi}{L}x} \tag{41}$$

이 식을 좀 더 정돈하면

$$\begin{aligned} f(x) &= c_0 + \sum_{n=1}^{\infty} c_n e^{i\frac{n\pi}{L}x} + \sum_{n=1}^{\infty} c_{-n} e^{-i\frac{n\pi}{L}x} \\ &= c_0 + \sum_{m=n=1}^{\infty} c_n e^{i\frac{m\pi}{L}x} + \sum_{m=-n=-\infty}^{-1} c_m e^{i\frac{m\pi}{L}x} \\ &= \sum_{n=-\infty}^{\infty} c_n e^{i\frac{n\pi}{L}x} \qquad (-\infty < x < \infty), \\ c_n &= \frac{1}{2L}\int_{-L}^{L} f(x) e^{-i\frac{n\pi}{L}x} dx \qquad (n\text{은 정수}) \end{aligned}$$

이다. 이 식을 함수 $f(x)$의 복소 Fourier 급수(complex Fourier series)라고 부르며, 복소 Fourier 급수의 계수 $c_n$을 복소 Fourier 계수라 한다. 이 때 모든 정수 $n$에 대하여 복소 지수함수를 합한다는 사실에 유의하라. 결국 주어진 주기함수 $f(x)$의 복소 Fourier 급수는 복소 Fourier 계수 $c_n$을 결정하는 문제로 귀착되며 $c_n$은 복소수이다.

### 정의 1.9 (복소 Fourier 급수)

주기 $2L$인 함수 $f$에 대하여 함수 $f$와 $f'$가 구간 $(-L, L)$에서 조각별 연속이면 복소 Fourier 급수 (complex Fourier series)는

$$f(x) = \sum_{n=-\infty}^{\infty} c_n e^{i\frac{n\pi}{L}x} \quad (-\infty < x < \infty) \tag{42}$$

이고, 복소 Fourier 계수(complex Fourier coefficient) $c_n$은 모든 정수 $n$에 대하여 다음과 같다.

$$c_n = \frac{1}{2L}\int_{-L}^{L} f(x) e^{-i\frac{n\pi}{L}x} dx \tag{43}$$

정의 1.6의 Fourier 급수를 실수형 Fourier 급수라 부르기도 한다. 식(37)에서도 보는 바와 같이 복소 Fourier 급수는 실수형 Fourier 급수의 복소수형 표현이므로 복소 Fourier 급수에서 허수부는 0이고 실수부가 바로 실수형 Fourier 급수임을 알 수 있다.

### 예제 1

주기2인 함수 $f(x) = e^x (-1 < x < 1)$에 대하여

( i ) $f(x)$의 복소 Fourier 급수를 구하라.

( ii ) $f(x)$의 복소 Fourier 급수를 이용하여 실수형 Fourier 급수를 구하라.

**풀이**

( i ) 함수 $f(x) = e^x$의 복소 Fourier 급수의 복소 Fourier 계수 $c_n$을 계산하면

$$\begin{aligned} c_n &= \frac{1}{2}\int_{-1}^{1} e^x e^{-in\pi x} dx \\ &= \frac{1}{2}\int_{-1}^{1} e^{(1-in\pi)x} dx \\ &= \frac{1}{2}\frac{1}{1-in\pi} e^{(1-in\pi)x} \Big|_{-1}^{1} \end{aligned}$$

$$= \frac{1}{2}\frac{1+in\pi}{1+n^2\pi^2}\left[e(\cos n\pi - i\sin n\pi) - e^{-1}(\cos n\pi + i\sin n\pi)\right]$$

$$= \frac{1}{2}\frac{1+in\pi}{1+n^2\pi^2}(-1)^n(e-e^{-1})$$

$$= (-1)^n \sinh 1 \frac{1+in\pi}{1+n^2\pi^2} \quad (n\text{은 정수})$$

이므로 $f(x) = e^x$의 복소 Fourier 급수는 다음과 같다.

$$e^x = \sinh 1 \sum_{n=-\infty}^{\infty} (-1)^n \frac{1+in\pi}{1+n^2\pi^2} e^{in\pi x} \quad (-\infty < x < \infty)$$

(ii) (i)에서 우변의 실수부를 취하면

$$e^x = Re\left[\sinh 1 \sum_{n=-\infty}^{\infty} (-1)^n \frac{1+in\pi}{1+n^2\pi^2}(\cos n\pi x + i\sin n\pi x)\right]$$

$$= \sinh 1 \sum_{n=-\infty}^{\infty} (-1)^n \frac{\cos n\pi x - n\pi \sin n\pi x}{1+n^2\pi^2}$$

$$= \sinh 1\left[1 + \sum_{n=1}^{\infty}(-1)^n \frac{\cos n\pi x - n\pi\sin n\pi x}{1+n^2\pi^2} + \sum_{n=-\infty}^{-1}(-1)^n \frac{\cos n\pi x - n\pi\sin n\pi x}{1+n^2\pi^2}\right]$$

$$= \sinh 1\left[1 + \sum_{m=n=1}^{\infty}(-1)^n \frac{\cos m\pi x - m\pi\sin m\pi x}{1+m^2\pi^2} + \sum_{m=-n=1}^{\infty}(-1)^{-m} \frac{\cos m\pi x - m\pi\sin m\pi x}{1+m^2\pi^2}\right]$$

$$= \sinh 1\left[1 + 2\sum_{n=1}^{\infty}(-1)^n \frac{\cos n\pi x - n\pi\sin n\pi x}{1+n^2\pi^2}\right]$$

$$= \sinh 1 + \sinh 1 \sum_{n=1}^{\infty}\left[\frac{2(-1)^n}{1+n^2\pi^2}\cos n\pi x + \frac{2(-1)^{n+1}n\pi}{1+n^2\pi^2}\sin n\pi x\right] \quad (-\infty < x < \infty)$$

이므로 $f(x) = e^x$의 실수형 Fourier 급수는 다음과 같다.

$$e^x = \sinh 1 + \sinh 1 \sum_{n=1}^{\infty}\left[\frac{2(-1)^n}{1+n^2\pi^2}\cos n\pi x + \frac{2(-1)^{n+1}n\pi}{1+n^2\pi^2}\sin n\pi x\right] \quad (-\infty < x < \infty)$$

### 예제 2

다음 주기함수의 복소 Fourier 급수를 구하라.

$$f(x)=\begin{cases}0, & 0<x<\pi \\ 1, & \pi<x<2\pi,\ f(x+2\pi)=f(x)\end{cases}$$

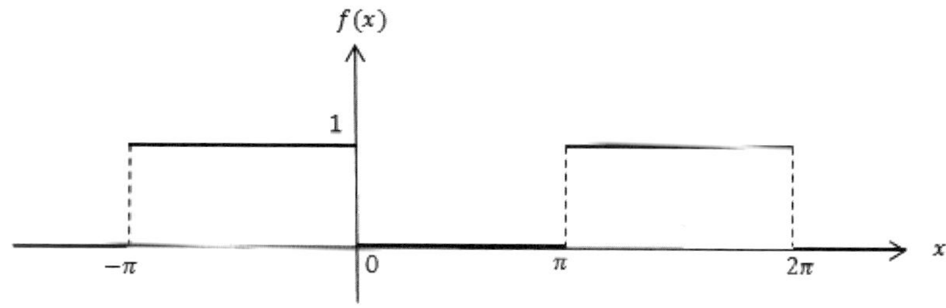


**그림 1.21** 예제 2의주기함수 $f(x)$

**풀이**

$$c_0=\frac{1}{2\pi}\int_{-\pi}^{\pi}f(x)dx \ =\frac{1}{2\pi}\int_{-\pi}^{0}1\,dx \ =\frac{1}{2}$$

이고

$$\begin{aligned}c_n &= \frac{1}{2\pi}\int_0^{2\pi}f(x)e^{-i\frac{n\pi}{\pi}x}dx \\ &= \frac{1}{2\pi}\int_{-\pi}^{\pi}f(x)e^{-inx}dx \\ &= \frac{1}{2\pi}\int_{-\pi}^{0}e^{\ inx}dx+\frac{1}{2\pi}\int_0^{\pi}0\cdot e^{-inx}dx \\ &- \frac{1}{2\pi}\int_{-\pi}^{0}e^{-inx}dx \\ &= \frac{1}{2\pi}\left(\frac{-1}{in}e^{-inx}\right)\Big|_{-\pi}^{0} \\ &= \frac{-1}{i\,2n\pi}\left(1-e^{in\pi}\right)\end{aligned}$$

$$= \frac{i}{2n\pi}(1 - \cos n\pi - i\sin n\pi)$$

$$= \frac{i}{2n\pi}\left[1 - (-1)^n\right] \quad (n = \pm 1, \pm 2, \ldots)$$

이므로

$$f(x) = \sum_{n=-\infty}^{\infty} c_n e^{inx}$$

$$= \frac{1}{2} + \sum_{\substack{n=-\infty \\ n \neq 0}}^{\infty} \frac{i}{2n\pi}\left[1 - (-1)^n\right] e^{inx}$$

이다. 더욱이 이 복소 Fourier 급수를 이용하여 실수형 Fourier 급수를 구해보면

$$f(x) = Re\left\{\frac{1}{2} + \sum_{\substack{n=-\infty \\ n \neq 0}}^{\infty} \frac{i}{2n\pi}\left[1 - (-1)^n\right] e^{inx}\right\}$$

$$= Re\left\{\frac{1}{2} + \sum_{\substack{n=-\infty \\ n \neq 0}}^{\infty} \frac{i}{2n\pi}\left[1 - (-1)^n\right](\cos nx + i\sin nx)\right\}$$

$$= \frac{1}{2} + \sum_{\substack{n=-\infty \\ n \neq 0}}^{\infty} \frac{-1 + (-1)^n}{2n\pi} \sin nx$$

$$= \frac{1}{2} + \sum_{n=-\infty}^{-1} \frac{-1 + (-1)^n}{2n\pi} \sin nx + \sum_{n=1}^{\infty} \frac{-1 + (-1)^n}{2n\pi} \sin nx$$

$$= \frac{1}{2} + \sum_{m=-n=1}^{\infty} \frac{-1 + (-1)^{-m}}{2(-m)\pi} \sin(-m)x + \sum_{m=n=1}^{\infty} \frac{-1 + (-1)^m}{2m\pi} \sin mx$$

$$= \frac{1}{2} + \sum_{m=1}^{\infty} \frac{-1 + (-1)^m}{2m\pi} \sin mx + \sum_{m=1}^{\infty} \frac{-1 + (-1)^m}{2m\pi} \sin mx$$

$$= \frac{1}{2} + 2\sum_{n=1}^{\infty} \frac{-1 + (-1)^n}{2n\pi} \sin nx$$

$$= \frac{1}{2} + \sum_{n=1}^{\infty} \frac{-1 + (-1)^n}{n\pi} \sin nx \quad (-\infty < x < \infty)$$

이다. 따라서 주어진 함수 $f(x)$의 실수형 Fourier 급수는

$$f(x) = \frac{1}{2} + \sum_{n=1}^{\infty} \frac{-1+(-1)^n}{n\pi} \sin nx \quad (-\infty < x < \infty)$$

이다. ■

**예제 3**

구간 $\left[-\frac{T}{2}, \frac{T}{2}\right]$에서 $f(x) = \sum_{k=-\infty}^{\infty} \delta(x-kT)$를 복소 Fourier 급수로 표현하라.

여기서 $T$는 상수이고 $\delta$는 단위충격함수(impulse)이다.

**풀이**

우선 $f(x) = \cdots + \delta(x+2T) + \delta(x+T) + \delta(x) + \delta(x-T) + \delta(x-2T) + \cdots$는 주기 $T$인 함수이고, 구간 $\left[-\frac{T}{2}, \frac{T}{2}\right]$에서 $f(x) = \delta(x)$이다.

이제 구간 $\left[-\frac{T}{2}, \frac{T}{2}\right]$에서 복소 Fourier 급수의 계수 $c_n$을 구해보자.

$$\begin{aligned} c_n &= \frac{1}{2\left(\frac{T}{2}\right)} \int_{-\frac{T}{2}}^{\frac{T}{2}} f(x) e^{-i\left(\frac{n\pi}{\frac{T}{2}}x\right)} dx \\ &= \frac{1}{T} \int_{-\frac{T}{2}}^{\frac{T}{2}} \delta(x) e^{-i\frac{2n\pi}{T}x} dx \\ &= \frac{1}{T} \int_{\frac{T}{2}}^{\frac{T}{2}} \delta(x) dx \\ &= \frac{1}{T} \qquad (n\text{은 정수}) \end{aligned}$$

이다. 따라서

$$f(x) = \sum_{n=-\infty}^{\infty} c_n e^{i\frac{2n\pi}{T}x}$$
$$= \sum_{n=-\infty}^{\infty} \frac{1}{T} e^{i\frac{2n\pi}{T}x} \qquad (-\frac{T}{2} \le x \le \frac{T}{2})$$

이다. ■

## ◆ Fourier 급수와 상미분방정식의 해

### ▶ Fourier 급수와 상미분방정식

Fourier 급수는 주로 미분방정식(상미분방정식과 편미분방정식)의 해를 구하는데 이용된다. 우리는 아래에서 용수철의 강제진동문제와 전기회로의 전류문제에 나타나는 상미분방정식의 특수해를 구하는데 Fourier 급수가 어떻게 이용되는지를 알아보기로 한다.

### ▶ 강제진동

용수철 상수가 $k$인 용수철에 매달린 질량이 $m$인 물체가 외력 $r(t)$의 영향아래에서 진동운동을 할 때, 물체의 위치함수 $y = y(t)$에 관한 미분방정식은 다음과 같다.

$$my'' + cy' + ky = r(t)$$

여기서 $c$는 저항기(dashpot)의 공기에 대한 저항을 나타내는 감쇄상수이다.

다음 예제는 위 미분방정식에서 외력함수 $r(t)$가 주기함수인 경우에 이 미분방정식의 특수해를 Fourier 급수를 이용하여 구하는 방법을 알려준다.

**예제 4**

다음 용수철계의 강제진동에 관한 미분방정식의 정상 상태(steady state)의 해를 구하라.

$$y''(t) + 0.02y'(t) + 25y(t) = r(t) \qquad (-\infty < t < \infty) \tag{44}$$

여기서 $r(t)$는 다음과 같은 구동력함수(driving force function)이다.

$$r(t)=\begin{cases}\pi+t & (-\pi<t<0)\\ \pi-t & (0<t<\pi)\end{cases}\quad,\ r(t+2\pi)=r(t)$$

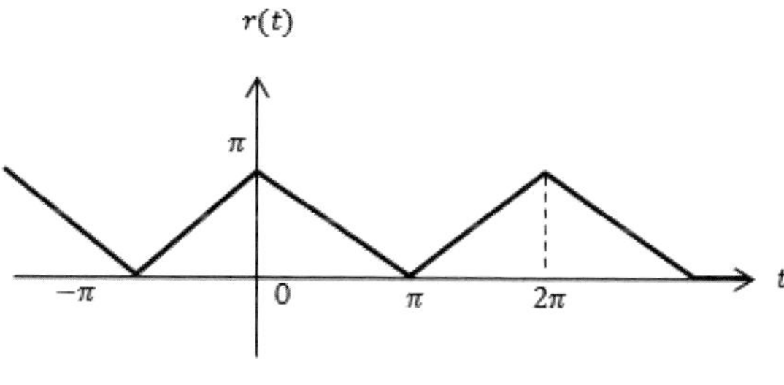


**그림 1.22** 구동력함수 $r(t)$

**풀이**

$y''(t)+0.02y'(t)+25y(t)=0$의 일반해 $y_h(t)$는 특성방정식 $m^2+0.02m+25=0$에서

$$m=-0.01\pm\sqrt{(0.01)^2-25}=-0.01\pm i\sqrt{25-(0.01)^2}$$

으로부터

$$y_h(t)=c_1e^{-0.01t}\cos\left(\sqrt{25-(0.01)^2}\ t\right)+c_2e^{-0.01t}\sin\left(\sqrt{25-(0.01)^2}\ t\right)$$

이고 $\lim_{t\to\infty}y_h(t)=0$이므로 $y_h(t)$는 **과도상태의 해(transient state solution)**이다.

주어진 미분방정식의 한 특수해를 $y_p(t)$라 할 때 주어진 미분방정식의 일반해 $y(t)=y_h(t)+y_p(t)$에서 $\lim_{t\to 0}y(t)-y_p(t)$가 되어 주어진 미분방정식의 정상상태의 해는 특수해 $y_p(t)$이다.

$y_p(t)$를 구하기 위해 주기함수 $r(t)$의 Fourier 급수를 구하면 다음과 같다.

주기 $T=2\pi$이고 $r(t)$는 우함수이므로 $r(t)$를 Fourier 코사인 급수

$$r(t)=\frac{a_0}{2}+\sum_{n=1}^{\infty}a_n\cos nt$$

로 표현하면

$$
\begin{aligned}
a_0 &= \frac{1}{\pi}\int_{-\pi}^{\pi} r(t)dt \\
&= \frac{1}{\pi}\int_{-\pi}^{0}(\pi+t)dt + \int_{0}^{\pi}(\pi-t)dt \\
&= \frac{1}{\pi}\left[\ \pi t + \frac{1}{2}t^2 \bigg|_{-\pi}^{0} + \pi t - \frac{1}{2}t^2 \bigg|_{0}^{\pi}\right] \\
&= \frac{1}{\pi}\left[-\left(-\pi^2 + \frac{1}{2}\pi^2\right) + \left(\pi^2 - \frac{1}{2}\pi^2\right)\right] = \pi
\end{aligned}
$$

이고

$$
\begin{aligned}
a_n &= \frac{1}{\pi}\int_{-\pi}^{\pi} r(t)\cos nt\,dt \\
&= \frac{1}{\pi}\left[\int_{-\pi}^{0}(t+\pi)\cos nt\,dt + \int_{0}^{\pi}(-t+\pi)\cos nt\,dt\right] \\
&= \frac{1}{\pi}\left[(t+\pi)\left(\frac{1}{n}\sin nt\right)\bigg|_{-\pi}^{0} - \int_{-\pi}^{0}\frac{1}{n}\sin nt\,dt\right] \\
&\quad + \frac{1}{\pi}\left[(-t+\pi)\ \left(\frac{1}{n}\sin nt\right)\bigg|_{0}^{\pi} - \int_{0}^{\pi}(-1)\frac{1}{n}\sin nt\ dt\right] \\
&= \frac{1}{n\pi}\left[\frac{1}{n}\cos nt\bigg|_{-\pi}^{0} - \frac{1}{n}\cos nt\bigg|_{0}^{\pi}\right] \\
&= \frac{1}{n^2\pi}(1-\cos n\pi - \cos n\pi + 1) \\
&= \frac{2}{n^2\pi}(1-\cos n\pi) \\
&= \frac{2}{n^2\pi}\left[1-(-1)^n\right] \\
&= \begin{cases} 0, & n=2,4,6,8,\ \cdots \\ \dfrac{4}{n^2\pi^2}, & n=1,3,5,7,\ \cdots \end{cases}
\end{aligned}
$$

이다. 따라서

$$
r(t) = \frac{4}{\pi}\left(\cos t + \frac{1}{3^2}\cos 3t + \frac{1}{5^2}\cos 5t + \cdots\right) \tag{45}
$$

이 된다.

이제

$$y''(t)+0.02y'(t)+25y(t)=\frac{4}{n^2\pi}\cos nt \quad (n=1,3,5,\cdots)$$

의 특수해 $y_n(t)$를 구하자.

선형 상미분방정식에서의 미정계수법에 의하여

$$y_n(t)=A_n\cos nt+B_n\sin nt \quad (n=1,3,5,\cdots)$$

라 두면

$$y_n'(t)=-nA_n\sin nt+nB_n\cos nt \quad (n=1,3,5,\cdots)$$

이고

$$y_n''(t)=-n^2A_n\cos nt-n^2B_n\sin nt \quad (n=1,3,5,\cdots)$$

이므로 주어진 선형 상미분방정식

$$y''(t)+0.02y'(t)+25y(t)=\frac{4}{n^2\pi}\cos nt \quad (n=1,3,5,\cdots)$$

에 대입하면

$$\begin{aligned}&[-n^2A_n\cos nt-n^2B_n\sin nt]+0.02[-nA_n\sin nt+nB_n\cos nt]\\&+25[A_n\cos nt+B_n\sin nt]=\frac{4}{n^2\pi}\cos nt \quad (n=1,3,5,\ldots)\end{aligned}$$

이 성립한다. 따라서

$$\begin{aligned}&[-n^2A_n+0.02nB_n+25A_n]\cos nt\\&+[-n^2B_n-0.02nA_n+25B_n]\sin nt=\frac{4}{n^2\pi}\cos nt \quad (n=1,3,5,\ldots)\end{aligned}$$

가 되고 $A_n$과 $B_n$에 관한 연립방정식

$$\begin{cases} (25-n^2)A_n + 0.02nB_n = \dfrac{4}{n^2\pi} \\ -0.02nA_n + (25-n^2)B_n = 0 \quad (n=1,3,5,\ldots) \end{cases}$$

을 풀면

$$\begin{aligned} A_n &= \frac{\begin{vmatrix} \dfrac{4}{n^2\pi} & 0.02n \\ 0 & 25-n^2 \end{vmatrix}}{\begin{vmatrix} 25-n^2 & 0.02n \\ -0.02n & 25-n^2 \end{vmatrix}} = \frac{\dfrac{4}{n^2\pi}(25-n^2)}{(25-n^2)^2+(0.02n)^2} \\ &= \frac{4(25-n^2)}{n^2\pi D} \qquad (n=1,3,5,\ldots) \end{aligned}$$

이고

$$\begin{aligned} B_n &= \frac{\begin{vmatrix} 25-n^2 & \dfrac{4}{n^2\pi} \\ -0.02n & 0 \end{vmatrix}}{\begin{vmatrix} 25-n^2 & 0.02n \\ -0.02n & 25-n^2 \end{vmatrix}} = \frac{\dfrac{4}{n^2\pi}(-0.02n)}{(25-n^2)^2+(0.02n)^2} \\ &= \frac{0.08}{n\pi D} \qquad (n=1,3,5,\ldots) \end{aligned}$$

이다. 여기서

$$D = (25-n^2)^2 + (0.02n)^2 \tag{46}$$

이다. 즉

$$y_n(t) = \frac{4(25-n^2)}{n^2\pi D}\cos nt + \frac{0.08}{n\pi D}\sin nt \quad (n=1,3,5,\cdots),$$

$$D = (25-n^2)^2 + (0.02n)^2 \tag{47}$$

이다.

한편, 주어진 미분방정식은 선형미분방정식이므로, 이 미분방정식의 특수해는 식(47)에

서의 $y_n(t)$에 대하여

$$y_p(t) - y_1(t) + y_3(t) + y_5(t) + \cdots \tag{48}$$

로 나타난다.

실제로 식 (48)이 항별로 미분가능 할 때 $y_p(t)$는 주어진 미분방정식 (44)에서 $r(t)$에 Fourier 급수 식 (45)를 대입하여 얻어지는 미분방정식의 해가 됨을 알 수 있다. 그리고 식 (48)의 항별 미분가능성은 이 식의 균등수렴성에 의존한다.

그런데 식 (47)에서

$$A_n = \frac{4(25-n^2)}{n^2\pi D},\ B_n = \frac{0.08}{n\pi D} \qquad (n = 1,3,5,\ldots)$$

일 때

$$C_n = \sqrt{A_n^2 + B_n^2} = \frac{4}{n^2\pi\sqrt{D}} \quad (n = 1,3,5,\ldots) \tag{49}$$

라고 두고, $C_n$의 값을 각각 구하여 보면 다음과 같다.

$$C_1 = 0.0530,\ C_3 = 0.0088,\ C_5 = 0.5100,\ C_7 = 0.0011,\ C_9 = 0.0003,\ \cdots$$

이제 $C_n$의 크기를 관찰하여 보면 $n=5$일 때인 $C_5$의 크기가 다른 것에 비하여 유난히 크고 다른 것들은 모두 0에 가까움을 알 수 있다. 이는 식 (47)에서 $n=5$일 때 $D$의 값이 최소로 되므로 식 (49)에서 $C_n$의 값이 최대로 되기 때문이다. 따라서 식 (48)에서 $y_5(t)$는 주된 항의 역할을 한다.

즉 식 (48)에 대하여 정상 상태의 해 $y_p(t)$에 대하여

$$y_p(t) \approx y_5(t) = C_5 \sin 5t = 0.51 \sin 5t$$

이 성립한다 ■

### ▶ 전기회로

아래 그림에서와 같은 $RLC$-회로에서 저항기의 저항이 $R$이고 Capacitor의 Capacitance가 $C$인 경우에 이 회로의 전류함수

$$I = I(t)$$

에 관한 미분방정식은 다음과 같다.

$$LI'' + RI' + \frac{1}{C}I = E'(t)$$

위 식에서 함수 $E(t)$는 회로에서 기전력에 의한 전압상승을 나타낸다.

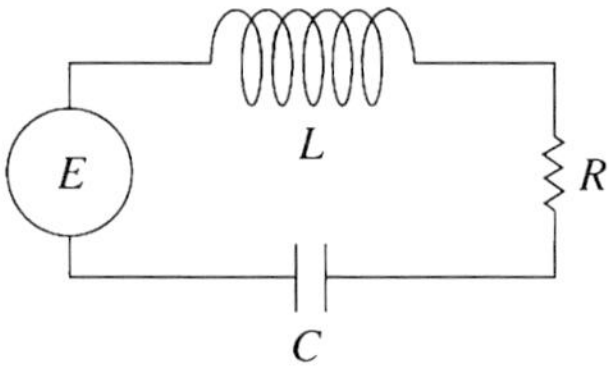


**그림 1.23** RLC-회로

다음 예제는 위 미분방정식에서 함수 $E(t)$가 주기함수인 경우에 이 미분방정식의 특수해를 Fourier 급수를 이용하여 구하는 방법을 알려준다.

#### 예제 5

$RLC$회로에서 $R = 10(ohm), L = 1(henry), C = 0.1(farad)$일 때, 정상상태의 전류함수 $I(t)$를 구하라. 회로에서의 기전력에 의한 전압상승함수 $E(t)$는 다음과 같은 주기함수라고 한다.

$$E(t) = \begin{cases} \pi t + \dfrac{t^2}{2}, & -\pi < t < 0 \\ \pi t - \dfrac{t^2}{2}, & 0 < t < \pi \end{cases}, \qquad E(t + 2\pi) = E(t)$$

**풀이**

주어진 $RLC$회로에서의 전류함수 $I(t)$에 관한 미분방정식은 다음과 같다.

$$I'' + 10I' + 10I = E'(t),\ 0 < t < \infty$$

기전력 $E(t)$의 도함수를 구하면

$$E'(t) = \begin{cases} \pi + t\ (-\pi < t < 0) \\ \pi - t\ (0 < t < \pi) \end{cases}, \qquad E'(t+2\pi) = E'(t)$$

이다.

주기함수 $E'(t)$의 Fourier 급수를 구하면, $E'(t)$는 우함수이므로, 예제 4의 식(45)에서와 같이

$$E'(t) = \frac{4}{\pi}\left(\cos t + \frac{1}{3^2}\cos 3t + \frac{1}{5^2}\cos 5t + \cdots\right)$$

이다.

이제 미분방정식

$$I'' + 10I' + 10I = \frac{4}{\pi n^2}\cos nt\ \ (n = 1, 3, 5, \cdots) \tag{50}$$

의 특수해를 $I_n(t) = A_n \cos nt + B_n \sin nt$라 두고 미정계수법에 의해 구해보면

$$I_n'(t) = -nA_n \sin nt + nB_n \cos nt$$
$$I_n''(t) = -n^2 A_n \cos nt - n^2 B_n \sin nt$$

를 원 식에 대입하면

$$\left(-n^2 A_n \cos nt - n^2 B_n \sin nt\right) + 10\left(-nA_n \sin nt + nB_n \cos nt\right) + 10\left(A_n \cos nt + B_n \sin nt\right)$$
$$= \frac{4}{n^2\pi}\cos nt$$

로부터

$$\left(-n^2 A_n + 10nB_n + 10A_n\right)\cos nt + \left(-n^2 B_n - 10nA_n + 10B_n\right)\sin nt = \frac{4}{n^2\pi}\cos nt$$

이니까

$$(10-n^2)A_n + 10nB_n = \frac{4}{n^2\pi},\ -10nA_n + (10-n^2)B_n = 0$$

가 되어

$$A_n = \frac{\begin{vmatrix} \frac{4}{n^2\pi} & 10n \\ 0 & 10-n^2 \end{vmatrix}}{\begin{vmatrix} 10-n^2 & 10n \\ -10n & 10-n^2 \end{vmatrix}} = \frac{4(10-n^2)}{n^2\pi\left[(10-n^2)^2+100n\right]}$$

이고

$$B_n = \frac{\begin{vmatrix} 10-n^2 & \frac{4}{n^2\pi} \\ -10n & 0 \end{vmatrix}}{\begin{vmatrix} 10-n^2 & 10n \\ -10n & 10-n^2 \end{vmatrix}} = \frac{40}{n\pi\left[(10-n^2)^2+100n\right]}$$

이므로 식 (50)의 특수해 $I_n(t)$를 구하면, 다음과 같다.

$$I_n(t) = \frac{4(10-n^2)}{\pi n^2\left[(10-n^2)^2+100n\right]}\cos nt + \frac{40}{\pi n\left[(10-n^2)^2+100n\right]}\sin nt \quad (n = 1,3,5,\ldots)$$

따라서 주어진 미분방정식 $I'' + 10I' + 10I = E'(t)$의 특수해는 $I_p(t) = \sum_{n=1}^{\infty} I_n(t)$ $= \sum_{k=0}^{\infty} I_{2k+1}(t)$로 나타난다.

한편, 주어진 미분방정식의 제차 미분방정식 $I'' + 10I' + 10I = 0$의 특성방정식 $m^2 + 10m + 10 = 0$로부터 $m = -5 \pm \sqrt{15}$이므로 이 제차 미분방정식의 일반해는

$$I_h(t) = c_1 e^{-5t}\cos(\sqrt{15}\,t) + c_2 e^{-5t}\sin(\sqrt{15}\,t)$$

가 된다. 따라서, $\lim_{t\to\infty} I_h(t) = 0$이다. $I_h(t)$는 **과도상태의 해(transient state solution)**이다.

그리하여 주어진 비제차 미분방정식의 일반해는 $I(t)=I_h(t)+I_p(t)$이고 $t\to\infty$일 때 보존되는 정상상태의 해는

$$I_p(t)=I_1(t)+I_3(t)+I_5(t)+\cdots$$

이다. 여기서 $n=1,3,5,\ldots$일 때

$$I_n(t)=\frac{4(10-n^2)}{n^2\pi\left[(10-n^2)^2+100n\right]}\cos nt+\frac{40}{n\pi\left[(10-n^2)^2+100n\right]}\sin nt\quad(-\infty<t<\infty)$$

이다. ■

## 연습문제 1.5

1. 다음 함수의 복소 Fourier 급수를 구하라.

$$f(x)=\begin{cases}1, & 0<x<1\\ 0, & 1<x<2,\end{cases}\ f(x+2)=f(x)$$

(답) $f(x)=\dfrac{1}{2}+\displaystyle\sum_{\substack{n=-\infty\\ n\neq 0}}^{\infty}\frac{i}{2n\pi}\left[(-1)^n-1\right]e^{in\pi x}$

2. 다음 주기함수 $f(x)$에 대한 복소 Fourier 급수를 구하라.

$$f(x)=x(0<x<2),\ f(x+2)=f(x)$$

(답) $f(x)=1+\displaystyle\sum_{\substack{n=-\infty\\ n\neq 0}}^{\infty}\frac{i}{n\pi}e^{in\pi x}$

3. 다음 주기함수의 복소 Fourier 급수를 구하라.

$$f(x)=e^x(-\pi<x<\pi),\ f(x+2\pi)=f(x)$$

(답) $f(x)=\sum_{n=-\infty}^{\infty}\frac{(-1)^n(1+in)}{(1+n^2)\pi}\sinh\pi\, e^{inx}$

4. 다음 주기함수의 복소 Fourier 급수를 구하라.

$$f(x)=\begin{cases}-1, & -2\pi<x<0\\ 1, & 0<x<2\pi,\end{cases}\quad f(x+4\pi)=f(x)$$

(답) $f(x)=\sum_{\substack{n=-\infty\\ n\neq 0}}^{\infty}\frac{i}{n\pi}\left[(-1)^n-1\right]e^{i\frac{n}{2}x}$

5. 다음 주기함수의 복소 Fourier 급수를 구하라.

$$f(x)=e^{-|x|}(-\pi<x<\pi),\quad f(x+2\pi)=f(x)$$

(답) $f(x)=\sum_{n=-\infty}^{\infty}\frac{1+e^{-\pi}(-1)^{n+1}}{\pi(1+n^2)}e^{inx}$

6. 다음 주기함수의 복소 Fourier 급수를 구하라.

$$f(x)=\begin{cases}0, & -2<x<-1\\ 1, & -1<x<1\\ 0, & 1<x<2,\end{cases}\qquad f(x+4)=f(x)$$

(답) $f(x)=\frac{1}{2}+\sum_{\substack{n=-\infty\\ n\neq 0}}^{\infty}\frac{1}{n\pi}\sin\frac{n\pi}{2}e^{i\frac{n\pi}{2}x}$

7.다음 미분방정식의 특수해 $y_p(t)$를 Fourier 급수를 이용하여 구하라.

(1) $y''+y=r(t)\quad(-\pi\le t\le\pi),$

$$r(t)=\begin{cases}-1, & (-\pi<t<0)\\ 1 & (0<t<\pi),\end{cases}\quad r(t+2\pi)=r(t)$$

(2) $y''-y=r(t)\quad(-1<t<1),$

$$r(t)=\begin{cases}-t, & (-1<t<0)\\ t & (0<t<1),\end{cases}\quad r(t+2)=r(t)$$

(답)

(1) $y_p(t)=\dfrac{-2}{\pi}t\cos t+\dfrac{4}{(1-3^2)3\pi}\sin 3t+\dfrac{4}{(1-5^2)5\pi}\sin 5t+\dfrac{4}{(1-7^2)7\pi}\sin 7t+\cdots$

(2) $y_p(t)=\dfrac{1}{2}-\dfrac{4}{\pi^2}\left[\dfrac{1}{1^2(1-\pi^2)}\cos\pi t+\dfrac{1}{3^2(1-3^2\pi^2)}\cos 3\pi t+\dfrac{1}{5^2(1-5^2\pi^2)}\cos 5\pi t+\cdots\right]$

8. 다음 미분방정식의 특수해를 Fourier cosine 급수를 이용하여 구하라.

(1) $y''+y=t \quad (0<t<\pi)$

(2) $y''-y=t^2 \quad (0<t<1)$

(답) (1) $y_p(t)=\dfrac{\pi}{2}-\dfrac{2}{\pi}t\sin t-\dfrac{4}{\pi}\left(\cos t+\dfrac{1}{3^2}\cos 3t+\dfrac{1}{5^2}\cos 5t+\dfrac{1}{7^2}\cos 7t+\cdots\right)$

(2) $y_p(t)=\dfrac{1}{3}+\displaystyle\sum_{n=1}^{\infty}\dfrac{4(-1)^n}{n^2\pi^2(1-n^2\pi^2)}\cos n\pi t$

9. 다음 미분방정식의 해를 Fourier 사인급수를 이용하여 구하라.

(1) $y''+y=t \quad (0<t<\pi)$

(2) $y''-y=t^2 \quad (0<t<1)$

(답) (1) $y_p(t)=-t\cos t+\displaystyle\sum_{n=2}^{\infty}\dfrac{2(-1)^{n+1}}{n(1-n^2)}\sin nt$

(2) $y_p(t)=\displaystyle\sum_{n=1}^{\infty}\left\{\dfrac{2(-1)^{n+1}}{n\pi(1-n^2\pi^2)}+\dfrac{4\left[(-1)^n-1\right]}{n^3\pi^3(1-n^2\pi^2)}\right\}\sin n\pi t$

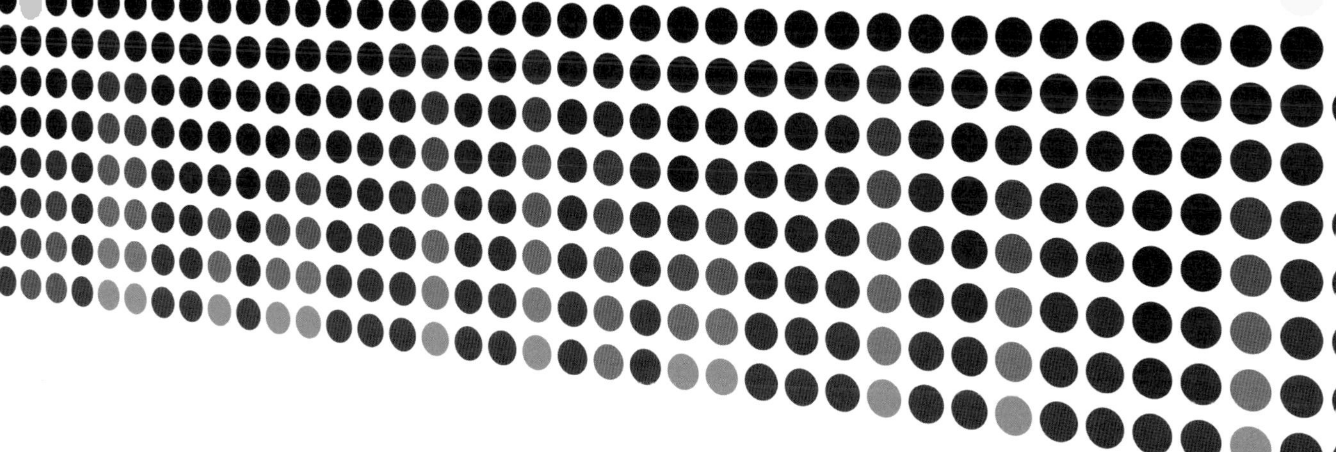

# 제2장
# Fourier 적분과 변환

이제까지 구간 $(-L,\ L)$ 또는 $(0,\ L)$에서 정의된 함수 $f(x)$를 Fourier 급수라는 삼각함수들의 무한급수로 표현하여 해당구간에서는 물론 구간 외에서도 $f(x)$를 주기적으로 확장하였다. 따라서 Fourier 급수는 기본적으로 주기함수(periodic function)이다. 지금부터는 무한구간 $(-\infty,\ \infty)$ 또는 반 무한구간 $[0,\ \infty)$에서 정의되는 함수를 표현하는 방법으로 Fourier 적분에 대해 공부할 것이다.

비주기함수는 주기가 $T$인 주기함수 $f_T(x)$에서 $T\to\infty$인 경우라 할 수 있다. 그러므로 주기함수의 Fourier 급수에서 주기 $T\to\infty$에 의하여 비주기함수의 Fourier 적분을 표현할 수 있다. 결과적으로 Fourier 급수는 주기 함수를 삼각함수의 무한급수로 표현하고, Fourier 적분은 비주기 함수를 삼각함수의 무한적분으로 표현한다.

## 2.1 Fourier 적분

Fourier 급수로부터 Fourier 적분을 유도한다. 구간 $(-L,\ L)$에서 정의된 함수 $f(x)$의

Fourier 급수는 1장의 식 (5)에서

$$f(x)=\frac{a_0}{2}+\sum_{n=1}^{\infty}\left(a_n\cos\frac{n\pi}{L}x+b_n\sin\frac{n\pi}{L}x\right)$$

이고, 여기에 1장의 식 (6), (7), (8)로 정의된 Fourier 계수 $a_0$, $a_n$, $b_n\,(n=1,2,\ldots)$을 대입하면

$$\begin{aligned}f(x)=&\frac{1}{2L}\int_{-L}^{L}f(u)du\\&+\frac{1}{L}\sum_{n=1}^{\infty}\left[\left(\int_{-L}^{L}f(u)\cos\frac{n\pi}{L}u\,du\right)\cos\frac{n\pi}{L}x+\left(\int_{-L}^{L}f(u)\sin\frac{n\pi}{L}u\,du\right)\sin\frac{n\pi}{L}x\right]\end{aligned}$$

이다. $\alpha_n=\frac{n\pi}{L}$, $\Delta\alpha=\alpha_{n+1}-\alpha_n=\frac{\pi}{L}$로 놓고 위 식을 다시 쓰면

$$\begin{aligned}f(x)=&\frac{1}{2\pi}\left(\int_{-L}^{L}f(u)du\right)\Delta\alpha\\&+\frac{1}{\pi}\sum_{n=1}^{\infty}\left[\left(\int_{-L}^{L}f(u)\cos\alpha_n u\,du\right)\cos\alpha_n x+\left(\int_{-L}^{L}f(u)\sin\alpha_n u\,du\right)\sin\alpha_n x\right]\Delta\alpha\end{aligned}$$

이다. 여기서 $L\to\infty$, 즉 $\Delta\alpha\to 0$ 일 때 극한을 취하면

$$\begin{aligned}f(x)=&\frac{1}{2\pi}\lim_{\Delta\alpha\to 0}\left(\int_{-\infty}^{\infty}f(u)du\right)\Delta\alpha\\&+\frac{1}{\pi}\lim_{\Delta\alpha\to 0}\sum_{n=1}^{\infty}\left[\left(\int_{-\infty}^{\infty}f(u)\cos\alpha_n u\,du\right)\cos\alpha_n x+\left(\int_{-\infty}^{\infty}f(u)\sin\alpha_n u\,du\right)\sin\alpha_n x\right]\Delta\alpha\end{aligned}$$

이다. 만약 $\int_{-\infty}^{\infty}f(x)dx$가 유한한 값으로 수렴하면 위 식의 우변 첫째 항은 0이고, 합의 극한은

$$\int_0^{\infty}F(\alpha)d\alpha=\lim_{\Delta\alpha\to 0}\sum_{n=1}^{\infty}F(\alpha_n)\Delta\alpha$$

의 형태로 정의되는 적분으로 표현되어

$$f(x)=\frac{1}{\pi}\int_0^{\infty}\left[\left(\int_{-\infty}^{\infty}f(u)\cos\alpha u\,du\right)\cos\alpha x+\left(\int_{-\infty}^{\infty}f(u)\sin\alpha u\,du\right)\sin\alpha x\right]d\alpha$$

가 된다.

**정의 2.1 (Fourier 적분)**

구간 $(-\infty, \infty)$에서 정의되는 함수 $f(x)$의 Fourier 적분(Fourier integral)은

$$f(x)=\frac{1}{\pi}\int_0^{\infty}[A(\alpha)\cos\alpha x+B(\alpha)\sin\alpha x]\,d\alpha \tag{1}$$

이고, 여기서 Fourier 적분계수는

$$A(\alpha)=\int_{-\infty}^{\infty}f(x)\cos\alpha x\,dx \tag{2}$$

$$B(\alpha)=\int_{-\infty}^{\infty}f(x)\sin\alpha x\,dx \tag{3}$$

이다.

**정리 2.1 (Fourier 적분의 수렴성)**

$f(x)$와 $f'(x)$는 구간 $(-\infty, \infty)$에서 조각별 연속 즉, 구간 $(-\infty, \infty)$의 모든 유한구간에서 조각별 연속이고, $f(x)$는 절대적분가능 즉, $\int_{-\infty}^{\infty}|f(x)|\,dx<\infty$이면 Fourier 적분은 $f(x)$가 연속인 점에서는 $f(x)$에 수렴하고 $f(x)$가 불연속인 점에서는 $\frac{1}{2}[f(x+)+f(x-)]$에 수렴한다.

**예제 1**

함수 $f(x)$의 Fourier 적분을 구하라.

$$f(x)=\begin{cases}1, & -1<x<1\\ 0, & x<-1,\ x>1\end{cases}$$

**풀이**

Fourier 적분계수는

$$A(\alpha)=\int_{-\infty}^{\infty} f(x)\cos\alpha x dx = \int_{-1}^{1} \cos\alpha x dx = \frac{2\sin\alpha}{\alpha}$$

이고

$$B(\alpha)=\int_{-\infty}^{\infty} f(x)\sin\alpha x dx = \int_{-1}^{1} \sin\alpha x dx = 0$$

이므로, Fourier 적분은

$$f(x)=\frac{1}{\pi}\int_{0}^{\infty} [A(\alpha)\cos\alpha x + B(\alpha)\sin\alpha x]\, d\alpha$$

$$= \frac{2}{\pi}\int_{0}^{\infty} \frac{\sin\alpha}{\alpha}\cos\alpha x\, d\alpha \tag{4}$$

이다. ■

적분으로 정의되는 함수 중에 사인 적분함수(sine integral function)

$$Si(x)=\int_{0}^{x} \frac{\sin t}{t} dt \tag{5}$$

가 있다. 예제 1에서 함수 $f(x)$는 $x=0$에서 연속이므로 $f(x)$의 Fourier 적분 식 (4)에 $x=0$을 대입하면 이는 $f(0)=1$로 수렴해야 한다. 즉,

$$\frac{2}{\pi}\int_{0}^{\infty} \frac{\sin\alpha}{\alpha} d\alpha = 1$$

에서

$$Si(\infty)=\int_{0}^{\infty} \frac{\sin t}{t} dt = \frac{\pi}{2}$$

임을 알 수 있다.

한편 예제 1의 결과식 (4)에서

$$f(x)=\frac{2}{\pi}\int_0^{\infty}\frac{\sin\alpha}{\alpha}\cos\alpha x\,d\alpha=\lim_{b\to\infty}\frac{2}{\pi}\int_0^{b}\frac{\sin\alpha}{\alpha}\cos\alpha x\,d\alpha$$

이고

$$\begin{aligned}
&\frac{2}{\pi}\int_0^{b}\frac{\sin\alpha}{\alpha}\cos\alpha x\,d\alpha \\
&=\frac{1}{\pi}\int_0^{b}\frac{\sin\alpha(x+1)}{\alpha}d\alpha-\frac{1}{\pi}\int_0^{b}\frac{\sin\alpha(x-1)}{\alpha}d\alpha \\
&=\frac{1}{\pi}\int_0^{b}\frac{\sin\alpha(x+1)}{\alpha(x+1)}(x+1)d\alpha-\frac{1}{\pi}\int_0^{b}\frac{\sin(\alpha x-\alpha)}{\alpha(x-1)}(x-1)d\alpha \\
&=\frac{1}{\pi}\int_0^{b(1+x)}\frac{\sin t}{t}dt-\frac{1}{\pi}\int_0^{b(x-1)}\frac{\sin t}{t}dt \\
&=\frac{1}{\pi}Si(b(x+1))-\frac{1}{\pi}Si(b(x-1))
\end{aligned}$$

임을 알 수 있다.

### 예제 2

다음 비주기함수의 Fourier 적분을 구하라.

$$f(x)=e^{-|x|},\quad -\infty<x<\infty$$

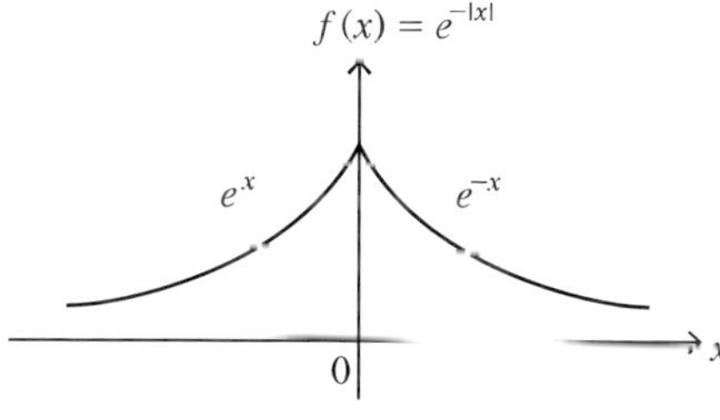


**그림 2.1** $f(x)=e^{-|x|}$

**풀이**

함수 $f(x)=e^{-|x|}$ 는 우함수이므로 $e^{-|x|}\cos\alpha x$는 우함수이고, $e^{-|x|}\sin\alpha x$는 기함수이

다. 따라서 함수 $f(x)=e^{-|x|}$의 Fourier 적분계수 $A(\alpha)$, $B(\alpha)$를 구하면, 각각 다음과 같다.

$$\begin{aligned} A(\alpha) &= \int_{-\infty}^{\infty} f(x)\cos\alpha x dx \\ &= \int_{-\infty}^{\infty} e^{-|x|}\cos\alpha x dx \\ &= 2\int_{0}^{\infty} e^{-x}\cos\alpha x dx \\ &= 2\mathcal{L}\,[\cos\alpha x](s)|_{s=1} \\ &= 2\frac{s}{s^2+\alpha^2}\bigg|_{s=1} = \frac{2}{1+\alpha^2} \end{aligned}$$

여기서 $\mathcal{L}\,[\cos(\alpha x)](s)$는 $\cos(\alpha x)$의 라플라스변환이다.

$$\begin{aligned} B(\alpha) &= \int_{-\infty}^{\infty} f(x)\sin\alpha x dx \\ &= \int_{-\infty}^{\infty} e^{-|x|}\sin\alpha x dx = 0 \end{aligned}$$

이다. 그러므로 Fourier 계수를 이용하여 $f(x)$의 Fourier 적분을 구하면 다음과 같다.

$$e^{-|x|} = f(x) = \frac{1}{\pi}\int_0^{\infty}\left(\frac{2}{1+\alpha^2}\right)\cos\alpha x d\alpha$$ ■

## 연습문제 2.1

1. 다음 함수의 Fourier 적분을 구하라.

$$f(x)=\begin{cases} -1, & -\pi < x < 0 \\ 1, & 0 < x < \pi \\ 0, & |x| > \pi \end{cases}$$

(답) $f(x)=\dfrac{2}{\pi}\displaystyle\int_0^{\infty}\frac{1-\cos\alpha\pi}{\alpha}\sin\alpha x\, d\alpha$

2. 다음 함수의 Fourier 적분을 구하고 $\int_0^{\pi} \frac{\sin^2(\alpha\pi)}{1-\alpha^2} d\alpha = 0$ 임을 보여라.

$$f(x) = \begin{cases} \sin x, & -\pi < x < \pi \\ 0, & |x| > \pi \end{cases}$$

(답) $f(x) = \frac{2}{\pi} \int_0^{\infty} \frac{\sin\alpha\pi}{1-\alpha^2} \sin\alpha x \, d\alpha$

3. 다음의 함수에 대하여

$$f(x) = \begin{cases} 0, & x < 0 \\ e^{-x}, & x > 0 \end{cases}$$

(1) $f(x)$의 Fourier 적분을 구하라.

(2) $f(x)$의 Fourier 적분으로부터

$$\int_0^{\infty} \frac{1}{1+\alpha^2} d\alpha = \frac{\pi}{2}$$

이고

$$\frac{\pi}{e} = \int_0^{\infty} \frac{\cos\alpha + \alpha\sin\alpha}{1+\alpha^2} d\alpha$$

임을 보여라.

(답) (1) $f(x) = \frac{1}{\pi} \int_0^{\infty} \left( \frac{1}{1+\alpha^2} \cos\alpha x + \frac{\alpha}{1+\alpha^2} \sin\alpha x \right) d\alpha$

4. 다음 함수의 Fourier 적분을 구하라.

$$f(x) = \begin{cases} x, & \pi \le x \le \pi \\ 0, & |x| > \pi \end{cases}$$

(답) $f(x) = \int_0^{\infty} \left( \frac{2\sin\alpha\pi}{\pi\alpha^2} - \frac{2\cos\alpha\pi}{\alpha} \right) \sin\alpha x \, d\alpha$

5. 다음 함수의 Fourier 적분을 구하라.

$$f(x)=\begin{cases} 1, & 0<x<5 \\ -1, & -5<x<0 \\ 0, & |x|>5 \end{cases}$$

(답) $f(x)=\dfrac{2}{\pi}\displaystyle\int_0^\infty \frac{1-\cos 5\alpha}{\alpha}\sin\alpha x\, d\alpha$

6. $f(x)$의 Fourier 적분을 구하라.

$$f(x)=\begin{cases} 0, & x<0 \\ x, & 0<x<a \\ 0, & x>a \end{cases}$$

(답)

$$f(x)=\frac{1}{\pi}\int_0^\infty \left[\left(\frac{a}{\alpha}\sin a\alpha+\frac{1}{a^2}\cos a\alpha-\frac{1}{\alpha^2}\right)\cos\alpha x+\left(\frac{1}{\alpha^2}\sin a\alpha-\frac{a}{\alpha}\cos a\alpha\right)\sin\alpha x\right]d\alpha$$

## 2.2 Fourier 코사인 적분과 Fourier 사인 적분

비주기 함수 $f(x)$가 우함수이거나 또는 기함수이면 Fourier 급수의 경우와 마찬가지로 $f(x)$의 Fourier 적분의 표현이 간단해진다.

함수 $f(x)$가 전 구간 $(-\infty,\ \infty)$에서 우함수이면 정의 2.1에서 $f(x)$의 Fourier 적분은

$$f(x)=\frac{2}{\pi}\int_0^\infty A(\alpha)\cos\alpha x\, d\alpha \tag{6}$$

$$A(\alpha)=\int_0^\infty f(x)\cos\alpha x\, dx \tag{7}$$

으로 표현되며 이를 **Fourier 코사인 적분(Fourier cosine integral)**이라 부른다.

한편 함수 $f(x)$가 전 구간 $(-\infty,\ \infty)$에서 기함수이면 정의 2.1에서 $f(x)$의 Fourier 적분은

$$f(x) = \frac{2}{\pi}\int_0^\infty B(\alpha)\sin\alpha x d\alpha \tag{8}$$

$$B(\alpha) = \int_0^\infty f(x)\sin\alpha x dx \tag{9}$$

으로 표현되며, 이를 **Fourier 사인 적분(Fourier sine Integral)**이라 부른다.

### 예제 1

다음 함수의 Fourier 적분을 구하라.

$$f(x) = \begin{cases} 0, & |x| > 1 \\ -1, & -1 < x < 0 \\ 1, & 0 < x < 1 \end{cases}$$

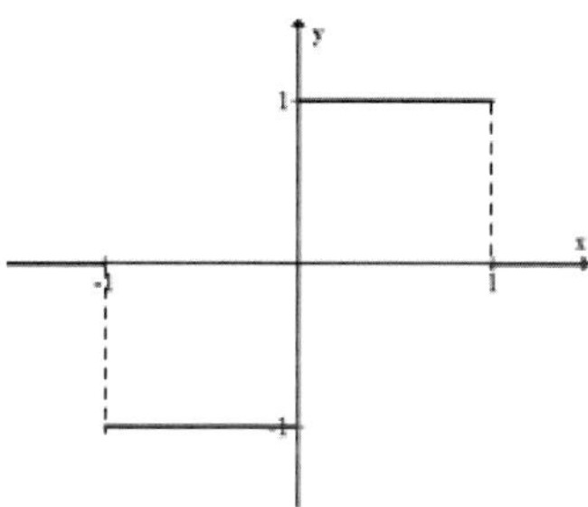


**그림 2.2** 예제 1의 함수 $f(x)$

**풀이**

주어진 $f(x)$는 기함수이므로 $f(x)$의 Fourier 적분은

$$f(x) = \frac{2}{\pi}\int_0^\infty B(\alpha)\sin\alpha x d\alpha,$$

$$B(\alpha) = \int_0^\infty f(x)\sin\alpha x dx$$

이고

$$B(\alpha) = \int_0^\infty f(x)\sin\alpha x dx$$

$$= \int_0^1 \sin\alpha x dx = -\frac{1}{\alpha}\cos\alpha x \Big|_0^1 = \frac{1-\cos\alpha}{\alpha}$$

이므로 $f(x)$의 Fourier적분은 다음과 같은 Fourier 사인 적분이 된다.

$$f(x) = \frac{2}{\pi}\int_0^\infty \frac{1-\cos\alpha}{\alpha}\sin\alpha x\, d\alpha \quad (-\infty < x < \infty)$$

■

### 예제 2

다음 함수의 Fourier 적분을 구하라.

$$f(x) = \begin{cases} 0, & |x| > 1 \\ 1, & |x| < 1 \end{cases}$$

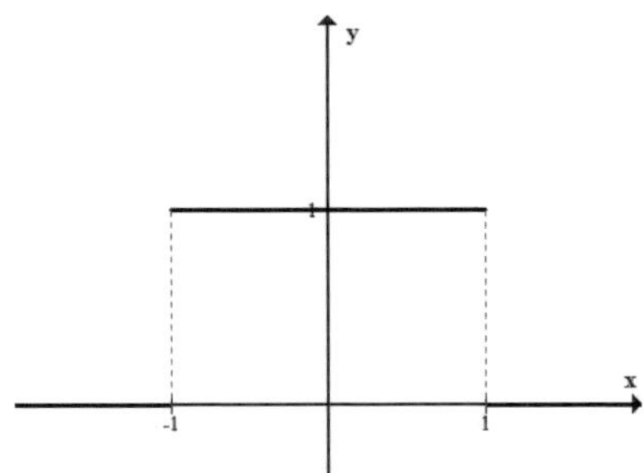


**그림 2.3** 예제 2의 함수 $f(x)$

**풀이**

주어진 함수 $f(x)$는 우함수이므로 $f(x)$의 Fourier 적분은 Fourier 코사인 적분으로 나타난다. 즉,

$$f(x) = \frac{2}{\pi}\int_0^\infty A(\alpha)\cos\alpha x d\alpha,$$

$$A(\alpha) = \int_0^\infty f(x)\cos\alpha x dx$$

이다.

$$A(\alpha)=\int_0^{\infty} f(x)\cos\alpha x dx = \int_0^1 \cos\alpha x dx = \frac{1}{\alpha}\sin\alpha x\Big|_0^1 = \frac{\sin\alpha}{\alpha}$$

이므로

$$f(x)=\frac{2}{\pi}\int_0^{\infty}\frac{\sin\alpha}{\alpha}\cos\alpha x\, d\alpha \quad (-\infty < x < \infty)$$

이다. ■

### ◆ 반 무한구간에서의 Fourier 적분

함수 $f(x)$가 전 구간 $(-\infty,\ \infty)$의 반 무한구간 $(0,\ \infty)$에서 정의되었을 때, Fourier 급수의 반구간 전개에서와 같이 이때 함수가 정의되지 않은 나머지 반 무한구간 $(-\infty,\ 0)$에서 Fourier 코사인 적분의 경우는 $f(x)$를 우함수로 확장하고 Fourier 사인 적분의 경우는 $f(x)$를 기함수로 확장하여 각각 Fourier 코사인 적분과 Fourier 사인 적분으로 나타낸다.

구체적으로 반 무한구간 $(0,\ \infty)$에서 정의된 함수 $f(x)$를 우함수 확장한 함수를 $f_e(x)$, 기함수 확장한 함수를 $f_o(x)$로 정의하고, 이들의 Fourier 적분을 이용하여 $f(x)$의 Fourier 적분을 구해보자.

우선 $f_o(x)$는 전 구간 $(-\infty,\ \infty)$에서 우함수이므로 Fourier 코사인 적분

$$f_e(x)=\frac{2}{\pi}\int_0^{\infty} A(\alpha)\cos\alpha x d\alpha \quad (-\infty < x < \infty),$$

$$A(\alpha)=\int_0^{\infty} f_e(x)\cos\alpha x dx$$

으로 표현되고, $0 < x < \infty$에서 $f_e(x)=f(x)$이므로 **반 무한구간에서 정의된 함수** $f(x)$를 **Fourier 코사인 적분**

$$f(x)=\frac{2}{\pi}\int_0^{\infty} A(\alpha)\cos\alpha x d\alpha \quad (0 < x < \infty),$$

$$A(\alpha) = \int_0^\infty f(x)\cos\alpha x dx$$

으로 나타낼 수 있다.

다음으로 $f_o(x)$는 전 구간 $(-\infty, \infty)$에서 기함수이므로 Fourier 사인적분

$$f_o(x) = \frac{2}{\pi}\int_0^\infty B(\alpha)\sin\alpha x d\alpha \quad (-\infty < x < \infty),$$

$$B(\alpha) = \int_0^\infty f_o(x)\sin\alpha x dx$$

으로 표현되고, $0 < x < \infty$에서 $f_o(x) = f(x)$이므로 반무한 구간에서 정의된 함수 $f(x)$는 Fourier 사인적분

$$f(x) = \frac{2}{\pi}\int_0^\infty B(\alpha)\sin\alpha x d\alpha \quad (0 < x < \infty),$$

$$B(\alpha) = \int_0^\infty f(x)\sin\alpha x dx$$

으로 나타낼 수 있다.

### 예제 3

다음 함수의 Fourier 코사인 적분과 Fourier 사인적분을 표현하라.

$$f(x) = \begin{cases} 1, & 0 < x < 1 \\ 0, & x > 1 \end{cases}$$

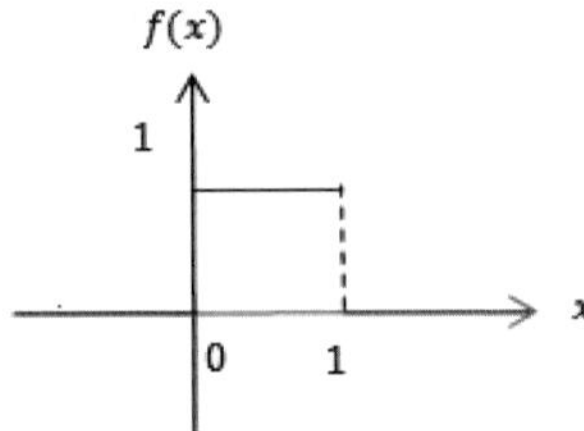


**그림 2.4** 예제 3의 함수 $f(x)$

**풀이**

주어진 함수의 Fourier 코사인 적분은

$$f(x)=\frac{2}{\pi}\int_0^\infty A(\alpha)\cos\alpha x d\alpha \quad (0<x<\infty)$$

이고

$$A(\alpha)=\int_0^1 \cos\alpha x dx = \frac{\sin\alpha x}{\alpha}\bigg|_0^1 = \frac{\sin\alpha}{\alpha}$$

이므로

$$f(x)=\frac{2}{\pi}\int_0^\infty \frac{\sin\alpha}{\alpha}\cos\alpha x\, d\alpha \quad (0<x<\infty)$$

이다.

한편 주어진 함수의 Fourier 사인 적분은

$$f(x)=\frac{2}{\pi}\int_0^\infty B(\alpha)\sin\alpha x d\alpha \quad (0<x<\infty)$$

이고

$$B(\alpha)=\int_0^1 \sin\alpha x dx = \frac{\cos\alpha x}{\alpha}\bigg|_0^1 = \frac{1-\cos\alpha}{\alpha}$$

이므로

$$f(x)=\frac{2}{\pi}\int_0^\infty \frac{1-\cos\alpha}{\alpha}\sin\alpha x\, d\alpha \quad (0<x<\infty)$$

이다. ■

**예제 4**

(1) 함수 $f(x)=e^{-kx}$ $(0<x<\infty,\ k>0)$의 Fourier 코사인 적분과 Fourier 사인적분을 구하라.

(2) $\displaystyle\int_0^{\infty}\frac{1}{1+\alpha^2}\cos\alpha x d\alpha=\frac{\pi}{2}e^{-x}$ $(0<x<\infty)$이고 $\displaystyle\int_0^{\infty}\frac{\alpha}{1+\alpha^2}\sin\alpha x d\alpha=\frac{\pi}{2}e^{-x}$임을 보여라.

**풀이**

주어진 함수의 Fourier 코사인 적분은

$$f(x)=\frac{2}{\pi}\int_0^{\infty}A(\alpha)\cos\alpha x d\alpha \qquad (0<x<\infty),$$

$$A(\alpha)=\int_0^{\infty}f(x)\cos\alpha x dx$$

이고

$$A(\alpha)=\int_0^{\infty}e^{-kx}\cos\alpha x dx=\mathcal{L}[\cos\alpha x](s)\mid_{s=k}=\left.\frac{s}{s^2+\alpha^2}\right|_{s=k}=\frac{k}{k^2+\alpha^2}$$

이므로

$$f(x)=\frac{2}{\pi}\int_0^{\infty}\frac{k}{k^2+\alpha^2}\cos\alpha x\, d\alpha \quad (0<x<\infty)$$

으로 표현된다. 여기서 $k=1$일 때

$$\int_0^{\infty}\frac{1}{1+\alpha^2}\cos\alpha x d\alpha=\frac{\pi}{2}e^{-x} \qquad (0<x<\infty)$$

을 얻는다.

다음으로 주어진 함수의 Fourier 사인적분은

$$f(x)=\frac{2}{\pi}\int_0^{\infty}B(\alpha)\sin\alpha x d\alpha \quad (0<x<\infty),$$

$$B(\alpha)=\int_0^{\infty}f(x)\sin\alpha x dx$$

이고

$$B(\alpha)=\int_0^{\infty} e^{-kx}\sin\alpha x dx = \mathcal{L}[\sin\alpha x](s)|_{s=k} = \left.\frac{\alpha}{s^2+\alpha^2}\right|_{s=k} = \frac{\alpha}{k^2+\alpha^2}$$

이다. 여기서 $\mathcal{L}$ 는 Laplace변환이다.

그리하여

$$f(x)=\frac{2}{\pi}\int_0^{\infty}\frac{\alpha}{k^2+\alpha^2}\sin\alpha x d\alpha,\ 0<x<\infty$$

으로 표현된다. 여기서 $k=1$일 때

$$\frac{\pi}{2}e^{-x}=\int_0^{\infty}\frac{\alpha}{1+\alpha^2}\sin\alpha x d\alpha$$

임을 알 수 있다. ■

### 예제 5

다음 함수의 Fourier 코사인 적분과 Fourier 사인 적분을 구하라.

$$f(x)=\begin{cases}1, & 0<x<1\\ 2, & 1<x<4\\ 0, & x>4\end{cases}$$

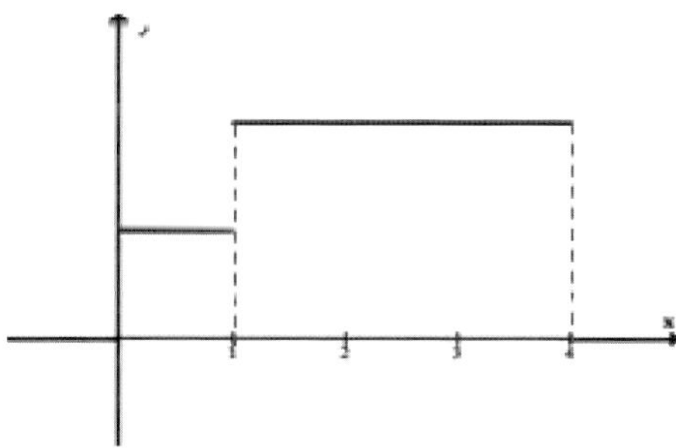

**그림 2.5** 예제 5의 함수 $f(x)$

**풀이**

주어진 함수의 Fourier 코사인 적분은

$$f(x)=\frac{2}{\pi}\int_0^\infty A(\alpha)\cos\alpha x d\alpha$$

이고

$$\begin{aligned}A(\alpha)&=\int_0^\infty f(x)\cos\alpha x dx\\&=\int_0^1\cos\alpha x dx+\int_1^4 2\cos\alpha x dx\\&=\frac{1}{\alpha}\sin\alpha x\Big|_0^1+2\,\frac{\sin\alpha x}{\alpha}\Big|_1^4\\&=\frac{\sin\alpha}{\alpha}+\frac{2}{\alpha}(\sin4\alpha-\sin\alpha)\;=\frac{2\sin4\alpha-\sin\alpha}{\alpha}\end{aligned}$$

이므로

$$f(x)=\frac{2}{\pi}\int_0^\infty\frac{2\sin4\alpha-\sin\alpha}{\alpha}\cos\alpha x\, d\alpha\quad(0<x<\infty)$$

으로 표현된다.

다음으로 주어진 함수의 Fourier 사인 적분은

$$f(x)=\frac{2}{\pi}\int_0^\infty B(\alpha)\sin\alpha x\, d\alpha$$

이고

$$\begin{aligned}B(\alpha)&=\int_0^\infty f(x)\sin\alpha x\, dx\\&=\int_0^1\sin\alpha x\, dx+\int_1^4 2\sin\alpha x\, dx\\&=-\frac{\cos\alpha x}{\alpha}\Big|_0^1-\frac{2\cos\alpha x}{\alpha}\Big|_1^4\\&=\frac{1-\cos\alpha}{\alpha}+\frac{2(\cos\alpha-\cos4\alpha)}{\alpha}\end{aligned}$$

$$= \frac{1+\cos\alpha - 2\cos 4\alpha}{\alpha}$$

이므로

$$f(x) = \frac{2}{\pi}\int_0^\infty \frac{1+\cos\alpha - 2\cos 4\alpha}{\alpha}\sin\alpha x\, d\alpha \quad (0 < x < \infty)$$

으로 표현된다. ■

## 연습문제 2.2

1. (1) 다음 함수의 Fourier 코사인 적분과 사인 적분을 구하라.

$$f(x) = xe^{-x} \quad (0 < x < \infty)$$

(2) $\displaystyle\int_0^\infty \frac{\alpha}{(1+\alpha^2)^2}\sin\alpha x\, d\alpha = \frac{\pi}{4}xe^{-x}\ (0 < x < \infty)$임을 보여라.

(답) (1) (Fourier 코사인 적분) $\displaystyle f(x) = \frac{2}{\pi}\int_0^\infty \frac{1-\alpha^2}{(1+\alpha^2)^2}\cos\alpha x\, d\alpha$

(Fourier 사인 적분) $\displaystyle f(x) = \frac{2}{\pi}\int_0^\infty \frac{2\alpha}{(1+\alpha^2)^2}\sin\alpha x\, d\alpha$

2. 다음 함수

$$f(x) = \begin{cases} 1, & 0 < x < 1 \\ 2, & 1 < x < 4 \\ 0, & x > 4 \end{cases}$$

의 Fourier 코사인 적분과 Fourier 사인 적분에서

$$\int_0^\infty \frac{2\sin 4\alpha - \sin\alpha}{\alpha}\cos\alpha\, d\alpha = \frac{3\pi}{4}$$

이고

$$\int_0^\infty \frac{\cos\alpha}{\alpha}\sin 4\alpha\, d\alpha = \frac{\pi}{2}$$

임을 보여라.

(답) (Fourier 코사인 적분) $f(x)= \frac{2}{\pi}\int_0^\infty \frac{2\sin 4\alpha - \sin\alpha}{\alpha}\cos\alpha x\, d\alpha$

$$\frac{2}{\pi}\int_0^\infty \frac{2\sin 4\alpha - \sin\alpha}{\alpha}\cos\alpha\, d\alpha = \frac{f(1+)+f(1-)}{2} = \frac{3}{2}$$

(Fourier 사인 적분) $f(x)= \frac{2}{\pi}\int_0^\infty \frac{1}{\alpha}(1+\cos\alpha - 2\cos 4\alpha)\sin\alpha x\, d\alpha$

$$1 = \frac{f(4+)+f(4-)}{2} = \frac{2}{\pi}\int_0^\infty \frac{1}{\alpha}(1+\cos\alpha - 2\cos 4\alpha)\sin 4\alpha\, d\alpha$$

$$= \frac{2}{\pi}\int_0^\infty \frac{\cos\alpha}{\alpha}\sin 4\alpha\, d\alpha$$

## 2.3 복소 Fourier 적분

1.5절의 Fourier 급수를 지수함수를 이용하여 복소형으로 표현한 것과 마찬가지로 Fourier 적분도 지수함수를 사용하여 복소형으로 표현할 수 있다.

Fourier 적분 식(1)에 Fourier 적분계수 식 (2)와 (3)을 대입하면

$$f(x)= \frac{1}{\pi}\int_0^\infty [A(\alpha)\cos\alpha x + B(\alpha)\sin\alpha x]\, d\alpha$$

$$= \frac{1}{\pi}\int_{\alpha=0}^\infty \left[\left\{\int_{u=-\infty}^\infty f(u)\cos\alpha u du\right\}\cos\alpha x + \left\{\int_{u=-\infty}^\infty f(u)\sin\alpha u du\right\}\sin\alpha x\right] d\alpha$$

$$= \frac{1}{\pi}\int_{\alpha=0}^\infty \int_{u=-\infty}^\infty f(u)(\cos\alpha u\cos\alpha x + \sin\alpha u\sin\alpha x) du\, d\alpha$$

$$= \frac{1}{\pi}\int_{\alpha=0}^\infty \int_{u=-\infty}^\infty f(u)\cos\alpha(x-u) du\, d\alpha$$

이 되고, $\cos\alpha(x-u)$가 $\alpha$에 대해 우함수이므로

$$f(x)=\frac{1}{2\pi}\int_{\alpha=-\infty}^{\infty}\int_{u=-\infty}^{\infty}f(u)\cos\alpha(x-u)du\,d\alpha$$

로 쓸 수 있다. 한편 $\sin\alpha(x-u)$가 $\alpha$에 의해 기함수이므로

$$\int_{\alpha=-\infty}^{\infty}\sin\alpha(x-u)d\alpha=0$$

이다. 따라서

$$\begin{aligned}&\int_{\alpha=-\infty}^{\infty}\int_{u=-\infty}^{\infty}f(u)\sin\alpha(x-u)du\,d\alpha\\&=\int_{u=-\infty}^{\infty}\int_{\alpha=-\infty}^{\infty}f(u)\sin\alpha(x-u)d\alpha\,du\\&=\int_{u=-\infty}^{\infty}f(u)\left[\int_{\alpha=-\infty}^{\infty}\sin\alpha(x-u)d\alpha\right]du\\&=0\end{aligned}$$

이 성립한다. 그러므로

$$\begin{aligned}f(x)&=\frac{1}{2\pi}\int_{\alpha=-\infty}^{\infty}\int_{u=-\infty}^{\infty}f(u)\cos\alpha(x-u)du\,d\alpha\\&=\frac{1}{2\pi}\int_{\alpha=-\infty}^{\infty}\int_{u=-\infty}^{\infty}f(u)\left[\cos\alpha(x-u)+i\sin\alpha(x-u)\right]du\,d\alpha\\&=\frac{1}{2\pi}\int_{\alpha=-\infty}^{\infty}\int_{u=-\infty}^{\infty}f(u)e^{i\alpha(x-u)}du\,d\alpha\\&=\frac{1}{2\pi}\int_{\alpha=-\infty}^{\infty}e^{i\alpha x}\left[\int_{u=-\infty}^{\infty}f(u)e^{-i\alpha u}du\right]d\alpha\end{aligned}$$

로 나타낼 수 있다. 이제

$$\begin{aligned}C(\alpha)&=\int_{u=-\infty}^{\infty}f(u)e^{-i\alpha u}du\\&=\int_{x=-\infty}^{\infty}f(x)e^{-i\alpha x}dx\qquad(-\infty<\alpha<\infty)\end{aligned}$$

로 두면

$$f(x)=\frac{1}{2\pi}\int_{\alpha=-\infty}^{\infty} C(\alpha)e^{i\alpha x}d\alpha \quad (-\infty < x < \infty)$$

로 표현할 수 있다.

**정의 2.2 (복소 Fourier 적분)**

구간 $(-\infty, \infty)$에서 정의되는 함수 $f(x)$의 복소 Fourier 적분은

$$f(x)=\frac{1}{2\pi}\int_{-\infty}^{\infty} C(\alpha)e^{i\alpha x}d\alpha \tag{10}$$

이고 Fourier 적분계수는

$$C(\alpha)=\int_{-\infty}^{\infty} f(x)e^{-i\alpha x}dx \quad (-\infty < \alpha < \infty) \tag{11}$$

이다.

**예제 1**

다음 함수의 복소 Fourier 적분을 구하라.

$$f(x)=\begin{cases} 1+x, & -1 < x < 0 \\ 1-x, & 0 < x < 1 \\ 0, & |x| > 1 \end{cases}$$

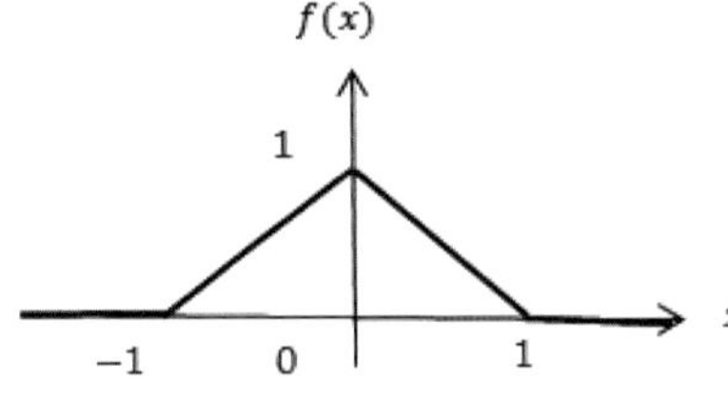


**그림 2.6** 예제 1의 함수 $f(x)$

**풀이**

$$f(x)=\frac{1}{2\pi}\int_{-\infty}^{\infty}C(\alpha)e^{i\alpha x}d\alpha$$

이고

$$\begin{aligned}C(\alpha)&=\int_{-\infty}^{\infty}f(x)e^{-i\alpha x}dx\\&=\int_{-1}^{1}f(x)e^{-i\alpha x}dx\\&=\int_{-1}^{0}(1+x)e^{-i\alpha x}dx+\int_{0}^{1}(1-x)e^{-i\alpha x}dx\end{aligned}$$

이다. 여기서

$$\begin{aligned}\int_{-1}^{0}(1+x)e^{-i\alpha x}dx&=(1+x)\left(\frac{-1}{i\alpha}e^{-i\alpha x}\right)\Bigg|_{-1}^{0}-\int_{-1}^{0}\frac{-1}{i\alpha}e^{-i\alpha x}dx\\&=\frac{-1}{i\alpha}+\frac{-1}{(i\alpha)^2}e^{-i\alpha x}\Bigg|_{-1}^{0}\\&=\frac{-1}{i\alpha}+\frac{1}{\alpha^2}(1-e^{i\alpha})\end{aligned}$$

이고

$$\begin{aligned}\int_{0}^{1}(1-x)e^{-i\alpha x}dx&=(1-x)\left(\frac{-1}{i\alpha}e^{-i\alpha x}\right)\Bigg|_{0}^{1}-\int_{0}^{1}(-1)\frac{1}{i\alpha}e^{-i\alpha x}dx\\&=\frac{1}{i\alpha}+\frac{1}{(-i\alpha)^2}e^{-i\alpha x}\Bigg|_{0}^{1}\\&=\frac{1}{i\alpha}+\frac{-1}{\alpha^2}(e^{-i\alpha}-1)\\&=\frac{1}{i\alpha}+\frac{1}{\alpha^2}(1-e^{-i\alpha})\end{aligned}$$

이므로

$$C(\alpha) = \frac{1}{\alpha^2}\left[2 - \left(e^{i\alpha} + e^{-i\alpha}\right)\right]$$

$$= \frac{2}{\alpha^2}\left[1 - \frac{e^{i\alpha} + e^{-i\alpha}}{2}\right]$$

$$= \frac{2}{\alpha^2}(1 - \cos\alpha)$$

이다.

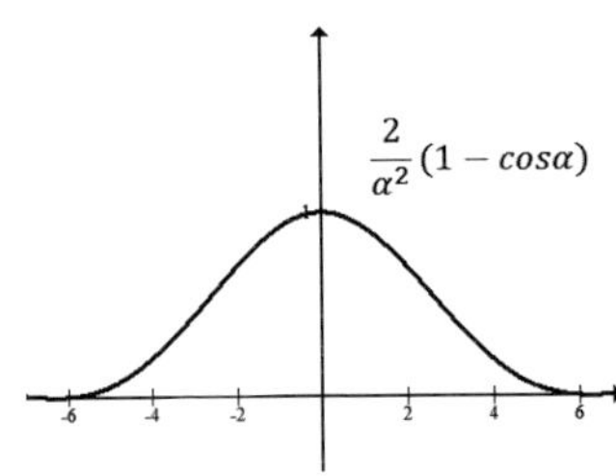


**그림 2.7** $C(\alpha) = \frac{2}{\alpha^2}(1 - \cos\alpha)$

따라서

$$f(x) = \frac{1}{2\pi}\int_{-\infty}^{\infty} \frac{2}{\alpha^2}(1 - \cos\alpha)e^{i\alpha x}d\alpha$$

$$= \frac{1}{\pi}\int_{-\infty}^{\infty} \frac{1 - \cos\alpha}{\alpha^2}e^{i\alpha x}d\alpha$$

가 된다. ■

## 연습문제 2.3

1. 다음 함수의 복소 Fourier 적분을 구하라.

$$f(x) = \begin{cases} 1, & 0 < x < 1 \\ -1, & -1 < x < 0 \\ 0, & |x| > 1 \end{cases}$$

(답) $f(x) = \frac{1}{\pi}\int_{-\infty}^{\infty} \frac{i}{\alpha}(\cos\alpha - 1)e^{i\alpha x}d\alpha$

2. 다음 함수의 복소 Fourier 적분을 구하고 Fourier 코사인 적분과 같음을 보여라.

$$f(x)=\begin{cases}0, & |x|>1\\ 1, & |x|<1\end{cases}$$

(답) $f(x)=\dfrac{1}{2\pi}\displaystyle\int_{-\infty}^{\infty}\dfrac{2}{\alpha}\sin\alpha e^{i\alpha x}d\alpha=\dfrac{2}{\pi}\int_{0}^{\infty}\dfrac{\sin\alpha}{\alpha}\cos\alpha x\,d\alpha$

3. 다음 함수의 복소 Fourier 적분을 구하라.

$$f(x)=\begin{cases}0, & x<0\\ 1, & 0<x<a\\ 0, & x>a\end{cases}$$

(답) $f(x)=\dfrac{1}{2\pi}\displaystyle\int_{-\infty}^{\infty}\dfrac{1}{i\alpha}(1-e^{-i\alpha a})e^{i\alpha x}d\alpha$

4. 다음 함수의 복소 Fourier 적분을 구하라.

$$f(x)=\begin{cases}0, & x<0\\ -x+a, & 0<x<a\\ 0, & x>a\end{cases}$$

(답) $f(x)=\dfrac{1}{2\pi}\displaystyle\int_{-\infty}^{\infty}\left(\dfrac{1}{\alpha^2}-\dfrac{1}{\alpha^2}e^{-i\alpha a}-\dfrac{ai}{\alpha}\right)e^{i\alpha x}d\alpha$

## 2.4 Fourier 코사인 변환과 Fourier 사인 변환

Fourier 코사인 변환과 Fourier 사인 변환은 Fourier 코사인 적분과 Fourier 사인적분 표현의 계수로부터 주어진다. 즉, 반 무한구간 $(0,\ \infty)$에서 정의된 함수 $f(x)$의 Fourier 코사인 적분표현과 그 계수는 $f(x)$를 전 구간 $(-\infty, \infty)$으로 우함수 확장한 $f_e(x)$의 Fourier 코사인 적분표현과 그 계수를 구하고, 반 무한구간 $(0,\ \infty)$에서 $f_e(x)=f(x)$임을 이용하여

$$f(x)= f_e(x) = \frac{2}{\pi}\int_0^{\infty} A(\alpha)\cos\alpha x d\alpha \quad (0 < x < \infty) \tag{6*}$$

$$A(\alpha)= \int_0^{\infty} f_e(x)\cos\alpha x dx = \int_0^{\infty} f(x)\cos\alpha x dx \quad (0 < \alpha < \infty) \tag{7*}$$

이다. 여기서 식 (7*)은 $x$의 함수 $f(x)$를 $\alpha$의 함수 $A(\alpha)$로 변환하는 식이라고 생각할 수 있고, 이를 Fourier 코사인 변환이라 한다.

또한 역으로 $\alpha$의 함수인 Fourier 코사인 변환 $A(\alpha)$로부터 원래의 $x$의 함수 $f(x)$를 구하려면 Fourier 코사인 적분표현 식 (6*)을 쓰면 된다. 이를 Fourier 코사인 역변환이라 한다.

### 정의 2.3 (Fourier 코사인 변환, 역변환)

반 무한구간 $(0, \infty)$에서 정의된 함수 $f(x)$의 **Fourier 코사인 변환(Fourier cosine transform)**은

$$\mathcal{F}_c[f(x)] = \hat{f}_c(\alpha)= \int_0^{\infty} f(x)\cos\alpha x dx \qquad (0 < x < \infty) \tag{12}$$

와 같이 정의한다. 따라서 Fourier 코사인 적분 표현인 식 (6*)은

$$f(x)= \mathcal{F}_c^{-1}\left[\hat{f}_c(\alpha)\right] = \frac{2}{\pi}\int_0^{\infty} \hat{f}_c(\alpha)\cos\alpha x d\alpha \qquad (0 < \alpha < \infty) \tag{13}$$

이라 쓸 수 있고, 식 (13)을 **Fourier 코사인 역변환(Inverse Fourier Cosine Transform)**이라 한다.

---

한편, 반 무한구간 $(0, \infty)$에서 정의된 함수 $f(x)$의 Fourier 사인 적분 표현과 그 계수는 $f(x)$를 전 구간 $(-\infty, \infty)$으로 기함수 확장한 $f_o(x)$의 Fourier 사인 적분표현과 그 계수를 구하고, 반 무한구간 $(0, \infty)$에서 $f_o(x)= f(x)$임을 이용하여

$$f(x)= f_o(x) = \frac{2}{\pi}\int_0^{\infty} B(\alpha)\sin\alpha x d\alpha \quad (0 < x < \infty) \tag{8*}$$

$$B(\alpha)= \int_0^{\infty} f_o(x)\sin\alpha x dx = \int_0^{\infty} f(x)\sin\alpha x dx \quad (0 < \alpha < \infty) \tag{9*}$$

이다. 여기서 식 (9*)는 $x$의 함수 $f(x)$를 $\alpha$의 함수 $B(\alpha)$로 변환하는 식이라고 생각할 수 있고, 이를 Fourier사인 변환이라 한다.

또한 역으로 $\alpha$의 함수인 Fourier 사인 변환 $B(\alpha)$로부터 원래의 $x$의 함수 $f(x)$를 구하려면 Fourier 사인 적분 표현식 (8*)을 쓰면 되고 이를 Fourier 사인 역변환(Inverse Fourier Sine Transform)이라 한다.

### 정의 2.4 (Fourier 사인 변환, 역변환)

반 무한구간 $(0,\ \infty)$에서 정의된 함수 $f(x)$의 **Fourier 사인 변환(Fourier sine transform)**은

$$\mathscr{F}_s[f(x)] = \hat{f}_s(\alpha) = \int_0^\infty f(x)\sin\alpha x dx \qquad (0 < x < \infty) \tag{14}$$

와 같이 정의한다. 따라서 Fourier 사인 적분 표현식 (8*)은

$$f(x) = \mathscr{F}_s^{-1}\left[\hat{f}_s(\alpha)\right] = \frac{2}{\pi}\int_0^\infty \hat{f}_s(\alpha)\sin\alpha x d\alpha \qquad (0 < \alpha < \infty) \tag{15}$$

이라 쓸 수 있고, 공식 (15)를 **Fourier 사인 역변환(Inverse Fourier Sine Transform)**이라 한다.

---

Fourier 코사인 변환과 사인 변환은 각각의 Fourier 코사인과 사인 적분표현의 계수로부터 주어진다. 따라서 정의구간인 반 무한구간 $(0,\ \infty)$에서 $f(x)$와 $f'(x)$는 조각별 연속 즉, $(0,\ \infty)$의 모든 유한구간에서 $f(x)$와 $f'(x)$가 조각별 연속이고 $f(x)$는 절대적분 가능하면 주어진 함수 $f(x)$의 Fourier 코사인과 사인 변환이 존재한다.

### 예제 1

다음 함수의 Fourier 코사인 변환과 Fourier 사인 변환을 구하라.

$$f(x) = \begin{cases} k, & 0 < x < a \\ 0, & x > a \end{cases}$$

**풀이**

주어진 함수 $f(x)$의 Fourier 코사인 변환은

$$\mathscr{F}_c[f(x)] = \hat{f}_c(\alpha) = \int_0^\infty f(x)\cos\alpha x dx = k\int_0^a \cos\alpha x dx$$
$$= k\left(\frac{\sin a\alpha}{\alpha}\right) \quad (0 < \alpha < \infty)$$

이다.

주어진 함수 $f(x)$의 Fourier 사인 변환은

$$\mathscr{F}_s[f(x)] = \hat{f}_s(\alpha) = \int_0^\infty f(x)\sin\alpha x dx$$
$$= k\int_0^a \sin\alpha x dx = k\left(\frac{-1}{\alpha}\cos\alpha x\right)\Big|_0^a$$
$$= k\left(\frac{1-\cos a\alpha}{\alpha}\right) \quad (0 < \alpha < \infty)$$

이다. ■

### 예제 2

함수 $f(x) = e^{-x}(0 < x < \infty)$의 Fourier 코사인 변환과 Fourier 사인 변환을 구하라.

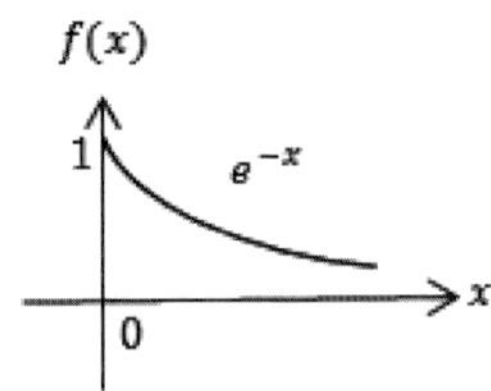


**그림 2.8** $f(x) = e^{-x}(0 < x < \infty)$

**풀이**

주어진 함수 $f(x)$의 Fourier 코사인 변환은

$$\mathcal{F}_c[f(x)] = \mathcal{F}_c[e^{-x}](\alpha) = \hat{f}_c(\alpha) = \int_0^\infty e^{-x}\cos\alpha x\,dx = \mathcal{L}[\cos\alpha x](s)|_{s=1}$$

$$= \frac{1}{1+\alpha^2} \quad (0<\alpha<\infty)$$

이다. 여기서 $\mathcal{L}[\cos\alpha x](s)$는 $\cos\alpha x$의 Laplace 변환이다.

한편 주어진 함수 $f(x)$의 Fourier 사인 변환은

$$\mathcal{F}_s[f(x)] = \mathcal{F}_s[e^{-x}](\alpha) = \hat{f}_s(\alpha) = \int_0^\infty e^{-x}\sin\alpha x\,dx = \mathcal{L}[\sin\alpha x](s)|_{s=1}$$

$$= \frac{\alpha}{1+\alpha^2} \quad (0<\alpha<\infty)$$

이다.

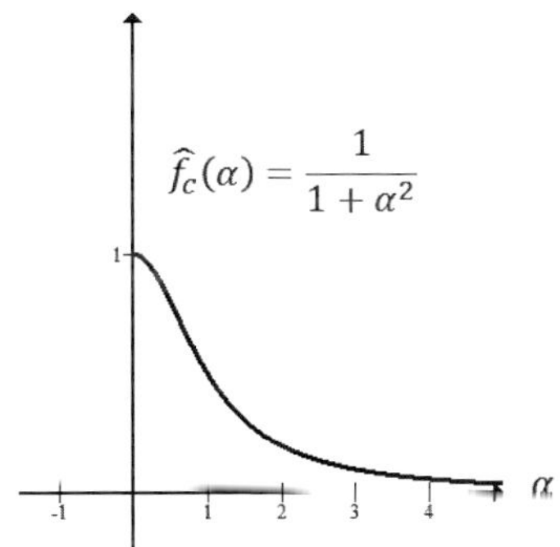


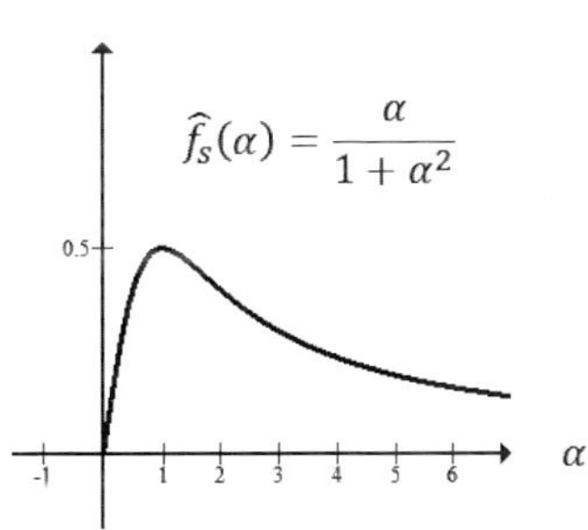


**그림 2.9** (i) $\mathcal{F}_c[e^{-x}] = \frac{1}{1+\alpha^2}$ (ii) $\mathcal{F}_s[e^{-x}] = \frac{\alpha}{1+\alpha^2}$

■

### ◆ 선형성과 도함수의 변환

함수 $af(x)+bg(x)$에 대하여 식 (12)로부터

$$\mathcal{F}_c[af(x)+bg(x)]=\int_0^\infty [af(x)+bg(x)]\cos\alpha x dx$$
$$=a\int_0^\infty f(x)\cos\alpha x dx+b\int_0^\infty g(x)\cos\alpha x dx$$
$$=a\mathcal{F}_c[f(x)]+b\mathcal{F}_c[g(x)]$$

이므로 Fourier 코사인 변환의 선형성이 성립한다.

마찬가지로 식 (14)에 의해서 Fourier 사인 변환에 대해 선형성이 성립함을 알 수 있다. 즉

$$\mathcal{F}_s[af(x)+bg(x)]=a\mathcal{F}_s[f(x)]+b\mathcal{F}_s[g(x)]$$

이다.

---

**정리 2.2 (도함수의 Fourier 코사인 변환과 Fourier 사인 변환)**

---

함수 $f(x)$가 구간 $[0,\ \infty)$에서 연속이고 절대적분가능하며, $f'(x)$가 구간 $[0,\ \infty)$에서 조각별 연속이고 $\lim_{x\to\infty} f(x)=0$이면

$$\mathcal{F}_c[f'(x)]=\alpha\mathcal{F}_s[f(x)]-f(0) \tag{16}$$

$$\mathcal{F}_s[f'(x)]=-\alpha\mathcal{F}_c[f(x)] \tag{17}$$

가 성립한다.

**증명**

$f'(x)$의 Fourier 코사인 변환은

$$\mathcal{F}_c[f'(x)]=\int_0^\infty f'(x)\cos\alpha x\, dx$$
$$=f(x)\cos\alpha x\Big|_0^\infty+\alpha\int_0^\infty f(x)\sin\alpha x\, dx$$
$$=-f(0)+\alpha\mathcal{F}_s[f(x)]$$

이다.

마찬가지로 $f'(x)$의 Fourier 사인 변환은

$$\begin{aligned}\mathscr{F}_s[f'(x)] &= \int_0^\infty f'(x)\sin\alpha x\, dx \\ &= f(x)\sin\alpha x\,|_0^\infty - \alpha\int_0^\infty f(x)\cos\alpha x\, dx \\ &= -\alpha\mathscr{F}_c[f(x)]\end{aligned}$$

가 된다. ■

---

## 정리 2.3

$f(x)$와 $f'(x)$가 구간 $[0, \infty)$에서 연속이고, $f(x)$는 절대적분가능하며, $f''(x)$가 구간 $[0, \infty)$에서 조각별 연속이며, $\lim\limits_{x\to+\infty} f(x)=0$이고 $\lim\limits_{x\to+\infty} f'(x)=0$이면

$$\mathscr{F}_c[f''(x)] = -\alpha^2\mathscr{F}_c[f(x)] - f'(0) \tag{18}$$

$$\mathscr{F}_s[f''(x)] = -\alpha^2\mathscr{F}_s[f(x)] + \alpha f(0) \tag{19}$$

**증명**

$$\begin{aligned}\mathscr{F}_c[f''(x)] &= \int_0^\infty f''(x)\cos\alpha x\, dx \\ &= f'(x)\cos\alpha x\,|_0^\infty + \alpha\int_0^\infty f'(x)\sin\alpha x\, dx \\ &= -f'(0) + \alpha\mathscr{F}_s[f'(x)]\end{aligned}$$

이고 정리 2.2의 식 (17)에 의해

$$\mathscr{F}_c[f''(x)] = -f'(0) - \alpha^2\mathscr{F}_c[f(x)]$$

이 성립한다.

또한

$$\mathscr{F}_s[f''(x)] = \int_0^\infty f''(x)\sin\alpha x\,dx$$

$$= f'(x)\sin\alpha x\,|_0^\infty - \alpha\int_0^\infty f'(x)\cos\alpha x\,dx$$

$$= -\alpha\mathscr{F}_c[f'(x)]$$

이고 정리 2.2의 식 (16)에 의해

$$\mathscr{F}_s[f''(x)] = -\alpha\{\alpha\,\mathscr{F}_s[f(x)] - f(0)\}$$

$$= -\alpha^2\mathscr{F}_s[f(x)] + \alpha f(0)$$

가 성립한다. ■

---

### 예제 3

다음의 적분방정식을 풀어라.

$$\int_0^\infty f(x)\sin\alpha x dx = \begin{cases} 1-\alpha, & 0<\alpha<1 \\ 0, & \alpha>1 \end{cases}$$

**풀이**

주어진 적분방정식을 Fourier 사인 변환을 이용하여 나타내면

$$\mathscr{F}_s[f(x)] = \hat{f}_s(\alpha)$$

$$= \int_0^\infty f(x)\sin\alpha x dx$$

$$= \begin{cases} 1-\alpha, & 0<\alpha<1 \\ 0, & \alpha>1 \end{cases}$$

이므로 Fourier 사인 역변환을 이용하여 $f(x)$를 구할 수 있다. 즉

$$f(x) = \frac{2}{\pi}\int_0^\infty \hat{f}_s(\alpha)\sin\alpha x d\alpha \qquad (0 < x < \infty)$$

$$= \frac{2}{\pi}\int_0^1 (1-\alpha)\sin\alpha x\, d\alpha$$

$$= \frac{2}{\pi}\left[(1-\alpha)\frac{-\cos\alpha x}{x}\bigg|_0^1 - \int_0^1 (-1)\frac{-\cos\alpha x}{x}\,d\alpha\right]$$

$$= \frac{2}{\pi}\left(\frac{1}{x} - \frac{1}{x^2}\sin\alpha x\right)\bigg|_{\alpha=0}^1$$

$$= \frac{2}{\pi}\left(\frac{1}{x} - \frac{1}{x^2}\sin x\right) \qquad (0 < x < \infty)$$

이다.

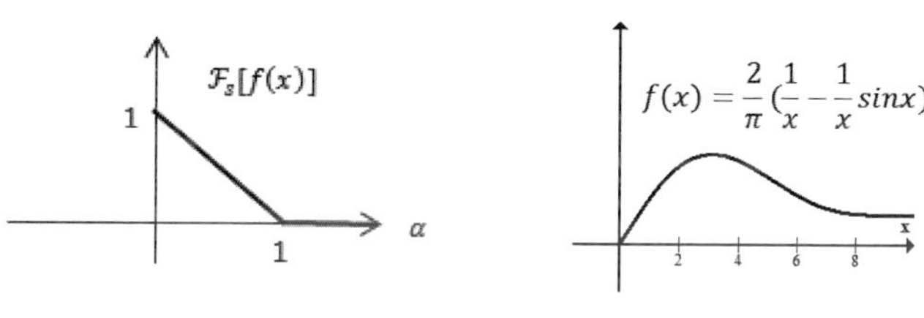


**그림 2.10** 예제 3의 $\mathscr{F}_s[f(x)](\alpha)$ 와 $f(x)$

■

**예제 4**

Fourier 코사인 변환을 이용하여 다음의 편미분방정식을 풀어라.

$$\frac{\partial^2 u}{\partial x^2} + \frac{\partial^2 u}{\partial y^2} = 0,\ 0 < x < \pi,\ y > 0$$

$$u(0,\ y) = 0,\ u(\pi,\ y) = e^{-y}$$

$$\frac{\partial u}{\partial y}\bigg|_{y=0} = \frac{\partial u}{\partial y}(x,\ 0) = 0$$

$$\lim_{y\to\pm\infty} u(x, y) = 0,\ \lim_{y\to\pm\infty}\frac{\partial u}{\partial y}(x, y) = 0$$

**풀이**

$\mathscr{F}_c[u(x,\ y)] = U(x,\alpha)$가 되고 주어진 편미분방정식을 $y>0$에 대해 Fourier 코사인 변환을 적용시키면

$$\mathscr{F}_c\left[\frac{\partial^2 u}{\partial x^2}\right] + \mathscr{F}_c\left[\frac{\partial^2 u}{\partial y^2}\right] = \mathscr{F}_c[0]$$

이고,

$$\mathscr{F}_c\left[\frac{\partial^2 u}{\partial x^2}\right] = \frac{d^2 U(x,\alpha)}{dx^2}$$

이며 식 (18)에 의해

$$\mathscr{F}_c\left[\frac{\partial^2 u}{\partial y^2}\right] = -\alpha^2 \mathscr{F}_c[u(x,y)] - \frac{\partial u}{\partial y}(x,0)$$

이 성립한다. 따라서

$$\mathscr{F}_c\left[\frac{\partial^2 u}{\partial x^2}\right] + \mathscr{F}_c\left[\frac{\partial^2 u}{\partial y^2}\right] = \mathscr{F}_c[0]$$

는

$$\frac{d^2 U(x,\alpha)}{dx^2} - \alpha^2 U(x,\alpha) - \frac{\partial u}{\partial y}(x,0) = 0$$

이다. 초기조건

$$\left.\frac{\partial u}{\partial y}\right|_{y=0} = 0,\ (0<x<\pi)$$

를 적용하면 주어진 편미분방정식은 $x$ 함수에 대한 상수계수 상미분방정식

$$\frac{d^2 U}{dx^2} - \alpha^2 U = 0$$

이므로 이 상미분방정식의 일반해는

$$U(x,\alpha)= c_1 e^{-\alpha x} + c_2 e^{\alpha x} \qquad (0 < \alpha < \infty)$$

이다.

초기조건에서 Fourier 코사인 변환을 적용했을 때

$$U(0,\alpha)= \mathcal{F}_c[u(0,y)] = \mathcal{F}_c[0] = 0$$

이고 예제 2에 의해

$$U(\pi,\alpha)= \mathcal{F}_c[u(\pi,y)] = \mathcal{F}_c[e^{-y}] = \frac{1}{1+\alpha^2}$$

을 얻게 된다.

그러므로 $c_1$과 $c_2$에 관한 연립방정식

$$\begin{cases} c_1 + c_2 = 0 \\ c_1 e^{-\pi\alpha} + c_2 e^{\pi\alpha} = \dfrac{1}{1+\alpha^2} \end{cases}$$

이 되고,

$$\begin{pmatrix} 1 & 1 \\ e^{-\pi\alpha} & e^{\pi\alpha} \end{pmatrix}\begin{pmatrix} c_1 \\ c_2 \end{pmatrix} = \begin{pmatrix} 0 \\ \dfrac{1}{1+\alpha^2} \end{pmatrix}$$

으로 쓸 수 있다. Cramer 공식에 의해

$$c_1 = \frac{\begin{vmatrix} 0 & 1 \\ \dfrac{1}{1+\alpha^2} & e^{\pi\alpha} \end{vmatrix}}{\begin{vmatrix} 1 & 1 \\ e^{-\pi\alpha} & e^{\pi\alpha} \end{vmatrix}} = \frac{-\dfrac{1}{1+\alpha^2}}{e^{\pi\alpha} - e^{-\pi\alpha}}$$

이고

$$c_2 = \frac{\begin{vmatrix} 1 & 0 \\ e^{-\pi\alpha} & \dfrac{1}{1+\alpha^2} \end{vmatrix}}{\begin{vmatrix} 1 & 1 \\ e^{-\pi\alpha} & e^{\pi\alpha} \end{vmatrix}} = \frac{\dfrac{1}{1+\alpha^2}}{e^{\pi\alpha} - e^{-\pi\alpha}}$$

이다. 따라서

$$
\begin{aligned}
U(x,\alpha) &= \frac{-1}{(1+\alpha^2)(e^{\pi\alpha}-e^{-\pi\alpha})}e^{-\alpha x}+\frac{1}{(1+\alpha^2)(e^{\pi\alpha}-e^{-\pi\alpha})}e^{\alpha x} \\
&= \frac{e^{\alpha x}-e^{-\alpha x}}{(1+\alpha^2)(e^{\pi\alpha}-e^{-\pi\alpha})} \\
&= \frac{(e^{\alpha x}-e^{-\alpha x})/2}{(1+\alpha^2)(e^{\pi\alpha}-e^{-\pi\alpha})/2} \\
&= \frac{1}{1+\alpha^2}\frac{\sinh\alpha x}{\sinh\pi\alpha}
\end{aligned}
$$

이다. 양변에 Fourier 코사인 역변환을 적용시키면

$$
\begin{aligned}
u(x,y) &= \frac{2}{\pi}\int_0^\infty U(x,\alpha)\cos\alpha y\,d\alpha \\
&= \frac{2}{\pi}\int_0^\infty \frac{1}{1+\alpha^2}\frac{\sinh\alpha x}{\sinh\pi\alpha}\cos\alpha y\,d\alpha
\end{aligned}
$$

가 된다. ■

## 연습문제 2.4

1. 함수 $f(x)=e^{-kx}$ $(k>0,\ 0<x<\infty)$의 Fourier 코사인 변환과 Fourier 사인변환을 구하고 $\int_0^\infty \frac{\cos\alpha x}{k^2+\alpha^2}d\alpha$ 와 $\int_0^\infty \frac{\alpha\sin\alpha x}{k^2+\alpha^2}d\alpha$를 계산하라.

(답) $\mathcal{F}_c[f(x)]=\hat{f}_c(\alpha)=\dfrac{k}{k^2+\alpha^2}$ $(0<\alpha<\infty)$, $\displaystyle\int_0^\infty \frac{\cos\alpha x}{k^2+\alpha^2}d\alpha=\frac{\pi}{2k}e^{-kx}$ $(0<x<\infty)$

$\mathcal{F}_s[f(x)]=\hat{f}_s(\alpha)=\dfrac{\alpha}{k^2+\alpha^2}$ $(0<\alpha<\infty)$, $\displaystyle\int_0^\infty \frac{\alpha\sin\alpha x}{k^2+\alpha^2}d\alpha=\frac{\pi}{2}e^{-kx}$ $(0<x<\infty)$

2. 다음 함수의 Fourier 코사인 변환과 Fourier 사인 변환을 구하라.

$$f(x)=\begin{cases} x, & 0<x<\pi \\ 0, & x>\pi \end{cases}$$

(답) $\mathcal{F}_c[f(x)]=\hat{f}_c(\alpha)=\dfrac{\pi}{\alpha}\sin\pi\alpha+\dfrac{1}{\alpha^2}\cos\pi\alpha-\dfrac{1}{\alpha^2}\quad(0<\alpha<\infty)$

$\mathcal{F}_s[f(x)]=\hat{f}_s(\alpha)=\dfrac{1}{\alpha^2}\sin\alpha\pi-\dfrac{\pi}{\alpha}\cos\alpha\pi\quad(0<\alpha<\infty)$

3. 함수 $f(x)=e^{-2(x-3)}$ $(0<x<\infty)$의 Fourier 코사인 변환과 Fourier 사인변환을 구하라.

(답) $\mathcal{F}_c[f(x)]=\hat{f}_c(\alpha)=\dfrac{2e^6}{\alpha^2+4}$, $\mathcal{F}_s[f(x)]=\hat{f}_s(\alpha)=\dfrac{\alpha e^6}{\alpha^2+4}\quad(0<\alpha<\infty)$

4. 함수 $f(x)=xe^{-x}$ $(0<x<\infty)$의 Fourier 코사인 변환과 Fourier 사인변환을 구하라.

(답) $\mathcal{F}_c[f(x)]=\hat{f}_c(\alpha)=\dfrac{1-\alpha^2}{(1+\alpha^2)^2}$, $\mathcal{F}_s[f(x)]=\hat{f}_s(\alpha)=\dfrac{2\alpha}{(1+\alpha^2)^2}\quad(0<\alpha<\infty)$

5. 다음 함수의 Fourier 코사인 변환과 Fourier 사인변환을 구하라.

$$f(x)=\begin{cases} 2x, & 0<x<5 \\ 0, & x>5 \end{cases}$$

(답) $\mathcal{F}_c[f(x)]=\hat{f}_c(\alpha)=\dfrac{10}{\alpha}\sin5\alpha+\dfrac{2}{\alpha^2}\cos5\alpha-\dfrac{2}{\alpha^2}\quad(0<\alpha<\infty)$

$\mathcal{F}_s[f(x)]=\hat{f}_s(\alpha)=-\dfrac{10}{\alpha}\cos5\alpha+\dfrac{2}{\alpha^2}\sin5\alpha\quad(0<\alpha<\infty)$

6. 다음 함수의 Fourier 코사인 변환과 Fourier 사인변환을 구하라.

$$f(x)=\begin{cases} 2, & 0<x<1 \\ -2, & 1<x<2 \\ 0, & x>2 \end{cases}$$

(답) $\mathcal{F}_c[f(x)]=\hat{f}_c(\alpha)=\dfrac{4}{\alpha}\sin\alpha-\dfrac{2}{\alpha}\sin2\alpha\quad(0<\alpha<\infty)$

$\mathcal{F}_s[f(x)]=\dfrac{2}{\alpha}-\dfrac{4}{\alpha}\cos\alpha+\dfrac{2}{\alpha}\cos2\alpha\quad(0<\alpha<\infty)$

7. 다음 적분방정식을 풀어라.

$$\int_0^\infty f(x)\cos\alpha x dx = \begin{cases} 1-\alpha, & 0<\alpha<1 \\ 0, & \alpha>1 \end{cases}$$

(답) $f(x)=\dfrac{2}{\pi x^2}(1-\cos x) \quad (0<x<\infty)$

## 2.5 Fourier 변환

Fourier 변환도 Fourier 적분의 계수로부터 얻어진다. 이때 함수 $f(x)$의 Fourier 적분은 복소 Fourier 적분

$$f(x)=\frac{1}{2\pi}\int_{-\infty}^{\infty} C(\alpha)e^{i\alpha x}d\alpha \quad (-\infty<x<\infty),$$

$$C(\alpha)=\int_{-\infty}^{\infty} f(x)e^{-i\alpha x}dx \quad (-\infty<\alpha<\infty)$$

을 이용한다.

**정의 2.5 (Fourier 변환, 역변환)**

구간 $(-\infty,\ \infty)$에서 정의된 함수 $f(x)$의 **Fourier 변환(Fourier Transform)**은

$$\mathcal{F}[f(x)]=\hat{f}(\alpha)=\int_{-\infty}^{\infty} f(x)e^{-i\alpha x}dx \quad (-\infty<\alpha<\infty) \tag{20}$$

와 같이 정의하고 , 따라서 Fourier 적분은

$$f(x)=\frac{1}{2\pi}\int_{-\infty}^{\infty} \hat{f}(\alpha)e^{i\alpha x}d\alpha \quad (-\infty<x<\infty)$$

으로 표현되어

$$\mathcal{F}^{-1}[\hat{f}(\alpha)]=f(x)=\frac{1}{2\pi}\int_{-\infty}^{\infty} \hat{f}(\alpha)e^{i\alpha x}d\alpha \quad (-\infty<x<\infty) \tag{21}$$

를 **Fourier 역변환(Inverse Fourier Transform)**이라 한다.

또한 $(\alpha, |\hat{f}(\alpha)|)$를 $f(x)$의 **주파수 스펙트럼**이라 하고, $\dfrac{|\hat{f}(\alpha)|}{2\pi}$를 $f(x)$의 **진폭**이라 부른다. 이 때 $\mathcal{F}[f(x)]$는 $\alpha$에 관한 함수이므로 $\mathcal{F}[f(x)](\alpha)$로 쓰기도 한다.

$f(x)$의 Fourier 변환 정의식 (20)에서 보듯이 $f(x)$의 Fourier 변환 $\mathcal{F}[f(x)](\alpha)=\hat{f}(\alpha)$는 $\alpha$에 관하여 연속함수임을 알 수 있다.

만일 $f(x)$가 $(-\infty, \infty)$에서 우함수이면

$$\begin{aligned}\hat{f}(\alpha) &= \mathcal{F}[f(x)] = \int_{-\infty}^{\infty} f(x)e^{-i\alpha x}dx \\ &= \int_{-\infty}^{\infty} f(x)(\cos\alpha x - i\sin\alpha x)dx = \int_{-\infty}^{\infty} f(x)\cos\alpha x dx \quad = 2\int_{0}^{\infty} f(x)\cos\alpha x dx \\ &= 2\mathcal{F}_c[f(x)] \quad = 2\hat{f}_c(\alpha)\end{aligned}$$

이다.

만일 $f(x)$가 $(-\infty, \infty)$에서 기함수이면

$$\begin{aligned}\hat{f}(\alpha) &= \mathcal{F}[f(x)] = \int_{-\infty}^{\infty} f(x)e^{-i\alpha x}dx \\ &= \int_{-\infty}^{\infty} f(x)(\cos\alpha x - i\sin\alpha x)dx \quad = -i\int_{-\infty}^{\infty} f(x)\sin\alpha x dx = -2i\int_{0}^{\infty} f(x)\sin\alpha x dx \\ &= -2i\,\mathcal{F}_s[f(x)] \quad = -2i\hat{f}_s(\alpha) \ \text{(순허수함수)}\end{aligned}$$

이다.

그러하여 $f(x)$가 구간 $(-\infty, \infty)$에서 임의의 함수로서 우함수인 $f_e(x)$와 기함수 $f_o(x)$의 합, 즉 $f(x)=f_e(x)+f_o(x)$로 표현된다면 Fourier 변환은

$$\begin{aligned}\hat{f}(\alpha) &= \mathcal{F}[f(x)] = \mathcal{F}[f_e(x)] + \mathcal{F}[f_o(x)] = 2\mathcal{F}_c[f(x)] - 2i\mathcal{F}_s[f(x)] \\ &= 2\hat{f}_c(\alpha) - 2i\hat{f}_s(\alpha) \qquad \text{(복소함수)}\end{aligned}$$

로 나타난다.

### ◆ 존재성

Fourier 코사인 변환과 Fourier 사인 변환 및 Fourier 변환의 존재성에 대한 충분조건은 함수 $f(x)$가 적절한 구간에서 절대적분가능하고 $f(x)$와 $f'(x)$가 조각별 연속이어야 한다. 예

를 들어 상수 함수 $f(x)=1$은 절대 적분이 가능하지 않으므로 $\mathcal{F}[1]$, $\mathcal{F}_s[1]$, $\mathcal{F}_c[1]$은 존재하지 않는다.

또한 $f(x)$의 Fourier 역변환 정의식 (21)에서 $f(x)$와 $f'(x)$가 조각별 연속일 때 $f(x)$의 Fourier 적분은 연속인 점에서는 $f(x)$로 수렴하고, 불연속인 점에서는 Fourier 적분이 $\dfrac{f(x+)+f(x-)}{2}$에 수렴한다.

## ◆ Fourier 변환과 Laplace 변환의 연관성

$x<0$에서 $f(x)=0$이라 두면

$$\mathcal{F}[f(x)](\alpha)=\int_{-\infty}^{\infty} f(x)e^{-i\alpha x}dx = \int_{0}^{\infty} f(x)e^{-i\alpha x}dx=\mathcal{L}[f(x)](s)|_{s=i\alpha}$$
$$=\mathcal{L}[f(x)](i\alpha)$$

이므로 $x<0$에서 $f(x)=0$인 함수 $f(x)(-\infty<x<\infty)$에 대한 Laplace 변환은 $f(x)$의 Fourier 변환에서 $s=i\alpha$를 대입하여 구할 수 있다.

**예제 1**

다음 함수들에 대해 Laplace 변환과 Fourier 변환을 구하라.

(i) $f(x)=e^{-3x}u(x)$

(ii) $g(x)=e^{3x}u(x)$

여기서 $u(x)$는 단위 계단 함수(unit step function)

$$u(x)=\begin{cases}1, & x>0\\ 0, & x<0\end{cases}$$

이다.

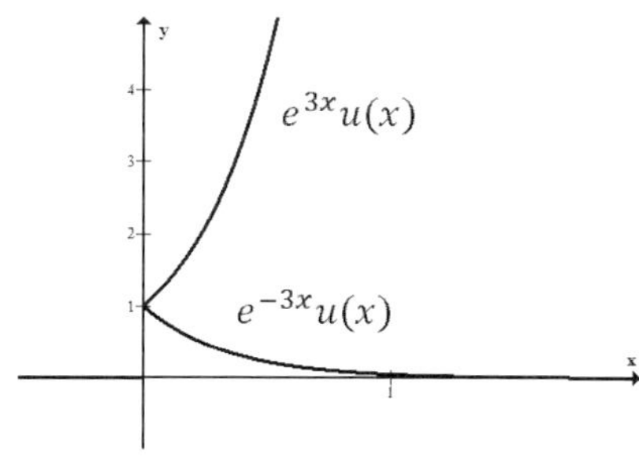


**그림 2.11** $e^{-3x}u(x)$와 $e^{3x}u(x)$

**풀이**

(i) 수어진 함수 $f(x)= e^{-3x}u(x)$는 구간 $(-\infty,\ \infty)$에서 조각별 연속이고

$$|f(x)|= |e^{-3x}u(x)| \le e^{x}$$

이므로 지수적 차수 $c=1$를 가지므로 $\mathcal{L}[f(x)](s)$가 존재하여

$$\begin{aligned}\mathcal{L}[f(x)](s) &= \int_0^\infty e^{-sx}f(x)dx = \int_0^\infty e^{-sx}e^{-3x}u(x)dx \\ &= \int_0^\infty e^{-(s+3)x}dx = -\frac{1}{s+3}e^{-(s+3)x}\Big|_0^\infty \\ &= \frac{1}{s+3} \qquad (s>-3)\end{aligned}$$

이다

한편 $f(x)= e^{-3x}u(x)$와 $f'(x)= -3e^{-3x}u(x)$는 구간 $(-\infty,\ \infty)$에서 조각별 연속이고,

$$\int_{-\infty}^\infty |f(x)|dx = \int_{-\infty}^\infty |e^{-3x}u(x)|dx = \int_0^\infty e^{-3x}dx = -\frac{1}{3}e^{-3x}\Big|_0^\infty = \frac{1}{3} < \infty$$

이므로 절대적분가능하다. 따라서 $\mathcal{F}[f(x)]$가 존재하여

$$\begin{aligned}\mathcal{F}[f(x)] &= \int_{-\infty}^\infty f(x)e^{-i\alpha x}dx = \int_{-\infty}^\infty e^{-3x}u(x)e^{-i\alpha x}dx \\ &= \int_0^\infty e^{-(3+i\alpha)x}dx\end{aligned}$$

$$|e^{-i\alpha x}| = |\cos\alpha x - i\sin\alpha x| = \sqrt{\cos^2(\alpha x) + \sin^2(\alpha x)} = 1$$

이고

$$\lim_{x\to+\infty}\left|\frac{-1}{3+i\alpha}e^{-(3+i\alpha)x}\right| = \lim_{x\to\infty}\frac{1}{\sqrt{9+\alpha^2}}e^{-3x} = \frac{1}{\sqrt{9+\alpha^2}}\lim_{x\to\infty}e^{-3x} = 0$$

이므로

$$\int_0^\infty e^{-(3+i\alpha)x}dx = \frac{-1}{3+i\alpha}e^{-(3+i\alpha)x}\Big|_0^\infty = \frac{1}{3+i\alpha}$$

이므로 $f(x)$의 Laplace변환에서 $s = i\alpha$를 대입한 결과와 같다. 즉

$$\mathcal{F}[f(x)] = \frac{1}{3+i\alpha}$$

이다.

참고로

$$\frac{1}{3+i\alpha} = \frac{3-i\alpha}{3^2+\alpha^2} = \frac{1}{\sqrt{3^2+\alpha^2}}\left[\frac{3}{\sqrt{3^2+\alpha^2}} + i\frac{-\alpha}{\sqrt{3^2+\alpha^2}}\right]$$
$$= \frac{1}{\sqrt{3^2+\alpha^2}}(\cos\theta + i\sin\theta),\ \tan\theta = \frac{-\alpha}{3}$$

임을 말한다.

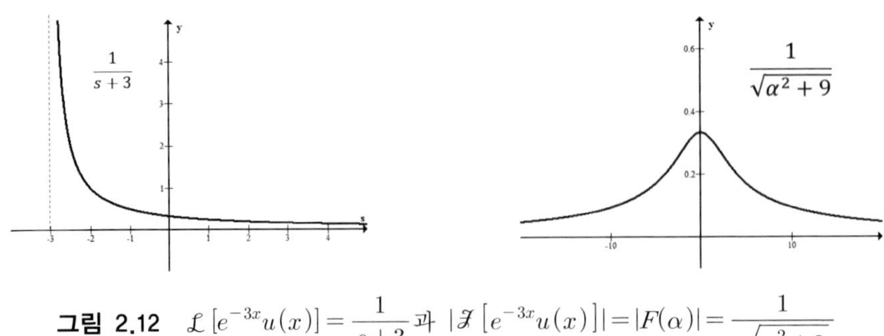


**그림 2.12** $\mathcal{L}[e^{-3x}u(x)] = \frac{1}{s+3}$과 $|\mathcal{F}[e^{-3x}u(x)]| = |F(\alpha)| = \frac{1}{\sqrt{\alpha^2+9}}$

(ii) 주어진 함수 $g(x)=e^{3x}u(x)$는 전 구간 $(-\infty,\ \infty)$에서 조각별 연속이고 지수적 차수 $c=3$을 가지므로 Laplace 변환이 존재하여

$$\mathcal{L}\,[g(x)](s)=\mathcal{L}\left[e^{3x}u(x)\right](s)=\int_0^{\infty}e^{-sx}e^{3x}u(x)dx$$
$$=\int_0^{\infty}e^{-(s-3)x}dx=-\frac{1}{s-3}e^{-(s-3)x}\Big|_0^{\infty}$$
$$=\frac{1}{s-3}\qquad(s>3)$$

이다.

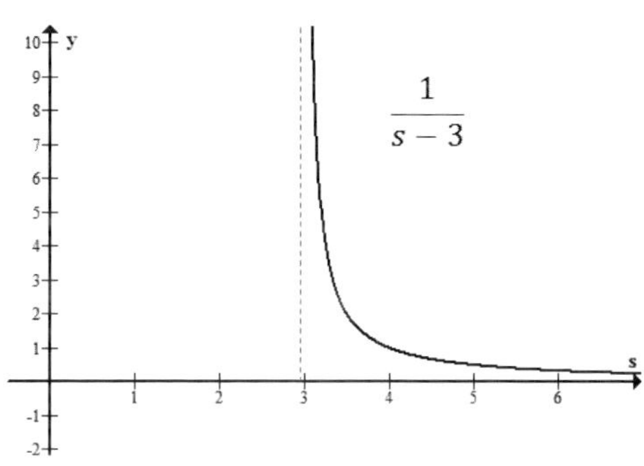


**그림 2.13** $\mathcal{L}\,[e^{3x}u(x)]=\dfrac{1}{s-3}$

$g(x)$의 Fourier 변환은

$$\mathcal{F}\,[g(x)]=\int_{-\infty}^{\infty}g(x)e^{-i\alpha x}dx=\int_{-\infty}^{\infty}e^{3x}u(x)e^{-i\alpha x}dx$$
$$=\int_0^{\infty}e^{3x}e^{-i\alpha x}dx=\int_0^{\infty}e^{(3-i\alpha)x}dx$$
$$=\frac{1}{3-i\alpha}e^{(3-i\alpha)x}\Big|_{x=0}^{\infty}$$

이고

$$\lim_{x\to\infty}|e^{(3-i\alpha)x}| = \lim_{x\to\infty} e^{3x}|e^{-i\alpha x}| = \lim_{x\to\infty} e^{3x} = \infty$$

이므로 $\lim_{x\to\infty} e^{(3-i\alpha)x}$는 존재하지 않는다. 따라서 $g(x)$의 Fourier 변환은 존재하지 않음을 알 수 있다. 그러므로 $g(x)$의 Laplace 변환에 $s = i\alpha$를 대입하여 $\frac{1}{i\alpha-3}$을 구할 수도 있지만, 이를 Fourier 변환이라고 생각할 수는 없는 것이다. ■

**정리 2.4 (Fourier 변환의 선형성)**

임의의 상수 $a, b$에 대하여 Fourier 변환 $\mathcal{F}$는 다음을 만족한다.

$$\mathcal{F}[af(x)+bg(x)] = a\mathcal{F}[f(x)] + b\mathcal{F}[g(x)] \tag{22}$$

**증명**

Fourier 변환의 정의에 의하여

$$\begin{aligned}\mathcal{F}[af(x)+bg(x)] &= \int_{-\infty}^{\infty}[af(x)+bg(x)]e^{-i\alpha x}dx \\ &= a\int_{-\infty}^{\infty} f(x)e^{-i\alpha x}dx + b\int_{-\infty}^{\infty} g(x)e^{-i\alpha x}dx \\ &= a\mathcal{F}[f(x)] + b\mathcal{F}[g(x)]\end{aligned}$$

■

**정리 2.5 (도함수의 Fourier 변환)**

$f(x),\ f'(x),\ \cdots,\ f^{(n)}(x)$가 구간 $(-\infty, \infty)$에서 조각별 연속이고 $f(x)$는 절대적분가능하고

$$\lim_{x\to\pm\infty} f(x) = \lim_{x\to\pm\infty} f'(x) = \cdots = \lim_{x\to\pm\infty} f^{(n-1)}(x) = 0 \quad (n = 1, 2, \cdots)$$

이면

$$\mathcal{F}[f^{(n)}(x)] = (i\alpha)^n \hat{f}(\alpha) = (i\alpha)^n \mathcal{F}[f(x)] \tag{23}$$

**증명**

$f(x)$와 $f'(x)$가 구간 $(-\infty, \infty)$에서 조각별 연속이고 $f(x)$가 절대적분가능하고 $\lim_{x \to \pm\infty} f(x) = 0$이면

$$\begin{aligned}\mathcal{F}[f'(x)] &= \int_{-\infty}^{\infty} f'(x) e^{-i\alpha x} dx \\ &= f(x) e^{-i\alpha x} \Big|_{-\infty}^{\infty} - \int_{-\infty}^{\infty} f(x)\left(-i\alpha e^{-i\alpha x}\right) dx \\ &= i\alpha \hat{f}(\alpha) = i\alpha \mathcal{F}[f(x)] \qquad (24)\end{aligned}$$

이다.

마찬가지로 $f''(x)$가 구간 $(-\infty, \infty)$에서 조각별 연속이고 $\lim_{x \to \pm\infty} f'(x) = 0$인 추가적인 가정에서

$$\begin{aligned}\mathcal{F}[f''(x)] &= \int_{-\infty}^{\infty} f''(x) e^{-i\alpha x} dx \\ &= f'(x) e^{-i\alpha x} \Big|_{-\infty}^{\infty} - \int_{-\infty}^{\infty} f'(x)\left(-i\alpha e^{-i\alpha x}\right) dx \\ &= i\alpha \mathcal{F}[f'(x)] \\ &= (i\alpha)^2 \mathcal{F}[f(x)] \qquad (25)\end{aligned}$$

이다. 그러므로 주어진 가정 하에서

$$\begin{aligned}\mathcal{F}\left[f^{(n)}(x)\right] &= i\alpha \mathcal{F}\left[f^{(n-1)}(x)\right] \\ &= (i\alpha)^2 \mathcal{F}\left[f^{(n-2)}(x)\right] \\ &= \cdots \\ &= (i\alpha)^n \mathcal{F}[f(x)] \qquad (n = 1, 2, 3, \cdots)\end{aligned}$$

이 성립한다. ■

**정리 2.6 제1평행이동정리 ($\alpha$축상의 이동정리, shifting property in $\alpha$)**

$f(x)$의 Fourier 변환을 $\mathcal{F}[f(x)] = \mathcal{F}[f(x)](\alpha) = \hat{f}(\alpha)$라 두면

$$\mathcal{F}\left[e^{iax}f(x)\right] = \mathcal{F}[f(x)](\alpha - a) = \hat{f}(\alpha - a) \tag{26}$$

**증명**

$$\begin{aligned}\mathcal{F}\left[e^{iax}f(x)\right] &= \int_{-\infty}^{\infty} e^{iax}f(x)e^{-i\alpha x}dx \quad (-\infty < \alpha < \infty) \\ &= \int_{-\infty}^{\infty} f(x)e^{-i(\alpha - a)x}dx \\ &= \mathcal{F}[f(x)](\alpha - a) = \hat{f}(\alpha - a)\end{aligned}$$

을 얻을 수 있다. ■

제1평행이동정리는 Laplace 변환의 제1이동정리와 마찬가지로 $f(x)$에 복소지수함수 $e^{i\alpha x}$를 곱하면 $\alpha-$영역에서는 $\hat{f}(\alpha)$를 $\alpha$축을 따라 $a$만큼 평행이동시키는 것이 된다.

**정리 2.7 제2평행이동정리 ($x$축상의 이동정리, shifting property in $x$)**

$f(x)$의 Fourier 변환을 $\mathcal{F}[f(x)] = \mathcal{F}[f(x)](\alpha) = \hat{f}(\alpha)$라 두면

$$\mathcal{F}[f(x-a)] = e^{-i\alpha a}\mathcal{F}[f(x)](\alpha) = e^{-i\alpha a}\hat{f}(\alpha) \tag{27}$$

**증명**

$$\mathcal{F}[f(x-a)] = \int_{-\infty}^{\infty} f(x-a)e^{-i\alpha x}dx$$

이 되고 $x - a = y$로 변수변환하면 $dx = dy$이고 적분구간의 변화는 없으므로

$$\begin{aligned}\mathcal{F}[f(x-a)] &= \int_{-\infty}^{\infty} f(x-a)e^{-i\alpha x}dx = \int_{-\infty}^{\infty} f(y)e^{-i\alpha(y+a)}dy \\ &= e^{-i\alpha a}\int_{-\infty}^{\infty} f(y)e^{-i\alpha y}dy = e^{-i\alpha a}\int_{-\infty}^{\infty} f(x)e^{-i\alpha x}dx \\ &= e^{-i\alpha a}\mathcal{F}[f(x)](\alpha) = e^{-i\alpha a}\hat{f}(\alpha)\end{aligned}$$

이다. ■

제2평행이동정리는 Laplace 변환의 제2평행이동정리와 마찬가지로 $x-$영역에서 $f(x)$를 $a$ 만큼 평행이동한 함수 $f(x-a)$의 Fourier 변환을 $\alpha-$영역에서 복소지수함수 $e^{-i\alpha a}$를 곱한 것과 같다.

### ◆ Fourier 변환을 이용한 Laplace 역변환의 정의

Laplace 변환과 Fourier 변환의 연관성으로 인해 Laplace 역변환을 구체적으로 표현할 수 있다. 즉 Laplace 변환의 변수 $s=\sigma+i\alpha$라 두면, $x<0$일 때 $f(x)=0$인 함수 $f(x)$에 대하여

$$\begin{aligned}\mathcal{L}[f(x)](s) &= \int_0^\infty f(x)e^{-sx}dx = \int_0^\infty f(x)e^{-(\sigma+i\alpha)x}dx \\ &= \int_0^\infty \left(f(x)e^{-\sigma x}\right)e^{-i\alpha x}dx = \int_{-\infty}^\infty \left(f(x)e^{-\sigma x}\right)e^{-i\alpha x}dx \\ &= \mathcal{F}\left[f(x)e^{-\sigma x}\right](\alpha)\end{aligned}$$

이다. 그리고

$$\begin{aligned}\mathcal{F}\left[f(x)e^{-\sigma x}\right](\alpha) &= \int_0^\infty f(x)e^{-(\sigma+i\alpha)x}dx = \int_0^\infty f(x)e^{-i(\alpha-i\sigma)x}dx \\ &= \mathcal{F}[f(x)](\alpha-i\sigma) = \hat{f}(\alpha-i\sigma)=\hat{f}(-is)\end{aligned}$$

로 쓸 수 있다. 즉

$$\begin{aligned}\mathcal{L}[f(x)](s) = \mathcal{F}\left[f(x)e^{-\sigma x}\right](\alpha) &= \mathcal{F}[f(x)](\alpha-i\sigma) \\ &= \hat{f}(\alpha-i\sigma) = \hat{f}(-is)\end{aligned}$$

이다. 여기서 $\mathcal{F}\left[f(x)e^{-\sigma x}\right](\alpha)=\hat{f}(\alpha-i\sigma)$이므로 양변에 Fourier 역변환을 취하면

$$f(x)e^{-\sigma x} = \mathcal{F}^{-1}\left[\hat{f}(\alpha-i\sigma)\right] = \frac{1}{2\pi}\int_{-\infty}^\infty \hat{f}(\alpha-i\sigma)e^{i\alpha x}d\alpha$$

이다. 따라서

$$f(x)=\frac{1}{2\pi}\int_{-\infty}^\infty \hat{f}(\alpha-i\sigma)e^{\sigma x}e^{i\alpha x}d\alpha = \frac{1}{2\pi}\int_{-\infty}^\infty \hat{f}(\alpha-i\sigma)e^{(\sigma+i\alpha)x}d\alpha$$

이다. $s=\sigma+i\alpha$이고 $ds=i\,d\alpha$이며 $\hat{f}(-is)=\mathcal{L}[f(x)]$이므로

$$f(x)=\frac{1}{2\pi}\int_{\sigma-i\infty}^{\sigma+i\infty}\hat{f}(-is)e^{sx}\frac{ds}{i}=\frac{1}{2\pi i}\int_{\sigma-i\infty}^{\sigma+i\infty}\hat{f}(-is)e^{sx}ds$$

$$=\frac{1}{2\pi i}\int_{\sigma-i\infty}^{\sigma+i\infty}\mathcal{L}[f(x)](s)e^{sx}ds$$

가 성립한다.

그러므로 이 식을 Laplace 역변환으로 정의할 수 있다. 즉, $\mathcal{L}[f(x)](s)=F(s)$라 두면

$$\mathcal{L}^{-1}[F(s)]=f(x)$$

$$=\frac{1}{2\pi i}\int_{\sigma-i\infty}^{\sigma+i\infty}\mathcal{L}[f(x)](s)e^{sx}ds$$

이다.

### 예제 1

다음 함수의 Fourier 변환를 구하라.

$$f(x)=\begin{cases}0, & x<0\\ 1, & 0<x<a\\ 0, & x>a\end{cases}$$

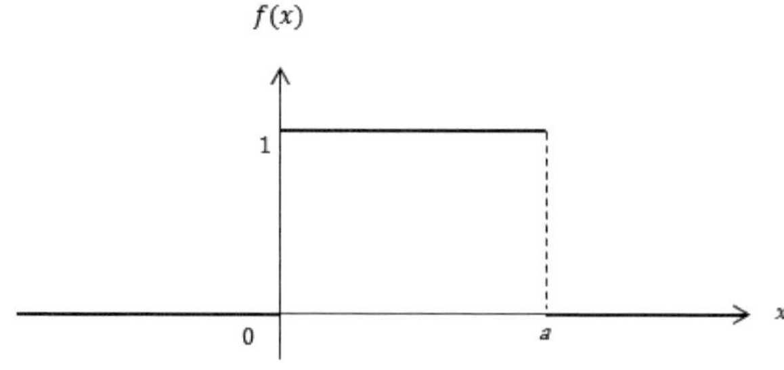


**그림 2.14** 예제 1의 함수 $f(x)$

**풀이**

$$\mathscr{F}[f(x)](\alpha)=\hat{f}(\alpha)=\int_{-\infty}^{\infty}f(x)e^{-i\alpha x}dx=\int_{0}^{a}e^{-i\alpha x}dx=\left.\frac{e^{-i\alpha x}}{-i\alpha}\right|_{x=0}^{a}$$

$$=\frac{1}{i\alpha}\left(1-e^{-i\alpha a}\right)\quad(-\infty<\alpha<\infty,\ \alpha\neq 0)$$

이다.

$\alpha=0$일 때 Fourier 변환을 직접 계산하여

$$\mathscr{F}[f(x)](0)=\hat{f}(0)=\int_{-\infty}^{\infty}f(x)dx=\int_{0}^{a}dx=a\quad(\alpha=0)$$

를 얻을 수 있다.

다른 방법으로 $\mathscr{F}[f(x)](0)=\hat{f}(0)$를 구해보면 $\mathscr{F}[f(x)](\alpha)=\hat{f}(\alpha)$는 $\alpha$에 관해 연속함수이니까

$$\lim_{\alpha\to 0}\mathscr{F}[f(x)](\alpha)=\lim_{\alpha\to 0}\hat{f}(\alpha)=\hat{f}(0)$$

이 성립하고

$$\lim_{\alpha\to 0}\frac{1}{i\alpha}\left(1-e^{-i\alpha a}\right)=\lim_{\alpha\to 0}\frac{-(-ia)e^{-i\alpha a}}{i}=a$$

이므로

$$\mathscr{F}[f(x)](0)=\hat{f}(0)=a$$

을 얻는다. 따라서

$$\mathscr{F}[f(x)](\alpha)=\hat{f}(\alpha)=\begin{cases}\dfrac{1-e^{-i\alpha a}}{i\alpha}, & \alpha\neq 0\\ a, & \alpha=0\end{cases}\tag{28}$$

이다.

참고로

$$
\begin{aligned}
|\mathcal{F}[f(x)]| = |\hat{f}(\alpha)| &= |\frac{1}{i\alpha}(1-e^{-i\alpha a})| \qquad (-\infty < \alpha < \infty, \alpha \neq 0) \\
&= \frac{1}{|\alpha|}|(1-\cos(a\alpha)+isin(a\alpha)| \\
&= \frac{1}{|\alpha|}\sqrt{(1-\cos(a\alpha))^2+\sin^2(a\alpha)} \\
&= \frac{1}{|\alpha|}\sqrt{2(1-\cos(a\alpha))}
\end{aligned}
$$

이고, $|\mathcal{F}[f(x)](0)| = |\hat{f}(0)| = a$이다. 따라서

$$
|\mathcal{F}[f(x)]| = |\hat{f}(\alpha)| = \begin{cases} \frac{1}{|\alpha|}\sqrt{2(1-\cos(a\alpha))}, & \alpha \neq 0 \\ a, & \alpha = 0 \end{cases}
$$

이다. 다음의 그림은 $a=1$일 때의 $|\mathcal{F}[f(x)]| = |\hat{f}(\alpha)|$의 그림이다.

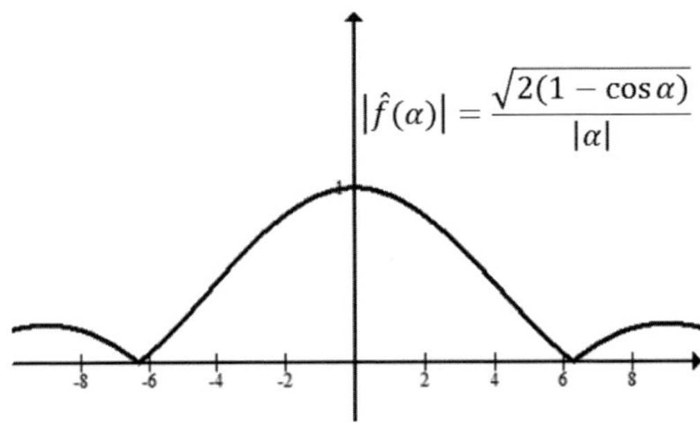


**그림 2.15** $|\mathcal{F}[f(x)]| = |\hat{f}(\alpha)| = \frac{1}{|\alpha|}\sqrt{2(1-\cos\alpha)}$

■

예제 2

다음 함수 $f(x)$의 Fourier 변환을 구하고 $\mathcal{F}\left[e^{-i3x}f(x)\right]$을 구하라.

$$
f(x) = \begin{cases} 1, & |x| < 1 \\ 0, & |x| > 1 \end{cases}
$$

**풀이**

$$\mathcal{F}[f(x)](\alpha)=\int_{-\infty}^{\infty} f(x)e^{-i\alpha x}dx$$
$$=\int_{-1}^{1} e^{-i\alpha x}dx=\frac{1}{-i\alpha}e^{-i\alpha x}\Big|_{-1}^{1}=\frac{1}{i\alpha}\left(e^{i\alpha}-e^{-i\alpha}\right)$$
$$=\frac{2}{\alpha}\sin\alpha \quad (\alpha\neq 0)$$

이고

$$\mathcal{F}[f(x)](0)=\hat{f}(0)=\lim_{\alpha\to 0}\frac{2\sin\alpha}{\alpha}=\lim_{\alpha\to 0}\frac{2\cos\alpha}{1}=2 \quad (\alpha=0)$$

이므로

$$\mathcal{F}[f(x)](\alpha)=\hat{f}(\alpha)=\begin{cases}\dfrac{2\sin\alpha}{\alpha}, & \alpha\neq 0\\ 2, & \alpha=0\end{cases} \tag{29}$$

이다.

따라서 제1평행이동정리에 의해

$$\mathcal{F}\left[e^{-i3x}f(x)\right]=\hat{f}(\alpha-(-3))=\frac{2}{\alpha}\sin\alpha\Big|_{\alpha\to\alpha+3}$$
$$=\frac{2}{\alpha+3}\sin(\alpha+3) \quad (\alpha\neq-3)$$

이고

$$\mathcal{F}[f(x)](-3)=\hat{f}(-3)=\lim_{\alpha\to-3}\frac{2\sin(\alpha+3)}{\alpha+3}=\lim_{\alpha\to-3}\frac{2\cos(\alpha+3)}{1}=2 \quad (\alpha=-3)$$

이므로

$$\mathcal{F}[f(x)](\alpha)=\hat{f}(\alpha)=\begin{cases}\dfrac{2}{\alpha+3}\sin(\alpha+3), & \alpha\neq-3\\ 2, & \alpha=-3\end{cases}$$

이다. 여기서 $\mathcal{F}[f(x)](\alpha)$는 $\alpha$에 대해 연속함수이므로

$$\mathcal{F}[f(x)](\alpha) = \hat{f}(\alpha) = \frac{2}{\alpha+3}\sin(\alpha+3)$$

이다.

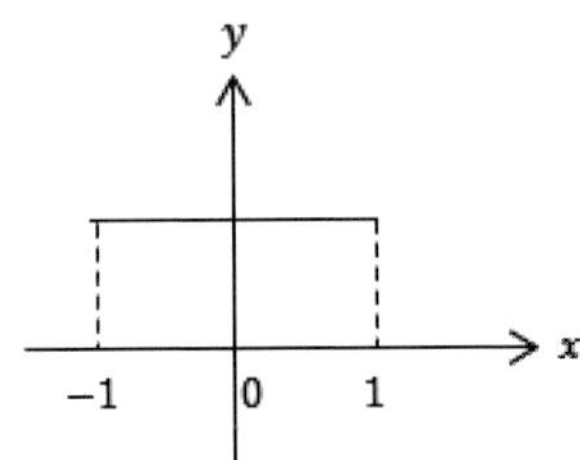


**그림 2.16** 예제 2의 함수 $f(x)$

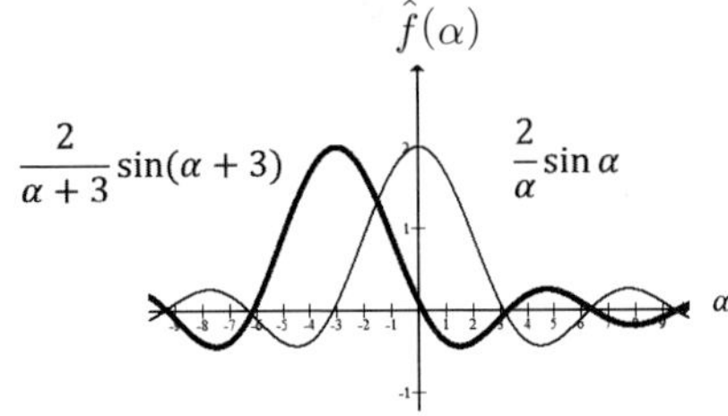


$\mathcal{F}[e^{-i3x}f(x)] = \hat{f}(\alpha-(-3))$

■

### 예제 3

함수 $g(x) = e^{-x}u(x)$ ($u(x)$는 단위계단함수)에 대해

( i ) Fourier 변환 $\mathcal{F}[g(x)] = \mathcal{F}[g(x)](\alpha) = \hat{g}(\alpha)$을 구하라.

( ii ) $g(x-3)$의 Fourier 변환을 구하라.

**풀이**

( i ) 함수 $g(x) = e^{-x}u(x)$의 Fourier 변환은

$$\begin{aligned}\mathcal{F}[g(x)] &= \int_{-\infty}^{\infty} e^{-x}u(x)e^{-i\alpha x}dx = \int_{0}^{\infty} e^{-x}e^{-i\alpha x}\alpha x \\ &= \int_{0}^{\infty} e^{-(1+i\alpha)x}dx = -\frac{1}{1+i\alpha}e^{-(1+i\alpha)x}\Big|_{0}^{\infty} \\ &= \frac{1}{1+i\alpha} = \hat{g}(\alpha) \end{aligned} \tag{30}$$

이다. 여기서

$$\left|\frac{1}{1+i\alpha}e^{-x}e^{-i\alpha x}\right| = \frac{1}{\sqrt{1+\alpha^2}}e^{-x} \quad \to \quad 0 \quad (x \to +\infty)$$

이므로 $\lim_{x\to\infty}\frac{1}{1+i\alpha}e^{-(1+i\alpha)x}=0$임을 이용하였다.

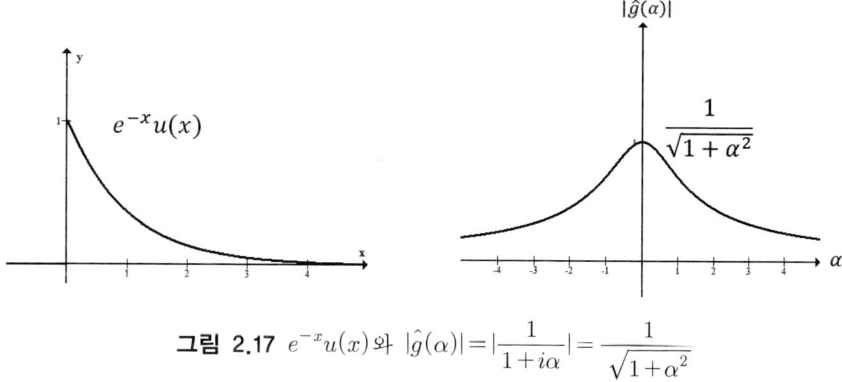


**그림 2.17** $e^{-x}u(x)$와 $|\hat{g}(\alpha)|=|\frac{1}{1+i\alpha}|=\frac{1}{\sqrt{1+\alpha^2}}$

(ii) 제2평행이동정리에 의해

$$\mathcal{F}[g(x-3)]=e^{-i3\alpha}\hat{g}(\alpha)=e^{-i3\alpha}\frac{1}{1+i\alpha}$$

이 성립한다.

참고로

$$\frac{1}{1+i\alpha}=\frac{1-i\alpha}{\sqrt{1+\alpha^2}}=\frac{1}{\sqrt{1+\alpha^2}}(1-i\alpha)=\frac{1}{\sqrt{1+\alpha^2}}e^{i\tan^{-1}(-\alpha)}$$

를 의미한다.

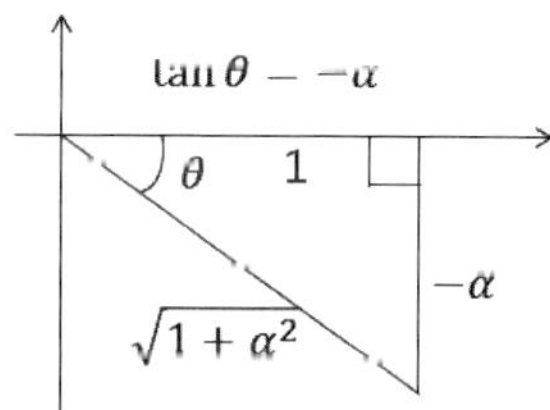


**그림 2.18** $\tan^{-1}(-\alpha)$

■

### 예제 4

함수 $f(x)=e^{-5x}u(x)$ ($u(x)$는 단위계단함수)의 Fourier 변환은 $\hat{f}(\alpha)=\dfrac{1}{5+i\alpha}$로 주어진다.

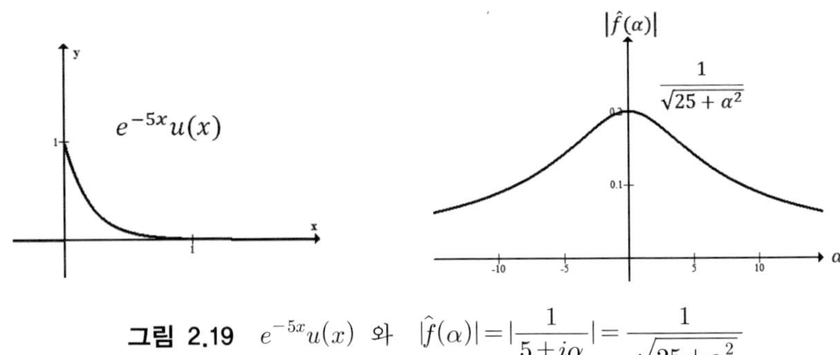


**그림 2.19** $e^{-5x}u(x)$ 와 $|\hat{f}(\alpha)|=|\dfrac{1}{5+i\alpha}|=\dfrac{1}{\sqrt{25+\alpha^2}}$

다음 함수의 Fourier 변환을 구하라.

(i) $f(x)\cos 7x$

(ii) $f(x-5)\cos 7(x-5)$

(iii) $f(x-5)$

(iv) $f^{(n)}(x),\ n=1,2,\ldots$

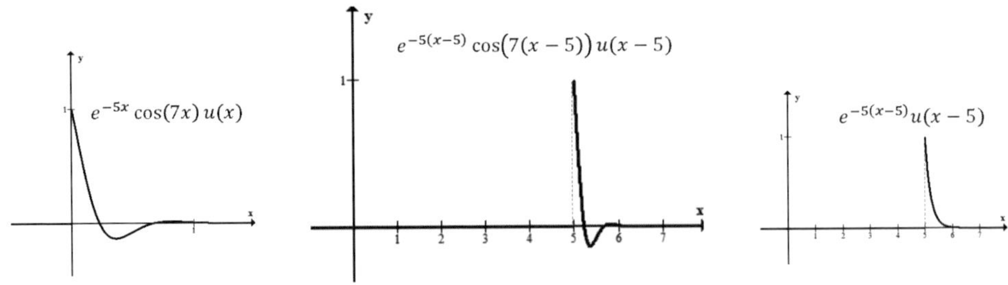


**그림 2.20** (i) $e^{-5x}(\cos 7x)u(x)$ (ii) $e^{-5(x-5)}\cos(7(x-5))u(x-5)$ (iii) $e^{-5(x-5)}u(x-5)$

**풀이**

( i ) $\cos 7x = \dfrac{e^{i7x} - e^{-i7x}}{2}$ 와 제1평행이동정리에 의해

$$\mathscr{F}\,[f(x)\cos 7x] = \mathscr{F}\left[f(x)\frac{e^{i7x} + e^{-i7x}}{2}\right] = \frac{1}{2}\mathscr{F}\,[f(x)e^{i7x}] + \frac{1}{2}\mathscr{F}\,[f(x)e^{-i7x}]$$

$$= \frac{1}{2}\hat{f}(\alpha - 7) + \frac{1}{2}\hat{f}(\alpha + 7) = \frac{1}{2}\frac{1}{5 + i(\alpha - 7)} + \frac{1}{2}\frac{1}{5 + i(\alpha + 7)}$$

이 성립한다.

( ii ) 제2평행이동정리와 ( i )에 의해

$$\mathscr{F}\,[f(x-5)\cos(7(x-5))] = e^{-i5\alpha}\mathscr{F}\,[f(x)\cos 7x]$$

$$= \frac{e^{-i5\alpha}}{2}\left[\frac{1}{5 + i(\alpha - 7)} + \frac{1}{5 + i(\alpha + 7)}\right]$$

이 성립한다.

(iii) 제2평행이동정리에 의해

$$\mathscr{F}\,[f(x-5)] = e^{-i5\alpha}\hat{f}(\alpha) = e^{-i5\alpha}\frac{1}{5 + i\alpha}$$

이 성립한다.

(iv) 정리 2.5의 도함수의 Fourier 변환에 의해

$$\mathscr{F}\,[f^{(n)}(x)] = (i\alpha)^n\hat{f}(\alpha) = (i\alpha)^n\frac{1}{5 + i\alpha} \quad (n = 1, 2, \ldots)$$

이 성립한다. ■

예제 5

함수 $f(x)=e^{-x^2}$ $(-\infty < x < \infty)$의 Fourier 변환을 구하라.

**풀이**

$$\mathcal{F}\left[e^{-x^2}\right]=\int_{-\infty}^{\infty} e^{-x^2}e^{-i\alpha x}dx = \int_{-\infty}^{\infty} e^{-\left(x+\frac{i\alpha}{2}\right)^2+\left(\frac{i\alpha}{2}\right)^2}dx\,,$$

$$= e^{-\frac{\alpha^2}{4}}\int_{-\infty}^{\infty} e^{-\left(x+\frac{i\alpha}{2}\right)^2}dx$$

이고 $x+i\dfrac{\alpha}{2}=u$로 치환하면 $dx=du$이므로

$$\mathcal{F}\left[e^{-x^2}\right]=e^{-\frac{\alpha^2}{4}}\int_{-\infty}^{\infty} e^{-u^2}du$$

을 얻는다.

한편

$$I=\int_{-\infty}^{\infty} e^{-u^2}du$$

라고 하면

$$I^2=\int_{-\infty}^{\infty} e^{-u^2}du\int_{-\infty}^{\infty} e^{-v^2}dv = \int_{-\infty}^{\infty}\int_{-\infty}^{\infty} e^{-(u^2+v^2)}dudv$$

를 얻게 되고 극좌표 $u=r\cos\theta, v=r\sin\theta$ $(0\le r, 0\le\theta\le 2\pi)$로 치환하면

$$r=\sqrt{u^2+v^2}\,,\ dudv=rdrd\theta$$

이므로 다음이 성립한다.

$$I^2=\int_0^{2\pi}\int_0^{\infty} e^{-r^2}rdrd\theta = 2\pi\int_0^{\infty}\frac{1}{2}e^{-r^2}d(r^2) = 2\pi\left(-\frac{1}{2}e^{-r^2}\right)\Big|_{r^2=0}^{\infty} = \pi$$

그리하여

$$I = \sqrt{\pi}$$

이다.

따라서

$$\mathcal{F}\left[e^{-x^2}\right] = \sqrt{\pi}\, e^{-\frac{\alpha^2}{4}} \tag{31}$$

이다.

참고로 아래 그림 2.21은 $e^{-x}$와 $e^{-x^2}$ $(-\infty < x < \infty)$의 그래프이다.

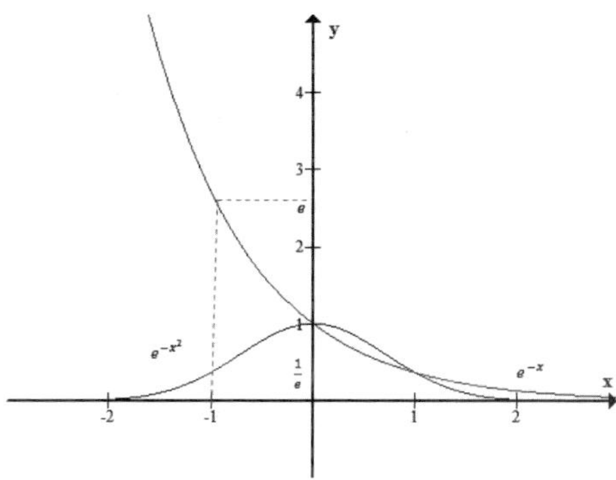


**그림 2.21** $e^{-x}$와 $e^{-x^2}$

■

### 예제 6

$\mathcal{F}\left[e^{-x^2}\right] = \sqrt{\pi}\, e^{-\frac{\alpha^2}{4}}$을 이용하여 함수 $f(x) = xe^{-x^2}$ $(-\infty < x < \infty)$의 Fourier 변환을 구하라.

**풀이**

$$\mathcal{F}\left[xe^{-x^2}\right] = \mathcal{F}\left[-\frac{1}{2}\left(e^{-x^2}\right)'\right] = -\frac{1}{2}\mathcal{F}\left[\left(e^{-x^2}\right)'\right]$$

이고 도함수의 Fourier 변환공식 (24)에 의해

$$-\frac{1}{2}\mathscr{F}\left[\left(e^{-x^2}\right)'\right]=-\frac{1}{2}(i\alpha)\mathscr{F}\left[e^{-x^2}\right]$$

이고

$$\mathscr{F}\left[e^{-x^2}\right]=\sqrt{\pi}\,e^{-\frac{\alpha^2}{4}}$$

을 이용하여

$$\begin{aligned}\mathscr{F}\left[xe^{-x^2}\right]&=-\frac{1}{2}(i\alpha)\mathscr{F}\left[e^{-x^2}\right]\\&=-\frac{i\alpha\sqrt{\pi}}{2}e^{-\frac{\alpha^2}{4}}\end{aligned}\tag{32}$$

이다. ■

다음으로 시간 스케일링에 대한 성질을 알아보자.

Fourier 변환의 시간스케일링(time scaling)은 시간 영역의 함수 $f(x)$를 $x$축에 대해 확대(확장) 또는 축소(압축)시키는 경우 $f(x)$의 Fourier 변환 $\hat{f}(\alpha)$도 축소(압축) 또는 확대(확장) 되는 성질이 있다.

**정리 2.8 시간 스케일링(time scaling)**

$\mathscr{F}[f(x)]=\hat{f}(\alpha)$라 할 때

$$\mathscr{F}[f(ax)]=\frac{1}{|a|}\hat{f}\left(\frac{\alpha}{a}\right)\tag{33}$$

이다.

**증명**

$$\mathscr{F}[f(ax)]=\int_{-\infty}^{\infty}f(ax)e^{-i\alpha x}dx$$

에서 $y=ax$로 변수변환하면 $dy=adx$이다.

$a>0$인 경우

$$\mathcal{F}[f(ax)]=\int_{-\infty}^{\infty} f(ax)e^{-i\alpha x}dx = \int_{-\infty}^{\infty} f(y)e^{-i\left(\frac{\alpha}{a}\right)y}\left(\frac{1}{a}dy\right) = \frac{1}{a}\int_{-\infty}^{\infty} f(y)e^{-i\left(\frac{\alpha}{a}\right)y}dy$$
$$=\frac{1}{a}\hat{f}\left(\frac{\alpha}{a}\right) \tag{34}$$

이다.

$a<0$인 경우

$$\mathcal{F}[f(ax)]=\int_{-\infty}^{\infty} f(ax)e^{-i\alpha x}dx = \int_{\infty}^{-\infty} f(y)e^{-i\left(\frac{\alpha}{a}\right)y}\left(\frac{1}{a}dy\right) =-\frac{1}{a}\int_{-\infty}^{\infty} f(y)e^{-i\left(\frac{\alpha}{a}\right)y}dy$$
$$=-\frac{1}{a}\hat{f}\left(\frac{\alpha}{a}\right) \tag{35}$$

식 (34)와 (35)에 의해

$$\mathcal{F}[f(ax)]=\frac{1}{|a|}\hat{f}\left(\frac{\alpha}{a}\right)$$

이 되며 이를 Fourier 변환의 시간 스케일링이라 한다. ■

---

Fourier 변환의 시간스케일링은 $x-$영역에서 $f(x)$를 $x$축에 대해 확상(축소)시키면 $\alpha-$영역에서는 $\hat{f}(\alpha)$를 축소(확장)시키는 것에 대응한다는 의미이다.

예를 들어 $f(x)$가 다음과 같이 주어져 있다고 가정하고 $f(3x)$와 $f\left(\frac{1}{3}x\right)$를 각각 구해보자.

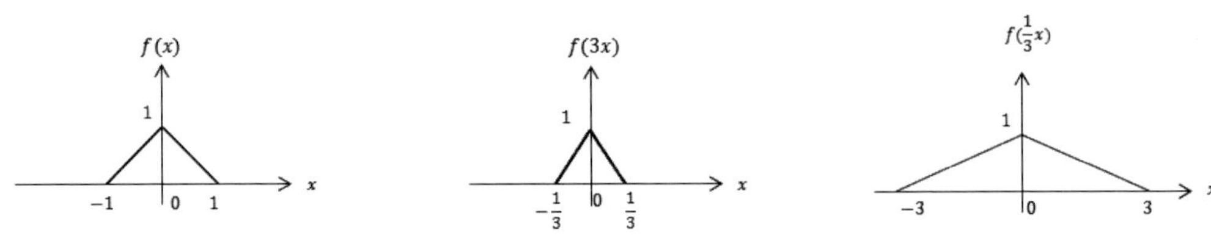


**그림 2.22** $f(x)=(1+x)u(x+1)-2xu(x)+(x-1)u(x-1), f(3x), f(\frac{1}{3}x)$

위의 그림에서 $f(3x)$는 $x$축에 대해 $f(x)$를 $\frac{1}{3}$배로 축소한 함수이며, $f\left(\frac{1}{3}x\right)$는 $x$축에 대해 $f(x)$를 3배로 확장한 함수이다.

일반적으로 $f(ax)$는 $f(x)$와 $x$축에 대해 다음의 관계를 가진다.

① $|a|>1$인 경우

$f(ax)$는 $f(x)$를 $x$축에 대해 $\frac{1}{|a|}$배 축소한 함수이다.

② $|a|<1$인 경우

$f(ax)$는 $f(x)$를 $x$축에 대해 $\frac{1}{|a|}$배 확장한 함수이다.

따라서 $f(ax)$는 $f(x)$의 $a$값에 따라 $x$축에 대해 확장시키거나 축소시킨 함수를 의미한다.

**예제 7**

함수 $f(x)=e^{-x^2}$의 Fourier변환이

$$\mathcal{F}[f(x)]=\mathcal{F}\left[e^{-x^2}\right]=\sqrt{\pi}\,e^{-\frac{\alpha^2}{4}}=\hat{f}(\alpha)$$

임을 이용하여 다음 함수들의 Fourier 변환을 구하고

$$\mathcal{F}\left[e^{-ax^2}\right]=\sqrt{\frac{\pi}{a}}\,e^{-\frac{\alpha^2}{4a}} \tag{36}$$

임을 보여라.$(a>0)$

( i ) $f(3x) = e^{-9x^2}$

( ii ) $f\left(\frac{1}{3}x\right) = e^{-\frac{1}{9}x^2}$

**풀이**

( i ) Fourier 변환의 시간 스케일링에 의해

$$\mathcal{F}\left[e^{-9x^2}\right] = \mathcal{F}\left[f(3x)\right] = \frac{1}{3}\hat{f}\left(\frac{\alpha}{3}\right) = \frac{1}{3}\sqrt{\pi}\,e^{-\frac{1}{4}\left(\frac{\alpha}{3}\right)^2} = \frac{1}{3}\sqrt{\pi}\,e^{-\frac{\alpha^2}{36}}$$

이 된다.

( ii ) Fourier 변환의 시간 스케일링에 의해

$$\mathcal{F}\left[e^{-\frac{1}{9}x^2}\right] = \mathcal{F}\left[f(\frac{1}{3}x)\right] = 3\hat{f}(3\alpha) = 3\sqrt{\pi}\,e^{-\frac{1}{4}(3\alpha)^2} = 3\sqrt{\pi}\,e^{-\frac{9}{4}\alpha^2}$$

이 된다. 한편

$$\mathcal{F}\left[e^{-ax^2}\right] = \mathcal{F}\left[e^{-(\sqrt{a}\,x)^2}\right] = \mathcal{F}\left[f(\sqrt{a}\,x)\right]$$

이고 Fourier 변환한 시간 스케일링에 의해

$$\mathcal{F}\left[e^{-ax^2}\right] = \mathcal{F}\left[f(\sqrt{a}\,x)\right] = \frac{1}{\sqrt{a}}\hat{f}\left(\frac{\alpha}{\sqrt{a}}\right) = \frac{1}{\sqrt{a}}\sqrt{\pi}\,e^{-\frac{1}{4}\left(\frac{\alpha}{\sqrt{a}}\right)^2} = \sqrt{\frac{\pi}{a}}\,e^{-\frac{1}{4}\frac{\alpha^2}{a}}$$

이 된다.

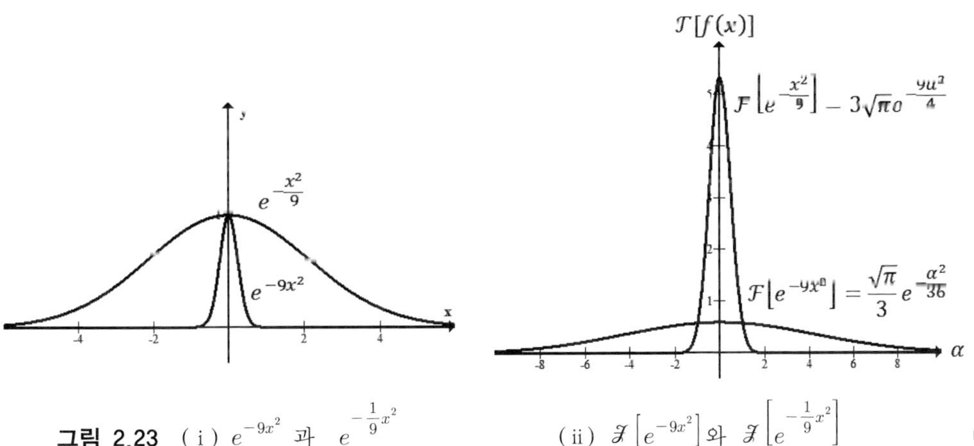


**그림 2.23** ( i ) $e^{-9x^2}$ 과 $e^{-\frac{1}{9}x^2}$ ( ii ) $\mathcal{F}\left[e^{-9x^2}\right]$와 $\mathcal{F}\left[e^{-\frac{1}{9}x^2}\right]$ ■

## ◆ Fourier 변환의 물리적 해석

Fourier 변환의 물리적 의미를 신호에 관한 문제와 진동에 관한 문제에서 고찰해 보자.

신호이론에서 시간 $t$에 관한 함수 $f(t)$를 신호(signal)라고 한다. 여러 가지 신호 중에서 특히

$$f(t)=p\cos\omega t,\ f(t)=p\sin\omega t \tag{37}$$

와 같은 신호를 조화신호(harmonic signal)라고 한다. 조화신호 (37)에서 $|p|$를 진폭(amplitude)이라고 하며, $\dfrac{\omega}{2\pi}$를 주파수(frequency)라 하고 주기를 $T$라 할 때 주파수는 $\dfrac{1}{T}$이다. $\omega=\dfrac{2\pi}{T}$를 기본각도수(fundamental angular frequency) 또는 진동수라 부른다.

예를 들어 시간 $t$의 함수 $f(t)=-5\cos 6\pi t$는 진폭이 5이고 주파수가 $\dfrac{6\pi}{2\pi}=3$인 조화신호이고 주기는 $\dfrac{1}{3}$이다.

일반적으로 조화신호 (37)을

$$f(t)=pe^{i\omega t}$$

와 같이 나타낸다. 따라서 위 식으로 나타내어진 신호는 두 가지의 조화신호, 즉 $f(t)=pe^{i\omega t}$의 실수부가 나타내는 조화신호 $p\cos\omega t$와 $f(t)=pe^{i\omega t}$의 허수부가 나타내는 조화신호 $p\sin\omega t$을 뜻한다.

예를 들어, $f(t)=7e^{i5t}$는 두 가지의 조화신호 $u(t)=7\cos 5t,\ v(t)=7\sin 5t$를 나타낸다. 신호 $f(t)$를 $f(t)$의 Fourier 변환 $\hat{f}(\alpha)$의 Fourier 역변환으로 표시하면

$$f(t)=\frac{1}{2\pi}\int_{-\infty}^{\infty}\hat{f}(\alpha)e^{i\alpha t}d\alpha \tag{38}$$

이다.

식 (38)에서 피적분함수 $\hat{f}(\alpha)e^{i\alpha t}$는 진폭이 $|\hat{f}(\alpha)|$이고 주파수가 $\dfrac{\alpha}{2\pi}$인 하나의 조화신호(harmonic signal)를 나타낸다. 따라서 식 (38)은 물리적으로 신호 $f(t)$를 진폭이 $|\hat{f}(\alpha)|$이고, 주파수가 $\dfrac{\alpha}{2\pi}$인 모든 가능한 조화진동들의 중첩으로 나타날 수 있음을 뜻한다. 그리하

여 $(\alpha, |\hat{f}(\alpha)|)$를 신호 $f(t)$의 주파수 스펙트럼(frequency spectrum) 또는 스텍트럼 밀도(spectral density)라고 한다. 즉 주파수 스펙트럼이란 어떤 주파수 성분의 진폭이 얼마나 큰지를 나타낸다고 할 수 있다. 또한 Fourier 변환으로 주파수 스펙트럼을 나타낼 수 있음을 알 수 있다.

한편

$$\int_{-\infty}^{\infty} |\hat{f}(\alpha)|^2 d\alpha \tag{39}$$

를 신호 $f(t)$에 관련된 총에너지(total energy)라 한다. 따라서

$$\int_a^b |\hat{f}(\alpha)|^2 d\alpha$$

는 총에너지의 $[a, b]$ 구간에서의 주파수 성분 $\alpha$의 기여도를 나타낸다.

이와 같이 어떤 신호 $f(t)$에 대한 Fourier 변환의 물리적 해석은 신호이론 전개의 기본적인 개념이 된다.

다음으로 진동에 관한 문제를 생각해 보자.

용수철 상수가 $k$인 용수철이 매달린 질량이 $m$인 물체가 자유진동을 할 때, 물체의 위치함수 $y(t)$는 모든 시간 $t$에 대하여

$$my''(t) + ky(t) = 0 \tag{40}$$

와 같은 미분방정식을 만족한다. 식(40)의 양변에 $y'(t)$를 곱하고 적분하면

$$\frac{1}{2}mv^2 + \frac{1}{2}ky^2 = E_0(\text{상수}) \tag{41}$$

을 얻는다. 이 식에서 $v = y'(t)$이며, $\frac{1}{2}mv^2$은 진동계의 운동에너지, $\frac{1}{2}ky^2$은 진동계의 퍼텐셜 에너지(potential energy)를 나타낸다.

한편, 미분방정식 (40)의 표준형인

$$y'' + \frac{k}{m}y = 0$$

에 대한 일반해를 구하면 다음과 같다.

$$y(t)= a_1 \cos \omega_0 t + b_1 \sin \omega_0 t,\ \omega_0^2 = \frac{k}{m} \tag{42}$$

즉 미분방정식 (40)의 일반해는 단 하나의 주파수 $\frac{\omega_0}{2\pi}$에 의해 이루어져 있다. 이를 복소지수함수로 나타내면

$$\begin{aligned} y(t) &= a_1 \cos \omega_0 t + b_1 \sin \omega_0 t \\ &= a_1 \frac{e^{i\omega_0 t} + e^{-i\omega_0 t}}{2} + b_1 \frac{e^{i\omega_0 t} - e^{-i\omega_0 t}}{2i} \\ &= a_1 \frac{e^{i\omega_0 t} + e^{-i\omega_0 t}}{2} - b_1 \frac{ie^{i\omega_0 t} - ie^{-i\omega_0 t}}{2} \\ &= \frac{a_1 - ib_1}{2} e^{i\omega_0 t} + \frac{a_1 + ib_1}{2} e^{-i\omega_0 t} \\ &= c_1 e^{i\omega_0 t} + c_{-1} e^{-i\omega_0 t} \end{aligned} \tag{43}$$

이다. 여기서 $c_1 = \frac{a_1 - ib_1}{2},\ c_{-1} = \frac{a_1 + ib_1}{2} = \overline{c_1}$이다.

$\mathscr{F}[y(t)](\alpha)= \hat{y}(\alpha)$라 둘 때

$$\hat{y}(\alpha)= \int_{-\infty}^{\infty} y(t) e^{-i\alpha t} dt$$

이므로

$$\hat{y}(-\alpha)= \int_{-\infty}^{\infty} y(t) e^{i\alpha t} dt = \overline{\hat{y}(\alpha)}$$

가 되어

$$|\hat{y}(-\alpha)| = |\overline{\hat{y}(\alpha)}| = |\hat{y}(\alpha)|$$

임을 알 수 있다. 또한

$$y(t)= \frac{1}{2\pi} \int_{-\infty}^{\infty} \hat{y}(\alpha) e^{i\alpha t} d\alpha \quad (-\infty < t < \infty)$$

이므로 $y(t)$는 주파수는 $\frac{\alpha}{2\pi}$이고 진폭 $|\hat{y}(\alpha)|$인 함수 $\hat{y}(\alpha)e^{i\alpha t}$의 중첩으로 나타난다. 따라

서 주파수 $\frac{\omega_0}{2\pi}$일 때 함수 $\frac{1}{2\pi}\hat{y}(\omega_0)e^{i\omega_0 t}$의 진폭은 $\frac{1}{2\pi}\left|\hat{y}(\omega_0)\right|$이고, 식 (43)에서 주파수 $\frac{\omega_0}{2\pi}$일 때의 함수 $c_1 c^{i\omega_0 t}$의 진폭은 $|c_1|$이므로

$$|c_1| = \frac{1}{2\pi}\left|\hat{y}(\omega_0)\right|$$

이다. 한편 식 (43)을 식 (41)에 대입하여 계산하면

$$E_0 = \frac{1}{2}m\left(c_1 i\omega_0 e^{i\omega_0 t} - c_{-1} i\omega_0 e^{-i\omega_0 t}\right)^2 + \frac{1}{2}k\left(c_1 e^{i\omega_0 t} + c_{-1}e^{-i\omega_0 t}\right)^2$$

에서

$$m{\omega_0}^2 = k,\ (i\omega_0) = -{\omega_0}^2$$

이므로

$$E_0 = 2kc_1 c_{-1} = 2k|c_1|^2 \tag{44}$$

을 얻는다. 따라서, 진동계의 에너지는 주파수가 $\frac{\omega_0}{2\pi}$일 때의 진폭 $|c_1|$의 제곱에 비례한다. 즉,

$$E_0 = 2k|c_1|^2 = \frac{k}{2\pi^2}\left|\hat{y}(\omega_0)\right|^2 \tag{45}$$

이 성립한다. 이 식은 진동계의 에너지와 위치함수의 Fourier 변환과의 관계를 나타낸다.

### ◆ Fourier 변환의 합성곱

두 함수 $f(x), g(x)$에 대하여

$$\begin{aligned} f(x) * g(x) &= \int_{-\infty}^{\infty} f(u)g(x-u)du \\ &= \int_{-\infty}^{\infty} f(x-u)g(u)du \end{aligned}$$

를 $f(x)$와 $g(x)$의 Fourier 변환에 대한 **합성곱(convolution)**이라고 한다.

**정리 2.9 (합성곱의 Fourier 변환)**

두 함수 $f(x), g(x)$가 전 구간 $(-\infty, \infty)$에서 조각별 연속이고, 전 구간 $(-\infty, \infty)$에서 절대적분가능하면

$$\mathscr{F}[f(x) * g(x)] = \mathscr{F}[f(x)]\,\mathscr{F}[g(x)] \tag{46}$$

이다.

**증명**

Fourier 변환과 합성곱의 정의에서 적분의 순서를 바꾸어주면

$$\begin{aligned}
\mathscr{F}[f(x) * g(x)] &= \int_{-\infty}^{\infty} f(x) * g(x) e^{-i\alpha x} dx \\
&= \int_{-\infty}^{\infty}\int_{-\infty}^{\infty} f(u) g(x-u) du\, e^{-i\alpha x} dx \\
&= \int_{-\infty}^{\infty}\int_{-\infty}^{\infty} f(u) g(x-u)\, e^{-i\alpha x} du\, dx \\
&= \int_{-\infty}^{\infty}\int_{-\infty}^{\infty} f(u) g(x-u)\, e^{-i\alpha x} dx\, du
\end{aligned}$$

위 식에서 $v = x - u$로 치환하면 $dx = dv$이므로 다음의 결과를 얻는다.

$$\begin{aligned}
\mathscr{F}[f(x) * g(x)] &= \int_{-\infty}^{\infty}\int_{-\infty}^{\infty} f(u) g(v)\, e^{-i\alpha(u+v)} dv\, du \\
&= \int_{-\infty}^{\infty} f(u) e^{-i\alpha u}\left(\int_{-\infty}^{\infty} g(v) e^{-i\alpha v} dv\right) du \\
&= \int_{-\infty}^{\infty} f(u) e^{-i\alpha u} du \int_{-\infty}^{\infty} g(v) e^{-i\alpha v} dv \\
&= \mathscr{F}[f(x)]\,\mathscr{F}[g(x)]
\end{aligned}$$

이다. 따라서,

$$\mathscr{F}[f(x)] = \hat{f}(\alpha),\ \mathscr{F}[g(x)] = \hat{g}(\alpha)$$

라 두면

$$\mathscr{F}^{-1}\left[\hat{f}(\alpha)\hat{g}(\alpha)\right] = f(x) * g(x)$$

이 성립한다. ■

**예제 8**

$f(x)=e^{-x}u(x)$, $g(x)=e^{-3x}u(x)$의 합성곱 $f(x)*g(x)$을 Fourier 변환을 이용하여 구하라. 여기서 $u(x)$는 단위계단함수이다.

**풀이**

$$\mathcal{F}[f(x)]=\mathcal{F}\left[e^{-x}u(x)\right]=\frac{1}{1+i\alpha}=\hat{f}(\alpha)$$

이고

$$\mathcal{F}[g(x)]=\mathcal{F}\left[e^{-3x}u(x)\right]=\frac{1}{3+i\alpha}=\hat{g}(\alpha)$$

이므로

$$\hat{f}(\alpha)\hat{g}(\alpha)=\frac{1}{1+i\alpha}\frac{1}{3+i\alpha}=\frac{1}{2}\frac{1}{1+i\alpha}-\frac{1}{2}\frac{1}{3+i\alpha}$$

이다. 따라서

$$\begin{aligned}f(x)*g(x)&=\mathcal{F}^{-1}\left[\hat{f}(\alpha)\hat{g}(\alpha)\right]=\mathcal{F}^{-1}\left[\frac{1}{2}\frac{1}{1+i\alpha}-\frac{1}{2}\frac{1}{3+i\alpha}\right]\\&=\frac{1}{2}e^{-x}u(x)-\frac{1}{2}e^{-3x}u(x)\\&=\begin{cases}0, & x<0\\ \frac{1}{2}(e^{-x}-e^{-3x}), & x>0\end{cases}\end{aligned}$$

이다.

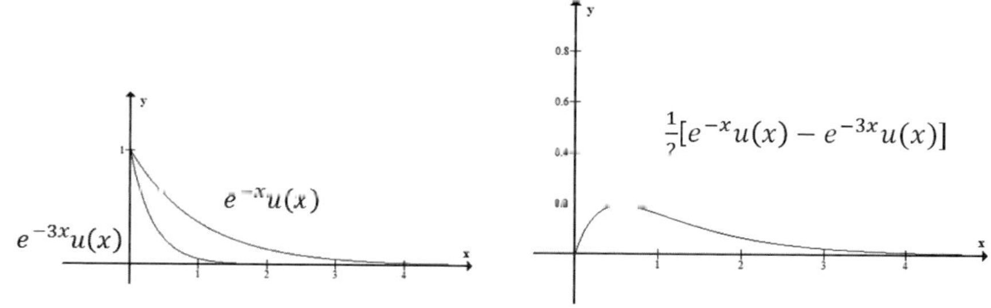


**그림 2.24** $e^{-x}u(x)$와 $e^{-3x}u(x)$ 및 $e^{-x}u(x)*e^{-3x}u(x)=\frac{1}{2}e^{-x}u(x)-\frac{1}{2}e^{-3x}u(x)$ ■

예제 9

Fourier 변환을 이용하여 다음 편미분방정식의 해를 구하라.

$$\frac{\partial u}{\partial t} = \frac{\partial^2 u}{\partial x^2} \quad -\infty < x < \infty,\ 0 < t < \infty$$

$$u(x, 0) = e^{-x^2}$$

$$\lim_{x \to \pm\infty} u(x, t) = 0, \quad \lim_{x \to \pm\infty} \frac{\partial u}{\partial x}(x, t) = 0$$

**풀이**

함수 $u(x, t)$에서 $t$를 고정하면 $u(x, t)$, $\frac{\partial u}{\partial t}(x, t)$, $\frac{\partial^2 u}{\partial x^2}(x, t)$는 모두 $x$만의 함수라고 생각할 수 있다. 따라서 변수 $x$에 대해 Fourier 변환을 하면

$$\mathscr{F}[u(x, t)] = U(\alpha, t)$$

라 둘 때

$$\begin{aligned}\mathscr{F}\left[\frac{\partial u}{\partial t}(x, t)\right] &= \int_{-\infty}^{\infty} \frac{\partial x}{\partial t} e^{-i\alpha x} dx = \frac{d}{dt}\int_{-\infty}^{\infty} u(x,t) e^{-i\alpha x} dx \\ &= \frac{d}{dt}\mathscr{F}[u(x, t)] = \frac{d}{dt}U(\alpha, t)\end{aligned}$$

이고 정리 2.5의 식 (25)에서

$$\mathscr{F}\left[\frac{\partial^2 u}{\partial x^2}(x, t)\right] = (i\alpha)^2 \mathscr{F}[u(x, t)] \quad = -\alpha^2 U(\alpha, t)$$

이다. 따라서 주어진 편미분방정식의 양변을 변수 $x$에 대해 Fourier 변환을 하면

$$\mathscr{F}\left[\frac{\partial u}{\partial t}\right] = \mathscr{F}\left[\frac{\partial^2 u}{\partial x^2}\right]$$

이고

$$\frac{d}{dt}U(\alpha, t) = -\alpha^2 U(\alpha, t)$$

가 되어 $t$에 관해 1계 선형 미분방정식이고, 일반해는

$$U(\alpha, t)= C(\alpha)e^{-\alpha^2 t}$$

이다. 초기조건 $u(x,0)= e^{-x^2}$의 양변에 Fourier 변환을 취하면

$$U(\alpha, 0)= \mathcal{F}\left[u(x,0)\right]= \mathcal{F}\left[e^{-x^2}\right]$$

이고 예제 5의 식 (31)에서

$$\mathcal{F}\left[e^{-x^2}\right]= \sqrt{\pi}\, e^{-\frac{\alpha^2}{4}}$$

이므로

$$C(\alpha)= U(\alpha, 0)= \sqrt{\pi}\, e^{-\frac{\alpha^2}{4}}$$

을 얻게 되어

$$U(\alpha, t)= \sqrt{\pi}\, e^{-\frac{\alpha^2}{4}} e^{-\alpha^2 t}$$

이다. 이제 이식의 양변에 Fourier 역변환을 취하면

$$u(x,t)= e^{-x^2} * \mathcal{F}^{-1}\left[e^{-\alpha^2 t}\right]$$

이때 예제 7의 식 (36)에서

$$\mathcal{F}\left[e^{-ax^2}\right]= \sqrt{\frac{\pi}{a}}\, e^{-\frac{\alpha^2}{4a}}$$

임을 이용하여

$$\mathcal{F}^{-1}\left[e^{-\alpha^2 t}\right]= \mathcal{F}^{-1}\left[e^{\frac{-\alpha^2}{4\left(\frac{1}{4t}\right)}}\right] = \frac{\sqrt{\frac{1}{4t}}}{\sqrt{\pi}} e^{-\frac{1}{4t}x^2} = \frac{1}{2\sqrt{\pi t}} e^{-\frac{1}{4t}x^2}$$

임을 알 수 있다. 따라서 주어진 편미분방정식의 해는

$$\begin{aligned} u(x, t) &= e^{-x^2} * \frac{1}{2\sqrt{\pi t}} e^{-\frac{1}{4t}x^2} \\ &= \frac{1}{2\sqrt{\pi t}} \int_{-\infty}^{\infty} e^{-y^2} e^{-\frac{(x-y)^2}{4t}} dy \end{aligned}$$

이다. ■

## 연습문제 2.5

1. 함수 $f(x)=e^{-x^2}$의 Fourier 변환

$$\mathcal{F}[f(x)]=\mathcal{F}\left[e^{-x^2}\right](\alpha)=\hat{f}(\alpha)=\sqrt{\pi}\,e^{-\frac{\alpha^2}{4}}$$

이용하여 다음 함수의 Fourier 변환을 구하라.

$$g(x)=-2xe^{-x^2}+e^{-4x^2}$$

(답) $\mathcal{F}\left[2xe^{-x^2}+e^{-4x^2}\right]=\sqrt{\pi}\left[i\alpha e^{-\frac{\alpha^2}{4}}+\frac{1}{2}e^{-\frac{\alpha^2}{16}}\right]$

2. 다음 함수의 Fourier 변환을 구하라.

$$f(x)=\begin{cases}1-x, & |x|\le 1\\ 0, & |x|>1\end{cases}$$

(답) $\mathcal{F}[f(x)]=\frac{2i}{\alpha}\left(\frac{1}{\alpha}\sin\alpha-e^{i\alpha}\right)$

3. 다음 함수의 Fourier 변환을 구하라.

$$f(x)=\begin{cases}k, & a\le x\le b\\ 0, & x<a,\ x>b\end{cases}$$

(답) $\mathcal{F}[f(x)]=\frac{k}{i\alpha}\left(e^{-ia\alpha}-e^{-ib\alpha}\right)$

4. 다음 함수의 Fourier 변환을 구하라.

$$f(x)=\begin{cases}1-\frac{1}{2}x, & 0\le x\le 2\\ 0, & x<0,\ x>2\end{cases}$$

(답) $\mathcal{F}[f(x)]=\frac{1}{i\alpha}+\frac{1}{2\alpha^2}\left(1-e^{-i2\alpha}\right)$

5. Fourier 변환을 이용하여 구간 경계값 문제

$$\frac{\partial u}{\partial t} = k\frac{\partial^2 u}{\partial x^2}, \quad t > 0, -\infty < x < \infty,$$
$$u(x,0) = f(x) = \begin{cases} 1, & |x| \le 1 \\ 0, & |x| > 1 \end{cases}$$

$$\lim_{x \to \pm\infty} u(x,t) = 0, \quad \lim_{x \to \pm\infty} \frac{\partial u}{\partial x}(x,t) = 0$$

의 해를 구하라.

(답) $u(x,t) = \dfrac{2}{\pi}\displaystyle\int_0^\infty \frac{\sin\alpha\cos\alpha x}{\alpha} e^{-k\alpha^2 t} d\alpha$

$$= f(x) * \frac{1}{2\sqrt{k\alpha t}} e^{-\frac{1}{4kt}x^2} = \frac{1}{2\sqrt{k\alpha t}} \int_{-1}^{1} e^{-\frac{1}{4kt}(x-v)^2} dv$$

## 2.6 절대적분가능하지 않은 함수들의 Fourier 변환

앞 절에서 알 수 있듯이, 함수 $f(x)$의 Fourier 변환이 존재하기 위한 충분조건은 함수 $f(x)$가 전 구간 $(-\infty, \infty)$에서 절대적분가능하고, $f(x)$와 $f'(x)$가 조각별 연속인 것이다. Dirac 델타함수(단위충격함수), 복소 지수함수, 사인 함수, 코사인 함수, 단위 계단함수 등은 이 충분조건을 만족하지 못한다.

이제 이러한 함수들의 Fourier 변환에 대해 알아보자.

---

**정리 2.10 Dirac 델타함수(단위충격함수)의 Fourier변환**

---

$$\mathscr{F}[\delta(x)](\alpha) = 1 \tag{47}$$

이고

$$\delta(x) = \mathscr{F}^{-1}[1] = \frac{1}{2\pi}\int_{-\infty}^{\infty} e^{i\alpha x} d\alpha \tag{48}$$

이다.

**증명**

$\delta(x)$의 정의에 의하여

$$\delta(x)e^{-i\alpha x} = \begin{cases} 0\ , & x \neq 0 \\ \delta(0)e^{-i\alpha\cdot 0} = \infty\ , & x = 0 \end{cases}$$

$$= \delta(x)e^{-i\alpha\cdot 0}$$

이므로

$$\mathscr{F}[\delta(x)](\alpha) = \int_{-\infty}^{\infty} \delta(x)e^{-i\alpha x}dx = \int_{-\infty}^{\infty} \delta(x)e^{-i\alpha\cdot 0}dx = \int_{-\infty}^{\infty} \delta(x)dx = 1$$

이고 양변에 Fourier 역변환을 취하면

$$\delta(x) = \mathscr{F}^{-1}[1] = \frac{1}{2\pi}\int_{-\infty}^{\infty} 1\cdot e^{i\alpha x} d\alpha$$

이다 ■

---

한편 임의의 실수들 $a$와 $b$에 대해서 다음 식들이 성립한다.

$$\frac{1}{2\pi}\int_{-2\pi n+a}^{2\pi n+b} e^{i\alpha x} d\alpha = \frac{1}{2\pi}\int_{-2\pi n+a}^{2\pi n+b} (\cos\alpha x + i\,\sin\alpha x)d\alpha$$

$$= \frac{1}{2\pi}\int_{a}^{b} \cos\,\alpha x\, d\alpha + i\frac{1}{2\pi}\int_{a}^{b} \sin\,\alpha x\, d\alpha$$

따라서 $\int_{-\infty}^{\infty} e^{i\alpha x} d\alpha$는 수렴하지 않는다. 즉, 적분값이 존재하지 않는다.

따라서 함수 1의 Fourier 역변환이 $\delta(x)$라는 것을 단지 기호함수로 보거나 일반화함수로 간주하는 것이 타당할 것이다.

더욱이 정리 2.10의 식 (48)에 의해

$$\int_{-\infty}^{\infty} e^{i\alpha x} d\alpha = 2\pi\delta(x) \tag{49}$$

이다. 그리고 $\cos\alpha x$은 $\alpha$에 대해 우함수이고 $\sin\alpha x$는 $\alpha$에 대해 기함수이므로

$$\int_{-\infty}^{\infty} e^{i\alpha x} d\alpha = \int_{-\infty}^{\infty} \cos\alpha x + i\sin\alpha x \, d\alpha = 2\int_{0}^{\infty} \cos\alpha x \, d\alpha$$

이 성립한다. 따라서

$$\int_{0}^{\infty} \cos\alpha x \, d\alpha = \pi\delta(x) \tag{50}$$

이다.

---

**정리 2.11 델타함수의 Fourier 변환**

---

$$\mathcal{F}\left[\delta(x-x_0)\right](\alpha) = e^{-i\alpha x_0} \tag{51}$$

이고

$$\mathcal{F}^{-1}\left[e^{-i\alpha x_0}\right] = \delta(x-x_0) \tag{52}$$

이다.

**증명**

$$\mathcal{F}\left[\delta(x-x_0)\right](\alpha) = \int_{-\infty}^{\infty} \delta(x-x_0)e^{-i\alpha x}dx = \int_{-\infty}^{\infty} \delta(x-x_0)e^{-i\alpha x_0}dx$$

$$= e^{-i\alpha x_0}\int_{-\infty}^{\infty} \delta(x-x_0)dx = e^{-i\alpha x_0}$$

이고, 양변에 Fourier 역변환을 취하면

$$\delta(x-x_0) = \mathcal{F}^{-1}\left[e^{-i\alpha x_0}\right] = \frac{1}{2\pi}\int_{-\infty}^{\infty} e^{-i\alpha x_0}e^{i\alpha x}d\alpha$$

$$= \frac{1}{2\pi}\int_{-\infty}^{\infty} e^{i\alpha(x-x_0)}dx$$

이 성립한다. ■

---

지금부터는 복소 지수함수 $e^{i\alpha x}$의 Fourier 변환을 구하기로 하자. 이때 $\alpha=0$인 경우는 상수함수 $1$이다. $\int_{-\infty}^{\infty}|e^{i\alpha x}|dx=\int_{-\infty}^{\infty}1dx=\infty$이므로 $e^{i\alpha x}$는 절대적분가능하지 않다.

---

**정리 2.11　상수함수 1의 Fourier 변환**

---

$$\mathcal{F}[1](\alpha)=2\pi\delta(\alpha) \tag{53}$$

**증명**

정리 2.10의 식 (48)에서

$$\mathcal{F}[1](\alpha)=\int_{-\infty}^{\infty}1\cdot e^{-i\alpha x}dx \quad =2\pi\left(\frac{1}{2\pi}\int_{-\infty}^{\infty}e^{i(-\alpha)x}dx\right)$$

$$=2\pi\delta(-\alpha)$$

이다. 한편,

$$\delta(-\alpha)=\begin{cases}0, & -\alpha\neq 0\\ \infty, & -\alpha=0\end{cases}$$

$$=\delta(\alpha)$$

이고

$$\int_0^{\infty}\delta(-\alpha)d\alpha=\int_0^{\infty}\delta(\alpha)d\alpha=1$$

이므로

$$\mathcal{F}[1](\alpha)=2\pi\delta(-\alpha)=2\pi\delta(\alpha)$$

가 된다.

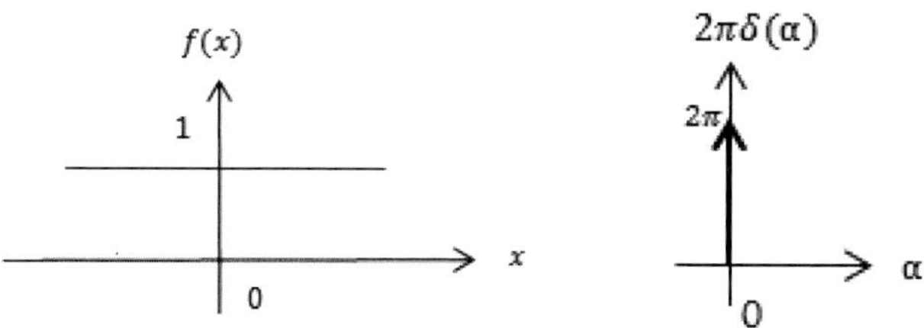


**그림 2.25** $f(x)=1$과 $\mathscr{F}[1](\alpha)=2\pi\delta(\alpha)$

■

---

**정리 2.12 쌍대성(Duality)**

$\mathscr{F}[f(x)]=\hat{f}(\alpha)$라 할 때

$$\mathscr{F}\left[\hat{f}(\alpha)|_{\alpha=x}\right]=\mathscr{F}\left[\hat{f}(x)\right]=2\pi f(-\alpha) \tag{54}$$

이다.

**증명**

Fourier 변환의 정의에서

$$f(x)=\frac{1}{2\pi}\int_{-\infty}^{\infty}\hat{f}(\alpha)e^{i\alpha x}d\alpha$$

이고

$$\hat{f}(\alpha)=\int_{-\infty}^{\infty}f(x)e^{-i\alpha x}dx$$

이다.

$$2\pi f(x)=\int_{-\infty}^{\infty}\hat{f}(\alpha)e^{i\alpha x}d\alpha$$

이므로

$$2\pi f(-x)=\int_{-\infty}^{\infty}\hat{f}(\alpha)e^{-i\alpha x}d\alpha$$

이다. 위 식에서 변수 $x$와 변수 $\alpha$를 서로 바꾸면

$$\begin{aligned} 2\pi f(-\alpha) &= \int_{-\infty}^{\infty} \hat{f}(x) e^{-i\alpha x} dx \\ &= \mathscr{F}\left[\hat{f}(x)\right](\alpha) \end{aligned}$$

임을 알 수 있다. ■

---

### 예제 1

$\mathscr{F}\left[\dfrac{2}{x}\sin x\right]$을 구하라.

**풀이**

함수 $f(x) = u(x+1) - u(x-1)$ ($u(x)$는 단위계단함수)는 우함수이다.
2.5절에서 예제 2의 식 (29)에서 함수 $f(x)$의 Fourier 변환은

$$\hat{f}(\alpha) = \mathscr{F}\left[f(x)\right](\alpha) = \frac{2}{\alpha}\sin\alpha$$

이므로 $\hat{f}(x) = \dfrac{2}{x}\sin x$이다.

정리 2.12의 쌍대성 공식 (54)에 의해

$$\begin{aligned} \mathscr{F}\left[\hat{f}(x)\right] &= 2\pi f(-\alpha) \\ &= 2\pi f(\alpha) \\ &= 2\pi\left[u(\alpha+1) - u(\alpha-1)\right] \end{aligned}$$

이 성립한다. 즉,

$$\mathscr{F}\left[\frac{2}{x}\sin x\right] = 2\pi\left[u(\alpha+1) - u(\alpha-1)\right]$$

이다.

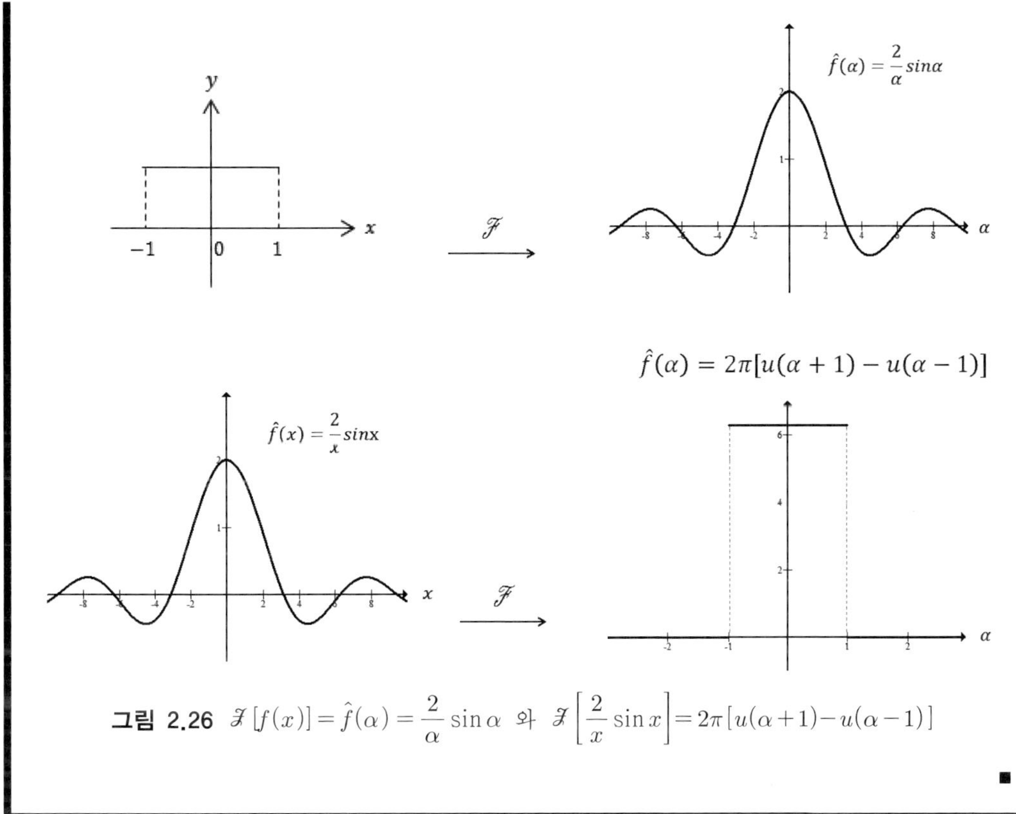


**그림 2.26** $\mathscr{F}[f(x)] = \hat{f}(\alpha) = \dfrac{2}{\alpha}\sin\alpha$ 와 $\mathscr{F}\left[\dfrac{2}{x}\sin x\right] = 2\pi[u(\alpha+1) - u(\alpha-1)]$

■

---

### 정리 2.13 복소 지수함수의 Fourier 변환

$$\mathscr{F}\left[e^{i\alpha_0 x}\right](\alpha) = 2\pi\delta(\alpha - \alpha_0) \tag{55}$$

이다.

**증명**

정리 2.11의 식 (53)에서 $\mathscr{F}[1](\alpha) = 2\pi\delta(\alpha)$이므로

$$\mathscr{F}\left[e^{i\alpha_0 x}\right](\alpha) = \int_{-\infty}^{\infty} e^{i\alpha_0 x} e^{-i\alpha x} dx = \int_{-\infty}^{\infty} e^{-i(\alpha - \alpha_0)x} dx$$

$$= \mathscr{F}[1](\alpha - \alpha_0) = 2\pi\delta(\alpha - \alpha_0)$$

이다. ■

## 정리 2.14 삼각함수의 Fourier 변환

$$\mathcal{F}\left[\cos\alpha_0 x\right](\alpha)=\pi\left[\delta(\alpha-\alpha_0)+\delta(\alpha+\alpha_0)\right] \tag{56}$$

$$\mathcal{F}\left[\sin\alpha_0 x\right](\alpha)=i\pi\left[\delta(\alpha+\alpha_0)-\delta(\alpha-\alpha_0)\right] \tag{57}$$

**증명**

삼각함수 $\cos\alpha_0 x$와 $\sin\alpha_0 x$를 복소 지수함수로 나타내면

$$\cos\alpha_0 x=\frac{1}{2}\left(e^{i\alpha_0 x}+e^{-i\alpha_0 x}\right)$$

이고

$$\sin\alpha_0 x=\frac{1}{2i}\left(e^{i\alpha_0 x}-e^{-i\alpha_0 x}\right)$$

이므로 정리 2.13의 식 (55)와 Fourier 변환의 선형성에 의해

$$\begin{aligned}\mathcal{F}\left[\cos\alpha_0 x\right](\alpha)&=\frac{1}{2}\mathcal{F}\left[e^{i\alpha_0 x}\right](\alpha)+\frac{1}{2}\mathcal{F}\left[e^{-i\alpha_0 x}\right](\alpha)\\&=\frac{1}{2}2\pi\delta(\alpha-\alpha_0)+\frac{1}{2}2\pi\delta(\alpha+\alpha_0)\\&=\pi\delta(\alpha-\alpha_0)+\pi\delta(\alpha+\alpha_0)\end{aligned}$$

이고

$$\begin{aligned}\mathcal{F}\left[\sin\alpha_0 x\right](\alpha)&=\frac{1}{2i}\mathcal{F}\left[e^{i\alpha_0 x}\right](\alpha)-\frac{1}{2i}\mathcal{F}\left[e^{-i\alpha_0 x}\right](\alpha)\\&=\frac{1}{2i}2\pi\delta(\alpha-\alpha_0)-\frac{1}{2i}2\pi\delta(\alpha-(-\alpha_0))\\&=\frac{\pi}{i}\delta(\alpha-\alpha_0)-\frac{\pi}{i}\delta(\alpha+\alpha_0)\\&=i\pi\delta(\alpha+\alpha_0)-i\pi\delta(\alpha-\alpha_0)\end{aligned}$$

가 성립된다.

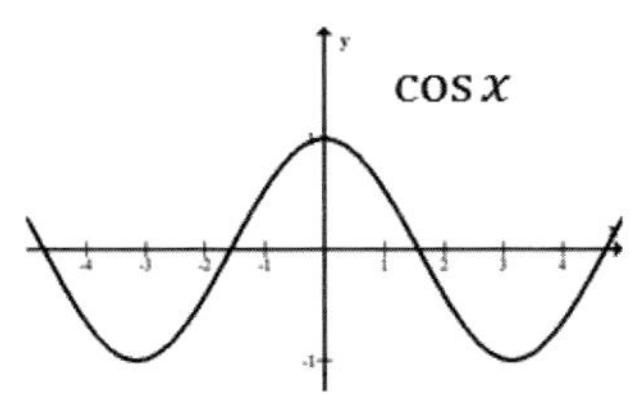


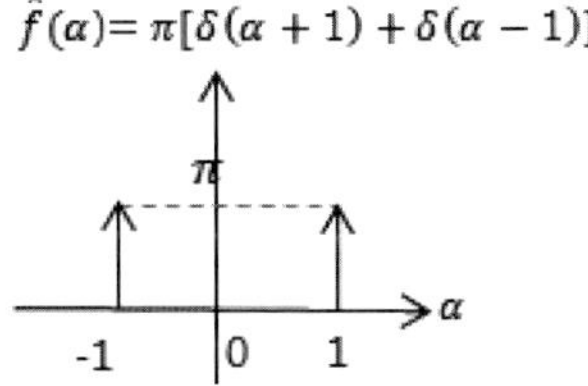


**그림 2.27** $f(x) = \cos x$ 와 $\mathscr{F}[\cos x] = \pi\delta(\alpha-1)+\pi\delta(\alpha+1)$

■

---

**정리 2.15 단위계단함수의 Fourier 변환**

---

$$u(x) = \begin{cases} 0, & x < 0 \\ 1, & x > 0 \end{cases}$$

인 단위계단함수일 때

$$\mathscr{F}[u(x)](\alpha) = \pi\delta(\alpha) + \frac{1}{i\alpha} \tag{58}$$

이다.

**증명**

함수 $f(x) = u(x)$의 Fourier 변환은

$$\mathscr{F}[f(x)](\alpha) = \mathscr{F}[u(x)](\alpha) = \hat{f}(\alpha)$$

라 두면

$$u(x) = \begin{cases} 0, & x < 0 \\ 1, & x > 0 \end{cases}$$

이고

$$u(-x) = \begin{cases} 0, & x < 0 \\ 1, & -x > 0 \end{cases}$$

$$= \begin{cases} 1, & x < 0 \\ 0, & x > 0 \end{cases}$$

이므로 $u(x) + u(-x) = 1 \ (x \neq 0)$임을 알 수 있다.

이 식의 양변에 Fourier 변환을 취하고 정리 2.11의 식 (53)의 $\mathscr{F}[1](\alpha) = 2\pi\delta(\alpha)$을

이용하면

$$\mathscr{F}[u(x)](\alpha)+\mathscr{F}[u(-x)](\alpha)=\mathscr{F}[1]=2\pi\delta(\alpha) \tag{59}$$

이다.

$\mathscr{F}[f(x)](\alpha)=\hat{f}(\alpha)$일 때

$$\begin{aligned}\mathscr{F}[f(-x)](\alpha)&=\int_{-\infty}^{\infty}f(-x)e^{-i\alpha x}dx \qquad (-x=v,\ -dx=dv)\\&=-\int_{\infty}^{-\infty}f(v)e^{i\alpha v}dv=\int_{-\infty}^{\infty}f(v)e^{i\alpha v}dv\\&=\int_{-\infty}^{\infty}f(v)e^{-i(-\alpha)v}dv=\mathscr{F}[f(x)](-\alpha)\\&=\hat{f}(-\alpha)\end{aligned}$$

이 성립한다. 따라서 $\mathscr{F}[u(x)](\alpha)=\hat{u}(\alpha)$라 두면 식 (59)는

$$\hat{u}(\alpha)+\hat{u}(-\alpha)=2\pi\delta(\alpha) \tag{60}$$

이므로 $\hat{u}(\alpha)$를 다음과 같이 놓을 수 있다.

$$\hat{u}(\alpha)=c_0\delta(\alpha)+\hat{f}_0(\alpha) \tag{61}$$

여기서 $\hat{f}_0(\alpha)$는 어떤 함수 $f_0(x)$의 Fourier 변환이다.

식 (60)과 $\delta(-\alpha)=\delta(\alpha)$을 이용하여 식 (61)은

$$\begin{aligned}2\pi\delta(\alpha)=\hat{u}(\alpha)+\hat{u}(-\alpha)&=\left[c_0\delta(\alpha)+\hat{f}_0(\alpha)\right]+\left[c_0\delta(-\alpha)+\hat{f}_0(-\alpha)\right]\\&=2c_0\delta(\alpha)+\hat{f}_0(\alpha)+\hat{f}_0(-\alpha)\end{aligned}$$

이다. 그리하여

$$2(\pi-c_0)\delta(\alpha)-\left[\hat{f}_0(\alpha)+\hat{f}_0(-\alpha)\right]=0$$

이다. 따라서

$$\pi=c_0,\ -\hat{f}_0(\alpha)=\hat{f}_0(-\alpha)$$

를 얻게 되어 $\hat{f}_0(\alpha)$는 기함수임을 알 수 있다. 그러므로 식 (61)은

$$\hat{u}(\alpha)= \pi\delta(\alpha)+ \hat{f}_0(\alpha) \tag{62}$$

이다. 즉,

$$\mathcal{F}[u(x)](\alpha) = \hat{u}(\alpha) = \pi\delta(\alpha)+ \hat{f}_0(\alpha)$$

이 된다.

그리하여 이 식의 양변에 Fourier 역변환을 취하면

$$\begin{aligned} u(x) &= \mathcal{F}^{-1}\left[\pi\delta(\alpha)+ \hat{f}_0(\alpha)\right] \\ &= \frac{1}{2\pi}\int_{-\infty}^{\infty}\left(\pi\delta(\alpha)+ \hat{f}_0(\alpha)\right)e^{i\alpha x}d\alpha \end{aligned}$$

이다.

이제 양변을 $x$에 대해 미분하면

$$\begin{aligned} \frac{d}{dx}u(x) &= \frac{1}{2\pi}\int_{-\infty}^{\infty}\left(\pi\delta(\alpha)+ \hat{f}_0(\alpha)\right)\frac{\partial}{\partial x}e^{i\alpha x}d\alpha \\ &= \frac{1}{2\pi}\int_{-\infty}^{\infty}\left(\pi\delta(\alpha)+ \hat{f}_0(\alpha)\right)i\alpha\, e^{i\alpha x}d\alpha \\ &= \mathcal{F}^{-1}\left[i\alpha\left(\pi\delta(\alpha)+ \hat{f}_0(\alpha)\right)\right] \end{aligned}$$

이다.

델타함수의 정의에서 $\alpha\delta(\alpha)= 0$이므로

$$\mathcal{F}\left[\frac{d}{dx}u(x)\right]= i\alpha\left(\pi\delta(\alpha)+ \hat{f}_0(\alpha)\right)= i\alpha\hat{f}_0(\alpha) \tag{63}$$

이 된다. 델타 함수의 성질에서 $\frac{d}{dx}u(x)= \delta(x)$가 성립하고 정리 2.10의 식 (47)에서 $\mathcal{F}[\delta(x)]= 1$이므로

$$\mathcal{F}\left[\frac{d}{dx}u(x)\right]= \mathcal{F}[\delta(x)]= 1 \tag{64}$$

이다.

따라서 식 (63)과 (64)으로부터

$$\hat{f}_0(\alpha) = \frac{1}{i\alpha}$$

임을 알 수 있다.

그러므로 식 (62)에서

$$\begin{aligned}\hat{u}(\alpha) &= \pi\delta(\alpha) + \hat{f}_0(\alpha) \\ &= \pi\delta(\alpha) + \frac{1}{i\alpha}\end{aligned}$$

이다. ■

---

## 연습문제 2.6

1. 함수 $f(x) = e^{-a|x|}\,(a>0)$의 Fourier 변환을 구하고, 쌍대성을 이용하여 다음 함수의 Fourier 변환을 구하라.

$$g(x) = \frac{1}{a^2+x^2}(a>0)$$

(답) $\mathscr{F}\left[e^{-a|x|}\right] = \frac{2a}{a^2+\alpha^2}(a>0),\quad \mathscr{F}\left[\frac{1}{a^2+x^2}\right] = \frac{\pi}{a}e^{-a|\alpha|}$

2. 함수 $f(x)$의 Fourier 변환을 $\hat{f}(\alpha)$라 할 때 다음 함수의 Fourier 변환을 구하라.

$$f(x-a)\sin\alpha_0(x-a)$$

(답) $\mathscr{F}\left[f(x-a)\sin\alpha_0(x-a)\right] = \frac{e^{-ia\alpha}}{2i}\left[\hat{f}(\alpha-\alpha_0) - \hat{f}(\alpha+\alpha_0)\right]$

3. Signum 함수의 정의가 다음과 같을 때 $sgn(x)$의 Fourier 변환을 구하라.

$$sgn(x) = \begin{cases} 1, & x>0 \\ 0, & x=0 \\ -1, & x<0 \end{cases}$$

(답) $\mathscr{F}[sgn(x)] = \dfrac{2}{i\alpha}$

4. Fourier 변환을 이용하여 다음의 편미분방정식을 풀어라.

$$\frac{\partial^2 u}{\partial x^2} - 3\frac{\partial u}{\partial x} = \frac{\partial u}{\partial t}, \quad -\infty < x < \infty, \ t \geq 0$$

$$u(x, 0) = c_0 \delta(x - x_0),$$

$$\lim_{x \to \pm\infty} u(x, t) = 0, \ \lim_{x \to \pm\infty} \frac{\partial u}{\partial x}(x, t) = 0$$

여기서 $\delta(x - x_0)$는 델타함수, 즉 단위충격함수이다.

(답) $u(x, t) = \dfrac{c_0}{2\sqrt{2\pi t}} e^{-\frac{1}{8t}(x - x_0 - 3t)^2}$

# 제 2 부

# 복소해석

복소함수의 이론은 적분에 있어서 강력한 도구를 제공하여 열전달, 유체, 역학, 전자기학, 통계, 금융공학 등 공학의 전반에 나타나는 복잡한 함수들을 간결하고 편리하며 효율적으로 다루어 보다 깊게 이해할 수 있다. 특히 복소수가 나타나는 실적분 문제를 해결하는데 효과적인 방법을 제시한다.

복소수는 새로운 수의 체계로서 우리는 실함수에서 사용되던 여러 가지 해석적 도구들이 복소함수로 자연스럽게 확장되어 복소해석학의 전반적인 분야인 복소수 공간에서의 관계식인 복소함수와 그의 미세한 변화인 복소함수의 미분, 변화의 총체인 복소함수의 적분에 대해 학습하고자 한다.

## 제2부 복소해석

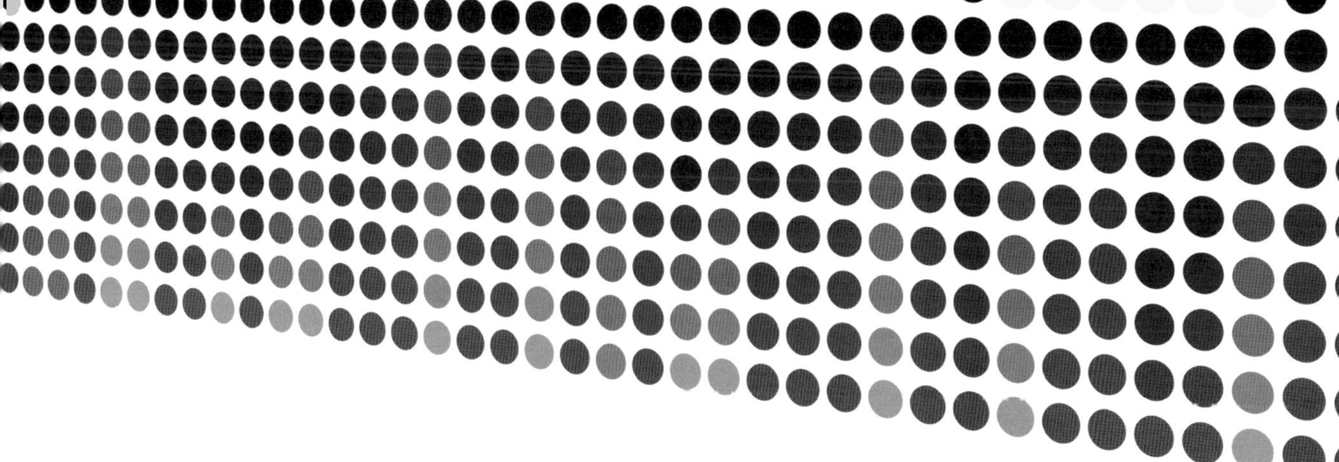

# 제3장
# 복소함수

본 장에서는 공학의 여러 분야에서 문제를 쉽게 해결하는데 유용한 복소함수에 대해 다룬다. 특히 복소해석에 있어 주요한 관심 대상이 되는 복소함수를 정의하고, 실함수에서 다루었던 극한과 연속성, 미분가능성에 대한 개념을 복소함수로 확장하여 Cauchy–Riemann 방정식을 유도할 것이다. 또한 실함수에서 학습한 지수함수와 로그함수를 확장한 복소지수함수와 복소로그함수, 복소삼각함수, 복소쌍곡선함수 등의 여러 가지 성질에 대하여 고찰한다. 복소함수해석과 실함수해석사이의 유사성과 많은 흥미로운 차이점에 대해서도 체계적으로 다룰 것이다.

## 3.1 복소수와 복소평면

수체계의 확장은 방정식과 결부시켜 이해할 수 있다. 방정식 $x+a=0$의 처리는 음수에 대한 개념을 필요로 하고 방정식 $ax+b=0$의 처리는 유리수 개념으로의 확장이 필요하다. 또한 방정식 $x^2-2=0$의 해를 갖기 위해 두수의 비(유리수)로 나타낼 수 없는 수, 즉 실수개념으로의 확장이 요구되었다. 반면 방정식 $x^2+2=0$이 해를 갖기 위해서는 실수개념을 확장이 필요하다. 그리하여 모든 2차 방정식 $az^2+bz+c=0$이 해를 갖기 위해 복소수가 도입되고 발전되었다.

기호 $i$는 $\sqrt{-1}$을 표현하는데 사용되고 이것을 허수단위(imaginary unit)라고 하며, 방정식 $z^2=-1$의 해가 된다. 따라서,

$$i^2=-1$$

이라 쓸 수 있다. 허수단위 $i$를 이용하여 $x$와 $y$를 실수(real number)라 할 때 복소수(complex number) $z$를 다음과 같이 정의한다.

$$z=x+iy$$

여기서 실수 $x$를 복소수 $z$의 실수부(real part)라 하고, 실수 $y$를 $z$의 허수부(imaginary part)라 부르며 다음과 같이 표기한다.

$$Re\, z=x,\quad Im\, z=y$$

$a+i0$와 같이 허수부가 0인 복소수는 실수 $a$와 같은 것으로 약속한다. 즉

$$a+i0=a$$

이다. 또한 $0+ib$와 같이 실수부가 0인 복소수를 순허수(pure imaginary number)라고 부르며 다음과 같이 간단히 나타낸다.

$$0+ib=ib$$

복소수 $a+ib$를 $a+bi$와 같이 나타내기도 한다. 그리고 복소수 $a+i(-b)$를 $a-ib$와 같이 간단히 나타낸다. 즉,

$$a+ib=a+bi,\quad a+(-b)i=a-bi$$

두 복소수 $a+ib$와 $c+id$는 $a=c$, $b=d$일 때, 그리고 오직 이 때에만 두 복소수는 같다고 하며, 이 관계를 다음과 같이 나타낸다.

$$a+ib=c+id$$

$z_1=x_1+iy_1$, $z_2=x_2+iy_2$일 때 복소수의 사칙연산은 다음과 같이 정의한다.

덧셈 : $z_1 + z_2 = (x_1 + iy_1) + (x_1 + iy_2) = (x_1 + x_2) + i(y_1 + y_2)$

뺄셈 : $z_1 - z_2 = (x_1 + iy_1) - (x_2 + iy_2) = (x_1 - x_2) + i(y_1 - y_2)$

곱셈 : $z_1 z_2 = (x_1 + iy_1)(x_2 + iy_2) = (x_1 x_2 - y_1 y_2) + i(x_2 y_1 + x_1 y_2)$

나눗셈 : $\dfrac{z_1}{z_2} = \dfrac{x_1 + iy_1}{x_2 + iy_2} = \dfrac{x_1 x_2 + y_1 y_2}{x_2^2 + y_2^2} + i\dfrac{x_2 y_1 - x_1 y_2}{x_2^2 + y_2^2}$

복소수의 연산도 실수와 마찬가지로 덧셈과 곱셈에 대하여 교환법칙, 결합법칙, 분배법칙이 성립한다. 즉

교환법칙(commutative law) : $\begin{cases} z_1 + z_2 = z_2 + z_1 \\ z_1 z_2 = z_2 z_1 \end{cases}$

결합법칙(associative law) : $\begin{cases} z_1 + (z_2 + z_3) = (z_1 + z_2) + z_3 \\ z_1(z_2 z_3) = (z_1 z_2) z_3 \end{cases}$

분배법칙(distributive law) : $z_1(z_2 + z_3) = z_1 z_2 + z_1 z_3$

이러한 법칙들이 성립되기 때문에 복소수의 사칙연산은 쉽게 수행할 수 있다. 예를 들어, 복소수의 덧셈과 뺄셈은 단순히 두 복소수의 실수부와 허수부들을 각각 더하거나 빼면 된다. 복소수의 곱셈도 분배법칙을 사용하여 전개한 다음 $i^2 = -1$을 이용하여

$$\begin{aligned} z_1 z_2 &= (x_1 + iy_1)(x_2 + iy_2) \\ &= x_1 x_2 + i x_1 y_2 + i y_1 x_2 + i^2 y_1 y_2 \\ &= (x_1 x_2 - y_1 y_2) + i(x_1 y_2 + y_1 x_2) \end{aligned}$$

가 성립한다.

## ◆ 켤레 복소수(Complex Conjugate)

복소수 $z = x + iy$의 켤레복소수 $\bar{z}$는 허수부의 부호를 바꾼 것으로 다음과 같이 정의한다.

$$\bar{z} = x - iy$$

켤레복소수는 복소수 연산에 있어서 복소수를 실수로 바꾸어 주는 방법을 제공한다는 점

에서 중요하다. 예를 들어

$$z\bar{z} = (x+iy)(x-iy) = x^2 + y^2 \in R$$
$$\frac{1}{2}(z+\bar{z}) = \frac{1}{2}(x+iy+x-iy) = x = Re\,z \in R$$
$$\frac{1}{2i}(z-\bar{z}) = \frac{1}{2i}(x+iy-x+iy) = y = Im\,z \in R$$

이므로 $z\bar{z}$ 와 $\frac{1}{2}(z \pm \bar{z})$는 모두 실수가 된다.

또한 두 복소수 $z_1$, $z_2$에 대해 다음의 관계가 성립한다는 것도 쉽게 보일 수 있을 것이다.

$$\overline{z_1 + z_2} = \overline{z_1} + \overline{z_2}$$
$$\overline{z_1 - z_2} = \overline{z_1} - \overline{z_2}$$
$$\overline{z_1 z_2} = \overline{z_1}\,\overline{z_2}$$
$$\overline{\left(\frac{z_1}{z_2}\right)} = \frac{\overline{z_1}}{\overline{z_2}}$$

복소수의 나눗셈은 분모에 있는 복소수의 켤레복소수를 분모와 분자에 각각 곱해서 정리하면 된다. 즉,

$$\frac{z_1}{z_2} = \frac{x_1 + iy_1}{x_2 + iy_2} = \frac{(x_1 + iy_1)(x_2 - iy_2)}{(x_2 + iy_2)(x_2 - iy_2)}$$
$$= \frac{x_1x_2 - ix_1y_2 + iy_1x_2 - i^2y_1y_2}{x_2^2 - i^2y_2^2}$$
$$= \frac{x_1x_2 + y_1y_2}{x_2^2 + y_2^2} + i\frac{y_1x_2 - x_1y_2}{x_2^2 + y_2^2}$$

◆ 기하학적 해석

복소수 $z = x + iy$는 두 실수의 순서쌍 $(x, y)$에 의해 유일하게 결정되고 순서쌍의 첫 번째 성분과 두 번째 성분은 각각 복소수의 실수부와 허수부에 대응한다. 따라서 복소수 $z = x + iy$를 직교좌표평면에 있는 점 $(x, y)$에 대응하게 할 수 있고 벡터의 성분으로 해석

할 수 있다. 그러므로 복소수 $z=x+iy$는 시작점이 원점이고 끝점이 $(x,\ y)$인 평면상의 위치백터로 볼 수 있고 이러한 복소수가 있는 좌표평면을 복소평면(complex plane) 또는 간단히 $z-$평면($z-$plane)이라 부른다.

수평축 또는 $x$축은 실수축(real)이라 하고, 수직축 또는 $y$축은 허수축(imaginary)이라고 부른다. 벡터 $z$의 길이는 $|z|=\sqrt{x^2+y^2}=\sqrt{z\bar{z}}$이고 이를 복소수 $z=x+iy$의 크기 또는 절대값(absolute value)라고 부른다.

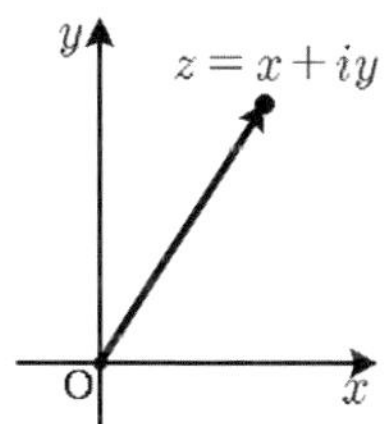


**그림 3.1** 벡터로 해석한 복소수 $z$

한편 복소수 $\frac{1}{z}$은 $z$의 절대값과 켤레복소수를 이용하여 표현하면

$$\frac{1}{z}=\frac{\bar{z}}{z\bar{z}}=\frac{\bar{z}}{|z|^2} \quad (z\neq 0)$$

로 나타낼 수 있다.

두 벡터 $z_1$과 $z_2$의 합과 차에 관한 그림 3.2의 삼각형을 보면 알 수 있듯이, 벡터 $z_1+z_2$에 대응하는 변의 길이는 나머지 두 변의 길이를 더한 것보다 클 수 없다. 즉

$$|z_1+z_2|\le |z_1|+|z_2| \tag{1}$$

이며 이 부등식을 삼각부등식(triangle inequality)이라 하며, 이를 임의의 유한 합으로 일반화하면

$$|z_1+z_2+z_3+\cdots+z_n|\le |z_1|+|z_2|+|z_3|+\cdots+|z_n| \tag{2}$$

이 된다.

한편 복소수 $z_1$을 $(z_1+z_2)+(-z_2)$로 표현하여 삼각부등식 (1)을 이용하면

$$|z_1|=|(z_1+z_2)+(-z_2)|\le |z_1+z_2|+|-z_2|$$

이므로

$$|z_1|-|z_2| \leq |z_1+z_2| \tag{3}$$

이 성립하고

$$|z_2|=|(z_1+z_2)+(-z_1)| \leq |z_1+z_2|+|-z_1|$$

으로부터

$$|z_2|-|z_1| \leq |z_1+z_2| \tag{4}$$

가 성립하므로 식 (3)과 (4)로부터

$$||z_1|-|z_2|| \leq |z_1+z_2|$$

를 얻게 되는데, 식 (1), (3) 및 (4)를 종합하여

$$||z_1|-|z_2|| \leq |z_1+z_2| \leq |z_1|+|z_2|$$

로 나타낼 수 있고, 이 식에서 $z_2$대신에 $-z_2$를 대입하여

$$||z_1|-|-z_2|| \leq |z_1-z_2| \leq |z_1|+|-z_2|$$

이므로

$$||z_1|-|z_2|| \leq |z_1 \pm z_2| \leq |z_1|+|z_2|$$

이 성립하여 이 부등식도 유용하게 쓰인다.

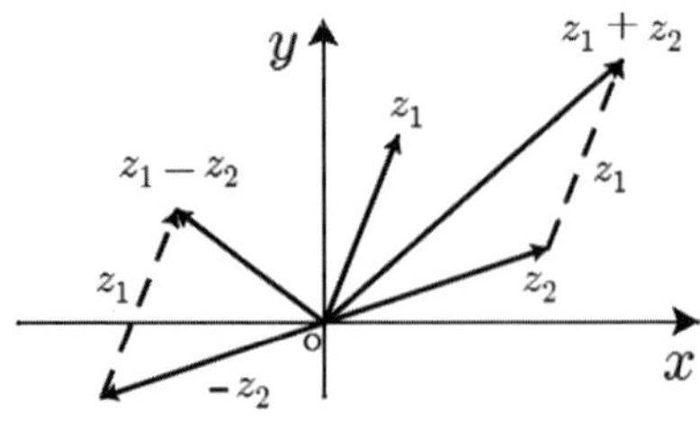


**그림 3.2** 복소수의 합과 차

그리고 $z_1 = x_1 + iy_1$, $z_2 = x_2 + iy_2$라 할 때

$$z_1 - z_2 = (x_1 - x_2) + i(y_1 - y_2)$$

이므로

$$|z_1 - z_2| = \sqrt{(x_1 - x_2)^2 + (y_1 - y_2)^2}$$

이다.

### 연습문제 3.1

1. $(1-i)^3$을 $a+ib$의 꼴로 표시하라.

(답) $(1-i)^3 = -2-2i$

2. $z = x+iy$로 놓고 $\frac{1}{z}$을 $a+ib$꼴로 표시하라.

(답) $\frac{1}{z} = \frac{x}{x^2+y^2} - i\frac{y}{x^2+y^2}$

3. $|z-1| \geq |z|$은 $Rez \leq \frac{1}{2}$로 표현됨을 보여라.

(답) $Rez = x \leq \frac{1}{2}$ $\quad (z = x + iy)$

## 3.2 복소수의 극형식과 거듭제곱 및 거듭제곱근

직교좌표(rectangular coordinates)의 점 $(x, y)$는 극좌표(polar coordinates) $(r, \theta)$로도 표현할 수 있다. 복소수 $z = x+iy$를 $r$과 $\theta$로 나타내어 $z$의 거듭제곱과 제곱근을 쉽게 찾을 수 있다.

### ◆ 극형식(polar form)

직교좌표 $(x,\ y)$와 극좌표 $(r,\ \theta)$의 관계는 $x = r\cos\theta$와 $y = r\sin\theta$로 표현된다. 따라서 0이 아닌 복소수 $z = x + iy$는

$$z = (r\cos\theta) + i(r\sin\theta) \tag{5}$$

로 쓸 수 있고 식 (5)를 복소수 $z$의 극형식(polar form)이라 부른다.

한편 Euler 공식 $e^{i\theta} = \cos\theta + i\sin\theta$을 이용해 복소수 $z = x + iy$는 다음과 같이 간단히

$$z = r(\cos\theta + i\sin\theta) = re^{i\theta}$$

로 표현되고 이를 복소수 $z$의 지수형식(expenential form)이라 부른다.

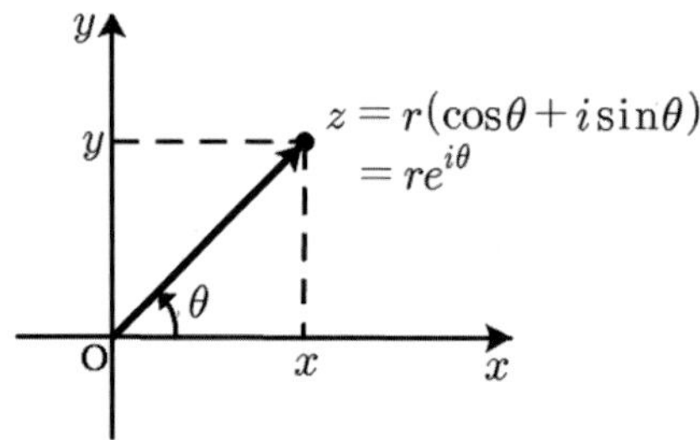


**그림 3.3** 복소수 $z$의 극형식과 지수형식

식 (5)와 (6)에서 $r = |z|$, 즉 $r$은 $z$에서 원점까지 거리이고, $\theta$를 복소수 $z$의 편각(argument)이라 부르고, $\theta = \arg z$로 나타낸다. 다시 말해서

$$r = |z| = \sqrt{x^2 + y^2} \tag{6}$$

이고, $\theta = \arg z$는

$$\cos\theta = \frac{x}{r}, \quad \sin\theta = \frac{x}{r} \tag{7}$$

에 의해 결정된다.

이때 $z$에 대응하는 점을 포함하는 사분면이 지정되어야만 한다. 만일 $z = 0$이면 $r = |z| = 0$이 되어 식 (7)이 적용되지 않으므로 $\theta$가 정의되지 않는다. 또한 식 (7)에서 편각 $\theta$는 양의 실수축을 기준으로 하여 반시계방향으로 회전한 각을 양의 값으로 정의하여 라

디안(Radian)으로 표시한다. 만일 시계방향으로 회전하였다면 그 각은 음의 값으로 정의한다.

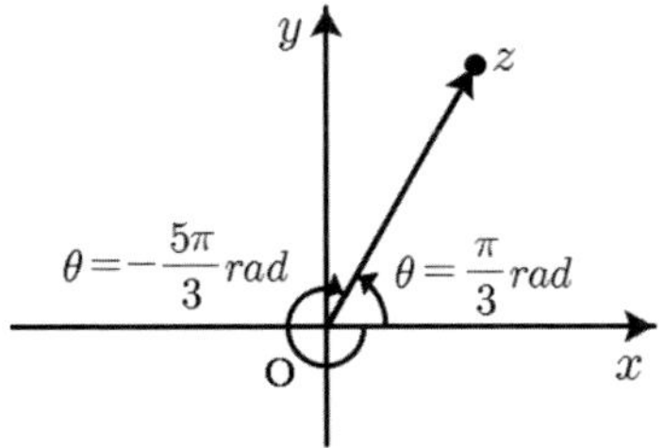


**그림 3.4** $z$의 편각

위의 그림에서 알 수 있듯이 다음의 값들은 복소수 $z$의 편각인 $\arg z$가 될 수 있다.

$$\frac{\pi}{3},\ -\frac{5}{3}\pi,\ \frac{\pi}{3}+2\pi,\ -\frac{5\pi}{3}-2\pi,\ \cdots$$

결국, $\theta = \frac{\pi}{3}+2k\pi$($k$는 정수)의 형태는 모두 복소수 $z$의 편각을 표시하므로 $\arg z$는 다음과 같이 표현할 수 있다.

$$\theta = \arg z = \frac{\pi}{3}+2k\pi \qquad (k\text{는 정수})$$

따라서 복소수의 편각은 일반각의 형태를 가지게 되며, 편각의 범위를 $-\pi < \theta \leq \pi$로 제한하는 경우 그때의 편각을 주편각(principal argument)이라 부르며 대문자를 써서 $Arg\, z$로 표기한다. 즉,

$$-\pi < Arg\, z \leq \pi \tag{8}$$

이다. 주편각의 개념을 이용하게 되면 위의 그림의 복소수의 주편각은 다음과 같이 표현될 수 있을 것이다.

$$Arg\, z = \frac{\pi}{3}$$

결론적으로 말하면, $\arg z$는 일반각으로 표시된 편각이지만, $Arg\, z$는 주편각으로 $-\pi < Arg\, z \leq \pi$의 범위에 있는 각이다. 그리하여 일반적인 편각과 주편각의 사이에는

$$\arg z = Arg\, z + 2k\pi \quad (k\text{는 정수},\ -\pi < Arg\, z \leq \pi) \tag{9}$$

와 같은 관계식이 성립한다.

예컨대 $z=1$의 경우에

$$\arg 1 = Arg\,1 + 2k\pi = 0 + 2k\pi \quad (k\text{는 정수})$$

로 표현되며 $z=1$의 복소수 지수형식으로 쓰면

$$1 = |1|e^{i\arg 1} = e^{i\,2k\pi} \quad (k\text{는 정수})$$

이다.

**예제 1**

복소수 $z=-1-i$의 극형식을 구하라.

**풀이**

$z=-1-i$의 절대값과 편각을 구하면

$$|z| = |-1-i| = \sqrt{2}$$

$$\arg z = \arg(-1-i) = -\frac{3\pi}{4} + 2k\pi \quad (k\text{는 정수})$$

을 얻는다. 따라서 $z=1-i$의 극형식은 다음과 같다.

$$z = \sqrt{2}\left[\cos\left(-\frac{3\pi}{4}+2k\pi\right)+i\sin\left(-\frac{3\pi}{4}+2k\pi\right)\right] \quad (k\text{는 정수}) \tag{10}$$

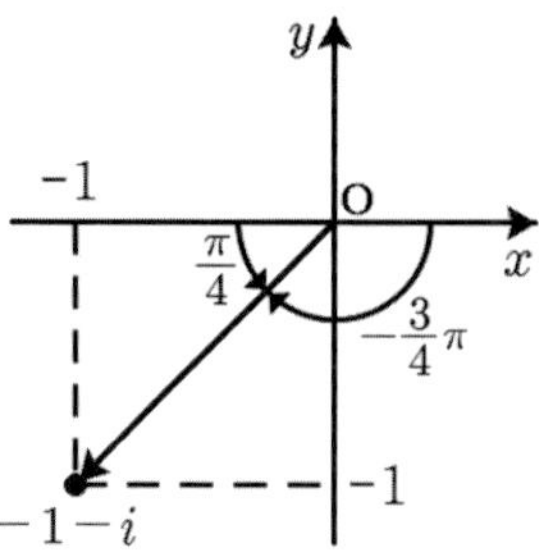


**그림 3.5** $-1-i$

■

위의 예제 1의 식 (10)에서 $-\dfrac{3\pi}{4}$만을 이용하여 $z$를

$$z=\sqrt{2}\left[\cos\left(-\frac{3\pi}{4}\right)+i\sin\left(-\frac{3\pi}{4}\right)\right] \tag{11}$$

와 같이 나타낸 것을 복소수 $z$의 주편각을 이용한 극형식이라고 하며, 식 (10)을 복소수 $z$의 일반 편각을 이용한 극형식이라고 한다.

대체로 복소수 $z$의 극형식이라 함은 복소수 $z$의 주편각을 이용한 극형식을 말한다.

### 예제 2

$z=\sqrt{3}+i$를 극형식으로 나타내어라.

**풀이**

$$\sqrt{3}+i=2\cos\frac{\pi}{6}+i2\sin\frac{\pi}{6}$$

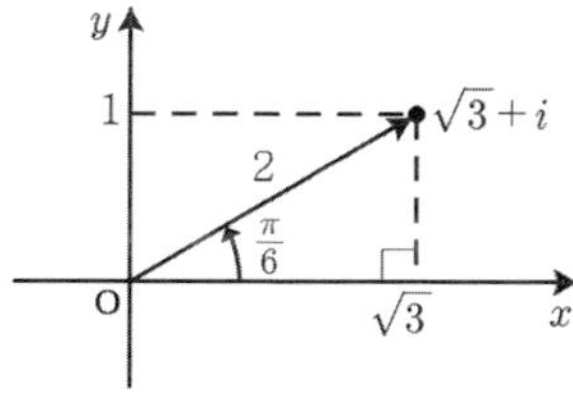


**그림 3.6** $\sqrt{3}+i$

■

### 예제 3

$z=-\sqrt{3}-i$를 극형식으로 나타내어라.

**풀이**

$$r=|z|=|-\sqrt{3}-i|=2$$

이고

$$\arg z = \tan^{-1}\left(\frac{y}{x}\right) = \tan^{-1}\left(\frac{-1}{-\sqrt{3}}\right) = \frac{-5\pi}{6}$$

이다. 따라서,

$$-\sqrt{3} - i = 2\cos\left(\frac{-5\pi}{6}\right) + i2\sin\left(\frac{-5\pi}{6}\right)$$

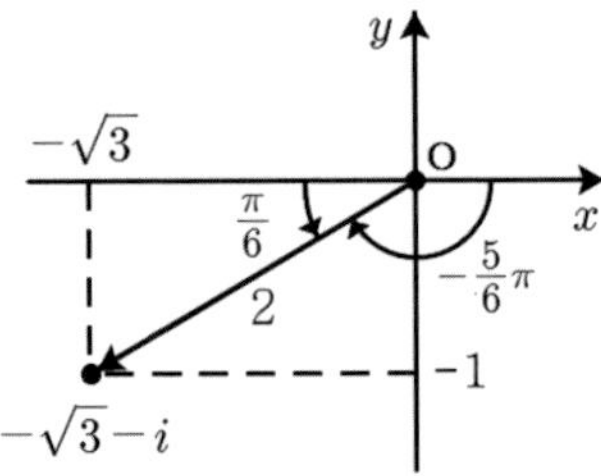


**그림 3.7** $-\sqrt{3} - i$

■

### ◆ 곱셈과 나눗셈

복소수의 극형식은 두 복소수를 곱하거나 나눌 때 특히 유용하다. 편각이 각각 $\theta_1$과 $\theta_2$인 두 복소수 $z_1$과 $z_2$를

$$z_1 = r_1(\cos\theta_1 + i\sin\theta_1),\quad z_2 = r_2(\cos\theta_2 + i\sin\theta_2)$$

라 하자. 그러면

$$\begin{aligned} z_1 z_2 &= r_1 r_2(\cos\theta_1 + i\sin\theta_1)(\cos\theta_2 + i\sin\theta_2) \\ &= r_1 r_2[(\cos\theta_1 \cos\theta_2 - \sin\theta_1 \sin\theta_2) + i(\sin\theta_1 \cos\theta_2 + \cos\theta_1 \sin\theta_2)] \\ &= r_1 r_2[\cos(\theta_1 + \theta_2) + i\sin(\theta_1 + \theta_2)] \end{aligned}$$

가 성립하여

$$z_1 z_2 = r_1 e^{i\theta_1} r_2 e^{i\theta_2} = r_1 r_2 e^{i(\theta_1 + \theta_2)} \tag{12}$$

이다.

복소수 $z_2$가 0이 아닐 때

$$\begin{aligned}
\frac{z_1}{z_2} &= \frac{r_1(\cos\theta_1 + i\sin\theta_1)}{r_2(\cos\theta_2 + i\sin\theta_2)} \\
&= \frac{r_1(\cos\theta_1 + i\sin\theta_1)(\cos\theta_2 - i\sin\theta_2)}{r_2(\cos\theta_2 + i\sin\theta_2)(\cos\theta_2 - i\sin\theta_2)} \\
&= \frac{r_1}{r_2}\left[(\cos\theta_1\ \cos\theta_2 + \sin\theta_1\ \sin\theta_2) + i(\sin\theta_1\ \cos\theta_2 - \cos\theta_1\ \sin\theta_2)\right] \\
&= \frac{r_1}{r_2}\left[\cos(\theta_1 - \theta_2) + i\sin(\theta_1 - \theta_2)\right] \\
&= \frac{r_1}{r_2}e^{i(\theta_1 - \theta_2)}
\end{aligned}$$

가 되어

$$\frac{z_1}{z_2} = \frac{r_1 e^{i\theta_1}}{r_2 e^{i\theta_2}} = \frac{r_1}{r_2}e^{i(\theta_1 - \theta_2)} \tag{13}$$

가 성립한다.

따라서

$$|z_1 z_2| = |z_1|\,|z_2| \tag{14}$$

$$\arg(z_1 z_2) = \arg z_1 + \arg z_2 \tag{15}$$

$$\left|\frac{z_1}{z_2}\right| = \frac{|z_1|}{|z_2|} \tag{16}$$

$$\arg\left(\frac{z_1}{z_2}\right) = \arg z_1 - \arg z_2 \tag{17}$$

가 성립한다.

예제 4

다음 복소수 $z_1$과 $z_2$에 대하여 주어진 연산을 수행하여 지수형식으로 나타내어라.

$$z_1 = 3e^{i\frac{\pi}{4}},\ z_2 = 2e^{i\frac{\pi}{3}}$$

( i ) $(z_1 z_2)^2$

( ii ) $\left(\dfrac{z_1}{z_2}\right)^3$

**풀이**

( i ) $z_1 z_2 = \left(3e^{i\frac{\pi}{4}}\right)\left(2e^{i\frac{\pi}{3}}\right) = 6e^{i\left(\frac{\pi}{4}+\frac{\pi}{3}\right)} = 6e^{i\frac{7\pi}{12}}$

$(z_1 z_2)^2 = (z_1 z_2)(z_1 z_2) = \left(6e^{i\frac{7\pi}{12}}\right)\left(6e^{i\frac{7\pi}{12}}\right) = 36e^{i\frac{7}{6}\pi} = 36e^{i\left(\frac{7}{6}\pi - 2\pi\right)} = 36e^{-i\frac{5}{6}\pi}$

( ii ) $\dfrac{z_1}{z_2} = \dfrac{3e^{i\frac{\pi}{4}}}{2e^{i\frac{\pi}{3}}} = \dfrac{3}{2}e^{i\left(\frac{\pi}{4}-\frac{\pi}{3}\right)} = \dfrac{3}{2}e^{-i\frac{\pi}{12}}$

$\left(\dfrac{z_1}{z_2}\right)^3 = \left(\dfrac{z_1}{z_2}\right)\left(\dfrac{z_1}{z_2}\right)\left(\dfrac{z_1}{z_2}\right) = \left(\dfrac{3}{2}e^{-i\frac{\pi}{12}}\right)\left(\dfrac{3}{2}e^{-i\frac{\pi}{12}}\right)\left(\dfrac{3}{2}e^{-i\frac{\pi}{12}}\right)$

이다. 따라서

$$\left(\frac{z_1}{z_2}\right)^3 = \frac{27}{8}e^{-i\frac{\pi}{4}}$$

가 성립한다. ■

예제 4에서는 $\arg z_1 = Arg\, z_1$, $\arg z_2 = Arg\, z_2$이고 $\arg(z_1 z_2) = Arg(z_1 z_2)$와 $\arg\left(\dfrac{z_1}{z_2}\right) = Arg\left(\dfrac{z_1}{z_2}\right)$이므로 $Arg(z_1 z_2) = Arg\, z_1 + Arg\, z_2$이고 $Arg\left(\dfrac{z_1}{z_2}\right) = Arg\, z_1 - Arg\, z_2$이 성립한다.

그러나 예제 5에서 알 수 있듯이 $Arg(z_1z_2)=Arg\,z_1+Arg\,z_2$나 $Arg\left(\frac{z_1}{z_2}\right)=Arg\,z_1-Arg\,z_2$는 일반적으로 성립하지 않는다.

**예제 5**

$z_1=-1,\ z_2=3i$ 일 때

(i) $Arg(z_1z_2)\neq Arg\,z_1+Arg\,z_2$임을 보여라.

(ii) $\arg(z_1z_2)=\arg z_1+\arg z_2$ 임을 보여라.

**풀이**

(i) $-\pi<Arg\,z\le\pi$이므로 $Arg\,z_1=Arg(-1)=\pi$이고 $Arg\,z_2=Arg(3i)=\frac{\pi}{2}$이다.

$$Arg(z_1z_2)=Arg(-3i)=-\frac{\pi}{2}$$

이고

$$Arg\,z_1+Arg\,z_2=\frac{3\pi}{2}$$

이므로

$$Arg(z_1z_2)\neq Arg\,z_1+Arg\,z_2$$

이다.

(ii) $\arg z_1=\arg(-1)=Arg(-1)+2n\pi=\pi+2n\pi$ ($n$은 정수),

$\arg z_2=\arg(3i)=Arg(3i)+2m\pi=\frac{\pi}{2}+2m\pi$ ($m$은 정수),

$\arg(z_1z_2)=\arg(-3i)=Arg(-3i)+2k\pi=-\frac{\pi}{2}+2k\pi$ ($k$는 정수)

이다.

$$\begin{aligned}\arg z_1 + \arg z_2 &= \frac{3\pi}{2} + 2(n-m)\pi \\ &= \left(\frac{3\pi}{2} - 2\pi\right) + 2(n-m+1)\pi \\ &= -\frac{\pi}{2} + 2k\pi \qquad (k\text{는 정수})\end{aligned}$$

이므로

$$\arg(z_1 z_2) = \arg z_1 + \arg z_2$$

이다. ■

예제 6

$z_1 = -1,\ z_2 = -3i$ 일 때

( i ) $Arg\left(\frac{z_1}{z_2}\right) \neq Arg\ z_1 - Arg\ z_2$임을 보여라.

(ii) $\arg\left(\frac{z_1}{z_2}\right) = \arg z_1 - \arg z_2$임을 보여라.

**풀이**

( i ) $-\pi < Arg\ z \leq \pi$이므로 $Arg\ z_1 = Arg\,(-1) = \pi$이고 $Arg\ z_2 = Arg\,(-3i) = -\frac{\pi}{2}$

이다.

$$Arg\left(\frac{z_1}{z_2}\right) = Arg\left(\frac{-1}{-3i}\right) = Arg\left(\frac{-i}{3}\right) = -\frac{\pi}{2}$$

이고

$$Arg\ z_1 - Arg\ z_2 = \frac{3\pi}{2}$$

이므로

$$Arg\left(\frac{z_1}{z_2}\right) \neq Arg\, z_1 - Arg\, z_2$$

이다.

(ii) $\arg z_1 = \arg(-1) = Arg(-1) + 2n\pi = \pi + 2n\pi$ ($n$은 정수),

$\arg z_2 = \arg(-3i) = Arg(-3i) + 2m\pi = -\frac{\pi}{2} + 2m\pi$ ($m$은 정수),

$\arg\left(\frac{z_1}{z_2}\right) = \arg\left(\frac{1}{3i}\right) = \arg\left(-\frac{i}{3}\right) = Arg\left(-\frac{i}{3}\right) + 2k\pi = \frac{\pi}{2} + 2k\pi$ ($k$는 정수)

이다.

$$\begin{aligned}\arg z_1 - \arg z_2 &= \frac{3\pi}{2} + 2(n-m)\pi \\ &= \left(\frac{3\pi}{2} - 2\pi\right) + 2(n-m+1)\pi \\ &= -\frac{\pi}{2} + 2k\pi \quad (k\text{는 정수})\end{aligned}$$

이므로

$$\arg\left(\frac{z_1}{z_2}\right) = \arg z_1 - \arg z_2$$

이다. ■

### ◆ $z$의 거듭제곱

$z = r(\cos\theta + i\sin\theta) = re^{i\theta}$ ($|z| = r$, $\theta = \arg z$)일 때 $z_1 = z$, $z_2 = z$로 놓고 식 (12)를 적용하면

$$z^2 = z\, z = r^2 e^{i(2\theta)} = r^2(\cos 2\theta + i\sin 2\theta)$$

가 된다. 그리고 $z^3 = z^2 \cdot z$이므로

$$z^3 = z^2 z = r^2 e^{i(2\theta)} r e^{i\theta} = r^3 e^{i(3\theta)} = r^3(\cos 3\theta + i\sin 3\theta)$$

이 된다.

$$\begin{aligned} z^{-1} &= \frac{1}{z} = \frac{1}{|z|e^{i\arg z}} = \frac{1}{re^{i\theta}} = \frac{1}{r(\cos\theta + i\sin\theta)} \\ &= \frac{\cos\theta - i\sin\theta}{r(\cos\theta + i\sin\theta)(\cos\theta - i\sin\theta)} \\ &= \frac{1}{r}(\cos\theta - i\sin\theta) \\ &= \frac{1}{r}(\cos(-\theta) + i\sin(-\theta)) \\ &= \frac{1}{r}e^{-i\theta} \end{aligned}$$

이 성립한다. 그리고

$$\begin{aligned} z^{-2} &= \frac{1}{z^2} = \frac{1}{|z|^2 e^{i2\arg z}} = \frac{1}{r^2 e^{i2\theta}} = \frac{1}{r^2(\cos 2\theta + i\sin 2\theta)} \\ &= \frac{\cos 2\theta - i\sin 2\theta}{r^2(\cos 2\theta + i\sin 2\theta)(\cos 2\theta - i\sin 2\theta)} \\ &= \frac{1}{r^2}(\cos 2\theta - i\sin 2\theta) \\ &= \frac{1}{r^2}(\cos(-2\theta) + i\sin(-2\theta)) \\ &= \frac{1}{r^2}e^{-i2\theta} \end{aligned}$$

이 성립함을 알 수 있다.

이런 과정을 계속하여, 임의의 정수 $n$에 대해 복소수 $z$의 $n$차 거듭제곱을 다음과 같이 구한다.

$$z^n = r^n(\cos n\theta + i\sin n\theta) \tag{18}$$

따라서 $z = \cos\theta + i\sin\theta$인 경우

$$(\cos\theta + i\sin\theta)^n = \cos n\theta + i\sin n\theta \qquad (n\text{은 정수})$$

이다. 이 식을 드므아부르 공식(De Moivre's formula)이라고 한다.

**예제 7 (복소수의 거듭제곱)**

복소수 $z=\sqrt{3}+i$에 대해 $z^3$을 계산하라.

**풀이**

$z=\sqrt{3}+i$을 주형식으로 나타내면

$$z=\sqrt{3}+i=2\left(\cos\frac{\pi}{6}+i\sin\frac{\pi}{6}\right)=2e^{i\frac{\pi}{6}}$$

이므로 De moivre 공식에 의해

$$\begin{aligned} z^3 &= \left[2\cos\left(\frac{\pi}{6}\right)+i\sin\left(\frac{\pi}{6}\right)\right]^3 \\ &= 2^3\left[\cos\left(3\frac{\pi}{6}\right)+i\sin\left(3\frac{\pi}{6}\right)\right] \\ &= 2^3\left(\cos\frac{\pi}{2}+i\sin\frac{\pi}{2}\right) \\ &= 8i \end{aligned}$$

이다.

한편 복소수의 주형식을 지수형식으로 나타내면 다음과 같이 좀 더 간단히 계산할 수 있다.

$$z^3=(2e^{i\frac{\pi}{6}})^3=2^3e^{i(3\frac{\pi}{6})}=8e^{i\frac{\pi}{2}}=8i$$

이다. ■

**예제 8 (De Moivre 공식)**

$$(\cos\theta+i\sin\theta)^2=\cos 2\theta+i\sin 2\theta$$

으로부터 $\cos 2\theta$와 $\sin 2\theta$에 대한 삼각함수공식을 유도하고 De Moivre 공식

$$(\cos\theta + i\sin\theta)^3 = \cos 3\theta + i\sin 3\theta$$

으로부터 $\cos 3\theta$와 $\sin 3\theta$에 대한 삼각함수공식을 유도하라.

**풀이**

먼저, $(\cos\theta + i\sin\theta)^2$을 전개하여 De Moivre 공식을 이용하면

$$\begin{aligned}\cos 2\theta + i\sin 2\theta &= (\cos\theta + i\sin\theta)^2 \\ &= \cos^2\theta + 2i\sin\theta\cos\theta + i^2\sin^2\theta \\ &= \cos^2\theta - \sin^2\theta + i(2\sin\theta\cos\theta)\end{aligned}$$

이므로 다음의 관계를 얻을 수 있다.

$$\begin{aligned}\cos 2\theta &= \cos^2\theta - \sin^2\theta \\ \sin 2\theta &= 2\sin\theta\cos\theta\end{aligned}$$

다음으로, $(\cos\theta + i\sin\theta)^3$을 전개하여 De Moivre 공식을 이용하면

$$\begin{aligned}\cos 3\theta + i\sin 3\theta &= (\cos\theta + i\sin\theta)^3 \\ &= \cos^3\theta + 3i\cos^2\theta\sin\theta + 3i^2\cos\theta\sin^2\theta + i^3\sin^3\theta \\ &= (\cos^3\theta - 3\cos\theta\sin^2\theta) + i(3\cos^2\theta\sin\theta - \sin^3\theta)\end{aligned}$$

이므로 다음의 관계를 얻을 수 있다.

$$\begin{aligned}\cos 3\theta &= \cos^3\theta - 3\cos\theta\sin^2\theta \\ &= \cos^3\theta - 3\cos\theta(1 - \cos^2\theta) \\ &= 4\cos^3\theta - 3\cos\theta\end{aligned}$$

$$\begin{aligned}\sin 3\theta &= 3\cos^2\theta\sin\theta - \sin^3\theta \\ &= 3(1 - \sin^2\theta)\sin\theta - \sin^3\theta \\ &= 3\sin\theta - 4\sin^3\theta\end{aligned}$$

■

## ◆ 제곱근

0이 아닌 복소수 $z$에 대해 복소수 $w$가 $w^n = z$을 만족할 때, $w$를 $z$의 $n$제곱근 또는 $n$승근 ($n$th root)이라 하고 $w = z^{\frac{1}{n}}$이라 표현한다. $w$와 $z$의 극형식을 $w = Re^{i\phi} = R(\cos\phi + i\sin\phi)$와 $z = re^{i\theta} = r(\cos\theta + i\sin\theta)$라 하면 $w^n = z$은$w = Re^{i\phi} =$

$$R^n(\cos n\phi + i\sin n\phi) = r(\cos\theta + i\sin\theta)$$

이므로

$$R^n = r,\ n\phi = \theta + 2k\pi \qquad (k\text{는 정수})$$

이 성립한다. 따라서 다음의 관계식이 성립한다.

$$R = r^{\frac{1}{n}} = \sqrt[n]{r},\ \ \phi = \frac{\theta + 2k\pi}{n} \qquad (k\text{는 정수})$$

여기서 $k$가 정수이므로 무수히 많은 $\phi$가 존재하는 것처럼 보이지만 실제로는 $k = 0, 1, 2, \cdots, n-1$일 때 크기, 즉 절대값은 같고 편각이 서로 다른 $n$개의 근을 갖는다. 만일 $k \geq n$이면 삼각함수가 주기 $2\pi$인 주기함수이므로 같은 근들이 반복해서 나타나게 된다. 따라서 $w$는 다음과 같이 표현될 수 있다.

$$w = r^{\frac{1}{n}}\left(\cos\frac{\theta + 2k\pi}{n} + i\sin\frac{\theta + 2k\pi}{n}\right)$$

여기서, $k = 0, 1, 2, \cdots, n-1$이다. 이 식은 $n$개의 연속된 $k$값에 대해서만 독립인 해를 다음과 같이 $w_k$로 표현한다.

$$w_k = r^{\frac{1}{n}}\left(\cos\frac{\theta + 2k\pi}{n} + i\sin\frac{\theta + 2k\pi}{n}\right),\ k = 0, 1, 2, \cdots, n-1 \tag{19}$$

복소수 $z$의 제곱근 가운데, $k = 0$이고 $\theta = Arg\, z$일 때의 것을 주$n$제곱근(principal nth root)라 부른다.

$w^n = z$을 만족하는 복소수 $w_k$ $(k = 0, 1, 2, \cdots, n-1)$는 절대값이 같으므로, 0이 아닌 복소수 $z$의 $n$제곱근 $w_k$는 복소평면에서 원점이 중심이고 반지름이 $r^{\frac{1}{n}}$인 원 위에 있게 된

다. 또한 가까이 있는 두 제곱근의 편각의 차이가 항상 $\frac{2\pi}{n}$이므로, $n$제곱근은 이 원 위에서 같은 간격을 두고 놓여있다.

만일 $z=x$인 실수이면

$$x^{\frac{1}{n}} = \sqrt[n]{x}$$

라고 쓰고, "$n$제곱근 $x$"라고 읽는다. 이는 $x$의 $n$ 승근 중 유일한 양의 실수(the unique positive real nth root of $z=x$)임을 뜻한다.

예를 들어, 실수 체계에서는 $2^{\frac{1}{2}} = \sqrt{2}$로 쓰고 $x^2=2$를 만족하는 근 중 하나이다. $x^2=2$를 만족하는 나머지 또 하나의 근은 $-\sqrt{2}$이다. 따라서 복소수 체계에서 $z^2=2$인 복소수는 $2^{\frac{1}{2}} = \pm\sqrt{2}$이다.

복소수체계에서 $\left(z^{\frac{1}{2}}\right)^2$과 $(z^2)^{\frac{1}{2}}$를 비교해 보자.
예컨대 $z=2$일 경우

$$\left(z^{\frac{1}{2}}\right)^2 = \left(2^{\frac{1}{2}}\right)^2 = (\pm\sqrt{2})^2 = 2$$

이고

$$(z^2)^{\frac{1}{2}} = (2^2)^{\frac{1}{2}} = 4^{\frac{1}{2}} = \pm 2$$

이므로

$$\left(z^{\frac{1}{2}}\right)^2 \neq (z^2)^{\frac{1}{2}}$$

이다.

또한 $z=-2$일 경우

$$\left(z^{\frac{1}{2}}\right)^2 = \left[(-2)^{\frac{1}{2}}\right]^2 = (\pm\sqrt{2}\,i)^2 = -2$$

이고

$$(z^2)^{\frac{1}{2}} = \left[(-2)^2\right]^{\frac{1}{2}} = 4^{\frac{1}{2}} = \pm 2$$

이므로

$$\left(z^{\frac{1}{2}}\right)^2 \neq \left(z^2\right)^{\frac{1}{2}}$$

이다.

그러므로 복소수체계에서 제곱근이나 제곱을 할 때 순서를 잘 지켜야함을 알 수 있다.

그러나 실수체계에서 $\left(r^{\frac{1}{2}}\right)^2 = \left(r^2\right)^{\frac{1}{2}}$ 이다.

예컨대 $r=2$일 경우

$$\left(r^{\frac{1}{2}}\right)^2 = \left(2^{\frac{1}{2}}\right)^2 = (\sqrt{2})^2 = 2$$

이고

$$\left(r^2\right)^{\frac{1}{2}} = \left(2^2\right)^{\frac{1}{2}} = 4^{\frac{1}{2}} = 2$$

이므로

$$\left(r^{\frac{1}{2}}\right)^2 = \left(r^2\right)^{\frac{1}{2}}$$

이 성립함을 알 수 있다.

### 예제 9

복소수 $1+i$의 3제곱근을 구하여 극형식으로 나타내어라.

**풀이**

$1+i$를 주편각을 이용한 극형식으로 나타내면

$$1+i = \sqrt{2}\left(\cos\frac{\pi}{4} + i\sin\frac{\pi}{4}\right)$$

이므로

$$(1+i)^{\frac{1}{3}} = 2^{\frac{1}{6}}\left[\cos\left(\frac{\frac{\pi}{4}+2k\pi}{3}\right) + i\sin\left(\frac{\frac{\pi}{4}+2k\pi}{3}\right)\right],\ k=0,1,2$$

이다. 따라서

$$k=0\text{일 때 : } z_0 = 2^{\frac{1}{6}}\left(\cos\frac{\pi}{12}+i\sin\frac{\pi}{12}\right)$$

$$k=1\text{일 때 : } z_1 = 2^{\frac{1}{6}}\left(\cos\frac{3\pi}{4}+i\sin\frac{3\pi}{4}\right)$$

$$= 2^{\frac{1}{6}}\left(-\frac{1}{\sqrt{2}}+\frac{1}{\sqrt{2}}i\right)$$

$$= 2^{-\frac{1}{3}}(-1+i)$$

$$k=2\text{일 때 : } z_2 = 2^{\frac{1}{6}}\left(\cos\frac{17\pi}{12}+i\sin\frac{17\pi}{12}\right)$$

이다. 또한 이들 세제곱근들은 원점중심인 반지름 $2^{\frac{1}{6}}$인 원위에 있고 주3제곱근인 $z_0$의 편각에서 $\frac{2\pi}{3}$씩 회전하여 $z_1$과 $z_2$를 얻을 수 있다. ■

참고로

$$(z_0)^3 = \left(2^{\frac{1}{6}}e^{i\frac{\pi}{12}}\right)^3 = \sqrt{2}\,e^{i\frac{\pi}{4}} = \sqrt{2}\,e^{i\left(\frac{\pi}{12}+\frac{\pi}{6}\right)}$$

이므로 $z_0$는 $z_0$를 3제곱했을 때 $1+i$가 되며 원래위치에서 $\frac{\pi}{6}$회전하면 된다.

$$(z_1)^3 = \left(2^{\frac{1}{6}}e^{i\frac{3\pi}{4}}\right)^3 = \sqrt{2}\,e^{i\frac{9\pi}{4}} = \sqrt{2}\,e^{i\left(\frac{3\pi}{4}+\frac{3\pi}{2}\right)} = \sqrt{2}\,e^{i\left(2\pi+\frac{\pi}{4}\right)} = \sqrt{2}\,e^{i\frac{\pi}{4}}$$

이므로 $z_1$은 $z_1$을 3제곱했을 때 $1+i$가 되며 원래의 위치에서 $\frac{3\pi}{2}$회전하면 된다.

$$(z_2)^3 = \left(2^{\frac{1}{6}}e^{i\frac{17\pi}{12}}\right)^3 = \sqrt{2}\,e^{i\frac{17\pi}{4}} = \sqrt{2}\,e^{i\left(4\pi+\frac{\pi}{4}\right)} = \sqrt{2}\,e^{i\frac{\pi}{4}} = 1+i$$

이고

$$\sqrt{2}\,e^{i\frac{17\pi}{4}} = \sqrt{2}\,e^{i\left(\frac{17\cdot 3}{12}\pi\right)} = \sqrt{2}\,e^{i\left(\frac{17}{12}\pi+\frac{17}{6}\pi\right)} = \sqrt{2}\,e^{i\left(\frac{17}{12}\pi+2\pi+\frac{5\pi}{6}\right)}$$

이므로 $z_2$는 $z_2$를 3제곱했을 때 $1+i$가 되며 원래의 위치에서 한바퀴인 $2\pi$를 돌고 $\frac{5\pi}{6}$ 회전한 것이 된다.

### 예제 10

복소수의 집합 $C$ 위에서 다음 방정식을 풀고 그 해를 극형식으로 나타내어라.

$$z^n - 1 = 0$$

**풀이**

복소수 1을 주편각을 이용한 극형식으로 나타내면

$$1 = \cos 0 + i \sin 0$$

이므로

$$1^{\frac{1}{n}} = \cos\left(\frac{2k\pi}{n}\right) + i \sin\left(\frac{2k\pi}{n}\right),\ k = 0, 1, 2, \cdots, n-1$$

이다. 따라서

$$k=0 \ :\ z_0 = \cos 0 + i \sin 0 = 1$$

$$k=1 \ :\ z_1 = \cos\frac{2\pi}{n} + i \sin\frac{2\pi}{n}$$

$$k=2 \ :\ z_2 = \cos\frac{4\pi}{n} + i \sin\frac{4\pi}{n}$$

$$\cdots\cdots\cdots\cdots\cdots$$

$$k=n-1 \ :\ z_{n-1} = \cos\frac{(n-1)\pi}{n} + i \sin\frac{(n-1)\pi}{n}$$

이다. 이러한 1의 주$n$제곱근 $z_0, z_1, \ldots, z_{n-1}$ 들은 $z_0$에서부터 360도를 $n$등분한 $\frac{2\pi}{n}$ radian씩 증가한 편각을 가지는 단위원상의 점들이다.

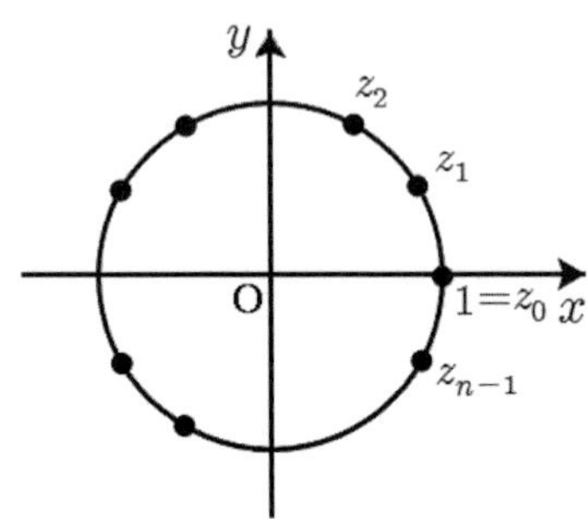


**그림 3.8** 1의 주$n$제곱근 $z_0, z_1, \ldots, z_{n-1}$

■

예제 11

0이 아닌 복소수 $z$에 대하여 $\frac{1}{z}$의 주$n$제곱근을 구하라.

**풀이**

$\frac{1}{z}$의 $n$제곱근을 $w$라 하면 $w = \left(\frac{1}{z}\right)^{\frac{1}{n}}$라 쓸 수 있고 $w^n = \frac{1}{z}$이 된다. $w$와 $z$의 극형식을

$$w = Re^{i\phi} = R(\cos\phi + i\sin\phi)$$

와

$$z = re^{i\theta} = r(\cos\theta + i\sin\theta)$$

라 하면 $r > 0,\ -\pi < \theta = Arg\,z \le \pi$의 정의영역에서

$$\frac{1}{z} = \frac{1}{r}e^{-i\theta}$$

이고

$$w^n = R^n(\cos n\phi + i\sin n\phi) = R^n e^{in\phi}$$

이므로 $w^n = \frac{1}{z}$은

$$R^n e^{in\phi} = \frac{1}{r} e^{-i\theta}$$

이 되어

$$R^n = \frac{1}{r}, \ n\phi = -\theta$$

이므로

$$R = \left(\frac{1}{r}\right)^{\frac{1}{n}} = r^{-\frac{1}{n}} = \frac{1}{r^{\frac{1}{n}}}, \qquad \phi = -\frac{\theta}{n}$$

이다. 즉

$$w = \left(\frac{1}{z}\right)^{\frac{1}{n}} = r^{-\frac{1}{n}} e^{-i\frac{\theta}{n}}$$

이다. ■

참고로 $\frac{1}{z}$의 $n$제곱근은

$$\left(\frac{1}{z}\right)^{\frac{1}{n}} = r^{-\frac{1}{n}} e^{-i\frac{\theta}{n}} = \left(re^{i\theta}\right)^{-\frac{1}{n}} = z^{-\frac{1}{n}}$$

이라 표현할 수 있다.

### ◆ 복소평면에서의 $\infty$

실수의 집합은 수직선으로 표현할 수 있으므로 무한대의 개념은 $-\infty$ 또는 $+\infty$의 두 가지를 의미한다. 복소평면에서의 무한대를 시각적으로 나타내기 위하여 복소평면상의 모든 점을 구면에 1대 1 대응시켜보자.

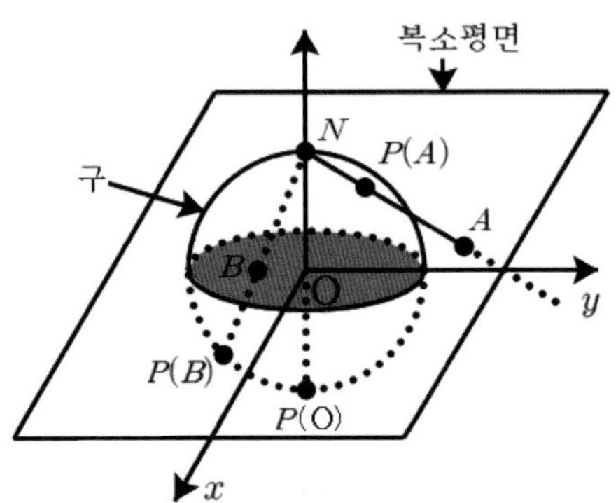


**그림 3.9** 복소평면에서 무한대의 정의

그림 3.9에서는 구의 적도면을 복소평면이 관통하도록 되어 있다. 만일 구의 북극 N에서 구면 밖의 복소평면 상으로 직선을 그리게 되면 북반구면상의 한 점 $P(A)$와 구면 밖의 복소평면상의 한 점 $A$를 지나가게 됨으로써 구면 밖의 복소평면은 북반구면의 점에 대응한다. 또한 구의 북극 N에서 구면 내부에 있는 복소평면 상으로 직선을 그리게 되면 구면 내부의 복소평면상의 한 점 B와 남반구면상의 한 점 $P(B)$를 지나가게 됨으로써 구면내부의 복소평면도 남반구면의 모든 점에 대응한다. 이 때 원점 O은 남반구의 극, 즉 남극 $P(O)$에 대응한다.

이와 같이 복소평면상의 모든 점을 구면에 1대 1 대응시키는 것을 복소평면에서 Riemann 구면(sphere)위로의 극사영(stereographical projection)이라 한다.
이 때 북반구의 북극 N에 대응되는 복소평면의 점을 무한대(infinity) $\infty$라고 정의한다. 이렇게 정의하게 되면 위의 그림으로부터 무수히 많은 무한대가 존재한다는 것을 알 수 있다.
복소수계에 무한대를 더함으로써 확장된 복소수계를 얻게 되고, 이를 확장된 복소평면이라 한다.

참고로 점 $\infty$는 다음의 성질들을 가진다.

$$\lim_{n\to\infty} z_n = \infty \text{일 필요충분조건은 } \lim_{n\to\infty} |z_n| = \infty \text{이다.}$$

왜냐하면 $\lim_{n\to\infty} z_n = \infty$일 필요충분조건은 $\lim_{n\to\infty} \frac{1}{z_n} = 0$이고, $\lim_{n\to\infty} \frac{1}{z_n} = 0$일 필요충분조건은

$\lim_{n\to\infty} \left| \frac{1}{z_n} \right| = 0$이며, $\lim_{n\to\infty} \frac{1}{|z_n|} = 0$일 필요충분조건은 $\lim_{n\to\infty} |z_n| = \infty$이기 때문이다.

따라서 무한대의 $\epsilon -$근방은 $\left\{ z \,\middle|\, |z| > \frac{1}{\epsilon} \right\}$로 표현할 수 있고, $\lim_{n\to\infty} \frac{1}{z_n} = 0$는 임의의 양의 실수 $\epsilon > 0$에 대하여 적당한 자연수 $N$이 존재하여 $n \geq N$인 모든 자연수 $n$에 대하여 $\left| \frac{1}{z_n} - 0 \right| = \left| \frac{1}{z_n} \right| < \epsilon$인 것이고, 이는 $|z_n| > \frac{1}{\epsilon}$을 뜻한다.

$$w = f(z) = \begin{cases} \frac{1}{z}, & z \neq 0,\ z \neq \infty \\ 0, & z = \infty \\ \infty, & z = 0 \end{cases}$$

는 확장된 복소평면을 확장된 복소평면 위로 1대 1로 대응하는 1대 1 사상이다.

## 연습문제 3.2

1. 복소수 $z = -1 + i$의 절대값과 편각을 구하라.

(답) $|z| = \sqrt{2}$, $\arg z = \frac{3}{4}\pi + 2k\pi$ ($k$는 정수)

2. 복소수 $z = 1 - \sqrt{3}i$를 극형식으로 나타내어라.

(답) $z = 2\left[\cos\left(-\frac{\pi}{3}\right) + i\sin\left(-\frac{\pi}{3}\right)\right]$

3. $z_1 = 2\left[\cos\left(\frac{\pi}{8}\right) + i\sin\left(\frac{\pi}{8}\right)\right]$와 $z_2 = 4\left[\cos\left(\frac{3\pi}{8}\right) + i\sin\left(\frac{3\pi}{8}\right)\right]$에 대하여 $\frac{z_1}{z_2}$를 $a + ib$형태로 표현하라.

(답) $\frac{\sqrt{2}}{4} - \frac{\sqrt{2}}{4}i$

4. $\dfrac{10-5i}{6+2i}$를 $a+ib$ 형태로 나타내어라.

(답) $\dfrac{5}{4}-\dfrac{5}{4}i$

5. De Moivre 공식을 써서 $(1+i)^{100}$을 계산하라.

(답) $-2^{50}$

6. $z=i$의 세제곱근 세 개를 모두 구하라.

(답) $w_k=\cos\left(\dfrac{\dfrac{\pi}{2}+2k\pi}{3}\right)+i\sin\left(\dfrac{\dfrac{\pi}{2}+2k\pi}{3}\right)\qquad (k=0,\ 1,\ 2)$

7. $[8-8\sqrt{3}i]^{\frac{1}{4}}$를 극형식으로 나타내어라.

(답) $z_0=2\left(\cos\dfrac{\pi}{12}-i\sin\dfrac{\pi}{12}\right),\qquad z_1=2\left(\cos\dfrac{5\pi}{12}+i\sin\dfrac{5\pi}{12}\right),$

$z_2=2\left(\cos\dfrac{11\pi}{12}+i\sin\dfrac{11\pi}{12}\right),\quad z_3=2\left(\cos\dfrac{17\pi}{12}+i\sin\dfrac{17\pi}{12}\right)$

8. $z=\cos\theta+i\sin\theta$라 할 때 $z+\dfrac{1}{z}=2\cos\theta, z-\dfrac{1}{z}=2i\sin\theta$임을 보여라.

(답) $\dfrac{1}{z}=\cos\theta-i\sin\theta$을 이용한다.

## 3.3 복소변수 함수

복소변수 함수의 개념을 다루기 위해 우선 복소평면상의 점들의 집합에 대한 몇 가지 필수적인 용어를 정의하기로 한다.

### ◆ 복소평면상의 원의 방정식

두 복소수 $z=x+iy$와 $z_0=x_0+iy_0$에 대해, $|z-z_0|=\sqrt{(x-x_0)^2+(y-y_0^2)}$는 $z$와 $z_0$ 사이의 거리이다. 따라서 그림 3.10에 나와 있듯이

$$|z-z_0|=R$$

를 만족하는 점 $z$는 중심이 $z_0$이고 반지름이 $R(>0)$인 원(circle)위에 있다. 그러므로

$$C: |z-z_0|=R \text{ 또는 } C=\{z \mid |z-z_0|=R\} \tag{20}$$

를 원의 복소 방정식이라고 한다.

### ◆ 점의 근방

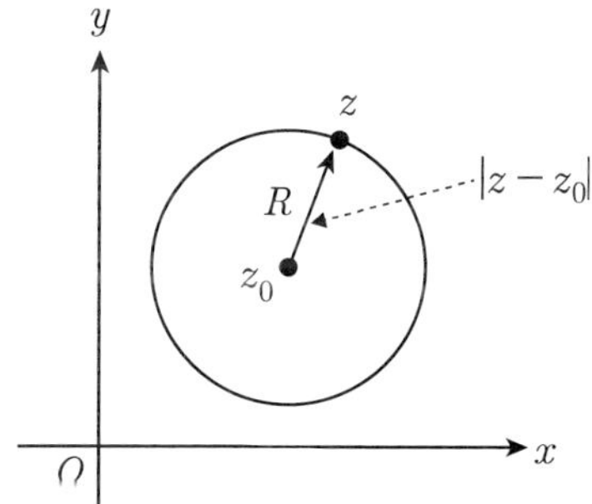


**그림 3.10** 복소평면에서의 원 $|z-z_0|=R$

그림 3.10에서 원의 내부를 원판(disk)이라고 정의하는데 원의 경계가 포함되지 않은 원판을 열린 원판(open disk) 또는 $z_0$의 근방(neighborhood)이라 부르고 원의 경계가 포함된 원판을 닫힌 원판(closed disk)이라 부른다.

$$N_R(z_0)=\{z \mid |z-z_0|<R\} \tag{21}$$

는 열린 원판 또는 $z_0$의 $R-$근방이라 하고

$$\{z \mid |z-z_0| \le R\} \tag{22}$$

는 닫힌 원판이라 한다.

### ◆ 집합의 내점, 외점, 경계점

$D$가 복소평면의 한 부분집합일 때, $D$에 속하는 어떤 점 $z_0$에 대하여

$$N_\epsilon(z_0) \subset D$$

을 만족하는 $z_0$의 $\epsilon-$근방 $N_\epsilon(z_0)$이 $D$안에 존재하면, 점 $z_0$를 집합 $D$의 내부점(interior point)이라고 하고, $D$의 내부점들로 이루어진 집합을 $D$의 내부(interior)라 한다.

$D$가 복소평면의 한 부분집합일 때, $D$의 여집합 $D^c$에 속하는 어떤 점 $z_0$에 대하여

$$N_\epsilon(z_0) \subset D^c$$

을 만족하는 $z_0$의 $\epsilon-$근방 $N_\epsilon(z_0)$이 $D^c$에 존재하면, 점 $z_0$를 집합 $D$의 외부점(exterior point)이라고 하고, $D$의 외부점들로 이루어진 집합을 $D$의 외부(exterior)라 한다.

$D$가 복소평면의 한 부분집합일 때, 복소평면에 속하는 어떤 점 $z_0$의 모든 $\epsilon-$근방에 항상 $D$의 점과 $D$의 여집합의 점이 존재하면 점 $z_0$를 집합 $D$의 경계점(boundary point)이라고 하고. 경계점 전체의 집합을 $D$의 경계(boundary)라고 한다.

예를 들어 집합 $D=\{z \mid |z|<1\}$에 대하여 $D$에 속하는 점들은 모두 $D$의 내부점이고 집합 $\{z \mid |z|>1\}$의 점들은 모두 $D$의 외부점이고 원 $C=\{z \mid |z|=1\}$ 위의 점들은 모두 $D$의 경계점이다.

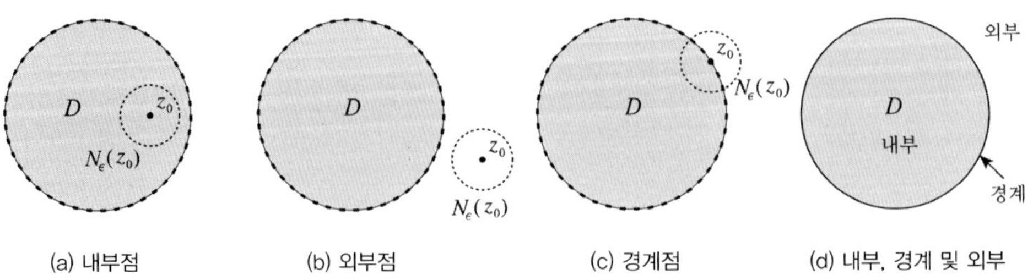


**그림 3.11** 열린 원판의 (a) 내부점 (b) 외부점 (c) 경계점 (d) 내부, 경계 및 외부

### ◆ 복소평면에서의 열린 집합

복소평면의 부분집합 $D$의 모든 점이 내부점이면 $D$를 열린 집합(open set)이라고 한다. 따라서 $D$가 열린 집합이면 $D$에 속하는 모든 점 $z_0$에 대하여

$$N_\epsilon(z_0) \subset D$$

을 만족하는 $z_0$의 $\epsilon-$근방 $N_\epsilon(z_0)$이 존재한다.

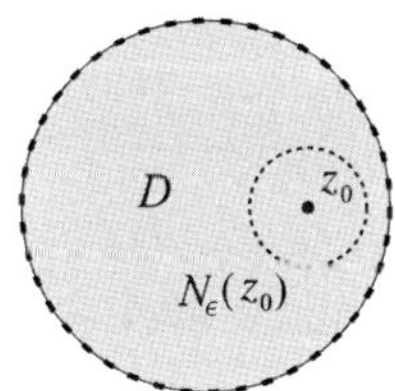


**그림 3.12** 열린 집합과 $z_0$의 $\epsilon-$근방 $N_\epsilon(z_0)$

예를 들어 원의 내부 $D=\{z \mid |z-i|<1\}$는 열린 집합이다. 한편 원과 그 내부로 이루어진 집합 $D=\{z \mid |z-i| \le 1\}$은 열린 집합이 아니다. 왜냐하면 원 위의 점들, 다시 말해서 $|z-i|=1$인 $z$에 대해서는 $D$에 포함되는 근방이 존재하지 않기 때문이다.

### ◆ 복소평면에서의 닫힌 집합

복소평면의 부분집합 $D$의 여집합 $D^c$가 열린 집합이면 $D$를 닫힌 집합(closed set)이라고 한다. 예를 들어 집합 $D=\{z \mid |z| \le 1\}$의 여집합 $D^c=\{z \mid |z|>1\}$은 열린 집합이므로, 집합 $D$는 닫힌 집합이다.

### ◆ 원환

$$\{z \mid R_1 \le |z-z_0| \le R_2\}$$

은 어떤 복소수 $z$가 $z_0$인 점과의 거리 $|z-z_0|$가 $R_1$보다는 크거나 같고, $R_2$보다는 작거나 같은 복소수 집합을 의미하며, 원환(annulus)이라고 부른다. 원환의 식에서 경계가 포함되

어 있으면 닫힌 원환(closed annulus)이라 하며, 경계가 포함되어 있지 않은 경우를 열린 원환(open annulus)이라고 한다.

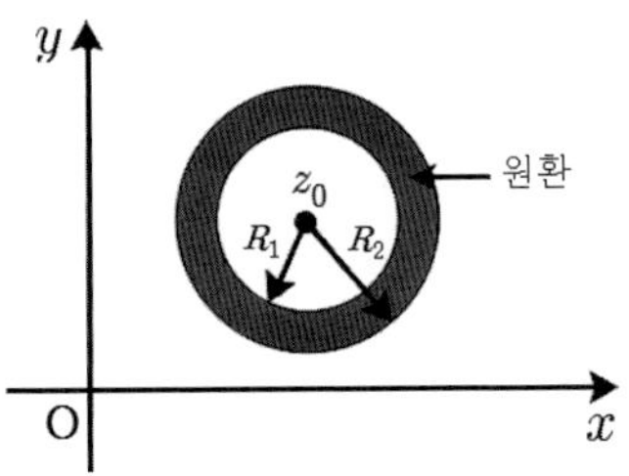


**그림 3.16** 복소평면에서의 원환

예를 들어 $D=\{z \mid 0.2<|z-i|<0.5\}$는 열린 원환이다.

### ◆ 복소평면에서의 열린 영역

복소평면의 부분집합 $D$가 열린 집합이고 $D$의 임의의 두 점 $P$, $Q$를 $D$의 점으로만 이루어진 꺾여진 선분(line segment)으로 연결할 수 있으면, 집합 $D$를 열린 연결집합(open connected set) 또는 열린 영역(**domain**)이라고 한다. 또한 열린 영역과 그 경계점의 일부 또는 전부의 합으로 이루어진 집합을 영역(**region**)이라 한다.

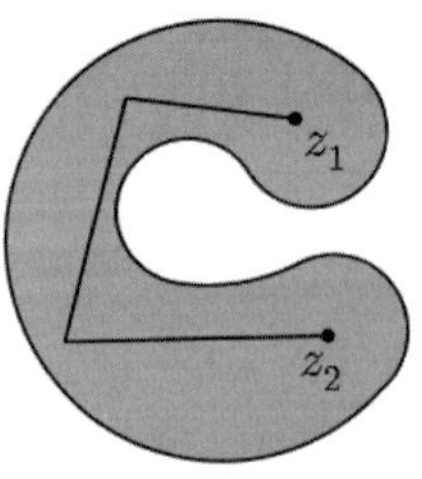


**그림 3.17** 연결집합

예를 들어

$$D=\{z \mid |z| \leq 1\}$$

는 닫힌 연결집합으로서 영역(region)이고

$$T = \{z \mid |z| < 1\}$$

는 열린 연결집합 즉, 열린 영역(domain)으로서 영역(region)이다.

### 예제 1

복소평면상의 다음 집합을 그려라.

( i ) $1 \leq |z-1-i| \leq 1.5$

( ii ) $-1 < Im\,z < 1$

(iii) $|\arg z| < \pi/4$

**풀이**

( i ) 주어진 부등식은

$$1 \leq |z-(1+i)| \leq 1.5$$

이므로 $1+i$를 중심으로 한 반지름이 1과 1.5사이의 닫힌 원환이다.

( ii ) $z = x+iy$의 허수부 $Im\,z = y$가 $-1$에서 1까지의 범위에 있는 집합이므로 실수축과 평행한 열린 무한띠(strip)이다.

(iii) $z$의 편각 $\arg z$의 절대값이 $\frac{\pi}{4}$보다 작은 영역이므로 $\frac{\pi}{4} < \arg z < \frac{\pi}{4}$이다.

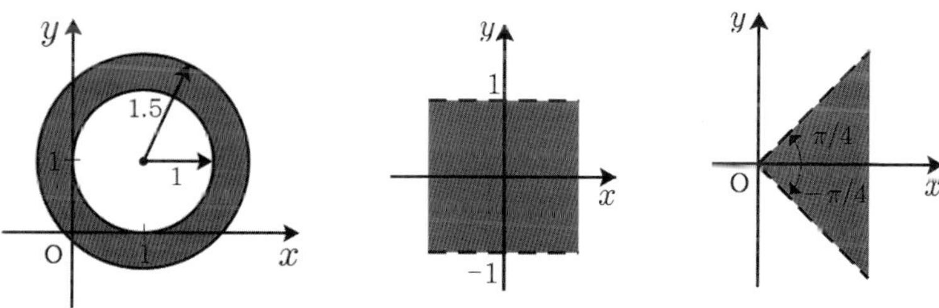


**그림 3.15** ( i ) $1 \leq |z-1-i| \leq 1.5$ ( ii ) $-1 < Im\,z < 1$ (iii) $|\arg z| < \frac{\pi}{4}$ ■

### ◆ 복소변수함수(complex variable function)

실수집합 $D$에서 정의되는 실변수함수(실함수) $f$는 $D$에 속하는 모든 $x$에 대하여 실수 $f(x)$를 대응시키는 관계식이기 때문에 그림 3.16에 나타낸 것처럼 정의역 $D$의 모든 $x$에 대해 대응되는 $f(x)$의 집합인 치역을 얻을 수 있다. 이러한 대응을 사상(mapping)이라고 한다.

그리하여 실함수 $y=f(x)$에 의해 $xy-$평면에서 $x$축 위의 점들의 $y$축 위의 점들로의 사상은 그래프, 즉 $\{(x,\ f(x)) \mid x \in D\}$를 나타낸다. 여기서 실함수 $y=f(x)$를 좀 더 자세히 말하면 실변수 실수치 함수이다.

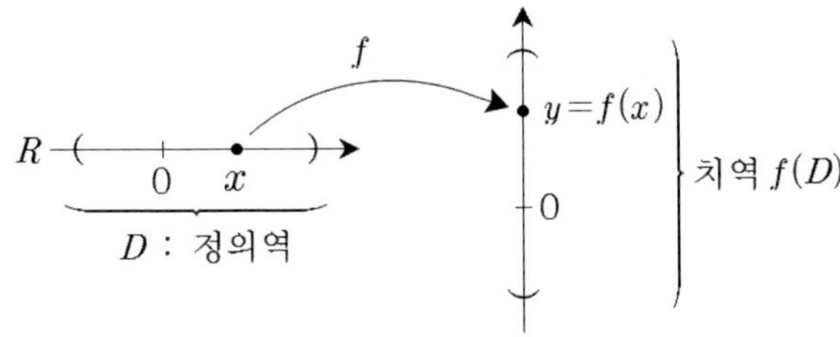


**그림 3.16** 집합 $D$ 위에서 정의된 실함수

복소변수함수 $f$는 복소평면위에 정의된 영역 $D$위의 모든 복소수 $z$에 대해 또 다른 복소수 $w=f(z)$를 대응시키는 규칙이다. 이 방법에서, 복소변수함수 $f$는 $z-$평면에서의 정의역 $D$에서 $w-$평면으로의 **사상(mapping)**이라고 정의한다.

그림 3.17에 나타낸 것처럼 $z-$평면에서 정의된 영역(정의역) $D$ 위의 모든 복소수 $z$에 대해 대응되는 집합인 $w-$평면에서의 치역 $f(D)$를 얻을 수 있다. 복소변수함수 $f$의 치역에 속하는 복소수 $w$는 실수부가 $u$ 허수부가 $v$로 표기할 수 있는데, $u$와 $v$는 $z-$평면의 $x$와 $y$에 따라 달라지므로 $u$와 $v$는 $x$와 $y$의 함수가 된다. 따라서 $w=f(z)$는 다음과 같이 표현할 수 있다.

$$w=f(z)=f(x+iy)=u(x,\ y)+iv(x,\ y)$$

이 식은 복소변수함수 $f(z)$가 두 개의 실변수 $x$와 $y$에 의존하는 한 쌍의 실함수 $u(x,\ y)$와 $v(x,\ y)$로 표현될 수 있다는 것을 나타낸다. 좀 더 구체적으로 실함수 $u(x,\ y)$와 $v(x,\ y)$는 2변수 실수치 함수이다.

복소변수함수는 정의역도 복소수이고 치역도 복소수인 함수이며, 주로 **복소함수**라고 말한다. 비록 복소함수 $w=f(z)$를 그래프로 그릴 수는 없어도 $z-$평면에서 $w-$평면으로 보내는 사상(mapping)또는 변환(transformation)으로 해석할 수는 있다.

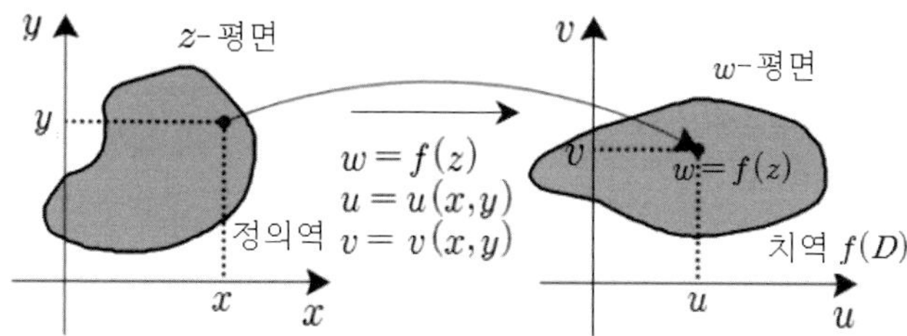


**그림 3.17** 집합 $D$위에서 정의된 복소변수함수

$D$에 있는 모든 $z_0$에 대하여, 점 $w_0 = f(z_0)$를 $f$에 대한 $z_0$의 **상(image)**이라고 부른다. 보다 일반적으로 $D$에서 한 곡선 $C$상의 점들은 복소함수 $w = f(z)$에 의하여 곡선 $C$의 상(image)을 형성한다.

복소함수 $w = f(z)$에 의한 사상을 간략하게 사상 $w = f(z)$라 한다.

### 예제 2

다음 복소변수함수들에 대해 실수부와 허수부를 구하고 지시된 점에서의 함수값을 구하라.

( i ) $f(z) = z^2 - z\bar{z},\ z = i$

( ii ) $f(z) = \dfrac{z+1}{z-1},\ z = i$

**풀이**

$f(z) = u(x,\ y) + iv(x,\ y),\ z = x + iy$라 두고 $f(z)$에 $z = x + iy$를 대입하자.

( i ) $f(z) = z^2 - zz$에 $z = x + iy$를 대입하면

$$f(z) = (x+iy)^2 - (x+iy)(x-iy)$$
$$= -2y^2 + i2xy$$

이므로

$$u(x,\ y) = -2y^2,\ v(x,\ y) = 2xy$$

이다. 또한

$$f(i)=i^2-i(-i)=-2$$

가 된다.

(ii) $f(z)=\dfrac{z+1}{z-1}$에 $z=x+iy$를 대입하면

$$\begin{aligned}f(z)&=\frac{z+1}{z-1}=\frac{(x+iy)+1}{(x+iy)-1}=\frac{(x+1)+iy}{(x-1)+iy}\\&=\frac{[(x+1)+iy][(x-1)-iy]}{[(x-1)+iy][(x-1)-iy]}\\&=\frac{(x^2+y^2-1)-i2y}{(x-1)^2+y^2}\end{aligned}$$

이므로 $u(x,\ y)$와 $v(x,\ y)$는 다음과 같다.

$$u(x,\ y)=\frac{x^2+y^2-1}{(x-1)^2+y^2}\qquad v(x,\ y)=\frac{-2y}{(x-1)^2+y^2}$$

또한

$$f(i)=\frac{i+1}{i-1}=\frac{(i+1)(-i-1)}{(i-1)(-i-1)}=\frac{-2i}{2}=-i$$

가 된다. ■

예제 3

$f(z)=z^{10}+3z^{12}-5z^6$일 때 $f\left(\dfrac{1+i}{\sqrt{2}}\right)$를 계산하라.

**풀이**

$\dfrac{1}{\sqrt{2}}(1+i)$를 지수형식으로 나타내면 $\dfrac{1}{\sqrt{2}}\left(\sqrt{2}\,e^{i\frac{\pi}{4}}\right)=e^{i\frac{\pi}{4}}$이므로

$$f\left(\frac{1+i}{\sqrt{2}}\right)=f\left(e^{i\frac{\pi}{4}}\right)=e^{i\frac{10}{4}\pi}+3e^{i\frac{12}{4}\pi}-5e^{i\frac{6}{4}\pi}$$

이다.

$$e^{i\frac{10}{4}\pi}=e^{i\frac{5}{2}\pi}=e^{i\left(2\pi+\frac{\pi}{2}\right)}=e^{i\frac{\pi}{2}}=i,$$

$$e^{i\frac{12}{4}\pi}=e^{i3\pi}=e^{i(2\pi+\pi)}=e^{i\pi}=-1,$$

$$e^{i\frac{6}{4}\pi}=e^{i\frac{3}{2}\pi}=-i$$

이므로

$$f\left(\frac{1+i}{\sqrt{2}}\right)=i+3(-1)+5i=-3+6i$$

이다. ■

### 예제 4

함수 $f(z)=iz$는 직선 $y=x+1$에서 $v=-u-1$ 위로의 사상임을 밝혀라.

그리고 직선 $y=x+1$의 우반평면의 $f(z)=iz$에 의한 상(image)를 구하라.

**풀이**

$w=f(z)=u(x,\ y)+iv(x,\ y)$, $z=x+iy$일 때

$$u+iv=f(z)=iz=i(x+iy)=-y+ix$$

이므로 $u=-y$, $v=x$이 된다. 이들을 $y=x+1$에 대입하여 $-u=v+1$, 즉 $v=-u-1$을 얻는다.

그러므로 사상 $f(z)=iz$에 의한 $z-$평면에서의 직선 $y=x+1$의 상은 $w-$평면에서 $v=-u-1$임을 알 수 있다.

여기서 직선 $y=x+1$ 위의 점 $A(0,\ 1)$은 복소평면에서 $z=i$이고, $z=i$의 $w=iz$

에 의한 상은 $w = iz|_{z=i} = -1$에 대응되고, 직선 $y = x+1$ 위의 점 $B(-1, 0)$은 복소평면에서 $z = -1$이고, $z = -1$의 $w = iz$에 의한 상은 $w = iz|_{z=-1} = -i$에 대응된다.

그리고 직선 $y = x+1$의 우반평면 위의 한 점 (0, 0)은 복소평면에서 원점, 즉 $0+0i = 0$이고 $z = 0$의 $w = iz$에 의한 상은 $w = iz|_{z=0} = 0$이고 $v = -u-1$의 우반평면에 속한다. 따라서 직선 $y = x+1$의 우반평면의 상은 직선 $y = x+1$의 $w = f(z) = iz$에 의한 상인 $v = -u-1$의 우반평면이 된다. 즉 $y < x+1$의 $w = f(z) = iz$에 의한 상은 $v > -u-1$이다.

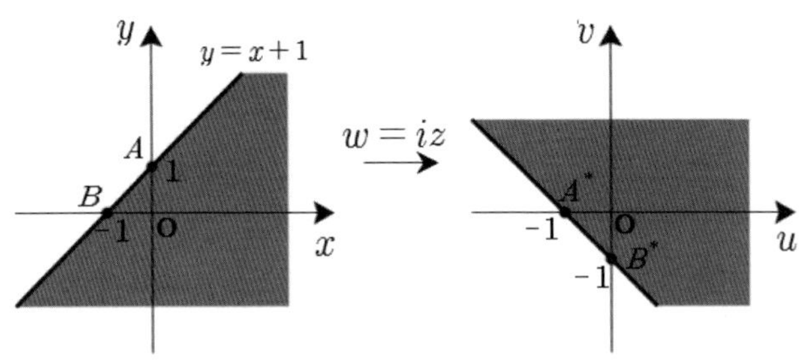


**그림 3.18** $w = iz$에 의한 상

■

## ◆ 사상으로서의 복소함수 $f(z) = \dfrac{1}{z}$

복소함수 $w = f(z) = \dfrac{1}{z}$은 $z \neq 0$에서 정의되며

$$f(z) = \frac{1}{z} = \frac{1}{x+iy} = \frac{x-iy}{(x+iy)(x-iy)} = \frac{x}{x^2+y^2} - i\frac{y}{x^2+y^2} = u+iv$$

에서

$$u = u(x, y) = \frac{x}{x^2+y^2}, \quad v = v(x, y) = -\frac{y}{x^2+y^2}$$

이다.

먼저 사상 $w = f(z) = \dfrac{1}{z}$에 의한 원의 상(image)를 구해보자.

$a \neq 0$일 때 등위곡선 $u = u(x,\ y) = a$는

$$x^2 - \frac{1}{a}x + y^2 = 0$$

또는

$$\left(x - \frac{1}{2a}\right)^2 + y^2 = \left(\frac{1}{2a}\right)^2$$

로 쓸 수 있다. 그러므로 이 등위곡선은 중심이 $x$축 위에 있고 원점을 지나는 원이다. 0이 아닌, 이 원 위의 점 $z$는 직선 $u = a$ 위의 점 $w$로 보내진다.

마찬가지로 등위곡선 $v(x,\ y) = b$, $b \neq 0$는

$$x^2 + \left(y + \frac{1}{2b}\right)^2 = \left(\frac{1}{2b}\right)^2$$

로 쓸 수 있으며, 이 원 위의 점 $z$는 직선 $v = b$ 위의 점 $w$로 보내진다.

즉 사상 $w = \dfrac{1}{z}$에 의하여 $z-$평면위의 원 $\left(x - \dfrac{1}{2a}\right)^2 + y^2 = \left(\dfrac{1}{2a}\right)^2$은 $w-$평면위의 수직선 $u = a$에 대응되고 $z-$평면위의 원 $x^2 + \left(y + \dfrac{1}{2b}\right)^2 = \left(\dfrac{1}{2b}\right)^2$은 $w-$평면위의 수평선 $v = b$에 대응된다.

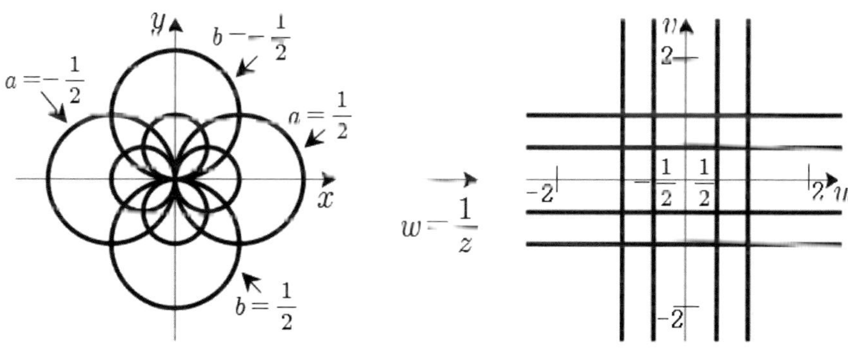


**그림 3.19** $w = \dfrac{1}{z}$에 의한 원의 상

한편 $w=\dfrac{1}{z}$이기 때문에 $z=\dfrac{1}{w}$이다. 따라서 $z=f^{-1}(w)=\dfrac{1}{w}$이고, $f=f^{-1}$이다. 그러므로 $f$는 수평선 $y=b$를 원

$$u^2+\left(v+\frac{1}{2b}\right)^2=\left(\frac{1}{2b}\right)^2$$

으로 보내고, 수직선 $x=a$를 원

$$\left(u-\frac{1}{2a}\right)^2+v^2=\left(\frac{1}{2a}\right)^2$$

으로 보내는 것을 알 수 있다. 즉 $w=\dfrac{1}{z}$에 의한 직선의 상(image)는 원임을 알 수 있다.

구체적으로 사상 $w=\dfrac{1}{z}$에 의한 직선의 상을 구해보자.

$z-$평면위의 수직선 $x=a\neq 0$는 $x=Re\,z=\dfrac{z+\bar{z}}{2}=a\neq 0$으로 표현할 수 있다. $w=\dfrac{1}{z}$과 $w=u+iv=Re\,w+i\,Im\,w$로부터 $z=\dfrac{1}{w},\bar{z}=\dfrac{1}{\bar{w}},Re\,w=u=\dfrac{1}{2}(w+\bar{w}),w\bar{w}=|w|^2$이 성립하므로

$$x=a=\frac{1}{2}(z+\bar{z})=\frac{1}{2}\left(\frac{1}{w}+\frac{1}{\bar{w}}\right)=\frac{1}{2}\frac{\bar{w}+w}{w\bar{w}}=\frac{Re\,w}{|w|^2}=\frac{u}{u^2+v^2}$$

이다. 따라서

$$u=a(u^2+v^2)\ \text{ 또는 }\ u^2-\frac{u}{a}+v^2=0$$

로 나타난다. 이를 완전제곱형태로 바꾸면,

$$\left(u-\frac{1}{2a}\right)^2+v^2=\left(\frac{1}{2a}\right)^2$$

이 되며, 이것은 중심 $\left(\dfrac{1}{2a},\ 0\right)$이고 반경 $\dfrac{1}{2a}$인 원의 방정식이다. 그러므로 $z-$평면위의 수직선 $x=a\neq 0$의 $w=\dfrac{1}{z}$에 의한 상은 $w-$평면위의 원 $\left(u-\dfrac{1}{2a}\right)^2+v^2=\left(\dfrac{1}{2a}\right)^2$이다.

만일 $x=0$이면 $w=\dfrac{1}{iy}=-\dfrac{i}{y}(y\neq 0)$이며, 직선 $u=0$을 얻는다.

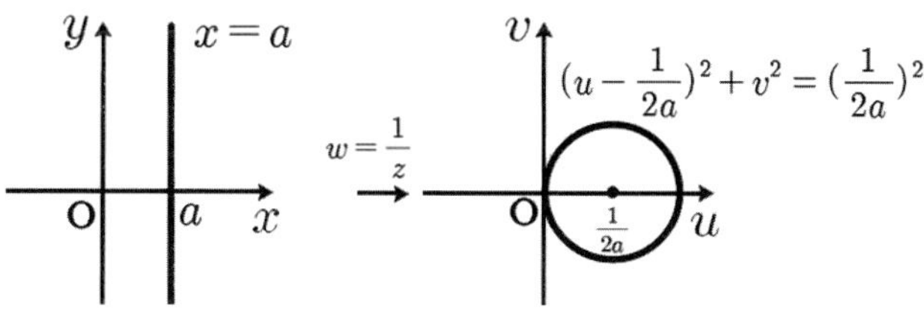


**그림 3.20** $w=\dfrac{1}{z}$에 의한 $x=a$의 상

마찬가지로 수평선 $y=b$의 상을 구해보자. 수평선 $y=b\neq 0$는

$$y=Im\,z=\frac{z-\overline{z}}{2i}=b\neq 0$$

으로 표현할 수 있고, $Im\,w=v=\dfrac{1}{2i}(w-\overline{w})$으로부터

$$y=b=\frac{1}{2i}(z-\overline{z})=\frac{1}{2i}\left(\frac{1}{w}-\frac{1}{\overline{w}}\right)=\frac{1}{2i}\,\frac{\overline{w}-w}{w\overline{w}}=\frac{-Im\,w}{|w|^2}=\frac{-v}{u^2+v^2}$$

이다. 따라서

$$v=-b(u^2+v^2)$$

이 성립하므로

$$u^2+v^2+\frac{1}{b}v=0$$

이다. 완전제곱 형태로 바꾸면

$$u^2+\left(v+\frac{1}{2b}\right)^2=\left(\frac{1}{2b}\right)^2$$

이 되며, 이것은 중심이 $\left(0,\ -\dfrac{1}{2b}\right)$이고 반지름이 $\dfrac{1}{2|b|}$인 원의 방정식이다.

만일 $y=0$이면 $w=\dfrac{1}{x}(x\neq 0)$이며 직선 $v=0$을 얻는다.

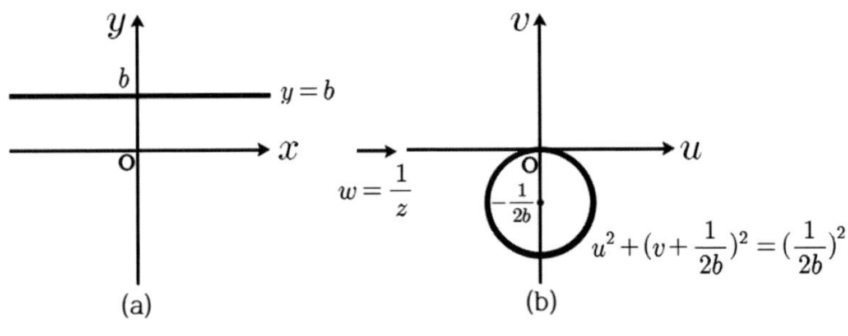


**그림 3.21** $w=\dfrac{1}{z}$에 의한 $y=b$의 상

## ◆ 평행이동과 회전

복소함수 $w=f(z)=z+z_0$는 $z=x+iy$이고 $z_0=x_0+iy_0$라 둘 때

$$w=f(x+iy)=(x+x_0)+i(y+y_0)=u+iv$$

이므로 $z-$평면위의 벡터 점 $(x,\ y)$는 $x$축 방향으로 $x_0$만큼, $y$축 방향으로 $y_0$만큼 평행이동하여 새로운 위치 벡터$(x+x_0,\ y+y_0)$로 보내진다.

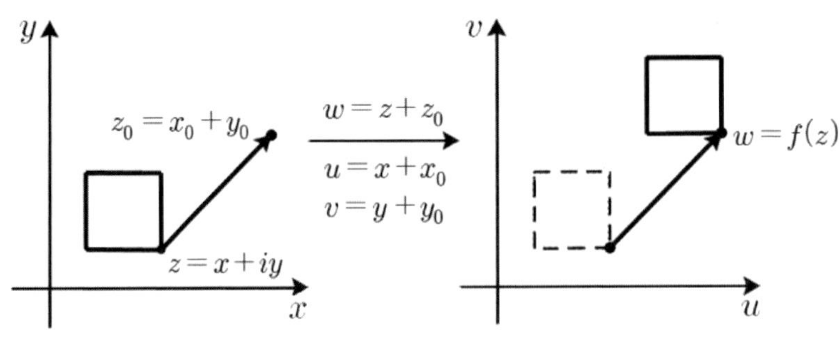


**그림 3.22** 평행이동 $w=f(z)=z+z_0=(x+x_0)+i(y+y_0)$

또한 $w=f(z)=z+z_0$의 역사상(inverse imapping)은

$$z = f^{-1}(w) = w - z_0 = (u+iv) - (x_0 + iy_0) = (u - x_0) + i(v - y_0)$$

이다.

함수 $g(z) = e^{i\theta_0}z$는 각도 $\theta_0$만큼의 회전(rotation)으로 이해할 수 있는데, 이것은 $z = re^{i\theta}$라고 할 때 $w = g(z) = re^{i(\theta+\theta_0)}$이기 때문이다.

또한 $w$-평면에서 지수형식 $w = Re^{i\phi}$를 사용하여

$$Re^{i\phi} = w = g(z) = re^{i(\theta+\theta_0)} = e^{i\theta_0}z$$

이므로 $w = g(z)$의 역사상은

$$z = g^{-1}(w) = Re^{i(\phi-\theta_0)}$$

로 주어진다.

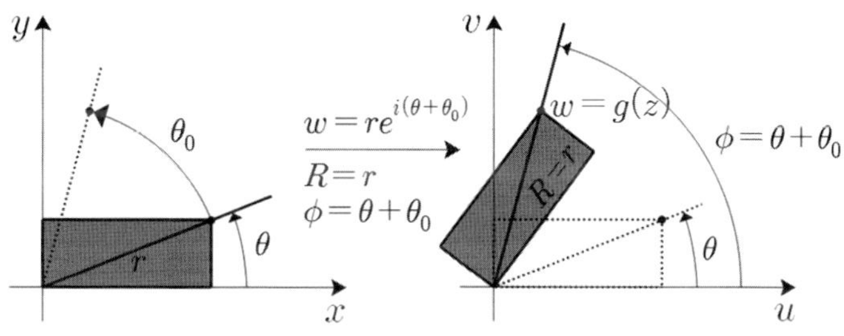


**그림 3.23** 회전 $w = g(z) = re^{i(\theta+\theta_0)}$

### 예제 5

$z$-평면 위에 있는 집합 $X = \{z = x + iy \mid 0 \le x \le 1,\ 0 \le y \le 2\}$의 복소함수

$w = f(z) = iz$의 상(image) $f(X)$를 구하라.

**풀이**

두 복소수 $i$와 $z$를 각각 지수형식으로 나타내면

$$i = e^{i\frac{\pi}{2}}$$

이고

$$z = x + iy = r(\cos\theta + i\sin\theta) = re^{i\theta}$$

이다. $w = iz$를 지수형식(exponential form)으로 나타내면

$$w = iz = re^{i\frac{\pi}{2}}e^{i\theta} = re^{i\left(\frac{\pi}{2}+\theta\right)}$$

이다. 따라서 복소함수 $w = f(z) = iz$는 $z-$평면위의 점을 $w-$평면의 원점을 중심으로 양의 방향(반시계방향)으로 $90°$만큼 회전시켜 얻어지는 점 $w$에 대응시키는 사상이다.

주어진 $z-$평면위의 사각형 영역의 네모서리의 $w = iz$에 의한 상을 구해보자.

점 $A(0, 0)$는 $z = 0 + 0i$이고 $w = iz|_{z=0} = 0$인 점 $A^*(0, 0)$에 대응되고,

점 $B(1, 0)$는 $z = 1 + 0i$이고 $w = iz|_{z=1} = i$인 점 $B^*(0, 1)$에 대응되며,

점 $C(1, 2)$는 $z = 1 + 2i$이고 $w = iz|_{z=1+2i} = i(1+2i) = -2 + i$인 점 $C^*(-2, 1)$에 대응되고,

점 $D(0, 2)$는 $z = 0 + 2i$이고 $w = iz|_{z=2i} = -2$인 점 $D^*(-2, 0)$에 대응된다.

따라서 주어진 함수 $w = f(z) = iz$에 의한 $z-$평면위의 직사각형 $ABCD$의 상(image)은 이 직사각형이 $w-$평면에 있다고 가정하고 이 직사각형을 $w-$평면의 원점을 중심으로 하여 반시계방향으로 $90°$만큼 회전시킬 때 얻어지는 직사각형 $A^*B^*C^*D^*$이다. 즉,

$$X = \{z = x + iy \mid 0 \le x \le 1,\ 0 \le y \le 2\}$$

의 상(image)은

$$f(X) = \{w = u + iv \mid -2 \le u \le 0,\ 0 \le v \le 1\}$$

이다.

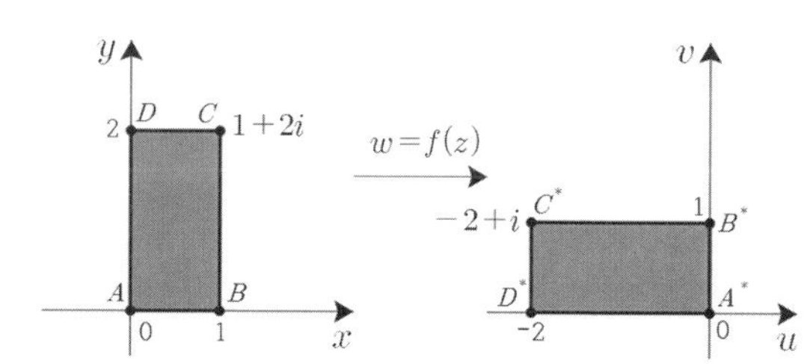


**그림 3.24** $w = f(z) = iz$에 의한 직사각형 영역의 상

■

## ◆ 확대와 축소

$\alpha$가 고정된 양의 실수일 때, $f(z) = \alpha z$형태의 복소함수는 확대(magnification)를 나타내게 된다. $|w| = |\alpha z| = \alpha|z|$이므로 $f$는 복소수 $z$의 길이를 고정 배율 $\alpha$만큼 변화시킨다(방향은 변하지 않는다). $\alpha > 1$이면 확대가 생기고 $0 < \alpha < 1$이면 축소가 생긴다.

예컨대 $g(z) = az + b$, $a = r_0 e^{i\theta_0}$라고 하면, 벡터 $z$는 각도 $\theta_0$만큼 회전하고 $r_0$배 확대된 다음에 $b$만큼 평행이동하게 된다.

**예제 6 (축소와 평행이동)**

원판 $|z| \le 1$을 원판 $|w - (1+i)| \le 2$로 보내는 복소함수를 구하라.

**풀이**

먼저 원판의 반지름을 2로 확대한 다음에 그 중심을 점 $1+i$로 평행 이동시켜야 한다. 그러므로 복소함수 $w = f(z) = 2z + (1+i)$가 $|z| \le 1$을 원판 $|w - (1+i)| \le 2$로 보낸다. ■

### ◆ 거듭제곱사상과 거듭제곱근 사상

사상 $w=z^2$은 극좌표계에서 $z=r(\cos\theta+i\sin\theta)=re^{i\theta}$, $w=Re^{i\phi}$일 때

$$w=Re^{i\phi}=w=z^2=r^2e^{i2\theta}=r^2e^{i2\theta}$$

으로 표현된다. 그러므로 원 $r=r_0$는 원 $R=r_0^2$으로 사상되고 사선 $\theta=\theta_0$는 $\phi=2\theta_0$으로 사상된다. 그림 3.25에서 $w=z^2$은 영역

$$1\leqq|z|\leqq\sqrt{2},\ \frac{\pi}{6}<\theta<\frac{\pi}{3}$$

를

$$1\leqq|w|\leqq 2,\ \frac{\pi}{3}<\theta<\frac{2\pi}{3}$$

위로 사상한 것임을 보여준다.

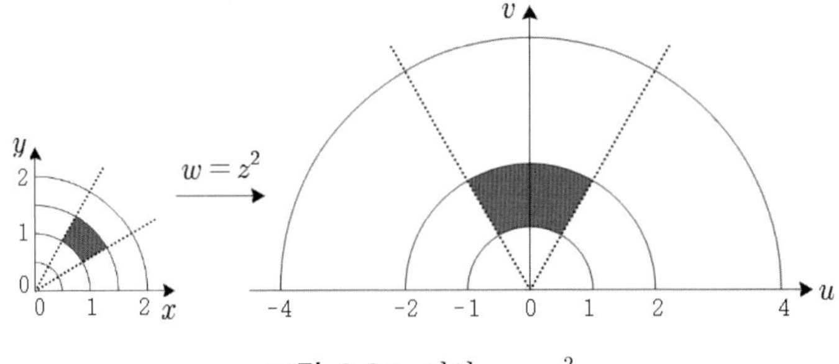


**그림 3.25** 사상 $w=z^2$

또한 그림 3.26에서처럼 $X=\left\{re^{i\theta}\mid r>0,\ -\frac{\pi}{4}\leq\theta\leq\frac{\pi}{4}\right\}$로써 주어진 부채꼴형의 집합 $X$를 생각한다면 사상 $f$에 의한 $X$의 상은 우측 반평면 $R>0,\ -\frac{\pi}{2}\leq\phi\leq\frac{\pi}{2}$이다.

만일 $f(z)=z^2$에 대한 정의역 $D$가 집합

$$D=\left\{re^{i\theta}\mid r>0\text{이고 }-\frac{\pi}{2}<\theta<\frac{\pi}{2}\right\}$$

로 제한된다면 사상 $w=z^2$에 의한 $D$의 상은 점 $w=0$과 음의 실축에 있는 모든 점을 제외한 $w-$평면의 모든 점으로 구성된다. $f(z)=z^2$의 역사상(inverse mapping)은

$$z = f^{-1}(w) = w^{\frac{1}{2}} = R^{\frac{1}{2}} e^{i\frac{\phi}{2}}$$

여기서 $R > 0$이고 $-\pi < \phi < \pi$이다. 위 식의 함수 $f^{-1}(w) = w^{\frac{1}{2}}$를 주제곱근 함수(principal square root function)라 한다.

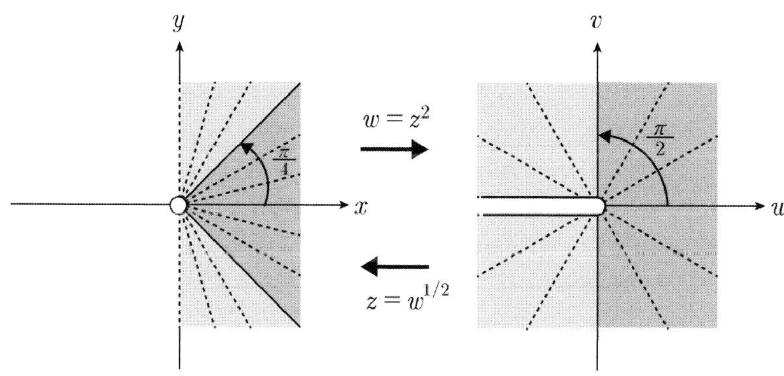


**그림 3.26** 사상 $w = z^2$과 $z = w^{\frac{1}{2}}$

$f(-z) = (-z)^2 = z^2$이므로 좌반평면 $Re\, z < 0$의 사상 $w = z^2$에 의한 상은 그림 3.26에 표시된 바와 같이 음의 $u$축을 따라서 자른 $w$-평면이다.

한편 직교좌표계에서 $z = x + iy$에 대하여

$$w = z^2 = (x+iy)^2 = \left(x^2 - y^2\right) + i(2xy) = u + iv$$

이므로

$$u = x^2 - y^2, \qquad v = 2xy$$

를 얻는다. 따라서 $x = c =$상수인 수직선은 $u = c^2 - y^2$, $v = 2cy$ 위로의 사상이다. 여기에서 $y$를 소거하면 $y^2 = c^2 - u$, $v^2 = 4c^2y^2$이므로

$$v^2 = 4c^2\left(c^2 - u\right) \tag{23}$$

가 된다. (그림 3.27 참조) 이 포물선들은 왼쪽으로 열려 있다. 마찬가지로, $y = k$인 수평선은

$$u = x^2 - k^2, \ v = 2kx$$

로부터 $x$를 소거하여 $u=\left(\dfrac{v}{2k}\right)^2-k^2$이므로

$$v^2=4k^2(u+k^2) \tag{24}$$

가 되어 오른쪽으로 열려있는 포물선들 위로의 사상이 된다.

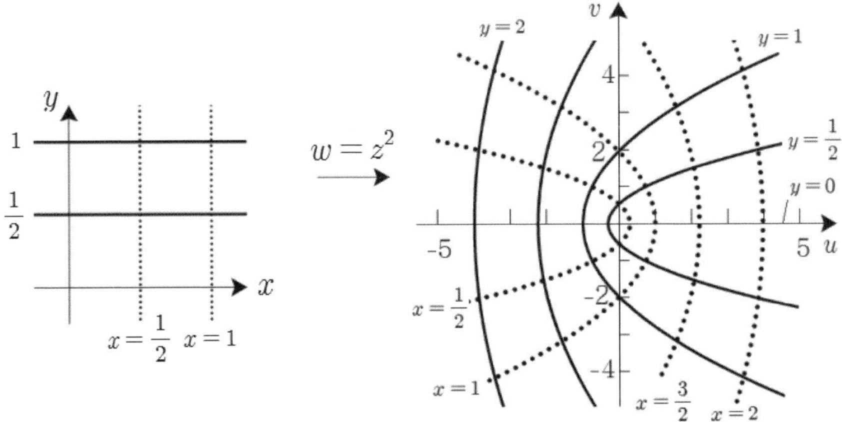


**그림 3.27** $w=z^2$에 의한 $x$=상수, $y$=상수의 상

한편 제1사분면은 $w=z^2$에 의하여 제1사분면, 제2사분면 위로 사상되기 때문에 직사각형 $0\le x\le c$, $0\le y\le k$는 포물선 식 (23), (24)와 $x$축에 의하여 둘러싸이는 영역 위로 사상된다.

예를 들어 네 개의 꼭지점 0, $c$, $c+ik$와 $ik$는 그림 3.28에 표시된 바와 같이 각각 네 개의 점 0, $c^2$, $c^2-k^2+i2ck$와 $-k^2$위로 사상된다.

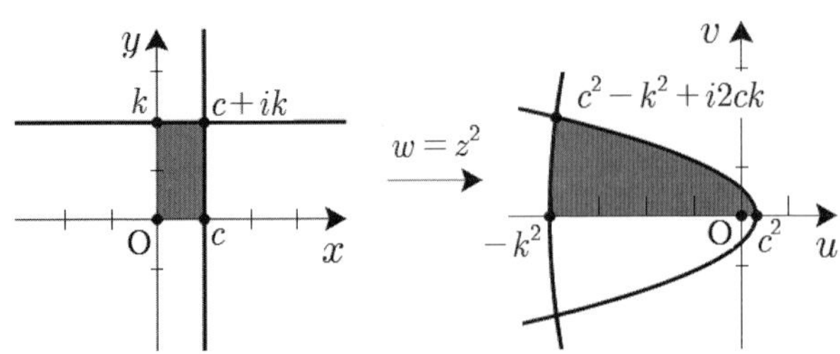


**그림 3.28** 사상 $w=z^2$에 의한 직사각형의 상

한편 사상 $w=z^{\frac{1}{2}}$은 지수형식으로

$$w=f(z)=z^{\frac{1}{2}}=r^{\frac{1}{2}}e^{i\frac{\theta}{2}} \tag{25}$$

로 표현될 수 있고, $f$에 대한 정의역 $D$를 $r>0,\ -\pi<\theta\leqq\pi$로 제한하자. 만일 $w=Re^{i\phi}$가 $w-$평면에 사용되었다면 식 (25)는 연립방정식

$$R=r^{\frac{1}{2}}\text{과 } \phi=\frac{\theta}{2} \tag{26}$$

로 표현될 수 있다. 식 (26)에서부터 상의 편각은 $z$의 편각의 반이고, 상(image)의 절대값은 $z$의 절대값의 제곱근이다. 반직선 $r>0,\ \theta=\alpha$위에 있는 점은 반직선 $R>0,\ \phi=\frac{\alpha}{2}$ 위로 사상된다. $z-$평면(점 $z=0$은 제외)의 상은 양의 $v$축과 더불어 우측 반평면 $Re\,w>0$로 이루어지고 사상은 그림 3.29에 그려졌다.

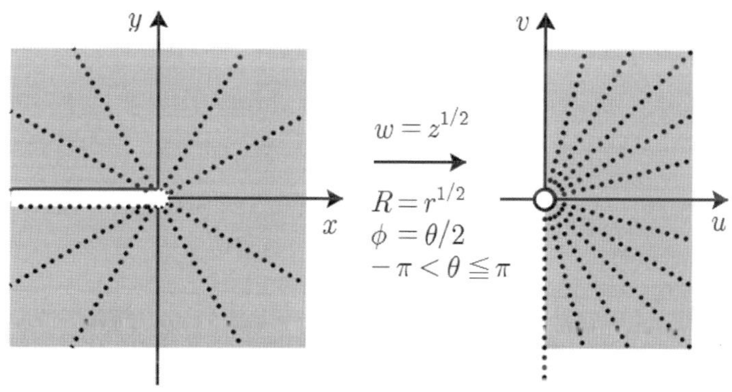


**그림 3.29** 사상 $w=z^{\frac{1}{2}}$

사상 $w=z^{\frac{1}{2}}$은 그 역사상 $z=w^2$에 관한 지식을 이용하여 연구할 수 있다.

또한 직교좌표계에서 $z=x+iy$와 $w=u+iv$에 대하여

$$z=w^2=u^2-v^2+i\,2uv \tag{27}$$

를 사용하면 사상 $z=w^2$은 연립방정식

$$x = u^2 - v^2 \text{과 } y = 2uv \tag{28}$$

로 주어진다.

$a > 0$라고 하자. 식 (28)에 의해 수직선 $x = a$의 상은 $a = u^2 - v^2$이고, 수직선 $x = a$의 편각 $\theta$는 $-\frac{\pi}{2} \le \theta \le \frac{\pi}{2}$이므로 $w = z^{\frac{1}{2}}$에 의한 상의 편각 $\phi$는 $\frac{\theta}{2} = \phi$이므로 $-\frac{\pi}{4} \le \phi \le \frac{\pi}{4}$가 되어 $z-$평면의 수직선 $x = a$는 $w-$평면의 쌍곡선 $a = u^2 - v^2$중 제1사분면과 제4사분면에 그려진 곡선으로 대응된다. 따라서 우측 반평면 $Re\,z = x > a$는 $u^2 - v^2 > a$를 만족하는 우측 반평면에 있는 영역 위로 사상되고 쌍곡선 $u^2 - v^2 = a$의 우측에 있음을 알 수 있다(그림 3.30 참조).

$b > 0$이면 식 (28)에 의해 수평선 $y = b$의 상은 $v = \frac{b}{2}\frac{1}{u}$이고 수평선 $b$의 편각 $\theta$는 $0 \le \theta \le \pi$이므로 $w = z^{\frac{1}{2}}$에 의한 상의 편각 $\phi$는 $\frac{\theta}{2} = \phi$이므로 $0 \le \phi \le \frac{\pi}{2}$가 되어 $z-$평면의 수평선 $y = b$는 $w-$평면의 두 개의 곡선 $v = \frac{b}{2}\frac{1}{u}$ 중 제1사분면에 있는 곡선에 대응된다. 따라서 상반평면 $Im\,z = y > b$가 $v > \frac{b}{2}\frac{1}{u}$, 즉 $2uv > b$를 만족하는 제1사분면의 영역 위로 사상되고 곡선 $2uv = b$ 위측에 있음을 알 수 있다(그림 3.30 참조).

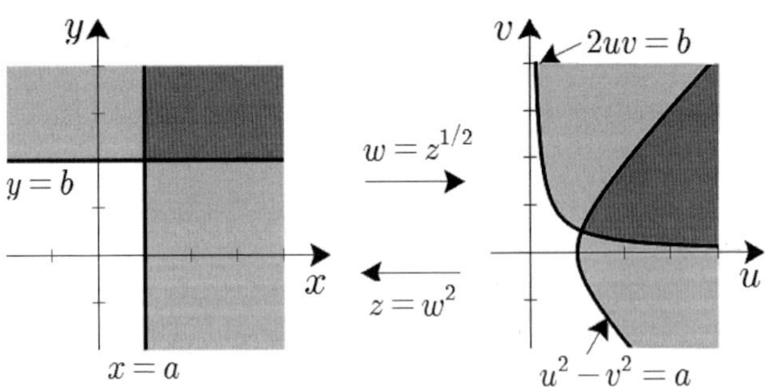


**그림 3.30** 사상 $w = z^{\frac{1}{2}}$

$n$이 양의 정수이면, 함수 $w = f(z) = z^n$은 지수형식

$$w = f(z) = z^n = r^n e^{in\theta},\ r > 0,\ -\pi < \theta \le \pi \tag{29}$$

로 표현된다.

만일에 지수형식 $w = Re^{i\phi}$를 $w$평면에 사용하면 사상의 식 (29)는 연립방정식

$$R = r^n \text{과 } \phi = n\theta \tag{30}$$

로 주어질 수 있다. 반직선 $r > 0$, $\theta = \alpha$의 상은 반직선 $R > 0$, $\phi = n\alpha$이고, 원점에서의 각은 $n$배 증가된다. 함수 $\cos n\theta$와 $\sin n\theta$의 주기는 $\frac{2\pi}{n}$이므로 일반적으로 $f$는 $n$대 1의 함수, 즉 $z$평면의 $n$개 점이 $w$평면($w = 0$은 제외)의 한 점으로 사상된다. 만일 식 (29)에서 $f$의 정의역을

$$D = \left\{ re^{i\theta} \mid r > 0,\ -\frac{\pi}{n} < \theta \leq \frac{\pi}{n} \right\} \tag{31}$$

로 제한하면 사상 $w = f(z) = z^n$에 의한 $D$의 상은 $w$평면 (원점 $w = 0$은 제외)의 모든 점으로 대응되고 역함수는

$$z = f^{-1}(w) = w^{\frac{1}{n}} = R^{\frac{1}{n}} e^{\frac{i\phi}{n}} \quad (\text{여기서 } R > 0 \text{이고 } -\pi < \phi \leq \pi) \tag{32}$$

로 주어진다. 함수 $f^{-1}(w) = w^{\frac{1}{n}}$을 주 $n$ 제곱근 함수(principal n th root function)이다. 이때 $f$는 그 정의역이 식 (31)로 제한되었을 때 1대 1 대응임을 나타낸다. 사상 $w = z^n$과 $z = w^{\frac{1}{n}}$은 그림 3.31에 나타내었다.

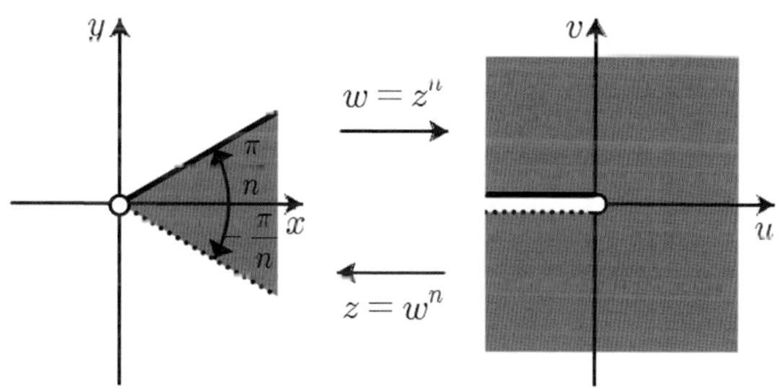


**그림 3.31** 사상 $w = z^n$과 $z = w^{\frac{1}{n}}$

## ◆ 복소변수 함수의 극한, 연속성 및 도함수

**정의 3.1 함수의 극한**

어떤 복소변수 함수 $f(z)$가 $z_0$의 근방($z_0$에서는 $f(z)$가 정의되어 있지 않아도 무방하다)에서 정의되어 있다고 가정한다. 이때 함수 $f(z)$가 $z = z_0$에서 극한값 $L$을 갖는다는 것을 다음과 같이

$$\lim_{z \to z_0} f(z) = L$$

로 표시하고 임의의 $\epsilon > 0$에 대하여 적당한 $\delta > 0$가 존재하여 $0 < |z - z_0| < \delta$이면 항상 $|f(z) - L| < \epsilon$이 성립한다는 것을 의미한다.

다시 말하면, $z$를 $z_0$와 같지는 않으면서 충분히 $z_0$와 가까운 점을 택한다면 $f(z)$도 $L$과 얼마든지 가까워지도록 만들 수 있다.

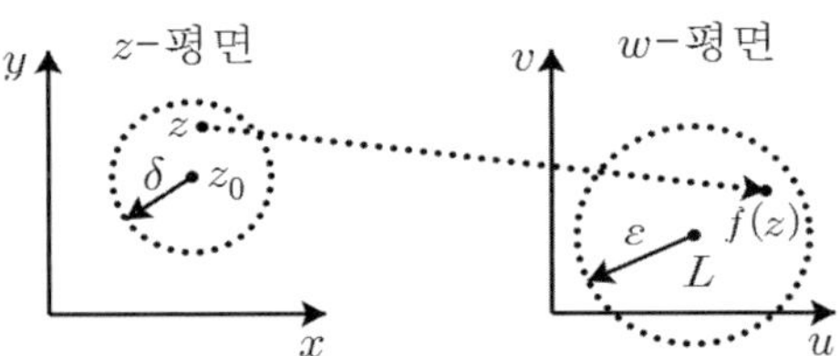


**그림 3.32** $w = u + iv = f(z) = f(x + iy)$의 극한

그림 3.32에서 알 수 있듯이 복소변수 함수의 극한의 개념은 실함수의 극한의 개념을 자연스럽게 확장한 것처럼 보이지만 근본적이고도 중요한 차이점이 있다.

실수의 경우 $x \to x_0$의 의미는 $x$가 $x_0$의 왼쪽이나 오른쪽에서 $x_0$로 한없이 접근한다는 의미이지만, 복소수의 경우 $z \to z_0$의 의미는 복소평면상의 어떤 방향에서든지 한없이 $z_0$로 접근한다는 의미이다.

따라서 복소변수 함수에서 극한의 개념은 $z$가 복소평면위에서 어떤 경로를 따라 $z_0$에 접근한다고 하더라도 동일한 값 $L$에 수렴할 때 극한값이 존재하게 되는 것이다.

**예제 7**

함수 $f(x+iy)=\dfrac{x^3+ix^3}{x^2+y^2}$이면 $\displaystyle\lim_{x+iy\to 0+i0} f(x+iy)=0$임을 보여라.

**풀이**

임의의 $\epsilon>0$에 대하여 $0<\sqrt{x^2+y^2}<\dfrac{\epsilon}{\sqrt{2}}$일 때

$$|f(x+iy)-0|=\frac{|x^2||x||1+i|}{|x^2+y^2|}<\sqrt{x^2+y^2}\,\sqrt{2}<\epsilon$$

이 성립한다. 즉, 임의의 $\epsilon>0$에 대하여 $\delta=\dfrac{\epsilon}{\sqrt{2}}>0$이 존재하여 $0<|(x+iy)-0|<\delta$이면 $|f(x+iy)-0|<\epsilon$이 만족된다. 따라서 $x+iy\to 0$일 때 $f(x+iy)\to 0$이다. ■

**예제 8**

함수 $f(x+iy)=\dfrac{xy+ix^2}{x^2+y^2}$은 $x+iy$가 $0+i0$에 접근할 때 극한을 갖지 않음을 보여라.

**풀이**

만일 $x+iy$가 $x$축을 따라서 $0+i0$에 접근한다면

$$\lim_{x+i0\to 0+i0} f(x+i0)=\lim_{x+i0\to 0+i0}\frac{x\cdot 0+ix^2}{x^2+0^2}=\lim_{x+i0\to 0+i0}\frac{ix^2}{x^2}=i$$

이지만 $x+iy$가 직선 $y=x$를 따라서 $0+i0$에 접근한다면

$$\lim_{x+ix\to 0+i0} f(x+ix)=\lim_{x+ix\to 0+i0}\frac{x\cdot x+ix^2}{x^2+x^2}=\lim_{x+ix\to 0+i0}\frac{(1+i)x^2}{2x^2}=\frac{1}{2}+i\frac{1}{2}$$

이므로 극한값은 $x+iy$가 $0+i0$으로 접근하는 경로에 의존한다. 따라서 $f(x+iy)$는 $x+iy$가 $0+i0$으로 접근할 때 극한을 갖지 않는다. ■

**정의 3.2 함수의 연속성**

복소변수 함수 $f(z)$가 $z=z_0$에서 함수값이 존재하고, 다음의 관계를 만족하는 경우 $f(z)$는 $z=z_0$에서 **연속(continuous)**이라고 한다.

$$\lim_{z \to z_0} f(z) = f(z_0) \tag{33}$$

**정의 3.3 도함수**

복소평면 위의 한 점 $z_0$에서 $f(z)$의 도함수(derivative)는

$$f'(z_0) = \lim_{\Delta z \to 0} \frac{\Delta f}{\Delta z} = \lim_{\Delta z \to 0} \frac{f(z_0 + \Delta z) - f(z_0)}{\Delta z} \tag{34}$$

위 식에서 $f'(z_0)$가 존재하는 경우 $f(z)$는 $z_0$에서 미분가능(differentiable)하다고 말한다.

극한의 정의에서 이미 언급한 것처럼 $f(z)$가 $z_0$에서 미분가능하다는 것은 $z$가 어떤 경로를 따라 $z_0$에 접근한다 하더라도 식 (34)의 우변의 $\dfrac{\Delta f}{\Delta z}$는 항상 어떤 값에 수렴하며, 동시에 그 값이 접근 경로에 상관없이 모두 동일하다는 것을 의미한다.

식 (34)에서 $\Delta z = z - z_0$로 정의하면 $f'(z_0)$는 다음과 같이 표현 가능하다.

$$f'(z_0) = \lim_{z \to z_0} \frac{f(z) - f(z_0)}{z - z_0} \tag{35}$$

식 (35)로부터 알 수 있듯이 복소변수 함수에 대한 미분법칙은 실함수에 대한 미분법칙이 그대로 성립한다. 즉,

$$\frac{d}{dz}[kf(z)] = kf'(z) \tag{36}$$

$$\frac{d}{dz}[f(z) + g(z)] = f'(z) + g'(z) \tag{37}$$

$$\frac{d}{dz}[f(z)g(z)] = f'(z)g(z) + f(z)g'(z) \tag{38}$$

$$\frac{d}{dz}\left[\frac{g(z)}{f(z)}\right]=\frac{g'(z)f(z)-g(z)f'(z)}{[f(z)]^2},\ f(z)\neq 0 \tag{39}$$

$$\frac{d}{dz}[f(g(z))]=f'(g(z))g'(z) \tag{40}$$

식 (35)로부터 식 (36)과 (37)은 바로 증명된다.

식 (38)의 특수한 경우로 거듭제곱 $z^2$의 도함수는

$$\frac{d}{dz}z^2=\frac{d}{dz}(zz)=z\cdot 1+1\cdot z=2z$$

이고

$$\frac{d}{dz}z^3=\frac{d}{dz}(z\,z^2)=1\cdot z^2+z(2z)=3z^2$$

이므로

$$\frac{d}{dz}z^n=nz^{n-1},\ n=1,2,3,\cdots$$

을 가정하여

$$\frac{d}{dz}z^{n+1}=\frac{d}{dz}(z\,z^n)=1\cdot z^n+z(nz^{n-1})=(n+1)z^n$$

이 성립한다. 즉,

$$\frac{d}{dz}z^n=nz^{n-1},\ n=1,2,3,\cdots \tag{41}$$

이다.

한편

$$z^n\frac{1}{z^n}=1,\ z\neq 0,\ n=1,2,3,\cdots$$

이므로

$$\frac{d}{dz}\left(z^n\frac{1}{z^n}\right)=\frac{d}{dz}1=0$$

이고, 식 (38)에 의해

$$\frac{d}{dz}\left(z^n\frac{1}{z^n}\right)=\frac{d}{dz}(z^n)\frac{1}{z^n}+z^n\frac{d}{dz}\left(\frac{1}{z^n}\right) = nz^{n-1}\frac{1}{z^n}+z^n\frac{d}{dz}\left(\frac{1}{z^n}\right)=nz^{-1}+z^n\frac{d}{dz}\left(\frac{1}{z^n}\right)$$

이므로

$$\frac{d}{dz}z^{-n}=\frac{d}{dz}\left(\frac{1}{z^n}\right)=\frac{-n}{z^{n+1}}=-nz^{-n-1} \qquad (z\neq 0,\ n=1,2,3,\cdots) \tag{42}$$

이 성립한다. 그러므로 식 (41)과 (42)를 종합하여 다음의 관계식이 성립한다.

$$\frac{d}{dz}z^n=nz^{n-1} \quad (z\neq 0,\ n\text{은 정수}) \tag{43}$$

그리고 식 (38)에 의해

$$\frac{d}{dz}[f(z)]^n=\frac{d}{dz}[f(z)f^{n-1}(z)]=f'(z)f^{n-1}(z)+f(z)\frac{d}{dz}f^{n-1}(z)$$

이고 수학적 귀납법에 의해

$$\frac{d}{dz}f^{n-1}(z)=(n-1)f^{n-2}(z)f'(z)$$

을 가정하여

$$\begin{aligned}\frac{d}{dz}[f(z)]^n&=f'(z)f^{n-1}(z)+f(z)(n-1)f^{n-2}(z)f'(z)\\&=nf^{n-1}(z)f'(z) \qquad (n=1,2,3,\ \cdots)\end{aligned} \tag{44}$$

이 성립한다.

또한 $\frac{1}{f(z)}f(z)=1\ (f(z)\neq 0)$이므로 식 (38)에 의해

$$0=\frac{d}{dz}\left[\frac{1}{f(z)}f(z)\right]=\frac{d}{dz}\left[\frac{1}{f(z)}\right]f(z)+\frac{1}{f(z)}f'(z)$$

이 성립하므로

$$\frac{d}{dz}\left[\frac{1}{f(z)}\right]=\frac{-f'(z)}{[f(z)]^2}$$

이 된다. 즉

$$\frac{d}{dz}[f(z)]^{-1} = -[f(z)]^{-2}f'(z)$$

이다. 따라서

$$\frac{d}{dz}[f(z)]^{-n} = -n[f(z)]^{-n-1}f'(z)$$

를 가정하여 식 (38)을 적용하면

$$\begin{aligned}\frac{d}{dz}[f(z)]^{-(n+1)} &= \frac{d}{dz}[f(z)]^{-n}[f(z)]^{-1} \\ &= -n[f(z)]^{-n-1}f'(z)[f(z)]^{-1} - [f(z)]^{-n}[f(z)]^{-2}f'(z) \\ &= -(n+1)[f(z)]^{-n-2}f'(z)\end{aligned}$$

이 되어

$$\frac{d}{dz}[f(z)]^{-n} = -n[f(z)]^{-n-1}f'(z) \qquad (f(z) \neq 0,\ n = 1, 2, 3, \cdots) \tag{45}$$

이 성립한다. 그러므로 식 (44)와 (45)를 종합하여 다음의 관계식이 성립한다.

$$\frac{d}{dz}[f(z)]^{n} = n[f(z)]^{n-1}f'(z) \qquad (f(z) \neq 0,\ n\text{은 정수}) \tag{46}$$

복소함수를 포함하는 여러 가지 증명은 함수의 연속성에 의존한다. 다음 결과는 미분 가능한 함수는 연속임을 밝힌다.

### 정리 3.1

$f$가 $z_0$에서 미분가능하면 $f$는 $z_0$에서 연속이다.

**증명**

$f$는 $z_0$에서 미분가능이므로

$$\lim_{z \to z_0} \frac{f(z) - f(z_0)}{z - z_0} = f'(z_0)$$

이고

$$\lim_{z \to z_0}[f(z) - f(z_0)] = \lim_{z \to z_0}\frac{f(z) - f(z_0)}{z - z_0}(z - z_0)$$
$$= \lim_{z \to z_0}\frac{f(z) - f(z_0)}{z - z_0}\lim_{z \to z_0}(z - z_0)$$
$$= f'(z_0) \cdot 0 = 0$$

임을 알 수 있다. 따라서 $\lim_{z \to z_0} f(z) = f(z_0)$이고 $f$는 $z_0$에서 연속이다. ■

---

정리 3.1을 사용하면 공식 (38)을 얻을 수 있다. 즉 $h(z) = f(z)g(z)$라 놓고 임의의 점 $z_0$에서 정의를 사용하면

$$h'(z_0) = \lim_{z \to z_0}\frac{h(z) - h(z_0)}{z - z_0} = \lim_{z \to z_0}\frac{f(z)g(z) - f(z_0)g(z_0)}{z - z_0}$$

이다. 위의 우변의 분자를 변형하여 계산하면

$$h'(z_0) = \lim_{z \to z_0}\frac{f(z)g(z) - f(z_0)g(z)}{z - z_0} + \lim_{z \to z_0}\frac{f(z_0)g(z) - f(z_0)g(z_0)}{z - z_0}$$
$$= \lim_{z \to z_0}\frac{f(z) - f(z_0)}{z - z_0}\lim_{z \to z_0} g(z) + f(z_0)\lim_{z \to z_0}\frac{g(z) - g(z_0)}{z - z_0}$$

로 된다. 도함수에 대한 정의와 $g$의 연속성을 사용하면 $h'(z_0) = f'(z_0)g(z_0) + f(z_0)g'(z_0)$를 얻는다. $z_0$는 임의의 점이므로 공식 (38)이 증명되었다.

마찬가지로 식 (38)과 (46)에 의해

$$\frac{d}{dz}\left[\frac{1}{f(z)}g(z)\right] = \frac{d}{dz}\left[\frac{1}{f(z)}\right]g(z) + \frac{1}{f(z)}g'(z)$$
$$= -[f(z)]^{-2}f'(z)g(z) + \frac{1}{f(z)}g'(z)$$
$$= \frac{f(z)g'(z) - f'(z)g(z)}{[f(z)]^2}, \quad f(z) \neq 0$$

를 얻게 된다. 따라서 식 (39)가 증명되었다.

식 (40)을 증명하자. 임의의 점 $z_0$에 대하여 $u = g(z)$, $u_0 = g(z_0)$라 두면 정리 3.1에 의해 $g$의 $z_0$에서의 미분가능성은 $g$의 $z_0$에서의 연속을 의미한다. 따라서 $z \to z_0$일 때 $g(z) = u \to g(z_0) = u_0$이다.

$$\lim_{z \to z_0} \frac{f(g(z)) - f(g(z_0))}{z - z_0} = \lim_{z \to z_0} \frac{f(u) - f(u_0)}{u - u_0} \frac{u - u_0}{z - z_0} = \lim_{u \to u_0} \frac{f(u) - f(u_0)}{u - u_0} \lim_{z \to z_0} \frac{g(z) - g(z_0)}{z - z_0}$$

이므로 도함수의 정의에 의해

$$\frac{d}{dz} f(g(z)) \Big|_{z = z_0} = \frac{df}{du} \Big|_{u = u_0} \cdot g'(z_0) = \frac{df}{du} \Big|_{g(z) = g(z_0)} \cdot g'(z_0)$$

이다. 즉, 임의의 점 $z_0$에서

$$\frac{d}{dz} [f(g(z_0))] = f'(g(z_0)) g(z_0)$$

이 성립한다. 따라서 식 (40)이 증명되었다.

극한과 도함수의 성질을 사용하여 **로피탈 법칙(L'Hôpital's Rule)**을 증명할 수 있다.

---

**정리 3.2 로피탈 법칙(L'Hôpital's rule)**

---

$f$와 $g$가 $z_0$에서 미분가능하다고 하자. $f(z_0) = 0$, $g(z_0) = 0$이고 $g'(z_0) \neq 0$이면

$$\lim_{z \to z_0} \frac{f(z)}{g(z)} = \frac{f'(z_0)}{g'(z_0)} \tag{47}$$

이다.

**증명**

$f(z_0) = g(z_0) = 0$이므로

$$\lim_{z \to z_0} \frac{f(z)}{g(z)} = \lim_{z \to z_0} \frac{f(z) - f(z_0)}{g(z) - g(z_0)} = \lim_{z \to z_0} \frac{\dfrac{f(z) - f(z_0)}{z - z_0}}{\dfrac{g(z) - g(z_0)}{z - z_0}} = \frac{f'(z_0)}{g'(z_0)}$$

로 쓸 수 있다. ■

따라서 $\dfrac{0}{0}$인 형태의 극한은 로피탈 법칙을 사용해서 쉽게 구할 수 있다.

### 예제 9

다음 함수들의 도함수를 정의에 의해 구하라.

(i) $f(z)=z^2-2z$ (ii) $f(z)=\bar{z}$

**풀이**

(i) $f'(z)$의 정의에 의해

$$\begin{aligned} f'(z) &= \lim_{\Delta z\to 0}\frac{f(z+\Delta z)-f(z)}{\Delta z} \\ &= \lim_{\Delta z\to 0}\frac{(z+\Delta z)^2-2(z+\Delta z)-(z^2-2z)}{\Delta z} \\ &= \lim_{\Delta z\to 0}\frac{2z(\Delta z)+(\Delta z)^2-2(\Delta z)}{\Delta z} \\ &= \lim_{\Delta z\to 0}(2z+\Delta z-2)=2z-2 \end{aligned}$$

가 된다.

(ii) $f(z)=\bar{z}=x-iy$이므로 켤레 복소수의 성질에 의해

$$\frac{f(z+\Delta z)-f(z)}{\Delta z}=\frac{\overline{z+\Delta z}-\bar{z}}{\Delta z}=\frac{\bar{z}+\overline{\Delta z}-\bar{z}}{\Delta z}=\frac{\overline{\Delta z}}{\Delta z}$$

이므로

$$f'(z)=\lim_{\Delta z\to 0}\frac{\overline{\Delta z}}{\Delta z}=\lim_{\Delta z\to 0}\frac{\Delta x-i\Delta y}{\Delta x+i\Delta y} \tag{48}$$

위 식의 극한값을 그림 3.33에 나타낸 두 가지 경로 I와 II에 대해 계산해 본다.

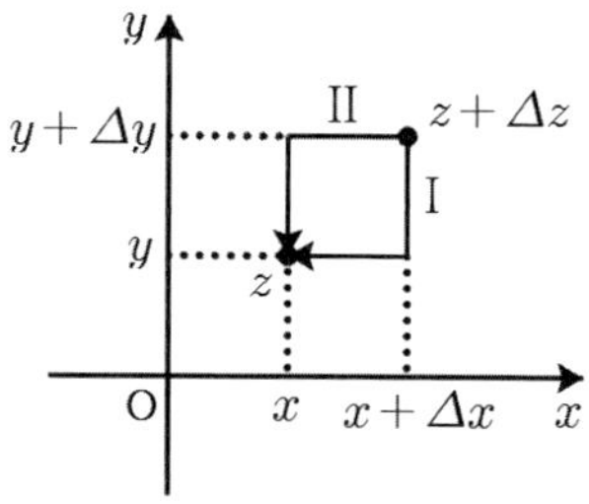

**그림 3.33** 두 가지 적분경로

경로 I을 따라가는 경우는 $\Delta z = \Delta x + i\Delta y \to 0$에서 먼저 $\Delta y \to 0$를 취한 후 $\Delta x \to 0$를 취하는 경로이므로

$$f'(z) = \lim_{\Delta z \to 0} \frac{\Delta x - i\Delta y}{\Delta x + i\Delta y} = \lim_{\Delta x \to 0}\left(\lim_{\Delta y \to 0} \frac{\Delta x - i\Delta y}{\Delta x + i\Delta y}\right) = \lim_{\Delta x \to 0} \frac{\Delta x}{\Delta x} = 1$$

이며, 경로 II를 따라가는 경우는 $\Delta z = \Delta x + i\Delta y$에서 먼저 $\Delta x \to 0$를 취한 후 $\Delta y \to 0$를 취하는 경로이므로

$$f'(z) = \lim_{\Delta z \to 0} \frac{\Delta x - i\Delta y}{\Delta x + i\Delta y} = \lim_{\Delta y \to 0}\left(\lim_{\Delta x \to 0} \frac{\Delta x - i\Delta y}{\Delta x + i\Delta y}\right) = \lim_{\Delta y \to 0} \frac{-i\Delta y}{i\Delta y} = -1$$

이 된다. 따라서 두 경로 I와 II에 따른 식 (48)의 극한값이 서로 다르기 때문에 $f(z)$의 도함수는 존재하지 않는다. ■

### 예제 10

$f(z) = |z|^2$의 미분가능성을 도함수의 정의에 의해 조사하라.

**풀이**

$f(z) = |z|^2 = z\bar{z}$이므로 $f(z)$의 도함수인 $f'(z)$의 정의에 의해

$$f'(z) = \lim_{\Delta z \to 0} \frac{f(z+\Delta z) - f(z)}{\Delta z}$$

$$= \lim_{\Delta z \to 0} \frac{(z+\Delta z)(\overline{z}+\overline{\Delta z})-z\overline{z}}{\Delta z}$$

$$= \lim_{\Delta z \to 0} \left(\overline{z}+\overline{\Delta z}+z\frac{\overline{\Delta z}}{\Delta z}\right)$$

$$= \lim_{\Delta z \to 0} \left(\overline{z}+z\frac{\overline{\Delta z}}{\Delta z}\right)$$

이다. 이제 $x$축을 따라서 원점에 접근하는 경로 I과 $x$축을 따라서 원점에 접근하는 경로 II에 대하여 $\lim_{\Delta z \to 0} \left(\overline{z}+z\frac{\overline{\Delta z}}{\Delta z}\right)$ 을 계산해보자.

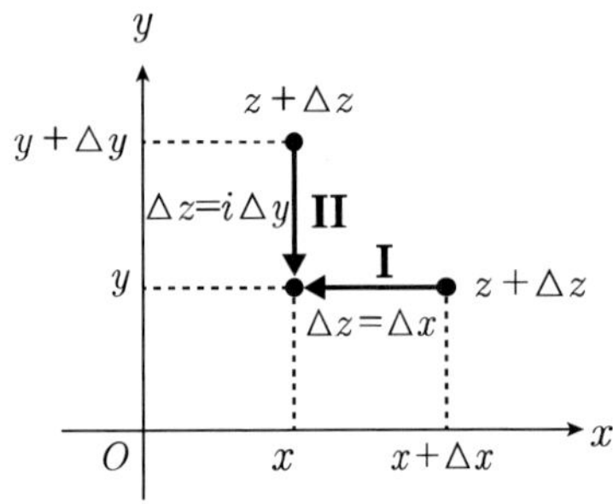


**그림 3.34** 두 경로

경로 I을 택하면

$$\lim_{\Delta z \to 0} \left(\overline{z}+z\frac{\overline{\Delta z}}{\Delta z}\right) = \lim_{\Delta x \to 0} \left(\overline{z}+z\frac{\overline{\Delta x}}{\Delta x}\right) = \lim_{\Delta x \to 0} \left(\overline{z}+z\frac{\Delta x}{\Delta x}\right) = \overline{z}+z$$

이고, 경로 II을 택하면

$$\lim_{\Delta z \to 0} \left(\overline{z}+z\frac{\overline{\Delta z}}{\Delta z}\right) = \lim_{i\Delta y \to 0} \left(\overline{z}+z\frac{\overline{i\Delta y}}{i\Delta y}\right) = \lim_{\Delta y \to 0} \left(\overline{z}+z\frac{-i\Delta y}{i\Delta y}\right) = \overline{z}-z$$

이므로 $\overline{z}+z=\overline{z}-z$인 점, 즉 $z=0$에서만 두 극한값이 동일하다. 따라서 $f(z)$는 $z=0$에서만 미분가능하며 그 밖의 점에서는 미분가능하지 않음을 알 수 있다.

실제로 $z=0$에서의 도함수를 계산하면

$$f'(0) = \lim_{\Delta z \to 0} \frac{f(0+\Delta z) - f(0)}{\Delta z} = \lim_{\Delta z \to 0} \frac{|\Delta z|^2 - 0}{\Delta z} = \lim_{\Delta z \to 0} \frac{\Delta z \overline{\Delta z}}{\Delta z} = \lim_{\Delta z \to 0} \overline{\Delta z} = 0$$

이다. ■

## ◆ 해석함수

복소변수함수의 미분가능성은 까다로운데 이런 미분가능성보다 더 엄격한 성질을 지닌 중요한 복소변수함수들을 복소해석함수(complex analytic function)에 대해 알아보자.

### 정의 3.4 복소해석함수(complex analytic function)

복소변수함수 $f(z)$가 한 점 $z_0$에서 미분가능하고, $z_0$의 어떤 근방의 모든 점에서 미분가능할 때 $f(z)$는 $z_0$에서 **해석적(analytic)**이라 정의한다.

또한 $f(z)$가 어떤 영역 $D$에 있는 모든 점에서 해석적이면, $f(z)$는 영역 $D$에서 해석적이라고 말한다. 그리하여 복소평면전체에서 해석적인 함수를 **완전함수(entire function)**라 부른다.

$z_0$에서 해석적이라는 것은 $f(z)$가 $z_0$은 물론 $z_0$의 어떤 근방의 모든 점에서 도함수가 존재한다는 의미이므로, 한 점에서만 미분가능한 함수는 한 점에서 해석적인 함수와는 개념적으로 다르다.

또한 완전함수의 한 예로서 다항식을 들 수 있다.

### 예제 11

다음 함수의 해석성에 대해 판별하라.

(i) $f(z) = z^2 - 1$　　　(ii) $g(z) = \dfrac{z}{(z+1)(z+2)}$

**풀이**

(i) $f(z) = z^2 - 1$은 복소평면위의 모든 점에서 미분가능하므로 복소평면 전체에서 해석

적이고 따라서 완전함수이다.

(ii) 분수함수 $g(z)$는 $z=-1$과 $z=-2$를 제외한 모든 점에서 미분가능하므로 $z=-1$과 $z=-2$를 제외한 모든 점에서 해석적이다. ■

## 연습문제 3.3

1. $f(z)=Im(z+3\bar{z})+z\,Re(z^2)-2z$를 $f(z)=u(x,\ y)+iv(x,\ y)$의 형태로 나타내어라.

(답) $f(z)=(-2y-2x+x^3-xy^2)+iy(x^2-y^2-2)$

2. $\lim_{z\to 0}\dfrac{z^2}{|z|^2}$이 존재하는가?

(답) $\lim_{z\to 0}\dfrac{z^2}{|z|^2}$은 존재하지 않는다.

3. $f(z)=z^{24}-3z^{20}-5z^6$일 때 $f\left(\dfrac{1+i}{\sqrt{2}}\right)$를 계산하라.

(답) $4+5i$

4. 다음의 복소함수의 도함수를 구하라.

(1) $f(z)=3z^5-4z^3+2z$ (2) $f(z)=\dfrac{z^3}{2z+1}$

(답) (1) $f'(z)=15z^4-12z^2+2$

(2) $f'(z)=\dfrac{4z^3+3z^2}{(2z+1)^2}$

5. 함수 $f(z)=f(x+iy)=3x+i4y$는 어디서도 미분할 수 없음을 도함수의 정의를 이용하여 증명하라.

(답) $f(z)=3x+i\Delta y$는 어디서도 미분가능하지 않다.

6. 복소함수 $w=f(z)=u(x,\ y)+iv(x,\ y)$에 대하여 $w=f(z)=z+\dfrac{1}{z}$에 의한 원 $|z|=r$의 상(image)를 구하라.

(답) 원 $|z|=r\neq 1$은 타원 $\dfrac{x^2}{a^2}+\dfrac{y^2}{b^2}=1,\ a=r+\dfrac{1}{r},\ b=r-\dfrac{1}{r}$ 위로 사상되고, 원 $|z|=r=1$은 $u$축상의 성분 $-2\leq u\leq 2$로 사상된다.

7. 복소변수함수 $w=u+iv=f(z)=(-1+i)z-2+3i$에 의한 $Re\,z>1$인 영역의 상을 구하라.
(1) 수직선 $Re\,z=x=1$의 $w=f(z)$에 의한 상을 $z$의 확대와 회전 및 평행이동으로 설명하라.
(2) 수직선 $x=1$의 $w=f(z)$에 의한 상을 구하라.
(3) $Re\,z>1$인 영역의 $w=f(z)$에 의한 상을 구하라.

(답) (1) $w=f(z)=\sqrt{2}\,e^{i\frac{3}{4}\pi}z+(-2+3i)$로서 $z$의 $\sqrt{2}$배 확대하고 $\dfrac{3}{4}\pi$만큼 회전하여 $-2+3i$ 만큼 평행이동함을 의미한다.
(2) $v=u+7$
(3) $v>u+7$

8. 수직선 $x=1$의 복소변수함수 $w=f(z)=u+iv=(x^2-y)+i(y^2-x),\ z=x+iy$의 상을 구하라.

(답) $v=u^2-2u$

## 3.4 Cauchy-Riemann 방정식

앞 절에서 복소변수함수 $f(z)$가 어떤 영역 $D$의 모든 점에서 미분가능하면 $f(z)$는 $D$에서 해석적임을 학습하였다. 다음 정리는 모든 함수 $f(z)$에 대하여 점 $z=z_0$에서의 해석성을 판단할 수 있는 방법을 알려준다.

**정리 3.3 (Cauchy-Riemann 방정식)**

복소함수

$$f(z)= f(x+iy)= u(x,\ y)+ iv(x,\ y)$$

가 한 점 $z_0 = x_0 + iy_0$에서 도함수 $f'(z_0)$가 있다고 하자. 그러면 $(x_{0,}\ y_0)$에서 $x$와 $y$에 관한 $u$와 $v$의 1계 편도함수가 존재하고, 그들은 **Cauchy-Riemann** 방정식

$$u_x(x_0,\ y_0)= v_y(x_0,\ y_0), \qquad u_y(x_0,\ y_0)=- v_x(x_0,\ y_0) \tag{49}$$

을 만족한다. 또한

$$f'(z_0)= u_x(x_0,\ y_0)+ iv_x(x_0,\ y_0) \tag{50}$$

또는

$$f'(z_0)= v_y(x_0,\ y_0)- iu_y(x_0,\ y_0) \tag{51}$$

로 주어진다.

**증명**

$$f'(z_0)= \lim_{\triangle z\to 0}\frac{f(z_0+\triangle z)- f(z_0)}{\triangle z}$$

에서

$$z = x + iy,\ f(z)= u(x,\ y)+ iv(x,\ y), \quad z_0 = x_0 + iy_0,\ \triangle z = \triangle x + i\triangle y$$

라고 두면 다음이 성립한다.

$$\begin{aligned} f'(z_0) &= \lim_{\triangle z\to 0}\frac{f(z_0+\triangle z)- f(z_0)}{\triangle z} \\ &= \lim_{\triangle z\to 0}\frac{[u(x_0+\triangle x, y_0+\triangle y)+ iv(x_0+\triangle x, y_0+\triangle y)] - [u(x_0,\ y_0)+ iv(x_0,\ y_0)]}{\triangle x + i\triangle y} \end{aligned} \tag{52}$$

이고, 극한이 존재하므로 $\triangle z$가 어느 방향으로 0에 접근하든 결과는 같아야 한다. 일단 $x$축과 평행인 수평 방향으로 $\triangle z \to 0$이 되게 해보자. 그러면 $\triangle z = \triangle x$ $(\triangle y = 0)$이므로

식 (52)는

$$f'(z_0)=\lim_{\Delta x\to 0}\left[\frac{u(x_0+\Delta x, y_0)-u(x_0, y_0)}{\Delta x}+i\frac{v(x_0+\Delta x, y_0)-v(x_0, y_0)}{\Delta x}\right] \tag{53}$$

이 성립한다. 위 식 (53)을 편도함수로 나타내면 다음과 같다.

$$\begin{aligned} f'(z_0)&=\frac{\partial u}{\partial x}(x_0, y_0)+i\frac{\partial v}{\partial x}(x_0, y_0) \\ &=u_x(x_0, y_0)+iv_x(x_0, y_0) \end{aligned}$$

즉, 식 (50)이 성립한다.

이제 $y$축과 평행인 수직 방향으로 $\Delta z\to 0$이 되게 하자. 이때는 $\Delta z=i\Delta y$ $(\Delta x=0)$이므로 식 (52)는

$$f'(z_0)=\lim_{\Delta y\to 0}\left[\frac{u(x_0, y_0+\Delta y)-u(x_0, y_0)}{i\Delta y}+i\frac{v(x_0, y_0+\Delta y)-v(x_0, y_0)}{i\Delta y}\right] \tag{54}$$

이 성립한다. 위 식 (54)를 편도함수로 나타내면 다음과 같다.

$$\begin{aligned} f'(z_0)&=-i\frac{\partial u}{\partial y}(x_0, y_0)+\frac{\partial v}{\partial y}(x_0, y_0) \\ &=-iu_y(x_0, y_0)+v_y(x_0, y_0) \end{aligned}$$

즉, 식 (51)이 성립한다.

식 (50)과 (51)로부터

$$f'(z_0)=u_x(x_0, y_0)+iv_x(x_0, y_0)=-iu_y(x_0, y_0)+v_y(x_0, y_0)$$

이 성립하므로 **Cauchy−Riemann** 방정식

$$u_x(x_0, y_0)=v_y(x_0, y_0), \quad u_y(x_0, y_0)=-v_x(x_0, y_0)$$

가 만족된다. ■

---

정리 3.3에 의하여 복소변수함수가 미분가능하면 Cauchy−Riemann 방정식을 만족함을 알 수 있다. 역으로, 어떤 복소변수함수가 Cauchy−Riemann 방정식을 만족한다는 사실만으로는 주어진 함수가 미분가능을 보장할 수 없다. (예제 1) 그러나 $u$와 $v$ 그리고 $u$와 $v$의 1계

편도함수들이 연속이라는 가정을 추가한다면, Cauchy–Riemann 방정식을 만족하는 것은 주어진 함수가 미분가능이라는 결론에 도달할 수 있다. 이에 대한 증명은 복잡하므로 결과만 소개한다.

---

**정리 3.4 (미분가능성)**

실함수 $u(x,y)$와 $v(x,y)$ 그리고 이들의 1계 편도함수들이 $z_0 = x_0 + iy_0$의 적당한 근방에서 연속이고, $u(x,y)$와 $v(x,y)$가 $z_0$에서 Cauchy–Riemann의 방정식을 만족하면 복소함수 $f(z)= u(x,\ y)+ iv(x,\ y)$는 $z_0$에서 미분가능하여 도함수 $f'(z_0)$가 존재한다.

---

### ◆해석성의 기준

만약 $f(z)= u(x,\ y)+ iv(x,\ y)$가 어떤 열린 영역 $D$에서 해석적이면, $D$안의 모든 점$z$에서 도함수 $f'(z)$이 존재하므로 정리 3.3에 의하여 실함수 $u$와 $v$는 $D$안의 모든 점에서 Cauchy–Riemann 방정식을 만족한다. 역으로, 열린 영역 $D$의 모든 점에서 실함수 $u(x,\ y)$와 $v(x,\ y)$가 연속이며 1계 편도함수가 모두 연속이고 Cauchy–Riemann 방정식을 만족하면, 정리 3.4에 의하여 복소함수 $f(z)= u(x,\ y)+ iv(x,\ y)$는 열린 영역 $D$의 모든 점$z$에서 도함수 $f'(z)$이 존재하므로 열린 영역 $D$에서 $f(z)$는 해석적이다.

**예제 1**

$z \neq 0$일 때

$$f(z)= \frac{(\bar{z})^2}{z} = \frac{x^3 - 3xy^2}{x^2 + y^2} + i\frac{y^3 - 3x^2 y}{x^2 + y^2}$$

이고, $f(0)= 0$로 정의되는 함수는 점 $z_0 = 0$에서 미분가능하지 않지만 Cauchy–Riemann방정식은 점 $z_0 = 0$에서 성립함을 보여라.

**풀이**

$$u_x(0,\ 0) = \lim_{x+i0\to 0}\frac{u(x,\ 0) - u(0,\ 0)}{x-0} = \lim_{x\to 0}\frac{\frac{x^3-0}{x^2+0}-0}{x} = 1$$

이다. 같은 방법으로

$$u_y(0,\ 0) = 0,\ v_x(0,\ 0) = 0,\ v_y(0,\ 0) = 1$$

임을 알 수 있다. 따라서 Cauchy–Riemann 방정식은 점 $z_0 = 0$에서 성립한다.

이제 $f$는 $z_0 = 0$에서 미분가능하지 않음을 보이자. $z$를 $x$축에 따라서 0으로 접근시키면

$$\lim_{x+i0\to 0}\frac{f(x+0i) - f(0)}{x+0i-0} = \lim_{x\to 0}\frac{x-0}{x-0} = 1$$

이지만, $z$를 매개변수 방정식 $x = t$와 $y = t$에 의하여 주어지는 직선을 따라서 접근시키면

$$\lim_{t+it\to 0}\frac{f(t+it) - f(0)}{t+it-0} = \lim_{t\to 0}\frac{-t-it}{t+it} = -1$$

이다. 이 두 극한은 서로 다르므로 $f$는 원점에서 미분가능하다고는 할 수 없다. ■

참고로

$u(x,y) = \dfrac{x^3-3xy^2}{x^2+y^2}$와 $v(x,y) = \dfrac{y^3-3x^2y}{x^2+y^2}$는 모든 점$(x,y)$에서 연속이다 특히 $(0,0)$에서 $u(x,y)$와 $v(x,y)$의 연속성을 생각해보자. 임의의 $\epsilon > 0$에 대하여 $\delta = \dfrac{\epsilon}{4}$을 택하여

$$0 < |x| < |(x+iy)-0| = \sqrt{x^2+y^2} < \delta$$

이면

$$\begin{aligned}\left|\frac{x^3-3xy^2}{x^2+y^2}\right| &\le \frac{|x^3|+3|x|y^2}{|x^2+y^2|} = \frac{|x|(x^2+3y^2)}{x^2+y^2}\\ &\le \frac{3|x|(x^2+y^2)}{x^2+y^2} \le 3\sqrt{x^2+y^2} \le 3\delta < \epsilon\end{aligned}$$

이 성립하여

$$\lim_{x+iy\to 0} u(x,y) = u(0,0) = 0$$

이다. 같은 방법으로

$$\lim_{x+iy\to 0} v(x,y) = v(0,0) = 0$$

임을 보일 수 있다. 그리하여 주어진 함수 $f(z)$은 원점에서도 연속이다.

한편 $u_x(x,y) = \dfrac{x^4 - 3y^4 + 6x^2y^2}{(x^2+y^2)^2}, v_y(x,y) = \dfrac{-3x^4 + y^4 + 6x^2y^2}{(x^2+y^2)^2}, v_x(x,y) = \dfrac{-8xy^3}{(x^2+y^2)^2}$, $u_y(x,y) = \dfrac{-8x^3y}{(x^2+y^2)^2}$들은 $z = x + iy \neq 0$일 때 연속이지만 Cauchy–Riemann 방정식은 만족하지 않는다. 따라서 $z = x + iy \neq 0$에서 주어진 함수 $f(z)$는 미분불가능이다. 또한

$$\lim_{x+iy\to 0+iy} u_x(x,y) = \lim_{x+iy\to 0+iy} \frac{x^4 - 3y^4 + 6x^2y^2}{(x^2+y^2)^2} = \lim_{x+iy\to x+i0} \frac{-3y^4}{y^4} = -3 \neq u_x(0,0) = 1,$$

$$\lim_{x+iy\to x+i0} v_y(x,y) = \lim_{x+iy\to x+i0} \frac{y^4 - 3x^4 + 6x^2y^2}{(x^2+y^2)^2} = \lim_{x+iy\to x+i0} \frac{-3x^4}{x^4} = -3 \neq v_y(0,0) = 1,$$

$$\lim_{x+iy=x+ix\to 0} v_x(x,y) = \lim_{x+iy=x+ix\to 0} \frac{-8xy^3}{(x^2+y^2)^2} = \lim_{x\to 0} \frac{-8x^4}{(2x^2)^2} = -2 \neq v_x(0,0) = 0,$$

$$\lim_{x+iy=x+ix\to 0} u_y(x,y) = \lim_{x+iy=x+ix\to 0} \frac{-8yx^3}{(x^2+y^2)^2} = \lim_{x\to 0} \frac{-8x^4}{(2x^2)^2} = -2 \neq u_y(0,0) = 0$$

이므로 $u_x, u_y, v_x, v_y$는 원점에서 연속이 아니다. 따라서 주어진 함수 $f(z)$가 원점에서 Cauchy–Riemann 방정식을 만족하지만 $u_x, u_y, v_x, v_y$의 원점에서 불연속성에 의하여 원점에서도 $f(z)$는 미분불가능이다(정리 3.4 참조). 그리하여 주어진 함수 $f(z)$는 모든 점 $z$에서 미분불가능이다(nowhere differentiable). 그러므로 **해석성의 기준**으로 볼 때 주어진 함수 $f(z)$의 해석적인 점은 없다(nowhere analytic).

예제 2

복소변수함수 $f(z)=z^2$은 모든 점 $z$에서 해석적임을 보이고 도함수를 구하라.

**풀이**

$z=x+iy$라 둘 때

$$f(z)=z^2=(x+iy)^2=(x^2-y^2)+i(2xy)=u(x,\ y)+iv(x,\ y)$$

이므로

$$u(x,\ y)=x^2-y^2,\ v(x,\ y)=2xy$$

이다.

$$u_x=2x,\ u_y=-2y,\ v_x=2y,\ v_y=2x$$

이므로 모든 $z$에서

$$u_x=2x=v_y,\ u_y=-2y=-v_x$$

이 성립한다. 따라서 모든 점 $(x,y)$에서 $u,v,u_x,u_y,v_x,v_y$가 모두 연속이며 Cauchy–Riemann방정식을 만족하므로 $f(z)=z^2$은 모든 점에서 해석적이다. 또한

$$f'(z)=u_x+iv_x=2x+i2y=2(x+iy)=2z$$

이다. ■

예제 3

$f(z)=\dfrac{1}{z}$의 해석성을 조사하고 도함수를 구하라.

**풀이**

$f(z)=\dfrac{1}{z}$은 $z=0$에서 정의되지 않으므로 $z=0$에서 해석적이지 않다.

$z \neq 0$에서 $z = x + iy$라 둘 때

$$f(z) = \frac{1}{x+iy} = \frac{x-iy}{(x+iy)(x-iy)} = \frac{x}{x^2+y^2} + i\frac{-y}{x^2+y^2} = u(x,\ y) + iv(x,\ y)$$

이므로

$$u(x,\ y) = \frac{x}{x^2+y^2},\ v(x,\ y) = \frac{-y}{x^2+y^2}$$

이다. 그리하여

$$u_x = \frac{(x^2+y^2) - x(2x)}{(x^2+y^2)^2} = \frac{y^2-x^2}{(x^2+y^2)^2},$$

$$u_y = \frac{-x(2y)}{(x^2+y^2)^2} = \frac{-2xy}{(x^2+y^2)^2},$$

$$v_x = \frac{-(-y)(2x)}{(x^2+y^2)^2} = \frac{2xy}{(x^2+y^2)^2},$$

$$v_y = \frac{-(x^2+y^2) - (-y)(2y)}{(x^2+y^2)^2} = \frac{y^2-x^2}{(x^2+y^2)^2}$$

이 성립한다. 따라서 $z \neq 0$에 대해

$$u_x = v_y,\ u_y = -v_x$$

이므로 $f(z) = \dfrac{1}{z}$은 $z \neq 0$인 점에서는 해석적이다. 또한,

$$\begin{aligned} f'(z) &= u_x + iv_x \\ &= \frac{y^2-x^2}{(x^2+y^2)^2} + i\frac{2xy}{(x^2+y^2)^2} = \frac{(y+ix)^2}{(x^2+y^2)^2} = \frac{(i\bar{z})^2}{(z\cdot\bar{z})^2} = \frac{(-1)(\bar{z})^2}{z^2(\bar{z})^2} = \frac{-1}{z^2} \\ &= -z^{-2}\ \ (z \neq 0) \end{aligned}$$

가 성립한다. ■

참고로

$z \neq 0$일 때 $f(z) = \frac{1}{z}$이고, $f(0) = 0$로 정의되는 함수는

$$u_x(0,\ 0) = \lim_{x+i0 \to 0} \frac{u(x,\ 0) - u(0,\ 0)}{x - 0} = \lim_{x \to 0} \frac{\frac{x}{x^2+0} - 0}{x} = \infty$$

이다. 같은 방법으로

$$u_y(0,\ 0) = 0,\ v_x(0,\ 0) = 0,\ v_y(0,\ 0) = -\infty$$

임을 알 수 있다.

따라서 Cauchy–Riemann 방정식은 원점에서 성립하지 않으므로 주어진 함수는 원점에서는 미분가능하지 않고 $z \neq 0$인 열린 영역에서 Cauchy–Riemann 방정식이 성립하고 $u, v, u_x, u_y, v_x, v_y$는 모두 연속이므로 주어진 함수가 미분가능하다. 따라서 $f(z) = \frac{1}{z}\ (z \neq 0)$, $f(0) = 0$로 정의되는 함수는 $z \neq 0$인 모든 점에서 해석적이다.

### 예제 4

복소함수 $f(z) = \overline{z}$의 $z = 0$에서의 해석성을 조사하라.

**풀이**

함수 $f(z) = \overline{z}$에서 $z = x + iy$라고 누면

$$f(x+iy) = \overline{x+iy} = x - iy = u + iv$$

이므로

$$u(x,\ y) = x,\ v(x,\ y) = -y$$

이다. $z = 0$에서 Cauchy–Riemann 방정식을 만족하는 지를 살펴보면

$$u_x(0,\ 0) = 1,\ v_y(0,\ 0) = -1$$

이므로

$$u_x(0,\ 0) \neq v_y(0,\ 0)$$

이다. 따라서 $f(z) = z = 0$에서 Cauchy–Riemann 방정식을 만족하지 않는다. 따라서 $f(z) = \bar{z}$는 $z = 0$에서 해석적이지 않다.

게다가

$$u_x(x,\ y) = 1,\ u_y(x,\ y) = 0,\ v_x(x,\ y) = 0,\ v_y(x,\ y) = -1$$

이므로 임의의 $z = x + iy$에 대해

$$u_x(x,\ y) \neq v_y(x,\ y),\ u_y(x,\ y) = -v_x(x,\ y)$$

이므로 Cauchy–Riemann 조건을 만족하지 않는다. 따라서 $f(z) = \bar{z}$은 모든 $z$에서 해석적이지 않다(nowhere analytic). ■

### 예제 5

복소함수 $f(z) = |z|^2$의 해석성을 조사하라.

**풀이**

복소함수 $f(z) = |z|^2$에 $z = x + iy$를 대입하여 실수부와 허수부를 구하면

$$f(z) = |x + iy|^2 = x^2 + y^2$$

이므로

$$u(x,\ y) = x^2 + y^2,\ v(x,\ y) = 0$$

이다. 따라서 $u(x,\ y) = x^2 + y^2$, $v(x,\ y) = 0$, $v_x(x,\ y) = v_y(x,\ y) = 0$, $u_y(x,\ y) = 2y$, $u_x = 2x$는 모든 점에서 연속이다. 또한 $f(z)$의 Cauchy–Riemann 방정식이 성립하려면

$$u_x(x,\ y) = v_y(x,\ y)$$

로부터 $2x = 0$이고

$$u_y(x,\ y) = -v_x(x,\ y)$$

로부터 $2y=0$이어야 하므로 $x=0,\ y=0$일 때 뿐이다. 따라서 복소함수 $f(z)$는 오직 한 점 $z=0$에서만 미분가능하다. 그러므로 $f(z)=|z|^2$은 모든 점에서 해석적이지 않다 (nowhere analytic). ■

참고로 $w=f(z)=f(x+iy)=u(x,y)+iv(x,y)$일 때 백터함수 $W=F(x,y)=(v(x,\ y),\ u(x,\ y))$에 대하여 $curl\,(W)$는 회전(curl)의 정의로부터

$$curl\,(W)=\ \nabla\times W=\begin{vmatrix} \boldsymbol{i} & \boldsymbol{j} & \boldsymbol{k} \\ \dfrac{\partial}{\partial x} & \dfrac{\partial}{\partial y} & 0 \\ v & u & 0 \end{vmatrix}=\left(\frac{\partial u}{\partial x}-\frac{\partial v}{\partial y}\right)\boldsymbol{k}$$

이므로 Cauchy–Riemann 방정식

$$\frac{\partial u}{\partial x}=\frac{\partial v}{\partial y},\ \frac{\partial u}{\partial y}=-\frac{\partial v}{\partial x}$$

의 첫 번째 방정식 $\dfrac{\partial u}{\partial x}-\dfrac{\partial v}{\partial y}=0$는 $curl(W)=\boldsymbol{O}$ 라고 생각할 수 있다. 이것은 주어진 영역내에서 회전이 없음을 의미한다.

한편 $div\,(W)$는 발산(divergence)의 정의로부터

$$div(W)=\nabla\cdot W=\left(\frac{\partial}{\partial x},\ \frac{\partial}{\partial y}\right)\cdot(v,\ u)=\frac{\partial v}{\partial x}+\frac{\partial u}{\partial y}$$

이므로 Cauchy–Riemann 방정식의 두 번째 방정식 $\dfrac{\partial u}{\partial y}-\dfrac{\partial v}{\partial x}$는 $div(W)=0$라고 생각할 수 있고, 이는 주어진 영역 내에서 발산하지 않는다는 뜻이다.

다시 말해 회전이 있으면, 즉 $curl\,(W)\neq\boldsymbol{O}$는 Cauchy–Riemann의 첫 번째 방정식에서 $u_x\neq v_y$ 임을 말한다. 따라서 경로에 따른 극한값이 서로 다름으로 인해 미분불가능하여 해석적이지 않음을 의미한다.

또한 양의 발산($div\,(W)>0$)이 있거나 음의 발산($div\,(W)<0$)이 있다면, 즉 $div(W)\neq 0$이면 Cauchy–Riemann의 두 번째 방정식에서 $u_y=-v_x$를 만족하지 못하므로 역시 미분불가능하여 해석적이지 않음을 의미한다.

이와 같이 회전이나 발산이 있는 점을 특이점(singularity)이라고 하고, 주어진 영역 내에서

특이점을 갖지 않는 함수를 해석적(analytic)이라고 말한다.

예를 들어 $f(z)=\dfrac{1}{z}$은 $z=0$에서 해석적이지 않으므로 $z=0$에서 특이점을 가진다.

## ◆ 조화 함수

해석함수 $f(z)=u(x,\ y)+iv(x,\ y)$의 실함수 $u(x,\ y)$의 $v(x,\ y)$는 조화함수(harmonic function)라는 것에 대해 설명한다.

**정의 3.5 조화 함수(harmonic function)**

실함수 $\phi(x,\ y)$가 열린 영역 $D$에서 연속인 2계 편도함수를 갖고 Laplace 방정식 $\phi_{xx}+\phi_{yy}=0$를 만족하면 함수 $\phi(x,\ y)$를 $D$에서 조화 함수(harmonic function)라 한다.

**정리 3.5**

$w=f(z)=u(x,\ y)+i\,v(x,\ y)$에 대하여 $f(z)$와 $\overline{f(z)}$가 해석적이면 $f$는 상수 함수이다.

**증명**

$f(z)=u+iv$가 해석적이므로 Cauchy–Riemann 방정식

$$u_x=v_y,\ u_y=-v_x$$

가 성립하고, $\overline{f(z)}=u-iv$가 해석적이므로 Cauchy–Riemann 방정식

$$u_x=(-v)_y,\ u_y=-(-v)_x$$

가 성립한다.

$$v_y=u_x=(-v)_y=-v_y$$

이므로 $v_y=0$이고 따라서 $u_x=0$이다.

$$-v_x=u_y=-(-v)_x=v_x$$

이므로 $v_x=0$이고 따라서 $u_y=0$이다. $u_x=0$이고 $u_y=0$인 사실로부터 $u(x,\ y)=c_0$이

고 $v_x = 0$이고 $v_y = 0$인 사실로부터 $v(x,\ y) = c_1$이다.

그러므로 $f(z) = u + iv = c_0 + c_1 i = C$인 상수함수이다. ■

---

## 정리 3.6

해석함수 $w = f(z) = u(x,\ y) + iv(x,\ y)$에 대하여 $|f(z)|$이 상수이면 $f(z)$는 상수함수이다.

**증명**

$w = f(z) = u + iv$에 대하여 $|f(z)| = c \neq 0$라 두자.

$$|f|^2 = u^2 + v^2 = c^2$$

이므로 양변을 $x$에 관해 편미분하면

$$2uu_x + 2vv_x = 0$$

이다. 그리고 양변을 $y$에 관해 편미분하면

$$2uu_y + 2vv_y = 0$$

이다.

$f(z)$의 해석성으로부터 Cauchy–Riemann 방정식

$$u_x = v_y,\ u_y = -v_x$$

가 성립한다.

따라서

$$0 - uu_x + vv_x = uu_x - vu_y$$

와

$$0 = vv_y + uu_y = vu_x + uu_y$$

가 성립하고 이를 행렬형태

$$\begin{pmatrix} u & -v \\ v & u \end{pmatrix}\begin{pmatrix} u_x \\ u_y \end{pmatrix} = \begin{pmatrix} 0 \\ 0 \end{pmatrix}$$

로 표현할 수 있다.

$$\begin{vmatrix} u & -v \\ v & u \end{vmatrix} = u^2 + v^2 = c^2 \neq 0$$

이므로 $u_x = u_y = 0$이다. 또한 Cauchy–Riemann 방정식에서

$$u_x = v_y,\ u_y = -v_x$$

이므로

$$u_x = v_y = 0,\ -v_x = u_y = 0$$

가 되어 $u(x,\ y) = c_0,\ v(x,\ y) = c_1$이다. 즉 $f(z) = c_1 + ic_2 = C$ 이다.

또한 $|f(z)| = 0$이면 $u^2 + v^2 = 0$이므로 $u = 0,\ v = 0$가 되어 $f(z) = 0$가 된다. ■

---

**정리 3.7**

복소함수 $f(z) = u(x,\ y) + iv(x,\ y)$가 열린 영역 $D$에서 해석적이면 실함수 $u(x,\ y)$와 $v(x,\ y)$는 조화함수이다.

**증명**

$f$가 해석적이므로 Cauchy–Riemann 방정식

$$u_x = v_y, \qquad u_y = -v_x$$

가 성립한다. $u_x = v_y$를 $x$에 관해 미분하고, $u_y = -v_x$를 $y$에 관해서 미분하면

$$u_{xx} = v_{yx}, \qquad u_{yy} = -v_{xy} \tag{55}$$

를 얻는다. 나중에 증명하게 되는 바와 같이, 해석함수의 모든 계의 도함수는 해석적이다(정리 4.9). 이것은 $u$의 $v$가 모든 계(order)의 연속인 편도함수를 갖는다는 것을 의미하므로 미분순서를 바꾼 2계 편도함수는 같다. 즉,

$$v_{yx} = v_{xy}, \qquad u_{xy} = u_{yx}$$

이다. 따라서 식 (55)의 수식을 더하고 $v_{yx} = v_{xy}$임을 이용하여

$$u_{xx} + u_{yy} = 0$$

을 얻게 되어 $u(x,\ y)$는 조화함수이다.

마찬가지로, $u_x = v_y$를 $y$에 관해 미분하고, $u_y = -v_x$를 $x$에 관해 미분하면

$$u_{xy} = v_{yy}, \qquad u_{yx} = -v_{xx} \tag{56}$$

이 성립한다. 식 (56)의 두 식을 빼고 $u_{xy} = u_{yx}$임을 이용하면

$$v_{xx} + v_{yy} = 0$$

을 얻게 되어 $v(x, y)$는 조화함수이다.

다른 방법으로 증명해보자면 해석함수의 도함수는 해석적(정리 4.9)이므로

$$f'(z) = u_x + i v_x$$

는 해석적이며 Cauchy–Riemann 방정식

$$(u_x)_x = (v_x)_y, \quad (u_x)_y = -(v_x)_x \tag{57}$$

이 성립한다. 식 (55)와 (57)에서

$$v_{yx} = u_{xx} = v_{xy} = -u_{yy}$$

이므로

$$v_{yx} = v_{xy}, \qquad u_{xx} + u_{yy} = 0$$

을 얻게 되어 $u(x, y)$는 조화함수이다.

마찬가지로 식 (56)와 (57)에서

$$v_{yy} = u_{xy} = -v_{xx} = u_{yx}$$

이므로

$$u_{yx} = u_{xy}, \qquad v_{xx} + v_{yy} = 0$$

을 얻게 되어 $v(x, y)$는 조화함수이다. ■

---

예를 들어 복소함수 $f(z) = z^2 = (x^2 - y^2) + 2xyi$는 복소전체에서 해석적인 함수(완전함수)이므로 $f(z)$의 실수부 $u(x, y) = x^2 - y^2$와 허수부 $v(x, y) = 2xy$는 조화함수이다.

### ◆ 켤레조화함수

$f(z)=u(x,\ y)+iv(x,\ y)$가 열린 영역 $D$에서 해석적이면 $u$와 $v$는 $D$에서 조화함수다. 이제 $D$에서 조화함수인 $u(x,\ y)$가 주어졌다고 하자. 그러면 $D$에서 조화함수인 또 다른 함수 $v(x,\ y)$를 찾아, $u(x,\ y)+iv(x,\ y)$가 $D$에서 해석적인 복소함수가 되게 할 수 있을 것이다. 이때 그런 $v$를 $u$의 **켤레조화함수(conjugate harmonic function)**라 한다.

만일 $v$가 $u$의 켤레조화함수이면, $u$는 $-v$의 켤레조화함수이다. 왜냐하면 $v$가 $u$의 켤레조화함수이면 $f(z)=u+iv$는 해석적이고 $if(z)=-v+iu$도 해석적이므로 $-v$와 $u$도 조화함수로서 $u$는 $-v$의 켤레조화함수가 된다.

참고로 서로 켤레조화함수인 두 함수는 모두 상수함수이다. 왜냐하면 $v$가 $u$의 켤레조화함수이면 $f(z)=u+iv$는 해석적이고 Cauchy–Riemann 방정식 $u_x=v_y$와 $u_y=-v_x$를 만족하고 $u$가 $v$의 켤레조화함수이면 $g(z)=v+iu$는 해석적이고 Cauchy–Riemann 방정식 $v_x=u_y$와 $v_y=-u_x$를 만족한다. 그리하여 $u$와 $v$의 $x$와 $y$에 대한 편미분, 즉 $u_x=0,\ u_y=0,\ v_x=0,\ v_y=0$이 성립하므로 $u(x,\ y)$와 $v(x,\ y)$는 모두 상수함수이다.

#### 예제 6

함수 $u(x,\ y)=x^2-y^2+x$에 대하여 $u(x,\ y)$에 켤레조화함수를 구하고 $u(x,\ y)$를 실수부로 갖는 해석함수 $f(z)$를 구하라.

**풀이**

$u(x,\ y)$의 조화함수를 $v(x,\ y)$라고 하면 Cauchy–Riemann 방정식에 의하여 다음이 성립한다.

$$v_y(x,\ y)=u_x(x,\ y)=2x+1 \tag{58}$$

$$v_x(x,\ y)=-u_y(x,\ y)=2y \tag{59}$$

식 (58)의 양변을 $y$에 관하여 편적분하면

$$v(x,\ y)=2xy+y+\phi(x) \tag{60}$$

이고 이 식의 양변을 $x$에 관하여 편미분하면

$$v_x(x,\ y)=2y+\phi'(x) \tag{61}$$

이다. 식 (59)와 (61)을 비교하여 $\phi'(x)=0$이므로 $\phi(x)=c$를 식 (60)에 대입하면 다음과 같은 $v(x,\ y)$를 얻는다.

$$v(x,\ y)=2xy+y+c \tag{62}$$

따라서 식 (62)에 의하여 $u(x,\ y)$를 실수부로 갖는 해석함수 $f(z)$는

$$f(z)=\left(x^2-y^2+x\right)+i(2xy+y+c) \tag{63}$$

이다. 위 식 (63)의 우변을 $z=x+iy$로 나타내면

$$\begin{aligned} f(z)&=\left(x^2-y^2\right)+i(2xy)+(x+iy)+c \\ &=z^2+z+c \end{aligned}$$

이 된다. ■

◆ Cauchy-Riemann 방정식의 극좌표 표현과 도함수 $f'(z)$의 극좌표 표현

Cauchy–Riemann 방정식

$$u_x(x,\ y)=v_y(x,\ y),\ u_y(x,\ y)=-v_x(x,\ y)$$

에서 변수 $x,\ y,\ u, v$를

$$x=r\cos\theta,\ y=r\sin\theta$$

$$u(x,\ y)=U(r,\ \theta),\ v(x,\ y)=V(r,\ \theta)$$

와 같이 치환하여 얻은 극형식의 Cauchy–Riemann 방정식은 다음과 같다.

$$U_r(r,\ \theta)=\frac{1}{r}V_\theta(r,\ \theta),\ \ V_r(r,\ \theta)=-\frac{1}{r}U_\theta(r,\ \theta) \tag{64}$$

왜냐하면

$$\frac{\partial x}{\partial r}=\cos\theta,\ \frac{\partial x}{\partial \theta}=-r\sin\theta,$$

$$\frac{\partial y}{\partial r} = \sin\theta, \ \frac{\partial y}{\partial \theta} = r\cos\theta$$

이므로

$$\begin{aligned} U_r &= \frac{\partial U}{\partial r} = \frac{\partial u(x,\ y)}{\partial r} = \frac{\partial u}{\partial x}\frac{\partial x}{\partial r} + \frac{\partial u}{\partial y}\frac{\partial y}{\partial r} \\ &= \frac{\partial u}{\partial x}\cos\theta + \frac{\partial u}{\partial y}\sin\theta, \\ U_\theta &= \frac{\partial U}{\partial \theta} = \frac{\partial u(x,\ y)}{\partial \theta} = \frac{\partial u}{\partial x}\frac{\partial x}{\partial \theta} + \frac{\partial u}{\partial y}\frac{\partial y}{\partial \theta} \\ &= \frac{\partial u}{\partial x}(-r\sin\theta) + \frac{\partial u}{\partial y}(r\cos\theta), \\ V_r &= \frac{\partial V}{\partial r} = \frac{\partial v(x,\ y)}{\partial r} = \frac{\partial v}{\partial x}\frac{\partial x}{\partial r} + \frac{\partial v}{\partial y}\frac{\partial y}{\partial r} \\ &= \frac{\partial v}{\partial x}\cos\theta + \frac{\partial v}{\partial y}\sin\theta, \\ V_\theta &= \frac{\partial V}{\partial \theta} = \frac{\partial v(x,\ y)}{\partial \theta} = \frac{\partial v}{\partial x}\frac{\partial x}{\partial \theta} + \frac{\partial v}{\partial y}\frac{\partial y}{\partial \theta} \\ &= \frac{\partial v}{\partial x}(-r\sin\theta) + \frac{\partial v}{\partial y}(r\cos\theta) \end{aligned}$$

이다. 따라서 이들을 행렬형태

$$\begin{pmatrix} U_r \\ \dfrac{U_\theta}{r} \end{pmatrix} = \begin{pmatrix} \cos\theta & \sin\theta \\ -\sin\theta & \cos\theta \end{pmatrix} \begin{pmatrix} u_x \\ u_y \end{pmatrix} \tag{65}$$

$$\begin{pmatrix} V_r \\ \dfrac{V_\theta}{r} \end{pmatrix} = \begin{pmatrix} \cos\theta & \sin\theta \\ -\sin\theta & \cos\theta \end{pmatrix} \begin{pmatrix} v_x \\ v_y \end{pmatrix} \tag{66}$$

로 나타내고

$$T = \begin{pmatrix} \cos\theta & \sin\theta \\ -\sin\theta & \cos\theta \end{pmatrix}$$

라 두자. 식 (65)와 (66)에서 Cauchy–Riemann 방정식 $u_x = v_y$, $u_y = -v_x$로 대체하면

$$\begin{pmatrix} U_r \\ \dfrac{U_\theta}{r} \end{pmatrix} = T\begin{pmatrix} v_y \\ -v_x \end{pmatrix} = T\begin{pmatrix} 0 & 1 \\ -1 & 0 \end{pmatrix}\begin{pmatrix} v_x \\ v_y \end{pmatrix}$$

이고,

$$\begin{pmatrix} V_r \\ \dfrac{V_\theta}{r} \end{pmatrix} = T \begin{pmatrix} v_x \\ v_y \end{pmatrix}$$

으로부터

$$\begin{pmatrix} v_x \\ v_y \end{pmatrix} = T^{-1} \begin{pmatrix} V_r \\ \dfrac{V_\theta}{r} \end{pmatrix}$$

이다. 따라서

$$\begin{pmatrix} U_r \\ \dfrac{U_\theta}{r} \end{pmatrix} = T \begin{pmatrix} 0 & 1 \\ -1 & 0 \end{pmatrix} \begin{pmatrix} v_x \\ v_y \end{pmatrix} = T \begin{pmatrix} 0 & 1 \\ -1 & 0 \end{pmatrix} T^{-1} \begin{pmatrix} V_r \\ \dfrac{V_\theta}{r} \end{pmatrix}$$

$$= \begin{pmatrix} \cos\theta & \sin\theta \\ -\sin\theta & \cos\theta \end{pmatrix} \begin{pmatrix} 0 & 1 \\ -1 & 0 \end{pmatrix} \begin{pmatrix} \cos\theta & -\sin\theta \\ \sin\theta & \cos\theta \end{pmatrix} \begin{pmatrix} V_r \\ \dfrac{V_\theta}{r} \end{pmatrix}$$

$$= \begin{pmatrix} -\sin\theta & \cos\theta \\ -\cos\theta & -\sin\theta \end{pmatrix} \begin{pmatrix} \cos\theta & -\sin\theta \\ \sin\theta & \cos\theta \end{pmatrix} \begin{pmatrix} V_r \\ \dfrac{V_\theta}{r} \end{pmatrix}$$

$$= \begin{pmatrix} 0 & 1 \\ -1 & 0 \end{pmatrix} \begin{pmatrix} V_r \\ \dfrac{V_\theta}{r} \end{pmatrix} = \begin{pmatrix} \dfrac{V_\theta}{r} \\ -V_r \end{pmatrix}$$

이 성립한다. 그러므로 식 (64)

$$rU_r = V_\theta, \quad U_\theta = -rV_r$$

이 성립하고 이를 극형식의 Cauchy–Riemann 방정식이라 부른다.

식 (65)에서

$$\begin{pmatrix} u_x \\ u_y \end{pmatrix} = T^{-1} \begin{pmatrix} U_r \\ \dfrac{U_\theta}{r} \end{pmatrix} = \begin{pmatrix} \cos\theta & -\sin\theta \\ \sin\theta & \cos\theta \end{pmatrix} \begin{pmatrix} U_r \\ \dfrac{U_\theta}{r} \end{pmatrix} = \begin{pmatrix} U_r\cos\theta - U_\theta\dfrac{\sin\theta}{r} \\ U_r\sin\theta + U_\theta\dfrac{\cos\theta}{r} \end{pmatrix}$$

이고, 식 (66)에서

$$\begin{pmatrix} v_x \\ v_y \end{pmatrix} = T^{-1} \begin{pmatrix} V_r \\ \dfrac{V_\theta}{r} \end{pmatrix} = \begin{pmatrix} \cos\theta & -\sin\theta \\ \sin\theta & \cos\theta \end{pmatrix} \begin{pmatrix} V_r \\ \dfrac{V_\theta}{r} \end{pmatrix} = \begin{pmatrix} V_r \cos\theta - V_\theta \dfrac{\sin\theta}{r} \\ V_r \sin\theta + V_\theta \dfrac{\cos\theta}{r} \end{pmatrix}$$

이며, 극형식의 Cauchy–Riemann 방정식 (64)에서

$$\begin{pmatrix} U_\theta \\ V_\theta \end{pmatrix} = \begin{pmatrix} -rV_r \\ rU_r \end{pmatrix}$$

이므로

$$\begin{pmatrix} u_x \\ v_x \end{pmatrix} = \begin{pmatrix} U_r \cos\theta - \dfrac{U_\theta}{r} \sin\theta \\ V_r \cos\theta - \dfrac{V_\theta}{r} \sin\theta \end{pmatrix} = \begin{pmatrix} U_r \cos\theta + V_r \sin\theta \\ V_r \cos\theta - U_r \sin\theta \end{pmatrix}$$

$$= \begin{pmatrix} \cos\theta & \sin\theta \\ -\sin\theta & \cos\theta \end{pmatrix} \begin{pmatrix} U_r \\ V_r \end{pmatrix} = T \begin{pmatrix} U_r \\ V_r \end{pmatrix}$$

이다. 따라서

$$f'(z) = u_x + iv_x = (1 \quad i) \begin{pmatrix} u_x \\ v_x \end{pmatrix} = (1 \quad i)\, T \begin{pmatrix} U_r \\ V_r \end{pmatrix}$$

$$= (1 \quad i) \begin{pmatrix} \cos\theta & \sin\theta \\ -\sin\theta & \cos\theta \end{pmatrix} \begin{pmatrix} U_r \\ V_r \end{pmatrix} = (\cos\theta - i\sin\theta \quad \sin\theta + i\cos\theta) \begin{pmatrix} U_r \\ V_r \end{pmatrix}$$

$$= (e^{-i\theta} \quad ie^{-i\theta}) \begin{pmatrix} U_r \\ V_r \end{pmatrix} = e^{-i\theta} (1 \quad i) \begin{pmatrix} U_r \\ V_r \end{pmatrix}$$

$$= e^{-i\theta} (U_r + iV_r)$$

이다. 또한

$$f'(z) = e^{-i\theta}(U_r + iV_r) = \frac{rU_r + irV_r}{re^{i\theta}} = \frac{V_\theta - iU_\theta}{z} = \frac{U_\theta + iV_\theta}{iz}$$

이다. 그러므로

$$f'(z) = e^{-i\theta}(U_r + iV_r) = \frac{U_\theta + iV_\theta}{iz} \tag{67}$$

이다.

### 예제 7

복소함수

$$f(z)=z^{\frac{1}{2}}=\left(re^{i\theta}\right)^{\frac{1}{2}}$$
$$=r^{\frac{1}{2}}\cos\frac{\theta}{2}+ir^{\frac{1}{2}}\sin\frac{\theta}{2}\qquad(r>0,\ -\pi<\theta\le\pi)$$

에 대하여, 그 도함수는

$$f'(z)=\frac{1}{2z^{\frac{1}{2}}}=\frac{1}{2}r^{-\frac{1}{2}}\cos\frac{\theta}{2}-i\frac{1}{2}r^{-\frac{1}{2}}\sin\frac{\theta}{2}$$

임을 보여라

**풀이**

$U(r,\theta)$와 $V(r,\theta)$를

$$U(r,\ \theta)=r^{\frac{1}{2}}\cos\frac{\theta}{2},\qquad V(r,\ \theta)=r^{\frac{1}{2}}\sin\frac{\theta}{2}$$

라 두면

$$U_r(r,\ \theta)=\frac{1}{2}r^{-\frac{1}{2}}\cos\frac{\theta}{2}=\frac{1}{r}V_\theta(r,\ \theta)$$

이고

$$V_r(r,\ \theta)=\frac{1}{2}r^{-\frac{1}{2}}\sin\frac{\theta}{2}=\frac{-1}{r}U_\theta(r,\ \theta)$$

이다. 식 (67)에 이들의 결과를 사용하면

$$f'(z)=e^{-i\theta}\left(\frac{1}{2}r^{-\frac{1}{2}}\cos\frac{\theta}{2}+i\frac{1}{2}r^{-\frac{1}{2}}\sin\frac{\theta}{2}\right)$$
$$=e^{-i\theta}\left(\frac{1}{2}r^{-\frac{1}{2}}e^{i\frac{\theta}{2}}\right)=\frac{1}{2}r^{-\frac{1}{2}}e^{-i\frac{\theta}{2}}=\frac{1}{2z^{\frac{1}{2}}}$$

를 얻는다. ■

마찬가지로 복소함수 $f(z)=z^{\frac{1}{n}}$($n$은 정수)에서 주 $n$제곱근인

$$f(z)=z^{\frac{1}{n}}=r^{\frac{1}{n}}e^{i\frac{\theta}{n}}$$
$$=r^{\frac{1}{n}}\left(\cos\frac{\theta}{n}+i\sin\frac{\theta}{n}\right)\qquad (r>0,\ -\pi<\arg z=\theta\le\pi,\ z=re^{i\theta})$$

에 대하여, 그 도함수를 구해보자.

$$U(r,\ \theta)=r^{\frac{1}{n}}\cos\frac{\theta}{n},\ \ V(r,\ \theta)=r^{\frac{1}{n}}\sin\frac{\theta}{n}$$

라 두면

$$U_r(r,\ \theta)=\frac{1}{n}r^{\frac{1}{n}-1}\cos\frac{\theta}{n}=\frac{1}{r}\ V_\theta(r,\ \theta)$$

이고

$$V_r(r,\ \theta)=\frac{1}{n}r^{\frac{1}{n}-1}\sin\frac{\theta}{n}=\frac{-1}{r}\ U_\theta(r,\ \theta)$$

이므로 식 (67)에 이들의 결과를 적용하면

$$f'(z)=e^{-i\theta}\left(U_r+iV_r\right)$$
$$=e^{-i\theta}\left(\frac{1}{n}r^{\frac{1}{n}-1}\cos\frac{\theta}{n}+i\frac{1}{n}r^{\frac{1}{n}-1}\sin\frac{\theta}{n}\right)$$
$$=e^{-i\theta}\left(\frac{1}{n}r^{\frac{1}{n}-1}e^{i\frac{\theta}{n}}\right)=\frac{1}{n}r^{\frac{1}{n}-1}e^{i\left(\frac{1}{n}-1\right)\theta}=\frac{1}{n}z^{\frac{1}{n}-1}$$

를 얻게 된다.

## 연습문제 3.4

1. 다항식 $f(z)=z^2-z$의 해석성을 조사하고 $f(z)$의 도함수 $f'(z)$을 구하라.

 (답) $f(z)=z^2-z$은 모든 점에서 해석적이며 $f'(z)=2z-1$이다.

2. 복소함수 $f(z) = z^3$이 해석적임을 보이고 도함수를 구하라.

(답) $f(z) = z^3$은 복소평면위의 모든 점에서 해석함수이고 $f'(z) = 3z^2$이다.

3. $f(z) = f(x+iy) = x^3 + xy^2 - 4x + i(4y - y^3 - x^2 y)$의 해석성을 조사하라.

(답) $x^2 + y^2 = 2$인 복소평면상의 원 $|z| = 2$에서만 미분가능하므로 $f(z)$은 모든 점에서 해석적이지 않다. 따라서 $f(z)$는 해석함수가 아니다.

4. 함수 $g(z) = g(x+iy) = (x^2 - y^2 + y) + i(2xy - x + 5)$가 해석적임을 보이고 그의 도함수 $g'(z)$을 구하라.

(답) $g'(z) = 2x + i(2y - 1)$

5. $u(x,\ y) = xy - 1$의 켤레조화함수 $v(x,\ y)$를 구하라.

(답) $v(x,\ y) = \frac{1}{2}(y^2 - x^2 + c)$ ($c$는 상수)

## 3.5 지수함수와 로그함수

◆ 복소지수함수

**정의 3.6 복소지수함수의 정의**

복소수 $z = x + iy$에 대하여

$$e^z = e^{x+iy} = e^x(\cos y + i \sin y) \tag{68}$$

를 복소지수함수(complex exponential function)라고 하며, 지수함수 $e^z$는 $\exp z$로 표기하기도 한다.

예를 들어 $f(z) = e^z$일 때, $f(2+3i)$를 계산하면

$$f(2+3i)=e^{2+3i}=e^2(\cos 3+i\sin 3)$$

이다.

---

### ▶ 복소지수함수의 성질

복소지수함수 $f(z)=e^z$의 성질을 알아보자.

우선 모든 복소수 $z=x+iy$에 대하여 $e^z=e^{x+iy}$의 값이 한 개씩 존재하므로 지수함수 $f(z)=e^z$의 정의역은 복소평면 전체이다. 또한 복소지수함수 $e^z$은 $z$가 실수일 때, 즉 $z=x$일 때는 실지수함수 $e^x$와 같으며 $z$가 순허수일 때, 즉 $z=iy$일 때는 다음과 같은 함수값을 갖는다.

$$e^{iy}=\cos y+i\sin y$$

이 식을 오일러의 공식(Euler's formula)라고 부른다.

참고로 오일러의 공식 $e^{iy}=\cos y+i\sin y$을 미분을 이용하여 증명해보면 함수 $f(y)=e^{-iy}(\cos y+i\sin y)$에 대하여

$$\begin{aligned}\frac{d}{dy}f(y)&=\frac{d}{dy}e^{-iy}(\cos y+i\sin y)\\&=-ie^{-iy}(\cos y+i\sin y)+e^{-iy}(-\sin y+i\cos y)\\&=e^{-iy}(-i\cos y-i^2\sin y-\sin y+i\cos y)=0\end{aligned}$$

이므로 $f(y)$는 상수함수이다. 이제 $f(y)$에 $y=0$를 대입하면

$$f(0)=e^{-i0}(\cos 0+i\sin 0)=1(1+i0)=1$$

이므로 상수함수 $f(y)=f(0)=1$이 성립한다. 즉

$$e^{-iy}(\cos y+i\sin y)=1$$

이다. 그러므로 오일러의 공식

$$e^{iy}=\cos y+i\sin y$$

이 성립한다. ■

이제 복소함수 $e^z$의 해석성을 조사해보자. 복소함수 $f(z)=e^z=e^x(\cos y+i\sin y)$는

$$u(x,\ y)=e^x\cos y \qquad v(x,\ y)=e^x\sin y$$

에 대하여 복소평면위의 모든 점 $z=x+iy$에서 Cauchy–Riemann의 방정식을 만족한다. 즉, 모든 $z=x+iy$에 대하여

$$u_x(x,\ y)=e^x\cos y=v_y(x,\ y)$$
$$u_y(x,\ y)=-e^x\sin y=-v_x(x,\ y)$$

이 성립한다. 따라서 함수 $f(z)$는 복소평면의 모든 점에서 해석적이다. 그리고 $f(z)$의 도함수를 구하면 다음과 같다.

$$f'(z)=\frac{\partial}{\partial x}(e^x\cos y)+i\frac{\partial}{\partial x}(e^x\sin y)\ =e^x(\cos y+i\sin y)=e^z$$

즉,

$$(e^z)'=\frac{d}{dz}e^z=e^z \tag{69}$$

이다.

한편 $z_1=x_1+iy_1,\ z_2=x_2+iy_2$라고 두면 다음이 성립한다.

$$\begin{aligned} e^{z_1}e^{z_2} &= \left[e^{x_1}(\cos y_1+i\sin y_1)\right]\left[e^{x_2}(\cos y_2+i\sin y_2)\right] \\ &= e^{x_1+x_2}\left[\cos(y_1+y_2)+i\sin(y_1+y_2)\right] \\ &= e^{(x_1+x_2)+i(y_1+y_2)}\ =e^{z_1+z_2} \end{aligned}$$

이 되므로

$$e^{z_1}e^{z_2}=e^{z_1+z_2} \tag{70}$$

이다. 복소함수 $f(z)=e^z$의 절대값을 계산하면

$$|e^z|=|e^x(\cos y+i\sin y)|=e^x|\cos y+i\sin y|=e^x\sqrt{\cos^2 y+\sin^2 y}\ =e^x$$

이고, 복소함수 $f(z)=e^z$의 편각은

$$\begin{aligned} \arg(e^z) &= \arg\left[e^x(\cos y+i\sin y)\right] \\ &= y+2k\pi \qquad (k\text{는 정수}) \end{aligned}$$

이다. 즉, 임의의 복소수 $z = x + iy$에 대하여

$$|e^z| = e^x,\ \arg e^z = y + 2k\pi \quad (k\text{는 정수}) \tag{71}$$

이 성립한다. 또한 $|e^z| = e^x \neq 0$이므로 $e^z \neq 0$ 이다.

다음으로 복소함수 $e^z$의 주기성을 알아보자.

$$\begin{aligned} f(z+2\pi i) &= e^{z+2\pi i} = e^{x+iy+2\pi i} = e^{x+i(y+2\pi)} \\ &= e^x[\cos(y+2\pi) + i\sin(y+2\pi)] \\ &= e^x(\cos y + i\sin y) \\ &= e^z = f(z) \end{aligned}$$

이므로 복소지수함수 $f(z) = e^z$는 $2\pi i$가 주기인 주기함수이다. 즉,

$$e^{z+2\pi i} = e^z \tag{72}$$

이 성립한다. 이는 $w = f(z) = e^z$의 함수값이 $2\pi i$마다 반복된다는 뜻이다.

따라서 그림 3.35에서와 같이 $-\pi < y = Im\, z \leq \pi$ 안에 있는 임의의 점 $z$에 대하여 $z + 2\pi i,\ z - 2\pi i,\ z + 4\pi i,\ z - 4\pi i$ 등에서의 $e^z$의 값은 동일하게 된다. 즉 $f(z) = f(z + 2k\pi i)$ ($k$는 정수)이다. 그리하여 $-\pi < Im\, z = y \leq \pi$를 지수함수 $e^z$의 기본영역(fundamental region)이라고 부른다.

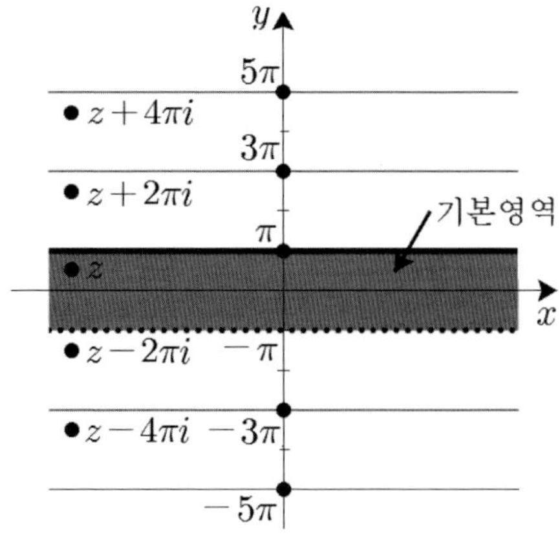


**그림 3.35** 복소지수함수의 주기성

**예제 8**

$z=1+i\pi$에 대하여 복소지수함수 $f(z)=e^z$의 값을 구하라.

**풀이**

$$f(1+i\pi)=e^{1+i\pi}=e^1e^{i\pi}=e(\cos\pi+i\sin\pi)=-e$$ ■

**예제 9**

방정식 $e^z=1+i$을 만족하는 복소수 $z$를 모두 구하라.

**풀이**

$z=x+iy$라고 두면, 복소지수함수의 정의에 의하여

$$e^z=e^{x+iy}=e^x(\cos y+i\sin y)=1+i$$

이므로 다음 두 등식을 얻는다.

$$e^x\cos y=1,\qquad e^x\sin y=1 \tag{73}$$

이 식에서 첫 번째 식과 두 번째식의 양변을 각각 제곱하여 변끼리 더하면

$$e^{2x}=2\text{이 되어 } x=\frac{1}{2}\ln 2 \tag{74}$$

이고 식 (73)에서 두 번째 식과 첫 번째 식을 변끼리 나누면

$$\tan y=1\text{이 되어 } y=\frac{\pi}{4}+2k\pi \tag{75}$$

식 (74)와 (75)에 의하여 구하려는 $z$는 다음과 같다.

$$z=x+iy=\ln\sqrt{2}+i\left(\frac{\pi}{4}+2k\pi\right)\quad(k\text{는 정수})$$ ■

### ◆ 복소로그함수

**정의 3.7 복소로그함수**

복소지수함수 $w=e^z$의 역함수

$$e^w = z \tag{76}$$

를 **복소로그함수** 또는 복소자연로그함수(complex natural logarithmic function)라고 하며, 이것을 기호로 다음과 같이 나타낸다.

$$w = \ln z \ \ (z \neq 0) \tag{77}$$

정의에 의하면 식 (76)과 (77)은 같은 함수를 나타낸다. 식 (76)에서 $e^w = 0$을 만족하는 $w$는 없으므로 $\ln z$은 $z=0$에서 정의할 수 없다. 그리고 식 (76)과 (77)에서 $e^{\ln z} = z$이다.

### ◆ 복소로그함수의 계산

다음 정리는 복소로그함수의 값을 쉽게 계산하는 방법을 알려준다.

**정리 3.8**

모든 복소수 $z = x + iy \ \ (z \neq 0)$에 대하여 다음이 성립한다.

$$\ln z = \ln|z| + i \arg z \tag{78}$$

**증명**

$w = u + iv$로 두면 $w = \ln z$은 $e^w = z\,(z \neq 0)$을 만족하므로 $e^{u+iv} = e^u e^{iu} = z = |z|e^{i\arg z}$이다. 따라서

$$e^u = |z|, v = \arg z$$

이므로

$$u = \ln|z|, \ v = \arg z$$

가 된다. 그러므로

$$\ln z = u + iv = \ln|z| + i \arg z$$

가 성립한다. ■

---

### ◆ 복소로그함수의 주값

복소로그함수는 정의에 의하면 한 개의 복소수에 무한히 많은 복소수를 대응시키는 무한다가함수(multi-valued function)이다. 복소로그함수에서 편각의 범위를

$$-\pi < Arg\, z \leq \pi$$

와 같이 제한하여 얻은 복소함수

$$\mathrm{Ln}\, z = \ln|z| + i\, Arg\, z \quad (z \neq 0) \tag{79}$$

을 복소로그함수의 주값(principal value)이라고 한다.

$\ln z$는 무수히 많은 값을 가지지만, $\mathrm{Ln}\, z$는 $Arg\, z$가 유일하게 결정되므로 $\mathrm{Ln}\, z$의 값도 유일하다.

사실, $\ln z$의 주값이 아닌 다른 값들은

$$\begin{aligned} \ln z &= \ln|z| + i \arg z \\ &= \ln|z| + i\,(Arg\, z + 2k\pi) \\ &= \mathrm{Ln} z + i\, 2k\pi \quad (k\text{는 정수}, z \neq 0) \end{aligned} \tag{80}$$

로 주어진다. 즉 $\mathrm{Ln}\, z$와 $\ln z$에서 그들 값의 실수부는 같고 그 허수부는 $2\pi$의 정수배만큼 다르다.

$z$가 양의 실수이면 $Arg\, z = 0$이고, 이때 $\mathrm{Ln} z$는 미적분학을 통해 알고 있는 실자연로그함수이다.

$z$가 음의 실수이면 (따라서 미적분학에서의 실자연로그함수는 정의되지 않는다.) $Arg\, z = \pi$이고

$$\mathrm{Ln}\, z = \ln|z| + i\pi \quad (z\text{는 음의 실수})$$

이다.

한편 $e^z = e^{x+iy} = e^x e^{iy}$에서 $|e^z| = e^x$이고 $\arg(e^z) = y + 2k\pi$ ($k$는 정수)이므로

$$\begin{aligned}\ln(e^z) &= \ln|e^z| + i\arg(e^z)\\ &= \ln(e^x) + i(y + 2k\pi)\\ &= x + i(y + 2k\pi) \quad (k\text{는 정수})\end{aligned}$$

이 성립한다. 즉

$$\ln(e^z) = z + i2k\pi \quad (k\text{는 정수}) \tag{81}$$

이다.

**예제 10**

다음의 주어진 복소수에 대하여 $\ln z$와 $\operatorname{Ln} z$를 계산하라.

$z = 1 + i$

**풀이**

복소수 $z = 1 + i$에 대하여

$$\begin{aligned}\ln(1+i) &= \ln|1+i| + i\arg(1+i) = \ln\sqrt{2} + i\arg(1+i)\\ &= \frac{1}{2}\ln 2 + i\left(\frac{\pi}{4} + 2k\pi\right) \quad (k\text{는 정수})\end{aligned}$$

이고, $Arg(1+i) = \frac{\pi}{4}$이므로

$$\operatorname{Ln}(1+i) = \frac{1}{2}\ln 2 + i\frac{\pi}{4}$$

이다. ■

### ◆ 복소로그함수의 성질

복소로그함수의 성질을 알아보자.

먼저 모든 복소수 $z_1, z_2$ $(z_1 \neq 0,\ z_2 \neq 0)$에 대하여

$$\begin{aligned}\ln(z_1z_2) &= \ln|z_1z_2| + i\arg(z_1z_2)\\ &= \ln|z_1| + \ln|z_2| + i(\arg z_1 + \arg z_2)\\ &= \ln z_1 + \ln z_2\end{aligned}$$

이므로

$$\ln(z_1z_2) = \ln z_1 + \ln z_2 \tag{82}$$

이다.

식 (82)로부터

$$\ln z_1 = \ln\left(\frac{z_1}{z_2}z_2\right) = \ln\left(\frac{z_1}{z_2}\right) + \ln z_2$$

이므로

$$\ln\left(\frac{z_1}{z_2}\right) = \ln z_1 - \ln z_2 \tag{83}$$

이 성립한다.

또한

$$\begin{aligned}\ln\left(\frac{1}{z}\right) &= \ln 1 - \ln z \;= [\ln|1| + i\arg 1] - [\ln|z| + i\arg z]\\ &= i\,2m\pi - [\ln|z| + i\,(Arg\,z + 2n\pi)] \qquad (m, n\text{은 정수})\\ &= -[\ln|z| + i(Arg\,z + 2k\pi)] \qquad (k\text{는 정수})\\ &= -\ln z\end{aligned}$$

이다. 즉

$$\ln\left(\frac{1}{z}\right) = -\ln z \tag{84}$$

이다.

그러나 $\ln z$의 주값이 $\mathrm{Ln}\,z$에 대해서는 식 (82)와 (83)이 성립하지 않는다. 예를 들어 $z_1 = i$, $z_2 = -1 + i$인 경우

$$\mathrm{Ln}(z_1z_2) = \mathrm{Ln}(-1-i) = \ln\sqrt{2} - \frac{3\pi}{4}i$$

이고

$$\mathrm{Ln}z_1+\mathrm{Ln}z_2=\mathrm{Ln}i+\mathrm{Ln}(-1+i)=\frac{\pi}{2}i+\ln\sqrt{2}+\frac{3\pi}{4}i\ =\ln\sqrt{2}+\frac{5\pi}{4}i$$

이므로

$$\mathrm{Ln}(z_1z_2)\neq\mathrm{Ln}z_1+\mathrm{Ln}z_2$$

이다.

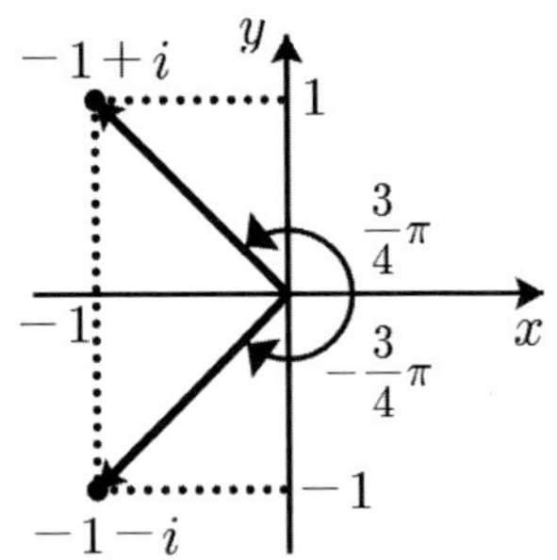


**그림 3.36** $-1+i$ 와 $-1-i$

또한 $z_1=-1-i$, $z_2=-1+i$인 경우

$$\mathrm{Ln}\left(\frac{z_1}{z_2}\right)=\mathrm{Ln}\left(\frac{-1-i}{-1+i}\right)=\mathrm{Ln}\,i=\frac{\pi}{2}i$$

이고

$$\begin{aligned}\mathrm{Ln}z_1-\mathrm{Ln}z_2&=\mathrm{Ln}(-1-i)-\mathrm{Ln}(-1+i)\\&=(\ln\sqrt{2}-\frac{3\pi}{4}i)-(\ln\sqrt{2}+\frac{3\pi}{4}i)=-\frac{3\pi}{2}i\end{aligned}$$

이므로

$$\mathrm{Ln}\left(\frac{z_1}{z_2}\right)\neq\mathrm{Ln}z_1-\mathrm{Ln}z_2$$

이다.

참고로 식 (83)에서

$$\ln\left(\frac{z_1}{z_2}\right)=\ln z_1-\ln z_2$$

이므로

$$\mathrm{Ln}\left(\frac{z_1}{z_2}\right)+i\,2l\pi=[\,(\mathrm{Ln}\,z_1+i\,2m\pi)-(\mathrm{Ln}\,z_2+i\,2n\pi)]\qquad (l,m,n\text{은 정수})$$

이 되어

$$\mathrm{Ln}\left(\frac{z_1}{z_2}\right)=\mathrm{Ln}\,z_1-\mathrm{Ln}\,z_2+i\,2k\pi\qquad (k\text{는 정수})$$

가 성립한다. 마찬가지로 식 (82)에서

$$\ln(z_1z_2)=\ln z_1+\ln z_2$$

이고, $\ln z$와 $\mathrm{Ln}z$는 $2\pi i$의 정수배차이나므로

$$\mathrm{Ln}(z_1z_2)=\mathrm{Ln}z_1+\mathrm{Ln}z_2+i2\pi k\quad (k\text{는 정수})$$

가 성립한다.

다음으로 모든 복소수 $z(z\neq 0)$에 대하여 $\ln z$의 도함수를 계산해보자. $z=x+iy$, $w=u+iv$로 두면 $|z|=\sqrt{x^2+y^2}$ 이고, 로그함수의 정의에 의하여

$$w=\ln z=\ln|z|+i\,(Arg\ z+2k\pi)\quad (\,k\text{는 정수}\,)$$

이므로

$$u=\ln|z|=\ln\sqrt{x^2+y^2}$$

이고, $\tan\,(Arg\,z)=\dfrac{y}{x}$가 성립하여

$$v=\tan^{-1}(\frac{y}{x})+2k\pi\quad (k\text{는 정수})$$

이다. 따라서 $w=\ln z=\ln(x+iy)=u(x,y)+iv(x,y)$의 실수부와 허수부를 구하면 다음과 같다.

$$u(x,\ y)=\ln\sqrt{x^2+y^2}\,,$$

$$v(x,\ y)=\tan^{-1}\left(\frac{y}{x}\right)+2k\pi\quad (k\text{는 정수})\tag{85}$$

이 식에서 $u(x,\ y)$, $v(x,\ y)$의 1계 편도함수를 구하면 다음과 같다.

$$u_x(x,\ y) = \frac{x}{x^2+y^2}, \qquad u_y(x,\ y) = \frac{y}{x^2+y^2}$$

$$v_x(x,\ y) = \frac{1}{1+\left(\dfrac{y}{x}\right)^2}\left(\frac{y}{-x^2}\right) = \frac{-y}{x^2+y^2}, \qquad v_y(x,\ y) = \frac{1}{1+\left(\dfrac{y}{x}\right)^2}\left(\frac{1}{x}\right) = \frac{x}{x^2+y^2}$$

위 식에서 Cauchy–Riemann의 방정식

$$u_x(x,\ y) = v_y(x,\ y) \text{과 } u_y(x,\ y) = -v_x(x,\ y)$$

이 성립하고, $u, u_x, u_y, v, v_x, v_y$는 $x \neq 0$에서 연속이므로 함수 $\ln z$는 모든 $z$ (단, $z \neq 0$)에서 해석적임을 알 수 있다. 따라서 $\ln z$의 도함수는 다음과 같다.

$$(\ln z)' = u_x(x,\ y) + iv_x(x,\ y) = \frac{x-iy}{x^2+y^2} = \frac{\bar{z}}{z\bar{z}} = \frac{1}{z} \qquad (z \neq 0)$$

즉,

$$(\ln z)' = \frac{1}{z} \tag{86}$$

이다.

한편, 다른 방법으로 $w = \ln z$은 $e^w = z$이므로 양변을 $z$에 대해 미분하면

$$\frac{d}{dz}(e^w) = 1$$

으로서 합성함수미분법에 의해

$$\frac{d}{dz}(e^w) = \frac{d}{dw}(e^w)\frac{dw}{dz} = e^w\frac{dw}{dz}$$

이므로

$$e^w\frac{dw}{dz} = 1$$

이 성립한다. 따라서

$$\frac{dw}{dz} = \frac{1}{e^w} = \frac{1}{z} \qquad (z \neq 0)$$

임을 알 수 있다. 즉 식 (86)이 성립한다. 그리하여 $\ln z$은 $z \neq 0$에서 해석적이다.

### ◆ $\operatorname{Ln} z$의 해석성

$\operatorname{Ln} z$는 $z=0$에서 정의되지 않으므로 원점에서 불연속이다. 음의 실수축의 임의의 점 $-r$에 대하여 $-r=re^{\pi i}$이고 상반평면(upper half-plane)에서 원점을 중심으로 한 반지름이 $r$인 원의 둘레를 따라 음의 실수축의 값 $-r$에 접근하여 $z\to -r$일 때 $z=re^{i(\pi-\Delta\theta)}\to re^{i\pi}$ $(\Delta\theta\to 0)$으로서 $\operatorname{Ln} z=\ln|z|+i\,Arg\,z=\ln r+i(\pi-\Delta\theta)\to \ln r+i\pi$ $(\Delta\theta\to 0)$가 성립한다.

또한 하반평면(lower half-plane)에서 반지름 $r$인 원의 둘레를 따라 $-r$에 접근하여 $z\to -r$이면 $z=re^{i(-\pi+\Delta\theta)}\to re^{-i\pi}$ $(\Delta\theta\to 0)$으로서 $\operatorname{Ln} z=\ln|z|+i\,Arg\,z=\ln r+i(-\pi+\Delta\theta)\to \ln r-i\pi$ $(\Delta\theta\to 0)$가 된다. 이는 곧 음의 실수축위에서 $f(z)=\operatorname{Ln} z$가 불연속임을 뜻한다(그림 3.37 참조).

반면에 $\ln z$은 $z\neq 0$에서 해석적이므로 연속함수이다. 좀 더 직접적으로 $\ln z$가 $z\neq 0$에서 연속임을 보이자.

$\ln z=\ln|z|+i\arg z=\ln|z|+i\,(Arg\,z+2k\pi)$ ($k$는 정수) 이므로 음의 실수축의 임의의 점 $-r$에 대하여 $-r=re^{\pi i}$이고 상반평면(upper half-plane)에서 원점을 중심으로 한 반지름이 $r$인 원의 둘레를 따라 음의 실수축의 값 $-r$에 접근하여 $z\to -r$일 때 $z=re^{i(\pi-\Delta\theta)}\to re^{i\pi}$ $(\Delta\theta\to 0)$으로서 $\ln z=\ln|z|+i\arg z=\ln r+i(\pi-\Delta\theta)\to \ln r+i\pi$ $(\Delta\theta\to 0)$가 성립한다.

또한 하반평면(lower half-plane)에서 반지름 $r$인 원의 둘레를 따라 $-r$에 접근하여 $z\to -r$이면 $z=re^{i(\pi+\Delta\theta)}\to re^{i\pi}$ $(\Delta\theta\to 0)$으로서 $\operatorname{Ln} z=\ln|z|+i\arg z=\ln r+i(\pi+\Delta\theta)\to \ln r+i\pi$ $(\Delta\theta\to 0)$가 된다. 이는 곧 음의 실수축위에서 $f(z)=\ln z$가 연속임을 직접적으로 알 수 있다(그림 3.37 참조).

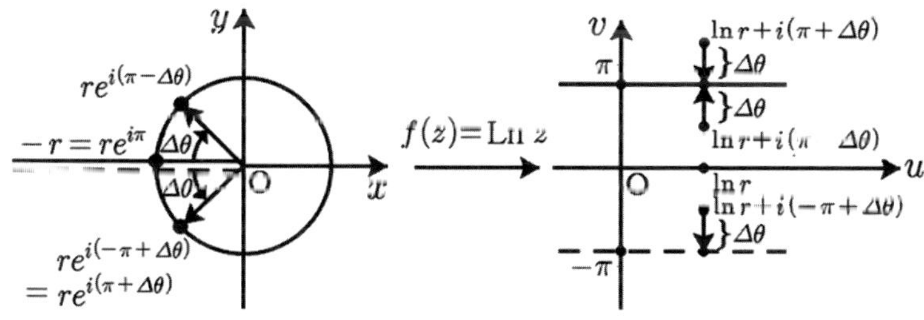


**그림 3.37** $f(z)=\operatorname{Ln} z$

결국 $\mathrm{Ln}\, z$는 원점을 포함한 음의 실수축에서 해석적이 아니기 때문에 복소평면에서 원점을 포함한 음의 실수축 가지(branch)를 제외한 나머지 영역 $D$에서는 해석적이다. $D$는 복소평면에서 양이 아닌 실수축을 잘라낸 것으로 간주하면 편리한데 이때 양이 아닌 실수축을 가지절단(branch cut)이라고 한다.

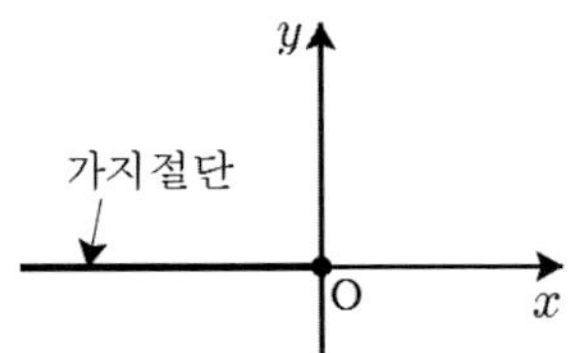


**그림 3.38** $\mathrm{Ln}\, z$의 가지절단(branch cut)

## ◆ 사상 $w = e^z$와 $w = \mathrm{Ln}\, z$

수평띠 $0 \le y \le \pi$는 지수함수 $f(z) = e^z$의 기본영역 내에 놓인다. 이 영역 내의 수직선분 $x = a$는 $z(t) = a + it$, $0 \le t \le \pi$로 나타낼 수 있고, 따라서 $w = f(z(t)) = e^a e^{it}$이다. 그러므로 상은 중심이 $w = 0$이고 반지름이 $r = e^a$인 반원이다.

마찬가지로 수평선 $y = b$는 $z(t) = t + ib$, $-\infty < t < \infty$인 매개변수로 표현할 수 있다. 따라서 $w = f(z(t)) = e^t e^{ib}$이다. 이는 $Arg\, w = b$이고 $|w| = e^t$이므로 상은 원점에서 시작되는 반직선이고, 또 $0 \le Arg\, w \le \pi$이므로 수평띠 전체의 상은 위쪽 반평면 $v \ge 0$이다. 단, 원점은 제외된다.

왜냐하면, 만일 $w = e^z = 0$이라면

$$0 = |w| = |e^z| = |e^{x+iy}| = |e^x||e^{iy}| = e^x$$

이 성립해야 하는데 $e^x = 0$인 실수 $x$는 존재하지 않기 때문이다.

한편 수평선 $y = 0$와 $y = \pi$는 각각 양의 $u$축과 음의 $u$축으로 보내진다. $w = e^x e^{iy}$로부터 $|w| = e^x$이고 $y = Arg\, w$임을 알 수 있다. 따라서 $z = x + iy = \ln|w| + i\, Arg\, w = \mathrm{Ln}\, w\ (w \ne 0)$이다. 그러므로 역함수 $f^{-1}(w) = \mathrm{Ln}\, w\ (w \ne 0)$는 위쪽 반평면 $v \ge 0$을 원래 수평띠 $0 \le y \le \pi$로 보낸다(그림 3.39 참조).

또한 $|w| = e^a$, $0 \le Arg\, w \le \pi$인 $w-$평면에서의 반원은 $\mathrm{Ln}\, w$에 의해 수직선

$z=a+it,\ 0\le t\le\pi$로 보내지고 $Arg\,w=b$인 $w-$평면에서의 반직선은 $\mathrm{Ln}\,w$에 의해 수평선 $z=t+ib,\ -\infty<t<\infty$로 보내진다(그림 3.39 참조).

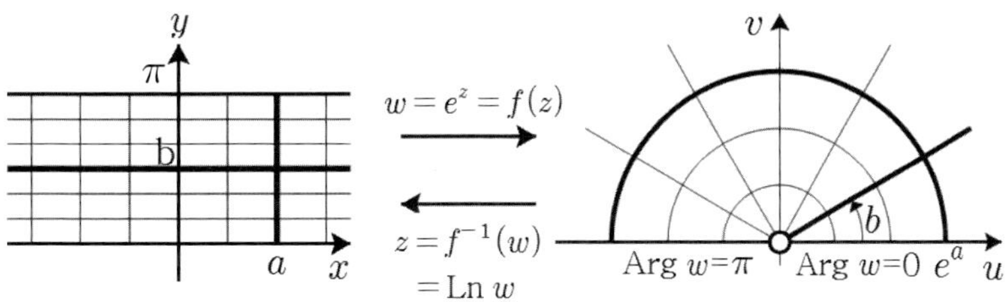


**그림 3.39** $w=e^z$에 의한 수직선과 수평선의 상

더구나 수평띠 $0\le y\le\pi$의 좌반영역(left half−region), 즉 $0\le y\le\pi,\ x\le 0$의 $w=e^z$에 의한 상(image)는

$$w=e^x e^{iy}=|w|e^{i\arg w},\ \ 0<|w|\le 1,\ \ 0\le \arg w\le\pi$$

인 상반 단위 원판 내부(원점은 제외)이고, 수평띠 $0\le y\le\pi$의 우반영역(right half−region)인 $0\le y\le\pi,\ x>0$인 영역은 $w=e^z$에 대해

$$w=e^x e^{iy}=|w|e^{i\arg w},\ \ |w|>1,\ \ 0\le \arg z\le\pi$$

인 상반 단위원판의 외부로 사상된다.

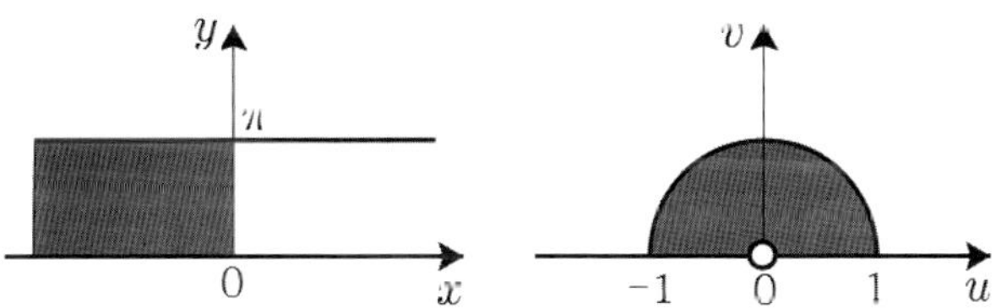


**그림 3.40** $0\le y\le\pi$의 좌반영역(right half−region)의 사상 $w-e^z$에 의한 상

따라서 $-\pi<y\le\pi$이면 $w=e^z$에 의한 상은 $-\pi<\arg z=y\le\pi$이므로 $w-$평면전체가 된다. 단, $w=e^z$이 0이 되는 경우가 없으므로 $w=0$인 점은 제외이다.

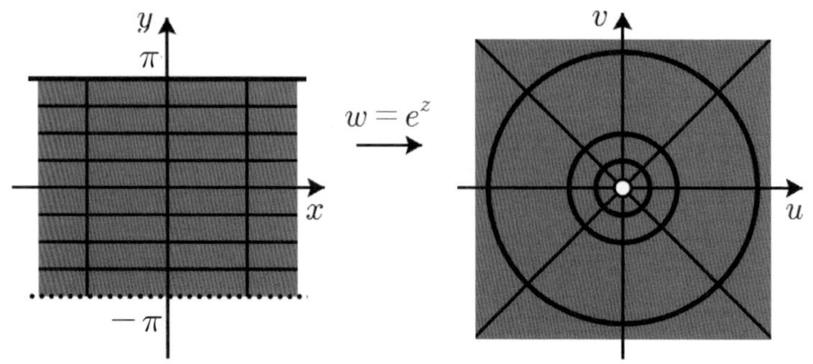


**그림 3.41** 사상 $w = e^z$에 의한 $-\pi < y \leq \pi$의 상

### 예제 10

다음의 $z = x + iy$에 대해 $w = e^z$의 상을 구하라.

(1) $0 \leq x \leq 1$, $\frac{1}{2} < y < 1$인 직사각형 영역

(2) $x \geq \pi$인 영역

(3) $x \leq \pi$인 영역

**풀이**

(1) $x = 0$, $\frac{1}{2} < y < 1$인 수직선$AD$는 $w = e^z$에 의해 $w = e^z = e^{x+iy} = e^{iy}\left(\frac{1}{2} < y < 1\right)$ 이므로 반지름은 1이고 회전각이 $y\left(\frac{1}{2} < y < 1\right)$인 원호 $A^*D^*$가 되고, $x = 1$, $\frac{1}{2} < y < 1$인 수직선 $BC$는 $w = e^z$에 의해 $w = e^z = e^{x+iy} = e^1 e^{iy}\left(\frac{1}{2} < y < 1\right)$이므로 반지름은 $e$이고 회전각이 $y\left(\frac{1}{2} < y < 1\right)$인 원호 $B^*C^*$가 되며, $y = \frac{1}{2}$, $0 \leq x \leq 1$인 수평선 $AB$는 $w = e^z$에 의해

$$w = e^z = e^{x+iy} = e^x e^{\frac{1}{2}i} \ (0 \leq x \leq 1)$$

이므로 회전각이 $\frac{1}{2}$이고 반지름이 $e^0 \leq e^x \leq e$ 범위인 반직선 $A^*B^*$이 된다.

또한 $y=1,\ 0 \le x \le 1$인 수평선 $DC$는 $w=e^z$에 의해 $w=e^z=e^{x+iy}=e^x e^i$ $(0 \le x \le 1)$이므로 회전각이 1이고 반지름이 $e^0 \le e^x \le e$인 반직선 $D^* C^*$가 된다. 따라서 직사각형 $ABCD$는 $w=e^z$에 의해 부채꼴 영역 $A^* B^* C^* D^*$가 된다.

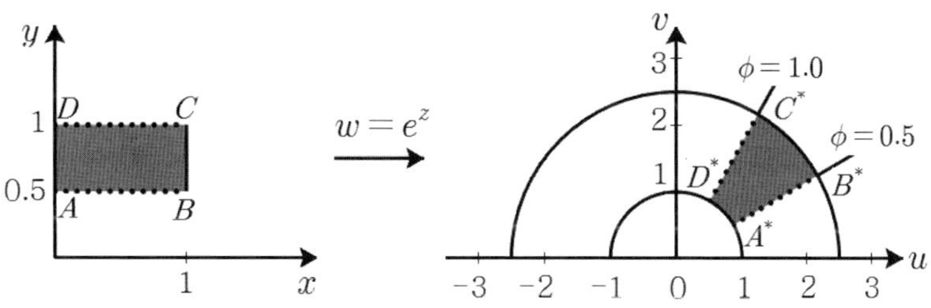


**그림 3.42** $w=e^z$에 의한 직사각형 $ABCD$의 상

(2) $x \ge \pi$인 우반영역(right half-range)은 $w=e^z$에 의해

$$|w|=|e^z|=|e^{x+iy}|=|e^x||e^{iy}|=e^x$$

으로부터

$$|w|=e^x \ge e^{\pi}$$

이므로 $w$평면에서 중심이 원점이고 반지름이 $e^{\pi}$인 원의 외부로 보내진다.

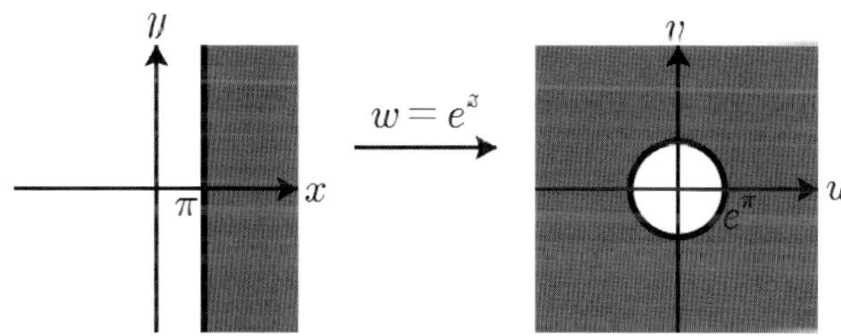


**그림 3.43** $w=e^z$에 의한 $x \ge \pi$인 우반영역(right half-range)의 상

(3) $x \le \pi$인 좌반영역(leftt half-range)은 $w=e^z$에 의해

$$0 < |w|=|e^z|=e^x \le e^{\pi}$$

이므로 $w$평면에서 중심이 원점이고 반경이 $e^{\pi}$인 원의 내부로 보내진다(원점 제외).

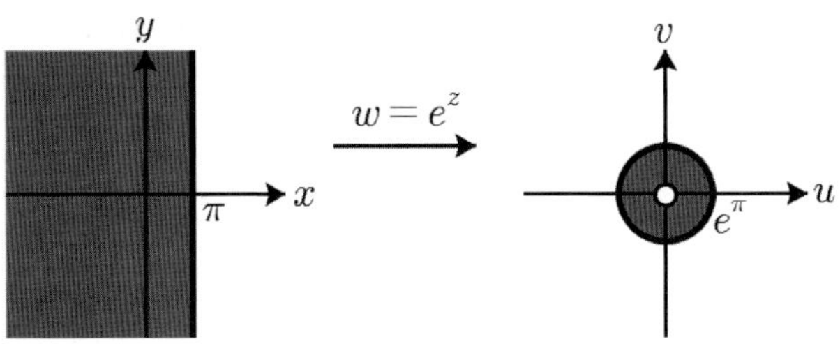


**그림 3.44** $w = e^{z}$에 의한 $x \le \pi$인 좌반영역(leftt half-range)의 상 ■

**예제 11** 다음의 $z$에 대하여 $w = \text{Ln}\, z$ 에 의한 상을 구하라.

(1) $e^{a} \le |z| \le e^{c}$인 원환영역

(2) $-\pi < b \le Arg\, z \le d \le \pi$인 영역

**풀이**

$$w = \text{Ln}\, z = \ln|z| + i\, Arg\, z \text{이므로}$$

(1) $|z| = e^{a}$의 $w = \text{Ln}\, z$에 의한 상(image)는

$$w = a + i\, Arg\, z \quad (-\pi < Arg\, z \le \pi)$$

이므로

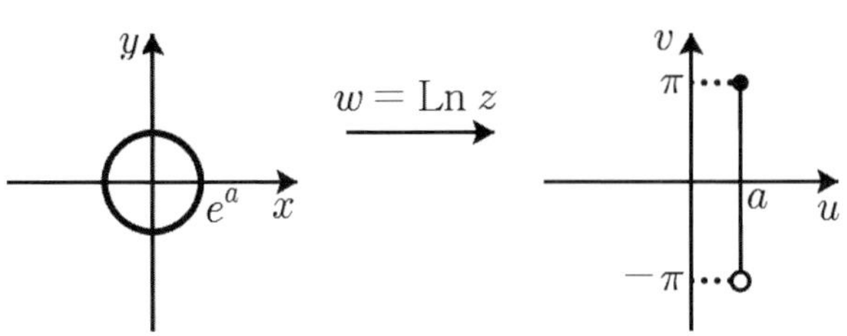


**그림 3.45** $|z| = e^{a}$의 $w = \text{Ln}\, z$에 의한 상(image)

$e^a \le |z| \le e^c$인 원환 영역의 $w = \mathrm{Ln}\, z$에 의한 상(image)은 $a \le u \le c$이고 $-\pi < v \le \pi$인 직사각형 영역이 된다.

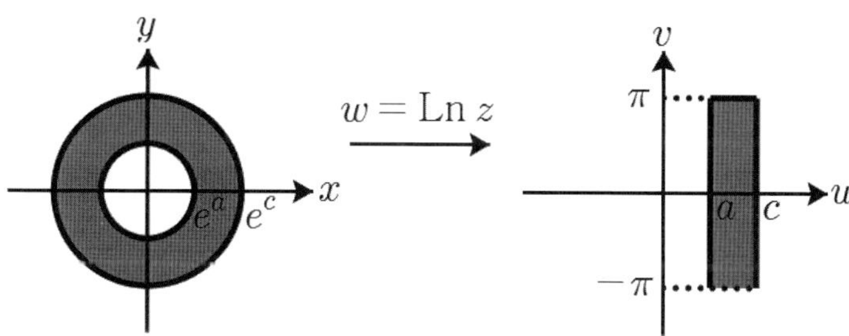


**그림 3.46** 원환 영역의 $w = \mathrm{Ln} z$에 의한 상(image)

(2) $w = \mathrm{Ln}\, z = \ln|z| + i\, Arg\, z$에서 반직선 $Arg\, z = b$의 $w = \mathrm{Ln}\, z$에 의한 상(image)는

$$w = \ln|z| + i\, b \quad (-\pi < Arg\, z = b \le \pi)$$

이므로

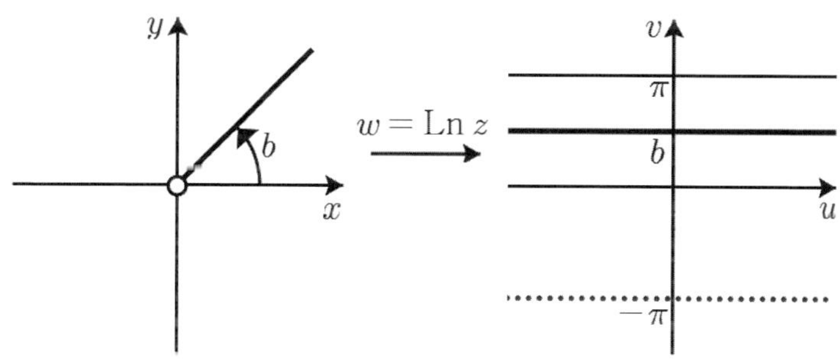


**그림 3.47** 반직선 $Arg\, z = b$의 $w = \mathrm{Ln} z$에 의한 상(image)

$-\pi < b \le Arg\, z \le d \le \pi$인 영역의 $w = \mathrm{Ln}\, z$에 의한 상은 $b \le v \le d$인 수평띠의 영역이 된다.

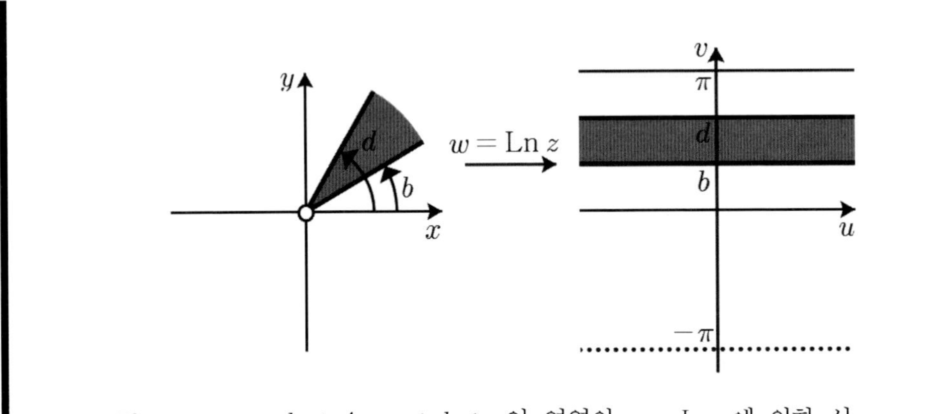


**그림 3.48** $-\pi < b \le Arg z \le d \le \pi$인 영역의 $w = \text{Ln} z$에 의한 상 ■

◆ 복소 거듭제곱함수

**정의 3.8 (복소 거듭제곱함수)**

두 복소수 $z$와 $\alpha$에 대하여 복소 거듭제곱함수 $z^\alpha$를

$$z^\alpha = e^{\alpha \ln z} \qquad (z \neq 0) \tag{87}$$

와 같이 정의한다.

$\ln z = \ln|z| = i \arg z$이므로 $\ln z$은 $\arg z$가 무수히 많은 값을 가지므로 $z^\alpha$도 무수히 많은 값을 가진다(다가함수). 만일 $\ln z$ 대신에 $\text{Ln}\, z$으로 대체된다면 $z^\alpha$의 주값(principal value) $P.V(z^\alpha)$는

$$e^{\alpha \text{Ln}\, z} \tag{88}$$

이며, 여기서 $\text{Ln}\, z = \ln r + i\, Arg\, z$, $-\pi < Arg\, z \le \pi$이다.

한편

$$z^\alpha z^\beta = e^{\alpha \ln z} e^{\beta \ln z} = e^{(\alpha+\beta)\ln z} = z^{\alpha+\beta}$$

가 성립한다.

또한 복소 거듭제곱함수 $z^{\alpha}$의 도함수는 식 (40), (68) 및 (87)에 의하여

$$(z^{\alpha})' = (e^{\alpha \ln z})' = e^{\alpha \ln z}(\alpha \ln z)' = e^{\alpha \ln z}\alpha \frac{1}{z} = z^{\alpha}\alpha z^{-1} = \alpha z^{\alpha-1}$$

이 성립한다. 즉

$$(z^{\alpha})' = \alpha z^{\alpha-1} \tag{89}$$

이다.

예를 들어

$$2^{\frac{1}{2}} = e^{\frac{1}{2}\ln 2} = e^{\frac{1}{2}(\ln|2| + i\arg 2)} = e^{\frac{1}{2}\ln 2 + \frac{1}{2}i2k\pi} \quad (k = 0, \ \pm 1, \ \cdots)$$

$$= e^{\frac{1}{2}\ln 2}e^{ik\pi} = \sqrt{2}\,e^{ik\pi} = \pm\sqrt{2}$$

이고, $2^{\frac{1}{2}}$의 주값은

$$P.V\left(2^{\frac{1}{2}}\right) = e^{\frac{1}{2}Ln 2} = e^{\frac{1}{2}(\ln 2 + iArg 2)} = e^{\frac{1}{2}(\ln 2 + 0i)} = e^{\frac{1}{2}\ln 2} = \sqrt{2}$$

이다.

참고로 $n$과 $m$이 서로 소인 자연수일 때 $\left(z^{\frac{1}{n}}\right)^{m} = (z^{m})^{\frac{1}{n}}$이 성립한다. 왜냐하면

$$z = re^{i\theta} = |z|e^{i\arg z} = |z|e^{i(Arg z + 2k\pi)} \qquad (k\text{는 정수})$$

이므로

$$\left(z^{\frac{1}{n}}\right)^{m} = \left(e^{\frac{1}{n}\ln z}\right)^{m} = e^{\frac{m}{n}\ln z}$$

이고

$$(z^{m})^{\frac{1}{n}} = \left[(re^{i\theta})^{m}\right]^{\frac{1}{n}} = \left[r^{m}e^{i(m\theta)}\right]^{\frac{1}{n}} = r^{\frac{m}{n}}e^{i\frac{m\theta}{n}} = e^{\frac{m}{n}\ln r}e^{i\frac{m\theta}{n}} = e^{\frac{m}{n}(\ln r + i\theta)} = e^{\frac{m}{n}\ln z}$$

이기 때문이다.

즉

$$\left(z^{\frac{1}{n}}\right)^m = \left(z^m\right)^{\frac{1}{n}} = z^{\frac{m}{n}} \qquad (n, m\text{은 서로 소인 자연수})$$

이다.

**예제 12**

다음 복소거듭제곱의 주값을 구하라.

(1) $(-1)^i$

(2) $(1+\sqrt{3}\,i)^i$

**풀이**

(1) $(-1)^i = e^{i\,\mathrm{Ln}(-1)} = e^{i(\ln|-1|+i\pi)} = e^{-\pi}$

(2)
$$\begin{aligned}(1+\sqrt{3}\,i)^i &= e^{i\mathrm{Ln}(1+\sqrt{3}\,i)} \\ &= e^{i[\ln|1+\sqrt{3}\,i|+iArg(1+\sqrt{3}\,i)]} \\ &= e^{i\left[\ln 2+i\frac{\pi}{3}\right]} \\ &= e^{-\frac{\pi}{3}}e^{i\ln 2} \\ &= e^{-\frac{\pi}{3}}e^{i\ln 2} \\ &= e^{-\frac{\pi}{3}}[\cos(\ln 2)+i\sin(\ln 2)]\end{aligned}$$

■

## 연습문제 3.5

1. 다음의 지수함수값과 로그함수값을 구하라.

(1) $e^{3+2\pi i}$

(2) $\mathrm{Ln}(-2+2i)$

(3) $\ln(\sqrt{3}-i)$

(답) (1) $e^{3+2\pi i}=e^3$　　(2) $\mathrm{Ln}(-2+2i)=\frac{3}{2}\ln 2+i\frac{3\pi}{4}$

(3) $\ln(\sqrt{3}-i)=\ln 2+i\left(-\frac{\pi}{6}+2k\pi\right)$　($k$는 정수)

2. 다음 복소거듭제곱의 주값을 극형식으로 나타내어라.

(1) $(1-i)^{1+i}$

(2) $i^{3i}$

(3) $i^{\ln i}$

(4) $(\ln i)^i$

(답) (1) $\sqrt{2}\,e^{\frac{\pi}{4}}\left[\cos\left(-\frac{\pi}{4}+\frac{1}{2}\ln 2\right)+i\sin\left(-\frac{\pi}{4}+\frac{1}{2}\ln 2\right)\right]$

(2) $e^{-\frac{3}{2}\pi}$　(3) $e^{-\frac{\pi^2}{4}}$　(4) $e^{-\frac{\pi}{2}}\cos\left(\ln\frac{\pi}{2}\right)+ie^{-\frac{\pi}{2}}\sin\left(\ln\frac{\pi}{2}\right)$

3. $\left(\frac{1}{2}+\frac{\sqrt{3}}{2}i\right)^{3i}$의 주값을 구하라.

(답) $e^{-\pi}$

4. 디음 방정식을 만족하는 복소수 $w$와 $w$의 실수부 $Re\,w$를 계산하라

$$e^{i2w}=\sqrt{3}$$

(답) $w=-\frac{\ln 3}{4}i+k\pi,\ Re\ w=k\pi$　　($k$는 정수)

5. $z^{\frac{3}{2}}=\frac{1}{2(1+i)}$을 만족하는 복소수 $z$를 모두 구하라.

(답) $z_0=\frac{\sqrt{3}-i}{4},\ z_1=\frac{1}{2}i,\ z_2=\frac{-\sqrt{3}-i}{4}$

# 3.6 복소삼각함수와 복소쌍곡선함수

## ◆ 복소삼각함수

Euler 공식에서

$$e^{ix} = \cos x + i\sin x, \qquad e^{-ix} = \cos x - i\sin x$$

이므로 이 식들을 더하고 빼서, 실변수 삼각함수 $\sin x$와 $\cos x$를

$$\sin x = \frac{e^{ix} - e^{-ix}}{2i}, \qquad \cos x = \frac{e^{ix} + e^{-ix}}{2}$$

로 표현할 수 있고 이 식을 복소변수 $z$의 함수로 확장시켜 복소 삼각함수를 정의한다.

**정의 3.9 복소삼각함수**

임의의 복소수 $z = x + iy$에 대해 다음과 같이 사인과 코사인 함수를 정의한다.

$$\sin z = \frac{e^{iz} - e^{-iz}}{2i}, \qquad \cos z = \frac{e^{iz} + e^{-iz}}{2} \tag{90}$$

---

$\sin z$와 $\cos z$를 이용하여 다른 삼각함수들도 다음과 같이 정의할 수 있다.

$$\tan z = \frac{\sin z}{\cos z}, \qquad \cot z = \frac{1}{\tan z}, \qquad \sec z = \frac{1}{\cos z}, \qquad \operatorname{cosec} z = \frac{1}{\sin z} \tag{91}$$

만약 $z = x + iy$에서 $y = 0$이면, 식 (90)과 (91)의 모든 함수는 각각에 대응하는 실변수함수가 된다.

한편, $\sin z$와 $\cos z$는 복소지수함수 $e^{iz}$와 $e^{-iz}$로부터 정의되기 때문에 $\sin z$와 $\cos z$는 복소평면 전체에서 해석적인 함수이다. 그러나 $\tan z$, $\cot z$, $\sec z$, $\operatorname{cosec} z$는 분수함수로 정의되기 때문에 분모를 0으로 만드는 $z$에서는 해석적이지 않다.

$\sin z$에 대한 도함수를 구해 보면 다음과 같다.

$$\frac{d}{dz}\sin z = \frac{1}{2i}\frac{d}{dz}\left(e^{iz} - e^{-iz}\right) = \frac{1}{2i}\left(ie^{iz} + ie^{-iz}\right) = \frac{1}{2}\left(e^{iz} + e^{-iz}\right) = \cos z$$

또한 $\cos z$에 대한 도함수를 구해 보면 다음과 같다.

$$\frac{d}{dz}\cos z=\frac{1}{2}\frac{d}{dz}\left(e^{iz}+e^{-iz}\right)=\frac{1}{2}\left(ie^{iz}-ie^{-iz}\right)=-\frac{1}{2i}\left(e^{iz}-e^{-iz}\right)=-\sin z$$

마찬가지 방법에 의해 복소삼각함수들의 도함수는 실함수의 경우와 동일하다는 것을 보일 수 있으며, 결과를 정리하면 다음과 같다.

$$\frac{d}{dz}\sin z=\cos z\,,\qquad \frac{d}{dz}\cos z=-\sin z$$

$$\frac{d}{dz}\tan z=\sec^2 z,\qquad \frac{d}{dz}\cot z=-\operatorname{cosec}^2 z$$

$$\frac{d}{dz}\sec z=\sec z\tan z\,,\qquad \frac{d}{dz}\operatorname{cosec} z=-\operatorname{cosec} z\cot z \tag{92}$$

또한 실변수의 삼각함수에 대해 적용되는 여러 가지 잘 알려진 관계식들도 그대로 복소삼각함수에 적용된다는 것을 보일 수 있다. 그 결과를 정리하면 다음과 같다.

$$\sin(-z)=-\sin z\,,\qquad \cos(-z)=\cos z \tag{93}$$

$$\cos^2 z+\sin^2 z=1 \tag{94}$$

$$\sin(z_1\pm z_2)=\sin z_1\cos z_2\pm\cos z_1\sin z_2 \tag{95}$$

$$\cos(z_1\pm z_2)=\cos z_1\cos z_2\mp\sin z_1\sin z_2 \tag{96}$$

$$\sin 2z=2\sin z\cos z\,,\qquad \cos 2z=\cos^2 z-\sin^2 z \tag{97}$$

$$\sin\left(\frac{\pi}{2}+z\right)=\sin\left(\frac{\pi}{2}-z\right)-\cos z \tag{98}$$

**예제 1**

(1) $\sin(-z)=-\sin z$이고 $\cos(-z)=\cos z$임을 증명하라.

(2) $\sin^2 z+\cos^2 z=1$이 성립함을 증명하라.

**풀이**

(1) $\sin(-z) = \dfrac{e^{i(-z)} - e^{-i(-z)}}{2i} = \dfrac{-e^{iz} + e^{-iz}}{2i} = -\sin z$

이고

$$\cos(-z) = \frac{e^{i(-z)} + e^{-i(-z)}}{2} = \cos z$$

이다.

(2) $\sin z$와 $\cos z$의 정의로부터 $\sin^2 z$와 $\cos^2 z$를 계산하면

$$\sin^2 z = \left(\frac{1}{2i}\right)^2 (e^{iz} - e^{-iz})^2 = -\frac{1}{4}(e^{2iz} - 2e^{iz}e^{-iz} + e^{-2iz})$$

이고

$$\cos^2 z = \left(\frac{1}{2}\right)^2 (e^{iz} + e^{-iz})^2 = \frac{1}{4}(e^{2iz} + 2e^{iz}e^{-iz} + e^{-2iz})$$

이 되므로 다음을 얻을 수 있다.

$$\sin^2 z + \cos^2 z = \frac{1}{2}e^{iz}e^{-iz} + \frac{1}{2}e^{iz}e^{-iz} = 1$$ ■

**예제 2**

(1) $\sin(z_1 + z_2) = \sin z_1 \cos z_2 + \cos z_1 \sin z_2$임을 증명하고 이를 이용하여

$$\sin 2z = 2\sin z \cos z$$

임을 보여라.

(2) $\cos(z_1 + z_2) = \cos z_1 \cos z_2 - \sin z_1 \sin z_2$임을 증명하고 이를 이용하여

$$\cos(2z) = \cos^2 z - \sin^2 z$$

임을 보여라.

(3) $\sin\left(\dfrac{\pi}{2} + z\right) = \sin\left(\dfrac{\pi}{2} - z\right) = \cos z$임을 보여라.

**풀이**

(1) 먼저 $\sin(z_1+z_2) = \sin z_1 \cos z_2 + \cos z_1 \sin z_2$임을 보이자.

$$\sin z_1 \cos z_2 = \frac{e^{iz_1} - e^{-iz_1}}{2i} \frac{e^{iz_2} + e^{-iz_2}}{2}$$
$$= \frac{1}{4i}\left[e^{i(z_1+z_2)} + e^{i(z_1-z_2)} - e^{-i(z_1-z_2)} - e^{-i(z_1+z_2)}\right]$$

이고

$$\cos z_1 \sin z_2 = \frac{e^{iz_1} + e^{-iz_1}}{2} \frac{e^{iz_2} - e^{-iz_2}}{2i}$$
$$= \frac{1}{4i}\left[e^{i(z_1+z_2)} - e^{i(z_1-z_2)} + e^{-i(z_1-z_2)} - e^{-i(z_1+z_2)}\right]$$

이므로 이 두 식을 더하면

$$\sin z_1 \cos z_2 + \cos z_1 \sin z_2 = \frac{1}{2i}\left[e^{i(z_1+z_2)} - e^{-i(z_1+z_2)}\right] = \sin(z_1+z_2)$$

이다.

특히 $z = z_1 = z_2$일 때

$$\sin 2z = 2\sin z \cos z$$

임을 얻을 수 있다.

또한 $\sin(z_1+z_2) = \sin z_1 \cos z_2 + \cos z_1 \sin z_2$에서 $z_2$ 대신 $-z_2$로 대체하여 식 (93)을 이용하면

$$\sin(z_1-z_2) = \sin(z_1+(-z_2)) = \sin z_1 \cos(-z_2) + \cos z_1 \sin(-z_2)$$
$$= \sin z_1 \cos z_2 - \cos z_1 \sin z_2$$

가 성립한다.

(2) $\cos(z_1+z_2) = \cos z_1 \cos z_2 - \sin z_1 \sin z_2$임을 보이면

$$\cos z_1 \cos z_2 = \frac{1}{4}\left[e^{i(z_1+z_2)} + e^{i(z_1-z_2)} + e^{i(z_2-z_1)} + e^{-i(z_1+z_2)}\right]$$

이고

$$-\sin z_1 \sin z_2 = \frac{1}{4}\left[e^{i(z_1+z_2)} - e^{i(z_1-z_2)} - e^{i(z_2-z_1)} + e^{-i(z_1+z_2)}\right]$$

이므로 이 두 식을 더하면

$$\cos z_1 \cos z_2 - \sin z_1 \sin z_2 = \frac{1}{2}\left[e^{i(z_1+z_2)} + e^{-i(z_1+z_2)}\right] = \cos(z_1+z_2)$$

이다.

이때 $z = z_1 = z_2$를 대입하면

$$\cos(2z) = \cos^2 z - \sin^2 z$$

이다.

또한 $\cos(z_1+z_2) = \cos z_1 \cos z_2 - \sin z_1 \sin z_2$에서 $z_2$대신 $-z_2$를 대체하여 식 (93)을 이용하면

$$\begin{aligned}\cos(z_1-z_2) &= \cos(z_1+(-z_2)) = \cos z_1 \cos(-z_2) - \sin z_1 \sin(-z_2) \\ &= \cos z_1 \cos z_2 + \sin z_1 \sin z_2\end{aligned}$$

이다.

$$\sin\left(\frac{\pi}{2}+z\right) = \sin\frac{\pi}{2}\cos z + \cos\frac{\pi}{2}\sin z = \cos z$$

$$\sin\left(\frac{\pi}{2}-z\right) = \sin\frac{\pi}{2}\cos(-z) + \cos\frac{\pi}{2}\sin(-z) = \cos(-z) = \cos z$$

이므로

$$\sin\left(\frac{\pi}{2}+z\right) = \sin\left(\frac{\pi}{2}-z\right) = \cos z$$

이다. ■

**예제 3**

$$\sin z = \sin x \cosh y + i \cos x \sinh y \tag{99}$$

$$|\sin z|^2 = \sin^2 x + \sinh^2 y \tag{100}$$

$$\cos z = \cos x \cosh y - i \sin x \sinh y \tag{101}$$

$$|\cos z|^2 = \cos^2 x + \sinh^2 y \tag{102}$$

임을 보여라.

**풀이**

$z = x + iy$라 두고

$$\begin{aligned}\sin z &= \frac{1}{2i}\left(e^{iz} - e^{-iz}\right) = \frac{1}{2i}\left(e^{i(x+iy)} - e^{-i(x+iy)}\right) = \frac{1}{2i}\left(e^{-y}e^{ix} - e^{y}e^{-ix}\right)\\ &= \frac{1}{2i}e^{-y}(\cos x + i\sin x) - \frac{1}{2i}e^{y}(\cos x - i\sin x)\\ &= \frac{1}{2i}(e^{-y} - e^{y})\cos x + \frac{1}{2}(e^{-y} + e^{y})\sin x\\ &= i\frac{1}{2}(e^{y} - e^{-y})\cos x + \frac{1}{2}(e^{y} + e^{-y})\sin x\end{aligned}$$

이다. 실변수함수의 정의 $\sinh y = \frac{1}{2}(e^{y} - e^{-y})$와 $\cosh y = \frac{1}{2}(e^{y} + e^{-y})$로부터

$$\sin z = \sin x \cosh y + i \cos x \sinh y$$

이다.

마찬가지 방법으로

$$\begin{aligned}\cos z &= \frac{1}{2}\left(e^{iz} + e^{-iz}\right) = \frac{1}{2}\left(e^{i(x+iy)} + e^{-i(x+iy)}\right) = \frac{1}{2}e^{-y}e^{ix} + \frac{1}{2}e^{y}e^{-ix}\\ &= \frac{1}{2}e^{-y}(\cos x + i\sin x) + \frac{1}{2}e^{y}(\cos x - i\sin x)\\ &= \frac{1}{2}(e^{-y} + e^{y})\cos x + i\frac{1}{2}(e^{-y} - e^{y})\sin x\end{aligned}$$

이므로

$$\cos z = \cos x \cosh y - i \sin x \sinh y$$

을 얻는다.

그리하여

$$\begin{aligned} |\sin z|^2 &= |\sin x \cosh y + i \cos x \sinh y|^2 \\ &= \sin^2 x \cosh^2 y + \cos^2 x \sinh^2 y \\ &= \sin^2 x (\cosh^2 y - \sinh^2 y) + \sinh^2 y (\cos^2 x + \sin^2 x) \end{aligned}$$

가 된다. $\cosh^2 y - \sinh^2 y = 1$과 $\cos^2 x + \sin^2 x = 1$를 이용하여

$$|\sin z|^2 = \sin^2 x + \sinh^2 y$$

이다.

또한

$$\begin{aligned} |\cos z|^2 &= |\cos x \cosh y - i \sin x \sinh y|^2 \\ &= \cos^2 x \cosh^2 y + \sin^2 x \sinh^2 y \\ &= \cos^2 x (\cos^2 hy - \sinh^2 y) + \sinh^2 y (\cos^2 x + \sin^2 x) \end{aligned}$$

이므로 $\cosh^2 y - \sinh^2 y = 1$과 $\cos^2 x + \sin^2 x = 1$를 이용하여

$$|\cos z|^2 = \cos^2 x + \sinh^2 y$$

이다. ■

한편

$$\begin{aligned} \overline{\sin z} &= \overline{\sin(x + iy)} \\ &= \overline{\sin x \cosh y + i \cos x \sinh y} \\ &= \sin x \cosh y - i \cos x \sinh y \end{aligned}$$

이고

$$\begin{aligned} \overline{\cos z} &= \overline{\cos(x + iy)} \\ &= \overline{\cos x \cosh y - i \sin x \sinh y} \\ &= \cos x \cosh y + i \sin x \sinh y \end{aligned}$$

이다.

실삼각함수에서는 $|\sin x| \le 1$과 $|\cos x| \le 1$이 성립한다. 그러나 식 (100)과 (102)를 살펴보면 $\sinh y$가 유계가 아니므로 $\sin z$과 $\cos z$은 유계가 아님을 알 수 있다.

우리는 식 (99)와 (101)을 사용하여 삼각함수의 주기성에 관한 다음 식을 얻는다.

$$\cos(z+2\pi) = \cos z, \quad \sin(z+2\pi) = \sin z \tag{103}$$

$$\cos(z+\pi) = -\cos z, \quad \sin(z+\pi) = -\sin z \tag{104}$$

식 (104)를 이용하여

$$\tan(z+\pi) = \tan z, \quad \cot(z+\pi) = \cot z \tag{105}$$

이다.

**예제 4**

$f(z) = \cos z$일 때, $f(3+5i)$를 계산하라.

**풀이**

$$f(3+5i) = \cos(3+5i) = \cos 3 \cosh 5 - i \sin 3 \sinh 5$$

이다. ■

### ◆ 복소 삼각함수의 영점

방정식 $f(z)=0$의 해를 주어진 함수 $f$의 **영점(zero)**이라 한다.

**예제 5 (사인과 코사인 함수의 영점은 실수이다.)**

$$\sin z = 0 \text{이면 } z = k\pi \ (k\text{는 정수}) \tag{106}$$

이고

$$\cos z = 0\text{이면 } z = \left(k + \frac{1}{2}\right)\pi\,(k\text{는 정수}) \tag{107}$$

임을 보여라.

**풀이**

$$\sin z = \sin(x + iy) \;= \sin x \cosh y + i \cos x \sinh y$$

에서 $\sin z = 0$이면

$$\sin x \cosh y = 0, \qquad \cos x \sinh y = 0$$

이다. $\cosh y \neq 0$이므로 $\sin x \cosh y = 0$에서 $\sin x = 0$이므로 $x = k\pi$ ($k$는 정수)이고, $\cos k\pi \neq 0$ ($k$는 정수)이므로 $\cos x \sinh y = 0$에서 $x = k\pi$ ($k$는 정수)를 대입하여 $\cos k\pi \sinh y = 0$ ($k$는 정수)이기 위해 $\sinh y = 0$이 되어야 한다. 따라서 $y = 0$이다. 그러므로 $\sin z = 0$이면

$$z = x + iy = k\pi \quad (k\text{는 정수})$$

이다. 즉, $\sin z$의 영점(zero)는 $z = k\pi$ ($k$는 정수)이다.

마찬가지로 $\cos z = 0$에서

$$\cos x \cosh y - i \sin x \sinh y = 0$$

이므로

$$\cos x \cosh y = 0, \qquad \sin x \sinh y = 0$$

이다. $\cosh y \neq 0$이므로 $0 = \cos x \cosh y$에서 $\cos x = 0$이므로 $x = \left(k + \frac{1}{2}\right)\pi$ ($k$는 정수)를 얻는다. 따라서 $\sin x \sinh y = 0$에서 $\sin\left(k + \frac{1}{2}\right)\pi \sinh y = (-1)^k \sinh y = 0$ ($k$는 정수)가 되어 $y = 0$를 얻는다. 그러므로 $\cos z$의 영점은

$$z = \left(k + \frac{1}{2}\right)\pi \quad (k\text{는 정수})$$

이다. ■

예제 6

다음 방정식을 만족하는 복소수 $z$를 모두 구하라.

$$\cos z = 3$$

**풀이**

주어진 방정식에서 $\cos z$를 정의에 따라

$$\frac{1}{2}\left(e^{iz} + e^{-iz}\right) = 3$$

이고, 위 식의 양변에 $2e^{iz}$를 곱하여 정리하면 다음과 같은 $e^{iz}$에 관한 2차방정식을 얻는다.

$$\left(e^{iz}\right)^2 - 6e^{iz} + 1 = 0$$

2차방정식의 근의 공식을 써서 $e^{iz}$를 구하면

$$e^{iz} = 3 \pm \sqrt{8} = 3 \pm 2\sqrt{2}$$

이다. 따라서

$$iz = \ln\left(3 \pm 2\sqrt{2}\right)$$

이다. 즉,

$$z = -i\ln\left(3 \pm 2\sqrt{2}\right)$$

이다.

$$\begin{aligned} z &= -i\ln\left(3 + 2\sqrt{2}\right) = -i\left[\ln\left|3 + 2\sqrt{2}\right| + i\arg\left(3 + 2\sqrt{2}\right)\right] \\ &= -i\left[\ln\left(3 + 2\sqrt{2}\right) + i(0 + 2k\pi)\right] \\ &= 2k\pi - i\ln\left(3 + 2\sqrt{2}\right) \qquad (k\text{는 정수}) \end{aligned}$$

이고,

$$3 - 2\sqrt{2} = \frac{\left(3 - 2\sqrt{2}\right)\left(3 + 2\sqrt{2}\right)}{3 + 2\sqrt{2}} = \frac{1}{3 + 2\sqrt{2}}$$

로부터

$$\ln\left(3 - 2\sqrt{2}\right) = -\ln\left(3 + 2\sqrt{2}\right)$$

이므로

$$\begin{aligned} z &= -i\ln(3-2\sqrt{2}) \\ &= -i[\ln(3-2\sqrt{2})+i(0+2k\pi)] \\ &= -i[-\ln(3+2\sqrt{2})+i(0+2k\pi)] \\ &= 2k\pi + i\ln(3+2\sqrt{2}) \qquad (k\text{는 정수}) \end{aligned}$$

이다. 따라서

$$z = 2k\pi \pm i\ln(3+2\sqrt{2}) \quad (k\text{는 정수})$$

이다. ■

◆ 사상 $f(z)=\sin z$

수직띠영역 $-\frac{\pi}{2} \le z = x \le \frac{\pi}{2}$의 삼각함수 $w=\sin z$의 상을 구해보자. 이 영역 내부의 수직선 $x=a$는 $z(t)=a+it$, $-\infty < t < \infty$에 의하여 나타낼 수 있다. $z=x+iy$에 대하여

$$\sin z = \sin x \cosh y + i\cos x \sinh y$$

이므로

$$u+iv = \sin z(t) = \sin(a+it) = \sin a \cosh t + i\cos a \sinh t$$

이다. 항등식 $\cosh^2 t - \sinh^2 t = 1$로부터 다음 식이 성립한다.

$$\frac{u^2}{\sin^2 a} - \frac{v^2}{\cos^2 a} = 1$$

그러므로 수직선 $x=a$의 상은 $\pm\sin a$를 $u$절편으로 하는 쌍곡선이다.

$-\frac{\pi}{2} < a < \frac{\pi}{2}$이기 때문에 이 쌍곡선은 $u=-1$과 $u=1$ 사이에서 $u$축을 지난다. 만약 $a=-\frac{\pi}{2}$이면 $w=-\cosh t$이고, 따라서 직선 $x=-\frac{\pi}{2}$는 음의 $u$축 상의 구간 $(-\infty, -1]$로 보내지고, $a=\frac{\pi}{2}$이면 $w=\cosh t$이고 직선 $x=\frac{\pi}{2}$는 양의 $u$축 상의 구간 $[1,\infty)$로 보내진다.

이때 $z(t)=\frac{\pi}{2}+it\,(0<t<\infty)$와 $z(t)=\frac{\pi}{2}+it(-\infty<t<0)$는 양의 $u$축상의 구간 $[1,\infty)$, 즉 $u\ge 1(v=0)$로 포개지고, $z(t)=-\frac{\pi}{2}+it(0<t<\infty)$와 $z(t)=\frac{\pi}{2}+it$ $(-\infty<t<0)$는 음의 $u$축상의 구간 $(-\infty,-1]$, 즉 $u\le -1(v=0)$로 포개진다.

같은 방식으로 수직띠 $-\frac{\pi}{2}\le z=x\le\frac{\pi}{2}$의 $z(t)=t+ib\ (-\frac{\pi}{2}<t<\frac{\pi}{2})$로 표현되는 수평성분은

$$u+iv=\sin z(t)=\sin(t+ib)=\sin t\cosh b+i\cos t\sinh b$$

이므로 $\sin^2 t+\cos^2 t=1$로부터 $b>0$이냐 $b<0$이냐에 따라 타원

$$\frac{u^2}{\cosh^2 b}+\frac{v^2}{\sinh^2 b}=1$$

의 윗부분 또는 아랫부분으로 보내진다(그림 3.49 참조).

왜냐하면 $b>0$이면 $-\frac{\pi}{2}<t<\frac{\pi}{2}$에서 $\cos t>0$이고 $\sinh b>0$이므로 $v=\cos t\sinh b>0$이 되어 $z(t)=t+ib,\ -\frac{\pi}{2}<t<\frac{\pi}{2}$로 표현되는 수평성분은 타원 $\frac{u^2}{\cosh^2 b}+\frac{v^2}{\sinh^2 b}=1$의 윗부분으로 보내지고, $b<0$이면 $-\frac{\pi}{2}<t<\frac{\pi}{2}$에서 $\cos t>0$이고 $\sinh b<0$이므로 $v=\cos t\sinh b<0$이 되어 $z(t)=t+ib,\ -\frac{\pi}{2}<t<\frac{\pi}{2}$로 표현되는 수평성분은 타원 $\frac{u^2}{\cosh^2 b}+\frac{v^2}{\sinh^2 b}=1$의 아랫부분으로 보내지기 때문이다.

이때 수직띠의 수평성분의 경계점은 $z(t)=\pm\frac{\pi}{2}+ib$인데 $z=\frac{\pi}{2}+ib$일 때 $w=\cosh b$인 타원 $\frac{u^2}{\cosh^2 b}+\frac{v^2}{\sinh^2 b}=1$의 $u$축 상의 점으로 보내지고, $z=-\frac{\pi}{2}+ib$일 때 $w=-\cosh b$인 타원 $\frac{u^2}{\cosh^2 b}+\frac{v^2}{\sinh^2 b}=1$의 $u$축 상의 점으로 보내진다. 또한 $w=\cosh b$는 양의 $u$축 상의 구간 $[1,\ \infty)$위에 있고, $w=-\cosh b$는 음의 $u$축 상의 구간 $(-\infty,\ -1]$위에 있으므로 이 타원은 $u=-1$과 $u=1$ 사이에서 $u$축을 지나지 않는다. 그리하여

$w=\sin z=\sin(x+iy)$는 수직띠영역 $-\dfrac{\pi}{2} \leq z = x \leq \dfrac{\pi}{2}$를 복소전체평면으로 사상함을 보여주며 $y \geq 0$일 때 $|x| \leq \dfrac{\pi}{2}$와 $y<0$일 때 $|x|<\dfrac{\pi}{2}$인 기본영역을 복소평면 전체로 보내주는 1대 1 사상이 된다.

특히 $x$축 상의 구간 $\left(-\dfrac{\pi}{2}, \dfrac{\pi}{2}\right)$는 $u$축상의 구간 $(-1, 1)$로 사상되고, 직선 $x=-\dfrac{\pi}{2}$는 음의 $u$축 상의 구간 $(-\infty, -1]$로 보내지고, 직선 $x=\dfrac{\pi}{2}$는 양의 $u$축 상의 구간 $[1, \infty)$로 보내진다. 또한 $z$–평면의 위쪽 반수직띠 $y>0, -\dfrac{\pi}{2}<x<\dfrac{\pi}{2}$는 $w$–평면의 상반평면인 $v>0$로 사상된다(그림 3.49 참조).

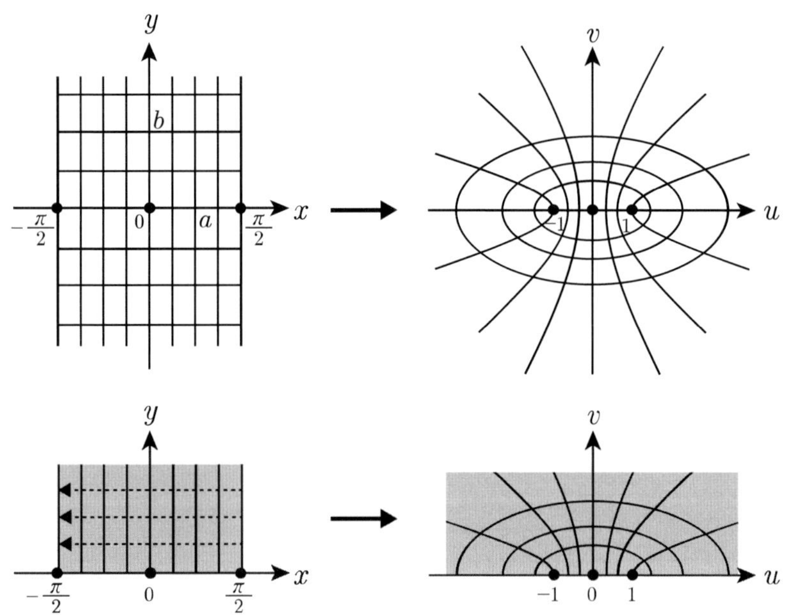


**그림 3.49** 수직선과 수평선의 $w=\sin z$에 의한 상

또한 $w=\cos z=\sin\left(z+\dfrac{\pi}{2}\right)$이므로 $w=\cos z$는 정의영역의 모든 점을 오른쪽으로 $\dfrac{\pi}{2}$만큼 평행이동한 후 사인함수에 의해 보내는 사상임을 알 수 있다.

다음으로, 실변수 쌍곡선함수(hyperbolic Function)의 정의와 마찬가지로 복소쌍곡선함수를 정의한다.

## ◆ 복소쌍곡선함수

### 정의 3.10 쌍곡선 사인과 코사인 함수

임의의 복소수 $z = x + iy$에 대해, 다음과 같이 쌍곡선함수를 정의한다.

$$\sinh z = \frac{e^z - e^{-z}}{2}, \quad \cosh z = \frac{e^z + e^{-z}}{2} \tag{108}$$

다른 쌍곡선함수 네 개도 실함수에서처럼 $\sinh z$와 $\cosh z$를 이용하여 다음과 같이 정의한다.

$$\tanh z = \frac{\sinh z}{\cosh z}, \quad \coth z = \frac{1}{\tanh z}, \quad \operatorname{sech} z = \frac{1}{\cosh z}, \quad \operatorname{csch} z = \frac{1}{\sinh z} \tag{109}$$

$e^z$와 $e^{-z}$는 복소평면 전체에서 해석적인 함수이므로 $\sinh z$와 $\cosh z$도 복소평면 전체에서 해석적인 함수이다. 그러나 식 (109)에서 정의되는 쌍곡선함수들은 분수함수이므로 분모가 0인 점을 제외한 영역에서 해석적이다.

$\sinh z$와 $\cosh z$에 대한 도함수를 구해보면

$$\begin{aligned}\frac{d}{dz}\sinh z &= \frac{1}{2}\frac{d}{dz}(e^z - e^{-z}) = \frac{1}{2}(e^z + e^{-z}) \\ &= \cosh z\end{aligned}$$

이고

$$\begin{aligned}\frac{d}{dz}\cosh z &= \frac{1}{2}\frac{d}{dz}(e^z + e^{-z}) = \frac{1}{2}(e^z - e^{-z}) \\ &= \sinh z\end{aligned}$$

이므로

$$\frac{d}{dz}\sinh z = \cosh z, \quad \frac{d}{dz}\cosh z = \sinh z \tag{110}$$

이다.

다음으로 복소쌍곡선함수와 복소삼각함수의 관계에 대해 살펴보자.

식 (108)의 $\sinh z$에서 $z$대신에 $iz$를 대입해 보면

$$\begin{aligned}\sinh(iz) &= \frac{1}{2}(e^{iz} - e^{-iz}) = i\frac{1}{2i}(e^{iz} - e^{-iz}) \\ &= i\sin z\end{aligned}$$

가 된다.

식 (108)의 $\cosh z$에서 $z$대신에 $iz$를 대입해 보면

$$\begin{aligned}\cosh(iz) &= \frac{1}{2}(e^{iz}+e^{-iz}) \\ &= \cos z\end{aligned}$$

가 된다.

또한 $\sin z$와 $\cos z$의 정의에서 $z$대신에 $iz$를 대입하면

$$\begin{aligned}\sin(iz) &= \frac{1}{2i}(e^{-z}-e^{z}) = i\frac{1}{2}(e^{z}-e^{-z}) \\ &= i\sinh z\end{aligned}$$

이고

$$\begin{aligned}\cos(iz) &= \frac{1}{2}(e^{-z}+e^{z}) \\ &= \cosh z\end{aligned}$$

이다.

그리하여 지금까지 복소쌍곡선함수와 복소삼각함수 사이의 상관관계를 요약하면 다음과 같다.

$$\cosh(iz) = \cos z, \quad \sinh(iz) = i\sin z, \quad \cos(iz) = \cosh z, \quad \sin(iz) = i\sinh z \tag{111}$$

또한 $\cosh z$와 $\sinh z$의 정의로부터 $\cosh^2 z$와 $\sinh^2 z$를 계산하면

$$\cosh^2 z = \frac{1}{4}(e^{z}+e^{-z})^2 = \frac{1}{4}(e^{2z}+2+e^{-2z})$$

이고

$$\sinh^2 z = \frac{1}{4}(e^{z}-e^{-z})^2 = \frac{1}{4}(e^{2z}-2+e^{-2z})$$

이 되므로 다음을 얻을 수 있다.

$$\cosh^2 z - \sinh^2 z = 1$$

한편 $\sin z$와 $\cos z$의 주기가 $2\pi$이고 식 (111)에서 $\sinh z = -i\sin(iz)$과 $\cosh z = \cos(iz)$을 이용하면

$$\sinh(z+2\pi i) = -i\sin(i(z+2\pi i)) = -i\sin(-2\pi+iz) = -i\sin(iz)$$
$$= \sinh z$$

$$\cosh(z+2\pi i) = \cos(i(z+2\pi i)) = \cos(iz-2\pi) = \cos(iz)$$
$$= \cosh z$$

이 성립한다. 즉, $\sinh z$의 주기는 $2\pi i$이고 $\cosh z$의 주기도 $2\pi i$이다.

그리고 복소쌍곡선함수의 정의에 의하여

$$\cosh(-z) = \frac{e^{-z}+e^{z}}{2}$$
$$= \cosh z$$

$$\sinh(-z) = \frac{e^{-z}-e^{-(-z)}}{2} = \frac{-(e^{z}-e^{-z})}{2}$$
$$= -\sinh z$$

임을 알 수 있다.

그리하여 지금까지 복소쌍곡선함수의 성질을 요약하면 다음과 같다.

$$\cosh^2 z - \sinh^2 z = 1 \tag{112}$$

$$\sinh(z+2\pi i) = \sinh z, \quad \cosh(z+2\pi i) = \cosh z \tag{113}$$

$$\cosh(-z) = \cosh z, \quad \sinh(-z) = -\sinh z \tag{114}$$

한편 식 (95)와 (111)에 의하여

$$i\sinh(z_1+z_2) = \sin(iz_1+iz_2) = \sin(iz_1)\cos(iz_2) + \cos(iz_1)\sin(iz_2)$$
$$= i\sinh z_1\cosh z_2 + i\cosh z_1\sinh z_2$$
$$= i(\sinh z_1\cos hz_2 + \cosh z_1\sinh z_2)$$

이므로

$$\sinh(z_1+z_2) = \sinh z_1\cosh z_2 + \cosh z_1\sinh z_2$$

이다.

또한 $z_2$ 대신에 $-z_2$로 대체하고, 식 (114)를 이용하면

$$\sinh(z_1 - z_2) = \sinh(z_1 + (-z_2)) = \sinh z_1 \cosh(-z_2) + \cosh z_1 \sinh(-z_2)$$
$$= \sinh z_1 \cosh z_2 - \cosh z_1 \sinh z_2$$

이다. 따라서

$$\sinh(z_1 \pm z_2) = \sinh z_1 \cosh z_2 \pm \cosh z_1 \sinh z_2 \tag{115}$$

이다.

마찬가지로 식 (111)과 (96)에서

$$\cosh(z_1 + z_2) = \cos(i(z_1 + z_2)) = \cos(iz_1)\cos(iz_2) - \sin(iz_1)\sin(iz_2)$$
$$= \cosh z_1 \cosh z_2 + \sinh z_1 \sinh z_2$$

이며, $z_2$ 대신에 $-z_2$로 대체하여 위 식에 적용하면

$$\cosh(z_1 - z_2) = \cosh(z_1 + (-z_2)) = \cosh z_1 \cosh(-z_2) + \sinh z_1 \sinh(-z_2)$$
$$= \cosh z_1 \cosh z_2 - \sinh z_1 \sinh z_2$$

이다. 따라서

$$\cosh(z_1 \pm z_2) = \cosh z_1 \cosh z_2 \pm \sinh z_1 \sinh z_2 \tag{116}$$

이다.

### 예제 7

$z = x + iy$에 대해 다음을 증명하라.

$$\sinh z = \sinh x \cos y + i \cosh x \sin y \tag{117}$$

$$|\sinh z|^2 = \sinh^2 x + \sin^2 y \tag{118}$$

$$\cosh z = \cosh x \cos y + i \sinh x \sin y \tag{119}$$

$$|\cosh z|^2 = \sinh^2 x + \cos^2 y \tag{120}$$

**풀이**

$\sinh z$의 정의에 의해

$$\sinh z = \frac{1}{2}(e^{z} - e^{-z}) = \frac{1}{2}(e^{x+iy} - e^{-x-iy}) = \frac{1}{2}(e^{x}e^{iy} - e^{-x}e^{-iy})$$

$$= \frac{1}{2}[e^{x}(\cos y + i\sin y) - e^{-x}(\cos y - i\sin y)]$$

$$= \frac{1}{2}[\cos y(e^{x} - e^{-x}) + i\sin y(e^{x} + e^{-x})]$$

$$= \cos y\,\frac{1}{2}(e^{x} - e^{-x}) + i\sin y\,\frac{1}{2}(e^{x} + e^{-x})$$

$$= \sinh x\cos y + i\cosh x\sin y$$

이 얻어지므로 $|\sinh z|^2$은 다음과 같다.

$$|\sinh z|^2 = \sinh^2 x\cos^2 y + \cosh^2 x\sin^2 y$$

여기에 $\cosh^2 x = 1 + \sinh^2 x$의 관계를 대입하여 정리하면

$$|\sinh z|^2 = \sinh^2 x\cos^2 y + (1 + \sinh^2 x)\sin^2 y$$

$$= \sinh^2 x(\cos^2 y + \sin^2 y) + \sin^2 y$$

$$= \sinh^2 x + \sin^2 y$$

이다.

마찬가지로 $\cosh z$의 정의에 의해

$$\cosh z = \frac{1}{2}(e^{z} + e^{-z}) = \frac{1}{2}(e^{x+iy} + e^{-x-iy}) = \frac{1}{2}(e^{x}e^{iy} + e^{-x}e^{-iy})$$

$$= \frac{1}{2}[e^{x}(\cos y + i\sin y) + e^{-x}(\cos y - i\sin y)]$$

$$= \frac{1}{2}[\cos y(e^{x} + e^{-x}) + i\sin y(e^{x} - e^{-x})]$$

$$= \cos y\cosh x + i\sin y\sinh x$$

$$= \cosh x\cos y + i\sinh x\sin y$$

이고

$$|\cosh z|^2 = \cosh^2 x\cos^2 y + \sinh^2 x\sin^2 y = (1 + \sinh^2 x)\cos^2 y + \sinh^2 x\sin^2 y$$

$$= \sinh^2 x + \cos^2 y$$

이다. ■

**예제 8**

$\cosh z$와 $\sinh z$가 각각 0이 되는 $z$를 구하라.

**풀이**

$\cosh z = 0$을 만족하는 영점 $z$를 찾아보자.

$$\cosh z = \cosh x \cos y + i \sinh x \sin y = 0$$

에서

$$\cosh x \cos y = 0, \ \sinh x \sin y = 0$$

이다. $\cosh x \neq 0$이므로 $\cosh x \cos y = 0$에서 $\cos y = 0$이므로 $y = \frac{\pi}{2}(2k+1)$ ($k$는 정수)이고, $\sinh\left(\frac{\pi}{2}(2k+1)\right) \neq 0$이므로 $\sinh x \sin y = 0$에서 $y = \frac{\pi}{2}(2k+1)$ ($k$는 정수)를 대입하여 $\sinh x \sin\left(\frac{(2k+1)\pi}{2}\right) = 0$으로부터 $\sinh x = 0$이다. 따라서 $x = 0$이다. 그러므로 $\cosh z = 0$을 만족하는 $z$는

$$z = x + iy = i\frac{\pi}{2}(2k+1) \quad (k\text{는 정수})$$

이다.

다음으로 $\sinh z = 0$을 만족하는 $z$를 찾기 위해

$$\sinh z = \sinh x \cos y + i \cosh x \sin y = 0$$

에서

$$\sinh x \cos y = 0, \ \cosh x \sin y = 0$$

이다. $\cosh x \neq 0$이므로 $\cosh x \sin y = 0$에서 $\sin y = 0$이므로 $y = k\pi$ ($k$는 정수)이고 $\cos k\pi \neq 0$이므로 $\sinh x \cos y = 0$에 $y = k\pi$를 대입하면 $\sinh x \cos k\pi = 0$ ($k$는 정수)이 되어 $\sinh x = 0$이므로 $x = 0$이다. 따라서 $\sinh z = 0$을 만족하는 $z$는

$$z = x + iy = ik\pi \quad (k\text{는 정수})$$

이다. ■

예제 9

$\cosh z = 1$을 풀어라.

**풀이**

$\cosh z = \dfrac{e^z + e^{-z}}{2} = 1$에서 양변 $e^z$을 곱하고 정리하면

$$(e^z)^2 - 2(e^z) + 1 = 0$$

이므로

$$e^z = 1$$

이다. 따라서

$$z = \ln 1 \ = \ln|1| + i\arg 1 = 2k\pi i \qquad (k\text{는 정수})$$

이다. 그러므로 $\cosh z = 1$을 만족하는 $z$는

$$z = 2k\pi i \quad (k\text{는 정수})$$

이다. ■

예제 10

$\sinh z = -i$를 만족하는 모든 복소수를 구하라.

**풀이**

$$\sinh z = \frac{e^z - e^{-z}}{2} = -i$$

에서

$$(e^z)^2 + 2i(e^z) - 1 = 0$$

이므로

$$(e^z + i)^2 = 0$$

이 되어

$$e^z = -i$$

이다. 따라서

$$z = \ln(-i) = \ln|-i| + i\arg(-i) = i\left(-\frac{\pi}{2} + 2k\pi\right) \quad (k\text{는 정수})$$

가 된다. ■

### 예제 11

다음의 함수값을 구하라.

(1) $\cosh(\pi i)$

(2) $\sinh(3+5i)$

**풀이**

(1) 식 (111)로부터

$$\cosh(\pi i) = \cos(\pi) = -1$$

이다.

(2)
$$\begin{aligned}\sinh(3+5i) &= -i\sin[i(3+5i)] = -i\sin(-5+3i) = i\sin(5-3i)\\ &= i[\sin 5\cosh 3 - i\cos 5\sinh 3]\\ &= \cos 5\sinh 3 + i\sin 5\cosh 3\end{aligned}$$

이다. ■

### 예제 12

다음 등식이 성립함을 보여라.

$$\tanh(z+\pi i) = \tanh z \tag{121}$$

**풀이**

$$\begin{aligned}\tanh(z+\pi i) &= \frac{\sinh(x+(y+\pi)i)}{\cosh(x+(y+\pi)i)} \\ &= \frac{\sinh x\cos(y+\pi)+i\cosh x\sin(y+\pi)}{\cosh x\cos(y+\pi)+i\sinh x\sin(y+\pi)} \\ &= \frac{-[\sinh x\cos y+i\cosh x\sin y]}{-[\cosh x\cos y+i\sinh x\sin y]} \\ &= \frac{-\sinh z}{-\cosh z} = \tanh z\end{aligned}$$

■

**예제 13**

다음 방정식을 만족하는 모든 복소수 $z$를 구하라.

$$\sin z = i\sinh 2$$

**풀이**

$$\sin z = \sin(x+iy) = \sin x\cosh y + i\cos x\sinh y = 0 + i\sinh 2$$

이므로

$$\sin x\cosh y = 0, \qquad \cos x\sinh y = \sinh 2$$

이다. $\cosh y \neq 0$이므로 $\sin x\cosh y = 0$에서 $\sin x = 0$이므로 $x = k\pi$ ($k$는 정수)이다. $\cos k\pi = (-1)^k$($k$는 정수)이므로 $\cos x\sinh y = \sinh 2$에서 $x = k\pi$를 대입하면 $\sinh y\cos k\pi = \sinh 2$에서

$$(-1)^k\sinh y = \sinh 2 \quad (k\text{는 정수})$$

이다. 이 식에서 $k$가 짝수이면 $y = 2$이고 $k$가 홀수이면 $-\sinh y = \sinh 2$로부터 $y = -2$이다.

그러므로 $z = k\pi + (-1)^k 2i$ ($k$는 정수)이다. ■

## 연습문제 3.6

1. 다음 함수값을 $u(x, y)+iv(x, y)$ 형태로 표시하라.

(1) $\sin\left(\frac{\pi}{4}+i\right)$

(2) $\cos\left(\frac{\pi}{2}+i\ln 2\right)$

(답) (1) $\frac{1}{\sqrt{2}}\cosh 1+i\frac{1}{\sqrt{2}}\sinh 1$ (2) $-\frac{3}{4}i$

2. $f(z)=\sin(iz)$의 주기를 구하라.

(답) $2\pi i$

3. $\cos z=\sin z$인 $z$를 구하라.

(답) $z=\frac{\pi}{4}+k\pi$ ($k$는 정수)

4. $\cos\left[2i\ln\left(\frac{1-i}{1+i}\right)\right]$의 주값을 구하라.

(답) $-1$

5. $\sin z=2$를 만족하는 복소수 $z$를 $a+ib$형태로 나타내어라.

(답) $z=\left(\frac{\pi}{2}+2k\pi\right)\mp i\ln(2+\sqrt{3})$ ($k$는 정수)

6. $\sinh z=-1$을 만족하는 모든 복소수 $z$를 구하라.

(답) $z=\ln(\sqrt{2}-1)+2k\pi i$ 또는 $z=\ln(\sqrt{2}+1)+(\pi+2k\pi)i$ ($k$는 정수)

## 3.7 역삼각함수와 역쌍곡선 함수

복소삼각함수와 복소쌍곡선 함수는 모두 주기함수이다. 따라서 이들의 역함수는 엄밀한 의미에서 존재하지 않는다. 하지만 여러값 함수(다가함수)라 부르며, 이 해석함수들의 역함수를 정의할 수도 있다.

**정의 3.11**

역사인(inverse sine)함수는 $\sin^{-1}z$나 arcsin $z$로 표기하며 다음과 같이 정의한다.

$$w=\sin^{-1}z, \qquad z=\sin w \tag{122}$$

역사인함수는 로그함수로 표현할 수 있다. 이를 확인하기 위해, 사인함수의 정의와 식 (122)에 의해

$$\frac{e^{iw}-e^{-iw}}{2i}=z, \qquad e^{2iw}-2ize^{iw}-1=0$$

을 얻는다. 이 식에 근의 공식을 적용하면

$$e^{iw}=iz+\left(1-z^2\right)^{\frac{1}{2}} \tag{123}$$

이 성립한다. 여기서,

$$\pm\sqrt{1-z^2}=\left(1-z^2\right)^{\frac{1}{2}}$$

이다. 왜냐하면 $\left(1-z^2\right)^{\frac{1}{2}}$가 제곱하여 $1-z^2$이 되는 두 값을 모두 표현하기 때문이다. 식 (123)을 $w$에 대해 나타내면

$$\sin^{-1}z=-i\ln\left[iz+\left(1-z^2\right)^{\frac{1}{2}}\right] \tag{124}$$

이 성립한다.

참고로 $w=\sin z=\sin(x+iy)$의 기본영역이 $y\ge 0$일 때 $|x|\le\frac{\pi}{2}$와 $y<0$일 때

$|x| < \frac{\pi}{2}$으로서 $w = \sin z$에 의해 복소평면 전체로 일대일 사상되므로 $w = \sin^{-1} z$의 주값은 $z = \sin w = \sin(u + iv)$에서 $v \ge 0$일 때 $|u| \le \frac{\pi}{2}$와 $v < 0$일 때 $|u| < \frac{\pi}{2}$를 만족하는 값으로 정의된다.

코사인과 탄젠트의 역함수도 위에서와 비슷한 과정을 거쳐 다음과 같이 구할 수 있다.

$$\cos^{-1} z = -i \ln\left[z + i(1 - z^2)^{\frac{1}{2}}\right] \tag{125}$$

$$\tan^{-1} z = \frac{i}{2} \ln \frac{i + z}{i - z} \tag{126}$$

위에서 다룬 역삼각함수 세 개의 도함수는 음함수 미분법(implicite differentation)으로 구할 수 있다.

역사인함수 $w = \sin^{-1} z$의 도함수를 찾기 위해, $z = \sin w$로 놓고 양변을 미분한다. 그러면

$$\begin{aligned} \frac{d}{dz} z &= \frac{d}{dz} \sin w \\ &= \frac{d}{dw}(\sin w)\frac{dw}{dz} \\ &= \cos w \frac{dw}{dz} \end{aligned}$$

이 되어 $\frac{dw}{dz} = \frac{1}{\cos w}$이다.

이때 $\cos w \ne 0$일 때, 즉 $w \ne \frac{2k-1}{2}\pi$($k$는 정수)에서 도함수가 존재하므로 $w = u + iv = \sin^{-1} z$는 주값 $|u| < \frac{\pi}{2}$에서 도함수를 가지며 $\cos^2 w + \sin^2 w = 1$을 $\cos w = (1 - \sin^2 w)^{\frac{1}{2}} = (1 - z^2)^{\frac{1}{2}}$로 바꿔 위의 식에 대입하면

$$\frac{d}{dz} \sin^{-1} z = \frac{1}{(1 - z^2)^{\frac{1}{2}}} \tag{127}$$

을 얻는다.

다른 방법으로

$$\frac{d}{dz}\sin^{-1}z = i\frac{d}{dz}\ln\left[iz+\left(1-z^2\right)^{1/2}\right] = -i\frac{i+\frac{1}{2}\left(1-z^2\right)^{1/2}(-2z)}{iz+\left(1-z^2\right)^{1/2}}$$

$$= \frac{1+iz\left(1-z^2\right)^{-1/2}}{iz+\left(1-z^2\right)^{1/2}} = \frac{\left(1-z^2\right)^{-1/2}\left[\left(1-z^2\right)^{1/2}+iz\right]}{iz+\left(1-z^2\right)^{1/2}} = \left(1-z^2\right)^{-1/2}$$

마찬가지로 나머지 두 역함수의 도함수도 다음과 같이 구할 수 있다.

$$\frac{d}{dz}\cos^{-1}z = \frac{-1}{\left(1-z^2\right)^{\frac{1}{2}}} \tag{128}$$

$$\frac{d}{dz}\tan^{-1}z = \frac{1}{1+z^2} \tag{129}$$

### 예제 1

$\sin^{-1}\sqrt{2}$의 값을 구하라.

**풀이**

식 (124)에서

$$\sin^{-1}\sqrt{2} = -i\ln\left[i\sqrt{2}+\left(1-(\sqrt{2})^2\right)^{\frac{1}{2}}\right]$$
$$= -i\ln\left[i\sqrt{2}\pm i\right]$$

이다.

$$\sin^{-1}\sqrt{2} = -i\ln\left[(\sqrt{2}\pm 1)i\right]$$
$$= -i\left[\ln(\sqrt{2}+1)+i\left(\frac{\pi}{2}+2k\pi\right)\right]$$
$$= \frac{\pi}{2}+2k\pi - i\ln(\sqrt{2}\pm 1) \quad (k\text{는 정수})$$

로 되고

$$\ln(\sqrt{2}-1)=\ln\frac{(\sqrt{2}-1)(\sqrt{2}+1)}{\sqrt{2}+1}=\ln\frac{1}{\sqrt{2}+1}$$
$$=-\ln(\sqrt{2}+1)$$

이므로

$$\sin^{-1}\sqrt{2}=\frac{\pi}{2}+2k\pi\pm i\ln(\sqrt{2}+1)\quad (k\text{는 정수})$$

이다. ■

예제 2

$f(z)=\sin^{-1}z$에 대하여 $(1-z^2)^{\frac{1}{2}}$의 주값과 로그함수의 주값을 선택하여 $f(\sqrt{2})$와 $f'(\sqrt{2})$를 구하라.

**풀이**

$$P.V\left(1-(\sqrt{2})^2\right)^{\frac{1}{2}}=(-1)^{\frac{1}{2}}=e^{\frac{1}{2}\mathrm{Ln}(-1)}=e^{\frac{1}{2}i\,Arg(-1)}=\left(e^{i\pi}\right)^{\frac{1}{2}}=e^{\frac{\pi}{2}i}=i$$

와 식 (124)에서 로그함수의 주값을 선택하면

$$f(\sqrt{2})=\sin^{-1}\sqrt{2}=-i\ln\left[i\sqrt{2}+\left(1-(\sqrt{2})^2\right)^{\frac{1}{2}}\right]$$
$$=-i\ln\left[i(\sqrt{2}+1)\right]$$
$$=-i\left[\ln|(\sqrt{2}+1)i|+i\,Arg((\sqrt{2}+1)i)\right]$$
$$=-i\left[\ln(\sqrt{2}+1)+\frac{\pi}{2}i\right]$$
$$=\frac{\pi}{2}-i\ln(\sqrt{2}+1)$$

가 되고, 대응하는 도함수의 값은 식 (127)에 의해

$$f'(z) = \frac{d}{dz}\sin^{-1}z = \frac{1}{(1-z^2)^{\frac{1}{2}}}$$

이므로

$$f'(\sqrt{2}) = \frac{1}{(1-(\sqrt{2})^2)^{\frac{1}{2}}} = \frac{1}{i} = -i$$

이다. ■

**정의 3.12 역쌍곡선 함수(inverse hyperbolic function)**

역쌍곡선 사인함수는 $\sinh^{-1}z$이나 $\operatorname{arcsinh} z$로 표기하며 다음과 같이 정의한다.

$$w = \sinh^{-1}z, \quad z = \sinh w \tag{130}$$

역쌍곡선 코사인함수는 $\cosh^{-1}z$이나 $\operatorname{arccosh} z$로 표기하며 다음과 같이 정의한다.

$$w = \cosh^{-1}z, \quad z = \cosh w \tag{131}$$

역쌍곡선 탄젠트함수는 $\tanh^{-1}z$이나 $\operatorname{arctanh} z$로 표기하며 다음과 같이 정의한다.

$$w = \tanh^{-1}z, \quad z = \tan hw \tag{132}$$

역쌍곡선 함수의 정의에서

$$z = \sinh w = \frac{e^w - e^{-w}}{2}, \; z = \cosh w = \frac{e^w + e^{-w}}{2}, \; z = \tanh w = \frac{\sinh w}{\cosh w} = \frac{e^w - e^{-w}}{e^w + e^{-w}}$$

를 $w$에 대해 풀면 역쌍곡선 함수는

$$\sinh^{-1}z = \ln\left[z + (z^2+1)^{\frac{1}{2}}\right] \tag{133}$$

$$\cosh^{-1}z = \ln\left[z + (z^2-1)^{\frac{1}{2}}\right] \tag{134}$$

$$\tanh^{-1}z = \frac{1}{2}\ln\left(\frac{1+z}{1-z}\right) \tag{135}$$

이 성립한다.

역쌍곡선함수의 도함수는

$$\frac{d}{dz}\sinh^{-1}z = \frac{1}{(z^2+1)^{\frac{1}{2}}} \tag{136}$$

$$\frac{d}{dz}\cosh^{-1}z = \frac{1}{(z^2-1)^{\frac{1}{2}}} \tag{137}$$

$$\frac{d}{dz}\tanh^{-1}z = \frac{1}{1-z^2} \tag{138}$$

이다.

식 (135)를 증명하기 위하여 $w = \tanh^{-1}z$에서

$$z = \tanh w = \frac{e^w - e^{-w}}{e^w + e^{-w}} = \frac{e^{2w}-1}{e^{2w}+1}$$

을 얻고, $e^{2w}$에 관해서 풀면 $e^{2w} = \dfrac{1+z}{1-z}$로 된다. 따라서

$$w = \tanh^{-1}z = \frac{1}{2}\ln\left(\frac{1+z}{1-z}\right)$$

이 성립함을 알 수 있다.

예제 3

$z = 1+2i$일 때 $\tanh^{-1}z$의 값을 계산하라.

**풀이**

$$\tanh^{-1}(1+2i) = \frac{1}{2}\ln\frac{1+(1+2i)}{1-(1+2i)}$$

$$= \frac{1}{2}\ln(-1+i)$$

$$= \frac{1}{2}\left[\ln|-1+i| + i\arg(-1+i)\right]$$

$$= \frac{1}{2}\left[\ln\sqrt{2} + i\left(\frac{3}{4}\pi + 2k\pi\right)\right]$$

$$= \frac{1}{4}\ln 2 + i\left(\frac{3}{8}+k\right)\pi \quad (k\text{는 정수})$$

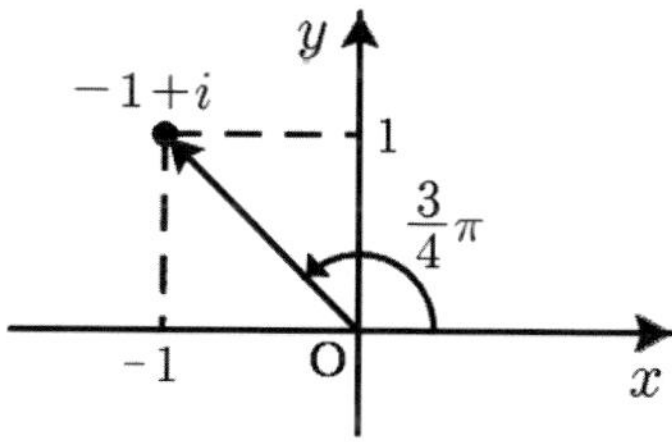


**그림 3.50** $-1+i$

■

## 연습문제 3.7

1. $\sin^{-1}(\ \ i)$를 구하라.

(답) $2n\pi - i\ln(1+\sqrt{2})$ 또는 $(\pi+2k\pi) - i\ln(1+\sqrt{2})$ ($k$는 정수)

2. $\tan^{-1}1$를 구하라.

(답) $\tan^{-1}1 = \frac{\pi}{4} - k\pi$ ($k$는 정수)

3. $\sin^{-1}\left(\left(\dfrac{\sqrt{3}+i}{\sqrt{3}-i}\right)^{12}\right)$를 구하라.

(답) $\dfrac{\pi}{2}+2k\pi$ ($k$는 정수)

4. $\tanh^{-1}(-\sqrt{3}\,i)$를 계산하라.

(답) $\left(-\dfrac{\pi}{3}+k\pi\right)i$ ($k$는 정수)

5. 다음값을 계산하라.

(1) $\sin^{-1}(0)$ (2) $\cos^{-1}(0)$ (3) $\sinh^{-1}(0)$

(4) $\cosh^{-1}(0)$ (5) $\tan^{-1}(0)$ (6) $\tanh^{-1}(0)$

(답) (1) $\sin^{-1}(0)=k\pi$ ($k$는 정수)

(2) $\cos^{-1}(0)=\dfrac{(2k+1)\pi}{2}$ ($k$는 정수)

(3) $\sinh^{-1}(0)=k\pi i$ ($k$는 정수)

(4) $\cosh^{-1}(0)=\dfrac{(2k+1)\pi}{2}i$ ($k$는 정수)

(5) $\tan^{-1}(0)=k\pi$ ($k$는 정수)

(6) $\tanh^{-1}(0)=k\pi i$ ($k$는 정수)

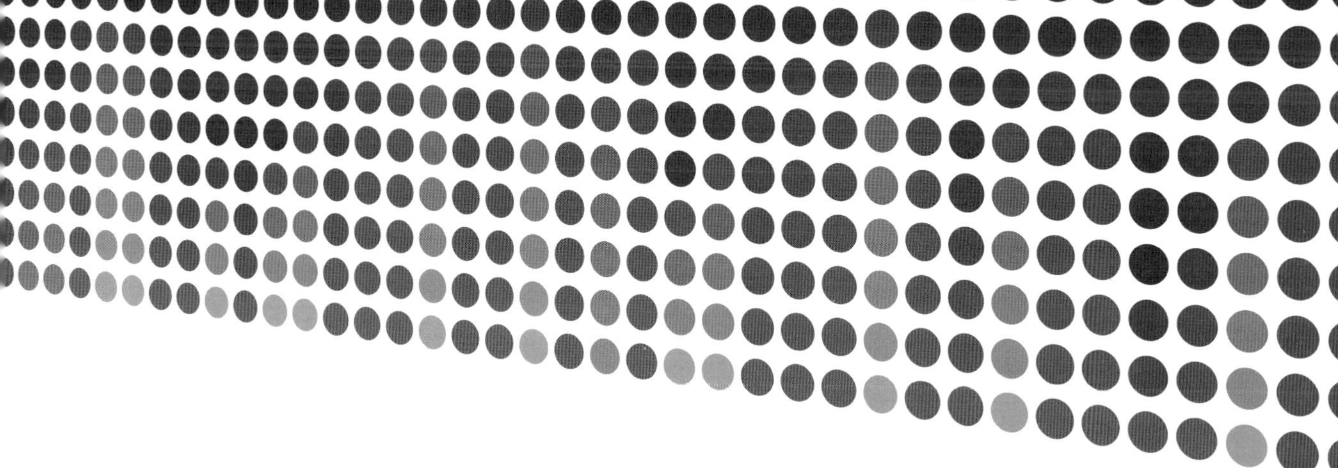

# 제4장
# 복소적분

복소평면에서의 적분은 실적분 계산법으로 풀기 어려운 복소수가 전혀 등장하지 않는 실적분 문제를 복소적분에 의해 계산할 수 있고, 해석함수의 고계도함수의 존재성과 같은 다른 방법들로는 증명하기 어려운 해석함수의 몇 가지 기본적인 성질들을 복소함수의 선적분 이론을 이용해 증명할 수 있다. 또한 복소적분은 감마함수, 오차함수 등과 같은 여러 특수함수 및 이러한 함수들의 물리적 응용에 활용할 수 있다.

본 장에서는 복소해석학의 가장 기본이 되면서도 중요한 Cauchy의 적분정리와 적분공식을 유도하고 이를 확장하여 해석함수의 고계도함수의 존재성에 대해 학습한다.

## 4.1 복소함수의 선적분

◆ 복소평면에서의 경로

일반적으로 복소평면위에 있는 방향이 있는 곡선 $C$ 를 매개변수로 표현하여

$$C: z(t) = x(t) + iy(t) \qquad a \le t \le b \tag{1}$$

로 나타내며, 이때 $x(t)$와 $y(t)$는 연속함수이고, $t$가 증가하는 곡선의 방향을 곡선 $C$상의 양의 방향(positive sense)으로 정의한다.

예를 들어

$$z(t) = re^{it} = r\cos t + ir\sin t = x(t) + iy(t) \qquad a \le t \le b$$

로 표현할 경우 양의 방향은 $t$가 증가하는 방향, 즉 반시계방향이 된다.
곡선 $C$의 매개변수 표현식 (1)에서 $z(t)$는 정의역은 실수이고 치역은 복소수인 실변수 복소수치 함수이다.

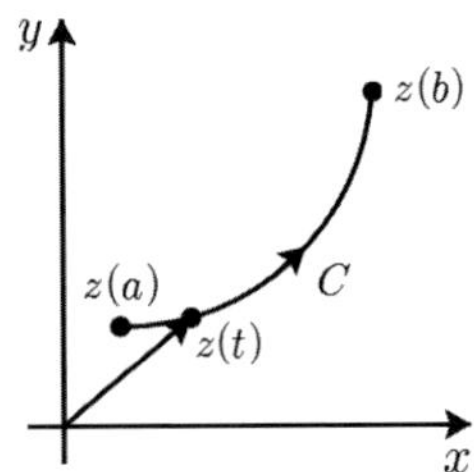


**그림 4.1** 복소평면에서의 곡선 $C$의 표현

곡선 $C$의 매개변수 표현식

$$C: z_1(t) = x(t) + iy(t) \qquad a \le t \le b$$

의 반대방향곡선(opposite sense curve) $-C$의 매개변수 표현은

$$-C: z_2(t) = x(-t) + iy(-t) \qquad -b \le t \le -a$$

이다. 즉 $z_2(t) = z_1(-t)$이다.

$x(t)$와 $y(t)$가 $a \le t \le b$에서 모두 미분가능 할 때 식 (1)의 실변수 복소수치 함수 $z(t)$는 **미분가능(differentiable)**이라 한다. 이때 구간의 양쪽 끝점에서 $x(t)$와 $y(t)$의 우도함수 $x'(a+)$와 $y'(a+)$가 존재하고, 좌도함수 $x'(b-)$와 $y'(b-)$가 존재함을 필요로 한다. 여기서

$$x'(a+) = \lim_{t \to a+} \frac{x(t) - x(a)}{t - a}$$

이고

$$x'(b-) = \lim_{t \to b-} \frac{x(t) - x(b)}{t - b}$$

이다.

$t$에 관한 도함수 $z'(t)$는 방정식

$$z'(t) = x'(t) + iy'(t) \qquad a \le t \le b \tag{2}$$

로 정의된다.

식 (1)에 의하여 정의된 방향이 있는 곡선 $C$는 식 (2)로 주어진 $z'(t)$가 연속이고 그 구간에서 0이 아니면 **매끄러운 곡선(smooth curve)**이라고 한다. 이는 기하학적으로 곡선 $C$의 모든 점에서 연속적으로 변해가는 접선을 가진다는 뜻이다.

왜냐하면 만일에 곡선 $C$가 매끄러운 곡선이면 $C$는 각 점 $z(t)$에 있어서 0이 아닌 접선 백터 $z'(t)$를 가지며 특히 $x'(t_0) = 0$ 이면, 접선백터 $z'(t_0) = iy'(t_0)$ 는 $x$축에 수직이다. $x'(t_0) \ne 0$ 이면 점 $z(t_0)$에서 $C$에 대한 접선의 기울기 $\frac{dy}{dx}$는 $\frac{y'(t_0)}{x'(t_0)}$이다. 따라서 접선백터 $z'(t)$의 기울기인 편각(argument) $\theta(t)$는 $t$의 모든 값에 대해서 정의되고

$$\theta(t) = \arg(z'(t)) = \arg(x'(t) + iy'(t))$$

로 주어지는 연속함수이다. 따라서 매끄러운 곡선은 연속적으로 변해가는 접선백터을 가진다. 또한 매끄러운 곡선은 각진 점 또는 뾰족한 점을 갖지 않는다(그림 4.2 참조).

한편 끝과 끝이 연결된 유한개의 매끄러운 곡선으로 구성된 곡선을 **조각별로 매끄러운 곡선(piecewise smooth curve)**이라 한다.

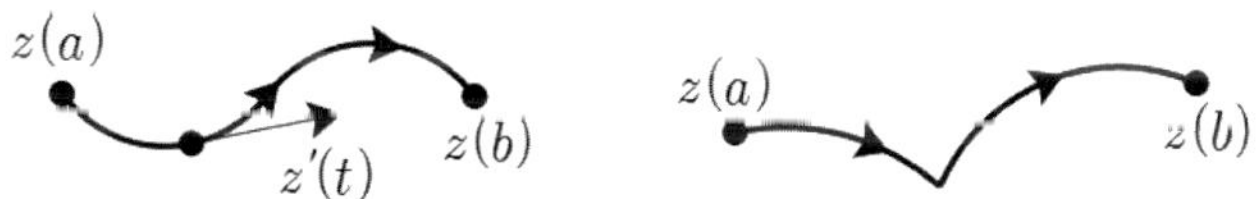


**그림 4.2** (a) 매끄러운 곡선 (b) 조각별로 매끄러운 곡선

복소평면에서는 조각별로 매끄러운 곡선(piecewise smooth curve)를 **경로**(contour 또는 path)라 부른다.

예를 들어 복소평면위에서 방정식

$$C : z(t) = \cos t + i \sin t, \ \ 0 \le t \le \pi$$

는

$$z'(t) = -\sin t + i\cos t,\ 0 \le t \le \pi$$

이므로 시작점이 $z(0)=1$이고 끝점이 $z(\pi)=-1$인 양의 방향으로의 반원으로 된 매끄러운 곡선이다.

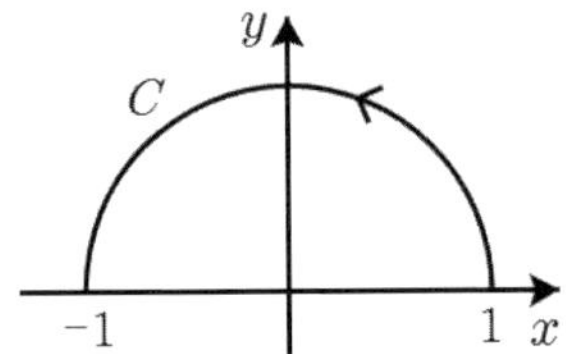


**그림 4.3** $C: z(t) = \cos t + i\sin t, 0 \le t \le \pi$

곡선 $C$의 호의 길이(arc length)는 다음과 같이 구하면 된다. 곡선 $C$의 매개변수표현이

$$C: z(t) = x(t) + iy(t),\ \ a \le t \le b$$

일 때

$$dz = dx + idy,\ \ |dz|^2 = (dx)^2 + (dy)^2$$

이고 곡선 $C$의 길이는

$$L = \int_C |dz| = \int_a^b |z'(t)|\, dt \tag{3}$$

이 된다.

### ◆ 복소함수의 선적분의 정의

그림 4.4에서와 같이 영역 $D$에 복소함수 $f(z)$가 정의되어 있고, $D$안에 $A$가 시작점이고 $B$가 끝점인 경로 $C$가 있다고 하자. 경로 $C$ 위에 $n+1$개의 점

$$A = z_0,\ z_1,\ z_2,\ \cdots,\ z_n = B$$

을 택하여 경로 $C$를 $n$개의 작은 경로

$$C_1,\ C_2,\ \cdots,\ C_n$$

으로 분할하자. 그리고, 작은 경로 각각에서 점을 한 개씩 취하여

$$z_1^*,\ z_2^*,\ \cdots,\ z_n^*$$

와 같은 $n$개의 점을 얻었다고 하자. 또 작은 경로 각각에 대하여 양쪽 끝점을 나타내는 복소수의 차를

$$\triangle z_1 = z_1 - z_0,\ \triangle z_2 = z_2 - z_1,\ \cdots,\ \triangle z_n = z_n - z_{n-1}$$

라고 히자. 이 때 각각의 작은 경로에 대한 $f(z_k^*)\triangle z_k(k-1, 2, \cdots, n)$의 총합 $S_n$을 구성한다.

$$S_n = \sum_{k=1}^{n} f(z_k^*) \wedge z_k$$

여기서 $n$을 무한히 크게 하여 가장 큰 $|\triangle z_k|$를 0에 가깝게 함으로써 $\triangle z_k \to 0$ $(k=1, 2, 3, \cdots)$일 때

$$\lim_{n\to\infty} S_n = \lim_{n\to\infty} \sum_{k=1}^{n} f(z_k^*) \triangle z_k$$

이 존재하면, 이 값을 복소함수 $f(z)$의 경로 $C$상에서의 **경로적분**(contour integral) 또는 **복소선적분**(complex contour integral)이라 하고 다음과 같이 나타낸다.

$$\lim_{n\to\infty} \sum_{k=1}^{n} f(z_k^*) \triangle z_k = \int_C f(z)dz \tag{4}$$

이때 경로 $C$를 적분경로(path of integration 또는 contour of integration)이라 부른다.

앞으로 복소선적분에 대한 모든 적분경로는 조각별로 매끄러운 곡선으로 연결되어있다고, 즉 끝과 끝이 연결된 유한개의 매끄러운 곡선으로 구성되어 있다고 가정한다.

만일, 적분경로 $C$가 닫혀져 있는 폐곡선(closed curve), 즉 닫힌 경로이면 복소선적분을 다음과 같이 표기한다.

$$\int_C f(z)dz = \oint_C f(z)dz$$

여기서, 폐곡선은 적분경로

$$C: z(t),\ a \le t \le b$$

에서 시작점 $z(a)$과 끝점 $z(b)$가 같을 때를 말한다. 즉, $z(a)=z(b)$이다.

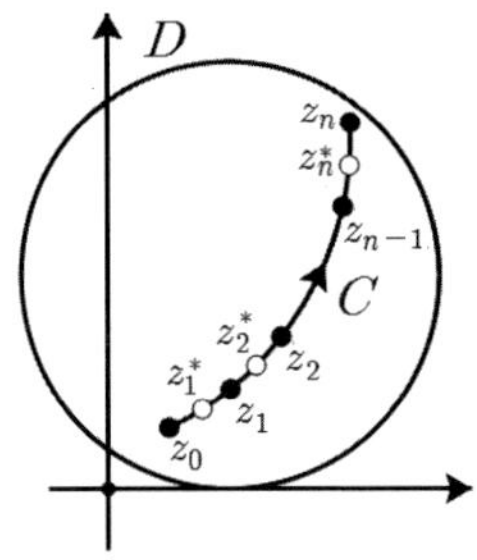


**그림 4.4** 경로 C의 각 점 $A=z_0,\ z_1,\ z_2,\ \cdots,\ z_n=B$와
작은 경로 $C_1,\ C_2,\ \cdots,\ C_n$의 각 점$z_1^*,\ z_2^*,\ \cdots,\ z_n^*$

복소함수의 곡선적분의 값은 경로의 모양이나 피적분 함수에 따라 존재하지 않을 수도 있으며 또 존재할 경우에 그 값을 곡선적분의 정의에 따라 직접 계산하는 일은 거의 불가능하다.

다음 정리는 복소함수의 선적분의 값이 언제 존재하며, 존재할 때 그 값을 어떻게 계산하면 좋은 지를 알려준다.

---

**정리 4.1 복소함수의 선적분의 기본정리**

---

매끄러운 경로 $C$의 방정식이

$$C: z(t)=x(t)+iy(t), \quad a \le t \le b$$

이고 복소함수 $f(z)=u(x,y)+iv(x,y)$가 경로 $C$를 포함하는 어떤 영역에서 연속이면 $f(z)$의 $C$를 따라서의 선적분의 값은 존재하며 그 값을 다음과 같이 계산할 수 있다.

$$\begin{aligned}\int_C f(z)dz &= \int_C [u(x,\ y)+iv(x,\ y)](dx+idy) \\ &= \int_C [u(x,\ y)dx - v(x,\ y)dy] + i\int_C [v(x,\ y)dx + u(x,\ y)dy] \qquad (5)\end{aligned}$$

**증명**

매끄러운 경로 $C$의 작은 경로 $C_1,\ C_2,\ \cdots,\ C_n$의 각 점 $z_1^*,\ z_2^*,\ \cdots,\ z_n^*$ 와 복소함수 $f(z)=f(x+iy)=u(x,\ y)+iv(x,\ y)$에 대하여

$$z_k^*=\xi_k+i\eta_k,\quad \triangle z_k=\triangle x_k+i\triangle y_k \qquad k=1,2,\ \cdots,n$$

라고 하자. 그러면 다음이 성립한다.

$$\begin{aligned}S_n&=\sum_{k=1}^{n}f(z_k^*)\triangle z_k=\sum_{k=1}^{n}\left[u(\xi_k,\ \eta_k)+iv(\xi_k,\ \eta_k)\right](\triangle x_k+i\triangle y_k)\\&=\sum_{k=1}^{n}\left[u(\xi_k,\ \eta_k)\triangle x_k-v(\xi_k,\ \eta_k)\triangle y_k\right]+i\sum_{k=1}^{n}\left[v(\xi_k,\ \eta_k)\triangle x_k+u(\xi_k,\ \eta_k)\triangle y_k\right]\end{aligned}$$

이 식에서 $n$을 무한히 크게 하여 가장 큰 $\triangle x_k$와 $\triangle y_k$를 0에 가깝게 하면

$$\begin{aligned}\lim_{n\to\infty}S_n&=\int_C f(z)dz\\&=\lim_{n\to\infty}\sum_{k=1}^{n}\left[u(\xi_k,\ \eta_k)\triangle x_k-v(\xi_k,\ \eta_k)\triangle y_k\right]\\&\quad+i\lim_{n\to\infty}\sum_{k=1}^{n}\left[v(\xi_k,\ \eta_k)\triangle x_k+u(\xi_k,\ \eta_k)\triangle y_k\right]\end{aligned}\tag{6}$$

이다. 그런데 가정에 의하여 경로$C$가 매끄럽고 $f(z)$가 $C$위에서 연속이므로 $u(x,\ y), v(x,\ y)$가 각각 $C$ 위에서 연속이다. 따라서 2변수함수의 곡선적분에 관한 기본 정리에 의하여 식 (6)으로부터 $f(z)$의 $C$를 따라서의 곡선적분의 값이 존재하며 이 값을 식 (5)와 같이 계산할 수 있음을 알 수 있다. ■

---

복소선적분은 다음과 같은 성질을 갖는다.

**① 선형성(linearity)**

임의의 두 복소함수 $f(z),\ g(z)$와 임의의 두 복소수 $\alpha,\ \beta$에 대하여

$$\int_C[\alpha f(z)+\beta g(z)]dz=\alpha\int_C f(z)dz+\beta\int_C g(z)dz$$

② **경로분할(partition of a curve)**

경로 $C$의 임의의 분할 $C_1$, $C_2$에 대하여

$$\int_C f(z)dz = \int_{C_1} f(z)dz + \int_{C_2} f(z)dz$$

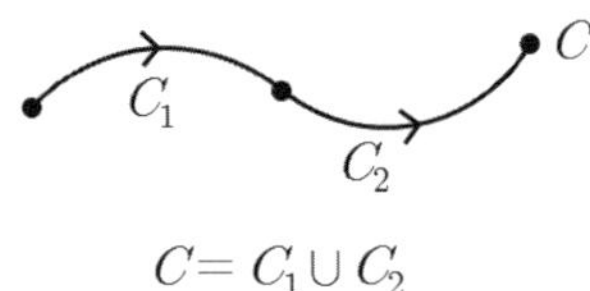


$C = C_1 \cup C_2$

**그림 4.5** 적분경로의 분할

③ **방향성(orietation)**

경로 $C$와 방향이 반대인 경로 $-C$에 대하여 다음이 성립한다.

$$\int_C f(z)dz = -\int_{-C} f(z)dz$$

### ◆ 경로의 복소방정식을 이용한 선적분 계산

적분 경로 $C$가 식 (1)과 같이 주어져 있다고 가정한다. 즉

$$C: z(t) = x(t) + iy(t), \qquad a \le t \le b$$

이라 하자. 식 (2)에서 $z'(t) = \dfrac{dz}{dt}$으로 쓰고 이 방정식의 양변에 $dt$를곱하면

$$dz = z'(t)dt = (x'(t) + iy'(t))dt \tag{7}$$

이고 이는 복소미분(complex differential)의 표현이다. 만약에

$$dz = dx + idy$$

라고 쓰면 식(6)의 실수부는 $dx = x'(t)dt$ 이고, 허수부는 $dy = y'(t)dt$ 이다.

적분경로 $C$가 식(1)과 같이 매개변수 $t$에 의해 표현되어 있으면 복소변수함수 $f(z) = u(x,y) + iv(x,y)$도 매개변수로 표현하여

$$f(z(t)) = u(x(t), y(t)) + iv(x(t), y(t)), \quad a \le t \le b$$

이 된다. 따라서 $f(z(t))$는 정의역이 실수이고 치역이 복소수인 실변수 복소수치 함수가 된다.

복소변수함수 $f(z) = u(x,y) + iv(x,y)$를 식(1)의 매개변수 표현을 갖는 적분경로 $C$의 각 점 $z = x + iy = x(t) + iy(t)$에서 연속함수라 하자.

**적분경로 $C$를 따라 주어진 복소변수함수 $f(z)$의 복소선적분**(contour integral of $f(z)$ along $C$ )은 다음과 같이 매개변수 $t$에 대한 정적분으로 변환하여 계산한다. 즉,

$$\int_C f(z)dz = \int_a^b f(z(t))\frac{dz}{dt}dt$$

$$= \int_a^b f(z(t))z'(t)dt \tag{8}$$

이다. 이제 $u = u(x(t), y(t)), v = v(x(t), y(t)), x' = x'(t), y' = y'(t)$로 간단히 쓰기로 한다.

$$z'(t)dt = (x'(t) + iy'(t))dt$$

이므로 식 (8)은

$$\int_a^b f(z(t))z'(t)dt = \int_a^b f(z(t))(x'(t) + iy'(t))dt$$

$$= \int_a^b [u(x(t), y(t)) + iv(x(t), y(t))][x'(t) + iy'(t)]dt$$

$$= \int_a^b (ux' - vy')dt + i\int_a^b (vx' + uy')dt \tag{9}$$

이다. $dx = x'(t)dt$ 이고, $dy = y'(t)dt$ 이므로 식 (9)로부터 식 (8)은

$$\int_C f(z)dz = \int_a^b (ux' - vy')dt + i\int_a^b (vx' + uy')dt$$

$$= \int_C udx - vdy + i\int_C vdx + udy \tag{10}$$

이다. 따라서 식 (8), (9) 및 (10)은 모두 같은 식이다. 다시 말해서 복소수치 함수 $f(z)$의 선적분은 실수부와 허수부의 실변수 적분을 하는 것이다.

**예제 1**

적분경로 $C$가 원점이 중심인 양의 방향의 단위원일 때, 다음의 복소선적분의 값을 구하라.

(1) $\oint_C \frac{1}{z} dz$ (2) $\oint_C \bar{z} dz$ (3) $\oint_C z^2 dz$

**풀이**

(1) 적분경로 $C$는

$$z(t) = \cos t + i \sin t = e^{it}$$

이다. $z(t)$를 미분하면 $z'(t) = ie^{it}$이므로, 주어진 복소선적분은 다음과 같이 정적분으로 변환된다.

$$\oint_C \frac{1}{z} dz = \int_0^{2\pi} \frac{1}{e^{it}} ie^{it}\, dt = i \int_0^{2\pi} dt = 2\pi i$$

(2) $\oint_C \bar{z} dz = \int_0^{2\pi} e^{-it} ie^{it}\, dt = \int_0^{2\pi} i\, dt = 2\pi i$

(3) 적분경로 $C$가 매끄러운 경로이고 $f(z)$가 연속함수이므로 식 (10)에 따라 주어진 선적분의 값을 계산하면

$$\begin{aligned}\oint_C z^2 dz &= \oint_C (x+iy)^2 (dx + idy) \\ &= \oint_C (x^2 - y^2 + i2xy)(dx + idy) \\ &= \oint_C \left[(x^2-y^2)dx - 2xydy\right] + i \oint_C \left[2xydx + (x^2-y^2)dy\right] \qquad (11)\end{aligned}$$

이다. 한편 경로 $C$의 방정식은

$$C: x = \cos t, \quad y = \sin t, \quad 0 \le t \le 2\pi$$

이고, $dx = -\sin t, dy = \cos t\, dt$이므로 식 (11)의 실수부와 허수부의 값을 각각 계산하면 다음과 같다.

$$\oint_C [(x^2-y^2)dx - 2xydy]$$

$$= \int_0^{2\pi} [(\cos^2 t - \sin^2 t)(-\sin t) - 2\cos^2 t \sin t]\, dt$$

$$= \int_0^{2\pi} [\cos 2t(-\sin t) - \sin 2t \cos t]\, dt$$

$$= \int_0^{2\pi} -\sin 3t\, dt = \frac{1}{3}\cos 3t \Big|_0^{2\pi} = 0 \tag{12}$$

$$\oint_C [2xy\,dx + (x^2-y^2)dy]$$

$$= \int_0^{2\pi} [-2\cos t \sin^2 t + (\cos^2 t - \sin^2 t)\cos t]\, dt$$

$$= \int_0^{2\pi} [-\sin 2t \sin t + \cos 2t \cos t]\, dt$$

$$= \int_0^{2\pi} \cos 3t\, dt = \frac{1}{3}\sin 3t \Big|_0^{2\pi} = 0 \tag{13}$$

식 (11), (12) 및 (13)에 의하여

$$\oint_C z^2 dz = 0$$

을 얻게 된다. ■

### 예제 2

적분경로 $C$가 반지름이 $r$이고 중심이 $z_0$인 양의 방향을 갖는 원일 때

$$\int_C \frac{1}{z-z_0} dz = 2\pi i \tag{14}$$

이고

$$\int_C \frac{1}{(z-z_0)^n} dz = 0 \quad (n \neq 1\text{인 양의 정수}) \tag{15}$$

임을 보여라.

**풀이**

적분경로 $C$를 매개변수로 표현하면

$$z(t)-z_0 = re^{it} \qquad 0 \le t \le 2\pi$$

이다. 즉, $z(t)=z_0+re^{it}$이므로

$$z'(t)=ire^{it}$$

이다. 따라서 주어진 복소선적분은 다음의 정적분으로 표현할 수 있다.

$$\begin{aligned}\int_C \frac{1}{(z-z_0)^n}dz &= \int_0^{2\pi} \frac{1}{\left(re^{it}\right)^n} ire^{it}\, dt \\ &= \int_0^{2\pi} \frac{1}{r^n} e^{-nit}\, ire^{it} dt \\ &= \frac{i}{r^{n-1}} \int_0^{2\pi} e^{-it(n-1)} dt \\ &= \frac{1}{r^{n-1}} i\left[-\frac{1}{i(n-1)} e^{-it(n-1)}\right]_0^{2\pi} = 0 \qquad (n \neq 1\text{인 정수})\end{aligned}$$

이다. 한편, $n=1$일 때

$$\int_C \frac{1}{z-z_0}dz = \int_0^{2\pi} \frac{1}{re^{it}} ire^{it} dt = 2\pi i$$

이다. ■

예제 3

다음에 주어진 경로에 대해 $i$에서 1까지 복소선적분

$$\int_{C_1} z^2 \ dz \text{ 과 } \int_{C_2} z^2 dz$$

를 계산하라.

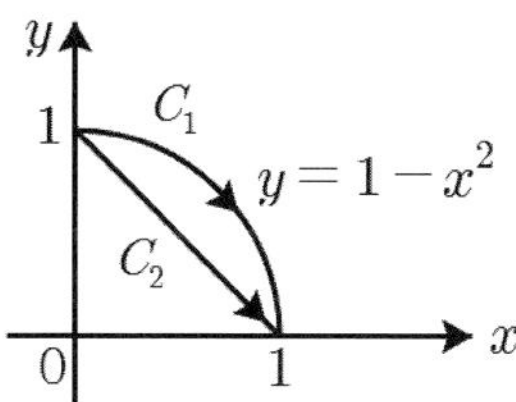


**그림 4.6** 경로 $C_1$ 과 $C_2$

**풀이**

주어진 경로 $C_1$를 매개변수 $t$를 이용하여 표시하면

$$x = t, \qquad y = 1 - t^2$$

이므로 $z(t) = x(t) + iy(t) = t + i(1-t^2)$이다.

여기서 $z = i$에 대응되는 $t$의 값은 0이고, $z = 1$에 대응되는 $t$의 값은 1이므로 $t$의 범위는 $0 \le t \le 1$이다. 따라서 경로 $C_1$의 매개변수 표현식은

$$z(t) = t + i(1-t^2), \quad 0 \le t \le 1$$

이다. $z(t)$를 미분하면

$$z'(t) = 1 + i(-2t) = 1 - i2t$$

이므로 주어진 복소선적분은 다음과 같은 정적분으로 변환할 수 있다.

$$\begin{aligned}\int_{C_1} z^2 dz &= \int_0^1 \left[t + i(1-t^2)\right]^2 (1 - i2t)dt \\ &= \int_0^1 \left[(-t^4 + 3t^2 - 1) + i(2t - 2t^3)\right](1 - i2t)dt \\ &= \int_0^1 (-5t^4 + 7t^2 - 1)dt + i\int_0^1 (2t^5 - 8t^3 + 4t)dt\end{aligned}$$

$$= \left[-t^5 + \frac{7}{3}t^3 - t\right]_0^1 + i\left[\frac{1}{3}t^6 - 2t^4 + 2t^2\right]_0^1$$

$$= \frac{1}{3} + \frac{1}{3}i$$

한편 경로 $C_2$를 매개변수 $t$를 이용하여 표시하면 $y = -x + 1$의 관계식에서 $x = t,\ y = 1 - t$이므로

$$z(t) = x(t) + iy(t) = t + i(1-t),$$

$$z'(t) = x'(t) + iy'(t) = 1 + i(-1)$$

이다. $z = i$에 대응되는 $t$의 값은 0이고, $z = 1$에 대응되는 값은 1이므로 $t$의 범위는 $0 \le t \le 1$이다. 따라서 주어진 복소선적분은 다음과 같은 정적분으로 변환할 수 있다.

$$\int_{C_2} z^2 dz = \int_0^1 [t + i(1-t)]^2 (1-i)dt$$

$$= \int_0^1 \left[\left(t^2 - (1-t)^2\right) + i2t(1-t)\right](1-i)dt$$

$$= \int_0^1 \left[(2t-1) + i\left(2t - 2t^2\right)\right](1-i)dt$$

$$= \int_0^1 \left[(2t-1) + \left(2t - 2t^2\right)\right] + i\left[\left(2t - 2t^2\right) - (2t-1)\right]dt$$

$$= \int_0^1 (-2t^2 + 4t - 1) + i(-2t^2 + 1)dt$$

$$= \left[-\frac{2}{3}t^3 + 2t^2 - t\right]_0^1 + i\left[-\frac{2}{3}t^3 + t\right]_0^1$$

$$= \frac{1}{3} + i\frac{1}{3}$$ ■

이 예제에서는 서로 다른 경로에 대한 두 적분의 값은 같으나, 다음 예제에서 밝혀지는 바와 같이 일반적으로는 같지 않다.

**예제 4**

주어진 경로 $C_1$과 $C_2$에서 함수 $f(z)=\overline{z}$의 선적분이

$$\int_{C_1} \overline{z}\, dz = \pi i$$

이고

$$\int_{C_2} \overline{z}\, dz = 4i$$

임을 보여라. 여기서, $C_1$은 $+1$에서 $-1$에 이르는 반원경로이고, $C_2$는 $+1$에서 $-1$에 이르는 다각형 경로이다.

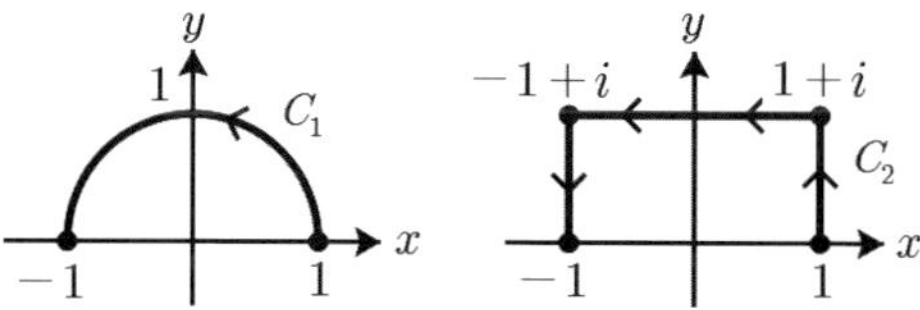


**그림 4.7** $-1$과 $1$을 잇는 두 경로 $C_1$과 $C_2$

**풀이**

반원 $C_1$은 $0 \leqq t \leqq \pi$에서

$$C_1 : z(t)= e^{it} = \cos t + i \sin t, \qquad dz = i e^{it} dt = (-\sin t + i \cos t)dt$$

으로 표현되어 $C_1$상에서 함수 $f(z)=\overline{z}$는

$$f(z(t))= \overline{e^{it}} = e^{-it} = \cos t - i \sin t$$

이고

$$\int_{C_1} \overline{z} dz = \int_0^{\pi} (\cos t - i \sin t)(-\sin t + i \cos t)dt$$

$$= i \int_0^{\pi} (\cos^2 t + \sin^2 t)dt = \pi i$$

를 얻는다.

한편 다각형 경로 $C_2$는 다음 세 부분으로 매개변수 표시되고, 이들 각 선분에 대해서

$$z_1(t)=1+it \quad (0 \le t \le 1),\ dz_1 = i\,dt,$$
$$f(z_1(t))=\overline{z_1(t)}=1-it$$

이고

$$z_2(t)=(1-2t)+i \qquad (0 \le t \le 1), \qquad dz_2 =-2\,dt,$$
$$f(z_2(t))=\overline{z_2(t)}=(1-2t)-i$$

이며

$$z_3(t)=-1+i(1-t) \quad (0 \le t \le 1),\ dz_3 =-i\,dt,$$
$$f(z_3(t))=\overline{z_3(t)}=-1-i(1-t)=-1+i(t-1)$$

이므로 각 선분상의 적분을 더하여 경로 $C_2$에서의 $\overline{z}$의 적분값을 얻을 수 있다.

$$\begin{aligned}\int_{C_2}\overline{z}\,dz &= \int_0^1(1-it)i\,dt+\int_0^1[(1-2t)-i](-2)dt+\int_0^1[-1+i(t-1)](-i)dt\\ &=\int_0^1(i+t)+(-2+4t+2i)+(i+(t-1))dt\\ &=\int_0^1(6t-3)dt+i\int_0^1 4dt \ = 4i\end{aligned}$$

■

예제 4에서 보는 바와 같이 비록 두 적분은 같은 시작점과 끝점을 갖지만 $C_1$상의 선적분과 $C_2$상의 선적분의 값은 같지 않음을 알 수 있다.

## 연습문제 4.1

1. 적분경로 $C$가 $|z-z_0|=r$인 양의 방향을 갖는 원일 때

$$\oint_C (z-z_0)^3 dz$$

를 계산하라.

(답) 0

2. 다음의 선적분을 $z=i$에서 $z=1$까지 주어진 그림 4.8과 같은 경로에 대해 계산하라.

$$\int_C \bar{z}^2 dz$$

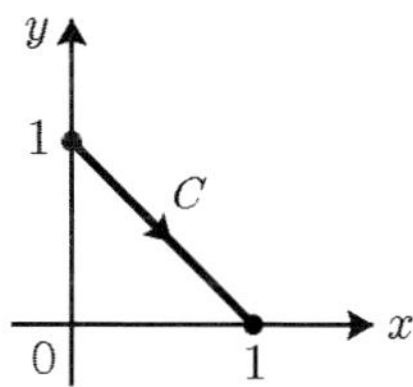


**그림 4.8** $z=i$에서 $z=1$까지의 경로 $C$

(답) $-\frac{1}{3}-\frac{1}{3}i$

3. 그림 4.9와 같이 주어진 경로 $C_1$과 $C_2$와 함수 $f(z)=\bar{z}$를 매개변수 $t$를 이용하여 표시하고, 함수 $f(z)=\bar{z}$의 경로 $C_1$과 $C_2$에서의 선적분을 매개변수 $t$에 대한 정적분으로 변환하여 직접 계산하라. 여기서, $C_1$은 $-1$에서 1에 이르는 반원경로이고 $C_2$는 $-1$에서 1에 이르는 다각형 경로이다.

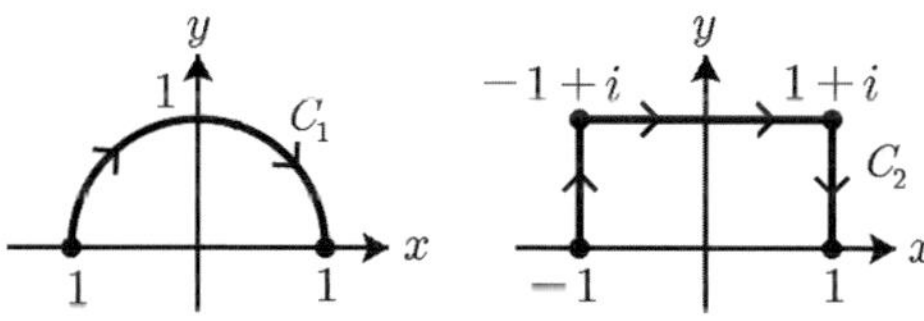


**그림 4.9** $-1$과 1을 잇는 두 경로 $C_1$과 $C_2$

(답) $\int_{C_1} \bar{z}\, dz = -\pi i$, $\int_{C_2} \bar{z}\, dz = -4i$

4. 양의 방향을 갖는 적분경로 $C$가 $|z-1|=2$일 때 경로 $C$를 매개변수로 표현하여 다음의 선적분을 계산하라.

$$\oint_C \frac{1}{z-1}dz$$

(답) $2\pi i$

5. 양의 방향을 갖는 적분경로 $C$에 대한 다음의 선적분을 계산하라.

$$\int_C \frac{1}{z^2}dz, \qquad C: z(t)=\cos t + i\sin t = e^{it}, \quad 0 \le t \le \pi$$

(답) 2

6. 양의 방향을 갖는 적분경로 $C$가 단위원 $|z|=1$이고 $f(z)=\dfrac{e^z}{z^2}$일 때 다음의 선적분

$$\oint_C \frac{f'(z)}{f(z)}dz$$

을 계산하라.

(답) $\oint_C \frac{f'(z)}{f(z)}dz = -4\pi i$

7. 양의 방향을 갖는 적분경로에 대한 다음의 복소 선적분을 계산하여 $a+bi$형태로 나타내어라.

(1) $\oint_{|z|=1} |z-1|^2 dz$

(2) $\int_{C_1} (2\bar{z}-z)dz, \qquad C_1 : z(t)=-\frac{1}{2}t+i\frac{1}{2}t^2, \quad 0 \le t \le 2$

(3) $\int_{C_2} |z|^2 dz, \qquad C_2 : z(t)=t+\frac{1}{t}i, \quad 1 \le t \le 2$

(답) (1) $-2\pi i$ (2) $\frac{13}{2}+\frac{2}{3}i$ (3) $\frac{17}{6}-\frac{31}{24}i$

# 4.2 Cauchy의 적분정리

### ◆ 단순 폐곡선

폐곡선 중에서 시작점과 끝점이 만나는 점을 제외하고는 어떤 다른 점에서도 자기 자신과 교차하거나 접하지 않는 곡선을 단순 폐곡선(simply closed curve)이라고 하며, 단순 폐곡선으로 이루어진 경로를 단순 폐경로(simply closed contour)라고 한다.

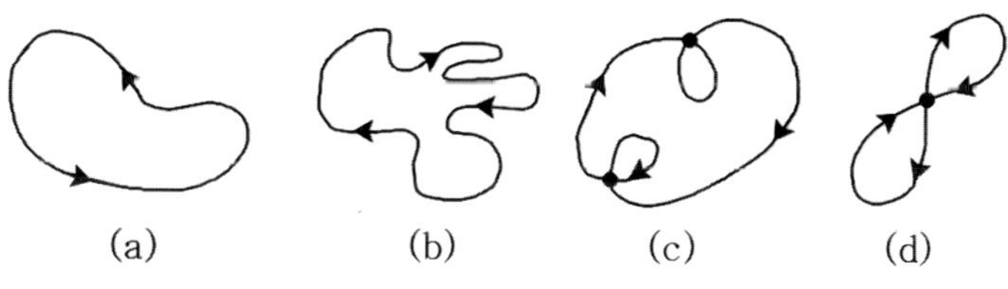


**그림 4.10** 폐경로

예를 들어, 그림 4.10에서 (a)와 (b)는 자기 자신을 교차하거나 접촉하지 않기 때문에 단순 폐경로이다. (c)는 자기 자신을 두 번이나 교차하고 (d)는 자기 자신과 한번 교차하기 때문에 단순 폐경로가 아니다.

단순 폐곡선 $C$의 방향은 곡선 $C$위의 한 점이 곡선 $C$를 따라 이동할 때 $C$의 내부가 좌측에 있으면 양의 방향(positive sense), 즉 반시계방향이라 한다. $C$가 양의 방향일 때 $-C$는 음의 방향이 된다. 그림 4.10의 (a)는 양의 방향의 폐경로이고 (b)는 음의 방향의 폐경로이다.

### ◆ 단순연결 열린 영역(simply Connected Domain)

어떤 열린 영역 $D$내의 임의의 단순 폐곡선 $C$가 $D$의 밖으로 벗어나지 않으면서 $D$내의 한 점으로 줄어들 수 있을 때 단순연결 열린 영역이라 정의한다. 즉, 단순연결 영역 $D$에서는 이 영역 안에 있는 임의의 단순 폐곡선이 $D$속에 속하는 점들만을 둘러싸게 된다. 다시 말하자면 단순연결 열린 영역에는 "구멍(holes)"이 존재하지 않는다.

한편, 단순연결되지 않은 열린 영역은 다중연결(Multiply Connected)된 열린 영역이라고 정의한다. 즉 다중연결 열린 영역은 그 안에 '구멍'이 있다. 구멍이 하나이면 2중연결 열린 영역(doubly connected domain), 구멍이 2개이면 3중연결 열린 영역(triply connected domain)이라 한다.

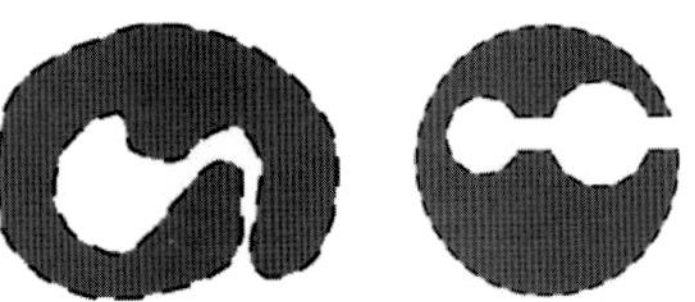

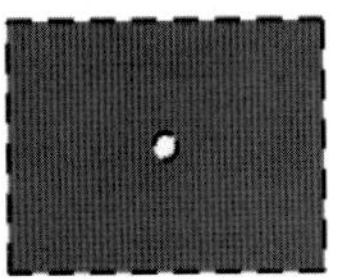

(a) 단순연결 열린 영역 (b)단순연결 열린 영역 (c)다중연결 열린 영역 3중연결 열린 영역 (d)다중연결 열린 영역 2중연결 열린 영역

**그림 4.11** 단순연결 영역과 다중연결 영역

---

### 정리 4.2 Cauchy-Goursat 정리

복소변수함수 $f(z)$가 단순연결 열린 영역 $D$에서 해석적이면, $D$안에 있는 모든 단순 폐곡선 $C$에 대하여 다음의 관계가 성립한다.

$$\oint_C f(z)dz = 0 \tag{16}$$

**증명**

$f'(z)$가 $D$에서 연속이라는 조건하에서 증명해보자. 복소함수 $f(z)$의 곡선적분에 관한 기본정리에 의해 식 (5)가 성립한다. 즉

$$\oint_C f(z)dz = \oint_C [u(x,y)dx - v(x,y)dy] + i\oint_C [v(x,y)dx + u(x,y)dy]$$

이 성립한다.

$f(z)$가 $D$에서 해석적이므로 $D$의 모든 점 $z$에서 $f'(z)$가 존재하며, $D$의 모든 점에서 Cauchy–Riemann 방정식

$$u_x(x,y) = v_y(x,y),\ u_y(x,y) = -v_x(x,y) \tag{17}$$

이 성립한다. 한편 $f'(z)$가 $D$에서 연속이라는 조건에 의하여 $u(x,y)$와 $v(x,y)$가 각각 $D$에서 연속인 1계 편도함수를 갖는다.

따라서 평면에서의 선적분을 2중적분으로 변형하면 식 (5)에 Green 정리를 적용하여

$$\oint_C f(z)dz = \iint_R [-v_x(x,y) - u_y(x,y)]\,dA + \iint_R [u_x(x,y) - v_y(x,y)]\,dA \tag{18}$$

이 된다. 여기서 $R$은 폐곡선 $C$에 둘러싸인 영역이다. 식 (18)에 식 (17)을 대입하면 다음 결과를 얻는다.

$$\oint_C f(z)dz = \iint_R 0\,dA + \iint_R 0\,dA = 0$$

■

---

단순폐곡선 $C$의 내부는 단순연결 열린 영역이므로 Cauchy–Goursat 정리는 아래와 같이 좀 더 실용적인 형태로 서술한다.

**복소함수 $f(z)$가 단순 폐곡선 $C$의 내부와 그 위의 모든 점에서 해석적이면**

$$\oint_C f(z)dz = 0 \tag{19}$$

이다.

$f'(z)$가 $D$에서 연속이라는 조건 없이 Cauchy의 적분정리를 증명하는 방법을 Goursat의 증명법이라고 하는데 증명과정이 매우 길고 복잡하므로 생략하기로 한다(부록A 참조).

### 예제 1

양의 방향을 갖는 적분경로에 대한 다음 함수의 선적분을 계산하라.

(1) $\displaystyle\oint_{|z|=\frac{1}{3}} \frac{z^3-6}{2z-i}dz$

(2) $\displaystyle\oint_{|z-2|=1} \frac{1}{z}dz$

**풀이**

(1) 주어진 함수는 $z=\dfrac{i}{2}$를 제외한 모든 점에서 해석적이다. $|z| \le \dfrac{1}{3}$인 영역에 $\dfrac{i}{2}$가 포함되지 않으므로 $|z| \le \dfrac{1}{3}$에서 주어진 함수는 해석적이다. 따라서 Cauchy–Goursat

적분정리에 의해

$$\oint_{|z|=\frac{1}{3}} \frac{z^3-6}{2z-i} dz = 0$$

이다.

(2) $\frac{1}{z}$은 $z \neq 0$에서 해석적이며 $|z-2| \le 1$에서 $\frac{1}{z}$은 해석적이므로 Cauchy–Goursat 적분정리에 의해

$$\oint_{|z-2|=1} \frac{1}{z} dz = 0$$

이다. ■

### ◆ 복소선적분의 경로와의 독립성

일반적으로 복소함수의 곡선적분의 값은

(a) 시작점 $A$
(b) 끝점 $B$
(c) 시점과 끝점을 잇는 경로

에 따라 달라진다. 그러나 다음 정리는 어떠한 경우에 곡선적분의 값이 경로와는 무관하고 시작점 A와 끝점 B에 따라서만 결정되는지를 알려준다.

**정리 4.3 단순연결 열린 영역에서의 경로 변형의 원리(deformation of contour)**

복소함수 $f(z)$가 단순연결 열린 영역 $D$에서 해석적이면, $f(z)$의 $D$ 안에 있는 임의의 경로 $C$를 따라서의 복소 선적분의 값은 경로에 무관하다.

**증명**

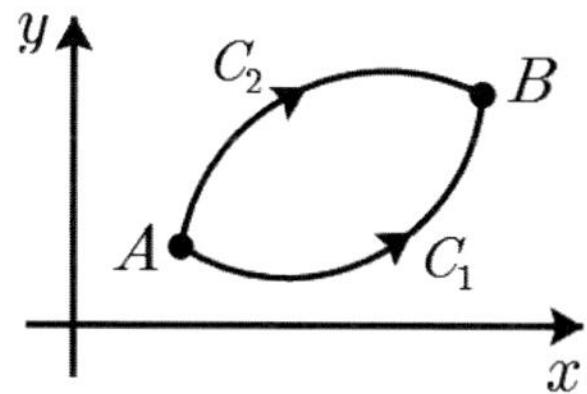


**그림 4.12** 시작점과 끝점이 같은 두 경로

그림 4.12에서와 같이 $A, B$를 $D$안에 있는 어떤 두 점이라고 하자. 그리고 $C_1, C_2$를 $A$와 $B$를 연결하는 $D$ 내에 있는 임의의 두 경로라고 하자. 그리고 경로 $C_2$와 방향만이 반대인 경로를 $-C_2$라고 하자. 이 때 경로 $C$를 $C_1$과 $-C_2$로 이루어지는 폐경로라고 하면 Cauchy–Goursat 적분정리공식 (16)에 의하여

$$\oint_C f(z)dz = 0$$

이 성립한다. 이 식에서 경로 $C$를 두 경로 $C_1, -C_2$로 분할하면 선적분의 성질에 의하여

$$\int_{C_1} f(z)dz + \int_{-C_2} f(z)dz = 0$$

이 성립한다. 그리하여 경로 $-C_2$는 경로 $C_2$와 방향이 반대인 경로이므로

$$\int_{C_1} f(z)dz - \int_{C_2} f(z)dz = 0$$

이 되어

$$\int_{C_1} f(z)dz = \int_{C_2} f(z)dz$$

이 성립한다. ■

경로 변형의 원리에 의하면 변형 경로가 항상 $f(z)$가 해석적인 점만 포함하는 한, 선적분의 값은 어떠한 경로 변형이 있더라도 같은 값을 유지한다. 따라서 적분의 양끝을 고정한 채로 적분경로를 연속적으로 변형해도 선적분의 값은 같음을 뜻한다.

예컨대 앞 절 4.1의 예제 5에서와 같이 $f(z)=z^2$은 복소 전체 영역에서 해석적이므로 선적분의 값은 경로 $C$에 무관하다.

### ◆ 다중연결 영역에 대한 Cauchy의 정리(경로 변형의 원리)

어떤 복잡한 곡선상의 적분은 계산하기 쉬운 선적분으로 바꾸는 것이 바람직하다. 다중연결 영역에도 Cauchy의 정리를 적용할 수 있다. 2중 연결 영역에 대한 Cauchy의 정리는 다음과 같다.

---

**정리 4.4 2중연결 영역에 대한 Cauchy의 적분정리(경로 변형의 원리)**

---

2중연결 열린 영역 $D$의 양의 방향(반시계방향)을 갖는 안쪽 경계 경로를 $C_1$, 양의 방향(반시계방향)을 갖는 바깥쪽 경계 경로를 $C_2$라고 하자. 복소함수 $f(z)$가 $D$와 $C_1, C_2$를 포함하는 어떤 영역 $D^*$에서 해석적이면 다음이 성립한다.

$$\oint_{C_1} f(z)dz = \oint_{C_2} f(z)dz \tag{20}$$

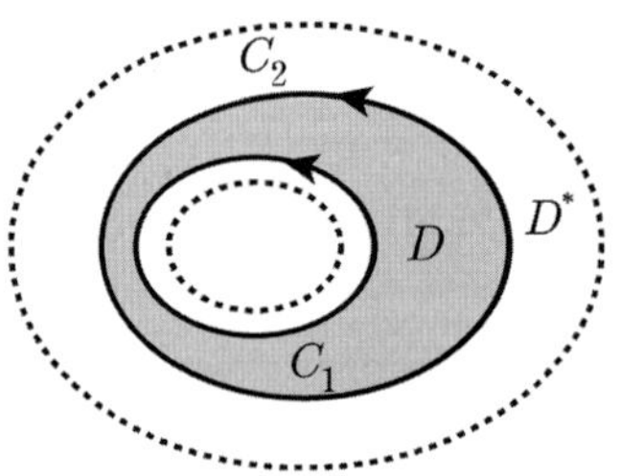


**그림 4.13** 2중 연결 영역

**증명**

그림 4.14에서와 같이 경로 $C_1$과 $C_2$를 잇는 절단선 $K$와 $L$을 도입하여 그 내부와 경계에서 $f(z)$가 해석적인 두 개의 단순연결 열린 영역 $D_1$과 $D_2$로 나눈다.

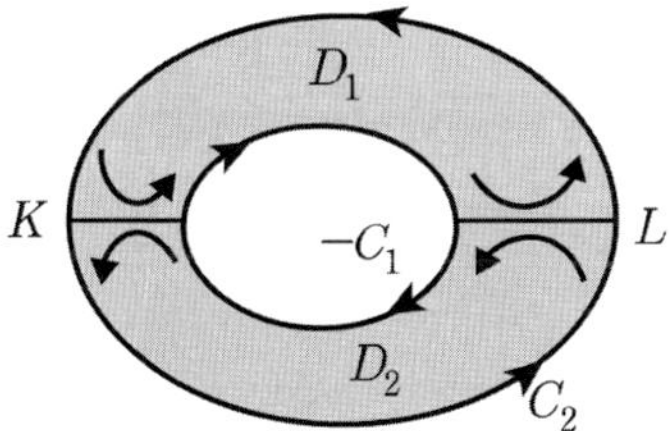


**그림 4.14** 2중연결 영역과 절단선 $K$와 $L$

Cauchy–Goursat 적분정리에 의해 $D_1$과 $D_2$의 양의 방향을 갖는 전 경계에 걸친 선적분은 각 각 0이므로 그 합도 0이다. 이 합에서 절단선 $K$와 $L$의 $K$와 $-K$를 따르는 선적분과 $L$과 $-L$을 따르는 선적분은 모두 서로 반대방향으로 적분하기 때문에 적분값은 서로 상쇄되고 $-C_1$을 따르는 음의 방향(시계방향)의 선적분의 값과 $C_2$를 따르는 양의 방향(반시계방향)의 선적분의 값만 남게 된다. 즉

$$\oint_{-C_1} f(z)dz + \oint_{C_2} f(z)dz = 0$$

이다.

$$\oint_{-C_1} f(z)dz = -\oint_{C_1} f(z)dz$$

이므로

$$\oint_{C_2} f(z)dz - \oint_{C_1} f(z)dz = 0$$

이므로 식 (20)이 성립한다. ■

---

이 정리는 경로 $C_2$를 연속적으로 변형하여 경로 $C_1$을 얻었다고 생각할 수 있기 때문에 경로 변형(deformation of contour)의 원리라고 부른다.

경로 변형의 원리를 이용하게 되면 실제적으로 복잡한 단순 폐곡선상의 적분을 계산할 때, 보다 간단한 단순 폐곡선상의 복소선적분으로 치환하여 계산할 수 있다.

3중연결 영역 $D$에 대한 Cauchy의 정리(경로 변형의 원리)는 그림 4.15에서와 같이 경로 $C_1$, $C_2$는 각각 3중연결 영역 $D$의 안쪽의 경계선을 이루는 양의 방향을 갖는 폐곡선이고, 절단선 $K, L, M$를 도입하여 그 내부와 경계에서 $f(z)$가 해석적인 두 개의 단순연결 열린

영역 $D_1$과 $D_2$로 나눈다.

Cauchy–Goursat 적분정리에 의해 $D_1$과 $D_2$의 양의 방향을 갖는 전 경계에 걸친 선적분은 각 각 0이므로 그 합도 0이다. 이 합에서 절단선 $K, L, M$의 $K$와 $-K$를 따르는 선적분 및 $L$과 $-L$을 따르는 선적분과 $M$와 $-M$를 따르는 선적분 모두 서로 반대방향으로 적분하기 때문에 적분값은 서로 상쇄되고 $C, -C_1, -C_2$를 따르는 선적분의 값만 남게 된다. 즉

$$\oint_{C_1} f(z)dz + \oint_{-C_1} f(z)dz + \oint_{-C_2} f(z)dz = 0 \tag{21}$$

이다.

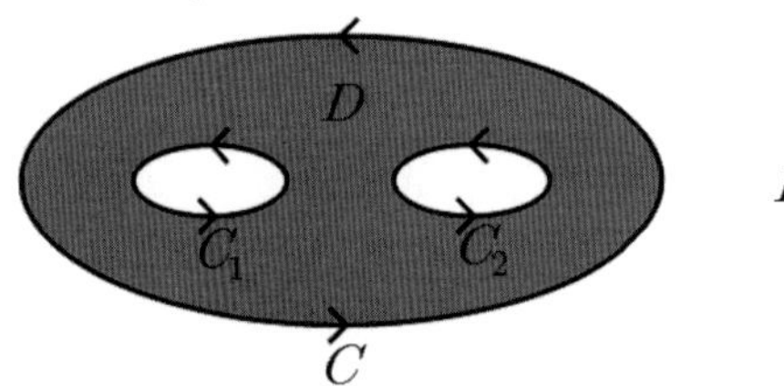


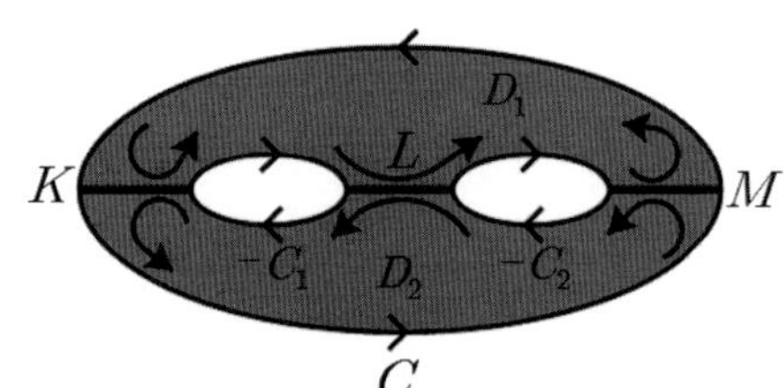


**그림 4.15** (a) 3중연결 영역 (b) 3중연결 영역과 절단선 $K, L, M$

$$\oint_{-C_1} f(z)dz = -\oint_{C_1} f(z)dz$$

이고

$$\oint_{-C_2} f(z)dz = -\oint_{C_2} f(z)dz$$

이므로 식 (21)에서

$$\oint_{C} f(z)dz = \oint_{C_1} f(z)dz + \oint_{C_2} f(z)dz$$

가 성립한다.

이와 같이 경로 변형의 원리는 한 개 이상의 구멍(hole)을 갖는 다중연결 영역으로 확장할 수 있다.

◆ **확장된 경로 변형의 원리**

양의 방향을 갖는 단순 폐경로 $C$의 내부에 양의 방향을 가진 $n$개의 단순 폐경로 $C_k$, $k=1,2,...n$가 있고, $C_k$, $k=1,2,...n$의 내부는 서로 겹치지 않는다고 하자.
만약 $f(z)$가 모든 경로에서 해석적이고, 또 $C$의 내부에 속하면서 동시에 $C_k$, $k=1,2,...n$의 외부에 있는 모든 점에서 해석적이면

$$\oint_C f(z)dz = \sum_{k=1}^{n} \oint_{C_k} f(z)dz \tag{22}$$

이다.

---

**정리 4.5**

---

양의 방향을 갖는 단순 폐경로 $C$가 $z_0$를 포함하면

$$\oint_C \frac{1}{z-z_0} dz = 2\pi i \tag{23}$$

$$\oint_C \frac{1}{(z-z_0)^n} dz = 0, \quad n = 2, 3, 4, \cdots \tag{24}$$

이다.

**증명**

단순 폐경로 $C$의 내부에 포함되는 양의 방향을 갖는 $|z-z_0|=r$인 원 $C_r$에 대하여 경로 변형의 원리를 적용하면

$$\oint_C \frac{1}{z-z_0} dz = \oint_{C_r} \frac{1}{z-z_0} dz$$

이고, 4.1절의 예제 2의 공식 (14)에 의해

$$\oint_{C_r} \frac{1}{z-z_0} dz = 2\pi i$$

이므로 식 (23)이 성립한다.
또한, 경로 변형의 원리를 적용하여

$$\oint_C \frac{1}{(z-z_0)^n}dz = \oint_{C_r} \frac{1}{(z-z_0)^n}dz \qquad (n=2, 3, 4, \cdots)$$

이고 4.1절의 예제 2의 공식 (15)에 의해

$$\oint_{C_r} \frac{1}{(z-z_0)^n}dz = 0$$

이므로 식 (24)가 성립한다. ■

---

예제 2

적분경로 $C$가 양의 방향을 갖는 원 $|z|=3$일 때 다음의 선적분

$$\oint_C \frac{1}{z-i}dz$$

을 계산하라.

**풀이**

주어진 피적분함수 $\frac{1}{z-i}$은 $i$만 제외하고 해석적이며 $|z|=3$의 내부 영역인 $|z|<3$ 영역에 $i$를 포함하고 있으므로 양의 방향을 갖는 $|z-i|=1$에 대하여 경로 변형의 원리를 적용하면

$$\oint_{|z|=3} \frac{1}{z-i}dz = \oint_{|z-i|=1} \frac{1}{z-i}dz$$

이고 4.1절의 예제 2의 공식 (14)에 의해

$$\oint_{|z-i|=1} \frac{1}{z-i}dz = 2\pi i$$

이므로

$$\oint_C \frac{1}{z-i} dz = 2\pi i$$

이다.

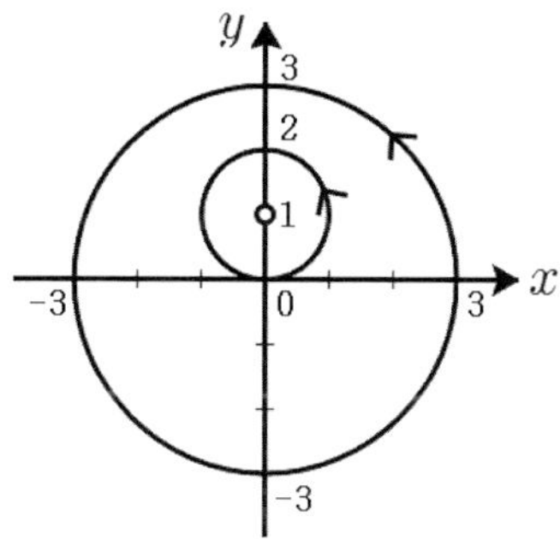


**그림 4.16** 적분경로 $C$ 와 $|z-i|=1$

■

예제 3

적분경로 $C$가 아래의 그림과 같은 폐곡선일 때, 다음 선적분의 값을 구하라.

$$\oint_C \frac{2}{z^2-1} dz$$

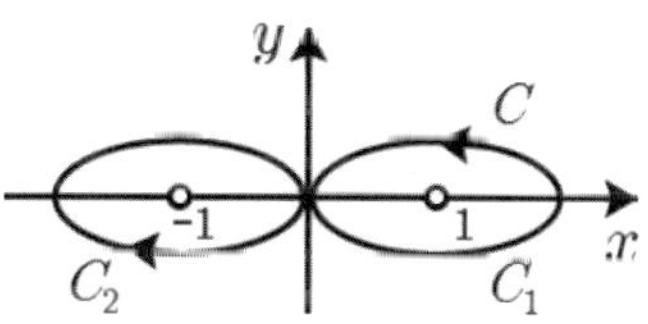


**그림 4.17** 폐경로 $C = C_1 \cup C_2$

**풀이**

$$\oint_C \frac{2}{z^2-1} dz = \oint_{C_1} \frac{2}{z^2-1} dz + \oint_{C_2} \frac{2}{z^2-1} dz$$

$$= \oint_{C_1} \frac{1}{z-1} + \frac{-1}{z+1} dz - \oint_{-C_2} \frac{1}{z-1} + \frac{-1}{z+1} dz \tag{25}$$

이다.

$\frac{1}{z+1}$은 양의 방향을 갖는 경로$C_1$와 그의 내부에서 해석적이고, $\frac{1}{z-1}$은 양의 방향을 갖는 경로$-C_2$와 그의 내부에서 해석적이므로 Cauchy-Goursat 적분정리에 의해

$$\oint_{C_1} \frac{1}{z+1} dz = 0, \quad \oint_{-C_2} \frac{1}{z-1} dz = 0,$$

이며, $\frac{1}{z-1}$은 1에서만 비해석적이고 1은 $C_1$의 내부영역에 포함되므로 공식 (23)에 의해

$$\oint_{C_1} \frac{1}{z-1} dz = 2\pi i$$

이다. 또한 $\frac{1}{z+1}$은 $-1$에서만 비해석적이고 $-1$은 $-C_2$의 내부영역에 포함되므로 공식 (23)에 의해

$$\oint_{-C_2} \frac{1}{z+1} dz = 2\pi i$$

이다.

그러므로 식 (25)에서

$$\oint_C \frac{2}{z^2-1} dz = \oint_{C_1} \frac{1}{z-1} dz - \oint_{-C_2} \frac{1}{z-1} = 2\pi i - (-2\pi i) = 4\pi i$$

이다. ■

**예제 4**

적분 경로 $C$가 $C_1$, $C_2$, $C_3$로 되어 있을 때 함수 $f(z) = \frac{2}{(z-1)(z+1)}$에 대한 선적분

$\oint_C f(z)dz$을 계산하라.

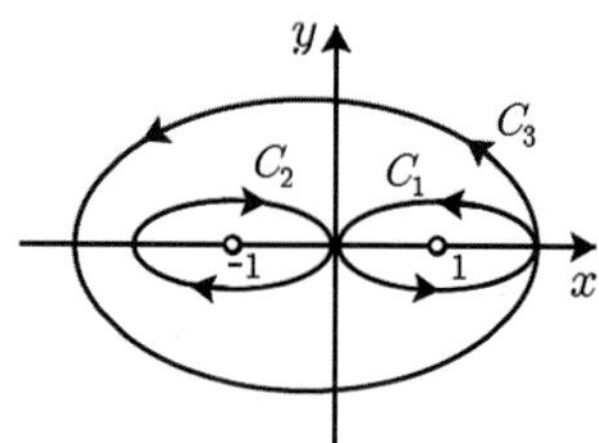


**그림 4.18** 경로 $C = C_1 \cup C_2 \cup C_3$

**풀이**

$$\oint_C f(z)dz = \oint_{C_1} f(z)dz + \oint_{C_2} f(z)dz + \oint_{C_3} f(z)dz$$

이고, 그림 4.19에서 경로 $-C_1$, $C_2$, $C_3$에 의해 둘러싸인 내부영역과 경계에서 $f(z) = \dfrac{2}{(z-1)(z+1)}$는 해석적이므로 Cauchy–Goursat 정리에 의해

$$\oint_{-C_1} f(z)dz + \oint_{C_2} f(z)dz + \oint_{C_3} f(z)dz = 0$$

이다.

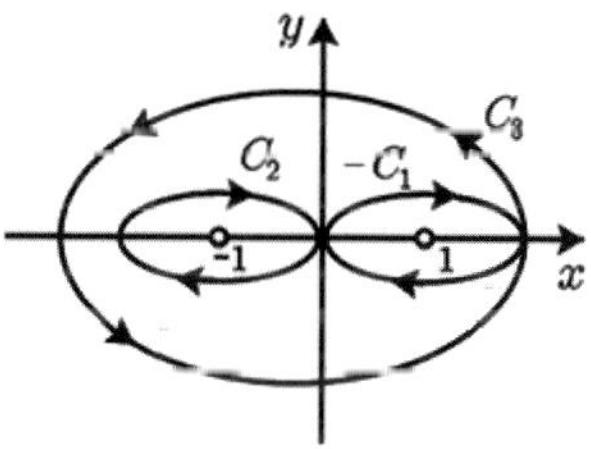


**그림 4.19** 경로 $-C_1$, $C_2$, $C_3$

한편

$$\oint_{-C_1} f(z)dz = -\oint_{C_1} f(z)dz$$

이므로

$$\begin{aligned}\oint_C f(z)dz &= \oint_{C_1} f(z)dz + \oint_{C_2} f(z)dz + \oint_{C_3} f(z)dz \\ &= \oint_{C_1} f(z)dz - \oint_{-C_1} f(z)dz \\ &= 2\oint_{C_1} f(z)dz \\ &= 2\oint_{C_1} \frac{2}{(z-1)(z+1)}dz \\ &= 2\oint_{C_1} \frac{1}{z-1} - \frac{1}{z+1}dz \qquad (26)\end{aligned}$$

이 된다.

$\frac{1}{z+1}$은 $C_1$ 내부에서 해석적이므로 Cauchy–Goursat 정리에 의해

$$\oint_{C_1} \frac{1}{z+1}dz = 0$$

이고 $\frac{1}{z-1}$은 1에서 비해석적이며 1은 $C_1$의 내부에 포함되어 있으므로 공식 (23)에 의해

$$\oint_{C_1} \frac{1}{z-1}dz = 2\pi i$$

이므로 식 (26)은

$$\oint_C f(z)dz = 2(2\pi i) = 4\pi i$$

이다. ■

예제 5

적분경로 $C$가 $|z-i|=\frac{3}{2}$인 양의 방향을 갖는 원일 때 선적분

$$\oint_C \frac{1}{z^3+4z}dz$$

을 계산하라.

**풀이**

$$z^3+4z=z(z^2+4)=z(z-2i)(z+2i)$$

이므로

$$\frac{1}{z^3+4z}=\frac{1}{z(z-2i)(z+2i)}$$
$$=\frac{A}{z}+\frac{B}{z-2i}+\frac{C}{z+2i}$$

로부터

$$A(z-2i)(z+2i)+Bz(z+2i)+Cz(z-2i)=1$$

이다.

(a) $z=0$이면 $4A=1$이므로 $A=\frac{1}{4}$이다.

(b) $z=2i$이면 $-8B=1$이므로 $B=-\frac{1}{8}$이다.

(c) $z=-2i$이면 $-8C=1$이므로 $C=-\frac{1}{8}$이다.

따라서

$$\oint_C \frac{1}{z^3+4z}dz=\oint_C\left[\frac{1}{4}\frac{1}{z}-\frac{1}{8}\frac{1}{z-2i}-\frac{1}{8}\frac{1}{z+2i}\right]dz \quad \left(C: |z-i|=\frac{3}{2}\right)$$
$$=\oint_C\left[\frac{1}{4}\frac{1}{z}-\frac{1}{8}\frac{1}{z-2i}\right]dz+\oint_C -\frac{1}{8}\frac{1}{z+2i}dz \tag{27}$$

이다.

폐곡선 $C$의 내부에 있는 원점을 포함하는 양의 방향을 갖는 원을 $C_1$이라 하고 $2i$를 포함하는 양의 방향을 갖는 원을 $C_2$라 할 때 (이때 $C_1$과 $C_2$는 서로 겹치지 않게 잡는다.) 경로 변형의 원리와 공식 (23)에 의해

$$\oint_C \frac{1}{z}dz = \oint_{C_1} \frac{1}{z}dz = 2\pi i$$

이고

$$\oint_C \frac{1}{z-2i}dz = \oint_{C_2} \frac{1}{z-2i}dz = 2\pi i$$

이므로

$$\oint_C \left[\frac{1}{4}\frac{1}{z} - \frac{1}{8}\frac{1}{z-2i}\right]dz = \frac{1}{4}(2\pi i) - \frac{1}{8}(2\pi i) = \frac{1}{4}\pi i \tag{28}$$

이다.

$\frac{1}{z+2i}$는 $-2i$에서만 비해석적인데 $-2i$는 경로 $C$의 내부에 포함되어 있지 않아서 $\frac{1}{z+2i}$는 경로$C$와 그의 내부에서 해석적이므로 Cauchy–Goursat 정리에 의해

$$\oint_C \frac{1}{z+2i}dz = 0 \tag{29}$$

이다.

그러므로 식 (28)과 (29)에 의해 식 (27)은

$$\oint_C \frac{1}{z^3+4z}dz = \frac{1}{4}\pi i$$

이다.

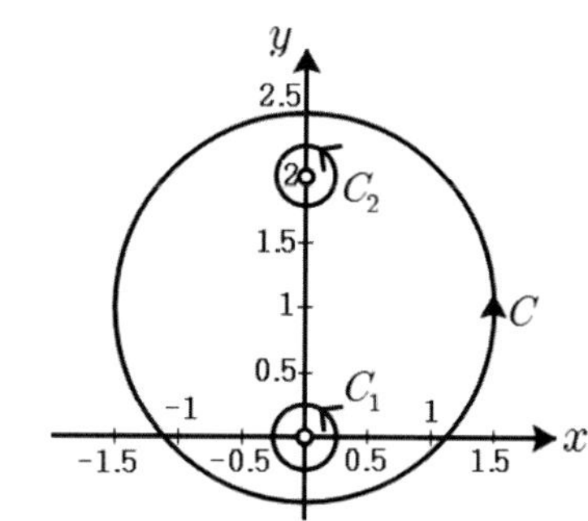


**그림 4.20** $C_1 : |z| = \frac{1}{4}$,　$C_2 : |z-2i| = \frac{1}{4}$

■

### ◆ 경로적분의 기본정리

실적분에서 미분적분학의 기본정리(fundamental theorem of calculus)가 역도함수(antiderivative)와 정적분(definite integration)을 연관시켜준 것처럼 복소적분에서도 경로적분의 기본정리가 있고, 그것은 경로적분과 역도함수를 연관지어준다. 즉, 피적분함수의 역도함수를 구해서 선적분을 구할 수 있다.

$f$는 단순연결 영역 $D$에서 해석적이라 할 때 부정적분 $F$ 를 선적분으로 구성할 수 있음을 보이고. 이로부터 $D$내의 시작점 $z_1$과 끝점 $z_2$를 연결하는 두 곡선에 대한 $f$의 선적분은 같고, 그 값은 $F(z_2)-F(z_1)$임을 알게 된다. 따라서 미적분학의 부정적분 공식을 사용하여 정적분의 값을 계산할 수 있게 된다.

다음의 정리에서 부정적분(indefinte integral)은 영역에서 그것의 도함수와 주어진 해석함수는 같은 함수임을 보이자.

**정리 4.6 부정적분(indefinte integral) (역도함수의 존재성)**

$f$는 단순연결 열린 영역 $D$에서 해석적이라 하자. 시작점 $z_0$를 고정하고 끝점 $z$를 갖는 $D$내의 임의의 곡선을 $C$ 에 대하여

$$F(z)=\int_C f(\xi)d\xi=\int_{z_0}^{z} f(\xi)d\xi \tag{30}$$

로 주어지는 새로운 함수 $F(z)$는 $D$에서 해석적이고

$$F'(z)=f(z) \tag{31}$$

이다. 이때 $F(z)$을 $f(z)$의 부정적분(indefinte integral) 또는 역도함수(antiderivative function, 원시함수)라 부른다.

**증명**

$f$는 단순연결 열린 영역 $D$에서 해석적이므로 경로변형의 원리(정리 4.3)에 의하여 식 (30)의 선적분은 적분경로와 무관하다. 따라서 기호로써

$$\int_C f(\xi)d\xi=\int_{z_0}^{z} f(\xi)d\xi$$

를 사용할 수 있다.

이제 $F'(z)=f(z)$ 임을 밝힌다.

$D$내의 임의의 점 $z$를 고정하고 $\Delta z$ 충분히 작도록 취하여 점 $z+\Delta z$도 영역 $D$에 있도록 한다. $z$는 고정하였으므로 $K$가 상수일 때 $f(z)=K$이고

$$\int_z^{z+\Delta z} f(z)d\xi=\int_z^{z+\Delta z} K\,d\xi=K\Delta z=f(z)\Delta z \tag{32}$$

이다.

선적분의 덧셈과 식 (30)에 주어진 $F$의 정의를 사용하면

$$\begin{aligned} F(z+\Delta z)-F(z)&=\int_{z_0}^{z+\Delta z} f(\xi)d\xi-\int_{z_0}^{z} f(\xi)d\xi \\ &=\int_{C_1} f(\xi)d\xi-\int_{C_2} f(\xi)d\xi=\int_C f(\xi)d\xi \end{aligned} \tag{33}$$

가 성립한다. 여기서 곡선 $C$는 $z$와 $z+\Delta z$를 잇는 선분이고 $C_1$과 $C_2$는 각각 그림 4.21에 표시된 바와 같은 $z_0$와 $z+\Delta z$, $z_0$와 $z$를 잇는다.

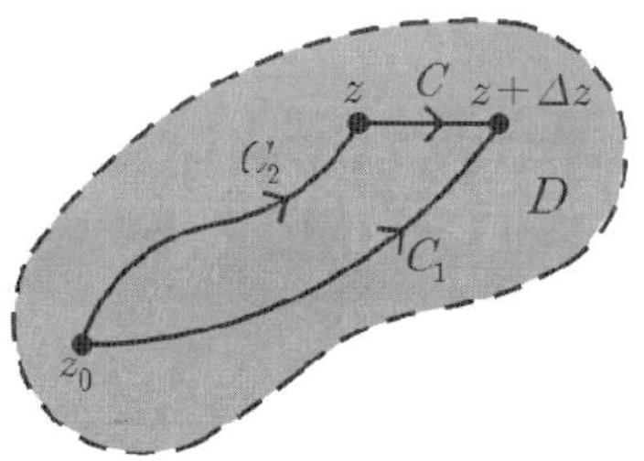


**그림 4.21** 곡선 $C_1$, $C_2$와 선분 $C$

해석함수 $f$는 $z$에서 연속이므로 임의의 $\epsilon > 0$에 대해서 $\delta > 0$를 택하여 $|\xi - z| < \delta$일 때

$$|f(\xi) - f(z)| < \epsilon \tag{34}$$

로 되게 할 수 있다. 선분 $C$위에서 $|\varDelta z| < \delta$이면 선분 $C$위의 임의의 점$\xi$에 대하여 $|\xi - z| < |\Delta z| < \delta$이므로 식 (32), (33) 및 (34)를 적용하여 다음을 얻는다.

$$\left|\frac{F(z+\varDelta z) - F(z)}{\varDelta z} - f(z)\right| = \frac{1}{|\varDelta z|}\left|\int_C f(\xi)d\xi - \int_C f(z)d\xi\right| \tag{35}$$

$$\leqq \frac{1}{|\varDelta z|}\int_C |f(\xi) - f(z)||d\xi|$$

$$< \frac{1}{|\varDelta z|}\epsilon|\varDelta z| = \epsilon$$

이다. 따라서 임의의 $\epsilon > 0$에 대해서 $\delta > 0$를 택하여 $|\varDelta z| < \delta$이면

$$\left|\frac{F(z+\varDelta z) - F(z)}{\varDelta z} - f(z)\right| < \epsilon$$

이므로

$$F'(z) = \lim_{\Delta z \to 0}\frac{F(z+\Delta z) - F(z)}{\Delta z} = f(z)$$

임을 보여준다. 즉 $F'(z) = f(z)$이다. 또한 $z$는 $D$에 있는 임의의 점이므로, 이 식에서 $f(z)$의 역도함수 $F(z)$는 열린 영역 $D$의 모든 점에서 미분가능하므로 $F(z)$가 $D$에서 해

석적일 뿐만 아니라 모든 미분가능한 함수는 연속이기 때문에 $F(z)$는 연속함수이다. ■

---

해석함수의 선적분이 경로와 무관함은 중요하다. 4.1절 예제 5에서 $C_1$ 과 $C_2$ 가 $i$와 1을 잇는 경로일 때

$$\int_{C_1} z^2\, dz = \int_{C_2} z^2\, dz = \frac{1}{3} + \frac{1}{3}i$$

임을 알고 있다. 피적분 함수 $f(z) = z$는 해석함수이므로 부정적분의 정리(정리 4.6)에 의하여 두 적분의 값은 같다. 따라서 한 경로만 계산하면 된다.

부정적분의 정리(정리 4.6)에서 $z = z_1$이라 놓으면 해석함수의 정적분을 계산하는 다음과 같은 공식을 얻는다.

---

**정리 4.7 정적분, 경로적분의 기본정리**

$f$는 단순연결 열린 영역 $D$에서 해석적이라 하자. 만일 $z_0$ 와 $z_1$ 이 $D$ 의 두 점이면

$$\int_{z_0}^{z_1} f(z)\, dz = F(z_1) - F(z_0) \tag{36}$$

이고, 단 $F$는 $f$의 부정적분이다(역도함수).

**증명**

$F$ 가 식 (30)으로 정의된 함수라 하면 식 (36)은 당연히 성립한다. $f$의 다른 부정적분을 $G$라면

$$G'(z) = f(z) = F'(z)$$

이므로

$$H(z) = G(z) - F(z)$$

는 해석적이고 $D$의 모든 점에 대해서 $H'(z) = 0$이다. 임의의 상수 $K$에 대하여

$$H(z) = K, \quad G(z) = F(z) + K$$

이다. 따라서

$$G(z_1) - G(z_0) = F(z_1) - F(z_0)$$

이므로 식 (36)이 증명되었다. 즉 식 (36)은 어떠한 $f(z)$의 부정적분도 사용할 수 있다.

■

---

실함수의 경우와 마찬가지로 $f(z)$의 역도함수 또는 부정적분의 일반적인 형태는 $F'(z) = f(z)$이고 $K$는 임의의 복소상수에 대하여

$$\int_C f(z)\,dz = F(z) + K$$

로 표기한다.

복소함수 $f(z)$가 단순 폐경로 $C$의 내부(interior)와 경로(contour)상에서 역도함수를 갖는다면 폐경로 $C$의 시작점과 끝점이 같으므로 경로적분의 기본정리(정적분의 정리)에 의해 적분값은 $0$이 된다.

만일에 $f$가 해석적이면 정리 4.7의 방법은 곡선의 매개변수표현을 사용하는 방법보다 쉽다.

### 예제 7

$\int_i^1 \cos z\,dz = \sin 1 - i \sinh 1$임을 보여라.

**풀이**

$f(z) = \cos z$의 부정적분은 $F(z) = \sin z + K$ ($K$는 임의의 복소상수)이다. 따라서

$$\int_i^1 \cos z\,dz = \sin 1 - \sin i$$

$$= \sin 1 - i \sinh 1$$

이다. ■

**예제 8**

곡선 $C$가 복소평면 위에서 점 $i$가 시작점이고 끝점이 1인 임의의 경로일 때, 선적분

$$\int_C z^2\,dz$$

의 값을 부정적분을 사용하여 정적분을 구하라.

**풀이**

함수 $f(z) = z^2$가 복소평면의 모든 점에서 해석적이므로 경로적분의 기본정리에 따라 주어진 선적분의 값을 계산하면 다음과 같다.

$$\int_C z^2 dz = \frac{1}{3}z^3 \Big|_i^1 = \frac{1}{3} - \frac{1}{3}i^3 = \frac{1}{3} + \frac{1}{3}i$$ ■

**예제 9**

$$\int_4^{8+6i} \frac{1}{2} z^{-\frac{1}{2}} dz = 1 + i$$

임을 보여라. 단, $z^{\frac{1}{2}}$은 제곱근함수의 주값이고 적분은 4와 $8+6i$를 잇는 선분상의 적분이다.

**풀이**

$F(z) = z^{\frac{1}{2}}$이면 $F'(z) = \frac{1}{2}z^{-\frac{1}{2}}$이므로 경로적분의 기본정리에 의하여

$$\int_4^{8+6i} \frac{1}{2} z^{-\frac{1}{2}} dz = z^{\frac{1}{2}}\Big|_4^{8+6i} = (8+6i)^{\frac{1}{2}} - 4^{\frac{1}{2}}$$

이다. $z^{\frac{1}{2}}$은 제곱근함수의 주값이므로

$$z^{\frac{1}{2}} = e^{\frac{1}{2}\mathrm{Ln}\, z} = e^{\frac{1}{2}[\ln|z| + i\, Arg\, z]}$$

$$= |z|^{\frac{1}{2}} e^{i\frac{1}{2}Arg\, z} \qquad (-\pi < Arg\, z \leq \pi)$$

으로부터

$$4^{\frac{1}{2}} = e^{\frac{1}{2}\mathrm{Ln}4} = e^{\frac{1}{2}(\ln|4| + i \cdot 0)} = e^{\frac{1}{2}(2\ln 2)} = e^{\ln 2} = 2$$

이고

$$(8+6i)^{\frac{1}{2}} = 10^{\frac{1}{2}} e^{i\frac{1}{2}\tan^{-1}\left(\frac{3}{4}\right)} = \sqrt{10}\, e^{i\frac{1}{2}\tan^{-1}\left(\frac{3}{4}\right)}$$

이다.

$8+6i$는 1사분면에 있으므로 $8+6i$의 주편각 $\tan^{-1}\left(\frac{3}{4}\right)$은 1사분면에 있다. $(8+6i)^{\frac{1}{2}} = re^{i\theta}$라 둘 때 $8+6i = r^2 e^{i(2\theta)}$이고 $8+6i = 10e^{i\tan^{-1}\left(\frac{3}{4}\right)}$이므로 $r = \sqrt{10}$, $\tan 2\theta = \frac{3}{4}$이다.

$$\frac{3}{4} = \frac{\sin 2\theta}{\cos 2\theta} = \frac{2\sin\theta\cos\theta}{\cos^2\theta - \sin^2\theta}$$

으로부터

$$3\cos^2\theta - 8\sin\theta\cos\theta - 3\sin^2\theta = 0$$

이므로

$$(3\cos\theta + \sin\theta)(\cos\theta - 3\sin\theta) = 0$$

이다. 따라서

$$3\cos\theta = -\sin\theta \text{ 또는 } \cos\theta = 3\sin\theta$$

를 얻게 되고, 이로부터 각각

$$\tan\theta = -3 \text{ 또는 } \tan\theta = \frac{1}{3}$$

가 성립하게 된다. 이 때 $\theta = \frac{1}{2}\tan^{-1}\left(\frac{3}{4}\right)$에서 $\tan^{-1}\left(\frac{3}{4}\right) = 2\theta$가 1사분면의 값이므로 $\theta$도 1사분면의 값이므로

$$\tan\theta = \frac{1}{3}$$

이 된다. 그러므로

$$\cos\theta = \frac{3}{\sqrt{10}},\ \sin\theta = \frac{1}{\sqrt{10}}$$

임을 알 수 있다. 그리하여

$$(8+6i)^{\frac{1}{2}} = \sqrt{10}\, e^{i\frac{1}{2}\tan^{-1}\left(\frac{1}{3}\right)} = \sqrt{10}\, e^{i\theta} = \sqrt{10}\,(\cos\theta + i\sin\theta)$$

$$= \sqrt{10}\left(\frac{3}{\sqrt{10}} + i\frac{1}{\sqrt{10}}\right) = 3+i$$

이다. 그러므로

$$\int_{4}^{8+6i} \frac{1}{2z^{\frac{1}{2}}} dz = (8+6i)^{\frac{1}{2}} - 4^{\frac{1}{2}} = (3+i) - 2 = 1+i$$

이다.

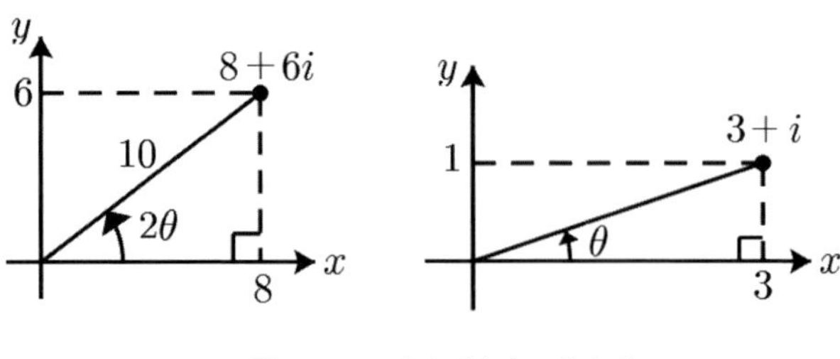


**그림 4.22** $8+6i$와 $3+i$

■

### ◆ 경로적분에서 로그함수의 이용

단순연결 열린 영역 $D=\{z=re^{i\theta} \mid r>0,\ -\pi<\theta<\pi\}$에서 $F(z)=\mathrm{Ln}\,z$가 해석적이고 그 도함수는 $F'(z)=\dfrac{1}{z}$이다. 만일 $C$가 점 $z_1$과 $z_2$를 잇는 $D$안의 곡선이면 경로적분의 기본정리에 의해

$$\int_{z_1}^{z_2}\frac{1}{z}dz=\int_C\frac{1}{z}dz=\mathrm{Ln}\,z_2-\mathrm{Ln}\,z_1$$

이다.

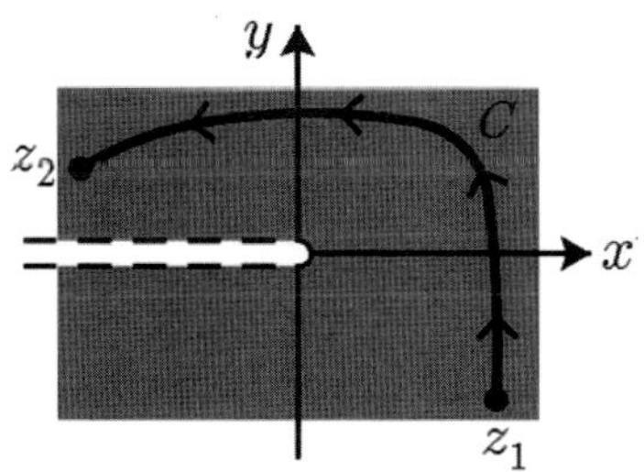


**그림 4.23** $z_1$과 $z_2$를 잇는 경로

그러나 함수 $\dfrac{1}{z}$와 $\ln z$은 원점을 제외한 복소평면인 2중연결 열린 영역에서 해석적이므로 적분경로가 원점을 포함하는 폐곡선 $|z|=1$일 때 $\oint_{|z|=1}\dfrac{1}{z}dz$는 경로적분의 기본정리의 식 (36)에 의해 $\oint_{|z|=1}\dfrac{1}{z}dz=0$이라 결론내릴 수 없다.

실제로 4.1절의 예제 2의 식 (14)에 의해

$$\oint_{|z|=1}\frac{1}{z}dz=2\pi i$$

임을 안다.

다음의 예제는 $\mathrm{Ln}\,z$과 $\dfrac{1}{z}$이 해석적인 단순연결 열린 영역인 음의 실수축을 제외한 복소평면에서 경로적분의 기본정리를 이용한 $\oint_{|z|=1}\dfrac{1}{z}dz$를 계산을 보여준다.

**예제 10**

적분경로 $C$가 양의 방향을 갖는 단위원 $|z|=1$일 때 경로적분의 기본정리를 이용하여

$$\oint_C \frac{1}{z}dz = 2\pi i$$

임을 보여라.

**풀이**

$\mathrm{Ln}\,z$은 음의 실수축을 제외한 복소평면인 단순연결 열린 영역에서 해석적이고 $(\mathrm{Ln}\,z)' = \dfrac{1}{z}$이다. 만일 단위원 경로위의 두 점$z_1$과 $z_2$에 대하여 $z_2$는 상반평면에서 $-1$에 접근하고 $z_1$은 하반평면에서 $-1$에 접근하면 그림 4.24에서 표시된 원의 부분을 따라서 함수 $\dfrac{1}{z}$을 적분할 수 있고 극한을 취하면

$$\begin{aligned}\int_C \frac{dz}{z} &= \lim_{\substack{z_1, z_2 \to -1 \\ Im z_1 < 0 \\ Im z_2 > 0}} \int_{z_1}^{z_2} \frac{dz}{z} = \lim_{\substack{z_2 \to -1 \\ Im z_2 > 0}} \mathrm{Ln}\,z_2 - \lim_{\substack{z_1 \to -1 \\ Im z_1 < 0}} \mathrm{Ln}\,z_1 \\ &= \pi i - (-\pi i) = 2\pi i\end{aligned}$$

이다.

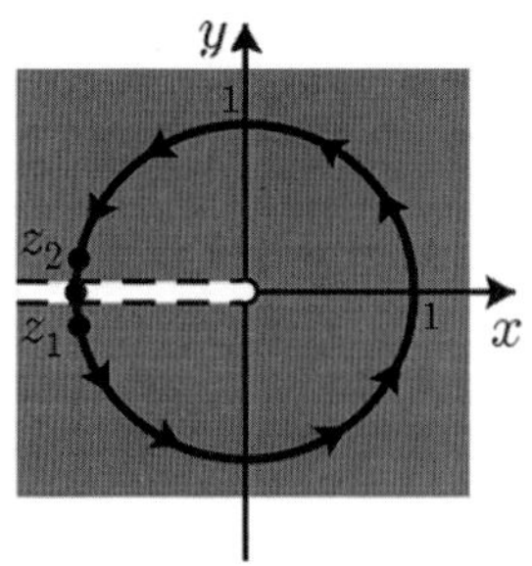


**그림 4.24** 경로 $C: |z|=1$.

■

### 예제 11

적분경로 $C$가 복소평면위에서 $-i$가 시점이고 $i$가 끝점인 반시계방향(양의 방향)을 갖는 반원일 때, 다음의 선적분의 값을 부정적분을 이용하여 구하라.

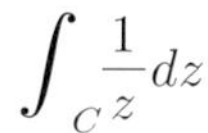

$$\int_C \frac{1}{z}dz$$

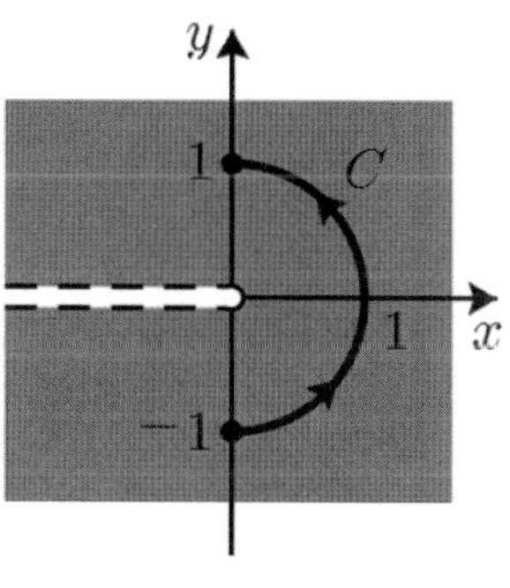


**그림 4.25** 경로$C$

**풀이**

함수 $\frac{1}{z}$은 다중연결 열린 영역인 원점을 제외한 복소평면에서 해석적이고 $\mathrm{Ln}z$은 단순연결 열린 영역인 음의 실수축을 제외한 복소평면 $D$에서 해석적이며 $(\mathrm{Ln}\,z)' = \frac{1}{z}$ $(z \in D)$이다. 적분경로 $C$가 단순연결 열린 영역 $D$내부에 있으므로 경로적분의 기본정리를 적용하여 선적분의 값을 구하면

$$\int_C \frac{1}{z}dz = \mathrm{Ln}\,z \,\Big|_{-i}^{i} = \mathrm{Ln}\,i - \mathrm{Ln}(-i) = \frac{\pi}{2}i - \left(-\frac{\pi}{2}i\right) = \pi i$$

이다. ■

### 예제 12

적분 경로 $C_1$이 복소평면위에서 $-i$가 시작점이고 $i$가 끝점인 시계방향(음의 방향)의

반원일 때 다음 선적분의 값을 계산하라.

$$\int_{C_1} \frac{1}{z} dz$$

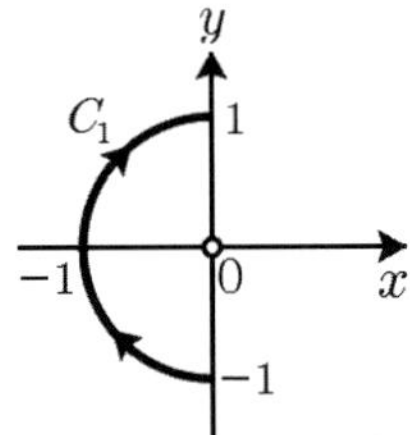


**그림 4.26** 경로 $C_1$

**풀이**

예제 10 또는 4.1절의 예제 2의 식 (14)에 의해

$$\oint_{|z|=1} \frac{1}{z} dz = 2\pi i$$

이고 예제 11의 선적분, 즉 시작점이 $-i$이고 끝점이 $i$인 양의 방향의 반원$C$의 선적분

$$\int_{C} \frac{1}{z} dz = \pi i$$

이다.

$$\int_{-C_1} \frac{1}{z} dz + \int_{C} \frac{1}{z} dz = \oint_{|z|=1} \frac{1}{z} dz = 2\pi i$$

이고

$$\int_{-C_1} \frac{1}{z} dz = -\int_{C_1} \frac{1}{z} dz$$

임을 이용하여

$$\int_{C_1} \frac{1}{z} dz = -\pi i$$

이다.

즉, 예제 11과 예제 12에서보듯이 시작점과 끝점이 같아도 적분값이 영향을 받을 수

있음을 알 수 있다.

왜냐하면 적분경로 $C_1$이 포함된 함수 $\frac{1}{z}$의 해석적인 영역은 원점을 제외한 복소평면이므로 2중연결 열린 영역이다. 따라서 경로적분의 기본정리가 성립하지 않음을 알 수 있다. ■

## 연습문제 4.2

1. 다음의 양의 방향을 갖는 적분경로 $C$에 내하여 선적분을 구하라.

(1) $\oint_C \frac{e^z}{2z^2+11z+15}dz,\ C: |z|=2$

(2) $\oint_C z+\frac{1}{z}dz,\ C: |z|=4$

(답) (1) 0(2) $2\pi i$

2. 다음 복소선적분을 Cauchy 적분정리를 이용하여 계산하라.

(1) $\oint_C z^2 dz,$ $C$는 복소평면상의 단순폐곡선

(2) $\oint_C \frac{dz}{z^2+5},\ C: |z|=1$

(3) $\oint_C \frac{1}{z^n}dz,\ C: |z-1|=\frac{1}{3},$ $n$은 양의 정수

(답) (1) 0 (2) 0 (3) 0

3. 적분경로에 대한 다음의 선적분을 구하라.

$$\int_C \frac{2z}{z^2+2}dz$$

(1) $C$는 양의 방향을 갖는 원 $|z-i|=1$

(2) $C=C_1 \cup C_2$

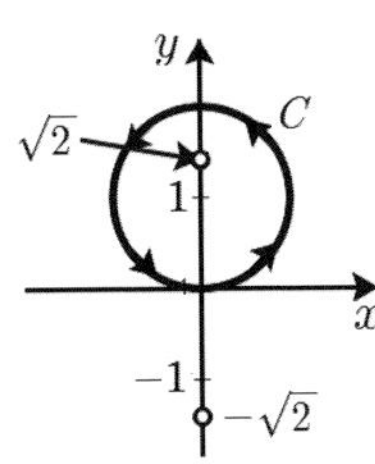


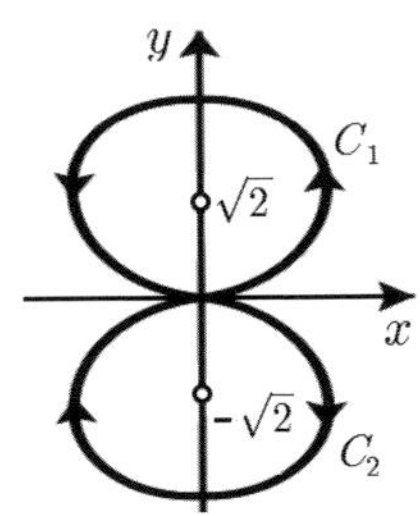


**그림 4.27** (1) $|z-i|=1$과 점 $z=\pm i\sqrt{2}$ (2) 경로 $C=C_1 \cup C_2$와 점 $\pm i\sqrt{2}$

(답) (1) $2\pi i$ (2) 0

4. 다음 그림에서 주어진 적분경로에 대하여 $\int_C (z^2-1)^{-1}dz$를 계산하라.

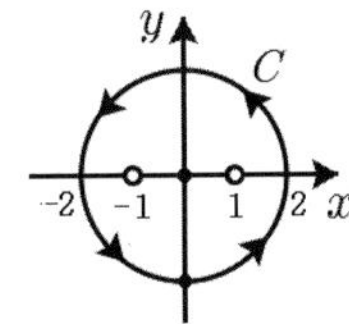


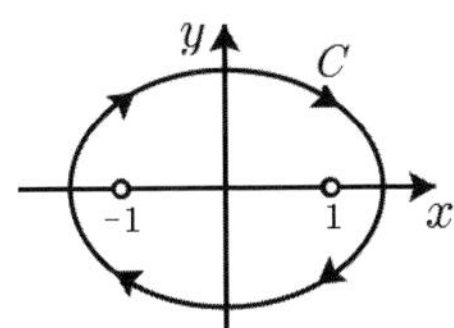


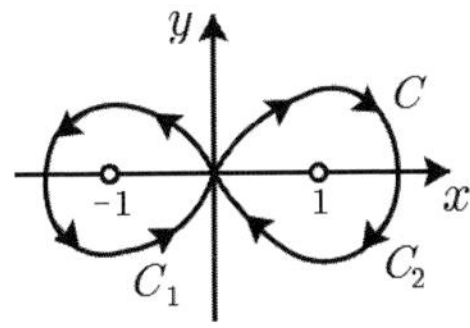


**그림 4.28** (1) 원$C$ $|z|=2$ (2) 타원경로 $C$ (3) $C=C_1 \cup C_2$

(답) (a) 0 (b) 0 (c) 0

5. 적분 경로 $C$가 그림 4.29와 같이 주어질 때 선적분

$$\int_C \frac{1}{z^2-z}dz$$

를 구하라.

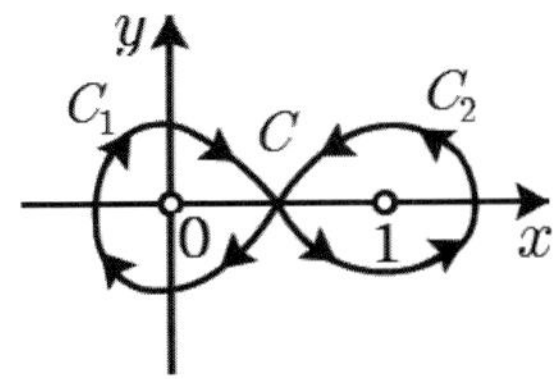


**그림 4.29** 경로 $C=C_1 \cup C_2$

(답) $4\pi i$

6. 적분경로 $C$가 양의 방향을 갖는 원 $|z|=2$일 때 선적분

$$\oint_C \frac{1}{z(z+1)(z+3)}dz$$

을 계산하라.

(답) $-\frac{1}{3}\pi i$

7. 양의 방향을 갖는 원 $|z|=2$의 적분경로 $C$에 대하여 다음의 선적분

$$\oint_C \frac{3z+1}{(z-1)(z-3)}dz$$

을 계산하라.

(답) $-4\pi i$

8. 경로적분의 기본정리(정적분)를 이용하여 다음의 선적분을 계산하라.

(1) 적분경로 $C$가 $1$에서부터 $1+\pi i$를 잇는 선분일 때

$$\int_C e^z dz$$

(2) 적분경로 $C$는 $\frac{1}{2}$에서부터 $\frac{\pi}{4}i$에 이르는 선분일 때

$$\int_C z e^{2z} dz$$

(3) 적분경로 $C$가 $-\frac{\pi}{2}$를 중심으로 원점에서 $-\pi$에 이르는 반지름 $\frac{\pi}{2}$인 상반원일 때

$$\int_C z \sin z\, dz$$

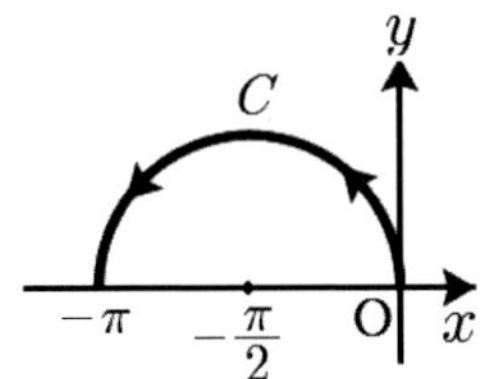


**그림 4.30** 경로 $C$

(답) (1) $-2e$ (2) $-\frac{\pi}{8}-\frac{1}{4}i$ (3) $-\pi$

## 4.3 Cauchy 적분공식

Cauchy 적분정리에서 얻어지는 중요한 결과는 Cauchy 적분공식이며,이는 적분을 계산하는 데 유용할 뿐만 아니라 해석함수가 모든 계(order)의 도함수를 갖는다는 도함수에 관한 Cauchy 적분공식의 증명과 Taylor급수 표현등에 있어서 핵심적인 역할을 한다.

이제 해석함수의 값을 선적분으로 표현하는 Cauchy 적분공식을 알아보자.

---

**정리 4.8 Cauchy 적분공식(Cauchy's Integral formula)**

---

$f$가 단순연결 열린 영역 $D$에서 해석적이고 $C$는 D내부에 있는 양의 방향을 갖는 단순폐경로라 하자. 만약 $z_0$가 $C$의 내부에 있는 임의의 점이면

$$f(z_0)=\frac{1}{2\pi i}\oint_C \frac{f(z)}{z-z_0}dz \tag{37}$$

이다.

**증명**

$f$는 $z_0$에서 연속이므로 임의의 작은 $\epsilon>0$에 대하여 $|z-z_0|<\delta$이면 $|f(z)-f(z_0)|<\epsilon$이 성립하는 $\delta>0$이 존재한다. 또한 $C_0$는 중심이 $z_0$이고 반지름을 충분히 작게 하여 $C$의

내부에 들어가는 원이라 하자.

만약 $C_0$의 반지름을 $\dfrac{\delta}{2}$로 택하면, 즉

$$|z-z_0|=\frac{\delta}{2}$$

이면 $|z-z_0|=\dfrac{\delta}{2}<\delta$이므로 $f$의 $z_0$에서의 연속성에 의해

$$|f(z)-f(z_0)|<\epsilon \tag{38}$$

이 성립한다.

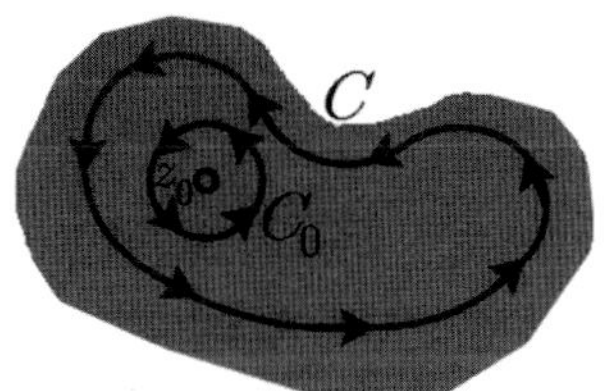


**그림 4.31** 폐경로 $C$와 $C_0$

또한 경로변형의 원리에 의해

$$\oint_C \frac{f(z)}{z-z_0}dz=\oint_{C_0}\frac{f(z)}{z-z_0}dz \tag{39}$$

이다. 4.1절의 예제 2의 식 (14)로부터

$$f(z_0)=f(z_0)\frac{1}{2\pi i}\oint_{C_0}\frac{1}{z-z_0}dz$$

$$=\frac{1}{2\pi i}\oint_{C_0}\frac{f(z_0)}{z-z_0}dz \tag{40}$$

이 성립한다.

따라서 식 (39), (40) 및 (38)로부터 임의의 작은 $\epsilon>0$에 대하여

$$\left|\frac{1}{2\pi i}\oint_C \frac{f(z)}{z-z_0}dz - f(z_0)\right| = \left|\frac{1}{2\pi i}\oint_{C_0} \frac{f(z)}{z-z_0}dz - \frac{1}{2\pi i}\oint_{C_0} \frac{f(z_0)}{z-z_0}dz\right|$$

$$\le \frac{1}{2\pi}\oint_{C_0} \frac{|f(z)-f(z_0)|}{|z-z_0|}|dz|$$

$$\le \frac{1}{2\pi}\frac{\epsilon}{\frac{\delta}{2}}\oint_{C_0}|dz|$$

$$= \frac{1}{2\pi}\frac{\epsilon}{\frac{\delta}{2}}2\pi\left(\frac{\delta}{2}\right) = \epsilon$$

이다. $\epsilon$은 임의로 작게 할 수 있으므로 Cauchy 적분공식 (37)을 얻는다.

■

---

Cauchy 적분공식 (37)을 좀 더 실용적으로 다음과 같이 표현한다.

**만약 $f(z)$가 양의 방향을 갖는 단순 폐경로 $C$상의 모든 점과 내부의 모든 점에서 해석적이고, $z_0$가 $C$의 내부에 있는 임의의 점이면**

$$f(z_0) = \frac{1}{2\pi i}\oint_C \frac{f(z)}{z-z_0}dz \tag{41}$$

이다.

**예제 1**

적분경로 $C$가 양의 방향을 갖는 원 $|z|=2$ 일 때

$$\oint_C \frac{e^z}{z+1}dz$$

를 계산하라.

**풀이**

$f(z)=e^z$은 복소 전체평면에서 해석적이며 $f(-1)=e^{-1}$이고 점 $z_0=-1$은 $C$의 내부에 있으므로 Cauchy 적분 공식 (37)에 의해

$$e^{-1}=f(-1)=\frac{1}{2\pi i}\oint_C \frac{e^z}{z+1}dz$$

이므로

$$\oint_C \frac{e^z}{z+1}dz=\frac{2\pi i}{e}$$

이다. ■

예제 2

$C$가 양의 방향을 갖는 원 $|z|=1$일 때

$$\oint_C \frac{\cos z}{4z+\pi}dz=\frac{\sqrt{2}\,\pi i}{4}$$

임을 보여라.

**풀이**

$f(z)=\cos z$는 복소평면전체에서 해석적인 완전 함수이고

$$\begin{aligned}\oint_C \frac{\cos z}{4z+\pi}dz &= \frac{1}{4}\oint_C \frac{\cos z}{z+\frac{\pi}{4}}dz \\ &= \frac{1}{4}\oint_C \frac{\cos z}{z-\left(-\frac{\pi}{4}\right)}dz \\ &= \frac{1}{4}(2\pi i)f\left(-\frac{\pi}{4}\right) \\ &= \frac{\pi i}{2}\cos\left(-\frac{\pi}{4}\right)=\frac{\sqrt{2}\,\pi}{4}i\end{aligned}$$

이다. ■

**예제 3**

$C$가 양의 방향의 중심이 1이고 반지름이 $\frac{\pi}{2}$인 원 $|z-1|=\frac{\pi}{2}$ 일 때

$$\oint_C \frac{1}{z^2-1}dz$$

를 계산하라.

**풀이**

$\frac{1}{z^2-1}=\frac{\frac{1}{z+1}}{z-1}$이므로 $f(z)=\frac{1}{z+1}$는 주어진 경로 $C$와 그의 내부영역에서 해석적이며 $f(1)=\frac{1}{2}$이고, 점 $z_0=1$은 $|z-1|=\frac{\pi}{2}$의 내부에 있다. 따라서 Cauchy 적분 공식에 의해

$$\oint_C \frac{1}{z^2-1}dz = \oint_C \frac{f(z)}{z-1}dz = 2\pi i f(1) = 2\pi i \frac{1}{2} = \pi i$$

이다. ■

**예제 4**

$C$가 양의 방향을 갖는 원 $|z|=4$ 일 때

$$\oint_C \frac{7z-6}{z^2-2z}dz$$

를 계산하라.

**풀이**

$z^2-2z=z(z-2)=0$에서 $z_0=0$와 $z_0=2$는 $|z|=4$의 내부에 있는 두 점이다. 따라서 Cauchy 적분공식을 바로 적용할 수 없으므로 주어진 함수를 부분분수로 나타내면

$$\frac{7z-6}{z^2-2z}=\frac{7z-6}{2}\left(\frac{1}{z-2}-\frac{1}{z}\right)$$

이므로 $f(z)=\dfrac{7z-6}{2}$는 완전함수이며 $f(2)=4$이고 $f(0)=-3$이다.

그리하여

$$\oint_C \frac{f(z)}{z-2}dz=2\pi i\, f(2)=8\pi i$$

이고

$$\oint_C \frac{f(z)}{z}dz=2\pi i\, f(0)=-6\pi i$$

이 성립한다. 그러므로

$$\oint_C \frac{7z-6}{z^2-2z}dz=\oint_C \frac{f(z)}{z-2}dz-\oint_C \frac{f(z)}{z}dz=8\pi i-(-6\pi i)=14\pi i$$

이다.

물론 $\dfrac{7z-6}{z^2-2z}$의 부분분수

$$\frac{7z-6}{z^2-2z}=\frac{4}{z-2}+\frac{3}{z}$$

를 이용하여

$$\oint_C \frac{7z-6}{z^2-2z}dz=4\oint_C \frac{1}{z-2}dz+3\oint_C \frac{1}{z}dz-8\pi i+6\pi i-14\pi i$$

를 얻을 수도 있다. ■

**예제 5**

$C$가 양의 방향의 원점이 중심이고 반지름이 1인 단위원 $|z|=1$일 때 다음의 선적분을 계산하라.

$$\oint_C \frac{z\sin z}{2z-1}dz$$

**풀이**

$$\frac{z}{2z-1}=\frac{z-\frac{1}{2}+\frac{1}{2}}{2\left(z-\frac{1}{2}\right)}=\frac{1}{2}+\frac{1}{4}\frac{1}{z-\frac{1}{2}}$$

이므로

$$\oint_C \frac{z\sin z}{2z-1}dz=\oint_C \frac{\sin z}{2}dz+\frac{1}{4}\oint_C \frac{\sin z}{z-\frac{1}{2}}dz$$

이다.

$\frac{\sin z}{2}$은 $C$와 그 내부에서 해석적이므로 Cauchy–Goursat 정리에 의해

$$\oint_C \frac{\sin z}{2}dz=0$$

이고 $\frac{\sin z}{z-\frac{1}{2}}$은 점 $z_0=\frac{1}{2}$은 단위원 $C$ 내부에 있으므로 해석적인 함수 $f(z)=\sin z$에 대하여 Cauchy 적분공식을 적용하면

$$\oint_C \frac{\sin z}{z-\frac{1}{2}}dz=2\pi i\, f\left(\frac{1}{2}\right)=2\pi i\sin\left(\frac{1}{2}\right)$$

이다.

그러므로

$$\oint_C \frac{z\sin z}{2z-1}dz = 0 + \frac{1}{4}(2\pi i)\sin\left(\frac{1}{2}\right) = i\frac{\pi}{2}\sin\left(\frac{1}{2}\right)$$

이 된다. ■

## 예제 6

다음 선적분을 계산하라.

$$\oint_C \frac{e^{iz}}{z^2+1}dz \qquad (C = C_1 \cup C_2)$$

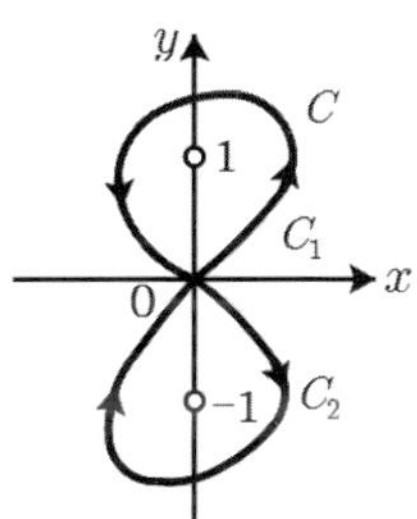


**그림 4.32** 경로 $C = C_1 \cup C_2$

**풀이**

$$\oint_C \frac{e^{iz}}{z^2+1}dz = \oint_{C_1} \frac{e^{iz}}{z^2+1}dz + \oint_{C_2} \frac{e^{iz}}{z^2+1}dz$$

에서

$$\oint_{C_1} \frac{e^{iz}}{z^2+1}dz = \oint_{C_1} \frac{\frac{e^{iz}}{z+i}}{z-i}dz = 2\pi i \left.\frac{e^{iz}}{z+i}\right|_{z=i} = 2\pi i \frac{e^{-1}}{2i} = \frac{\pi}{e}$$

이고

$$\oint_{C_2} \frac{e^{iz}}{z^2+1}dz = -\oint_{-C_2} \frac{\frac{e^{iz}}{z-i}}{z+i}dz = -2\pi i \left.\frac{e^{iz}}{z-i}\right|_{z=-i} = -2\pi i \frac{e}{-2i} = \pi e$$

이다. 따라서

$$\oint_C \frac{e^{iz}}{z^2+1}dz = \pi\left(\frac{1}{e}+e\right)$$

이다. ■

## ◆ 2중연결 열린 영역에서의 Cauchy 적분공식

Cauchy 적분공식을 2중연결 열린 영역 $D$에 대해 적용해보자. $f(z)$가 양의 방향을 갖는 단순 폐경로 $C_1$과 음의 방향을 갖는 단순 폐경로 $C_2$ 및 $C_1$과 $C_2$에 의해 둘러싸인 2중연결 열린 영역에서 해석적이고, $z_0$가 그 영역의 내부의 점이라 하자.

폐경로 $C_1$과 $C_2$를 잇는 절단선 K를 도입하여 적분경로 $C = C_1 \cup K \cup C_2 \cup (-K)$를 구성하면 $C$는 양의 방향을 갖는 단순 폐경로가 되므로 Cauchy 적분공식 (37)을 이용하면

$$\oint_C \frac{f(z)}{z-z_0}dz = 2\pi i f(z_0)$$

이 성립한다.

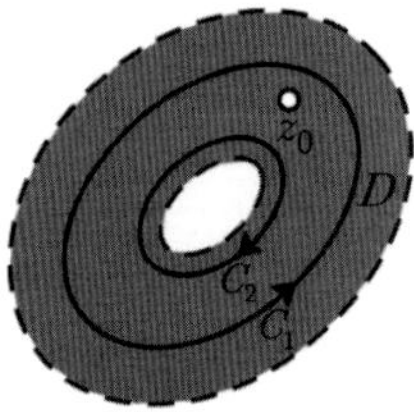


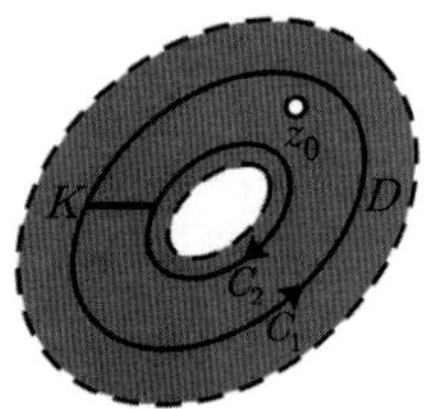


**그림 4.33** (a) 영역 D와 폐경로 $C_1$과 $C_2$  (b) 폐경로 $C_1$과 $C_2$ 및 절단선 $K$

$$\int_{-K} \frac{f(z)}{z-z_0}dz = -\int_K \frac{f(z)}{z-z_0}dz$$

이므로

$$2\pi i f(z_0) = \oint_C \frac{f(z)}{z-z_0}dz$$

$$= \oint_{C_1} \frac{f(z)}{z-z_0} dz + \oint_{C_2} \frac{f(z)}{z-z_0} dz \tag{42}$$

이다.

여기서 폐경로 $C_1$과 $C_2$의 방향에 유의해야한다.

만일 $C = C_1 \cup C_2$이고 바깥쪽 폐경로 $C_1$이 시계방향이고, 안쪽 폐경로 $C_2$가 반시계방향인 경우는 식 (42)에서 $C_1$ 대신에 $-C_1$, $C_2$ 대신에 $-C_2$로 대입하여

$$\begin{aligned} 2\pi i f(z_0) &= \oint_{-C} \frac{f(z)}{z-z_0} dz \\ &= \oint_{-C_1} \frac{f(z)}{z-z_0} dz + \oint_{-C_2} \frac{f(z)}{z-z_0} dz \\ &= -\oint_{C_1} \frac{f(z)}{z-z_0} dz - \oint_{C_2} \frac{f(z)}{z-z_0} dz \end{aligned}$$

이므로

$$-2\pi i f(z_0) = \oint_{C} \frac{f(z)}{z-z_0} dz = \oint_{C_1} \frac{f(z)}{z-z_0} dz + \oint_{C_2} \frac{f(z)}{z-z_0} dz$$

이다.

만약 $C = C_1 \cup C_2$이고 바깥쪽 폐경로 $C_1$와 안쪽 폐경로 $C_2$가 같은 방향으로써 반시계방향인 경우는 식 (42)에서 $C_2$ 대신에 $-C_2$로 대입하여

$$\begin{aligned} 2\pi i f(z_0) &- \oint_{C_1} \frac{f(z)}{z-z_0} dz + \oint_{-C_2} \frac{f(z)}{z-z_0} dz \\ &= \oint_{C_1} \frac{f(z)}{z-z_0} dz - \oint_{C_2} \frac{f(z)}{z-z_0} dz \end{aligned}$$

가 되어 $2\pi i f(z_0)$는 바깥쪽 폐경로 $C_1$에 대한 $\dfrac{f(z)}{z-z_0}$의 선적분의 값에서 안쪽 폐경로 $C_2$에 대한 $\dfrac{f(z)}{z-z_0}$의 선적분의 값을 빼주면 되는 것을 알 수 있다.

나아가 지금까지 설명한 것을 다중연결영역에 적용하여 일반화된 Cauchy 적분공식을 유도

할 수 있다.

**예제 7**

다음의 그림과 같은 영역 $D$의 경계를 $C$라 할 때

$$\oint_C \frac{z}{z-1} dz$$

를 구하라.

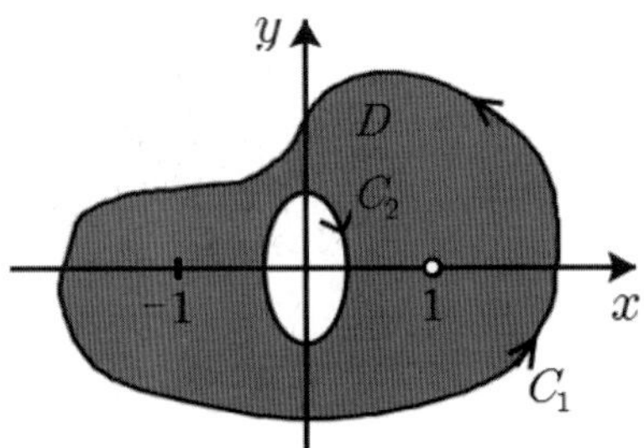


**그림 4.34** 영역 $D$, 경로 $C = C_1 \cup C_2$

**풀이**

$f(z) = z$이고 $z_0 = 1$이라 두면 식 (42)에서

$$\begin{aligned} 2\pi i = 2\pi i f(1) &= \oint_C \frac{f(z)}{z-1} dz \\ &= \oint_{C_1} \frac{z}{z-1} dz + \oint_{C_2} \frac{z}{z-1} dz \end{aligned}$$

이다.

$C_1$의 내부에 $\frac{z}{z-1}$의 비해석적인 점 $z_0 = 1$이 포함되므로 Cauchy 적분공식 (37)에 의하여

$$\oint_{C_1} \frac{z}{z-1} dz = 2\pi i \, [z]_{z=1} = 2\pi i$$

이다. 한편 $C_2$의 내부에 $\dfrac{z}{z-1}$의 비해석적인 점 $z_0=1$이 포함되어 있지 않으므로 $\dfrac{z}{z-1}$는 $C_2$와 그의 내부에서 해석적이다. 따라서 Cauchy–Goursat 정리에 의해

$$\oint_{C_2}\frac{z}{z-1}dz=0$$

이다.

그러므로

$$\oint_C\frac{f(z)}{z-1}dz=\oint_{C_1}\frac{z}{z-1}dz+\oint_{C_2}\frac{z}{z-1}dz=2\pi i+0=2\pi i$$

이다. ■

### ◆ 해석함수의 도함수

해석함수의 기본성질 중에서 가장 중요한 것은 해석함수는 모든 계의 도함수를 갖는다는 것이다. 다음 정리는 이와 같은 해석함수의 특성을 알려준다.

**정리 4.9 도함수에 관한 적분공식**

복소함수 $f(z)$가 정의역 $D$에서 해석적이면, $f(z)$는 $D$에서 모든 계의 도함수

$$f'(z),\ f''(z),\ \cdots,\ f^{(n)}(z),\ \cdots$$

를 갖으며, 이들 도함수들도 모두 $D$에서 해석적이다. 이 때, $D$의 점 $z_0$에서의 이들 도함수의 값은 각각 다음과 같다.

$$f^{(n)}(z_0)=\frac{n!}{2\pi i}\oint_C\frac{f(z)}{(z-z_0)^{n+1}}dz \qquad (n=1,\ 2,\ 3,\ \cdots) \tag{43}$$

여기서 적분경로 $C$는 점 $z_0$를 둘러싸는 양의 방향의 단순 폐경로이고 그 경로와 내부가

모두 $D$에 속하는 것이다.

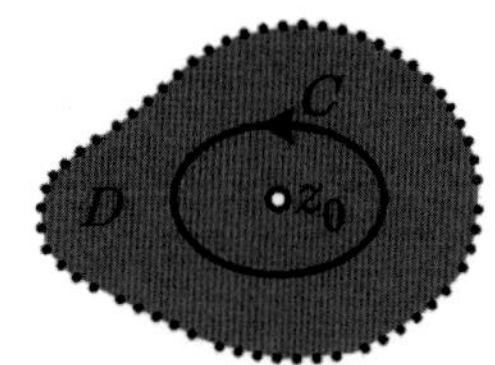


**그림 4.35** $D$내의 경로 $C$

**증명**

우선 식 (43)에서 $n=1$인 경우를 증명하기 위하여 도함수의 정의

$$f'(z_0)=\lim_{\Delta z\to 0}\frac{f(z_0+\Delta z)-f(z_0)}{\Delta z}$$

을 생각하자.

위 식의 우변에서 $f(z_0+\Delta z)$와 $f(z_0)$를 Cauchy의 적분공식을 이용하여 나타내면

$$\begin{aligned}\frac{f(z_0+\Delta z)-f(z_0)}{\Delta z}&=\frac{1}{2\pi i\Delta z}\left[\oint_C\frac{f(z)}{z-(z_0+\Delta z)}dz-\oint_C\frac{f(z)}{z-z_0}dz\right]\\&=\frac{1}{2\pi i}\oint_C\frac{f(z)}{(z-z_0-\Delta z)(z-z_0)}dz\end{aligned}\tag{44}$$

이다.

이제, $\Delta z\to 0$일 때, 식 (44)의 우변이 식 (43)에서 $n=1$인 경우의 식

$$f'(z_0)=\frac{1}{2\pi i}\oint_C\frac{f(z)}{(z-z_0)^2}dz\tag{45}$$

의 우변으로 수렴함으로써 식 (45)가 성립함을 보이자.

이를 위하여 식 (44)와 (45)의 우변의 선적분의 차에서

$$\oint_C\frac{f(z)}{(z-z_0-\Delta z)(z-z_0)}dz-\oint_C\frac{f(z)}{(z-z_0)^2}dz=\oint_C\frac{f(z)\Delta z}{(z-z_0+\Delta z)(z-z_0)^2}dz$$

가 $\Delta z\to 0$일 때 0에 수렴함을 보이면 된다.

복소함수 $f(z)$는 $D$에서 해석적이므로 경로 $C$ 위에서 연속이다. 따라서 이 함수값의 절대

값은 $C$에서 유계이다. 즉, 경로$C$의 모든 $z$에 대하여

$$|f(z)| \leq M \tag{46}$$

을 만족하는 양의 실수 $M$이 존재한다.

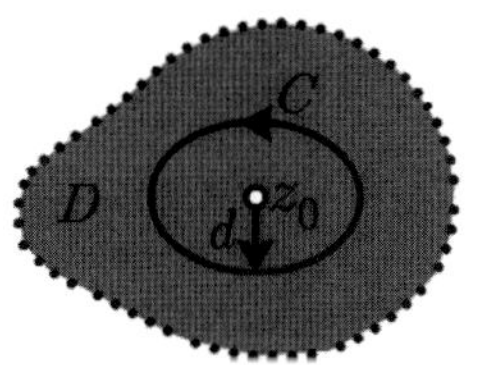


**그림 4.36** $z_0$에서 경로 $C$까지의 거리

그림 4.36에서와 같이 점 $z_0$에서 경로$C$까지의 최소거리를 $d$라고 하자. 그러면 $C$위의 모든 $z$에 대하여

$$|z-z_0|^2 \geq d^2$$

이므로

$$\frac{1}{|z-z_0|^2} \leqq \frac{1}{d^2} \tag{47}$$

이 성립한다.

한편 $|\Delta z| \leq \dfrac{d}{2}$이면, 경로 $C$위의 모든 $z$에 대하여

$$\begin{aligned} |z-z_0-\Delta z| &\geqq |z-z_0|-|\Delta z| \\ &\geqq d-\frac{d}{2}=\frac{d}{2} \end{aligned}$$

이므로

$$\frac{1}{|z-z_0-\Delta z|} \leqq \frac{2}{d} \tag{48}$$

이 성립한다.

$C$의 길이를 $L$이라고 하면, $|\Delta z| \leq \dfrac{d}{2}$일 때, 식 (46), (47) 및 (48)에 의하여

$$\left| \oint_C \frac{f(z)\Delta z}{(z-z_0-\Delta z)(z-z_0)^2} dz \right| \leq \oint_C \frac{|f(z)||\Delta z|}{|z-z_0-\Delta z||z-z_0|^2} |dz|$$

$$\leq M|\Delta z| \frac{2}{d} \frac{1}{d^2} L \qquad (49)$$

이 된다. 따라서 $\Delta z \to 0$일 때 식 (49)의 우변이 0에 수렴하므로 식 (45)가 성립함을 알 수 있다.

식 (43)에서 $n=2$인 경우의 증명은 $n=1$인 경우의 증명과정에서 함수 $f(z)$를 도함수 $f'(z)$로 대체함으로써 증명할 수 있으며, 수학적 귀납법에 의하여 일반적으로 식(43)이 성립한다. ■

---

예제 8

다음 함수의 선적분을 계산하라.

(1) $C$가 양의 방향의 원 $|z-\pi i|=1$일 때

$$\oint_C \frac{\sin z}{(z-\pi i)^2} dz$$

(2) $C$가 양의 방향의 원 $|z-i|=1$일 때

$$\oint_C \frac{z^3-4z+3}{(z-i)^3} dz$$

(3) $C$가 양의 방향의 원 $|z-1|=1$일 때

$$\oint_C \frac{e^{iz}}{(z-1)^2(z^2+9)} dz$$

(4) $C$가 양의 방향의 단위원 $|z|=1$일 때

$$\oint_C \frac{z+1}{z^3(z-4)} dz$$

**풀이**

(1) 폐경로 $|z-\pi i|=1$의 내부에 $\dfrac{\sin z}{(z-\pi i)^2}$의 해석적이지 않은 점 $z_0=\pi i$가 포함되어 있고 완전함수 $f(z)=\sin z$에 대하여 도함수에 관한 Cauchy 적분공식 (43)을 적용하면

$$\oint_C \frac{\sin z}{(z-\pi i)^2}dz = \oint_C \frac{f(z)}{(z-\pi i)^2}dz = 2\pi i\,[f'(z)]_{z=\pi i} = 2\pi i\,[\cos z]_{z=\pi i}$$

$$= 2\pi i\cos(\pi i)$$

이다.

$\cos(iz)=\cosh z$이므로 $\cos(\pi i)=\cosh\pi$이다. 따라서

$$\oint_C \frac{\sin z}{(z-\pi i)^2}dz = 2\pi i\cos(\pi i) = 2\pi i\cosh\pi$$

이다.

(2) 점 $z_0=i$는 단순 폐경로 $|z-i|=1$ 내부에 있고 $f(z)=z^3-4z+3$은 완전함수이므로 도함수에 관한 Cauchy 적분 공식 (43)에 의하여

$$\oint_C \frac{z^3-4z+3}{(z-i)^3}dz = \frac{2\pi i}{2!}f''(i)$$

이다.

$$f''(i)=[f''(z)]_{z=i} = \left[\frac{d^2}{dz^2}(z^3-4z+3)\right]_{z=i} = [6z]_{z=i} = 6i$$

이므로

$$\oint_C \frac{z^3-4z+3}{(z-i)^3}dz = \pi i(6i) = -6\pi$$

이다.

(3) 피적분 함수

$$\frac{e^{iz}}{(z-1)^2(z^2+9)}$$

는 단순 폐경로 $C$의 내부에서 $z_0=1$인 점을 제외하고는 해석적이므로 $f(z)=\dfrac{e^{iz}}{z^2+9}$는 단순 폐경로 $C$와 그의 내부에서 해석적이다.

따라서 $C$와 그의 내부에서 해석적인 $f(z)=\dfrac{e^{iz}}{z^2+9}$에 대한 도함수에 관한 Cauchy 적분공식 (43)에 의해

$$\begin{aligned}\oint_C \frac{e^{iz}}{(z-1)^2(z^2+9)}dz &= 2\pi i\left[\frac{d}{dz}\left(\frac{e^{iz}}{z^2+9}\right)\right]_{z=1} \\ &= 2\pi i\left[\frac{ie^{iz}(z^2+9)-2e^{iz}z}{(z^2+9)^2}\right]_{z=1} \\ &= 2\pi i\frac{2(5i-1)e^i}{100} \\ &= \frac{\pi(-5-i)}{25}(\cos 1+i\sin 1) \\ &= \frac{\pi}{25}[(-5\cos 1+\sin 1)+i(-\cos 1-5\sin 1)]\end{aligned}$$

이다.

(4) 피적분함수 $\dfrac{z+1}{z^3(z-4)}$는 단순 폐경로 $|z|=1$ 내부에 해석적이지 않는 점 $z_0=0$을 포함하므로 단순 폐경로 $C$와 그의 내부에서 해석적인 함수 $f(z)=\dfrac{z+1}{z-4}$에 대하여 도함수에 관한 Cauchy 적분공식 (43)에 의해

$$\oint_C \frac{z+1}{z^3(z-4)}dz = \oint_C \frac{f(z)}{z^3}dz = \frac{2\pi i}{2!}f''(0)$$

이다. 이때

$$f''(0) = \left[\frac{z+1}{z-4}\right]''_{z=0} = \left[\frac{(z-4)-(z+1)}{(z-4)^2}\right]'_{z=0} = \left[\frac{-5}{(z-4)^2}\right]'_{z=0} = \left[\frac{10}{(z-4)^3}\right]_{z=0}$$

$$= \frac{10}{(-4)^3} = \frac{-5}{32}$$

이므로

$$\oint_C \frac{z+1}{z^3(z-4)}dz = \pi i\left(-\frac{5}{32}\right) = -\frac{5\pi}{32}i$$

이다. ■

Cauchy 적분공식과 도함수에 관한 Cauchy 적분공식을 적용하여 $z_0$는 고정된 복소수 값을 나타낸다고 하자. 만일 $C$가 양의 방향의 단순폐곡선으로 $z_0$를 $C$내부에 포함할 때 다음의 선적분을 증명해보자.

$$\oint_C \frac{dz}{z-z_0} = 2\pi i$$

$$\oint_C \frac{dz}{(z-z_0)^{n+1}} = 0 \qquad (\text{단, } n \geq 1\text{인 양의 정수이다}).$$

위 식은 Cauchy 적분공식 (37)과 도함수에 관한 Cauchy 적분공식 (43)에서 $f(z) = 1$인 경우이고 $n$차 도함수는 $f^{(n)}(z) = 0 (n = 1, 2, 3, \cdots)$이다. 따라서 Cauchy 적분공식 (37)에 의해

$$\oint_C \frac{dz}{z-z_0} = 2\pi i f(z_0) - 2\pi i \cdot 1 = 2\pi i$$

이고, 도함수에 관한 Cauchy 적분공식 (43)에 의해

$$\oint_C \frac{1}{(z-z_0)^{n+1}}dz = \frac{2\pi i}{n!}f^{(n)}(z_0)$$

$$= \frac{2\pi i}{n!}\cdot 0 = 0 \qquad (n = 1, 2, 3)\text{s}$$

이 된다. 이는 4.1절의 예제 3에서 이미 증명한 결과이다. 다시 말해 Cauchy 적분공식 (37)

과 도함수에 관한 Cauchy 적분공식 (43)을 사용한 방법이 더욱 쉬운 것은 분명하다.

### 예제 9

적분경로 $C$가 양의 방향을 갖는 단위원 $|z|=1$일 때 다음의 선적분을 구하라.

$$\oint_C z^{-4}\sin z\,dz$$

**풀이**

$$\sin z=\frac{1}{2i}\left(e^{iz}-e^{-iz}\right)$$

이므로

$$\oint_C z^{-4}\sin z\,dz=\frac{1}{2i}\left[\oint_C\frac{e^{iz}}{z^4}dz-\oint_C\frac{e^{-iz}}{z^4}dz\right] \tag{50}$$

이다.

도함수에 대한 적분공식 (43)을 해석함수 $f(z)=e^{iz}$인 경우에 적용하면

$$f^{(3)}(z)=\left(e^{iz}\right)'''=\left(ie^{iz}\right)''=\left(-e^{iz}\right)'=-ie^{iz}$$

이고 $f^{(3)}(0)=-i$이므로

$$\oint_C\frac{e^{iz}}{z^4}dz=\frac{2\pi i}{3!}(-i)=\frac{\pi}{3}$$

이다.

한편 도함수에 관한 적분공식 (43)을 해석함수 $f(z)=e^{-iz}$인 경우에 적용하면

$$f^{(3)}(z)=\left(e^{-iz}\right)'''=\left(-ie^{-iz}\right)''=\left(-e^{-iz}\right)'=ie^{-iz}$$

이고 $f^{(3)}(0)=i$이므로

$$\oint_C\frac{e^{-iz}}{z^4}dz=\frac{2\pi i}{3!}i=-\frac{\pi}{3}$$

이다.

따라서 식 (50)은

$$\oint_C z^{-4}\sin z\,dz = \frac{1}{2i}\left[\frac{\pi}{3} - \left(-\frac{\pi}{3}\right)\right] = \frac{1}{i}\frac{\pi}{3} = -\frac{\pi i}{3}$$

이다. ■

### 예제 10

적분경로 $C$가 경로 $C_1$과 $C_2$로 되어 있을 때 다음의 선적분

$$\oint_C \frac{e^{iz}}{(z^2-1)^2}dz$$

을 계산하라.

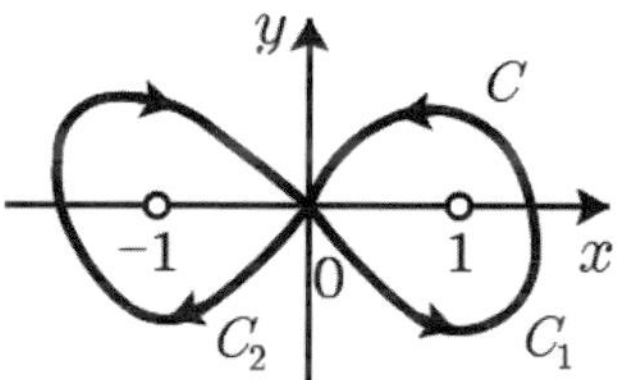


**그림 4.37** $C = C_1 \cup C_2$

**풀이**

$$\oint_C \frac{e^{iz}}{(z^2-1)^2}dz = \oint_{C_1} \frac{e^{iz}}{(z^2-1)^2} - \oint_{-C_2} \frac{e^{iz}}{(z^2-1)^2}dz$$

도함수에 관한 Cauchy 적분공식 (43)에 의해

$$\begin{aligned}\oint_{C_1} \frac{e^{iz}}{(z^2-1)^2}dz &= \oint_{C_1} \frac{\frac{e^{iz}}{(z+1)^2}}{(z-1)^2}dz \\ &= 2\pi i\left[\frac{d}{dz}\left(\frac{e^{iz}}{(z+1)^2}\right)\right]_{z=1}\end{aligned}$$

이고

$$\oint_{-C_2} \frac{e^{iz}}{(z^2-1)^2} dz = \oint_{-C_2} \frac{\frac{e^{iz}}{(z-1)^2}}{(z+1)^2} dz$$

$$= 2\pi i \left[ \frac{d}{dz} \left( \frac{e^{iz}}{(z-1)^2} \right) \right]_{z=-1}$$

이다.

또한

$$\left[ \frac{d}{dz} \left( \frac{e^{iz}}{(z+1)^2} \right) \right]_{z=1} = \left[ \frac{ie^{iz}(z+1)^2 - e^{iz} \cdot 2(z+1)}{(z+1)^4} \right]_{z=1}$$

$$= \left[ e^{iz} \frac{i(z+1)-2}{(z+1)^3} \right]_{z=1}$$

$$= e^i \frac{2(i-1)}{2^3} \quad = \frac{e^i(i-1)}{4}$$

이고

$$\left[ \frac{d}{dz} \left( \frac{e^{iz}}{(z-1)^2} \right) \right]_{z=-1} = \left[ \frac{ie^{iz}(z-1)^2 - e^{iz} \cdot 2(z-1)}{(z-1)^4} \right]_{z=-1}$$

$$= \left[ e^{iz} \frac{i(z-1)-2}{(z-1)^3} \right]_{z=-1}$$

$$= e^{-i} \frac{(-2)(i+1)}{-2^3} \quad = \frac{e^{-i}(i+1)}{4}$$

이다. 따라서

$$\oint_C \frac{e^{iz}}{(z^2-1)^2} = 2\pi i \left[ \frac{e^i(i-1)}{4} \right] - 2\pi i \left[ \frac{e^{-i}(i+1)}{4} \right]$$

$$= \frac{\pi e^i(-1-i)}{2} - \frac{\pi e^{-i}(-1+i)}{2}$$

$$= \frac{-\pi}{2}(e^i - e^{-i}) - i\frac{\pi}{2}(e^i + e^{-i})$$

$$= -i\pi\sin 1 - \pi i\cos 1 = -\pi i(\sin 1 + \cos 1)$$

이다. ■

**정리 4.10 모레라 정리(Morera's Theorem)**

$f$는 단순연결 영역 $D$에서 연속함수라 하자. 만일 $D$ 내의 모든 단순 폐곡선 $C$에 대하여

$$\int_C f(z)dz = 0$$

이면, $f$는 $D$상의 해석함수이다.

**증명**

가정으로부터 $D$ 내의 모든 단순 폐곡선위에서 연속함수 $f$의 선적분은 0이므로 시작점이 $z_0$이고 끝점이 $z$인 두 적분경로 $C_1$과 $C_2$에 대하여 만들어진 단순 폐곡선 $C = C_1 \cup -C_2$에 대해

$$\int_C f(z)dz = 0$$

이 성립하여

$$0 = \int_C f(z)dz = \int_{C_1} f(z)dz + \int_{-C_2} f(z)dz = \int_{C_1} f(z)dz - \int_{C_2} f(z)dz$$

이 되어

$$\int_{C_1} f(z)dz = \int_{C_2} f(z)dz$$

이다. 따라서 시작점이 $z_0$이고 끝점이 $z$인 적분경로에 대한 선적분값은 적분경로에 무관하다.

$C$를 시작점 $z_0$를 고정하고 $z$에 끝점을 둔 $D$내부의 곡선이라 하자.

$$F(z)=\int_C f(\xi)d\xi=\int_{z_0}^{z} f(\xi)d\xi$$

라 두자.

부정적분정리 4.6의 증명과정을 보면 $f(z)$의 연속성과 $D$의 모든 단순 폐곡선위에서 그 적분이 0이 된다는 성질만을 이용하여 $F$가 해석함수임이 증명된다. 따라서 $F$는 해석적이므로 도함수에 관한 Cauchy 적분정리 4.9를 사용하여 $F'$는 또한 $D$에서 해석적임을 알 수 있다. 그러므로 $f'(z)=F''(z)$으로 $f'(z)$이 존재하니까 $f(z)$는 해석함수이다. ■

**정리 4.11 가우스 평균값 정리(Gauss's mean value theorem)**

$f$가 원 $C: |z-z_0|=R$을 포함하는 단순연결 영역 $D$에서 해석적이면

$$f(z_0)=\frac{1}{2\pi}\int_0^{2\pi} f\left(z_0+Re^{i\theta}\right)d\theta \tag{51}$$

이다.

**증명**

원 $C$는 매개변수표현

$$C: z(\theta)=z_0+Re^{i\theta}, \qquad dz=i\,Re^{i\theta}d\theta \qquad (0 \leqq \theta \leqq 2\pi)$$

로 주어질 수 있다. Cauchy 적분공식을 사용하여

$$f(z_0)=\frac{1}{2\pi i}\int_0^{2\pi}\frac{f\left(z_0+Re^{i\theta}\right)i\,Re^{i\theta}d\theta}{Re^{i\theta}}$$

$$=\frac{1}{2\pi}\int_0^{2\pi} f\left(z_0+Re^{i\theta}\right)d\theta$$

이다. ■

이제 해석함수의 절대값(modulus)에 관한 최대값 정리를 언급하고 증명은 부록에 남긴다.

**정리 4.12 최대 절대값 원리**

$f$는 영역 $D$에서 해석적이고 상수가 아니라 하자. 그러면 $|f(z)|$는 $D$내에서 최대값을 갖지 않는다

최대 절대값 원리를 간혹 다음과 같이 기술한다.

**정리 4.13 최대 절대값 원리의 따름정리**

$f$는 유계영역 $D$에서 해석적이고 상수가 아니라 하자. 영역 $D$ 및 $D$의 경계 $B$로 구성한 폐영역 $R$에서 연속이면, $|f(z)|$는 그 경계 $B$위의 어떤 점 $z_0$에서 최대값을 가진다.

**증명**

유계 폐영역 $R$에서 $|f(z)|$이 연속함수이므로, 미적분학의 한 정리에 의하여 $|f(z)|$는 $R$위의 어떤 점에서 최대값을 가진다. 최대값의 원리에 의하여 그 점은 유계영역 $D$에 속할 수 없으므로 $R$의 경계인 $B$위에 있어야만 한다. ■

**예제 11**

영역이 원판 $D=\{z : |z|<1\}$ 일 때 $f(z)=az+b$라 하자. 이 경우 $f$가 폐영역 $R=\{z : |z|\leq 1\}$에서 연속이다. 이 때

$$\max_{|z|\leq 1}|f(z)|=|a|+|b|$$

임을 증명하고, 또한 경계상의 한 점 $z_0$에서

$$|f(z_0)|=|a|+|b|$$

임을 보여라.

**풀이**

삼각 부등식 및 $|z|\leq 1$인 사실에서

$$|f(z)|=|az+b|\leq|az|+|b|\leq|a|+|b|$$

를 얻는다. 따라서

$$\max_{|z|\leqq 1}|f(z)|=|a|+|b|$$

이다. 한편

$$\theta_0=\arg b-\arg a$$

이라 할 때

$$z_0=e^{i\theta_0}$$

이라 두면 $|z_0|=\left|e^{i\theta_0}\right|=1$ 즉 $z_0$는 폐영역 $R$의 경계상의 한 점이고

$$\arg az_0=\arg a+(\arg b-\arg a)=\arg b$$

이므로 벡터 $az_0$와 $b$는 원점을 지나는 같은 반직선 위에 있다. 따라서 삼각 부등식에서 등식이 성립하고

$$|az_0+b|=|az_0|+|b|=|a|+|b|$$

이 되어

$$|f(z_0)|=|a|+|b|$$

이 성립한다. ■

한편, 도함수에 관한 Cauchy 적분공식에서 $n$계 도함수의 절대값에 대한 크기를 살펴보자.

$$\begin{aligned}\left|f^{(n)}(z_0)\right|&=\left|\frac{n!}{2\pi i}\oint_C\frac{f(z)}{(z-z_0)^{n+1}}dz\right|\\&\leq\frac{n!}{2\pi}\oint_C\left|\frac{f(z)}{(z-z_0)^{n+1}}\right||dz|\\&\leq\frac{n!}{2\pi}\frac{M}{r^{n+1}}2\pi r=\frac{n!M}{r^n}\end{aligned}$$

이다. 즉,

$$\left|f^{(n)}(z_0)\right| \leq \frac{n!M}{r^n} \tag{52}$$

이다. 여기서 적분경로 $C$는 중심이 $z_0$이고 반지름이 $r$인 원이며, $C$ 위에서 $|f(z)| \leq M$이다. 식 (52)는 $n$계 도함수의 절대값의 크기에 대한 부등식으로 Cauchy 부등식(Cauchy inequality)라고 부른다.

Cauchy 부등식을 활용하여 다음의 Liouville 정리를 증명해 보자.

---

**정리 4.14 Liouville 정리**

---

어떤 완전 함수(entire Function) $f(z)$의 절대값이 유계(bounded)이면, $f(z)$는 반드시 상수함수이다.

**증명**

Liouville 정리는 Cauchy 부등식을 사용하여 쉽게 증명할 수 있다. 가정에 의해 $|f(z)| < M$ ($M$은 상수)이라 하자. 식 (52)에서 $n=1$인 경우 다음의 관계가 성립한다.

$$|f'(z_0)| < \frac{M}{r} \tag{53}$$

식 (53)에서 $r$은 $f(z)$가 완전함수이므로 아무리 큰 값을 취한다 하더라도 식 (53)의 부등식은 항상 성립한다. 따라서 충분히 큰 $r$에 대하여 다음의 관계가 성립한다.

$$f'(z_0) = 0 \tag{54}$$

식 (54)에서 $z_0$는 임의의 점이므로 복소평면상의 모든 점 $z$에서 $f'(z) = 0$이므로 $f(z)$는 상수함수이다. ■

---

Liouville 정리는 중요한 대수학의 기본정리를 증명하는 데 사용할 수 있다.

---

**정리 4.15 대수학의 기본정리**

---

$P(z)$가 $n$차의 다항식이면 $P$는 적어도 하나의 영점을 갖는다.

**증명**

모든 $z$에 대해서 $P(z)\neq 0$라 가정하자. 이 경우 함수 $f(z)=\dfrac{1}{P(z)}$은 완전함수(entire)이다.

이제 $f$는 다음과 같이 유계임을 밝힌다.

첫째로 $P(z)=a_n z^n+a_{n-1}z^{n-1}+\cdots+a_1 z+a_0$로 표시하고 방정식

$$|f(z)|=\frac{1}{|P(z)|}$$

$$=\frac{1}{|z|^n}\frac{1}{\left|a_n+\dfrac{a_{n-1}}{z}+\dfrac{a_{n-2}}{z^2}+\cdots+\dfrac{a_1}{z^{n-1}}+\dfrac{a_0}{z^n}\right|} \tag{55}$$

을 생각하자.

$|z|=r\to\infty$일 때 $\dfrac{|a_k|}{|z^{n-k}|}=\dfrac{|a_k|}{r^{n-k}}\to 0\ \ (k=1,2,3,\ldots,n)$이므로

$$a_n+\frac{a_{n-1}}{z}+\frac{a_{n-2}}{z^2}+\cdots+\frac{a_0}{z^n}\ \to\ a_n \qquad (|z|\to\infty) \tag{56}$$

이 성립한다.

식 (55)에 식 (56)을 사용하면 결과는

$$|f(z)|\to 0 \qquad (|z|\to\infty\text{일 때})$$

이 된다. 특히 $|z|\geqq R$인 모든 $z$에 대하여

$$|f(z)|\leqq 1 \tag{57}$$

가 되는 $R$의 값을 구할 수 있다.

만일에 $|f(z)|=\sqrt{(u(x,\ y))^2+(v(x,\ y))^2}$을 두 실변수 $x, y$의 함수로 생각하면 실함수의 미적분학의 한 정리에 의하여 유계인 폐집합 $|z|\leqq R$에 있는 모든 $(x,\ y)$에 대해서 연속함수 $u(x,y)$와 $v(x,y)$는 유계이므로 $|f(z)|$는 유계임을 말할 수 있다. 즉,

$$|f(z)|\leqq K \qquad (|z|\leqq R) \tag{58}$$

이다. 식 (57)과 (58)을 합하면 모든 $z$에 대해서 $|f(z)| \leq M = \max\{K,\ 1\}$이 성립한다. Liouville 정리를 사용하여 $f$는 상수임을 알 수 있다. 따라서 $P(z)$가 상수이다. 이는 $P(z)$가 $n$차 다항식인 명제에 모순이 된다. ■

---

$P(z)$가 정확히 $n$개의 근(중근을 포함해서)을 가짐을 보이자.

대수학의 기본정리에 의하여 $P(z)$가 적어도 하나의 근, 즉 $z_0$를 갖는다. 따라서

$$\begin{aligned} P(z) &= P(z) - P(z_0) \\ &= a_n(z^n - z_0^n) + a_{n-1}(z^{n-1} - z_0^{n-1}) + \cdots + a_1(z - z_0) \\ &= (z - z_0)Q(z) \end{aligned}$$

이며, 여기서 $Q(z)$는 $(n-1)$차의 $z$에 관한 다항식이다. 만일 $n-1 > 0$이면, $Q(z)$는 근을 갖는다. 이와 같은 과정을 계속하여 $n$차의 다항식 $P(z)$은 1차 인자의 곱으로 표현될 수 있다. 즉,

$$P(z) = A(z - z_1)(z - z_2) \cdots (z - z_n)$$

이다. 단 $z_1,\ z_2,\ \cdots,\ z_n$은 중복도를 따라 나타나는 $P$의 영점이고 $A$는 상수이다.

## 연습문제 4.3

1. 폐곡선 $C$가 양의 방향의 단위원 $|z| = 1$일 때 다음의 선적분을 계산하라.

(1) $\displaystyle\oint_C \frac{z^3 - 1}{2z - i}\,dz$

(2) $\displaystyle\oint_C \frac{e^{i\pi z}}{2z^2 + 5z + 2}\,dz$

(답) (1) $\dfrac{\pi}{8} - \pi i$ (2) $\dfrac{2}{3}\pi$

2. 적분경로 $C$가 양의 방향을 갖는 원 $|z|=2$일 때 다음의 선적분을 계산하라.

(1) $\oint_C \frac{e^z \cos z}{\left(z-\frac{\pi}{2}i\right)^2} dz$ (2) $\oint_C \frac{\cos z}{z} dz$

(답) (1) $-2\pi\cosh\frac{\pi}{2}+i\,2\pi\sinh\frac{\pi}{2}$ (2) $2\pi i$

3. 다음의 적분경로 $C$에 대하여 선적분을 계산하라.

$$\oint_C \frac{3z+2}{z(z-1)^2} dz, \qquad C = C_1 \cup C_2$$

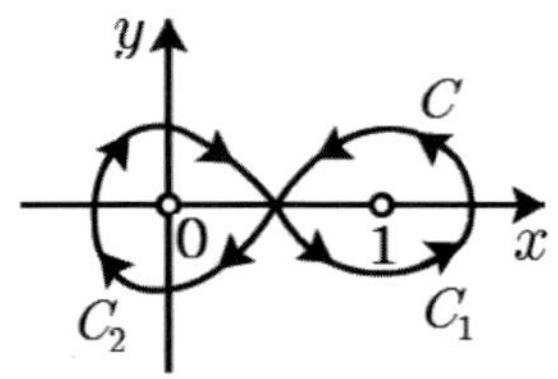


**그림 4.38** 적분경로 $C = C_1 \cup C_2$

(답) $-8\pi i$

4. 양의 방향을 갖는 적분경로 $C$에 대하여 다음의 선적분을 계산하라.

$$\oint_C \frac{z+1}{z^3(z-4)} dz$$

(1) $C : |z|=1$

(2) $C : |z-4|=2$

(답) (1) $-\frac{5\pi}{32}i$ (2) $\frac{5\pi}{32}i$

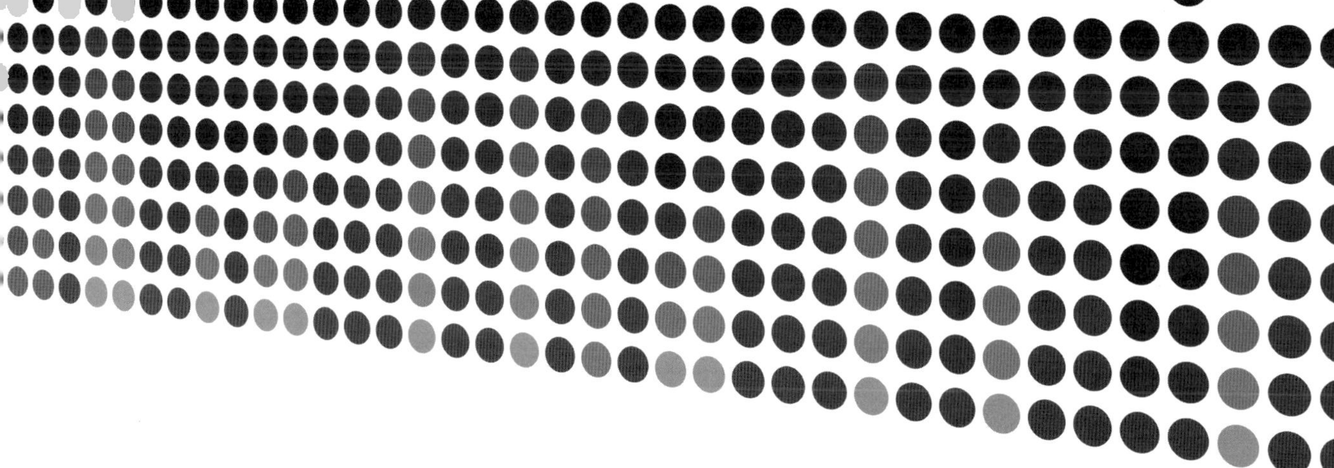

# 제5장
# 급수와 유수

본 장에서는 실함수에 대한 Taylor 급수의 개념을 복소변수함수로 확장하여 복소 Taylor 급수와 Laurent 급수에 대해서 살펴보고, 유수(Residue)의 개념을 도입하여 유수정리를 이용한 일반적인 복소선적분을 계산할 수 있는 복소적분법을 다루고, 이를 실함수의 복잡한 적분을 해결하는데 활용하게 된다.

## 5.1 복소수열과 복소급수

◆ 복소수열의 수렴(cauchy의 복소수열 수렴정의)

복소수열 $\{z_n\}$은 각 자연수 $n=1,\ 2,\ 3,\ \cdots$에 대해서 복소수 $z_n$를 대응시키는 함수이다. 복소수열 $\{z_n\}$에 대하여 임의의 양의 실수 $\epsilon$을 택하더라도 자연수 $N$이 존재하여 $n>N$인 모든 자연수 $n$에 대하여

$$|z_n - z_0| < \epsilon$$

가 성립하는 복소수 $z_0$가 존재할 때 복소수열 $\{z_n\}$은 $z_0$에 수렴(converge)한다고 하며, 이것을 기호로

$$\lim_{n\to\infty} z_n = z_0$$

로 나타내고, $z_0$를 수열 $\{z_n\}$의 극한값(limit)이라고 한다.

**예제 1 수렴수열**

복소수열 $\left\{\frac{1}{n}i\right\}$이 0에 수렴함을 보여라.

**풀이**

임의의 양의 실수 $\epsilon$에 대하여

$$N > \frac{1}{\epsilon}+1$$

인 자연수 $N$이 존재하여

$$\frac{1}{N} < \frac{\epsilon}{1+\epsilon}$$

이 되어

$$\epsilon+1 < N\epsilon$$

이 성립하고, $n > N$인 모든 자연수 $n$에 대하여

$$1 < 1+\epsilon < N\epsilon < n\epsilon$$

로부터

$$\frac{1}{n} < \epsilon$$

이다. 따라서,

$$\left|\frac{1}{n}i-0\right| = \frac{1}{n} < \epsilon$$

이 성립하므로

$$\lim_{n\to\infty}\frac{1}{n}i = 0$$

이 된다. ■

**예제 2**

다음 복소수열의 극한값이 $2+i$임을 Cauchy의 복소수열의 수렴정의에 따라 증명하라.

$$\left\{\left(2+\frac{1}{n}\right)+i\left(1+\frac{2}{n}\right)\right\}$$

**풀이**

임의의 양의 실수 $\epsilon$에 대하여

$$N > \frac{\sqrt{5}}{\epsilon}+1$$

인 자연수 $N$이 존재하여

$$\frac{1}{N} < \frac{\epsilon}{\sqrt{5}+\epsilon}$$

이 성립하여, $n > N$인 모든 자연수 $n$에 대하여

$$\sqrt{5} < \sqrt{5}+\epsilon < N\epsilon < n\epsilon$$

이므로

$$\left|\left(2+\frac{1}{n}\right)+i\left(1+\frac{2}{n}\right)-(2+i)\right| = \left|\frac{1}{n}+\frac{2}{n}i\right| = \frac{\sqrt{5}}{n} < \epsilon$$

이다. 따라서

$$\lim_{n\to\infty}\left(2-\frac{1}{n}\right)+i\left(1+\frac{2}{n}\right) = 2+i$$

이다. ■

일반적으로 복소수열의 극한값을 구하는 일은 실수열의 극한값을 구하는 일보다 매우 어렵다. 다음 정리는 실수열의 극한값을 이용하여 복소수열의 극한값을 구하는 요령을 알려준다.

---

**정리 5.1 수렴의 기준**

---

복소수열 $\{z_n = a_n + ib_n\}$에 대하여

( i ) $\lim_{n\to\infty}(a_n + ib_n) = a + ib$ 이기 위한 필요충분조건은 $\lim_{n\to\infty} a_n = a$, $\lim_{n\to\infty} b_n = b$ 이다.

( ii ) $\lim_{n\to\infty}|z_n| = 0$ 일 필요충분조건은 $\lim_{n\to\infty} z_n = 0$이다.

**증명**

( i ) $\lim_{n\to\infty}(a_n + ib_n) = a + ib$라고 가정하자. 그러면 극한의 수렴정의에 의하여 임의의 양의 실수 $\epsilon$을 택하더라도 자연수 $N$이 존재하여 $n > N$인 모든 자연수 $n$에 대하여

$$|(a_n + ib_n) - (a + ib)| < \epsilon$$

이 성립한다.

$$|(a_n + ib_n) - (a + ib)| = |(a_n - a) + i(b_n - b)| = \sqrt{(a_n - a)^2 + (b_n - b)^2}$$

이므로 $n > N$인 모든 자연수 $n$에 대하여

$$|a_n - a| = \sqrt{(a_n - a)^2} \leq \sqrt{(a_n - a)^2 + (b_n - b)^2} = |(a_n + ib_n) - (a + ib)| < \epsilon$$

이고, 마찬가지로

$$|b_n - b| = \sqrt{(b_n - b)^2} \leq \sqrt{(a_n - a)^2 + (b_n - b)^2} = |(a_n + ib_n) - (a + ib)| < \epsilon$$

이다. 따라서

$$\lim_{n\to\infty} a_n = a$$

이고

$$\lim_{n\to\infty} b_n = b$$

이 성립한다.

역으로, $\lim_{n\to\infty} a_n = a$이고 $\lim_{n\to\infty} b_n = b$이라 가정하자. 그러면 임의의 양의 실수 $\epsilon$에 대하여 자연수 $N_1$이 존재하여 $n > N_1$인 모든 자연수 $n$에 대하여 $|a_n - a| < \frac{\epsilon}{2}$이 성립하고, 또, 임의의 양의 실수 $\epsilon$에 대하여 $N_2$가 존재하여 $n > N_2$인 모든 자연수 $n$에 대하여 $|b_n - b| < \frac{\epsilon}{2}$이 성립한다. 그리하여 $N = \max\{N_1, N_2\}$이 존재하여 $n > N$인 모든 자연수 $n$에 대하여

$$|(a_n + ib_n) - (a + ib)| = |(a_n - a) + i(b_n - b)| \le |a_n - a| + |b_n - b| < \frac{\epsilon}{2} + \frac{\epsilon}{2} = \epsilon$$

이므로

$$\lim_{n\to\infty} a_n + ib_n = a + ib$$

이다.

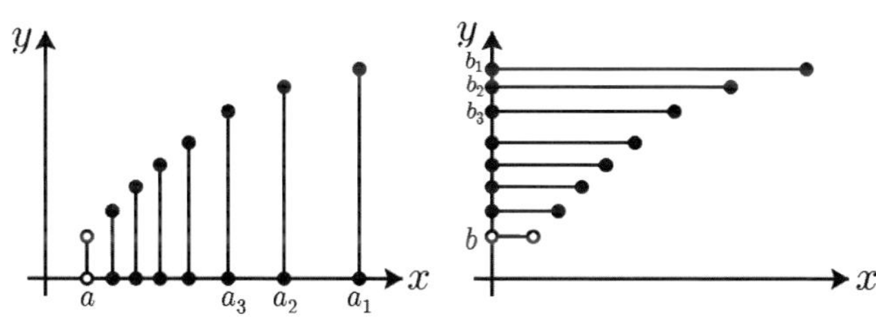


**그림 5.1** (a) 실수축에서의 수렴 (b) 허수축에서의 수렴

(ii) $\lim_{n\to\infty} |z_n| = 0$는 Cauchy의 수렴정의에 의하여, 임의의 양의 실수 $\epsilon$에 대하여 자연수 $N$이 존재하여 $n > N$인 모든 자연수 $n$에 대하여

$$||z_n|| < \epsilon$$

이다. $||z_n|| = |z_n|$이므로, 위 식은 $\lim_{n\to\infty} z_n = 0$을 의미한다. 따라서, $\lim_{n\to\infty} |z_n| = 0$과 $\lim_{n\to\infty} z_n = 0$은 같은 의미이다. ■

### ◆ 복소수의 무한급수(infinite series)

복소수열 $\{z_n\}$의 무한합

$$\sum_{k=1}^{\infty} z_k = z_1 + z_2 + z_3 + \cdots + z_n + \cdots$$

을 무한급수(또는 급수)라 하고 간단히 복소급수라 부른다.

$$S_n = z_1 + z_2 + z_3 + \cdots + z_n \quad (n = 1, 2, \ldots)$$

인 부분합의 수열 $\{S_n\}$이 수렴하면 복소급수 $\sum_{k=1}^{\infty} z_k$가 **수렴(converge)**한다고 한다.

$\lim_{n\to\infty} S_n = S$이면 급수의 합(sum)이 $S$이라 하고 $S = \sum_{k=1}^{\infty} z_k$로 표현한다. 만일 급수가 수렴하지 않으면, **발산(diverge)**한다고 한다.

$\lim_{n\to\infty} S_n = S$는 임의의 양의 실수$\epsilon > 0$에 대하여 적당한 자연수 $N$이 존재하여 모든 $n > N$에 대하여 $|S_n - S| < \epsilon$임을 의미한다.

다음 정리에서 복소급수의 합은 그 실수부와 허수부의 합으로 얻어짐을 알 수 있다.

---

**정리 5.2**

---

$z_n = x_n + iy_n$이고, $S = U + iV$라 할 때,

$$S = U + iV = \sum_{k=1}^{\infty} z_k = \sum_{k=1}^{\infty} (x_k + iy_k)$$

일 필요충분조건은

$$U = \sum_{k=1}^{\infty} x_k, \qquad V = \sum_{k=1}^{\infty} y_k$$

이다.

**증명**

$$U_n = \sum_{k-1}^{n} x_k \text{ 이고 } \qquad V_n = \sum_{k=1}^{n} y_k$$

이라 두면

$$S_n = \sum_{k=1}^{n}(x_k + iy_k) = \sum_{k=1}^{n} x_k + i\sum_{k=1}^{n} y_k = U_n + i V_n$$

이므로

$$\lim_{n\to\infty} S_n = \lim_{n\to\infty}(U_n + i V_n)$$

이다. 따라서 정리 5.1에 의해

$$\lim_{n\to\infty}(U_n + i V_n) = U + i V$$

일 필요충분조건은

$$\lim_{n\to\infty} U_n = U, \quad \lim_{n\to\infty} V_n = V$$

이다. 그러므로

$$\sum_{k=1}^{\infty}(x_k + iy_k) = \lim_{n\to\infty} S_n = \lim_{n\to\infty}(U_n + i V_n) = S = U + i V$$

일 필요충분조건은

$$U = \lim_{n\to\infty} U_n = \sum_{k=1}^{\infty} x_k \ , \quad V = \lim_{n\to\infty} V_n = \sum_{k=1}^{\infty} y_k$$

이다. ■

**정리 5.3 급수의 발산 판정법, 급수수렴의 필요조건**

$\sum_{k=1}^{\infty} z_k$이 수렴하는 급수이면 $\lim_{n\to\infty} z_n = 0$이다.

따라서 $\lim_{n\to\infty} z_n \neq 0$이면, $\sum_{k=1}^{\infty} z_k$는 발산한다.

**증명**

급수 $\sum_{k=1}^{\infty} z_k$의 합이 $S$라 하면, 부분합 $S_n = \sum_{k=1}^{n} z_k$일 때 $\lim_{n\to\infty} S_n = S$이 성립한다.

$$z_n = S_n - S_{n-1},\ n = 1,\ 2,\ \cdots$$

이므로

$$\lim_{n\to\infty} z_n = \lim_{n\to\infty}(S_n - S_{n-1}) = \lim_{n\to\infty} S_n - \lim_{n\to\infty} S_{n-1} = S - S = 0$$

이다. ■

---

한편 예를 들어, 실수열 $\left\{\frac{1}{n}\right\}$은 $\lim_{n\to\infty}\frac{1}{n} = 0$이지만, $\sum_{k=1}^{\infty}\frac{1}{k}$은 발산한다.

따라서 $\lim_{n\to\infty} z_n = 0$이라고 해서 $\sum_{k=1}^{\infty} z_k$이 수렴한다고는 할 수 없다.

**예제 3**

다음 급수들의 수렴성을 조사하라.

(i) $\sum_{k=1}^{\infty}\frac{1+i(-1)^k}{k^2}$ (ii) $\sum_{k=1}^{\infty}\frac{(-1)^k+i}{k}$ (iii) $\sum_{k=1}^{\infty}\frac{1}{2^k}i$

**풀이**

(i) $\sum_{k=1}^{\infty}\frac{1}{k^2}$과 $\sum_{k=1}^{\infty}\frac{(-1)^k}{k}$는 수렴하므로, $\sum_{k=1}^{\infty}\frac{1}{k^2}+i\sum_{k=1}^{\infty}\frac{(-1)^k}{k}$는 수렴한다.

(ii) $\sum_{k=1}^{\infty}\frac{1}{k}$이 발산하고 $\sum_{k=1}^{\infty}\frac{(-1)^k}{k}$은 수렴한다. 따라서 $\sum_{k=1}^{\infty}\frac{(-1)^k}{k}+i\sum_{k=1}^{\infty}\frac{1}{k}$은 발산한다.

(iii) $\sum_{k=1}^{\infty}\frac{1}{2^k} = \sum_{k=1}^{\infty}\left(\frac{1}{2}\right)^k$은 등비 $\frac{1}{2}$인 등비급수이고, 합은 $\dfrac{\frac{1}{2}}{1-\frac{1}{2}} = 1$이다. 따라서

$i\sum_{k=1}^{\infty}\frac{1}{2^k}$는 수렴하고 합이 $i$이다. ■

수렴을 증명하는 데 있어서 실제적인 어려움은 대부분의 경우, 급수의 합을 모른다는 데 있다.

Cauchy는 한 급수의 부분합이 궁극적으로 서로 접근하게 되는 것이, 그 급수가 수렴하기 위한 필요충분조건이라는 것을 보임으로써 이것을 해결했다.

복소급수 $\sum_{k=1}^{\infty} z_k$가 수렴할 필요충분조건은 급수 $\sum_{k=1}^{\infty} z_k$의 부분합의 수열 $\{S_n\}$이 수렴하는 것이고, 수열 $\{S_n\}$이 수렴할 필요충분조건은 $\{S_n\}$이 Cauchy 수열인 것이다. 즉, 임의의 양의 실수 $\epsilon > 0$(아무리 작더라도)에 대하여, 적당한 자연수 $N$ (일반적으로 $\epsilon$에 의존)이 존재하여

$|S_{n+p} - S_n| = |z_{n+1} + z_{n+2} + \cdots + z_{n+p}| < \epsilon$ (모든 $n > N$, $p = 1, 2, \cdots$ 에 대하여) 이 성립하는 것이다. 따라서 다음의 정리가 성립한다.

**정리 5.4 급수에 대한 Cauchy의 수렴원리**

급수 $\sum_{k=1}^{\infty} z_k$가 수렴할 필요충분조건은, 임의의 양의 실수 $\epsilon > 0$(아무리 작더라도)에 대하여, 적당한 자연수 $N$ (일반적으로 $\epsilon$에 의존)이 존재하여

$$|z_{n+1} + z_{n+2} + \cdots + z_{n+p}| < \epsilon \quad (\text{모든 } n > N,\ p = 1, 2, \cdots \text{ 에 대하여})$$

이 성립하는 것이다.

### ◆ 복소급수의 선형성

복소급수에 대한 선형성이 성립한다. 즉, $\sum_{k=1}^{\infty} z_k$와 $\sum_{k=1}^{\infty} \omega_k$를 수렴하는 복소급수라 하고, $c$를 복소상수라 하자. 그러면

$$\sum_{k=1}^{\infty} c z_k = c \sum_{k=1}^{\infty} z_k$$

$$\sum_{k=1}^{\infty} (z_k + w_k) = \sum_{k=1}^{\infty} z_k + \sum_{k=1}^{\infty} w_k$$

이다.

### ◆ 수렴하는 급수와 $n$항 이후의 합(나머지)와의 관계

$\sum_{k=1}^{\infty} z_k$를 수렴하는 복소급수라 하자.

$n$항 이후의 합(나머지)를 $R_n = \sum_{k=n+1}^{\infty} z_k$라 두면 $\lim_{n\to\infty} R_n = 0$이다. 왜냐하면, 수렴하는 복소급수의 $n$항까지의 부분합 $S_n$에 대하여

$$\sum_{k=1}^{\infty} z_k = \sum_{k=1}^{n} z_k + \sum_{k=n+1}^{\infty} z_k = S_n + R_n$$

이며, 급수의 수렴합을 $S$라 하면

$$\lim_{n\to\infty} S_n = S = \sum_{k=1}^{\infty} z_k$$

이므로

$$\lim_{n\to\infty} R_n = \lim_{n\to\infty} (S_n - S) = \lim_{n\to\infty} S_n - S = S - S = 0$$

이 성립한다.

역으로, $\lim_{n\to\infty} R_n = 0$이라 하면,

$$0 = \lim_{n\to\infty} R_n = \lim_{n\to\infty} \left( \sum_{k=1}^{\infty} z_k - S_n \right) = \sum_{k=1}^{\infty} z_k - \lim_{n\to\infty} S_n$$

이므로

$$\lim_{n\to\infty} S_n = \sum_{k=1}^{\infty} z_k$$

이 성립한다.

그러므로 **급수가 수렴할 필요충분조건은 $n$항 이후의 합(나머지)가 $0$으로 수렴하는 것이다.**

### ◆ 절대수렴과 조건수렴

주어진 복소급수 $\sum_{k=1}^{\infty} z_k = z_1 + z_2 + \cdots + z_n + \cdots$에 대하여 각 항의 절대값을 취하여 얻어지는 실급수

$$\sum_{k=1}^{\infty}|z_k| = |z_1| + |z_2| + |z_3| + \cdots + |z_n| + \cdots$$

이 수렴할 때, 주어진 급수 $\sum_{k=1}^{\infty} z_k$는 **절대수렴(absolutely converge)**한다고 한다.

복소수의 삼각부등식에 의해

$$|z_{n+1} + z_{n+2} + \cdots + z_{n+p}| \le |z_{n+1}| + |z_{n+2}| + \cdots + |z_{n+p}|$$

이 성립한다. 만일 $\sum_{k=1}^{\infty}|z_k| = |z_1| + |z_2| + |z_3| + \cdots + |z_n| + \cdots$가 절대수렴하면 급수에 대한 Cauchy 의 수렴원리(정리 5.4)에 의하여 삼각부등식의 우변은 충분히 큰 자연수 $N$보다 큰 자연수 $n$과 $p = 1, 2, \ldots$에 대하여 임의의 양의 실수 $\epsilon > 0$보다 작게 된다. 즉

$$|z_{n+1}| + |z_{n+2}| + \cdots + |z_{n+p}| < \epsilon \quad (n > N,\ p = 1, 2, \cdots)$$

이 된다. 따라서 삼각부등식의 좌변은

$$|z_{n+1} + z_{n+2} + \cdots + z_{n+p}| < \epsilon \quad (n > N,\ p = 1, 2, \cdots)$$

이므로 급수에 대한 Cauchy 의 수렴원리(정리 5.4)에 의하여 급수

$$\sum_{k=1}^{\infty} z_k = z_1 + z_2 + \cdots + z_n + \cdots$$

는 수렴한다. 즉, $\sum_{k=1}^{\infty} z_k$가 **절대수렴하면** $\sum_{k=1}^{\infty} z_k$**는 수렴**한다.

주어진 급수 자신은 수렴하지만 절대수렴은 하지 않는 경우에 주어진 급수는 **조건수렴(conditionally converge)**한다고 한다.

예를 들어, 복소급수

$$i - \frac{1}{2}i + \frac{1}{3}i - \cdots + (-1)^{n+1}\frac{1}{n}i + \cdots = \sum_{k=1}^{\infty}\frac{(-1)^{k+1}}{k}i$$

에 대하여 $\sum_{k=1}^{\infty}\frac{(-1)^{k+1}}{k}$은 교대급수(alternating series)이고 $\lim_{n\to\infty}\frac{1}{n} = 0$이므로 교대급수 판정법에 의하여 $\sum_{k=1}^{\infty}\frac{(-1)^{k+1}}{k}$은 수렴하므로 주어진 복소급수 $i\sum_{k=1}^{\infty}\frac{(-1)^{k+1}}{k}$는 수렴한다. 그

러나 이 급수의 각 항에 절대값을 취하여 얻어지는 실급수

$$|i|+\left|-\frac{1}{2}i\right|+\left|\frac{1}{3}i\right|+\cdots+\left|(-1)^{n+1}\frac{1}{n}i\right|+\cdots=1+\frac{1}{2}+\frac{1}{3}+\cdots=\sum_{k=1}^{\infty}\frac{1}{k}$$

는 발산한다. 따라서 주어진 급수 $\sum_{k=1}^{\infty}\frac{(-1)^{k+1}}{k}i$는 절대수렴하지 않는다. 그러므로 주어진 급수는 조건수렴하는 급수이다.

복소수의 수렴성을 판정하는 방법을 알아보자.

### ◆ 비교판정법

**정리 5.5 비교판정법(camparison test, Weirstrass M 판정법)**

복소급수 $\sum_{k=1}^{\infty}z_k$에 대하여

$$|z_k|\le M_k, \qquad k=1,2,3,\ \cdots$$

이고 $\sum_{k=1}^{\infty}M_k$가 수렴하면 주어진 복소 급수 $\sum_{k=1}^{\infty}z_k$는 절대수렴한다.

**증명**

$\sum_{k=1}^{\infty}M_k$가 수렴하면 $n$항 이후의 합(나머지) $\sum_{k=n+1}^{\infty}M_k\to 0\ (n\to\infty)$이다.

$$|z_k|\le M_k \quad (k=1,2,3\cdots)$$

이므로

$$\sum_{k=n+1}^{\infty}|z_k|\le\sum_{k=n+1}^{\infty}M_k\to 0\ \ (n\to\infty)$$

가 되어

$$\sum_{k=n+1}^{\infty}|z_k|\to 0\ \ (n\to\infty)$$

이다. 따라서 $\sum_{k=1}^{\infty}z_k$는 절대수렴한다. ■

한편 급수에 대한 Cauchy의 수렴원리(정리 5.4)에 의해 비교판정법(정리 5.5)를 증명해보자.

급수에 대한 Cauchy의 원리(정리 5.4)에 의해 $M_1 + M_2 + \cdots$ 이 수렴하므로, 임의의 $\epsilon > 0$ 에 대하여

$$M_{n+1} + \cdots + M_{n+p} < \epsilon \qquad (\text{모든 } n > N,\ p = 1, 2, \cdots \text{에 대하여})$$

을 만족하는 자연수 $N$을 찾을 수 있다.

또한

$$|z_n| \le M_n \qquad (n = 1, 2, 3 \cdots)$$

으로부터

$$|z_{n+1}| + \cdots + |z_{n+p}| \leqq M_{n+1} + \cdots + M_{n+p} < \epsilon$$

이다. 따라서 급수에 대한 Cauchy의 수렴원리에 의하여 $\sum_{k=1}^{\infty} |z_k|$는 수렴한다.

그러므로 $\sum_{k=1}^{\infty} z_k$는 절대수렴한다.

예컨대 $\sum_{k=1}^{\infty} \frac{(3+4i)^k}{5^k k^2}$는 일반항 $z_n = \frac{(3+4i)^n}{5^n n^2}$에 대하여

$$|z_n| = \left| \frac{(3+4i)^n}{5^n n^2} \right| = \frac{|3+4i|^n}{5^n n^2} = \frac{5^n}{5^n n^2} = \frac{1}{n^2} \qquad n = 1, 2, \cdots$$

이나. $\sum_{k=1}^{\infty} \frac{1}{k^2}$은 수렴하므로 비교판정법에 의하여 주어진 급수 $\sum_{k=1}^{\infty} \frac{(3+4i)^k}{5^k k^2}$는 절대수렴한다.

### ◆ 기하급수

비교판정법으로 복소급수의 수렴성을 판정할 때 가장 많이 사용되는 기준급수는 기하급수(등비급수)이다. 따라서 기하급수는 해석함수의 급수표현전개에 있어서 중요한 역할을 한다. 다음 정리는 기하급수의 수렴성을 판정하는 방법을 알려준다.

## 정리 5.6 (기하급수의 수렴판정법)

기하급수(Geometric series)

$$\sum_{k=0}^{\infty} z^k = 1 + z + z^2 + \cdots + z^n + \cdots \tag{1}$$

는 $|z| < 1$ 일 때, 급수의 합 $\dfrac{1}{1-z}$에 수렴하며 $|z| \geq 1$일 때, 발산한다.

### 증명

$|z| < 1$이라고 하자. 기하급수 (1)의 $n$항까지의 부분합을 $S_n$이라고 하면

$$S_n = 1 + z + z^2 + \cdots + z^{n-1}$$

이고

$$zS_n = z + z^2 + z^3 + \cdots + z^n$$

이므로

$$(1-z)S_n = 1 - z^n$$

이다. 따라서

$$S_n = \frac{1-z^n}{1-z}$$

이다. 즉,

$$1 + z + z^2 + \cdots + z^{n-1} = \frac{1-z^n}{1-z}$$

이 되어

$$\frac{1}{1-z} - (1 + z + z^2 + \cdots + z^{n-1}) = \frac{z^n}{1-z} \tag{2}$$

이다. $0 < r < 1$을 고정하자. 이 경우 $|z| \leq r$이면

$$\left| \frac{1}{1-z} - (1 + z + z^2 + \cdots + z^{n-1}) \right| = \left| \frac{z^n}{1-z} \right| \leq \frac{r^{n+1}}{1-r}$$

이다. $\lim_{n\to\infty}\frac{r^{n+1}}{1-r}=0$이므로 임의의 $\epsilon>0$에 대하여 적당한 자연수 $N$이 존재하여 $n>N$인 모든 자연수 $n$에 대하여

$$\frac{r^{n+1}}{1-r}<\frac{r^{N+1}}{1-r}<\epsilon$$

이 성립한다. 따라서

$$\left|\frac{1}{1-z}-(1+z+z^2+\cdots+z^{n-1})\right|<\epsilon \quad (n>N, |z|\le r)$$

이 된다. 그러므로 식 (1)의 급수는 폐원판 $|z|\le r$에서 합 $S=\frac{1}{1-z}$로 수렴한다. $|z|<1$을 만족하는 임의의 $z$에 대해서 $|z|\le r<1$인 $r$을 구할 수 있다. 그리하여

$$\sum_{k=0}^{\infty}z^k=1+z+z^2+\cdots+z^n+\cdots=\frac{1}{1-z} \quad (|z|<1)$$

한편, $|z|\ge 1$일 때 $\lim_{n\to\infty}|z^n|=\lim_{n\to\infty}|z|^n\neq 0$이므로 정리 5.1의 (ii)에 의해 $\lim_{n\to\infty}z^n\neq 0$이고 발산판정법(정리 5.3)에 의하여 기하급수 (1)은 발산한다. ■

---

### 예제 4

$\sum_{k=0}^{\infty}\frac{(1+i)^k}{2^k}$의 합은 $1+i$임을 보여라.

**풀이**

$z=\frac{1+i}{2}$라 두면 $|z|=\frac{\sqrt{2}}{2}<1$이다. 따라서 기하급수

$$\sum_{k=0}^{\infty}\left(\frac{1+i}{2}\right)^k=\frac{1}{1-\frac{1+i}{2}}=\frac{2}{2-1-i}=\frac{2}{1-i}=1+i$$

이다. ■

다음의 두 판정법은 실수학에서의 실급수 $\sum_{k=1}^{\infty}|z_k| = |z_1| + |z_2| + |z_3| + \cdots + |z_n| + \cdots$ 의 비판정법(ratio test)과 근판정법(root test)을 이용하여 복소급수 $\sum_{k=1}^{\infty} z_k = z_1 + z_2 + \cdots + z_n + \cdots$ 의 절대수렴을 판정할 수 있음을 뜻한다.

---

**정리 5.7 비판정법(ratio test)**

---

$\sum_{k=0}^{\infty} z_k$는

$$\lim_{n\to\infty}\left|\frac{z_{n+1}}{z_n}\right| = L \tag{3}$$

인 복소급수라 하자.

(i) $L < 1$이면 이 급수는 절대수렴한다.
(ii) $L > 1$ 또는 $L = \infty$이면 이 급수는 발산한다.
(iii) $L = 1$이면 이 급수는 수렴하거나 또는 발산할 수도 있다.

---

**정리 5.8 근판정법(root test)**

---

급수 $\sum_{k=0}^{\infty} z_k$는

$$\lim_{n\to\infty}\sqrt[n]{|z_n|} = L \tag{4}$$

인 복소급수라 하자.

(i) $L < 1$이면 이 급수는 절대수렴한다.
(ii) $L > 1$ 또는 $L = \infty$이면 이 급수는 발산한다.
(iii) $L = 1$이면 이 판정법은 결론을 내릴 수 없다.

---

### 예제 5

급수 $\sum_{k=0}^{\infty}\frac{(1+i)^k}{k!}$는 수렴함을 보여라.

**풀이**

비판정법을 사용하면

$$\lim_{n\to\infty}\frac{\left|\frac{(1+i)^{n+1}}{(n+1)!}\right|}{\left|\frac{(1+i)^n}{n!}\right|}=\lim_{n\to\infty}\frac{|1+i|}{n+1}=\lim_{n\to\infty}\frac{\sqrt{2}}{n+1}=0=L$$

이다. $L<1$이므로 이 급수는 수렴한다. ■

### 예제 6

급수 $\sum_{k=0}^{\infty}\frac{(z-i)^k}{3^k}$는 원판 $|z-i|<3$에 있는 모든 값 $z$에 대해서 수렴하고 $|z-i|\geq 3$이면 발산함을 보여라.

**풀이**

비판정법을 사용하면

$$\lim_{n\to\infty}\frac{\left|\frac{(z-i)^{n+1}}{3^{n+1}}\right|}{\left|\frac{(z-i)^n}{3^n}\right|}=\lim_{n\to\infty}\frac{|z-i|}{3}=\frac{|z-i|}{3}<1$$

에서 주어진 급수는 수렴하고 $\frac{|z-i|}{3}>1$일 때 발산한다. 또한 $|z-i|=3$일 때 $z-i=3$이면 급수는 $\sum_{k=0}^{\infty}1^k$가 되어 발산하고 $z-i=-3$이면 급수는 $\sum_{k=0}^{\infty}(-1)^k$가 되

어 발산한다. 따라서 주어진 급수는 $|z-i|<3$에서 수렴하고 $|z-i|\geq 3$에서 발산한다. ■

예제 7

다음 급수의 수렴성을 근판정법에 의해 판정하라.

$$\sum_{k=0}^{\infty}\frac{(-1)^k}{3^{2k}+2}(1+i)^k=\frac{1}{3}-\frac{1}{11}(1+i)+\frac{1}{83}(1+i)^2-\cdots$$

**풀이**

$$\sqrt[n]{|z_n|}=\sqrt[n]{\left|\frac{(1+i)^n}{3^{2n}+2}\right|}=\frac{|1+i|}{\sqrt[n]{3^{2n}+2}}=\frac{\sqrt{2}}{\sqrt[n]{3^{2n}+2}}$$

이다.

$$\lim_{n\to\infty}\sqrt[n]{3^{2n}+2}=\lim_{n\to\infty}(3^{2n}+2)^{\frac{1}{n}}=\lim_{n\to\infty}e^{\frac{1}{n}\ln(3^{2n}+2)}=e^{\lim_{n\to\infty}\frac{\ln(3^{2n}+2)}{n}}$$

이므로 $\lim_{n\to\infty}\frac{\ln(3^{2n}+2)}{n}$를 구하자. L'Hôpital 법칙에 의해

$$\lim_{x\to\infty}\frac{\ln(3^{2x}+2)}{x}=\lim_{x\to\infty}\frac{\frac{(3^{2x})'}{3^{2x}+2}}{1}$$

이고

$$(3^{2x})'=(e^{2x\ln 3})'=e^{2x\ln 3}\cdot 2\ln 3=3^{2x}\ln 9$$

이므로

$$\lim_{x\to\infty}\frac{\ln(3^{2x}+2)}{x}=\lim_{x\to\infty}\frac{3^{2x}\ln 9}{3^{2x}+2}=\ln 9\lim_{x\to\infty}\frac{3^{2x}}{3^{2x}+2}$$

$$=\ln 9\lim_{x\to\infty}\frac{(3^{2x})'}{(3^{2x}+2)'}=\ln 9\lim_{x\to\infty}\frac{3^{2x}\ln 9}{3^{2x}\ln 9}=\ln 9$$

이다. 따라서 $x=n$일 경우

$$\lim_{n\to\infty}\frac{\ln(3^{2n}+2)}{n}=\ln 9$$

이므로

$$\lim_{n\to\infty}(3^{2n}+2)^{\frac{1}{n}}=e^{\ln 9}=9$$

이다. 그리하여

$$\lim_{n\to\infty}\sqrt[n]{|z_n|}=\lim_{n\to\infty}\frac{\sqrt{2}}{\sqrt[n]{3^{2n}+2}}=\frac{\sqrt{2}}{9}<1$$

이 성립한다. 그러므로 근판정법에 의하여 이 급수는 수렴한다. ■

◆ 복소거듭제곱급수

거듭제곱급수의 개념은 해석함수의 연구에 있어서 중요하다. 왜냐하면 거듭제곱급수는 해석함수이고, 모든 해석함수는 거듭제곱급수로 나타낼 수 있기 때문이다.

$z$가 복소변수이고 $a_0, a_1, a_2, \cdots, a_n, \cdots, z_0$가 복소상수일 때 $(z-z_0)$의 거듭제곱으로 이루어진 무한급수

$$\sum_{k=0}^{\infty}a_k(z-z_0)^k=a_0+a_1(z-z_0)+a_2(z-z_0)^2+\cdots+a_n(z-z_0)^n+\cdots \tag{5}$$

를 $z_0$**가 중심(center)인 복소멱급수 또는 복소거듭제곱급수(complex power series)**라고 한다.

만약 $z$가 고정된다면 상수항을 가진 복소급수의 모든 개념이 적용될 수 있다.

$$1+(1-i)(z-i)+(1-2i)(z-i)+(1-3i)(z-i)^3+\cdots=\sum_{k=0}^{\infty}(1-ki)(z-i)^k$$

는 중심이 $i$인 복소거듭제곱급수이다.

한편 중심이 0인 복소거듭제곱급수는

$$\sum_{k=0}^{\infty} a_k z^k = a_0 + a_1 z + a_2 z^2 + \cdots + a_n z^n + \cdots \tag{6}$$

으로 표현된다.

### ◆ 거듭제곱급수의 수렴영역

$\alpha$가 한 복소수일 때, $\sum_{k=0}^{\infty} a_k (z-z_0)^k$에 $z=\alpha$를 대입하면

$$\sum_{k=0}^{\infty} a_k (\alpha - z_0)^k = a_0 + a_1(\alpha - z_0) + a_2(\alpha - z_0)^2 + \cdots + a_n(\alpha - z_0)^n + \cdots \tag{7}$$

와 같은 복소급수를 얻게 되고, 이 복소급수는 수렴 또는 발산한다. 기하급수

$$1 + z + z^2 + \cdots + z^n + \cdots = \sum_{k=0}^{\infty} z^k$$

에 $z = \frac{i}{2}$를 대입하면

$$1 + \frac{i}{2} + \frac{i^2}{4} + \cdots + \frac{i^n}{2^n} + \cdots = \sum_{k=0}^{\infty} \frac{i^k}{2^k}$$

와 같은 복소급수를 얻게 되고, $\left|\frac{i}{2}\right| < 1$이므로 기하급수 수렴판정법에 의하여 이 급수는 수렴한다.

거듭제곱급수식 (5)에 대하여, 급수 (7)이 수렴하도록 하는 모든 복소수 $\alpha$들의 집합, 즉

$$R_{\mathbb{C}} = \left\{ \alpha \in \mathbb{C} \mid \sum_{k=0}^{\infty} a_k (\alpha - z_0)^k \text{가 수렴} \right\}$$

를 거듭제곱급수 $\sum_{k=0}^{\infty} a_k (z-z_0)^k$의 **수렴영역(region of convergence)**이라고 한다.

기하급수의 수렴판정법(정리 5.6)에 의하여

$$1 + z + z^2 + \cdots + z^n + \cdots = \sum_{k=0}^{\infty} z^k$$

는 $|z| < 1$인 모든 곳에 대하여 수렴하고 $|z| \geq 1$인 모든 $z$에 대하여 발산한다. 따라서 $\sum_{k=0}^{\infty} z^k$의 수렴영역은 원점이 중심인 단위원의 내부, 즉 $|z| < 1$이다.

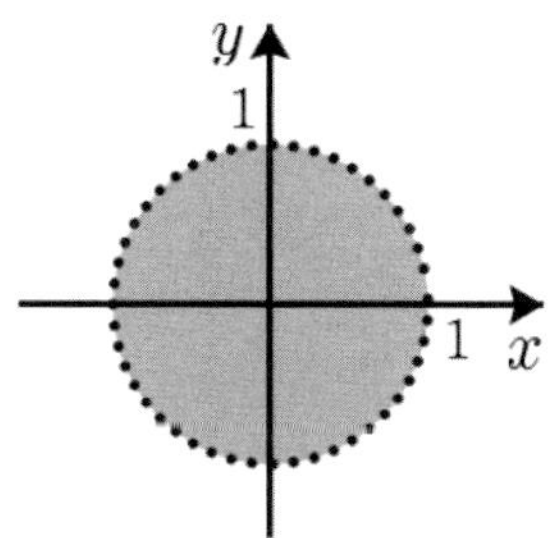


**그림 5.2** $\sum_{k=0}^{\infty} z^k$의 수렴영역 $|z| < 1$

$|z| < 1$에 대해서만 유효한 급수들

$$\frac{1}{1-z} = 1 + z + z^2 + \cdots + z^n + \cdots = \sum_{k=0}^{\infty} z^k$$

와

$$\frac{1}{1+z} = 1 - z + z^2 - \cdots + (-z)^n + \cdots = \sum_{k=0}^{\infty} (-z)^k$$

는 급수의 수렴증명과 합을 구하는데 매우 유용하고 식 (2)의 다른 표현

$$\frac{1}{1-z} = 1 + z + z^2 + \cdots + z^{n-1} + \frac{z^n}{1-z} \tag{8}$$

은 이 장의 중요한 두 정리인 Taylor 정리와 Laurent 정리를 증명하는데 사용된다.

**예제 8**

복소거듭제곱급수

$$\sum_{k=0}^{\infty} \frac{1}{k!} z^k = 1 + z + \frac{1}{2!} z^2 + \frac{1}{3!} z^3 + \cdots + \frac{1}{n!} z^n + \cdots$$

의 수렴영역을 구하라.

**풀이**

비판정법에 의해

$$\lim_{n\to\infty}\left|\frac{\dfrac{z^{n+1}}{(n+1)!}}{\dfrac{z^n}{n!}}\right| = \lim_{n\to\infty}\frac{|z|}{n+1} = |z|\lim_{n\to\infty}\frac{1}{n+1} = 0 < 1$$

이므로 모든 $z$, 즉 복소평면전체에서 수렴한다. 따라서 수렴영역은 복소평면전체이다. ■

예제 9

다음 복소거듭제곱급수 수렴영역을 구하라.

$$\sum_{k=0}^{\infty} k!z^k = 1 + z + 2z^2 + 6z^3 + 24z^4 + \cdots$$

**풀이**

비판정법에 의하면 주어진 복소거듭제곱급수의 수렴영역은

$$\lim_{n\to\infty}\left|\frac{(n+1)!z^{n+1}}{n!z^n}\right| < 1$$

이다.

$$\lim_{n\to\infty}\left|\frac{(n+1)!z^{n+1}}{n!z^n}\right| = \lim_{n\to\infty}(n+1)|z| < 1$$

이므로 이 부등식을 만족하는 $z$는 $z=0$뿐이다. 따라서 $z=0$에서만 이 급수는 수렴한다. ■

### 정리 5.9 거듭제곱급수의 수렴

( i ) 모든 거듭제곱급수 $\sum_{k=0}^{\infty} a_k(z-z_0)^k$는 중심 $z_0$에서 수렴한다.

(ii) 거듭제곱급수 $\sum_{k=0}^{\infty} a_k(z-z_0)^k$가 $z=z_1(\neq z_0)$에서 수렴하면 $z_0$에 $z_1$보다 더 근접한 모든 $z$, 즉 $|z-z_0|<|z_1-z_0|=R$에 대해서는 절대 수렴한다.

(iii) 거듭제곱급수 $\sum_{k=0}^{\infty} a_k(z-z_0)^k$가 $z=z_2(\neq z_0)$에서 발산하면 $z_0$로부터 $z_2$보다 더 떨어진 $z$, 즉 $|z-z_0|>|z_2-z_0|$에 대해서는 발산한다.

**증명**

(i) $z=z_0$이면 거듭제곱급수 $\left.\sum_{k=0}^{\infty} a_k(z-z_0)^k\right|_{z=z_0}=a_0$가 된다.

(ii) $r$을 $0<r<R$를 만족하는 임의의 실수라 하자. 이제 거듭제곱급수가 폐원판(closed disk) $|z-z_0|\leq r$내의 각 점에서 수렴함을 보이자.

이 급수는 $z_1$에서 수렴하기 때문에 정리 5.3으로부터 $\lim_{n\to\infty} a_n(z_1-z_0)^n=0$이다. 이는 절대값이 유계임을 의미한다.

즉 $n\geq N$에 대하여 $|a_n(z_1-z_0)^n|<1$을 만족하는 정수 $N$이 존재한다. 만일에

$$M=\max\{1,\ |a_0|,\ \cdots,\ |a_{n-1}(z_1-z_0)^{n-1}|\}$$

이라 놓으면

$$|a_n||z_1-z_0|^n \leq M$$

이 모든 $n=0,1,2,\cdots$에 대해서 성립한다.

$$|a_k||z-z_0|^k=|a_k||z_1-z_0|^k\frac{|z-z_0|^k}{|z_1-z_0|^k}< M\frac{|z-z_0|^k}{|z_1-z_0|^k}$$

이고

$$\frac{|z-z_0|^k}{|z_1-z_0|^k}\leq \frac{r^k}{R^k}=K^k \qquad \left(K=\frac{r}{R}<1\right)$$

을 이용하여

$$\sum_{k=0}^{\infty} |a_k||z-z_0|^k \le \sum_{k=0}^{\infty} MK^k = M\sum_{k=0}^{\infty} K^k = \frac{M}{1-K}$$

이 된다. 그러므로 비교판정법에 의하여 거듭제곱급수 $\sum_{k=0}^{\infty} a_k(z-z_0)^k$는 $|z-z_0| \le r$일 때 절대수렴함을 알 수 있다. 따라서 $r$을 $R$에 접근시켜 (ii)가 증명된다.

(iii) 모순에 의한 증명을 해보자. $z_2$에서 발산한다고 가정한다. 그리고 $|z_3-z_0| > |z_2-z_0|$를 만족시키는 $z_3$에서 급수가 수렴한다고 하자.

이 경우 (ii)에 의해 급수가 원판 $|z-z_0| < |z_3-z_0|$내의 모든 $z$에 대해서 수렴함을 뜻한다. 특별히 이 급수는 $z=z_2$에서 수렴할 것이다. 따라서 $z_2$에서 발산한다는 가정에 모순된다. 그러므로 이 모순에 의해 (iii)이 증명된다.

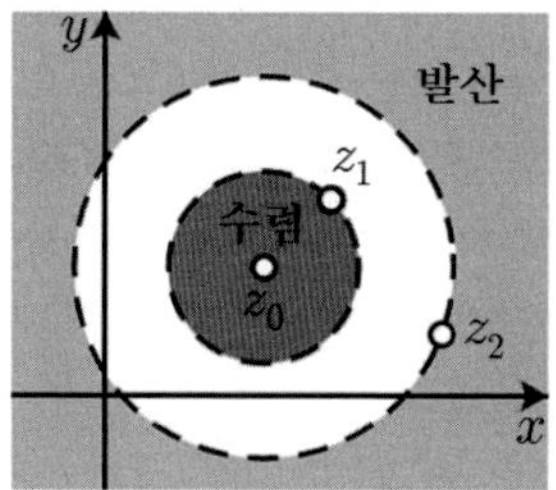


**그림 5.3** 거듭제곱급수의 수렴영역

■

---

### ◆ 수렴원과 수렴반지름

거듭제곱급수 $\sum_{k=0}^{\infty} a_k(z-z_0)^k$가 원판 $|z-z_0| < R$내의 모든 $z$에 대해 수렴하는 최대의 실수 $R$을 이 거듭제곱급수의 **수렴반지름** 또는 **수렴반경(radius of convergence)**이라 한다. 만일 모든 $z$에 대해 이 급수가 수렴하면 $R=\infty$로 둔다.

모든 거듭제곱급수는 수렴반경 $R$을 갖는다. 미적분학의 수렴구간과 비슷한 개념으로서 $0 < R < \infty$일 때 복소거듭제곱급수 $\sum_{k=0}^{\infty} a_k(z-z_0)^k$는 $|z-z_0| = R$로 정의되는 **수렴원**

(circle of convergence)을 가지며 $|z-z_0|<R$을 만족하는 모든 $z$에 대해 절대 수렴하고 $|z-z_0|>R$에 대해서는 발산한다.

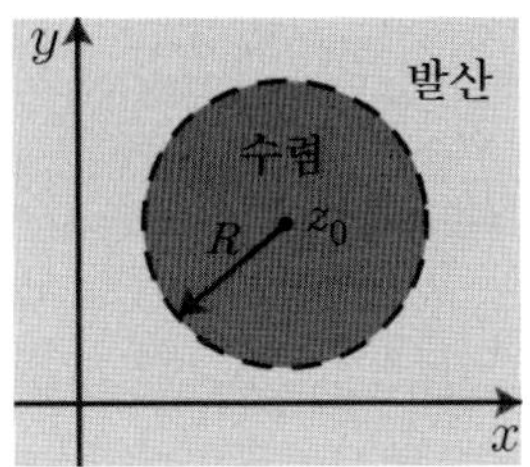


**그림 5.4** 수렴반경 $R$과 수렴원 $|z-z_0|=R$

$R=0$인 경우 거듭제곱급수 $\sum_{k=0}^{\infty} a_k(z-z_0)^k$는 $z=z_0$에서만 수렴한다(예제 9의 경우). $R<\infty$인 경우 거듭제곱급수 $\sum_{k=0}^{\infty} a_k(z-z_0)^k$는 중심이 $z_0$이고 반지름이 $R$인 원 $|z-z_0|=R$의 내부에서 수렴한다. 즉, 수렴원 $|z-z_0|=R$의 내부에서 이 거듭제곱급수는 수렴한다.

$R=\infty$인 경우 거듭제곱급수 $\sum_{k=0}^{\infty} a_k(z-z_0)^k$는 모든 $z$에 대하여 수렴한다(예제 8의 경우).

예를 들어 기하급수

$$1+(z-i)+(z-i)^2+(z-i)^3+\cdots+(z-i)^n+\cdots=\sum_{k=0}^{\infty}(z-i)^k$$

의 수렴영역은 $i$가 중심이고 반지름이 1인 원의 내부 $|z-i|<1$이다. 이때, $|z-i|=1$은 주어진 급수의 수렴원이고 수렴반지름 $R=1$이다. 또한 이 기하급수는

$$\frac{1}{1-[-(z-i)]}=\frac{1}{1+z-i}=\frac{1}{z+1-i}(|z-i|<1)$$

에 수렴한다.

거듭제곱급수는 수렴원 위에서는 몇 개 또는 모든 점에서 수렴하거나 또는 수렴원 상의 어느 점에서도 수렴하지 않을 수 있다.

**예제 10**

다음의 세 거듭제곱급수의 수렴원 $|z|=1$에서 수렴과 발산을 판정하라.

$$\sum_{k=0}^{\infty}\frac{z^k}{(k+1)^2}=\frac{1}{1^2}+\frac{1}{2^2}z+\cdots+\frac{1}{n^2}z^{n-1}+\cdots,$$

$$\sum_{k=0}^{\infty}\frac{z^k}{k+1}=1+\frac{1}{2}z+\cdots+\frac{1}{n}z^{n-1}+\cdots,$$

$$\sum_{k=0}^{\infty}z^k=1+z+z^2+\cdots,$$

**풀이**

$\sum_{k=0}^{\infty}\frac{z^k}{(k+1)^2}$의 경우, $|z|=1$에서 $\sum_{k=0}^{\infty}\frac{|z|^k}{(k+1)^2}=\sum_{k=0}^{\infty}\frac{1}{(k+1)^2}$이 수렴하므로 $|z|=1$에서 $\sum_{k=0}^{\infty}\frac{z^k}{(k+1)^2}$는 절대수렴한다.

$\sum_{k=0}^{\infty}\frac{z^k}{k+1}$의 경우, $z=-1$일 때 $\sum_{k=0}^{\infty}\frac{(-1)^k}{k+1}$는 교대급수(alternating series) 판정법에 의해 $\frac{1}{n+1}>\frac{1}{n+2}>0$이고 $\lim_{n\to\infty}\frac{1}{n+1}=0$이므로 $\sum_{k=0}^{\infty}\frac{(-1)^k}{k+1}$는 수렴한다. 그러나 $z=1$일 때 $\sum_{k=0}^{\infty}\frac{1}{k+1}$은 발산한다.

기하급수 $\sum_{k=0}^{\infty}z^k$는 기하 급수의 수렴 판정법에 의하여 $|z|=1$인 모든 점에서 발산한다.

■

일반적으로 거듭제곱급수의 수렴반지름은 거듭제곱급수의 계수에 의하여 결정된다. 다음 정리는 복소 거듭제곱급수의 수렴반지름을 계수로부터 구하는 방법을 알려준다.

**정리 5.10 거듭제곱급수의 계수에 의한 비판정법**

거듭제곱급수 $\sum_{k=0}^{\infty} a_k(z-z_0)^k$의 수렴반지름을 $R$이라고 하면, 다음이 성립한다.

$$\lim_{n\to\infty}\left|\frac{a_{n+1}}{a_n}\right| = L \text{ 일 때 } R = \frac{1}{L} \tag{9}$$

여기서 $L=0$이면 수렴반지름은 $R=\infty$이고, $L=\infty$이면 수렴반지름은 $R=0$로서 오직 중심 $z_0$에서만 수렴한다.

**증명**

거듭제곱급수 $\sum_{k=0}^{\infty} a_k(z-z_0)^k$가 수렴하는 $z$의 범위는 $z_n = a_n(z-z_0)^n$인 급수 $\sum_{k=0}^{\infty} z_k$에 대한 비판정법에 의해

$$\lim_{n\to\infty}\left|\frac{a_{n+1}(z-z_0)^{n+1}}{a_n(z-z_0)^n}\right| = \lim_{n\to\infty}\left|\frac{a_{n+1}}{a_n}\right||z-z_0| = |z-z_0|\lim_{n\to\infty}\left|\frac{a_{n+1}}{a_n}\right| < 1$$

와 같은 부등식을 만족하는 $z$의 범위이다.

$\lim_{n\to\infty}\left|\frac{a_{n+1}}{a_n}\right| = L$이라 두면 $L|z-z_0|<1$에서 급수 $\sum_{k=0}^{\infty} a_k(z-z_0)^k$는 수렴한다. 즉 $|z-z_0| < \frac{1}{L} = R$에서 급수는 수렴하고, 수렴반지름 $R=\frac{1}{L}$이다.

$\lim_{n\to\infty}\left|\frac{a_{n+1}}{a_n}\right| = \infty$이면, 모든 $z \neq z_0$에 대해

$$|z-z_0|\lim_{n\to\infty}\left|\frac{a_{n+1}}{a_n}\right| = \infty$$

이므로 비판정법에 의해 모든 $z = z_0$에 대해 급수 $\sum_{k=0}^{\infty} a_k(z-z_0)^k$는 발산한다. 따라서 오직 중심 $z_0$에서만 $a_0$에 수렴한다. ■

**예제 11**

다음 거듭제곱급수의 수렴반경을 구하라.

$$\sum_{k=0}^{\infty} \frac{(2k)!}{(k!)^2}(z-i)^k$$

**풀이**

급수의 수렴반지름을 $R$이라고 하면 거듭제곱급수의 계수에 의한 비판정법에 의하여

$$\lim_{n\to\infty} \frac{\dfrac{[2(n+1)]!}{[(n+1)!]^2}}{\dfrac{(2n)!}{(n!)^2}} = \lim_{n\to\infty} \frac{(2n+2)(2n+1)}{(n+1)^2} = \lim_{n\to\infty} \frac{2(2n+1)}{n+1} = 4$$

이므로 수렴반지름 $R=\dfrac{1}{4}$이고 주어진 급수는 $|z-i|<\dfrac{1}{4}$에서 수렴한다. ■

**정리 5.11 거듭제곱급수의 계수에 의한 근판정법**

복소 거듭제곱급수 $\sum_{k=0}^{\infty} a_k(z-z_0)^k$의 수렴반지름을 $R$이라고 하면

$$\lim_{n\to\infty} \sqrt[n]{|a_n|} = L \text{일 때 } R=\frac{1}{L} \tag{10}$$

이다. 여기서 $L=0$이면 수렴반지름은 $R=\infty$이고, $L=\infty$이면 수렴반지름은 $R=0$이다.

**증명**

$z_n = a_n(z-z_0)^n$에 대한 급수 $\sum_{k=0}^{\infty} z_k$의 근판정법을 사용하면

$$\lim_{n\to\infty} \sqrt[n]{|a_n(z-z_0)^n|} = \lim_{n\to\infty} |z-z_0| \sqrt[n]{|a_n|} = |z-z_0| \lim_{n\to\infty} \sqrt[n]{|a_n|} < 1$$

일 때 급수는 수렴하므로 $\lim_{n\to\infty} \sqrt[n]{|a_n|} = L$이라 두면 $|z-z_0|<\dfrac{1}{L}$일 때 $\sum_{k=0}^{\infty} a_k(z-z_0)^k$는 수렴한다. 그러므로 수렴반지름 $R=\dfrac{1}{L}$이다. ■

### 예제 12

다음 거듭제곱급수의 수렴반경을 근판정법으로 구하라.

$$\sum_{k=1}^{\infty} \frac{2^k}{k^2} z^k$$

**풀이**

$$\lim_{n\to\infty} \sqrt[n]{\frac{2^n}{n^2}} = \lim_{n\to\infty} \frac{2}{\sqrt[n]{n^2}} = 2\lim_{n\to\infty} (n^2)^{-\frac{1}{n}} = 2\lim_{n\to\infty} n^{-\frac{2}{n}}$$

$$= 2\lim_{n\to\infty} e^{-\frac{2}{n}\ln n} = 2e^{-2\lim_{n\to\infty}\frac{\ln n}{n}}$$

이고, L'Hôpital 공식에 의해 $\lim_{n\to\infty} \frac{\ln n}{n} = 0$이므로

$$\lim_{n\to\infty} \sqrt[n]{\frac{2^n}{n^2}} = 2$$

이 성립한다.

그러므로 거듭제곱급수의 계수에 의한 근판정법에 의하여 주어진 급수의 수렴반지름은 $R = \frac{1}{2}$이다. ■

### 정리 5.12 거듭제곱급수의 계수에 의한 근판정법의 확장

복소거듭제곱급수 $\sum_{k=0}^{\infty} a_k (z-z_0)^k$의 수렴반지름 $R$은 $\sqrt[n]{|a_n|}$의 최대극한(limit superior)이 $L$, 즉

$$\lim_{n\to\infty} sup \sqrt[n]{|a_n|} = L \text{ 일 때 } R = \frac{1}{L} \tag{11}$$

이다. 여기서 $L=0$이면 수렴반지름 $R=\infty$이고 $L=\infty$이면 수렴반지름 $R=0$이다.

**예제 13**

다음의 거듭제곱급수의 수렴반경을 구하라.

$$\sum_{k=0}^{\infty} a_k z^k = 1 + 2z + 3^2 z^2 + 2^3 z^3 + 3^4 z^4 + 2^5 z^5 + 3^6 z^6 + \cdots$$

**풀이**

급수의 계수수열의 비

$$\left| \frac{a_{n+1}}{a_n} \right| = \frac{1}{2},\ \frac{2}{3^2},\ \frac{3^2}{2^3},\ \frac{2^3}{3^4},\ \frac{3^4}{2^5},\ \frac{2^5}{3^6},\ \cdots \ (n = 0, 1, 2, \ldots)$$

는 수렴하지 않으므로

$$\lim_{n \to \infty} \left| \frac{a_{n+1}}{a_n} \right|$$

이 존재하지 않고 급수의 계수에 의한 비판정법을 쓰지 못한다.

또한 $n$이 홀수이면 $\sqrt[n]{|a_n|} = 2$이고 $n$이 짝수이면 $\sqrt[n]{|a_n|} = 3$이므로 $\lim_{n \to \infty} \sqrt[n]{|a_n|}$이 존재하지 않으므로 급수의 계수에 의한 근판정법도 쓰지 못한다.

그러나 이 경우 $\sqrt[n]{|a_n|}$의 최대극한값은 3이므로 거듭제곱급수의 계수에 관한 근판정법의 확장정리의 식 (11)에 의해 수렴반지름 $R = \dfrac{1}{3}$이다. 즉 $|z| < \dfrac{1}{3}$에서 이 급수는 수렴한다. ■

## 연습문제 5.1

1. 다음 복소거듭제곱급수의 수렴성을 비판정법에 의해 판정하라.

$$\sum_{k=0}^{\infty} \frac{(3-2i)^k}{k!} = 1 + (3-2i) + \frac{(3-2i)^2}{2!} + \frac{(3-2i)^3}{3!} + \cdots + \frac{(3-2i)^n}{n!} + \cdots$$

(답) 수렴

2. 다음 복소거듭제곱급수의 수렴반지름을 구하라.

$$\sum_{k=0}^{\infty} \frac{(k+1)^2}{(3+4i)^k} z^k$$

(답) 5

3. 다음 거듭제곱급수의 수렴반지름을 구하라.

$$\sum_{k=0}^{\infty} \left( \frac{k+3}{2k+1} \right)^k z^k$$

(답) 2

## 5.2 복소함수의 Taylor 급수

4.3절에서 $f$가 $z_0$에서 해석적이면 모든 $n$계의 도함수 $f^{(n)}(z_0)$가 존재함을 알았다. 이 절에서는 $f$가 $z_0$에서 해석적이면 $f$는 중심이 $z_0$인 원판에서 수렴하는 복소 Taylor 급수표현을 가짐을 알게 될 것이다. 결국 복소 Taylor 급수(complex taylor series)는 실함수에서 이미 다루었던 Taylor 급수를 자연스럽게 복소수영역까지 확장한 개념으로 이해하면 될 것이다.

### ◆ 거듭제곱급수로 주어지는 함수는 해석함수이다.

임의의 거듭제곱급수 $\sum_{k=0}^{\infty} a_k(z-z_0)^k$가 0이 아닌 수렴반지름 $R$ (즉, $R>0$)을 가지면 그 합은 $z$의 함수, 즉 $f(z)$이다. 이 때

$$\begin{aligned} f(z) &= \sum_{k=0}^{\infty} a_k(z-z_0)^k \\ &= a_0 + a_1(z-z_0) + a_2(z-z_0)^2 + \cdots + a_n(z-z_0)^n + \cdots \quad (|z-z_0|<R) \end{aligned} \tag{12}$$

으로 쓰고, $f(z)$가 거듭제곱급수로 표현된다고 하거나, $f(z)$가 거듭제곱급수로 전개된다고

한다.

예컨대, 기하급수 $\sum_{k=0}^{\infty} z^k$는 단위원 $|z|=1$의 내부인 열린 원판 $|z|<1$에서 함수 $f(z)=\dfrac{1}{1-z}$을 나타낸다.

한편, 각 항이 함수 $f_0(z)$, $f_1(z)$, $\cdots$인 급수

$$\sum_{k=0}^{\infty} f_k(z)=f_0(z)+f_1(z)+\cdots$$

을 생각해 보자. 거듭제곱급수는 $f_k(z)=a_k(z-z_0)^k$인 특수한 경우이다.

이 급수가 어떤 영역 $D$에 있는 모든 $z$에 대해 수렴한다고 하자. 이 급수의 합을 $f(z)$이라 하면 $\sum_{k=0}^{\infty} f_k(z)$의 부분합을 $S_n(z)$라 할 때

$$\lim_{n\to\infty} S_n(z)=f(z) \tag{13}$$

이다. 즉, 임의의 $\epsilon>0$에 대하여 적당한 자연수 $N$이 존재하여 모든 자연수 $n>N$과 $D$에 있는 모든 $z$에 대하여 $|f(z)-S_n(z)|<\epsilon$을 만족한다. 이때 급수 $\sum_{k=0}^{\infty} f_k(z)$는 영역 $D$에서 $f(z)$에 수렴한다고 한다.

특히, 자연수 $N$이 $z$에 의존하지 않는 자연수, 즉 $N=N(\epsilon)$일 경우 급수 $\sum_{k=0}^{\infty} f_k(z)$는 영역 $D$에서 $f(z)$에 **균등수렴(uniformly convergent)**한다고 말한다.

---

**정리 5.13 균등수렴에 대한 Weirstrass 정리**

복소평면의 한 영역 $D$에서 해석함수들의 균등수렴하는 급수의 합은 해석함수이며, 항별로 미분하거나 또는 적분할 수 있다.

---

**정리 5.14 거듭제곱급수의 균등수렴(Abel 정리)**

0이 아닌 수렴반지름 $R$을 갖는 거듭제곱급수 $\sum_{k=0}^{\infty} a_k(z-z_0)^k$는 반지름이 $r<R$인 모든

원판 $|z-z_0| \le r$에서 균등수렴한다.

**증명**

$|z-z_0| \le r$과 임의의 자연수 $n$과 $p$에 대하여

$$|a_{n+1}(z-z_0)^{n+1}+\ldots+a_{n+p}(z-z_0)^{n+p}| \le |a_{n+1}|r^{n+1}+\ldots+|a_{n+p}|r^{n+p}$$

이다. 이때 $|z-z_0|=r<R$이면 급수 $\sum_{k=0}^{\infty} a_k(z-z_0)^k$가 절대수렴한다(정리 5.9 참조). 따라서 급수에 대한 Cauchy의 수렴원리 (정리 5.4)로부터 임의의 $\epsilon>0$에 대하여

$$|a_{n+1}|r^{n+1}+\ldots+|a_{n+p}|r^{n+p}<\epsilon\ (n>N(\epsilon), p=1,2,\ldots)$$

을 만족하는 자연수$N(\epsilon)$이 존재한다. 그러므로 원판 $|z-z_0| \le r$안의 모든 $z$, 모든 $n>N(\epsilon)$ 및 모든 $p=1,2,\ldots$에 대하여

$$|a_{n+1}(z-z_0)^{n+1}+\ldots+a_{n+p}(z-z_0)^{n+p}| \le |a_{n+1}|r^{n+1}+\ldots+|a_{n+p}|r^{n+p}<\epsilon$$

이다. $N(\epsilon)$이 $z$와 무관하므로 이것은 균등수렴을 의미한다. ■

균등수렴은 거듭제곱급수의 합의 연속성과 항별 미분 및 항별 적분을 가능하게 한다.

**정리 5.15 거듭제곱급수의 합의 연속성**

거듭제곱급수 $\sum_{k=0}^{\infty} a_k(z-z_0)^k$가 0보다 큰 수렴반지름 $R$을 가지면 중심이 $z_0$인 수렴원 $|z-z_0|=R$내의 모든 점에서 거듭제곱급수 $\sum_{k=0}^{\infty} a_k(z-z_0)^k$에 의해 정의되는 함수 $f(z)$은 연속이다.

**정리 5.16 거듭제곱급수의 항별 미분**

거듭제곱급수 $\sum_{k=0}^{\infty} a_k(z-z_0)^k$가 0보다 큰 수렴반지름 $R$을 가지면 중심이 $z_0$인 수렴원

$|z-z_0|=R$내의 모든 점에서 항별 미분가능하고 거듭제곱급수 $\sum_{k=0}^{\infty} a_k(z-z_0)^k$에 의해 정의되는 함수 $f(z)$에 대하여

$$f'(z)=\sum_{k=1}^{\infty} k\,a_k(z-z_0)^{k-1} \tag{14}$$

이다.

---

### 정리 5.17 거듭제곱급수의 항별 적분

거듭제곱급수 $\sum_{k=0}^{\infty} a_k(z-z_0)^k$가 0보다 큰 수렴반지름 $R$을 가지면 중심이 $z_0$인 수렴원 $|z-z_0|=R$내에 완전히 포함되는 모든 경로 $C$에 대해서 항별로 적분될 수 있고, 거듭제곱급수 $\sum_{k=0}^{\infty} a_k(z-z_0)^k$에 의해 정의되는 함수 $f(z)$에 대하여 경로적분의 기본정리를 적용하면

$$\int_{z_0}^{z} f(s)ds=\int_{z_0}^{z}\sum_{k=0}^{\infty} a_k(s-z_0)^k ds \ =\sum_{k=0}^{\infty} a_k\int_{z_0}^{z}(s-z_0)^k ds$$

$$=\sum_{k=0}^{\infty}\frac{a_k}{k+1}(z-z_0)^{k+1} \tag{15}$$

이다.

---

복소 거듭제곱급수

$$\sum_{k=0}^{\infty} a_k(z-z_0)^k=a_0+a_1(z-z_0)+a_2(z-z_0)^2+\cdots+a_n(z-z_0)^n+\cdots$$

를 항별로 미분하여 얻어지는 거듭제곱급수

$$\sum_{k=1}^{\infty} k\,a_k(z-z_0)^{k-1}=a_1+2a_2(z-z_0)+\cdots+n\,a_n(z-z_0)^{n-1}+\cdots$$

의 수렴반지름과 주어진 거듭제곱급수 $\sum_{k=0}^{\infty} a_k(z-z_0)^k$를 항별로 적분하여 얻어지는 거듭제곱

급수

$$\sum_{k=0}^{\infty}\frac{1}{k+1}a_k(z-z_0)^{k+1}=a_0(z-z_0)+\frac{1}{2}a_1(z-z_0)^2+\frac{1}{3}a_2(z-z_0)^3+\cdots$$

의 수렴반지름은 주어진 거듭제곱급수 $\sum_{k=0}^{\infty}a_k(z-z_0)^k$의 수렴반지름과 같다.

왜냐하면 주어진 급수 $\sum_{k=0}^{\infty}a_k(z-z_0)^k$의 수렴반지름을 $R$이라고 하면

$$\lim_{n\to\infty}\left|\frac{a_{n+1}}{a_n}\right|=L$$

일 때 $R=\dfrac{1}{L}$이다. 주어진 급수를 항별 미분하여 얻어진 거듭제곱급수 $\sum_{k=1}^{\infty}k\,a_k(z-z_0)^k$의 수렴반지름을 $R^*$라고 하면

$$R^*=\lim_{n\to\infty}\left|\frac{n\,a_n}{(n+1)a_{n+1}}\right|=\lim_{n\to\infty}\frac{n}{n+1}\left|\frac{a_n}{a_{n+1}}\right|=\lim_{n\to\infty}\left|\frac{a_n}{a_{n+1}}\right|=\frac{1}{L}=R$$

이다.

마찬가지로 주어진 급수를 항별 적분하여 얻어진 거듭제곱급수 $\sum_{k=0}^{\infty}\frac{1}{k+1}a_k(z-z_0)^{k+1}$의 수렴반지름을 $\widetilde{R}$라 하면

$$\widetilde{R}=\lim_{n\to\infty}\left|\frac{\dfrac{a_n}{n+1}}{\dfrac{a_{n+1}}{n+2}}\right|=\lim_{n\to\infty}\left|\frac{a_n}{a_{n+1}}\right|\frac{n+2}{n+1}=\lim_{n\to\infty}\left|\frac{a_n}{a_{n+1}}\right|=\frac{1}{L}=R$$

이다.

만약 $\lim_{n\to\infty}\left|\frac{a_{n+1}}{a_n}\right|$이 존재하지 않으면

$$\lim_{n\to\infty}\sqrt[n]{n}=\lim_{n\to\infty}e^{\frac{1}{n}\ln n}=e^0=1$$

과

$$\lim_{n\to\infty}\sqrt[n]{n+1}=\lim_{n\to\infty}e^{\frac{1}{n}\ln(n+1)}=e^0=1$$

임을 고려하여 거듭제곱급수의 계수에 대한 근판정법의 확장정리(정리 5.11)에 의하여

$$\lim_{n\to\infty} sup \sqrt[n]{|a_n|}=L,\ R=\frac{1}{L}$$

일 때

$$\lim_{n\to\infty} sup \sqrt[n]{n|a_n|}=\lim_{n\to\infty} sup \sqrt[n]{n}\sqrt[n]{|a_n|} =\lim_{n\to\infty} sup \sqrt[n]{|a_n|}=L=\frac{1}{R}$$

이고,

$$\lim_{n\to\infty} sup \sqrt[n]{\frac{|a_n|}{n+1}}=\lim_{n\to\infty} sup \frac{\sqrt[n]{|a_n|}}{\sqrt[n]{n+1}}=\lim_{n\to\infty} sup \sqrt[n]{|a_n|}=L=\frac{1}{R}$$

이므로 역시 주어진 거듭제곱급수를 항별로 미분한 거듭제곱급수와 항별로 적분한 거듭제곱급수는 모두 주어진 거듭제곱급수와 똑같은 수렴반지름을 갖는다.

예컨대 거듭제곱급수

$$1+2z+3z^2+4z^3+\cdots=\sum_{k=1}^{\infty}kz^{k-1}$$

은 기하급수

$$\sum_{k=0}^{\infty}z^k=1+z+z^2+z^3+\cdots$$

을 항별 미분하여 얻어지는 급수이므로 수렴영역은 기하급수 $\sum_{k=0}^{\infty}z^k$의 수렴영역인 $|z|<1$이며 수렴반지름 $R=1$이다.

그리고 거듭제곱급수

$$1-z+z^2-z^3+\cdots=\sum_{k=0}^{\infty}(-1)^k z^k=\sum_{k=0}^{\infty}(-z)^k$$

는 기하급수이며 수렴영역은 $|z|<1$이므로 거듭제곱급수 $\sum_{k=0}^{\infty}(-1)^k z^k$를 항별 적분하여 얻

어진 거듭제곱급수

$$z-\frac{z^2}{2}+\frac{z^3}{3}-\frac{z^4}{4}+\cdots=\sum_{k=0}^{\infty}\frac{(-1)^k}{k+1}z^{k+1}$$

의 수렴영역은 $|z|<1$이고 수렴반지름 $R=1$이다.

정리 5.16(거듭제곱급수의 항별 미분)에 의하여 0이 아닌 수렴반지름 $R$을 가지는 거듭제곱급수는 수렴원안의 모든 점에서 해석적인 함수를 나타내고, 이 함수의 도함수는 원래의 급수를 항별로 미뷴하여 얻어지며, 이렇게 하여 얻어진 급수는 원래의 급수와 동일한 수렴반지름을 갖는다. 따라서 해석적 함수의 도함수도 역시 해석함수를 나타낸다.

마찬가지로 정리 5.17(거듭제곱급수의 항별 적분)에 의하여 0이 아닌 수렴반지름 $R$을 가지는 거듭제곱급수를 수렴원안의 모든 경로 $C$에 대해 항별 적분하여 얻어진 거듭제곱급수는 원래의 급수와 동일한 수렴반지름을 가지며 합은 해석함수이고, 이 해석함수의 도함수는 주어진 거듭제곱급수에 의해 정의된 함수이다.

다시 말해서 거듭제곱급수는 항별로 미분하거나 적분할 수 있고(정리 5.16, 정리 5.17) 주어진 거듭제곱급수를 항별로 미분하거나 적분한 거듭제곱급수의 합은 해석함수이고 모든 계(order)의 도함수를 가지며, 이들 모두 해석함수이다. 이제 역으로 모든 해석함수 $f(z)$는 거듭제곱급수로 나타낼 수 있음을 증명한다.

---

**정리 5.18 Taylor 정리**

$f$는 열린 영역 $D$내에서 해석적이고 $z_0$는 $D$내의 점이라 하자. 그러면 $f$는 $D$내에 완전히 포함되는 중심이 $z_0$이고 반지름이 $R$인 가장 큰 원 $C$에 대해 $|z-z_0|<R$에서 수렴하는 다음의 거듭제곱급수로 표현된다

$$f(z)=\sum_{k=0}^{\infty}\frac{f^{(k)}(z_0)}{k!}(z-z_0)^k \tag{16}$$

이 급수를 $z_0$를 중심으로 한 $f$의 Taylor 급수 (Taylor series)라 한다.

그리고 중심 $z_0 = 0$인 **Taylor 급수**

$$f(z) = \sum_{k=0}^{\infty} \frac{f^{(k)}(0)}{k!} z^k \tag{17}$$

를 **Maclaurin 급수(Maclaurin series)**라 한다.

**증명**

$z$는 원 $C$내의 임의의 고정점이고, $s$는 적분변수라 하자. 원 $C$는 $|s - z_0| = R$로 표현된다.

$f$는 열린영역 $D$내에서 해석적이므로 $D$내에 완전히 포함되는 원 $C$의 내부 $|z - z_0| < R$에서 해석적이다.

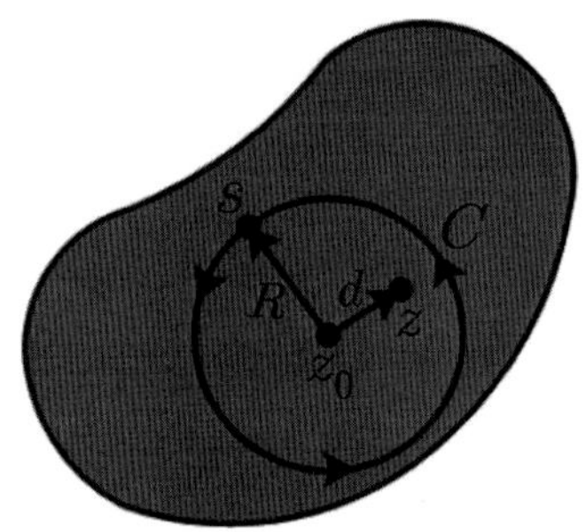


**그림 5.5** $|z - z_0| = d,\ |s - z_0| = R$

따라서 Cauchy의 적분공식에 의해

$$f(z) = \frac{1}{2\pi i}\oint_C \frac{f(s)}{s - z} ds \quad = \frac{1}{2\pi i}\oint_C \frac{f(s)}{(s - z_0) - (z - z_0)} ds$$

$$= \frac{1}{2\pi i}\oint_C \frac{f(s)}{(s - z_0)\left(1 - \dfrac{z - z_0}{s - z_0}\right)} ds \tag{18}$$

이다. $|z - z_0| < |s - z_0|$이므로 식 (8)을 이용하여

$$\frac{1}{1-\dfrac{z-z_0}{s-z_0}}=1+\left(\frac{z-z_0}{s-z_0}\right)+\left(\frac{z-z_0}{s-z_0}\right)^2+\cdots+\left(\frac{z-z_0}{s-z_0}\right)^{n-1}+\frac{(z-z_0)^n}{(s-z)(s-z_0)^{n-1}}$$

이고 따라서 식 (18)은

$$\begin{aligned} f(z)=&\ \frac{1}{2\pi i}\oint_C \frac{f(s)}{s-z_0}ds+\frac{(z-z_0)}{2\pi i}\oint_C \frac{f(s)}{(s-z_0)^2}ds \\ &+\frac{(z-z_0)^2}{2\pi i}\oint_C \frac{f(s)}{(s-z_0)^3}ds+\frac{(z-z_0)^{n-1}}{2\pi i}\oint_C \frac{f(s)}{(s-z_0)^n}ds \\ &+\frac{(z-z_0)^n}{2\pi i}\oint_C \frac{f(s)}{(s-z)(s-z_0)^n}ds \end{aligned} \tag{19}$$

이다. 도함수에 대한 Cauchy 적분공식에 의해 식 (19)는 다음과 같이 쓸 수 있다.

$$\begin{aligned} f(z)=&\ f(z_0)+\frac{f'(z_0)}{1!}(z-z_0)+\frac{f''(z_0)}{2!}(z-z_0)^2 \\ &+\ \cdots\ +\frac{f^{(n-1)}(z_0)}{(n-1)!}(z-z_0)^{n-1}+R_n(z) \end{aligned} \tag{20}$$

여기서

$$R_n(z)=\frac{(z-z_0)^n}{2\pi i}\oint_C \frac{f(s)}{(s-z)(s-z_0)^n}ds$$

이고 이러한 $R_n(z)$를 $f(z)$에 대한 Taylor 급수의 나머지(remainder)라 부른다.

이제 $\lim_{n\to\infty} R_n(z)=0$임을 보이자.

$f$는 $D$내에서 해석적이므로 최대 절대값의 원리에 의해 $|f(z)|$은 경로 $C$ 위에서 최대값 $M$을 갖는다. 또한 $z$는 $C$의 내부에 있으므로 $|z-z_0|<R$이고 $|z-z_0|=d$일 때

$$|s-z|=|s-z_0-(z-z_0)|\geq |s-z_0|-|z-z_0|\ =R-d$$

이다. 그러면

$$
\begin{aligned}
0 \le |R_n(z)| &= \left| \frac{(z-z_0)^n}{2\pi i} \oint_C \frac{f(s)}{(s-z)(s-z_0)^n} ds \right| \\
&\le \frac{|z-z_0|^n}{2\pi} \oint_C \frac{|f(s)|}{|s-z|\,|s-z_0|^n} |ds| \\
&\le \frac{d^n}{2\pi} \frac{M}{(R-d)R^n} \left| \oint_C ds \right| \\
&= \frac{d^n}{2\pi} \frac{M}{(R-d)R^n} 2\pi R \\
&= \frac{MR}{R-d} \left( \frac{d}{R} \right)^n
\end{aligned}
$$

이 성립한다. $\dfrac{d}{R} < 1$ 이므로

$$
0 \le \lim_{n\to\infty} |R_n(z)| \le \lim_{n\to\infty} \frac{MR}{R-d} \left( \frac{d}{R} \right)^n = \frac{MR}{R-d} \lim_{n\to\infty} \left( \frac{d}{R} \right)^n = 0
$$

이다. 따라서 $\lim_{n\to\infty} |R_n(z)| = 0$ 이다. 즉 $\lim_{n\to\infty} R_n = 0$ 이다. 그리하여 식(20)으로부터

$$
\begin{aligned}
f(z) &= \lim_{n\to\infty} \sum_{k=0}^{n-1} \left[ \frac{f^{(k)}(z_0)}{k!} (z-z_0)^k + R_n \right] \\
&= \sum_{k=0}^{\infty} \frac{f^{(k)}(z_0)}{k!} (z-z_0)^k
\end{aligned}
$$

이다. ■

---

Taylor 정리에서 $f(z)$의 해석성을 깨뜨리지 않는 최대 반지름 $R$을 $f(z)$에 대한 **Taylor 급수의 수렴반경(radius of convergence)**이라고 부른다. Taylor 급수의 수렴반지름은 급수의 중심 $z_0$와 $f(z)$의 가장 가까운 해석적이지 않는 점, 즉 특이점(singularity)까지의 거리가 된다. 특히 $f(z)$의 고립특이점이란 특이점 근방에서 특이점만 제외하고는 해석적인 점을 의미한다.

예를 들어 $f(z) = \dfrac{1}{1-z}$ 은 $z = 1$을 제외한 모든 점에서 해석적이고

$$f^{(n)}(z) = \frac{n!}{(1-z)^{n+1}}$$

이므로

$$f^{(n)}(0) = n!$$

이다. 따라서 $\frac{1}{1-z}$의 Maclaurin 급수의 전개식은 기하급수

$$\frac{1}{1-z} = \sum_{k=0}^{\infty} \frac{f^{(k)}(0)}{k!} z^k = \sum_{k=0}^{\infty} z^k = 1 + z + z^2 + \cdots \qquad (|z| < 1)$$

이다. $z = 1$은 고립특이점이고 이 점은 수렴원 $|z| = 1$ 위에 놓여있다. 따라서 수렴반지름 $R$은 중심이 원점에서 고립특이점 1까지의 거리인 $R = 1$이다.

만일 $f(z)$가 복소평면전체에서 해석적인 완전함수이면 중심 $z_0$에서 가장 가까운 특이점까지의 거리는 $\infty$이므로 수렴반경 $R = \infty$이다. 이 사실과 식 (17)을 이용하면 Maclaurin 급수의 표현들

$$e^z = 1 + \frac{z}{1!} + \frac{z^2}{2!} + \cdots = \sum_{k=0}^{\infty} \frac{z^k}{k!} \tag{21}$$

$$\sin z = z - \frac{z^3}{3!} + \frac{z^5}{5!} - \cdots = \sum_{k=0}^{\infty} (-1)^k \frac{z^{2k+1}}{(2k+1)!} \tag{22}$$

$$\cos z = 1 - \frac{z^2}{2!} + \frac{z^4}{4!} - \cdots = \sum_{k=0}^{\infty} (-1)^k \frac{z^{2k}}{(2k)!} \tag{23}$$

은 모든 $z$에 대하여 유효하다.

또한

$$\sinh z = \frac{e^z - e^{-z}}{2}, \qquad \cosh z = \frac{e^z + e^{-z}}{2}$$

이므로 식 (21)을 이용하면 Maclaurin 급수 표현들

$$\cosh z = 1 + \frac{z^2}{2!} + \frac{z^4}{4!} + \cdots = \sum_{k=0}^{\infty} \frac{z^{2k}}{(2k)!} \tag{24}$$

$$\sinh z = z + \frac{z^3}{3!} + \frac{z^5}{5!} + \cdots = \sum_{k=0}^{\infty} \frac{z^{2k+1}}{(2k+1)!} \tag{25}$$

는 모든 $z$에 대해 유효하다

---

**정리 5.19 거듭제곱급수의 유일성**

---

$f$가 거듭제곱급수

$$f(z) = \sum_{k=0}^{\infty} a_k (z - z_0)^k \qquad (|z - z_0| < R,\ R \neq 0) \tag{26}$$

로 표현된다고 하자. 그러면 계수 $a_n$은

$$a_n = \frac{f^{(n)}(z_0)}{n!} \quad (n = 0, 1, 2, \ldots) \tag{27}$$

를 만족한다. 따라서 거듭제곱급수식 (26)은 중심이 $z_0$인 $f$에 대한 Taylor 급수이다.

**증명**

식 (26)에서 $z = z_0$라 두면 $a_0 = f(z_0)$임을 알 수 있다. 정리 5.16의 항별 미분성을 이용하여 식 (26)을 항별 미분하여

$$\begin{aligned} f'(z) &= a_1 + 2a_2(z - z_0) + 3a_3(z - z_0)^2 + \cdots \\ &= \sum_{k=1}^{\infty} k a_k (z - z_0)^{k-1} \end{aligned}$$

을 얻는다. 이 식에서 $z = z_0$라 두면 $a_1 = f'(z_0)$임을 알 수 있다. 이 방법을 계속하면 식 (26)의 급수를 $n$번 미분한 결과는

$$f^{(n)}(z) = n! a_n + \frac{(n+1)!}{1!} a_{n+1}(z - z_0) + \frac{(n+2)!}{2!} a_{n+2}(z - z_0)^2$$

이다. 이 식에서 $z = z_0$라 두고 $a_n$을 구하면 $a_n = \dfrac{f^{(n)}(z_0)}{n!}$ $(n = 0, 1, 2, \ldots)$이다. ■

---

거듭제곱급수의 유일성에 의하면 수렴반경이 0이 아닌 거듭제곱급수는 Taylor 급수이다. 따라서 해석함수의 거듭제곱급수전개는 급수를 얻기 위해 이용된 방법에 상관없이 해석함수를 Taylor 급수로 전개한다.

예를 들면 식 (23)은 식 (22)를 단순히 항별 미분하여 얻을 수 있고, 식 (24)를 항별 미분하여 식 (25)를 얻을 수 있다. 또한 $e^{z^2}$에 대한 Maclaurin 급수는 식 (21)의 $z$를 $z^2$으로 바꿈으로서 얻을 수 있다.

### ◆ 실함수와의 비교

지금까지 **복소해석함수는 모든 계의 도함수를 가지며 거듭제곱급수로 표현할 수 있음**을 알았다.

한편 $x \neq 0$일 때 $f(x) = e^{-\frac{1}{x^2}}$ 그리고 $f(0) = 0$으로 정의된 실함수 $f$에 대하여 $f'(0) = 0$이다. 왜냐하면

$$\lim_{x \to 0} \frac{e^{-\frac{1}{x^2}} - 0}{x} = \lim_{t = \frac{1}{x} \to \infty} \frac{t}{e^{t^2}} = 0$$

이기 때문이다. 계산을 반복하면 $\lim\limits_{x \to 0} f^{(k)}(x) = 0$임을 보일 수 있다. 그리하여 모든 $k\ (k = 1, 2, \ldots)$에 대하여 $f^{(k)}(0) = 0$임을 알 수 있다. $f$는 항등적으로 0이 아니므로 실변수 $x$의 거듭제곱으로 표현되는 Maclaurin 급수를 가질 수 없다. 이는 실함수가 어떤 점에서 모든 계의 도함수를 가질 수 있으나, Taylor 급수 표현을 가질 수 없음을 나타낸다.

한편 $z \neq 0$일 때 $F(z) = e^{-\frac{1}{z^2}}$ 그리고 $F(0) = 0$으로 정의된 복소함수 $F$를 생각하자. 이 경우 $F$는 $z = x + i0$일 때 $f$와 일치한다. 즉

$$F(x + i0) = e^{-\frac{1}{(x + i0)^2}} = e^{-\frac{1}{x^2}} = f(x)$$

이다.

$z = 0$에서 $F(z) = e^{-\frac{1}{z^2}}$의 연속성을 살펴보자.

$$\lim_{z=x+i0\to 0} F(z) = \lim_{x\to 0} e^{-\frac{1}{(x+i0)^2}} = \lim_{x\to 0} e^{-\frac{1}{x^2}} = 0,$$

$$\lim_{z=0+iy\to 0} F(z) = \lim_{y\to 0} e^{-\frac{1}{(0+iy)^2}} = \lim_{x\to 0} e^{\frac{1}{y^2}} = \infty$$

이므로 $F(z) = e^{-\frac{1}{z^2}}$은 $z=0$에서 연속이 아니다. 따라서 $z=0$에서 해석적이 아니므로 Maclaurin 급수 표현을 가질 수 없다.

**예제 1**

$f(z)=\dfrac{1}{1-z}$의 $|z|<1$에서의 Maclaurin 급수 전개를 이용하여 $\dfrac{1}{(1-z)^2}$의 Maclaurin 급수를 전개하라.

**풀이**

$f(z)=\dfrac{1}{1-z}$을 미분하면

$$f^{(n)}(z)=\frac{n!}{(1-z)^{n+1}} \qquad (n=1,2,\ldots)$$

이고

$$f^{(n)}(0)=n!$$

이므로 $f$에 대한 Maclaurin 급수는

$$f(z)=\frac{1}{1-z}=\sum_{k=0}^{\infty} z^k \qquad (|z|<1)$$

이다. 따라서 $f'(z)=\dfrac{1}{(1-z)^2}$의 Maclaurin 급수는 $f(z)=\dfrac{1}{1-z}$의 Maclaurin 급수를 항별 미분하여 얻어진다. 즉

$$\frac{1}{(1-z)^2}=f'(z)=\sum_{k=1}^{\infty} kz^{k-1} \qquad (|z|<1)$$

이다. ■

---

**정리 5.20 거듭제곱급수의 합과 Cauchy 곱**

---

$f, g$는 각각 수렴반지름 $R_1$과 $R_2$를 가지며 다음 거듭제곱급수표현을 갖는다고 하자.

$$f(z) = \sum_{k=0}^{\infty} a_k (z - z_0)^k \qquad (\,|z - z_0| < R_1\,)$$

$$g(z) = \sum_{k=0}^{\infty} b_k (z - z_0)^k \qquad (\,|z - z_0| < R_2\,)$$

$c$가 복소 상수이면

$$cf(z) = \sum_{k=0}^{\infty} c\ a_k (z - z_0)^k \qquad (\,|z - z_0| < R_1\,) \tag{28}$$

이다. $R = \min\{R_1,\ R_2\}$이면

$$f(z) \pm g(z) = \sum_{k=0}^{\infty} (a_k + b_k)(z - z_0)^k \qquad (\,|z - z_0| < R\,) \tag{29}$$

이다. 두 급수의 Cauchy 곱은

$$f(z)g(z) = \sum_{k=0}^{\infty} \left( \sum_{l=0}^{k} a_l b_{k-l} \right) (z - z_0)^k \qquad (\,|z - z_0| < R\,) \tag{30}$$

로 주어진다.

**증명**

식 (30)을 증명하자.

함수 $h(z) = f(z)g(z)$는 $|z - z_0| < R$에서 해석적이다. $h$의 도함수는

$$h' = f'g + fg',$$

$$h'' = f''g + 2f'g' + fg''$$

이다. $h$의 $k$차 도함수는 함수의 곱에 관한 도함수의 Leibnitz 공식은

$$h^{(k)}(z) = \sum_{l=0}^{k} \frac{k!}{l!(k-l)!} f^{(l)}(z) g^{(k-l)}(z)$$

으로 주어지므로

$$\frac{h^{(k)}(z_0)}{k!} = \sum_{l=0}^{k} \frac{f^{(l)}(z_0)}{l!} \frac{g^{(k-l)}(z_0)}{(k-l)!}$$

$$= \sum_{l=0}^{k} a_l b_{k-l}$$

이다. 따라서 $h(z)$는 $|z-z_0| < R$에서 해석적이므로 Taylor 급수이고

$$h(z) = \sum_{k=0}^{\infty} \frac{h^{(k)}(z_0)}{k!}(z-z_0)^k$$

$$= \sum_{k=0}^{\infty} \left( \sum_{l=0}^{k} a_l b_{k-l} \right) (z-z_0)^k$$

이다. ■

---

거듭제곱급수의 유일성에 의하여 거듭제곱급수의 합과 Cauchy 곱을 사용하여 해석함수의 Taylor 급수 전개에서 계수 공식을 사용하는 것보다 더 빨리 Taylor 급수를 얻을 수 있다.

**예제 2**

거듭제곱급수의 Cauchy 곱을 사용하여

$$\frac{1}{(1-z)^2} = \sum_{k=0}^{\infty} (k+1) z^k \qquad (|z| < 1)$$

임을 보여라.

**풀이**

$\dfrac{1}{(1-z)^2}$의 고립특이점은 $z=1$이므로 Maclaurin 급수전개의 중심인 원점을 중심으로 고립특이점까지의 거리 $R=1$이 수렴반지름이며 수렴영역은 $|z| < 1$이다.

$|z| < 1$에 대하여

$$f(z) = g(z) = \frac{1}{1-z} = \sum_{k=0}^{\infty} z^k$$

이라 하자. 이 경우 모든 $n$에 대하여 $f(z)=\sum_{k=0}^{\infty} a_k z^k$와 $g(z)=\sum_{k=0}^{\infty} b_k z^k$의 계수 $a_n = b_n = 1$이다.

거듭제곱급수의 Cauchy 곱을 사용하면

$$\frac{1}{(1-z)^2}=f(z)g(z)=\sum_{k=0}^{\infty}\left(\sum_{l=0}^{k} a_l b_{k-l}\right)z^k = \sum_{k=0}^{\infty}\left(\sum_{l=0}^{k} 1\right)z^k = \sum_{k=0}^{\infty}(k+1)z^k$$

을 얻고 이것은 예제 1의 결과와 일치한다. ■

## 예제 3

복소함수 $f(z)=\dfrac{1}{1+z^2}$의 Maclaurin 급수를 구하라.

**풀이**

$\dfrac{1}{1+z^2}$의 고립특이점은 $z=\pm i$이면 Maclaurin 급수의 중심인 원점에서 고립특이점 $\pm i$까지의 거리 $R=1$이 수렴반지름이며 수렴영역은 $|z|<1$이다.

복소함수 $g(z)=\dfrac{1}{1-z}$의 Maclaurin 급수는

$$\frac{1}{1-z}=1+z+z^2+\cdots=\sum_{k=0}^{\infty} z^k \qquad (|z|<1)$$

이므로

$$\frac{1}{1+z^2}=\frac{1}{1-(-z^2)}=1-z^2+z^4-z^6+\cdots$$

$$=\sum_{k=0}^{\infty}(-1)^k z^{2k} \qquad (|z|<1)$$

이다. ■

**예제 4**

복소함수 $f(z)=\tan^{-1}z$의 주값에 대한 Maclaurin 급수를 구하라

**풀이**

$$\frac{d}{dz}\tan^{-1}z=\frac{1}{1+z^2}$$

이므로 $\tan^{-1}z$의 Maclaurin 급수의 수렴반지름과 $\frac{1}{1+z^2}$의 Maclaurin 급수의 수렴반지름은 같고 $\frac{1}{1+z^2}$의 수렴영역이 $|z|<1$이므로 $\tan^{-1}z$은 $|z|<1$에서 Maclaurin 급수 전개 가능하다. 또한 위 예제 3에서

$$\begin{aligned}\frac{1}{1+z^2}&=1-z^2+z^4-z^6+\cdots\\&=\sum_{k=0}^{\infty}(-1)^k z^{2k} \qquad (|z|<1)\end{aligned}$$

이므로 항별 적분하면

$$\begin{aligned}\tan^{-1}z-\tan^{-1}0&=\sum_{k=0}^{\infty}\frac{(-1)^k}{2k+1}z^{2k+1}\\&=z-\frac{z^3}{3}+\frac{z^5}{5}-\cdots \qquad (|z|<1)\end{aligned}$$

이다.

$$\tan^{-1}z=\frac{i}{2}\ln\frac{i+z}{i-z}$$

이므로 $\tan^{-1}z$의 주값은

$$\tan^{-1}z=\frac{i}{2}\operatorname{Ln}\frac{i+z}{i-z}$$

이고 $\tan^{-1}0$의 주값은 $\tan^{-1}0=\frac{i}{2}\operatorname{Ln}1=0$이다.

그러므로

$$\tan^{-1} z = \sum_{k=0}^{\infty} \frac{(-1)^k}{2k+1} z^{2k+1}$$

$$= z - \frac{z^3}{3} + \frac{z^5}{5} - \cdots \qquad (|z| < 1)$$

이다. ■

예제 5

함수 $f(z) = \dfrac{1}{3-2iz}$ 의 중심이 $i$ 인 Taylor 급수를 구하라.

**풀이**

함수 $f(z)$은 $3-2iz=0$인 점 즉 $z=-\dfrac{3}{2}i$ 에서만 해석적이지 않다. 따라서 중심이 $i$ 인 Taylor 급수 전개가능한 수렴원의 최대반지름, 즉 수렴반지름은 $R = \left| i - \left( -\dfrac{3}{2}i \right) \right| = \dfrac{5}{2}$ 이다.

$$\frac{1}{3-2iz} = \frac{1}{3-2i^2-2i(z-i)} = \frac{1}{5-2i(z-i)} = \frac{1}{5\left[1 - \frac{2i}{5}(z-i)\right]}$$

는 $\left| \dfrac{2i}{5}(z-i) \right| < 1$ 에서 기하급수 전개가능하고

$$\frac{1}{1-\frac{2i}{5}(z-i)} = 1 + \frac{2i}{5}(z-i) + \frac{2^2 i^2}{5^2}(z-i)^2 + \cdots + \frac{2^n i^n}{5^n}(z-i)^n + \cdots$$

$$= \sum_{k=0}^{\infty} \frac{2^k i^k}{5^k} (z-i)^k$$

이므로

$$\frac{1}{3-2iz}=\frac{1}{5}\sum_{k=0}^{\infty}\frac{2^k i^k}{5^k}(z-i)^k=\sum_{k=0}^{\infty}\frac{2^k i^k}{5^{k+1}}(z-i)^k$$

$$=\frac{1}{5}+\frac{2i}{5^2}(z-i)-\frac{2^2}{5^3}(z-i)-\frac{2^3 i}{5^4}(z-i)^3+\cdots \quad \left(|z-i|<\frac{5}{2}\right)$$

이다. ■

예제 6

$f(z)=\dfrac{1}{(1+z)^2}$의 Maclaurin 급수 전개를 구하라.

**풀이**

함수 $f(z)=\dfrac{1}{(1+z)^2}$의 고립특이점은 $z=-1$이며 이 함수의 Maclaurin 급수 전개 가능한 수렴영역은 $|z|<1$이다. $|z|<1$에 대해서

$$\frac{1}{1+z}=1-z+z^2-z^3+\cdots+(-1)^n z^n+\cdots$$

$$=\sum_{k=0}^{\infty}(-1)^k z^k$$

이므로 위식의 양변을 $z$에 대해 항별 미분하면

$$\frac{-1}{(1+z)^2}=-1+2z-3z^2+\cdots+n(-1)^n z^{n-1}+\cdots$$

$$=\sum_{k=1}^{\infty}k(-1)^k z^{k-1}$$

이다. 따라서

$$\frac{1}{(1+z)^2} = 1-2z+3z^2-\cdots+n(-1)^n z^{n-1}+\cdots$$
$$= \sum_{k=1}^{\infty} k(-1)^{k-1} z^{k-1}$$
$$= \sum_{k=0}^{\infty} (k+1)(-1)^k z^k \qquad (|z|<1)$$

이다.

이는 특히 $m$이 자연수일 때, 복소함수 $g(z)= \dfrac{1}{(1+z)^m}$의 이항전개에서

$$g(z)= \frac{1}{(1+z)^m}$$
$$= (1+z)^{-m}$$
$$= \sum_{k=0}^{\infty} {}_{-m}C_k z^k$$
$$= \binom{-m}{0} z^0 + \binom{-m}{1} z + \binom{-m}{2} z^2 + \cdots + \binom{-m}{n} z^n + \cdots$$
$$= \frac{(-m)!}{(-m)!} z^0 + \frac{(-m)!}{(-m-1)!1!} z + \frac{(-m)!}{(-m-2)!2!} z^2 + \cdots + \frac{(-m)!}{(-m-n)!n!} z^n + \cdots$$
$$= 1 - mz + \frac{m(m+1)}{2!} z^2 \quad \frac{m(m+1)(m+2)}{3!} z^3 + \cdots \qquad (|z|<1)$$

에서 $m=2$인 경우와 일치함을 알 수 있다. ■

## 예제 7

다음 복소함수의 1이 중심인 Taylor 급수를 구하라.

$$f(z)= \frac{z^2+13z-23}{z^3+z^2-8z-12}$$

**풀이**

$f(z)=\dfrac{z^2+13z-23}{(z+2)^2(z-3)}$의 고립특이점은 $-2,\ 3$이므로 중심이 1인 수렴영역은 $|z-1|<2$이다.

$$f(z)=\frac{z^2+13z-23}{(z+2)^2(z-3)}=\frac{A}{z+2}+\frac{B}{(z+2)^2}+\frac{C}{z-3}$$

라 두면

$$A(z+2)(z-3)+B(z-3)+C(z+2)^2=z^2+13z-23$$

가 되고 양변에 $z=-2$를 대입하면 $B=9$을 얻고, 다시 양변에 $z=3$을 대입하면 $C=1$을 얻는다. 한편 위 식을 이용하여

$$A(z-3)+A(z+2)+B+2C(z+2)=2z+13$$

가 되고, 여기서 $B=9$과 $C=1$을 대입하면 $A=0$가 된다. 따라서

$$\begin{aligned}f(z)&=\frac{9}{(z+2)^2}+\frac{1}{z-3}\\&=\frac{9}{[3+(z-1)]^2}-\frac{1}{2-(z-1)}\\&=\frac{9}{9}\frac{1}{\left[1+\frac{1}{3}(z-1)\right]^2}-\frac{1}{2\left[1-\frac{1}{2}(z-1)\right]}\end{aligned}$$

이다.

예제 6의

$$\frac{1}{(1+z)^2}=1-2z+3z^2-4z^3+\cdots\ (|z|<1)$$

을 이용하여

$$\frac{1}{\left[1+\frac{1}{3}(z-1)\right]^2}$$

$$=1-2\left[\frac{1}{3}(z-1)\right]+3\left[\frac{1}{3}(z-1)\right]^2-4\left[\frac{1}{3}(z-1)\right]^3+\cdots \quad \left(\frac{1}{3}|z-1|<1\right)$$

$$=\sum_{k=0}^{\infty}\frac{(-1)^k(k+1)}{3^k}(z-1)^k \quad (|z-1|<3)$$

이고, 기하급수

$$\frac{1}{1-z}=1+z+z^2+z^3+\cdots \quad (|z|<1)$$

을 이용하여

$$\frac{1}{1-\frac{1}{2}(z-1)}$$

$$=1+\frac{1}{2}(z-1)+\left[\frac{1}{2}(z-1)\right]^2+\left[\frac{1}{2}(z-1)\right]^3+\cdots \quad \left(\frac{1}{2}|z-1|<1\right)$$

$$=\sum_{k=0}^{\infty}\frac{1}{2^k}(z-1)^k \quad (|z-1|<2)$$

이다. 따라서 $|z-1|<3$과 $|z-1|<2$의 공통영역인 $|z-1|<2$에서

$$f(z)=\sum_{k=0}^{\infty}\left[\frac{(-1)^k(k+1)}{3^k}-\frac{1}{2^{k+1}}\right](z-1)^k$$

$$=\frac{1}{2}-\frac{11}{12}(z-1)+\frac{5}{24}(z-1)^2-\cdots$$

가 된다. ■

### 예제 8

복소함수 $f(z)=\tan z$의 Maclaurin 급수전개에서 0이 아닌 처음 네 개의 항을 구하라.

**풀이**

$\tan z = \dfrac{\sin z}{\cos z}$이므로 $\cos z = 0$에서는 해석적이지 않다. 따라서 $z=\pm\dfrac{\pi}{2}$, $\pm\dfrac{3\pi}{2}$에서 해석적이지 않다. 따라서 원점 중심인 수렴영역은 $|z|<\dfrac{\pi}{2}$이다.

항등식 $1+\tan^2 z = \sec^2 z$에서 $f'(z)=\sec^2 z$이므로, $f(z)$에 관하여 $f'(z)=1+f^2(z)$, $f'(0)=1$이고, $f(0)=0$이 성립하고, 이 식의 양변을 $z$에 관하여 미분을 계속하면

$f''(z)=2f(z)f'(z)$으로부터 $f''(0)=0$

$f^{(3)}(z)=2[f'(z)]^2+2f(z)f''(z)$으로부터 $f^{(3)}(0)=2$

$f^{(4)}(z)=6f'(z)f''(z)+2f(z)f^{(3)}(z)$으로부터 $f^{(4)}(0)=0$

$f^{(5)}(z)=6[f''(z)]^2+8f'(z)f^{(3)}(z)+2f(z)f^{(4)}(z)$으로부터 $f^{(5)}(0)=16$

$f^{(6)}(z)=20f''(z)f^{(3)}(z)+10f'(z)f^{(4)}(z)+2f(z)f^{(5)}(z)$으로부터 $f^{(6)}(0)=0$

$f^{(7)}(z)=20[f^{(3)}(z)]^2+30f''(z)f^{(4)}(z)+12f'(z)f^{(5)}(z)+2f(z)f^{(6)}(z)$으로부터
$f^{(7)}(0)=272$

을 얻는다. 그러므로

$$f(z)=f(0)+f'(0)z+\frac{f''(0)}{2!}z^2+\frac{f^{(3)}(0)}{3!}z^3+\cdots+\frac{f^{(n)}(0)}{n!}z^n+\cdots$$

의 Maclaurin 급수전개에서

$$\tan z = z+\frac{1}{3}z^3+\frac{2}{15}z^5+\frac{17}{315}z^7+\cdots \qquad \left(|z|<\frac{\pi}{2}\right)$$

이다. ■

**예제 9**

복소함수 $\cos z$와 $\sin z$의 Maclaurin 급수를 이용하여 $f(z)=\tan z$에 대한 7차항까지의 Maclaurin 급수 전개하라.

**풀이**

$\tan z=\dfrac{\sin z}{\cos z}$는 $\cos z=0$인 점 $z=\pm\dfrac{\pi}{2},\ \pm\dfrac{3\pi}{2},\ \cdots$에서 해석적이지 않으므로 수렴 영역은 $|z|<\dfrac{\pi}{2}$이다. $\tan z$가 기함수이므로 구하는 Maclaurin 급수는

$$\tan z = a_1 z + a_3 z^3 + a_5 z^5 + \cdots$$

의 형태일 것이고, 항등식 $\sin z = \tan z \cos z$에 위 식과 $\cos z$과 $\sin z$의 Maclaurin 급수를 대입하면

$$z-\frac{1}{3!}z^3+\frac{1}{5!}z^5-\frac{z^7}{7!}+\cdots$$
$$=\left(a_1 z+a_3 z^3+a_5 z^5+a_7 z^7+\cdots\right)\left(1-\frac{z^2}{2!}+\frac{z^4}{4!}-\frac{z^6}{6!}+\cdots\right)$$

을 얻는다. 이 식에서 미정계수 $a_1,\ a_2,\ a_3,\ \cdots$를 구하면

$a_1 = 1,$

$-\dfrac{a_1}{2!}+a_3=-\dfrac{1}{3!}$로부터 $a_3=-\dfrac{1}{3!}+\dfrac{1}{2}=\dfrac{1}{3},$

$\dfrac{a_1}{4!}-\dfrac{a_3}{2!}+a_5=\dfrac{1}{5!}$로부터 $a_5=\dfrac{2}{15},\ \ldots,\ a_n=\dfrac{17}{315},\ \cdots$

이므로

$$\tan z = z+\frac{1}{3}z^3+\frac{2}{15}z^5+\frac{17}{315}z^7+\cdots \qquad \left(|z|<\frac{\pi}{2}\right)$$

이 된다. ■

**예제 10**

$\text{Ln}(1-z)$의 Maclaurin 급수를 구하라.

**풀이**

$\text{Ln}(1-z)$은 $Im(1-z)=0$이고 $Re(1-z)<0$인 영역을 제외하고 해석적이다. $z=x+iy$에 대해 $1-z=1-x-iy$이므로 $\text{Ln}(1-z)$은 $1 \leq x$인 실수축을 제외하고 해석적이며

$$\frac{d}{dz}\text{Ln}(1-z)=\frac{-1}{1-z}$$

이다.

$$\frac{1}{1-z}=1+z+z^2+\cdots+z^n+\cdots=\sum_{k=0}^{\infty}z^k \qquad (|z|<1)$$

이므로 $1 \leq x$인 실수축을 제외한 영역과 $|z|<1$의 공통영역인 $|z|<1$에서

$$\frac{d}{dz}\text{Ln}(1-z)=-1-z-z^2-\cdots=-\sum_{k=0}^{\infty}z^k \qquad (|z|<1)$$

이다. 정리 5.17의 항별 적분식 (15)와 $\text{Ln}1=0$임을 이용하여

$$\begin{aligned}\int_0^z \frac{-1}{1-s}ds &= \text{Ln}(1-z)-\text{Ln}\,1=\text{Ln}(1-z)\\ &=-\sum_{k=0}^{\infty}\frac{z^{k+1}}{k+1}\\ &=-\sum_{k=1}^{\infty}\frac{z^k}{k} \qquad (|z|<1)\end{aligned}$$

를 얻는다. 즉

$$\text{Ln}(1-z)=-\sum_{k=0}^{\infty}\frac{z^{k+1}}{k+1}=-\sum_{k=1}^{\infty}\frac{z^k}{k} \qquad (|z|<1)$$

이 성립한다. ■

## 예제 11

$\sin^3 z = \dfrac{3}{4}\sum_{n=0}^{\infty}\dfrac{(-1)^n(1-9^n)z^{2n+1}}{(2n+1)!}$ 이 모든 $z$에 대해서 성립함을 보여라.

**풀이**

$\sin z$는 완전함수(entire function)이므로 모든 $z$에 대해서 성립하는 Maclaurin 급수 표현

$$\sin z = \sum_{n=0}^{\infty}\frac{(-1)^n z^{2n+1}}{(2n+1)!}$$

을 갖는다. 삼각항등식

$$\sin^3 z = \frac{3}{4}\sin z - \frac{1}{4}\sin 3z$$

를 사용하면 $\sin^3 z$에 대한 다음 표현을 얻는다.

$$\begin{aligned}\sin^3 z &= \frac{3}{4}\sum_{n=0}^{\infty}\frac{(-1)^n z^{2n+1}}{(2n+1)!} - \frac{1}{4}\sum_{n=0}^{\infty}\frac{(-1)^n (3z)^{2n+1}}{(2n+1)} \\ &= \frac{3}{4}\sum_{n=0}^{\infty}\frac{(-1)^n z^{2n+1}}{(2n+1)!} - \frac{3}{4}\sum_{n=0}^{\infty}\frac{(-1)^n 9^n z^{2n+1}}{(2n+1)!} \\ &= \frac{3}{4}\sum_{n=0}^{\infty}\frac{(-1)^n(1-9^n)z^{2n+1}}{(2n+1)!}\end{aligned}$$

■

## 예제 12

복소함수 $f(z)=e^z$의 중심이 $\pi i$인 Taylor 급수를 구하라.

**풀이**

$$f^{(n)}(z)=e^z,\ n=1,2,3$$

이므로

$$f^{(n)}(\pi i)= e^{\pi i} = \cos\pi + i\sin\pi =-1$$

이다. 따라서 $f(z)$의 중심이 $\pi i$인 거듭제곱급수는

$$e^{z} =-1-(z-\pi i)-\frac{1}{2!}(z-\pi i)^2-\cdots-\frac{1}{n!}(z-\pi i)^n-\cdots$$

$$=-\sum_{k=0}^{\infty}\frac{1}{k!}(z-\pi i)^k$$

이고 수렴영역은 $|z-\pi i|< \infty$이므로 복소전체평면이 된다. ■

예제 13

함수 $f(z)=\dfrac{1}{1+z}$에 대하여

( i ) 중심 $z=i$에서 Taylor 급수로 전개하고, 수렴 반경 $R$을 구하라.

(ii) 중심 $z=3i$에서 Taylor 급수로 전개하고, 수렴 반경 $R$을 구하라

**풀이**

( i ) $\dfrac{1}{1+z}$의 고립특이점은 $-1$이므로 수렴반경은

$$|-1-i|=\sqrt{2}=R$$

이고 수렴영역은 $|z-i|<\sqrt{2}$이다.

$$\frac{1}{1+z}=\frac{1}{(1+i)+(z-i)}=\frac{1}{1+i}\frac{1}{1+\left(\dfrac{z-i}{1+i}\right)}$$

이다. $\left|\dfrac{z-i}{1+i}\right|<1$이므로

$$\frac{1}{1+\left(\frac{z-i}{1+i}\right)}=1-\left(\frac{z-i}{1+i}\right)+\left(\frac{z-i}{1+i}\right)^2-\cdots$$

이다. 따라서

$$\frac{1}{1+z}=\frac{1}{1+i}\left[1-\left(\frac{z-i}{1+i}\right)+\left(\frac{z-i}{1+i}\right)^2-\cdots\right]$$

$$=\sum_{k=0}^{\infty}\frac{(-1)^k}{(1+i)^{k+1}}(z-i)^k \qquad (|z-i|<\sqrt{2})$$

이다.

(ii) 수렴반경은 중심 $3i$에서 고립특이점 $-1$까지의 거리인 $|3i-(-1)|=\sqrt{10}$이며 수렴영역은 $|z-3i|<\sqrt{10}$이다.

$$\frac{1}{1+z}=\frac{1}{(1+3i)+(z-3i)}=\frac{1}{1+3i}\frac{1}{1+\left(\frac{z-3i}{1+3i}\right)}$$

이다. $\left|\frac{z-3i}{1+3i}\right|<1$이므로

$$\frac{1}{1+\left(\frac{z-3i}{1+3i}\right)}=1-\left(\frac{z-3i}{1+3i}\right)+\left(\frac{z-3i}{1+3i}\right)^2-\cdots$$

이다. 따라서

$$\frac{1}{1+z}=\frac{1}{1+3i}\left[1-\left(\frac{z-3i}{1+3i}\right)+\left(\frac{z-3i}{1+3i}\right)^2-\cdots\right]$$

$$=\sum_{k=0}^{\infty}\frac{(-1)^k}{(1+3i)^{k+1}}(z-3i)^k \qquad (|z-3i|<\sqrt{10})$$

이다. ■

### 예제 14 역사인함수의 Maclaurin 급수

$$f(z)=\frac{1}{(1-z^2)^{\frac{1}{2}}}$$

의 주값을 Maclaurin 급수로 전개하고 적분하여 역사인함수 $\sin^{-1}z$의 주값에 대한 7차항까지의 Maclaurin 급수를 구하라.

**풀이**

$f(z)=\dfrac{1}{(1-z^2)^{\frac{1}{2}}}$의 고립특이점은 $(1-z^2)^{\frac{1}{2}}=0$인 점, 즉 $1-z^2=0$인 곳이므로 $z=\pm 1$이 되어 수렴영역은 $|z|<1$이다.

$$f(z)=\frac{1}{(1-z^2)^{\frac{1}{2}}}=\sum_{k=0}^{\infty}a_k z^k$$

라 놓자. 여기서 $1^{\frac{1}{2}}$의 주값 $e^{\frac{1}{2}\text{Ln}1}=1$을 이용하여 $f(0)=1^{\frac{1}{2}}=1=a_0$이다. 기하급수를 이용하여

$$f^2(z)=\frac{1}{1-z^2}=\sum_{k=0}^{\infty}z^{2k} \qquad (|z|<1)$$

이므로

$$(a_0+a_1z+a_2z^2+\cdots)(a_0+a_1z+a_2z^2+\cdots)=1+z^2+z^4+\ldots$$

이다. Cauchy 곱을 이용하여 계수를 비교하면 $a_n$을 구할 수 있다.

$2a_0a_1=0$으로부터 $a_1=0$

$2a_0a_2+a_1^2=1$로부터 $a_2=\dfrac{1}{2}$

$2a_0a_3+2a_1a_2=0$로부터 $a_3=0$

$2a_0a_4 + 2a_1a_3 + a_2^2 = 1$로부터 $a_4 = \frac{3}{8} = \frac{1 \cdot 3}{2 \cdot 4}$

$2a_0a_5 + 2a_1a_4 + 2a_2a_3 = 0$으로부터 $a_5 = 0$

$2a_0a_6 + 2a_1a_5 + 2a_2a_4 + a_3^2 = 1$로부터 $a_6 = \frac{5}{16} = \frac{1 \cdot 3 \cdot 5}{2 \cdot 4 \cdot 6}$

……

이므로

$$f(z) = \frac{1}{(1-z^2)^{\frac{1}{2}}} = \sum_{k=0}^{\infty} a_k z^k = 1 + \frac{1}{2}z^2 + \frac{3}{8}z^4 + \frac{5}{16}z^6 + \cdots$$

이다.

$$\frac{d}{dz}\sin^{-1}z = \frac{1}{(1-z^2)^{\frac{1}{2}}}$$

이므로 거듭제곱급수의 항별 적분정리(정리 5.17)의 식 (15)에 의하여

$$\sin^{-1}z - \sin^{-1}0 = z + \left(\frac{1}{2}\right)\frac{z^3}{3} + \left(\frac{1 \cdot 3}{2 \cdot 4}\right)\frac{z^5}{5} + \left(\frac{1 \cdot 3 \cdot 5}{2 \cdot 4 \cdot 6}\right)\frac{z^7}{7} + \cdots \qquad (|z| < 1)$$

이다. $w = u + iv = \sin^{-1}z$의 주값은 $v \geq 0$일 때 $|u| \leq \frac{\pi}{2}$이고, $v < 0$일 때 $|u| < \frac{\pi}{2}$ 이다.

$$\sin^{-1}0 = k\pi \qquad (k\text{는 정수})$$

이므로 $\sin^{-1}0$의 주값은 $\sin^{-1}0 = 0$이다.

그러므로

$$\sin^{-1}z = z + \left(\frac{1}{2}\right)\frac{z^3}{3} + \left(\frac{1 \cdot 3}{2 \cdot 4}\right)\frac{z^5}{5} + \left(\frac{1 \cdot 3 \cdot 5}{2 \cdot 4 \cdot 6}\right)\frac{z^7}{7} + \cdots \qquad (|z| < 1)$$

$$= \sum_{k=0}^{\infty} \frac{(2k)!}{4^k (k!)^2 (2k+1)} z^{2k+1} \qquad (|z| < 1)$$

이다. ■

## 연습문제 5.2

1. 함수 $f(z)=\dfrac{1}{1-z^2}$를 Maclaurin 급수로 전개하라.

(답) $\dfrac{1}{1-z^2}=\sum_{k=0}^{\infty} z^{2k}(|z|<1)$

2. 복소함수 $f(z)=\mathrm{Ln}(1+z)$의 Maclaurin 급수를 구하라.

(답) $\mathrm{Ln}(1+z)=\sum_{k=1}^{\infty}\dfrac{(-1)^{k-1}}{k}z^k(|z|<1)$

3. 다음 함수를 Maclaurin 급수로 전개하고 수렴영역과 수렴반경 $R$을 구하라.

(1) $f(z)=\dfrac{z+3}{1-z^2}$ (2) $f(z)=\dfrac{z}{1-z}$

(답) (1) $\dfrac{z+3}{1-z^2}=3+z+3z^2+z^3+3z^4+\cdots,\quad |z|<1,\quad R=1$

(2) $\dfrac{z}{1-z}=z+z^2+z^3+\cdots=\sum_{k=1}^{\infty} z^k,\quad |z|<1,\quad R=1$

4. 복소함수 $f(z)=e^z$의 중심이 $z=\dfrac{\pi}{2}i$인 Taylor 급수를 구하라.

(답) $e^z=\sum_{k=0}^{\infty}\dfrac{i}{k!}\left(z-\dfrac{\pi}{2}i\right)^k$

5. $f(z)=\dfrac{1}{z}$에 대하여

(1) 중심이 1인 Taylor 급수로 전개하고 수렴영역을 구하라.

(2) 중심이 3인 Taylor 급수로 전개하고 수렴영역을 구하라.

(답) (1) $\dfrac{1}{z} = \sum_{k=0}^{\infty} (-1)^k (z-1)^k \qquad |z-1| < 1$

(2) $\dfrac{1}{z} = \sum_{k=0}^{\infty} \dfrac{(-1)^k}{3^{k+1}} (z-3)^k, \qquad |z-3| < 3$

6. 다음 함수의 Maclaurin 급수를 구하라.

(1) $\sinh z$ (2) $\cosh z$

(답) (1) $\sinh z = \sum_{k=0}^{\infty} \dfrac{z^{2k+1}}{(2k+1)!}$ (2) $\cosh z = \sum_{k=0}^{\infty} \dfrac{z^{2k}}{(2k)!}$

7. $f(z) = \dfrac{1}{z^2 - 2z - 3}$의 Maclaurin 급수를 구하고 수렴영역을 구하라.

(답) $\dfrac{1}{z^2 - 2z - 3} = \dfrac{1}{4} \sum_{k=0}^{\infty} \left[ (-1)^{k+1} - \dfrac{1}{3^{k+1}} \right] z^k \qquad (|z| < 1)$

8. $\dfrac{1}{(1+z^2)^{\frac{1}{2}}}$의 주값을 Maclaurin 급수 전개하고

$$\frac{d}{dz} \sinh^{-1} z = \frac{1}{(1+z^2)^{\frac{1}{2}}}$$

을 이용하여 $\sinh^{-1} z$의 주값에 대한 7차항까지의 Maclaurin 급수를 구하라.

(답) $\sinh^{-1} z = \sum_{k=0}^{\infty} \dfrac{(-1)^k (2k)!}{4^k (k!)^2 (2k+1)} z^{2k+1} \qquad (|z| < 1)$

$$= z - \left(\frac{1}{2}\right)\frac{z^3}{3} + \left(\frac{1 \cdot 3}{2 \cdot 4}\right)\frac{z^5}{5} - \left(\frac{1 \cdot 3 \cdot 5}{2 \cdot 4 \cdot 6}\right)\frac{z^7}{7} + \cdots$$

9. $f(z) = \tanh^{-1} z$의 주값에 대한 Maclaurin 급수를 구하라.

(답) $\tanh^{-1} z = \sum_{k=0}^{\infty} \dfrac{z^{2k+1}}{2k+1} \qquad (|z| < 1)$

# 5.3 Laurent 급수

$$a_0+\frac{a_1}{z-z_0}+\frac{a_2}{(z-z_0)^2}+\cdots+\frac{a_n}{(z-z_0)^n}+\cdots=\sum_{k=-\infty}^{0}a_k(z-z_0)^k$$

와 같은 형태의 급수는 변수 $\dfrac{1}{z-z_0}$에 관한 멱급수로 생각할 수 있다. 만일 $R$이 이 급수의 수렴반지름이라면, 그 급수는 $\left|\dfrac{1}{z-z_0}\right|<R$ 또는 $|z-z_0|>\dfrac{1}{R}$일 때 절대수렴하고, 이 수렴은 $|z-z_0|\geq\rho,\ \rho>\dfrac{1}{R}$인 모든 영역 위에서 균등수렴하고, $|z-z_0|<\dfrac{1}{R}$인 영역에서 발산한다. 이와 같이, 이 급수는 영역 $|z-z_0|>\dfrac{1}{R}$에서 해석함수임을 나타낸다.

### ◆ Laurent 급수

급수 $\displaystyle\sum_{k=-\infty}^{-1}a_k(z-z_0)^k$는 영역 $|z-z_0|>r$에서 수렴하고, 거듭제곱급수 $\displaystyle\sum_{k=0}^{\infty}a_k(z-z_0)^k$는 원판 $|z-z_0|<R$에서 수렴한다고 가정하자. 만일 $r<R$이면, 이 두 급수는 열린 원환 $r<|z-z_0|<R$에서 수렴한다. 이 경우에 합은

$$\sum_{k=-\infty}^{\infty}a_k(z-z_0)^k$$

로 표기되고, 이 급수는 원환 $r<|z-z_0|<R$에서 해석함수를 나타내고 있다. 이와 같은 형태의 급수전개를 **Laurent 급수**라고 한다. 역으로 원환 $r<|z-z_0|<R$에서 해석함수는 Laurent 급수로 전개된다(Laurent 정리, 정리 5.21).

그리하여 $f(z)$가 $z_0$에서 해석적인 경우는 $f(z)$를 Taylor 급수로 전개할 수 있고, 만일 $f(z)$가 $z_0$에서 해석적이 아닌 경우는 $f(z)$를 Taylor 급수 전개 대신에 Laurent 급수(Laurent series)로 전개가능하다.

예를 들어 $f(z)=\dfrac{e^z}{z}$로 주어지는 함수 $f(z)$는 $z=0$에서 해석적이 아니므로 $z=0$에서 Taylor(Maclaurin) 급수로 전개될 수 없다.

그러나 $e^z$는 완전함수이므로 다음과 같이 $z=0$에서 Taylor 급수, 즉 Maclaurin 급수로 전개할 수 있다.

$$e^z = 1 + z + \frac{z^2}{2!} + \frac{z^3}{3!} + \frac{z^4}{4!} + \cdots$$

이다. 따라서

$$\frac{e^z}{z} = \frac{1}{z} + 1 + \frac{z}{2!} + \frac{z^2}{3!} + \frac{z^3}{4!} + \cdots \qquad (0 < |z|) \tag{31}$$

이다. 위 식 (31)의 우변급수는 음의 거듭제곱급수와 양의 거듭제곱급수가 합해진 새로운 형태의 급수표현으로 Laurent 급수라고 부르며, $z=0$인 점을 제외한 모든 복소평면을 수렴영역으로 가진다.

---

**정리 5.21 Laurent 정리**

---

$f$가 $0 \le r < |z - z_0| < R$로 정의된 원환 영역 $D$내에서 해석적이면 $0 \le r < |z - z_0| < R$ 에서 다음의 Laurent 급수를 가진다.

$$f(z) = \sum_{k=-\infty}^{\infty} a_k (z - z_0)^k \tag{32}$$

계수 $a_k$는 다음과 같다.

$$a_k = \frac{1}{2\pi i} \oint_C \frac{f(s)}{(s - z_0)^{k+1}} ds \qquad k = 0,\ \pm 1,\ \pm 2,\ \cdots \tag{33}$$

여기서 적분경로 $C$는 $D$내에 완전히 포함되어 있고, 그 내부에 $z_0$를 갖는 양의 방향(반시계방향)의 단순폐곡선이다.

**풀이**

주어진 원판 $0 \le r < |z - z_0| < R$ 내부에 고정된 임의의 한 점을 $z$라 하자. 중심이 $z$인 원 $C_0 : |s - z| = r_0$의 내부가 $D$에 포함된다고 하자(그림 5.6 참조).

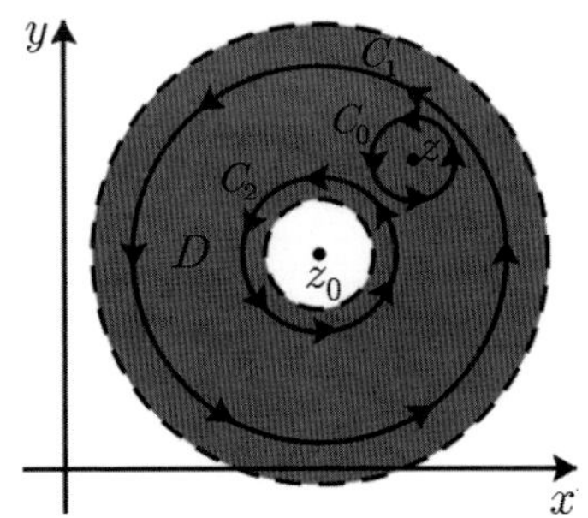


**그림 5.6** 원환 $D$내에 있는 원 $C_0$, $C_1$, $C_2$

Cauchy 적분공식을 사용하면

$$f(z)= \frac{1}{2\pi i}\oint_{C_0}\frac{f(s)}{s-z}ds \tag{34}$$

로 표기할 수 있다.

$C_1 : |s-z_0| = r_1$과 $C_2 : |s-z_0| = r_2$(단, $r < r_2 < r_1 < R$)를 $D$내에 있는 두 원으로서 그림 5.6에 표시된 바와 같이 $C_1$과 $C_2$ 사이의 영역에 $C_0$가 있다고 하자.

4.2절의 확장된 경로변형의 원리공식 (22)를 사용하면

$$\oint_{C_1}\frac{f(s)}{s-z}ds = \oint_{C_0}\frac{f(s)}{s-z}ds + \oint_{C_2}\frac{f(s)}{s-z}ds \tag{35}$$

이므로 식 (34)와 (35)에 의하여

$$\begin{aligned} f(z) &= \frac{1}{2\pi i}\oint_{C_0}\frac{f(s)}{s-z}ds \\ &= \frac{1}{2\pi i}\oint_{C_1}\frac{f(s)}{s-z}ds - \frac{1}{2\pi i}\oint_{C_2}\frac{f(s)}{s-z}ds \end{aligned} \tag{36}$$

이다.

$s$가 $C_1$상의 임의의 점일 때 $|s-z_0| = r_1$이고, $|z-z_0| < r_1$이니까 $|z-z_0| < r_1 = |s-z_0|$가 되어 $\dfrac{|z-z_0|}{|s-z_0|} < 1$이다. 따라서 Taylor 정리의 증명에서와 같은 방법을 적용

하여 식 (36)의 첫 번째의 적분은

$$\frac{1}{2\pi i}\oint_{C_1}\frac{f(s)}{s-z}ds=\sum_{k=0}^{\infty}a_k(z-z_0)^k \tag{37}$$

여기서

$$a_k=\frac{1}{2\pi i}\oint_{C_1}\frac{f(s)}{(s-z_0)^{k+1}}ds \qquad k=0,\ 1,\ 2,\ \cdots \tag{38}$$

이다. 두 번째 적분에 대하여 먼저

$$-\frac{1}{s-z}=\frac{1}{(z-z_0)-(s-z_0)}=\frac{1}{(z-z_0)\left[1-\dfrac{s-z_0}{z-z_0}\right]} \tag{39}$$

이고 $C_2$ 위에서 $|s-z_0|=r_2<|z-z_0|$이므로 $\left|\dfrac{s-z_0}{z-z_0}\right|<1$이다. 따라서 기하급수와 식 (39)에 의하여

$$-\frac{1}{s-z}=\frac{1}{z-z_0}\sum_{k=0}^{\infty}\left(\frac{s-z_0}{z-z_0}\right)^k$$

가 성립한다. 더욱이 임의의 원판 $|z-z_0|\geq\rho>r_2$에 대하여 $\left|\dfrac{s-z_0}{z-z_0}\right|\leq\dfrac{r_2}{\rho}<1$이므로 Abel 정리(정리 5.14)에 의하여 이 기하급수는 균등수렴한다. 따라서 Weirstrass 정리(정리 5.13)에 의하여 이 급수를 항별로 적분할 수 있다.

$$\begin{aligned}-\frac{1}{2\pi i}\oint_{C_2}\frac{f(s)}{s-z}ds&=\frac{1}{2\pi i}\oint_{C_2}\frac{f(s)}{z-z_0}\left[\sum_{k=0}^{\infty}\left(\frac{s-z_0}{z-z_0}\right)^k\right]ds\\&=\sum_{k=0}^{\infty}\frac{1}{(z-z_0)^{k+1}}\cdot\frac{1}{2\pi i}\oint_{C_2}f(s)(s-z_0)^k ds\end{aligned} \tag{40}$$

이다. 여기서

$$a_{-k-1} = \frac{1}{2\pi i} \oint_{C_2} f(s)(s-z_0)^k ds$$

$$= \frac{1}{2\pi i} \oint_{C_2} \frac{f(s)}{(s-z_0)^{-k}} ds \qquad (k=0, 1, 2, \cdots) \tag{41}$$

로 두면 식(40)은

$$-\frac{1}{2\pi i} \oint_{C_2} \frac{f(s)}{s-z} ds = \sum_{k=0}^{\infty} a_{-k-1}(z-z_0)^{-k-1} = \sum_{k=1}^{\infty} \frac{a_{-k}}{(z-z_0)^{-k}} \tag{42}$$

이 성립한다.

경로변형의 원리(정리 4.4)에 의하여 식 (38)과 (41)의 $C_1$, $C_2$상의 적분은 내부에 $z_0$를 갖는 $D$내의 양의 방향의 단순 폐곡선 $C$상의 적분과 같다. 따라서 식 (37), (38), (40), (41) 및 (42)에 의하여 식 (36)은

$$f(z) = \sum_{k=0}^{\infty} a_k(z-z_0)^k + \sum_{k=1}^{\infty} \frac{a_{-k}}{(z-z_0)^k}$$

$$= \sum_{k=0}^{\infty} \left[ \frac{1}{2\pi i} \oint_C \frac{f(s)}{(s-z_0)^{k+1}} ds \right] (z-z_0)^k + \sum_{k=1}^{\infty} \left[ \frac{1}{2\pi i} \oint_C f(s)(s-z_0)^{k-1} ds \right] \frac{1}{(z-z_0)^k}$$

$$= \sum_{k=0}^{\infty} \left[ \frac{1}{2\pi i} \oint_C \frac{f(s)}{(s-z_0)^{k+1}} ds \right] (z-z_0)^k + \sum_{k=-\infty}^{-1} \left[ \frac{1}{2\pi i} \oint_C \frac{f(s)}{(s-z_0)^{k+1}} ds \right] (z-z_0)^k$$

$$= \sum_{k=-\infty}^{\infty} a_k(z-z_0)^k \tag{43}$$

이다. 즉

$$f(z) = \sum_{k=-\infty}^{\infty} a_k(z-z_0)^k$$

여기서

$$a_k = \frac{1}{2\pi i} \oint_C \frac{f(s)}{(s-z_0)^{k+1}} ds \qquad k=0, \pm 1, \pm 2, \cdots$$

이다.

식 (43)의 $(z-z_0)$의 양의 거듭제곱을 포함하는 급수는 원판 $|z-z_0|<r_1$에서 수렴하고 $(z-z_0)$의 음의 거듭제곱을 포함하는 급수는 $|z-z_0|>r_2$ 일 때 수렴한다. $r_1$을 $R$에, $r_2$를 $r$에 각각 집근시키고, 식 (33)을 적용하여 $r<|z-z_0|<R$상에 수렴하는 $f(z)$의 급수표현 $f(z)=\sum_{k=-\infty}^{\infty} a_k(z-z_0)^k$를 얻는다. ■

---

Laurent 정리에서 수렴영역 $r<|z-z_0|<R$에 대해 $R=\infty$일 수도 있다. 또한 $r=R$이면 수렴영역은 없어진다. 또한 Laurent 정리 증명과정에서 보듯이 $r<|z-z_0|<R$내에 포함되는 모든 폐원환에서는 $f(z)$의 Laurent 급수는 균등수렴함을 알 수 있다.

한편 $f$가 원판 $D:|z-z_0|<R$에서 해석적이면 식 (32)의 Laurent 급수는 식 (41)에서 Cauchy–Goursat 정리(정리 4.2)에 의해 음의 거듭제곱에 대한 계수는 모두 0이고, 양의 거듭제곱 $(z-z_0)^n$에 대한 계수는 도함수에 관한 Cauchy 적분공식(정리 4.9)에 의해 $\frac{f^{(n)}(z_0)}{n!}$ $(n=0,1,2,\ldots)$이므로 $(z-z_0)$의 양의 거듭제곱을 포함하는 급수는 실제로 $f$에 대한 Taylor 급수이다.

따라서 이 경우에, 음의 거듭제곱은 포함되지 않으며 Laurent 급수는 Taylor 급수이다. 즉, $k=1,2,3,\cdots$에 대해 $a_{-k}=0$인 경우 Laurent 급수 (32)는 Taylor 급수이다. 이 때문에 Laurent 전개는 Taylor 급수의 일반화이라 할 수 있다.

### ◆ Laurent 급수의 유일성

이제 주어진 원판에서 $f(z)$의 Laurent 급수표현은 유일함을 보이자.

$f(z)$가 같은 원환(annulus)에서 두 개의 Laurent 급수로 표현된다고 가정하자. 즉,

$$f(z)=\sum_{k=-\infty}^{\infty} a_k(z-z_0)^k$$

인 동시에

$$f(z)=\sum_{k=-\infty}^{\infty} b_k(z-z_0)^k$$

라 두자. 양변에 $(z-z_0)^{-n-1}$ ($n$은 정수)을 곱하고 원환에 놓이는 $z_0$를 중심으로 한 원 $C$를 따라 양의 방향으로 적분하면 이 급수들이 균등수렴하기 때문에 항별적분이 가능하여

$$\oint_C \frac{f(z)}{(z-z_0)^{n+1}}dz = \oint_C \sum_{k=-\infty}^{\infty} a_k(z-z_0)^{k-n-1}dz = \sum_{k=-\infty}^{\infty} a_k \oint_C (z-z_0)^{k-n-1}dz$$

이고

$$\oint_C (z-z_0)^{k-n-1}dz = \begin{cases} 2\pi i & (k=n) \\ 0 & (k \neq n) \end{cases}$$

이므로

$$\sum_{k=-\infty}^{\infty} a_k \oint_C (z-z_0)^{k-n-1}dz = 2\pi i\, a_n$$

이다. 그리고

$$\oint_C \frac{f(z)}{(z-z_0)^{n+1}}dz = \oint_C \sum_{k=-\infty}^{\infty} b_k(z-z_0)^{k-n-1}dz = \sum_{k=-\infty}^{\infty} b_k \oint_C (z-z_0)^{k-n-1}dz$$

이고

$$\sum_{k=-\infty}^{\infty} b_k \oint_C (z-z_0)^{k-n-1}dz = 2\pi i\, b_n$$

을 얻는다. 따라서 $a_n = b_n (n=0,\ \pm 1,\ \pm 2,\ \cdots)$이다. 그러므로 Laurent 급수는 유일하게 표현된다.

Laurent 급수전개의 유일성 때문에 어떠한 방법으로 Laurent 급수를 구하더라도 특이점을 중심으로 한 주어진 원환에서의 해석함수에 대한 유일한 급수임이 보장된다.

실제로 Laurent 급수의 계수에 대한 식 (33)의 공식은 거의 사용되지 않는다. 특정한 원환 영역에서 함수의 Laurent 급수를 구하는 것은 일반적으로 쉽지 않다. Laurent 급수의 유일성에 의해 기하급수와 잘 알려진 다른 급수를 이용하여 Laurent 급수를 구하는 것이 자주 이용되는 방법이다.

일반적으로 Laurent 급수는 주어진 원환으로부터 $f(z)$의 특이점을 만날 때까지 연속적으로 외부 원 $C_1$을 확대시키고, 내부원 $C_2$를 축소시켜서 얻어진 열린 원환에서 수렴하고 $f(z)$를 급수표현한다.

또한 Laurent 급수는 수렴영역 내부에 특이점이 있어도 특이점을 제외한 전 영역, 즉 함

수가 해석적인 영역에서는 모두 Laurent 급수로 전개가능하다. 그러나 중심이 같은 두 개의 원환 안에서 $f(z)$는 서로 다른 Laurent 급수를 가질 수 있다. 즉 같은 함수도 수렴 영역에 따라 서로 다른 Laurent 급수를 가질 수 있다. 예를 들어 $f(z)=\dfrac{1}{1-z}$은 고립특이점 1를 가지며 $|z|<1$에서 $f(z)=\dfrac{1}{1-z}$은 Taylor 급수로 전개되어

$$\frac{1}{1-z}=1+z+z^2+\cdots+z^n+\cdots=\sum_{k=0}^{\infty}z^k$$

인 기하급수로 표현된다.

한편 $|z|>1$인 경우 $\left|\dfrac{1}{z}\right|<1$이고 기하급수 표현을 사용하여

$$\frac{1}{1-\frac{1}{z}}=1+\frac{1}{z}+\left(\frac{1}{z}\right)^2+\cdots+\left(\frac{1}{z}\right)^n+\cdots=\sum_{k=0}^{\infty}\left(\frac{1}{z}\right)^k$$

$$=\sum_{k=0}^{\infty}\frac{1}{z^k}\qquad(|z|>1)$$

로 표기할 수 있다. 그러므로

$$\frac{1}{1-z}=\frac{-1}{z-1}=\frac{-1}{z\left(1-\frac{1}{z}\right)}=-\frac{1}{z}\sum_{k=0}^{\infty}\frac{1}{z^k}=-\sum_{k=0}^{\infty}\frac{1}{z^{k+1}}=-\sum_{k=1}^{\infty}\frac{1}{z^k}$$

이나. 따라서

$$\frac{1}{1-z}=-\frac{1}{z}-\frac{1}{z^2}-\frac{1}{z^3}-\cdots-\frac{1}{z^n}-\cdots$$

$$=-\sum_{k=1}^{\infty}\frac{1}{z^k}\qquad(|z|>1)\tag{44}$$

이나.

즉, $|z|<1$일 때는

$$\frac{1}{1-z}=1+z+z^2+\cdots+z^n+\cdots=\sum_{k=0}^{\infty}z^k$$

이지만 $|z|>1$일 때는

$$\frac{1}{1-z} = -\frac{1}{z} - \frac{1}{z^2} - \cdots - \frac{1}{z^n} - \cdots = -\sum_{k=1}^{\infty} \frac{1}{z^k}$$

이다.

다음 예제들은 복소함수의 Laurent 급수를 구하는 여러 가지 기법을 알려준다.

### 예제 1

$f(z) = \dfrac{1}{z(z-2)}$을 다음의 각 원환에서 정의되는 Laurent 급수로 전개하라.

(i) $0 < |z| < 2$

(ii) $2 < |z|$

(iii) $0 < |z-2| < 2$

(iv) $2 < |z-2|$

**풀이**

(i)과 (ii)에서는 원점의 중심인 원환영역이므로 $f$를 $z$의 정수의 거듭제곱을 갖는 급수로 표현하고, (iii)과 (iv)에서는 중심이 2인 원환 영역이므로 $f$를 $z-2$의 정수의 거듭제곱을 갖는 급수로 표현한다.

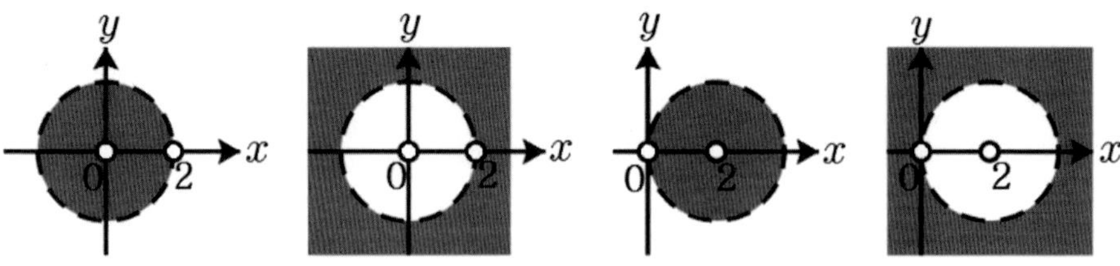


(i) $0 < |z| < 2$　(ii) $2 < |z|$　(iii) $0 < |z-2| < 2$　(iv) $2 < |z-2|$

**그림 5.7** 원환 영역

(i) $f(z) = \dfrac{1}{z(z-2)} = -\dfrac{1}{z}\dfrac{1}{2-z} = -\dfrac{1}{z}\dfrac{1}{2\left[1-\dfrac{z}{2}\right]} = -\dfrac{1}{2z}\dfrac{1}{1-\dfrac{z}{2}}$

이다. $0<|z|<2$에서 $\dfrac{|z|}{2}<1$이므로

$$\frac{1}{1-\dfrac{z}{2}}=1+\frac{z}{2}+\left(\frac{z}{2}\right)^2+\cdots$$

이다. 따라서

$$\begin{aligned}
f(z)&=\frac{1}{z(z-2)}\\
&=-\frac{1}{2z}\left[1+\frac{z}{2}+\left(\frac{z}{2}\right)^2+\left(\frac{z}{2}\right)^3+\cdots\right]\\
&=-\frac{1}{2z}\sum_{k=0}^{\infty}\left(\frac{z}{2}\right)^k\\
&=-\frac{1}{2}\frac{1}{z}-\frac{1}{2^2}-\frac{z}{2^3}-\frac{z^2}{2^4}\cdots\\
&=-\sum_{k=0}^{\infty}\frac{1}{2^{k+1}}z^{k-1}\qquad(0<|z|<2)
\end{aligned}$$

이다.

(ii) $2<|z|$에서 $\left|\dfrac{2}{z}\right|<1$이고

$$f(z)=\frac{1}{z(z-2)}=\frac{1}{z}\frac{1}{z-2}=\frac{1}{z}\frac{1}{z\left(1-\dfrac{2}{z}\right)}=\frac{1}{z^2}\frac{1}{1-\dfrac{2}{z}}$$

이고

$$\begin{aligned}
\frac{1}{1-\dfrac{2}{z}}&=1+\left(\frac{2}{z}\right)+\left(\frac{2}{z}\right)^2+\cdots\\
&=\sum_{k=0}^{\infty}\left(\frac{2}{z}\right)^k\qquad\left(\left|\frac{2}{z}\right|<1\right)
\end{aligned}$$

이므로

$$f(z) = \frac{1}{z^2}\left[1+\left(\frac{2}{z}\right)+\left(\frac{2}{z}\right)^2+\cdots\right]$$

$$= \frac{1}{z^2}\sum_{k=0}^{\infty}\left(\frac{2}{z}\right)^k$$

$$= \sum_{k=0}^{\infty}\frac{2^k}{z^{k+2}} \qquad (2<|z|)$$

이다.

(iii) $f(z)= \dfrac{1}{z(z-2)}= \dfrac{1}{z-2}\dfrac{1}{2+(z-2)}$ 이고 $0<|z-2|<2$에서 $\left|\dfrac{z-2}{2}\right|<1$이므로

$$\frac{1}{2+(z-2)}= \frac{1}{2\left[1+\dfrac{z-2}{2}\right]} = \frac{1}{2}\left[1-\left(\frac{z-2}{2}\right)+\left(\frac{z-2}{2}\right)^2-\cdots\right]$$

$$= \sum_{k=0}^{\infty}\frac{(-1)^k}{2}\left(\frac{z-2}{2}\right)^k$$

이다. 따라서

$$f(z)= \frac{1}{z(z-2)} = \frac{1}{z-2}\sum_{k=0}^{\infty}\frac{(-1)^k}{2}\left(\frac{z-2}{2}\right)^k$$

$$= \sum_{k=0}^{\infty}\frac{(-1)^k(z-2)^{k-1}}{2^{k+1}} \qquad (0<|z-2|<2)$$

이다.

(iv) $2<|z-2|$인 영역은 $\left|\dfrac{2}{z-2}\right|<1$이므로

$$f(z) = \frac{1}{z(z-2)}$$

$$= \frac{1}{z-2}\frac{1}{2+(z-2)}$$

$$= \frac{1}{(z-2)^2} \frac{1}{1+\dfrac{2}{z-2}}$$

$$= \frac{1}{(z-2)^2}\left[1-\left(\frac{2}{z-2}\right)+\left(\frac{2}{z-2}\right)^2-\left(\frac{2}{z-2}\right)^3+\cdots\right]$$

$$= \frac{1}{(z-2)^2}\sum_{k=0}^{\infty}(-1)^k\left(\frac{2}{z-2}\right)^k$$

$$= \sum_{k=0}^{\infty}(-1)^k\frac{2^k}{(z-2)^{k+2}} \qquad (2<|z-2|)$$

이다. ■

예제 2

복소함수 $f(z)=\dfrac{\sin z}{z^2}$의 중심이 원점인 Laurent 급수를 구하라.

**풀이**

복소함수 $\sin z$의 Maclaurin 급수

$$\sin z = z - \frac{z^3}{3!}+\frac{z^5}{5!}-\frac{z^7}{7!}+\cdots$$

$$= \sum_{k=0}^{\infty}\frac{(-1)^k}{(2k+1)!}z^{2k+1} \qquad (|z|<\infty)$$

를 이용하여

$$f(z) = \frac{\sin z}{z^2} = \frac{1}{z}-\frac{1}{3!}z+\frac{1}{5!}z^3-\frac{1}{7!}z^5+\cdots$$

$$= \frac{1}{z^2}\sum_{k=0}^{\infty}\frac{(-1)^k}{(2k+1)!}z^{2k+1}$$

$$= \sum_{k=0}^{\infty} \frac{(-1)^k}{(2k+1)!} z^{2k-1} \qquad (|z| < \infty)$$

이다. ■

예제 3

복소함수 $f(z) = z^2 e^{\frac{1}{z}}$ 의 중심이 0인 Laurent 급수를 구하라.

**풀이**

복소함수 $e^z$의 Maclaurin 급수는

$$e^z = 1 + z + \frac{1}{2!}z^2 + \frac{1}{3!}z^3 + \cdots = \sum_{k=0}^{\infty} \frac{1}{k!} z^k \qquad (|z| < \infty)$$

으로부터

$$e^{\frac{1}{z}} = 1 + \frac{1}{z} + \frac{1}{2!}\frac{1}{z^2} + \frac{1}{3!}\frac{1}{z^3} + \cdots = \sum_{k=0}^{\infty} \frac{1}{k!}\frac{1}{z^k} \qquad (0 < |z| < \infty)$$

이다. 따라서 $f(z)$의 Laurent 급수는

$$f(z) = z^2 e^{\frac{1}{z}} = z^2 \left[ 1 + \frac{1}{z} + \frac{1}{2!}\frac{1}{z^2} + \frac{1}{3!}\frac{1}{z^3} + \cdots \right] = z^2 \sum_{k=0}^{\infty} \frac{1}{k!}\frac{1}{z^k}$$

$$= \sum_{k=0}^{\infty} \frac{1}{k!}\frac{1}{z^{k+2}} \qquad (0 < |z| < \infty)$$

이다. ■

**예제 4**

복소함수 $f(z)=\dfrac{1}{1-z}$ 에 대하여 원환 $1<|z|<\infty$ 에서의 중심이 0인 Laurent 급수를 구하라.

**풀이**

$1<|z|$은 $\left|\dfrac{1}{z}\right|<1$이므로 기하급수

$$\frac{1}{1-z}=1+z+z^2+\cdots=\sum_{k=0}^{\infty}z^k \qquad (|z|<1)$$

을 사용하면

$$\frac{1}{1-\dfrac{1}{z}}=1+\frac{1}{z}+\left(\frac{1}{z}\right)^2+\cdots=\sum_{k=0}^{\infty}\left(\frac{1}{z}\right)^k \qquad \left(\left|\frac{1}{z}\right|<1\right)$$

이다. 따라서

$$\begin{aligned} f(z) &= \frac{1}{1-z} = \frac{-1}{z\left(1-\dfrac{1}{z}\right)} = -\frac{1}{z}\frac{1}{1-\dfrac{1}{z}} \\ &= -\frac{1}{z}\left(1+\frac{1}{z}+\frac{1}{z^2}+\cdots\right) = -\frac{1}{z}-\frac{1}{z^2}-\frac{1}{z^3}-\cdots \\ &= -\sum_{k=1}^{\infty}\frac{1}{z^k} \qquad (1<|z|) \end{aligned}$$

이다. ■

앞의 예제들에서 각 Laurent 급수가 수렴하는 원환 영역의 중심점은 함수 $f$의 고립특이점이다. 그러나 Laurent 정리를 재검토하면 Laurent 급수의 수렴하는 원환 영역의 중심점이 함수 $f$의 고립특이점일 필요는 없음을 알 수 있다. 즉, 함수 $f$의 고립특이점이 아닌 중심점을 갖는 원환영역에서도 Laurent 급수전개가 가능하다.

## 예제 5

함수 $f(z)=\dfrac{1}{z(z-3)}$을 $1<|z+1|<4$에서 Laurent 급수로 전개하라.

**풀이**

$f(z)=\dfrac{1}{z(z-3)}$의 고립특이점이 0과 3이고 급수 전개의 중심점은 $-1$이므로

$$f(z)=\frac{1}{z(z-3)}=\frac{1}{3}\left(\frac{1}{z-3}-\frac{1}{z}\right)$$

$$=\frac{1}{3}\left[\frac{1}{-4+(z+1)}-\frac{1}{(z+1)-1}\right]$$

$$=\frac{1}{3}\left[-\frac{1}{4}\frac{1}{1-\dfrac{z+1}{4}}-\frac{1}{z+1}\frac{1}{1-\dfrac{1}{z+1}}\right]$$

이다.

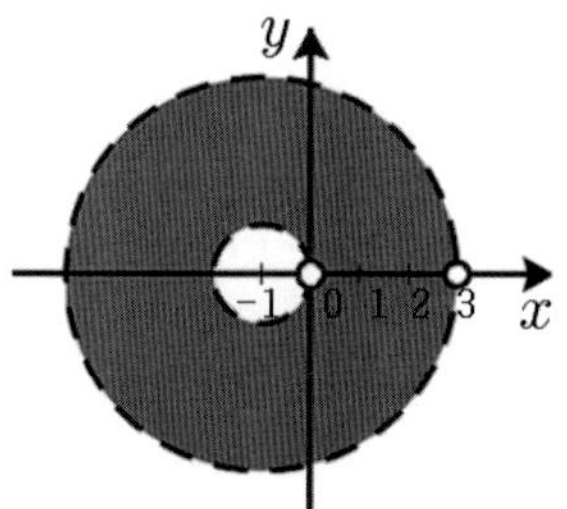


**그림 5.8** $1<|z+1|<4$

$\left|\dfrac{z+1}{4}\right|<1$에서

$$\frac{1}{1-\dfrac{z+1}{4}}=1+\left(\frac{z+1}{4}\right)+\left(\frac{z+1}{4}\right)^2+\cdots=\sum_{k=0}^{\infty}\left(\frac{z+1}{4}\right)^k$$

이고 $\left|\dfrac{1}{z+1}\right|<1$에서

$$\frac{1}{1-\frac{1}{z+1}}=1+\left(\frac{1}{z+1}\right)+\left(\frac{1}{z+1}\right)^2+\cdots=\sum_{k=0}^{\infty}\left(\frac{1}{z+1}\right)^k$$

이므로

$$\begin{aligned} f(z) &=-\frac{1}{12}\left[1+\left(\frac{z+1}{4}\right)+\left(\frac{z+1}{4}\right)^2+\cdots\right]-\frac{1}{3}\frac{1}{z+1}\left[1+\left(\frac{1}{z+1}\right)+\left(\frac{1}{z+1}\right)^2+\cdots\right] \\ &=-\frac{1}{12}\sum_{k=0}^{\infty}\frac{1}{4^k}(z+1)^k-\frac{1}{3}\sum_{k=0}^{\infty}\frac{1}{(z+1)^{k+1}} \end{aligned}$$

이다. ■

예제 6

함수 $f(z)=\dfrac{1}{(z-2)(z-1)^3}$에 대한 $0<|z-1|<1$에서의 Laurent 급수를 전개하라.

**풀이**

$f(z)=\dfrac{1}{(z-2)(z-1)^3}$의 고립특이점은 1과 2이고 급수전개의 중심은 1이므로

$$\begin{aligned} f(z) &= \frac{1}{(z-2)(z-1)^3} \\ &= \frac{1}{(z-1)^3}\frac{1}{(z-1)-1} \\ &= \frac{1}{(z-1)^3}\frac{-1}{1-(z-1)} \\ &= \frac{-1}{(z-1)^3}\left[1+(z-1)+(z-1)^2+\cdots\right] \\ &= \frac{-1}{(z-1)^3}\sum_{k=0}^{\infty}(z-1)^k \end{aligned}$$

$$=-\sum_{k=-3}^{\infty}(z-1)^k \qquad (0<|z-1|<1)$$

이다.

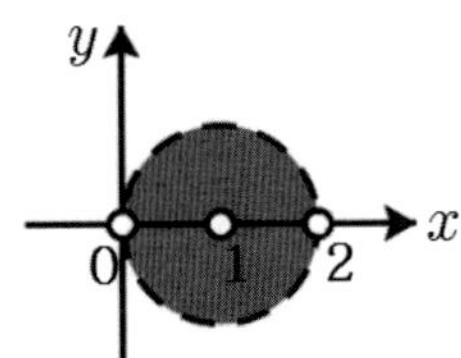


**그림 5.9** $0<|z-1|<1$

■

### 예제 7

함수 $f(z)=\dfrac{1+2z^2}{z^3(z^2+1)}$의 $0<|z|<1$에서의 Laurent 급수를 전개하라.

**풀이**

$f(z)=\dfrac{1+2z^2}{z^3(z^2+1)}$의 고립특이점은 0과 $\pm i$이고 급수전개의 중심은 0이므로

$$\begin{aligned} f(z) &= \frac{1+2z^2}{z^3(z^2+1)} \\ &= \frac{2(z^2+1)-1}{z^3(z^2+1)} \\ &= \frac{1}{z^3}\left(2-\frac{1}{1+z^2}\right) \\ &= \frac{1}{z^3}\left[2-\left(1-z^2+z^4-z^6+\cdots\right)\right] \\ &= \frac{1}{z^3}+\frac{1}{z}-z+z^3-\cdots \end{aligned}$$

$$= \frac{1}{z^3} + \sum_{k=0}^{\infty} (-1)^k z^{2k-1} \qquad (0 < |z| < 1)$$

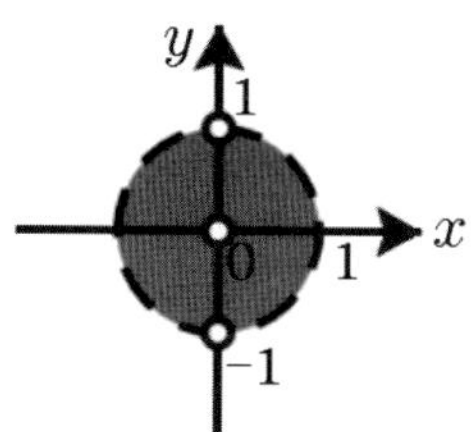


**그림 5.10** $0 < |z| < 1$

■

예제 8

함수 $f(z) = \dfrac{z^2 - 2z + 3}{z - 2}$ 의 $|z-1| > 1$ 에서의 Laurent 급수를 구하라.

**풀이**

$$f(z) = \frac{z^2 - 2z + 3}{z - 2} = z + \frac{3}{z-2}$$

$$= 1 + (z-1) + 3\frac{1}{(z-1)-1}$$

이고, $|z-1| > 1$ 에서 $1 > \left| \dfrac{1}{z-1} \right|$ 이므로

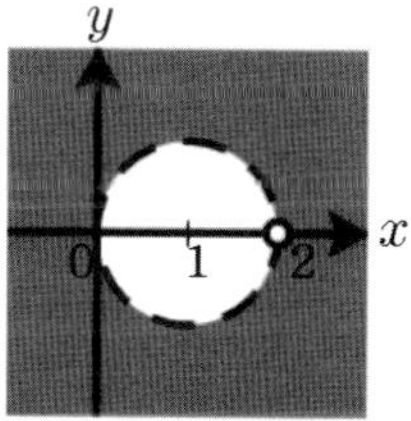


**그림 5.11** $|z-1| > 1$

$$\frac{1}{(z-1)-1} = \frac{1}{z-1}\frac{1}{\left[1-\dfrac{1}{z-1}\right]}$$

$$= \frac{1}{z-1}\left[1+\left(\frac{1}{z-1}\right)+\left(\frac{1}{z-1}\right)^2+\cdots\right]$$

이다. 따라서

$$f(z) = 1+(z-1)+\frac{3}{z-1}\left[1+\left(\frac{1}{z-1}\right)+\left(\frac{1}{z-1}\right)^2+\cdots\right]$$

$$= 1+(z-1)+\frac{3}{z-1}\sum_{k=0}^{\infty}\frac{1}{(z-1)^k}$$

$$= 1+(z-1)+3\sum_{k=1}^{\infty}\frac{1}{(z-1)^k} \qquad (1<|z-1|)$$

이다. ■

## 연습문제 5.3

1. 복소함수 $f(z)=\dfrac{1}{z^2(1-z)}$ 에 대하여 주어진 원환영역에서 중심이 0인 Laurent 급수를 구하라.

(1) $0<|z|<1$

(2) $1<|z|<\infty$

(답) (1) $\dfrac{1}{z^2-z^3}=\displaystyle\sum_{k=-2}^{\infty} z^k \qquad (0<|z|<1)$

(2) $\dfrac{1}{z^2-z^3}=\displaystyle\sum_{k=3}^{\infty}\frac{-1}{z^k}=\sum_{k=-\infty}^{-3}(-1)z^k \qquad (1<|z|)$

2. 함수 $f(z)=\dfrac{1}{(z-1)(z-2)}$를 주어진 원환영역에서 Laurent 급수로 전개하라.

(1) $0<|z-1|<1$

(2) $1<|z|<2$

(3) $|z-1|>1$

(답) (1) $\dfrac{1}{(z-1)(z-2)}=-\sum_{k=-1}^{\infty}(z-1)^k \qquad (0<|z-1|<1)$

(2) $\dfrac{1}{(z-1)(z-2)}=-\sum_{k=0}^{\infty}\dfrac{1}{z^{k+1}}-\sum_{k=0}^{\infty}\dfrac{1}{2^{k+1}}z^k \qquad (1<|z|<2)$

(3) $\dfrac{1}{(z-1)(z-2)}=\sum_{k=2}^{\infty}\dfrac{1}{(z-1)^k} \qquad (|z-1|>1)$

3. $f(z)=\dfrac{\cos z-1}{z^4}$에 대한 Laurent 급수표현을 구하라.

(답) $\dfrac{\cos z-1}{z^4}=-\dfrac{1}{2!}\dfrac{1}{z^2}+\dfrac{1}{4!}-\dfrac{1}{6!}z^2+\dfrac{1}{8!}z^4=\sum_{k=1}^{\infty}\dfrac{(-1)^k}{(2k)!}z^{2k-1} \qquad (0<|z|<\infty)$

4. $f(z)=\dfrac{1}{1-z^2}$에 대한 각 수렴영역에서의 급수 표현을 구하라.

(1) $0<|z-1|<2$

(2) $2<|z-1|$

(3) $|z|<1$

(4) $|z|>1$

(답) (1) $\dfrac{1}{1-z^2}=-\dfrac{1}{2}(z-1)^{-1}+\dfrac{1}{2^2}-\dfrac{1}{2^3}(z-1)+\dfrac{1}{2^4}(z-1)^2+\cdots$

$$=\sum_{k=1}^{\infty}\frac{(-1)^k}{2^k}(z-1)^{k-2} \qquad (0<|z-1|<2)$$

(2) $\dfrac{1}{1-z^2}=-\dfrac{1}{(z-1)^2}+\dfrac{2}{(z-1)^3}-\dfrac{2^2}{(z-1)^4}+\dfrac{2^3}{(z-1)^5}-\cdots$

$$=\sum_{k=0}^{\infty}(-1)^{k+1}\frac{2^k}{(z-1)^{k+2}} \qquad (|z-1|>2)$$

(3) $\dfrac{1}{1-z^2}=1+z^2+z^4+z^6+\cdots=\sum_{k=0}^{\infty} z^{2k} \qquad (|z|<1)$

(4) $\dfrac{1}{1-z^2}=-\dfrac{1}{z^2}-\dfrac{1}{z^4}-\dfrac{1}{z^6}-\cdots=-\sum_{k=1}^{\infty}\dfrac{1}{z^{2k}} \qquad (|z|>1)$

5. $f(z)=\dfrac{1}{z^2+1}$의 $0<|z-i|<2$에서의 Laurent 급수를 구하라.

(답)

$$\frac{1}{z^2+1}=\frac{-i}{2}(z-i)^{-1}+\frac{1}{2^2}+\frac{i}{2^3}(z-i)-\frac{1}{2^4}(z-i)^2-\frac{i}{2^3}(z-i)^3+\frac{1}{2^4}(z-i)^4-\cdots$$

$$=\sum_{k=-1}^{\infty}\frac{i^k}{2^{k+2}}(z-i)^k \qquad (0<|z-i|<2)$$

6. $f(z)=\dfrac{1}{z^2-7z+10}$에 대하여 주어진 영역에서 Laurent 급수로 전개하라.

(1) $2<|z|<5$

(2) $0<|z-5|<3$

(답) (1) $\dfrac{1}{z^2-7z+10}=\cdots-\dfrac{2^2}{3}z-3-\dfrac{2}{3}z^{-2}-\dfrac{1}{3}z^{-1}-\dfrac{1}{3\cdot 5}-\dfrac{1}{3\cdot 5^2}z-\dfrac{1}{3\cdot 5^3}z^2\cdots$

$$=-\frac{1}{3}\sum_{k=0}^{\infty}\frac{2^k}{z^{k+1}}-\frac{1}{3}\sum_{k=0}^{\infty}\frac{1}{5^{k+1}}z^k \qquad (2<|z|<5)$$

(2) $\dfrac{1}{z^2-7z+10}=\dfrac{1}{3}(z-5)^{-1}-\dfrac{1}{3^2}+\dfrac{1}{3^3}(z-5)+\dfrac{1}{3^4}(z-5)^2+\cdots$

$$=\sum_{k=1}^{\infty}\frac{(-1)^{k+1}}{3^k}(z-5)^{k-2} \qquad (0<|z-5|<3)$$

7. 함수 $f(z)=\dfrac{-3}{(z-2)(z+1)}$에 대하여 주어진 원환 영역에서 Laurent 급수를 구하라.

(1) $1<|z|<2$

(2) $|z|>2$

(3) $0<|z+1|<3$

(답) (1) $\dfrac{-3}{(z-2)(z+1)}=\cdots+z^{-3}-z^{-2}+z^{-1}+\dfrac{1}{2}+\dfrac{1}{2^2}z+\dfrac{1}{2^3}z^3$

$$=\sum_{k=1}^{\infty}(-1)^{k-1}z^{-k}+\sum_{k=0}^{\infty}\frac{1}{2^{k+1}}z^k \qquad (1<|z|<2)$$

(2) $\dfrac{-3}{(z-2)(z+1)}=(-2-1)z^{-2}+\left(-2^2+1\right)z^{-3}+\left(-2^3+1\right)z^{-4}+\left(-2^4+1\right)z^{-5}+\cdots$

$$=\sum_{k=2}^{\infty}\left[-2^{k-1}+(-1)^{k-1}\right]z^{-k} \qquad (|z|>2)$$

(3) $\dfrac{-3}{(z-2)(z+1)}=(z+1)^{-1}+\dfrac{1}{3}+\dfrac{1}{3^2}(z+1)+\dfrac{1}{3^3}+(z+1)^2+\cdots$

$$=(z+1)^{-1}+\sum_{k=0}^{\infty}\frac{1}{3^{k+1}}(z+1)^k \qquad (0<|z+1|<3)$$

8. $|z|>0$에서 수렴하는 Laurent 급수로 다음의 함수를 전개하라.

(1) $\dfrac{1}{z^2}\displaystyle\int_0^z\frac{e^t-1}{t}dt$

(2) $\dfrac{1}{z^3}\displaystyle\int_0^z\frac{\sin t}{t}dt$

(답) (1) $\dfrac{1}{z^2}\displaystyle\int_0^z\frac{e^t-1}{t}dt=\frac{1}{z}+\frac{1}{2\cdot 2!}+\frac{z}{3\cdot 3!}+\frac{z^2}{4\cdot 4!}+\cdots=\sum_{k=1}^{\infty}\frac{1}{k\cdot k!}z^{k-2}$

(2) $\dfrac{1}{z^3}\displaystyle\int_0^z\frac{\sin t}{t}dt=\frac{1}{z^2}-\frac{1}{3\cdot 3!}+\frac{z^2}{5\cdot 5!}-\frac{z^4}{7\cdot 7!}+\cdots=\sum_{k=0}^{\infty}\frac{(-1)^k z^{2k-2}}{(2k+1)(2k+1)!}$

## 5.4 특이점과 영점 및 극

복소함수 $f$가 $z_0$에서 해석적이 아니면 이 점은 특이하다(singular) 또는 함수의 **특이점 (singular point)**이라 한다. $z_0$를 복소함수 $f$의 특이점이라 하자. $f$는 $z_0$에서 해석적이지 않

지만 중심 $z_0$가 제외된 $z_0$의 구멍 뚫린 열린 원판형 근방 $0 < |z - z_0| < R$에서 $f(z)$가 해석적이면 점$z_0$를 $f(z)$의 **고립특이점(isolated singularity)**이라 한다.

예컨대 함수 $f(z) = \dfrac{1}{z-1}$은 $z \neq 1$인 모든 $z$에 대해서 해석적이지만 $z = 1$에서 해석적이지 않다. 따라서 점 $z = 1$은 $f$의 고립특이점이다.

한편 함수 $g(z) = \operatorname{Ln} z$는 원점과 음의 실수축을 제외한 모든 $z$에 대해서 해석적이므로 원점과 음의 실수축의 각 점은 $g$의 특이점이다. $z = 0$의 모든 근방은 음의 실수축위의 점을 포함하므로 $z = 0$는 $\operatorname{Ln} z$의 **비고립특이점(nonisolated singularity)**이다.

이제 구멍 뚫린 열린 원판 $0 < |z - z_0| < R$에서의 Laurent 급수 전개의 경우를 관찰하여 고립특이점을 분류해보자.

**정의 5.1**

$f$는 $z_0$에서 고립특이점을 가지며 Laurent 급수 표현

$$f(z) = \sum_{k=-\infty}^{\infty} a_k (z - z_0)^k \qquad (0 < |z - z_0| < R) \tag{45}$$

을 갖는다고 하자. 이 경우 $z_0$에서 특이점을 다음 형태로 구별한다.

(i) $k = -1, -2, -3, \cdots$ 에 대해서 $a_k = 0$이면 $f$는 $z_0$에서 **제거 가능한 특이점(removable singularity)**을 갖는다.

(ii) $k = -n-1, -n-2, -n-3, \cdots$ 에 대해서 $a_k = 0$이고 $a_{-n} \neq 0$이면 $f$는 $z_0$에서 $n$차 극(pole of order $n$)을 갖는다.

$n = 1$인 경우를 **단순극(simple pole)**라 부른다.

(iii) 무한히 많은 음의 정수 $k$에 대해서 $a_k \neq 0$이면 $f$는 $z_0$에서 **진성특이점(essential singularity)**을 갖는다.

$f(z)$가 $z=z_0$에서 제거 가능한 특이점을 갖는다면 Laurent 급수표현

$$f(z)=\sum_{k=0}^{\infty} a_k(z-z_0)^k \qquad (0<|z-z_0|<R)$$

을 갖는다. 이 거듭제곱 급수는 원판 $|z-z_0|<R$ 내에서 해석함수임을 알 수 있다. 따라서 $f(z_0)=a_0$로 정의하면 함수 $f(z)$는 $z=z_0$에서 해석적이고 특이점은 제거된다. 즉, 제거 가능한 특이점이란 $f(z)$가 $|z-z_0|<R$ 위에서 해석함수가 되도록 $f(z_0)$에 복소수를 부여해 줄 수 있는 특이점을 의미한다.

예를 들어 함수 $f(z)=z^{-1}\sin z$는 고립특이점 $z=0$를 갖는다. $f$에 대한 Laurent 급수는

$$\begin{aligned} f(z) &= \frac{\sin z}{z} \\ &= \frac{1}{z}\left(z-\frac{z^3}{3!}+\frac{z^5}{5!}-\frac{z^7}{7!}+\dots\right) \\ &= 1-\frac{z^2}{3!}+\frac{z^4}{5!}-\frac{z^6}{7!}+\cdots \qquad (|z|>0) \end{aligned}$$

로 주어진다. $f(0)=1$로 정의하면 $f$는 $z=0$에서 해석적이고 특이점은 제거된다.

여기서 제거 가능한 특이점 $z=0$는 $\lim_{z\to 0}|f(z)|=\lim_{z\to 0}\left|\frac{\sin z}{z}\right|=1<\infty$이므로 $f(z)$을 $z=0$를 중심으로 직접 급수전개하지 않고도 음수 거듭제곱 항이 없는 Laurent 급수, 즉 Taylor 급수로 전개됨을 알 수 있다.

$f$는 $z_0$에서 $n$차 극을 갖는다고 가정하자. 이 경우 $f$에 대한 Laurent 급수는

$$f(z)=\sum_{k=-n}^{\infty} a_k(z-z_0)^k \qquad (0<|z-z_0|<R)$$

로 주어지고 여기서 $a_{-n}\neq 0$이다.

예를 들어

$$f(z)=z^{-3}\sin z=\frac{1}{z^2}-\frac{1}{3!}+\frac{z^2}{5!}-\frac{z^4}{7!}+\cdots$$

은 $z=0$에서 2차극을 갖는다.

$f$가 $z_0$에서 1차의 극을 가지면 $f$는 $z_0$에서 **단순극(simple pole)**을 갖는다고 한다.

예를 들어 $f(z)=z^{-2}\sin z$은 고립특이점 $z=0$에서 Laurent로 전개하면

$$\begin{aligned} f(z) &= z^{-2}\sin z \\ &= \frac{1}{z^2}\left(z-\frac{1}{3!}z^3+\frac{1}{5!}z^5-\frac{1}{7!}z^7+\cdots\right) \\ &= \frac{1}{z}-\frac{1}{3!}z+\frac{1}{5!}z^5-\frac{1}{7!}z^7+\cdots \qquad (|z|>0) \end{aligned}$$

이므로 $z=0$에서 단순극을 갖는다.

만일 $(z-z_0)$의 음수 거듭제곱 항이 식 (45)의 Laurent 급수에서 무한개 나타나면 $f$는 $z_0$에서 극을 가질 수 없다. 이 경우에 $z_0$는 $f$의 진성특이점이다.

예를 들어 $f(z)=e^{\frac{1}{z}}$은 $z=0$에서 고립특이점을 가지며 $z=0$에서 $e^{\frac{1}{z}}$을 Laurent 급수로 전개하여

$$e^{\frac{1}{z}}=1+\frac{1}{z}+\frac{1}{2!}\left(\frac{1}{z}\right)^2+\frac{1}{3!}\left(\frac{1}{z}\right)^3+\cdots$$

이므로 $z=0$는 진성특이점이다.

지금까지 논의한 특이점 $z_0$의 종류에 따른 $f(z)$의 Laurent 급수의 형태를 다음과 같이 요약한다.

| 고립특이점 $z = z_0$ | $f(z)$의 Laurent 급수 |
|---|---|
| 제거할 수 있는 특이점 | $f(z)=\sum_{k=0}^{\infty} a_k (z-z_0)^k$ |
| $n$차 극 | $f(z)=\sum_{k=0}^{\infty} a_k (z-z_0)^k + \sum_{k=1}^{n} \frac{a_k}{(z-z_0)^k} = \sum_{k=-n}^{\infty} a_k (z-z_0)^k,\ a_{-n} \neq 0$ |
| 진성 특이점 | $f(z)=\sum_{k=0}^{\infty} a_k (z-z_0)^k + \sum_{k=1}^{\infty} \frac{a_{-k}}{(z-z_0)^k} = \sum_{k=-\infty}^{\infty} a_k (z-z_0)^k$ |

**정리 5.22 제거 가능한 특이점**

함수 $f(z)$가 영역 $0 < |z-z_0| < R$에서 해석함수라 하자. 그러면 $f(z)$가 $z_0$에서 제거 가능한 특이점을 가질 필요충분조건은 $\lim_{z \to z_0} f(z) = L$이 존재하는 것이다. 이 경우에 함수

$$g(z) = \begin{cases} f(z), & z \neq z_0 \\ L, & z = z_0 \end{cases}$$

는 $|z-z_0| < R$ 에서 해석함수이다.

**증명**

만일 $f(z)$가 $z_0$에서 제거 가능한 특이점을 가지면 영역 $|z-z_0| < R$ 에서 $f(z)$가 해석적이 되도록 $f(z_0)$에다 복소수 $L$을 부여할 수 있다. 그러면 $f(z)$는 $|z-z_0| < R$ 에서 연속함수가 되며 $\lim_{z \to z_0} f(z) = f(z_0) = L$이 성립한다.

역으로 $\lim_{z \to z_0} f(z) = L$이 존재한다고 가정하자. 그러면 $g(z)$은 $0 < |z-z_0| < R$에서 해석함수이며, $\lim_{z \to z_0} g(z) = \lim_{z \to z_0} f(z) = L = g(z_0)$이므로 $g(z)$는 $|z-z_0| < R$ 에서 연속함수이다. 따라서 최대 절대값 원리의 따름정리에 의하여 $g(z)$는 $|z-z_0| \leq r\ (< R)$에서 유계함수이므로 $|g(z)| \leq M$ 이라 두자. Laurent 정리에서의 Laurent 계수의 정의에서, $k > 0$인 모든 정수 $k$에 대하여

$$a_{-k} = \frac{1}{2\pi i} \oint_{|z-z_0|=r} g(z)(z-z_0)^{k-1} dz$$

이므로

$$|a_{-k}| \le \frac{1}{2\pi}\oint_{|z-z_0|=r} |g(z)||z-z_0|^{k-1}|dz| \le \frac{Mr^{k-1}}{2\pi}2\pi r = Mr^k$$

이 성립한다. $r$은 임의로 작게 선택되어 질 수 있으므로, $a_{-k}=0\ (k=1,2,3,\dots)$이다. 따라서 $g(z)$의 Laurent 급수는 Taylor 급수가 된다. 그러므로 $g(z)$은 $|z-z_0|<R$ 에서 해석함수이다. ■

---

**정리 5.23 $n$차 극**

$f$는 구멍 뚫린 원판 $0<|z-z_0|<R$에서 해석적이라 하자.

$$f(z)=\frac{h(z)}{(z-z_0)^n},\ h\text{는 } z_0\text{에서 해석적이고 } h(z_0)\ne 0 \tag{46}$$

로 표현되기 위한 필요충분조건은 $f$가 $z_0$에서 $n$차 극을 갖는 것이다.

**증명**

$f$는 $z_0$에서 $n$차 극을 갖는다 하자. $f(z)$는 Laurent 급수

$$f(z)=\sum_{k=-n}^{\infty} a_k(z-z_0)^k \qquad (0<|z-z_0|<R,\ a_{-n}\ne 0)$$

로 표현되고

$$\sum_{k=-n}^{\infty} a_k(z-z_0)^k = (z-z_0)^{-n}\sum_{k=0}^{\infty} a_{k-n}(z-z_0)^k$$

이므로

$$h(z)=\sum_{k=0}^{\infty} a_{k-n}(z-z_0)^k = a_{-n}+a_{1-n}(z-z_0)+a_{2-n}(z-z_0)^2+\dots$$

로 두면 $h(z)$의 거듭제곱급수는 원판 $|z-z_0|<R$에서 수렴하므로 항별 미분정리에 의하여 수렴하는 거듭제곱급수는 해석적이다. 따라서 $h(z)$는 $z_0$에서 해석적이고 $h(z_0)=a_{-n}\ne 0$이다. 즉 $n$은 $h(z)$가 $z_0$에서 해석함수가 되도록 하는 최소의 정수이다.

역으로 식 (46)이 성립하다고 가정하자. $h(z)$은 $z_0$에서 해석적이므로 Taylor 급수

$$h(z)=\sum_{k=0}^{\infty} b_k(z-z_0)^k \quad (\text{단, } h(z_0)=b_0\neq 0)$$

로 표현되고 위 식의 양변을 $(z-z_0)^n$으로 나누면 $f$에 대한 다음 Laurent 급수 표현을 얻을 수 있다.

$$f(z)=\sum_{k=0}^{\infty} b_k(z-z_0)^{k-n}=\sum_{k=-n}^{\infty} b_{k+n}(z-z_0)^k$$

따라서 $f$는 $z_0$에서 $n$차 극을 가짐이 증명되었다. ■

---

$z_0$가 $n$차 극일 경우 $f(z)$은 $z_0$에서 Laurent 급수로 표현된다. 따라서

$$f(z)=\sum_{k=-n}^{\infty} a_k(z-z_0)^k \quad (0<|z-z_0|<R,\ a_{-n}\neq 0)$$

라 두면 식 (46)이 성립하여

$$f(z)=(z-z_0)^{-n}\sum_{k=0}^{\infty} a_{k-n}(z-z_0)^k=(z-z_0)^{-n}h(z)$$

이다. 여기서 $h$는 $z_0$에서 해석적이고 $h(z_0)=a_{-n}\neq 0$이다. $|f(z)|=\dfrac{|h(z)|}{|z-z_0|^n}$에서 $\lim\limits_{z\to z_0}|h(z)|=|h(z_0)|\neq 0$이지만 $\lim\limits_{z\to z_0}\dfrac{1}{|z-z_0|^{n-k}}=\infty$ ( $k=0,1,\ldots,n-1$ ) 이므로

$$\lim_{z\to z_0}\left|(z-z_0)^k f(z)\right|=\lim_{z\to z_0}\frac{\left|(z-z_0)^n f(z)\right|}{|z-z_0|^{n-k}}=\lim_{z\to z_0}\frac{|h(z)|}{|z-z_0|^{n-k}}=\infty\ (n-1\geq k\geq 0)$$

이다. 그러나 $(z-z_0)^n f(z)=h(z)$이므로

$$\lim_{z\to z_0}(z-z_0)^n f(z)=\lim_{z\to z_0}h(z)=h(z_0)=a_{-n}\neq 0$$

이 성립한다.

즉, $z_0$가 $n$차 극일 경우 $\lim_{z\to z_0}\left|(z-z_0)^k f(z)\right| = \infty$ $(k=0,1,\dots,n-1)$이고, $\lim_{z\to z_0}\left|(z-z_0)^n f(z)\right| < \infty$이다.

역으로 $\lim_{z\to z_0}\left|(z-z_0)^n f(z)\right| < \infty$와 $\lim_{z\to z_0}\left|(z-z_0)^k f(z)\right| = \infty$ $(k=0,1,2,\dots,n-1)$이면 $h(z)$의 Laurent 급수 표현에서 $z_0$에서 음의 거듭제곱항을 가지지 않으므로 $\lim_{z\to z_0}(z-z_0)^n f(z) = \lim_{z\to z_0} h(z) = h(z_0)$이다.

만일 $h(z_0)=0$이라면

$(z-z_0)^n f(z) = h(z) = (z-z_0)^m\left[c_0 + c_1(z-z_0) + \dots\right] = (z-z_0)^m g(z)$ $(m \ge 1, g(z_0)=c_0 \ne 0)$

으로부터

$$(z-z_0)^{n-m} f(z) = g(z) \quad (g(z_0) \ne 0)$$

이므로

$$\lim_{z\to z_0}\left|(z-z_0)^{n-m} f(z)\right| < \infty \quad (n-m < n)$$

가 되어 $\lim_{z\to z_0}\left|(z-z_0)^k f(z)\right| = \infty$ $(k=0,1,\dots,n-1)$에 모순된다. 즉 $h(z_0) \ne 0$이다.

따라서

$$f(z) = \frac{h(z)}{(z-z_0)^n},\ h\text{는 } z_0\text{에서 해석적이고 } h(z_0) \ne 0 \qquad (0 < |z-z_0| < R)$$

이 성립하므로 $f$가 $z_0$에서 $n$차 극을 갖는다.

마지막으로, $z_0$가 $f$의 진성특이점일 경우 제거 가능한 점도 아니고 극도 아니므로 $\lim_{z\to\infty}|f(z)| = \infty$일 뿐만 아니라 어떠한 양의 정수 $n$에 대해서도 $(z-z_0)^n f(z)$이 $z_0$에서 해석적이 되게 할 수 없다. 따라서 모든 음이 아닌 정수 $n$에 대해서

$$\lim_{z\to z_0}\left|(z-z_0)^n f(z)\right| = \infty$$

이 성립한다.

또한 역으로 $\lim_{z \to z_0}|f(z)| = \infty$이면, $z_0$가 제거 가능한 특이점이 아니고, 모든 양의 정수 $n$에 대하여 $\lim_{z \to z_0}\left|(z-z_0)^n f(z)\right| = \infty$이면 $\lim_{z \to z_0}\left|(z-z_0)^n f(z)\right| < \infty$인 양의 정수 $n$이 존재하지 않으므로 $z_0$가 극이 될 수 없다. 따라서 $z_0$는 진성특이점이다.

위의 사실들을 요약하면 고립특이점 $z_0$에서의 $f(z)$의 Laurent 급수 표현에서

(a) $z_0$가 제거 가능한 특이점일 필요충분조건은 $\lim_{z \to z_0}|f(z)| < \infty$

(b) $z_0$가 $n$차 극일 필요충분조건은 $\lim_{z \to z_0}\left|(z-z_0)^k f(z)\right| = \infty \ (k = 0, 1, ..., n-1)$,

$$\lim_{z \to z_0}\left|(z-z_0)^n f(z)\right| < \infty$$

(c) $z_0$가 진성특이점일 필요충분조건은 모든 음이 아닌 정수 $n$에 대해서

$$\lim_{z \to z_0}\left|(z-z_0)^n f(z)\right| = \infty$$

이다.

### ◆ 영점(zero)

다음을 해석함수 $f(z)$의 **영점(zero)**에 대해 살펴보자. 만일 $z = z_0$에서 $f(z_0) = 0$이면 $f(z)$는 $z = z_0$에서 영점을 갖는다고 정의한다.

함수 $f(z)$가 $z_0$에서 해석적이면 Taylor 급수표현

$$f(z) = \sum_{k-0}^{\infty} a_k (z-z_0)^k \qquad (|z-z_0| < R)$$

여기서 $a_0 = f(z_0)$이고 $a_k = \dfrac{f^{(k)}(z_0)}{k!}$이다.

$a_0 = 0$이면 $f(z_0) = 0$이므로 $z_0$는 $f$의 영점이다. 만일

$$a_0 = a_1 = \cdots = a_{n-1} = 0, \ a_n \neq 0$$

이면 $f$는 $z_0$에서 $n$차 영점(zero)을 갖는다 한다. 즉,

$$f(z_0)=f'(z_0)=\cdots=f^{(n-1)}(z_0)=0, \quad f^{(n)}(z_0)\neq 0$$

인 경우 $f$는 $z_0$에서 $n$차 영점을 가진다.

예를 들어

$$f(z)=z\sin z^2=z^3-\frac{z^7}{3!}+\frac{z^{11}}{5!}-\frac{z^{15}}{7!}+\cdots$$

이므로 $z=0$에서 3차 영점을 가진다. 1차 영점은 **단순영점(simple zero)**이라 부른다.

---

### 정리 5.24

$n$차 영점 $f$를 점 $z_0$에서 해석적이라 하자. 이 경우 함수 $f$가

$$f(z)=(z-z_0)^n g(z) \quad (\text{단 } g\text{는 } z_0\text{에서 해석적이고 } g(z_0)\neq 0) \tag{47}$$

로 표현되기 위한 필요충분조건은 $f$가 $z_0$에서 $n$차 영점을 갖는 것이다.

**증명**

해석함수 $f$가 $z_0$에서 $n$차 영점을 가질 때

$$f(z_0)=f'(z_0)=\cdots=f^{(n-1)}(z_0)=0,\ f^{(n)}(z_0)\neq 0$$

이므로 $f(z)$의 영점 $z_0$에서의 Taylor 급수는

$$\begin{aligned} f(z) &= a_n(z-z_0)^n+a_{n+1}(z-z_0)^{n+1}+\cdots \\ &= \sum_{k=n}^{\infty} a_k(z-z_0)^k \\ &= \sum_{k=0}^{\infty} a_{n+k}(z-z_0)^{n+k} \\ &= (z-z_0)^n\sum_{k=0}^{\infty} a_{n+k}(z-z_0)^k \qquad (a_n\neq 0) \end{aligned}$$

이고

$$g(z) = a_n + a_{n+1}(z - z_0) + \cdots$$
$$= \sum_{k=0}^{\infty} a_{n+k}(z - z_0)^k \qquad (a_n \neq 0)$$

이라 두면 $g(z)$는 거듭제곱급수이므로 해석함수가 되어 연속이고 $g(z_0) = a_n \neq 0$이다.

역으로 해석함수 $f(z)$가 식 (47)로 주어진다 하자. $g$는 $z_0$에서 해석적이기 때문에 거듭제곱급수표현

$$g(z) = \sum_{k=0}^{\infty} b_k(z - z_0)^k \qquad (|z - z_0| < R) \tag{48}$$

을 갖는다. 여기서 $g(z_0) = b_0 \neq 0$이다. 위 식 (48)의 양변에 $(z - z_0)^n$을 곱하면 $f$에 대한 다음 거듭제곱 표현을 얻을 수 있다.

$$f(z) = \sum_{k=0}^{\infty} b_k(z - z_0)^{k+n} = \sum_{k=n}^{\infty} b_{k-n}(z - z_0)^k$$

따라서 $f$는 $z_0$에서 $n$차 영점을 갖는다. ■

---

**정리 5.25 해석함수의 영점**

해석함수 $f(z)(\neq 0)$의 영점들은 고립되어 있다. 즉, 그들 각각은 그 근방에서 더 이상의 $f(z)$의 영점을 갖고 있지 않다.

**증명**

해석함수 $f(z)$가 $n$차 영점 $z_0$를 가지면 식 (47)이 성립한다. $g(z_0) \neq 0$이고 $g(z)$이 $z_0$에서 연속이므로 $z_0$의 어떤 근방에서도 $g(z) \neq 0$이다. 따라서 $f(z)$도 $z_0$의 어떤 근방에서도 $f(z) \neq 0$이며 오직 $z_0$에서만 $f(z_0) = 0$이 성립한다. 그러므로 해석함수 $f(z)(\neq 0)$의 영점들은 고립되어 있다. ■

### ◆ 극과 영점

함수 $f(z)$가 분수함수

$$f(z)= \frac{g(z)}{h(z)}$$

라 할 때 $f(z)$의 극은 $h(z)=0$이 되는 점에서 나타나고, $f(z)$의 극의 차수는 $h(z)$의 영점의 차수와 동일하다. 또한 $f(z)$의 영점은 $g(z)=0$이 되는 점에서 나타나고 $f(z)$의 영점의 차수는 $g(z)$의 영점의 차수와 같다.

분수함수의 영점과 극의 개수는 $z=\infty$를 포함한다면 언제나 같다. 예를 들어,

$$f(z)= \frac{z-i}{(z-2)(z-3)}$$

에서 $z=2$과 $z=3$는 단순극이고 $z=i$은 단순영점이다. $f(z)$의 극의 개수는 2이고 영점의 개수는 1이다. 그런데 $f(z)$에는 $z=i$에만 있는 것처럼 보이지만

$$f(z) = \frac{z\left(1-\dfrac{i}{z}\right)}{z^2\left(1-\dfrac{2}{z}\right)\left(1-\dfrac{3}{z}\right)} = \frac{1-\dfrac{i}{z}}{z\left(1-\dfrac{2}{z}\right)\left(1-\dfrac{3}{z}\right)}$$

이므로 $z=\infty$도 $f(\infty)=0$이므로 영점이 될 수 있다.

따라서 복소수의 무한대 $\infty$까지 포함하게 되면 분수함수의 영점과 극의 개수는 같다고 결론지을 수 있다.

**예제 1**

다음 함수들의 고립 특이점의 종류를 분류하고 고립 특이점을 중심으로 급수 전개하라.

(i) $f(z)=z^{-2}(\cos z-1)$

(ii) $f(z)=z^{-1}e^{z}$

(iii) $f(z)=z^{-3}e^{z}$

(iv) $f(z)=z^{2}\sin\dfrac{1}{z}$

**풀이**

( i ) $f(z)= z^{-2}(\cos z - 1)$은 $z = 0$에서 고립 특이점을 갖는다. $\cos z$의 Maclaurin 급수

$$\cos z = 1 - \frac{1}{2!}z^2 + \frac{1}{4!}z^4 - \frac{1}{6!}z^6 + \cdots$$

를 이용하여

$$f(z) = \frac{1}{z^2}\left(-\frac{1}{2!}z^2 + \frac{1}{4!}z^4 - \frac{1}{6!}z^6 + \cdots\right)$$

$$= -\frac{1}{2} + \frac{z^2}{4!} - \frac{z^4}{6!} - \frac{z^6}{8!} + \cdots$$

$$= \sum_{k=0}^{\infty} \frac{(-1)^k}{(2k)!} z^{2k} \qquad (|z| > 0)$$

이므로 $z = 0$는 제거 가능한 특이점이고 $\lim_{z \to 0} f(z) = -\frac{1}{2}$이며 $f(0) = -\frac{1}{2}$로 정의하면 $f$는 모든 $z$에 대해서 해석적이다.

( ii ) $f(z)= z^{-1}e^z$는 $z = 0$에서 고립특이점이고 $0 < |z|$에서 해석적이다. 그리고 $e^z$은 해석적이고 $e^0 = 1 \neq 0$이므로 $n$차 극의 정리에 의해 $f(z)= z^{-1}e^z$은 $z = 0$에서 1차 극(단순극)을 가지며 $e^z$의 Maclaurin 급수

$$e^z = 1 + \frac{1}{1!}z + \frac{1}{2!}z^2 + \frac{1}{2!}z^3 + \cdots$$

를 이용하여

$$f(z)= z^{-1}e^z = \frac{1}{z} + 1 + \frac{z}{2!} + \frac{z^2}{3!} + \cdots$$

$$= \sum_{k=0}^{\infty} \frac{z^{k-1}}{k!} \qquad (|z| > 0)$$

임을 알 수 있다.

(iii) $f(z) = z^{-3}e^z$는 $z=0$에서 고립특이점이고 $0 < |z|$에서 해석적이다. 그리고 $e^z$은 해석적이며 $e^0 = 1 \neq 0$이므로 $n$차 극의 정리에 의해 $f(z) = z^{-3}e^z$는 $z=0$에서 3차 극을 가진다. $e^z$의 Maclaurin 급수에서 $z^3$을 나누어

$$\begin{aligned} f(z) &= z^{-3}e^z \\ &= \frac{1}{z^3}\left(1 + z + \frac{1}{2!}z^2 + \frac{1}{3!}z^3 + \cdots\right) \\ &= \frac{1}{z^3} + \frac{1}{z^2} + \frac{1}{2!}\frac{1}{z} + \frac{1}{3!} + \frac{1}{4!}z + \cdots \\ &= \sum_{k=0}^{\infty} \frac{z^{k-3}}{k!} \qquad (|z| > 0) \end{aligned}$$

을 얻는다.

(iv) $f(z) = z^2 \sin\dfrac{1}{z}$은 $z=0$에서 고립특이점이고 $0 < |z|$에서 해석적이다. $\sin z$의 Maclaurin 급수

$$\sin z = z - \frac{1}{3!}z^3 + \frac{1}{5!}z^5 - \frac{1}{7!}z^7 + \cdots$$

를 이용하여

$$\sin\frac{1}{z} = \frac{1}{z} - \frac{1}{3!}\frac{1}{z^3} + \frac{1}{5!}\frac{1}{z^5} - \frac{1}{7!}\frac{1}{z^7} + \cdots$$

이므로

$$\begin{aligned} f(z) &= z^2 \sin\frac{1}{z} \\ &= z^2\left(\frac{1}{z} - \frac{1}{3!}\frac{1}{z^3} + \frac{1}{5!}\frac{1}{z^5} - \frac{1}{7!}\frac{1}{z^7} + \cdots\right) \\ &= z - \frac{1}{3!}\frac{1}{z} + \frac{1}{5!}\frac{1}{z^3} - \frac{1}{7!}\frac{1}{z^5} + \cdots \end{aligned}$$

$$= \sum_{k=1}^{\infty} \frac{(-1)^{k-1}}{(2k-1)!z^{2k-1}} \qquad (|z|>0)$$

이고, $f(z)$는 $z=0$에서 진성특이점을 갖는다. ■

### 예제 2

다음 함수의 $z_0=0$에서의 영점의 차수를 구하라.

(ⅰ) $f(z)=z^2e^z$

(ⅱ) $f(z)=\sin(z^2)$

**풀이**

(ⅰ) $f(z)=z^2e^z$은 $e^z$은 해석적이고 $e^0=1\neq 0$이므로 $n$차 영점 정리에 의해 2차 영점이다.

다른 방법으로는 $n$차 영점의 정의에 의하여

$f(0)=0$

$f'(0)=2ze^z+z^2e^z\ \big|_{z=0}=0$

$f''(0)=2e^z+4ze^z+z^2e^z\ \big|_{z=0}=2\neq 0$

이므로 $f(z)=z^2e^z$은 $z=0$에서 2차 영점이다.

(ⅱ) $\sin z$의 Maclaurin 급수

$$\sin z = z-\frac{1}{3!}z^3+\frac{1}{5!}z^5-\frac{1}{7!}z^7+\cdots$$

를 이용하여

$$\sin(z^2)=z^2-\frac{1}{3!}(z^2)^3+\frac{1}{5!}(z^2)^5-\frac{1}{7!}(z^2)^7+\cdots$$

$$=z^2\left(1-\frac{1}{3!}z^4+\frac{1}{5!}z^8-\frac{1}{7!}z^{12}+\cdots\right)$$

이므로

$$g(z) = 1 - \frac{1}{3!}z^4 - \frac{1}{5!}z^8 - \frac{1}{7!}z^{12} + \cdots$$

라 두면 $g(z)$은 $z=0$에서 해석적이고 $g(0)=1 \neq 0$이므로 $n$차 영점 정리에 의해 $\sin z^2 = z^2 g(z)$는 2차 영점을 갖는다.

다른 방법으로는 $n$차 영점의 정의에 의하여

$f(0) = 0$

$f'(0) = \cos(z^2)2z \,\big|_{z=0} = 0$

$f''(z) = -\sin(z^2)2z + 2\cos(z^2) \,\big|_{z=0} = 2 \neq 0$

이므로 $z=0$는 $f(z) = \sin(z^2)$의 2차 영점이다. ■

예제 3

다음 분수함수 $f(z)$의 영점과 극점을 구하고 차수를 구하라.

(i) $f(z) = \dfrac{(z+2)(z+3)^2}{(z-1)^2(z+1)^3(z+5)}$

(ii) $f(z) = \dfrac{\tan z}{z}$

**풀이**

(i) 분수함수의 극점은 분모를 0으로 만드는 점, 즉 분모의 영점에서 분수함수의 극이 나타난다. $f(z)$는 $z=-1$에서 3차 극, $z=1$에서 2차 극, $z=-5$에서 단순극을 가진다. 또한 분수함수의 영점은 분자를 0으로 만드는 점에서 분수 함수의 영점이 나타나게 되므로 $f(z)$는 $z=-2$에서 단순영점, $z=-3$에서 2차 영점을 가진다.

(ii) $f(z) = \dfrac{\tan z}{z} = \dfrac{\sin z}{z\cos z}$는 $\sin z = 0$에서 $f(z)$의 영점이 나타나고 영점은 $z = n\pi$ ($n$은 정수)이다.

또한 $f'(n\pi)=\cos(n\pi)\neq 0$이므로 $f(z)$의 영점 $z=n\pi$($n$은 정수)는 단순영점이다.

한편 $g(z)=z\cos z$이라 두면 $f(z)=\dfrac{\sin z}{g(z)}$이고 $g(z)=z\cos z=0$에서 $f(z)$의 고립특이점이 생기고 $z=0$와 $z=\dfrac{(2n+1)\pi}{2}$ ($n$은 정수)이다.

$$\begin{aligned} f(z) &= \frac{1}{z\cos z}\left(z-\frac{1}{3!}z^3+\frac{1}{5!}z^5-\cdots\right) \\ &= \frac{1}{\cos z}\left(1-\frac{1}{3!}z^2+\frac{1}{5!}z^4-\cdots\right) \end{aligned}$$

이므로 $f(0)=1$이다. 따라서 $f(z)$는 $z=0$에서 해석적이고 $f(0)=1\neq 0$이다.
그러므로 $z=0$는 $f(z)$의 제거 가능한 특이점이다.

한편 $z=\dfrac{(2n+1)\pi}{2}$ ($n$은 정수)에서 $g\left(\dfrac{(2n+1)\pi}{2}\right)=0$이고 $g'(z)=\cos z-z\sin z$이므로

$$g'\left(\frac{(2n+1)\pi}{2}\right)=\cos\left(\frac{(2n+1)\pi}{2}\right)-\frac{(2n+1)\pi}{2}\sin\left(\frac{(2n+1)\pi}{2}\right)\neq 0$$

이 성립한다. 따라서 $z=\dfrac{(2n+1)\pi}{2}$ ($n$은 정수)는 $g(z)$의 단순영점이므로 $f(z)$의 단순극이다.

다시 말해서

① $f(z)$은 $z=n\pi$($n\neq 0$인 정수)에서 단순영점이다.

② $f(z)$은 $z=\dfrac{(2n+1)\pi}{2}$ ($n$은 정수)에서 단순극이다.

③ $f(z)$은 $z=0$에서 해석적이고 $f(0)=1\neq 0$이므로 $z=0$는 $f(z)$의 제거 가능한 특이점이다. ■

### 연습문제 5.4

1. 다음 함수들의 영점과 극을 구하고 차수를 결정하라.

(1) $f(z)=\dfrac{1}{5z^4+24z^2-5}$

(2) $f(z)=z^2\tan(\pi z)$

(3) $f(z)=\dfrac{\cos(\pi z)}{z^2\sin(\pi z)}$

(답) (1) $z=\pm\sqrt{5}\,i,\ \pm\dfrac{1}{\sqrt{5}}$은 단순극

(2) $z=n(n\neq 0,$ 정수$)$는 단순 영점, $z=0$는 3차 영점, $z=n+\dfrac{1}{2}(n$은 정수$)$는 단순극

(3) $z=n(n\neq 0,$ 정수$)$는 단순극, $z=0$는 3차극, $z=n+\dfrac{1}{2}(n$은 정수$)$는 단순영점

## 5.5 유수와 유수정리

지금까지 $f(z)$의 Laurent 급수로부터 여러 종류의 특이점에 대해 살펴보았고, 복소선적분(경로적분)을 Cauchy 적분정리와 적분공식 그리고 도함수에 대한 Cauchy 적분공식 등을 활용하여 계산하였다.

Cauchy 적분공식은 피적분함수의 형태가 $\dfrac{f(z)}{(z-z_0)^n}$ $(n=1,\ 2,\ \cdots)$이고, $f$가 해석함수인 경우 단순 폐곡선 상에서 적분을 계산하는데 유용하다. 이 경우에 있어서 피적분함수의 특이점은 $z_0$에서 $n$차 극이다.

이제 이 결과를 곡선 $C$의 내부에 유한개의 고립특이점을 갖는 함수의 적분으로 확장하고자 한다. 복소함수의 유수(Residue) 개념을 도입하여 복소선적분(경로적분)을 계산할 수 있는 방법에 대해 살펴본다. 이 새로운 방법은 피적분 함수가 $z_0$에서 진성 특이점을 갖는 경우에도 적용할 수 있다.

$f$가 점 $z_0$에서 고립특이점을 갖는다고 하자.

이 경우 Laurent 정리에 의해 $f$는 Laurent 급수표현

$$f(z)=\sum_{k=-\infty}^{\infty} a_k(z-z_0)^k \qquad (0<|z-z_0|<R) \tag{49}$$

을 갖는다. $\dfrac{1}{z-z_0}$의 계수 $a_{-1}$을 $z_0$에서 $f$의 유수(留數, Residue)라 하고 기호로

$$Re(f(z),\ z_0)=a_{-1} \tag{50}$$

을 사용한다.

### 예제 1

$f(z)=e^{\frac{2}{z}}$일 때 $Res(f(z),\ 0)$를 계산하라.

**풀이**

$z=0$에서 Laurent 급수는

$$\begin{aligned} f(z)=e^{\frac{2}{z}} &= 1+\frac{2}{z}+\frac{1}{2!}\left(\frac{2}{z}\right)^2+\frac{1}{3!}\left(\frac{2}{z}\right)^3+\cdots \\ &= 1+\frac{2}{z}+\frac{2^2}{2!z^2}+\frac{2^3}{3!z^3}+\cdots \qquad (0<|z|) \end{aligned}$$

이므로 $z=0$는 $f(z)=e^{\frac{2}{z}}$의 진성특이점이며

$$Res(f(z),\ 0)=2$$

이다. ■

### 예제 2

$g(z)=\dfrac{3}{2z+z^2-z^3}$일 때 $Res(g(z),\ 0)$을 구하라.

**풀이**

$$g(z)=\frac{3}{-z(z^2-z-2)}=\frac{3}{-z(z-2)(z+1)}=\frac{1}{z}\left[\frac{-1}{z-2}+\frac{1}{z+1}\right]$$

이고 $z=-1,\ 0,\ 2$에서 고립특이점이므로 $z=0$에서 $g(z)$의 Laurent 급수는

$$\begin{aligned}
g(z) &= \frac{1}{z}\left[\frac{-1}{z-2}+\frac{1}{z+1}\right] \\
&= \frac{1}{z}\left[\frac{1}{2}\frac{1}{1-\frac{z}{2}}+\frac{1}{1+z}\right] \\
&= \frac{1}{z}\left\{\frac{1}{2}\left[1+\left(\frac{z}{2}\right)+\left(\frac{z}{2}\right)^2+\left(\frac{z}{2}\right)^3+\cdots\right]+\left[1-z+z^2-z^3+\cdots\right]\right\} \\
&= \left[\frac{1}{2}z^{-1}+\frac{1}{2^2}+\frac{1}{2^3}z+\frac{1}{2^4}z^2+\cdots\right]+\left[z^{-1}-1+z-z^2+\cdots\right] \\
&= \sum_{n=0}^{\infty}\left[(-1)^n+\frac{1}{2^{n+1}}\right]z^{n-1} \qquad (0<|z|<1) \\
&= \frac{3}{2}\frac{1}{z}-\frac{3}{4}+\frac{9}{8}z-\frac{15}{16}z^2+\cdots
\end{aligned}$$

이다. 따라서 $z=0$는 $g(z)$의 단순극이며

$$Res(g(z),\ 0)=\frac{3}{2}$$

이다. ■

Laurent 정리에 의해 Laurent 급수 (49)의 계수는

$$a_n=\frac{1}{2\pi i}\oint_C\frac{f(z)}{(z-z_0)^{n+1}}dz \qquad (n=0,\ \pm 1,\ \pm 2,\ \cdots) \tag{51}$$

로 주어지고, 여기서 적분경로 $C$는 중심 $z_0$이고 반지름 $r(0<r<R)$인 양의 방향을 갖는 원이다. 따라서 식 (51)에서 $n=-1$이라 두면

$$\oint_C f(z)dz = 2\pi i a_{-1} = 2\pi i\, Res\big(f(z), z_0\big) \tag{52}$$

를 얻는다. 여기서 $z_0$는 $C$의 내부에 있는 유일한 $f$의 특이점이다. 따라서 $f$의 Laurent 급수를 구할 수 있으면 $f$의 선적분을 계산하는데 식 (52)는 유용하다.

### 예제 3

단순폐곡선 $C$가 양의 방향을 갖는 단위원 $|z|-1$일 때 $\oint_C c^{\frac{2}{z}}dz$을 계산하라.

**풀이**

예제 1에서 $z=0$에서의 $f(z)=e^{\frac{2}{z}}$의 Laurent 급수는

$$f(z)=e^{\frac{2}{z}}=1+\left(\frac{2}{z}\right)+\frac{1}{2!}\left(\frac{2}{z}\right)^2+\frac{1}{3!}\left(\frac{2}{z}\right)^3+\cdots \qquad (2<|z|)$$

이므로 $z=0$는 $f(z)=e^{\frac{2}{z}}$의 진성특이점이며, $z=0$에서의 $f(z)=e^{\frac{2}{z}}$의 유수는

$$Res\,(f(z),\ 0)=2$$

이다. 또한 $z=0$는 단위원 $C: |z|=1$의 내부에서 유일한 고립특이점이므로 식 (52)에 의해

$$\oint_C e^{\frac{2}{z}}dz-2\pi i Res(f(z),\ 0)-4\pi i$$

이다. ■

### 예제 4

적분 경로 $C$가 양의 방향을 갖는 단위원 $|z|=1$ 일 때 선적분

$$\oint_{|z|=1}\frac{\cos z}{z^3}dz$$

의 값을 유수를 이용하여 구하라.

**풀이**

함수 $f(z)=\dfrac{\cos z}{z^3}$은 $z=0$에서 유일한 고립특이점을 가지며 단위원의 내부 영역 즉, $|z|<1$에서도 $z=0$는 이 함수의 유일한 고립특이점이다. 또한 이 함수의 $0<|z|<\infty$에서의 Laurent 급수를 구하면

$$\begin{aligned} f(z) &= \frac{\cos z}{z^3} \\ &= \frac{1}{z^3}\left(1-\frac{1}{2!}z^2+\frac{1}{4!}z^4-\frac{1}{6!}z^6+\cdots\right) \\ &= \frac{1}{z^3}-\frac{1}{2!}\frac{1}{z}+\frac{1}{4!}z^2-\frac{1}{6!}z^4+\cdots \end{aligned}$$

이므로 $z=0$는 $f(z)=\dfrac{\cos z}{z^3}$의 3차 극이며 $z=0$에서의 $f(z)=\dfrac{\cos z}{z^3}$의 유수는

$$Res(f(z),\ 0)=\frac{-1}{2}$$

이다. 따라서 식 (52)에 의해

$$\oint_{|z|=1}\frac{\cos z}{z^3}dz=2\pi i\,Res(f(z),\ 0)=2\pi i\left(-\frac{1}{2}\right)=-\pi i$$

이다. ■

예제 5

적분 경로 $C$가 시계 방향(음의 방향)의 원 $|z|=\dfrac{1}{2}$일 때 다음의 선적분(경로 적분)의 값을 유수를 이용하여 구하라.

$$\oint_C \frac{1}{z^2(1+z)}\,dz$$

**풀이**

함수 $f(z)=\dfrac{1}{z^2(1+z)}$은 $z=0$와 $z=-1$에서 고립특이점을 가지며 경로 $C$의 내부, 즉 $|z|<\dfrac{1}{2}$에서는 $z=0$가 유일한 고립특이점이다. 이 함수의 $0<|z|<1$에서의 Laurent 급수는

$$\begin{aligned} f(z) &= \frac{1}{z^2(1+z)} \\ &= \frac{1}{z^2}(1-z+z^2-z^3+\cdots) \\ &= \frac{1}{z^2}-\frac{1}{z}+1-z+z^2-z^3+\cdots \end{aligned}$$

이므로 $z=0$는 $f(z)=\dfrac{1}{z^2(1+z)}$의 2차 극이며 $z=0$에서의 $f(z)=\dfrac{1}{z^2(1+z)}$의 유수는

$$Res(f(z),\ 0)=-1$$

이다. 따라서, 반시계방향(양의 방향)의 $-C$상의 선적분은 식 (52)에 의해

$$\oint_{-C} \frac{1}{z^2(1+z)}dz = 2\pi i\, Res(f(z),\ 0) = 2\pi i(-1) = -2\pi i$$

이다. 그러므로 주어진 시계 방향(음의 방향)의 $C$상의 선적분(경로적분)은

$$\oint_C \frac{1}{z^2(1+z)}dz = 2\pi i$$

이다. ■

**정리 5.26 (Residue Theorem, 유수정리)**

$D$를 단순연결영역이라 하고 적분경로 $C$를 $D$내에 있는 양의 방향을 갖는 단순 폐곡선이라 하자. 만일에 $f$가 $C$내부에 있는 점 $z_1,\ z_2,\ \cdots,\ z_n$을 제외한 $C$의 내부 및 $C$ 위에서 해석적이면

$$\oint_C f(z)\,dz = 2\pi i \sum_{k=1}^{n} Res(f(z),\ z_k) \tag{53}$$

이다.

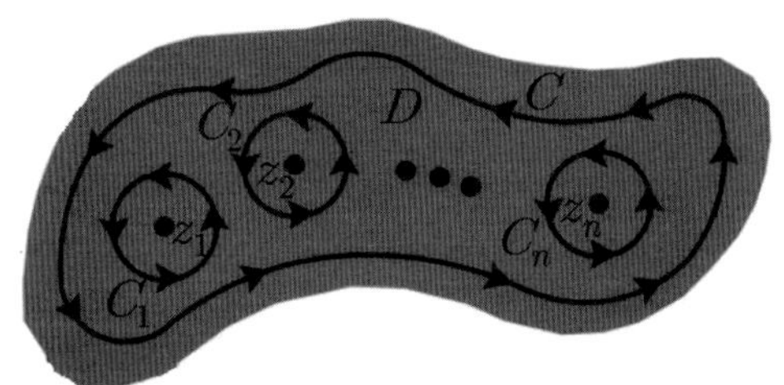


**그림 5.12** 유수정리의 영역 $D$, 곡선 $C$와 특이점 $z_1, z_2, \cdots, z_n$

**증명**

$C$의 내부에 특이점이 유한개만 있으니, 원 $C_k : |z-z_k| = r,\ (k=1,\ 2,\ \cdots,\ n)$들이 서로 만나지 않고 모두가 $C$의 내부에 있도록 $r>0$을 택할 수 있다. 확장된 경로변형의 원리를 사용하여

$$\int_C f(z)dz = \sum_{k=1}^{n} \int_{C_k} f(z)dz \tag{54}$$

를 얻는다. $f$는 원 $C_k$를 포함하는 중심이 $z_k$인 구멍 뚫린 원판에서 해석적이므로 식 (52)를 사용하여

$$\int_{C_k} f(z)dz = 2\pi i Res(f(z),\ z_k) \quad (k=1,\ 2,\ \cdots,\ n) \tag{55}$$

를 얻는다. 식 (55)를 식 (54)에 대입하여

$$\oint_C f(z)dz = 2\pi i \sum_{k=1}^{n} Res(f(z),\ z_k)$$

식 (53)을 얻는다. ■

### ◆ 유수의 계산

$z_0$에서의 유수는 Laurent 급수 전개의 계수 $a_{-1}$만을 포함한다. 따라서 특이점의 성질을 이용하여 유수를 계산하는 방법을 알아본다.

만일에 $f$가 $z_0$에서 제거 가능한 특이점을 가지면 $a_{-n}=0$ ( $n=1,\ 2,\ \cdots$ )이므로, $z_0$가 제거 가능한 특이점이면 $Res(f(z),\ z_0)=0$이다.

#### 정리 5.27 극에서의 유수공식

( i ) $f$가 $z_0$에서 단순극을 가지면

$$Res(f(z),\ z_0)=\lim_{z\to z_0}(z-z_0)f(z) \tag{56}$$

( ii ) $f$가 $z_0$에서 2차 극을 가지면

$$Res(f(z),\ z_0)=\lim_{z\to z_0}\frac{d}{dz}(z-z_0)^2 f(z) \tag{57}$$

(iii) $f$가 $z_0$에서 $n$차 극을 가지면

$$Res(f(z),\ z_0)=\frac{1}{(n-1)!}\lim_{z\to z_0}\frac{d^{n-1}}{dz^{n-1}}(z-z_0)^n f(z) \qquad n=1,\ 2,\ \cdots \tag{58}$$

**증명**

$f$가 $z_0$에서 단순극을 갖는다면

$$f(z)=\frac{a_{-1}}{z-z_0}+a_0+a_1(z-z_0)+a_2(z-z_0)^2+\cdots$$

로 표현할 수 있다. 양변에 $(z-z_0)$를 곱하고 $z\to z_0$이면

$$\lim_{z \to z_0}(z-z_0)f(z) = \lim_{z \to z_0}\left[a_{-1} + a_0(z-z_0) + a_1(z-z_0)^2 + \cdots\right]$$
$$= a_{-1} = Res(f(z),\ z_0)$$

가 얻어지고 식 (56)이 증명되었다.

식 (57)은 식 (58)의 특수한 경우이므로 $f(z)$는 $z_0$에서 $n$차 극을 갖는다고 가정하자. 이 경우 $f$는

$$f(z) = \frac{a_{-n}}{(z-z_0)^n} + \frac{a_{-n+1}}{(z-z_0)^{n-1}} + \cdots + \frac{a_{-1}}{z-z_0} + a_0 + a_1(z-z_0) + \cdots$$

이고 위 식의 양변에 $(z-z_0)^n$을 곱하여

$$(z-z_0)^n f(z) = a_{-n} + \cdots + a_{-1}(z-z_0)^{n-1} + a_0(z-z_0)^n + \cdots$$

을 얻고, 양변을 $n-1$회 미분하면

$$\frac{d^{n-1}}{dz^{n-1}}(z-z_0)^n f(z) = (n-1)!a_{-1} + n!a_0(z-z_0) + \frac{(n+1)!}{2}a_1(z-z_0)^2 + \cdots$$

을 얻는다. 이 때 위 식에서 $z \to z_0$이면

$$\lim_{z \to z_0}\frac{d^{n-1}}{dz^{n-1}}(z-z_0)^n f(z) = (n-1)!\ a_{-1}$$
$$= (n-1)!\ Res(f(z),\ z_0)$$

이므로 식 (58)이 증명되었다. ■

---

### ◆ 단순극을 갖는 분수함수에 대한 유수계산

다음의 분수함수 $f(z)$가 $z = z_0$에서 단순극을 가진다고 하자(즉 $h(z_0) = 0$). 그러면

$$f(z) = \frac{g(z)}{h(z)},\ g(z_0) \neq 0$$

이다. $z=z_0$에서 $f(z)$의 유수를 계산하면

$$Res(f(z),\ z_0)=\lim_{z\to z_0}(z-z_0)f(z)\ =\lim_{z\to z_0}(z-z_0)\frac{g(z)}{h(z)}$$

$$=\lim_{z\to z_0}\frac{g(z)}{\left[\dfrac{h(z)-h(z_0)}{z-z_0}\right]}\ =\frac{g(z_0)}{h'(z_0)}$$

이므로 다음의 관계식을 얻는다.

$$Res(f(z),\ z_0)=\frac{g(z_0)}{h'(z_0)} \tag{59}$$

식 (59)는 분수함수가 단순극을 가질 때 간단히 유수를 구할 수 있는 편리한 식이다.

**예제 6**

다음 함수 $f(z)$에서 $z=1$과 $z=2$에서의 유수를 구하라.

$$f(z)=\frac{z}{(z-1)^2(z-2)}$$

**풀이**

$z=1$은 $f(z)$의 2차 극이고 $z=2$은 단순극이다. 극에서의 유수공식에 의하여

$$Res(f(z),\ 1)=\frac{1}{(2-1)!}\lim_{z\to 1}\frac{d}{dz}\left(\frac{z}{z-2}\right)\ =\lim_{z\to 1}\frac{(z-2)-z}{(z-2)^2}=-2$$

$$Res(f(z),\ 2)=\lim_{z\to 2}(z-2)f(z)\ =\lim_{z\to 2}\frac{z}{(z-1)^2}=2$$

이다 ■

**예제 7**

복소함수 $f(z)=\dfrac{2z-i}{z(z^2+1)}$의 $z=i$에서의 유수를 극에서의 유수공식을 써서 구하라.

**풀이**

$z=i$는 함수 $f(z)$의 단순극이다. 식 (56)에 의하여 $z=i$에서의 유수를 구하면

$$Res\,(f(z), i)=\lim_{z\to i}(z-i)\frac{2z-i}{z(z-i)(z+i)} = \left.\frac{2z-i}{z(z+i)}\right|_{z=i} = \frac{i}{-2}$$

이다. ■

**예제 8**

함수 $f(z)=\dfrac{z}{z^3+1}$의 유수를 유수공식 (59)를 이용하여 구하라.

**풀이**

함수 $f(z)=\dfrac{z}{z^3+1}$은 $z^3+1=0$인 점에서 고립특이점을 가진다.

$$z^3+1=(z+1)(z^2-z+1)$$

이므로 $z^3+1=0$의 서로 다른 복소수근 $z=-1,\ \dfrac{1\pm\sqrt{3}\,i}{2}$은 함수 $f(z)=\dfrac{z}{z^3+1}$의 단순극이다.

따라서 단순극을 갖는 분수함수에 대한 유수 계산공식 (59)에 의하여

$$Res(f(z),\ -1)=\left.\frac{z}{(z^3+1)'}\right|_{z=-1} = \left.\frac{z}{3z^2}\right|_{z=-1} = \left.\frac{1}{3z}\right|_{z=-1} =-\frac{1}{3}$$

이고

$$Res\left(f(z),\ \frac{1+\sqrt{3}\,i}{2}\right)=\frac{z}{(z^3+1)'}\bigg|_{z=\frac{1+\sqrt{3}\,i}{2}}=\frac{1}{3z}\bigg|_{z=\frac{1+\sqrt{3}\,i}{2}}$$

$$=\frac{2}{3}\frac{1}{1+\sqrt{3}\,i}=\frac{2}{3}\frac{1-\sqrt{3}\,i}{(1+\sqrt{3}\,i)(1-\sqrt{3}\,i)}$$

$$=\frac{2}{3}\frac{1-\sqrt{3}\,i}{4}=\frac{1}{6}(1-\sqrt{3}\,i)$$

이며

$$Res\left(f(z),\ \frac{1-\sqrt{3}\,i}{2}\right)=\frac{z}{(z^3+1)'}\bigg|_{z=\frac{1-\sqrt{3}\,i}{2}}=\frac{1}{3z}\bigg|_{z=\frac{1-\sqrt{3}\,i}{2}}$$

$$=\frac{2}{3}\frac{1}{1-\sqrt{3}\,i}=\frac{2}{3}\frac{1+\sqrt{3}\,i}{(1-\sqrt{3}\,i)(1+\sqrt{3}\,i)}$$

$$=\frac{2}{3}\frac{1+\sqrt{3}\,i}{4}=\frac{1}{6}(1+\sqrt{3}\,i)$$

을 얻는다. ■

유수를 계산하는 과정에서 부정형 $\frac{0}{0}$이 나타날 수 있다. 복소해석에서도 **L'Hôpital 정리**는 성립한다.

$g$와 $h$가 $z=z_0$에서 해석적이고 $g(z_0)=0,\ h(z_0)=0,\ h'(z_0)\neq 0$인 경우에 $f(z)=\frac{g(z)}{h(z)}$ 이면

$$\lim_{z\to z_0}\frac{g(z)}{h(z)}=\lim_{z\to z_0}\frac{\dfrac{g(z)-g(z_0)}{z-z_0}}{\dfrac{h(z)-h(z_0)}{z-z_0}}=\frac{g'(z_0)}{h'(z_0)}$$

이다.

**예제 9**

$f(z)=\dfrac{1}{1-e^z}$의 극의 차수를 결정하고 극에서의 유수를 구하라.

**풀이**

$f(z)$은 $1-e^z=0$인 점에서 해석적이지 않다.

$$e^z=1=1e^{i(0+2n\pi)} \quad (n\text{은 정수})$$

로부터 $z=2n\pi i$ ($n$은 정수)에서 해석적이지 않다. 그러므로 $z=2n\pi i$ ($n$은 정수)는 $f(z)$의 극이다. 이제 극의 차수를 정해보자.

$e^{2n\pi i}=1$이므로 복소함수에 대한 L'Hôpital 정리에 의해

$$\lim_{z\to 2n\pi i}(z-2n\pi i)\frac{1}{1-e^z}=\lim_{z\to 2n\pi i}\frac{(z-2n\pi i)'}{(1-e^z)'}=\lim_{z\to 2n\pi i}\frac{1}{-e^z}=\frac{1}{-e^{2n\pi i}} \quad (n\text{은 정수})$$

$$=-1(\neq 0)$$

이다. 따라서 $z=2n\pi i$ ($n$은 정수)는 $f(z)$의 단순극이고, $Res\left(\dfrac{1}{1-e^z},\ 2n\pi i\right)=-1$($n$은 정수)이다. ■

**예제 10 유수정리에 의한 계산**

양의 방향을 갖는 주어진 적분경로 $C$에 대해

$$\oint_C \frac{1}{(z+1)^2(z+3)}dz$$

를 구하라.

(i) $C: |z|=4$

(ii) $C: |z|=2$

**풀이**

주어진 함수 $f(z)=\dfrac{1}{(z+1)^2(z+3)}$은 $z=-1$과 $z=-3$에서 고립특이점이며 $z=-1$은 함수 $f(z)$의 2차 극이고, $z=-3$은 함수 $f(z)$의 단순극이다.

(i) 극 $z=-1$과 $z=-3$는 단순폐곡선 $C$의 내부영역 $|z|<4$에 있으므로 유수정리에 의하여

$$\oint_{|z|=4}\frac{1}{(z+1)^2(z+3)}dz=2\pi i\,[Res(f(z),\ -1)+Res(f(z),\ -3)]$$

이다. 함수 $f(z)$은 $z=-1$에서 2차극을 가지므로 식 (57)에 의해

$$Res(f(z),\ -1)=\lim_{z\to-1}\frac{d}{dz}(z+1)^2f(z)\ =\lim_{z\to-1}\frac{d}{dz}\left(\frac{1}{z+3}\right)\ =\lim_{z\to-1}\frac{-1}{(z+3)^2}\ =-\frac{1}{4}$$

이다. 또한 $z=-3$은 함수 $f(z)$ 단순극이므로 식 (56)에 의해

$$Res(f(z),\ -3)=\lim_{z\to-3}(z+3)f(z)\ =\lim_{z\to-3}\frac{1}{(z+1)^2}\ =\frac{1}{4}$$

이다. 따라서,

$$\oint_{|z|=4}\frac{1}{(z+1)^2(z+3)}dz=2\pi i\left[-\frac{1}{4}+\frac{1}{4}\right]=0$$

이 된다.

(ii) 단순극 $z=-1$만이 원 $|z|=2$ 내부 영역 $|z|<2$에 있으므로 유수정리에 의해

$$\oint_{|z|=2}\frac{1}{(z+1)^2(z+3)}dz=2\pi i\,Res(f(z),-1)\ =2\pi i\left(-\frac{1}{4}\right)\ =-\frac{\pi}{2}i$$

이 된다. ■

예제 11

양의 방향을 갖는 적분 경로 $C$가 원 $|z-1|=2$일 때 유수정리를 이용하여

$$\oint_C \frac{z+3}{z^2-4}dz$$

을 구하라.

**풀이**

$z^2-4=(z+2)(z-2)$이므로 피적분함수 $f(z)=\dfrac{z+3}{z^2-4}$은 $-2$와 $2$에서 단순극을 갖는다. 2만이 경로 $C$의 내부에 있으므로 유수정리에 의하여

$$\oint_C \frac{z+3}{z^2-4}dz = 2\pi i\, Res(f(z),\ 2)$$

이다. 한편

$$Res(f(z),\ 2)=\lim_{z\to 2}(z-2)\frac{z+3}{(z-2)(z+2)}=\frac{5}{4}$$

이므로

$$\oint_C \frac{z+3}{z^2-4}dz = 2\pi i\left(\frac{5}{4}\right)=\frac{5\pi}{2}i$$

이다. ■

예제 12

양의 방향을 갖는 적분경로 $C$가 원 $|z|=1$일 때 유수정리를 이용하여

$$\oint_C \frac{e^{2z}}{z^4+2z^3}dz$$

을 구하라.

**풀이**

$z^4+2z^3=z^3(z+2)$이므로 피적분함수 $f(z)=\dfrac{e^{2z}}{z^4+2z^3}$은 $z=0$에서 3차 극과 $z=-2$ 에서 단순극을 갖는다. $z=0$만이 주어진 경로 내에 있으므로

$$\begin{aligned}\oint_C \frac{e^{2z}}{z^4+2z^3}dz &= 2\pi i\, Res(f(z),\ 0)\\ &= 2\pi i \frac{1}{2!}\lim_{z\to 0}\frac{d^2}{dz^2}z^3\frac{e^{2z}}{z^3(z+2)}\\ &= \pi i \lim_{z\to 0}\frac{(4z^2+12z+10)e^{2z}}{(z+2)^3} = \frac{5\pi}{4}i\end{aligned}$$

이다. ■

**예제 13**

양의 방향을 갖는 경로 $C$가 원 $|z-1|=2$일 때 $\oint_C \frac{\tan z}{z}dz$을 계산하라.

**풀이**

주어진 피적분 함수는

$$f(z)=\frac{\tan z}{z}=\frac{\sin z}{z\cos z}$$

에서 $z\cos z=0$에서 고립특이점을 갖는다. $\cos z=0$인 점 $z$는

$$z=\pm\frac{\pi}{2},\ \pm\frac{3\pi}{2},\ \pm\frac{5\pi}{2},\ \cdots$$

이므로 $z=0$과 $z=\frac{\pi}{2}$가 주어진 경로 내부에 있는 고립특이점이다.

L'Hôspital 정리에 의해

$$\lim_{z\to 0}f(z)=\lim_{z\to 0}\frac{\tan z}{z}=\lim_{z\to 0}\frac{(\tan z)'}{z'}=\lim_{z\to 0}\frac{\sec^2 z}{1}=\lim_{z\to 0}\frac{1}{\cos^2 z}=1$$

이다. 따라서 $z=0$는 제거 가능한 특이점(removable singularity)이므로

$$Res(f(z),\ 0)=0$$

이다.

한편 $z=\frac{\pi}{2}$는 $\cos z=0$인 단순영점(zero)이므로 함수 $f(z)=\frac{\sin z}{z\cos z}$의 단순극(simple pole)이다. 따라서 단순극을 갖는 분수함수에 대한 유수계산공식 (59)에 의해

$$Res\left(f(z),\ \frac{\pi}{2}\right)=\left.\frac{\sin z}{(z\cos z)'}\right|_{z=\frac{\pi}{2}}=\left.\frac{\sin z}{z(-\sin z)+\cos z}\right|_{z=\frac{\pi}{2}}=-\frac{2}{\pi}$$

이다. 그러므로

$$\oint_C \frac{\tan z}{z}dz=2\pi i\left[Res(f(z),\ 0)+Res\left(f(z),\ \frac{\pi}{2}\right)\right]=2\pi i\left[0-\frac{2}{\pi}\right]=-4i$$

가 된다. ■

## 예제 14

양의 방향을 갖는 적분 경로 $C$가 원 $|z|=1$일 때 다음의 선적분을 계산하라.

$$\oint_{|z|=1}\frac{(z^2-1)^2}{z^2(2z+1)(z+2)}dz$$

**풀이**

$f(z)=\frac{(z^2-1)^2}{z^2(2z+1)(z+2)}$는 $z=0$에서 2차 극이고 $z=-\frac{1}{2}$과 $z=-2$에서 단순극을 가진다.

$|z|=1$의 내부 영역에 있는 특이점은 $z=0$과 $z=-\frac{1}{2}$이므로

$$\oint_{|z|=1}f(z)dz=2\pi i\left[Res(f(z),\ 0)+Res\left(f(z),\ -\frac{1}{2}\right)\right]$$

이다.

$$Res\left(f(z),\ -\frac{1}{2}\right)=\lim_{z\to-\frac{1}{2}}\left(z+\frac{1}{2}\right)\frac{(z^2-1)^2}{z^2\,2\left(z+\frac{1}{2}\right)(z+2)}$$

$$=\lim_{z\to-\frac{1}{2}}\frac{(z^2-1)^2}{2z^2(z+2)}\quad=\frac{3}{4}$$

이고

$$Res(f(z),\ 0)=\lim_{z\to0}\frac{d}{dz}\left[\frac{(z^2-1)^2}{2\left(z+\frac{1}{2}\right)(z+2)}\right]$$

$$=\lim_{z\to0}\frac{1}{2}\ \frac{2(z^2-1)2z\left(z+\frac{1}{2}\right)(z+2)-(z^2-1)^2\left((z+2)+\left(z+\frac{1}{2}\right)\right)}{\left(z+\frac{1}{2}\right)^2(z+2)^2}$$

$$=\frac{-1\left(2+\frac{1}{2}\right)}{2\cdot4\cdot\frac{1}{4}}\quad=-\frac{5}{4}$$

이다. 따라서

$$\oint_{|z|=1}f(z)dz=2\pi i\left[\frac{3}{4}+\left(-\frac{5}{4}\right)\right]\quad=2\pi i\left(-\frac{1}{2}\right)=-\pi i$$

이다 ■

참고로 유리식을 부분분수 분해하는 데 유수의 이론을 사용할 수 있다.

**보조정리 5.1**

$P(z)$를 2차 이하의 다항식이라 하자. $a,\ b,\ c$가 서로 다른 복소수이면

$$f(z)=\frac{P(z)}{(z-a)(z-b)(z-c)}=\frac{A}{z-a}+\frac{B}{z-b}+\frac{C}{z-c}\tag{60}$$

로 부분분수 분해되고, $A, B, C$는 다음 식으로 주어진다.

$$A = Res(f(z),\ a) = \frac{P(a)}{(a-b)(a-c)}$$
$$B = Res(f(z),\ b) = \frac{P(b)}{(b-a)(b-c)} \tag{61}$$
$$C = Res(f(z),\ c) = \frac{P(c)}{(c-a)(c-b)}$$

**증명**

$A = Res(f(z),\ a)$임을 보이자. 식 (60)의 우변의 세 항을 $z = a$에서 Laurent 급수전개하자. 이 세항의 Laurent 급수전개를 더하면, $f$의 Laurent 전개가 된다.

$\dfrac{A}{z-a}$는 $z = a$에서 항이 하나인 Laurent 급수이다.

$\dfrac{B}{z-b}$는 $z = a$에서 해석적이므로 $\dfrac{B}{z-b}$의 $z = a$에서의 Laurent 급수는 실제 Taylor 급수이다. 즉

$$\frac{B}{z-b} = \frac{-B}{b-a}\frac{1}{1-\dfrac{z-a}{b-a}} = -\sum_{n=0}^{\infty}\frac{B}{(b-a)^{n+1}}(z-a)^n \tag{62}$$

이다. 또한 $\dfrac{C}{z-c}$에 대한 $z = a$에서의 Laurent 급수전개도 역시 Taylor 급수

$$\frac{C}{z-c} = -\sum_{n=0}^{\infty}\frac{C}{(c-a)^{n+1}}(z-a)^n \tag{63}$$

으로 주어진다.

식 (62)와 (63)을 식 (60)에 대입하여

$$f(z) = \frac{A}{z-a} - \sum_{n=0}^{\infty}\left[\frac{B}{(b-a)^{n+1}} + \frac{C}{(c-a)^{n+1}}\right](z-a)^n$$

을 얻는다. 따라서 $A = Res(f(z),\ a)$임을 알 수 있다.

$z=a$는 $f(z)$의 단순극이므로

$$Res(f(z),\ a)=\lim_{z\to a}\frac{P(z)}{(z-b)(z-c)}=\frac{P(a)}{(a-b)(a-c)}$$

를 얻는다. 마찬가지로 $B, C$에 대한 식을 얻을 수 있다. ■

---

**예제 15**

$f(z)=\dfrac{3z+2}{z(z+1)(z-2)}$를 부분분수로 분해하라.

**풀이**

$f(z)=\dfrac{A}{z}+\dfrac{B}{z+1}+\dfrac{C}{z-2}$라 둘 때 식 (61)에 의해

$$A=Res(f(z),\ 0)=\frac{3(0)+2}{(0+1)(0-2)}=-1$$

$$B=Res(f(z),\ -1)=\frac{3(-1)+2}{(-1-0)(-1-2)}=\frac{-1}{3}$$

$$C=Res(f(z),\ 2)=\frac{3(2)+2}{(2-0)(2-(-1))}=\frac{4}{3}$$

이므로

$$\frac{3z+2}{z(z+1)(z-2)}=\frac{-1}{z}-\frac{1}{3}\frac{1}{z+1}+\frac{4}{3}\frac{1}{z-2}$$

이다.

여기서 $A=Res(f(z),\ 0)$이고 $z=0$는 $f(z)$의 단순극이므로

$$A=Res(f(z),\ 0)=\lim_{z\to 0}zf(z)$$

을 이용하여 구해도 된다. 마찬가지로 $B=Res(f(z),\ -1)$와 $C=Res(f(z),\ 2)$도 극에서의 유수를 구하여 찾을 수 있다. ■

중근이 나타나는 경우에도 같은 방법을 사용하여 부분분수 분해를 얻을 수 있다.

---

**보조정리 5.2**

---

$P(z)$가 2차 이하의 다항식이면

$$f(z)=\frac{P(z)}{(z-a)^2(z-b)}=\frac{A}{(z-a)^2}+\frac{B}{z-a}+\frac{C}{z-b} \tag{64}$$

로 부분분수 분해되고

$$A=Res((z-a)f(z),\ a),\ B=Res(f(z),\ a),\ C=Res(f(z),\ b) \tag{65}$$

이다.

**증명**

식 (64)에서

$$(z-a)f(z)=\frac{A}{z-a}+B+\frac{C(z-a)}{z-b}$$

식 (62)에서처럼 $\frac{C}{z-b}$는 $z=a$에서 해석적이다. 즉

$$\frac{C}{z-b}=-\sum_{n=0}^{\infty}\frac{C}{(b-a)^{n+1}}(z-a)^n \tag{66}$$

이므로

$$\frac{C(z-a)}{z-b}=-\sum_{n=0}^{\infty}\frac{C}{(b-a)^{n+1}}(z-a)^{n+1}$$

이다. 따라서

$$(z-a)f(z)=A(z-a)^{-1}+B-\sum_{n=0}^{\infty}\frac{C}{(b-a)^{n+1}}(z-a)^{n+1}$$

이 된다. 그러므로

$$A=Res((z-a)f(z),\ a)$$

이다.

또한, 식 (64)와 (66)에서

$$f(z)=\frac{A}{(z-a)^2}+\frac{B}{z-a}-\sum_{n=0}^{\infty}\frac{C}{(b-a)^{n+1}}(z-a)^n$$

이므로 $Res(f(z),\ a)=B$이다.

한편, 식 (64)에서 $\frac{C}{z-b}$는 $z=b$에서 항이 하나인 Laurent 급수이다. $\frac{A}{(z-a)^2}+\frac{B}{z-a}$는 $z=b$에서 해석적이므로 $z=b$에서 $\frac{A}{(z-a)^2}+\frac{B}{z-a}$의 Laurent 급수는 실제로 Taylor 급수이다. 즉, 급수에서 $(z-b)$의 음수차수의 거듭제곱항은 없다. 따라서 식 (64)에서의 $f(z)$를 $z=b$에서 Laurent 급수전개하면 $(z-b)^n$항들의 $(n=-1,\ 0,\ 1,\ 2,\ \cdots)$ 급수로 표현되고 $z=b$는 $f(z)$의 단순극임을 의미한다. 그러므로 $Res(f(z),\ b)=C$ 이다. ■

---

예제 16

$f(z)=\frac{z^2+3z-2}{z^2(z-1)}$를 부분분수로 표현하라.

**풀이**

$$f(z)=\frac{z^2+3z-2}{z^2(z-1)}=\frac{A}{z^2}+\frac{B}{z}+\frac{C}{z-1}$$

라 둘 때 식 (65)에서

$$A=Res(zf(z),\ 0),\ B=Res(f(z),\ 0),\ C=Res(f(z),\ 1)$$

이다. 유수를 계산하면

$$Res(zf(z),\ 0)=Res\left(\frac{z^2+3z-2}{z(z-1)},\ 0\right)=\lim_{z\to 0}\frac{z^2+3z-2}{z-1}=2$$

$$Res(f(z),\ 0)=\lim_{z\to 0}\frac{d}{dz}\frac{z^2+3z-2}{z-1}=\lim_{z\to 0}\frac{(2z+3)(z-1)-(z^2+3z-2)}{(z-1)^2}=-1$$

$$Res(f(z),\ 1) = \lim_{z \to 1} \frac{z^2 + 3z - 2}{z^2} = 2$$

이다. 따라서 $A = -2,\ B = -1,\ C = 2$이고

$$\frac{z^2 + 3z + 2}{z^2(z-1)} = \frac{A}{z^2} + \frac{B}{z} + \frac{C}{z-1} = \frac{2}{z^2} - \frac{1}{z} + \frac{2}{z-1}$$

을 얻는다. ■

## 연습문제 5.5

1. $f(z) = \dfrac{e^{-z}}{(z-1)^2}$의 $z = 1$에서의 유수(Residue)를 구하라.

   (답) $-\dfrac{1}{e}$

2. $f(z) = \dfrac{\cosh \pi z}{z^2 + 4}$의 모든 극을 구하고 각 극에서의 유수를 계산하라.

   (답) $Res(f(z),\ 2i) = -\dfrac{i}{4}$, $\qquad Res(f(z),\ -2i) = \dfrac{i}{4}$

3. 주어진 경로 $C$에서 유수정리를 이용하여 다음의 선적분을 계산하라.

$$\oint_{C = C_1 \cup -C_2} \frac{8z - 3}{z^2 - z} dz$$

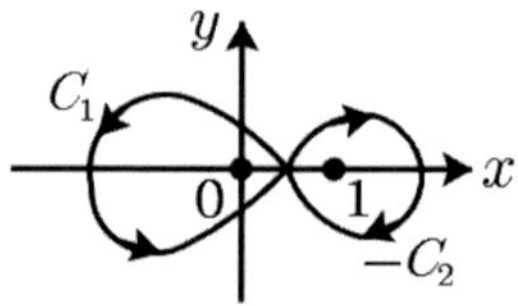


**그림 5.13** $C = C_1 \cup -C_2$

(답) $-4\pi i$

4. 적분경로 $C$가 양의 방향을 갖는 원 $|z|=3$일 때

$$\oint_C \frac{1}{z^4+z^3+2z^2}dz$$

를 구하라.

(답) 0

5. 적분경로 $C$가 반시계방향의 원 $|z|=2$일 때, 다음의 선적분의 값을 유수정리를 써서 계산하라.

$$\oint_C \frac{3z+2i}{z^2+z}dz$$

(답) $6\pi i$

6. 적분경로 $C$가 양의 방향을 갖는 원 $|z-1|=1$일 때 $\oint_C \frac{1}{z^4-4}dz$를 구하라.

(답) $\frac{\sqrt{2}\,\pi}{8}i$

7. 양의 방향의 주어진 적분경로에 따른 다음 함수들의 선적분을 구하라.

(1) $\oint_{|z|=2} \frac{e^{z^2}}{(z-i)^3}dz$

(2) $\oint_{|z|=1} \frac{e^{i\pi z}}{2z^2-5z+2}dz$

(답) (1) $-\frac{2\pi}{e}i$ (2) $\frac{2\pi}{3}$

8. 양의 방향을 갖는 적분경로 $C$가 원 $|z|=2$일 때 $\oint_C \tan z\,dz$를 구하라.

(답) $-4\pi i$

9. 양의 방향의 주어진 적분경로 $C$에 대한 다음의 선적분을 계산하라.

$$\oint_C \frac{1}{z\sin(\pi z)}dz$$

(1) $C$는 $z=2i$를 중심으로 하는 반지름이 1인 원

(2) $C$는 $|z-1|=\frac{1}{2}$인 원

(3) $C$는 $|z+1|=\frac{1}{2}$인 원

(4) $C$는 $|z|=\frac{1}{2}$인 원

(5) $C$는 $\frac{x^2}{(\sqrt{2})^2}+y^2=1$인 타원$(z=x+iy)$

(답) (1) 0 (2) $-2i$ (3) $2i$ (4) 0 (5) 0

10. 양의 방향을 갖는 적분경로 $C$가 타원 $9x^2+y^2=9$일 때 다음의 선적분의 값을 구하라.

$$\oint_C \left[\frac{ze^{\pi}}{z^4-16}+e^{\frac{\pi}{z}}\right]dz$$

(답) $\left(2\pi^2-\frac{\pi}{4}\right)i$

11. 다음 복소적분을 계산하라. 단, 양의 방향을 갖는 적분경로 $C$는 $16x^2+y^2=4$인 타원이다.

$$\oint_C \frac{z}{(z+1)(z^2+1)}dz$$

(답) $\pi i$

# 5.6 실적분의 계산

## ◆ 유리삼각 함수형의 정적분

$F(\cos\theta,\ \sin\theta)$가 $\cos\theta$와 $\sin\theta$의 유리함수형일 때

$$\int_0^{2\pi} F(\cos\theta,\ \sin\theta)d\theta \tag{67}$$

와 같은 실함수의 정적분의 값을 계산하는 방법을 알아보자. 식 (67)에서

$$z = e^{i\theta} \qquad (0 \le \theta \le 2\pi)$$

로 치환하면, 나음 관계식이 성립한다.

$$\cos\theta = \frac{1}{2}(e^{i\theta} + e^{-i\theta}) = \frac{1}{2}\left(z + \frac{1}{z}\right) \tag{68}$$

$$\sin\theta = \frac{1}{2i}(e^{i\theta} - e^{-i\theta}) = \frac{1}{2i}\left(z - \frac{1}{z}\right) \tag{69}$$

$$d\theta = \frac{1}{iz}dz \tag{70}$$

따라서 식 (67)의 적분은 양의 방향을 갖는 경로 $C$가 단위원 $|z| = 1$인

$$\oint_C F\left(\frac{1}{2}\left(z + \frac{1}{z}\right),\ \frac{1}{2i}\left(z - \frac{1}{z}\right)\right)\frac{dz}{iz} \tag{71}$$

이 된다.

**예제 1**

$\displaystyle\int_0^{2\pi} \frac{1}{2+\sin\theta}d\theta$을 계산하라.

**풀이**

$$z=e^{i\theta}\quad (0\le\theta\le 2\pi),\ d\theta=\frac{1}{iz}dz,\ \sin\theta=\frac{1}{2i}\left(z-\frac{1}{z}\right)$$

이므로

$$\int_0^{2\pi}\frac{1}{2+\sin\theta}d\theta=\oint_{|z|=1}\frac{1}{2+\frac{1}{2i}(z-\frac{1}{z})}\frac{1}{iz}dz$$
$$=\oint_{|z|=1}\frac{2}{z^2+4iz-1}dz$$

이다. $z^2+4iz-1=0$에서 $z=-2i\pm\sqrt{3}\,i=(-2\pm\sqrt{3})i$이므로 복소함수 $f(z)=\frac{2}{z^2+4iz-1}$는 단순극 $(-2\pm\sqrt{3})i$을 갖는다. 여기서 $(-2+\sqrt{3})i$만 $|z|=1$의 내부인 $|z|<1$에 있으므로 유수정리를 이용하여

$$\int_{|z|=1}\frac{2}{z^2+4iz-1}dz=2\pi i\,Res\big(f(z),\ (-2+\sqrt{3})i\big)$$

이다.

$$Res\big(f(z),\ (-2+\sqrt{3})i\big)$$
$$=\lim_{z\to(-2+\sqrt{3})i}(z-(-2+\sqrt{3})i)\frac{2}{(z-(-2+\sqrt{3})i)(z-(-2-\sqrt{3})i)}$$
$$=\lim_{z\to(-2+\sqrt{3})i}\frac{2}{z-(-2-\sqrt{3})i}=\frac{2}{2\sqrt{3}\,i}=\frac{1}{\sqrt{3}\,i}$$

이므로

$$\oint_{|z|=1}\frac{2}{z^2+4iz-1}dz=2\pi i\left(\frac{1}{\sqrt{3}\,i}\right)=\frac{2\pi}{\sqrt{3}}$$

가 된다. ■

### 예제 2

$\int_0^{2\pi} \frac{\cos(2\theta)}{5-4\cos\theta} d\theta$을 계산하라.

**풀이**

$z = e^{i\theta}$, $0 \le \theta \le 2\pi$일 때, $|z| = 1$, $dz = ie^{i\theta}d\theta = izd\theta$, $\cos\theta = \frac{1}{2}\left(z + \frac{1}{z}\right)$,

$$\begin{aligned}\cos(2\theta) &= 2\cos^2\theta - 1 \\ &= 2\left[\frac{1}{4}\left(z+\frac{1}{z}\right)^2\right] - 1 \\ &= \frac{1}{2}\left(z^2 + \frac{1}{z^2}\right)\end{aligned}$$

이다. 따라서

$$\begin{aligned}&\int_0^{2\pi} \frac{\cos(2\theta)}{5-4\cos\theta} d\theta \\ &= \oint_{|z|=1} \frac{\frac{1}{2}\left(z^2+\frac{1}{z^2}\right)}{5-4\cdot\frac{1}{2}\left(z+\frac{1}{z}\right)} \frac{dz}{iz} \\ &= \oint_{|z|=1} \frac{\frac{1}{2}\left(z^2+\frac{1}{z^2}\right)}{5-2\left(z+\frac{1}{z}\right)} \frac{dz}{iz} \\ &= \frac{1}{2}\oint_{|z|=1} \frac{z^4+1}{z^2(-2iz^2+5iz-2i)} dz \\ &= \frac{1}{2}\oint_{|z|=1} \frac{z^4+1}{(-i)z^2(2z^2-5z+2)} dz\end{aligned}$$

이다. $\frac{z^4+1}{z^2(2z^2-5z+2)}$는 0에서 2차극, $\frac{1}{2}$과 2에서 단순극을 가지고, 0과 $\frac{1}{2}$이

$|z|<1$에 포함되므로

$$\frac{1}{2}\oint_{|z|=1}\frac{z^4+1}{(-i)z^2(2z^2-5z+2)}dz$$

$$=\frac{1}{2}2\pi i\left(\frac{1}{-i}\right)\left[Res\left(\frac{z^4+1}{z^2(2z^2-5z+2)},\ 0\right)+Res\left(\frac{z^4+1}{z^2(2z^2-5z+2)},\ \frac{1}{2}\right)\right]$$

이다.

$$Res\left(\frac{z^4+1}{z^2(2z^2-5z+2)},\ 0\right)=\lim_{z\to 0}\frac{d}{dz}\left(\frac{z^4+1}{2z^2-5z+2}\right)$$

$$=\lim_{z\to 0}\frac{4z^3(2z^2-5z+2)-(z^4+1)(4z-5)}{(2z^2-5z+2)^2}=\frac{5}{4}$$

이고

$$Res\left(\frac{z^4+1}{z^2(2z^2-5z+2)},\ \frac{1}{2}\right)=\lim_{z\to\frac{1}{2}}\left(z-\frac{1}{2}\right)\frac{z^4+1}{z^2(2z^2-5z+2)}$$

$$=\lim_{z\to\frac{1}{2}}\frac{z^4+1}{2z^2(z-2)}=\frac{\left(\frac{1}{2}\right)^4+1}{\frac{1}{2}\left(\frac{1}{2}-2\right)}=\frac{\frac{17}{16}}{-\frac{3}{4}}=-\frac{17}{12}$$

이므로

$$\int_0^{2\pi}\frac{\cos(2\theta)}{5-4\cos\theta}d\theta=2\pi i\,\frac{i}{2}\left[\frac{5}{4}-\frac{17}{12}\right]=\frac{\pi}{6}$$

이다. ■

### ◆ 유리함수의 특이적분

유수이론에 관한 중요한 응용의 하나로 어떤 형태의 특이적분(improper integral, 이상적분) 계산을 들 수 있다.

$f(x)$는 구간 $0 \leq x < \infty$에서 실변수 $x$의 연속함수라 하자. $[0, \infty)$에서 $f$의 특이적분은 다음 극한이 존재할 때

$$\int_0^\infty f(x)dx = \lim_{b\to\infty}\int_0^b f(x)dx \tag{72}$$

로 정의된다.

만일 $f$의 정의역이 모든 실수라면 $(-\infty, \infty)$상의 $f$의 적분은

$$\int_{-\infty}^\infty f(x)dx = \lim_{a\to-\infty}\int_a^0 f(x)dx + \lim_{b\to\infty}\int_0^b f(x)dx \tag{73}$$

로 정의된다(단, 양쪽 극한이 존재할 때). 식 (73)의 적분이 존재하면 그 값은 다음과 같은 단일극한으로 얻을 수 있다.

$$\int_{-\infty}^\infty f(x)dx = \lim_{R\to\infty}\int_{-R}^R f(x)dx \tag{74}$$

그러나 함수에 따라서는 식 (73)의 극한 존재하지 않지만 식 (74)의 극한 존재할 수 있다.

예를 들어

$$\lim_{R\to\infty}\int_{-R}^R x\,dx = \lim_{R\to\infty}\left[\frac{R^2}{2} - \frac{(-R)^2}{2}\right] = 0$$

이지만 $(-\infty, \infty)$상의 $f(x) = x$의 적분은 존재하지 않는다. 따라서 식 (74)을 사용하여 특이적분에 대한 개념을 확장할 수 있다.

$f$를 $(-\infty, \infty)$상에 정의된 연속 실함수라 하자. 적분 (74)의 Cauchy 수값(Cauchy principal value)를 다음과 같이 정의한다.

$$P.V.\int_{-\infty}^\infty f(x)dx = \lim_{R\to\infty}\int_{-R}^R f(x)dx \tag{75}$$

예컨대

$$P.V\int_{-\infty}^\infty x\,dx = 0$$

이고

$$P.V.\int_{-\infty}^{\infty}\frac{dx}{x^2+1}=\lim_{R\to\infty}\int_{-R}^{R}\frac{dx}{x^2+1}$$

$$=\lim_{R\to\infty}\left[\tan^{-1}(R)-\tan^{-1}(-R)\right]$$

$$=\frac{\pi}{2}-\frac{-\pi}{2}=\pi$$

이다.

$P$, $Q$가 다항식일 때 $f(x)=\dfrac{P(x)}{Q(x)}$이면 $f$를 유리함수(rational function)라 한다. $(-\infty,\ \infty)$상에서 $f$에 대한 적분의 Cauchy 주값을 얻는 데 유수정리가 어떻게 사용될 수 있는가를 밝힌다.

---

**정리 5.28 유리함수의 특이적분에 관한 유수정리**

---

$P(z)$, $Q(z)$가 각각 $m, n$차의 다항식이고 $f(z)=\dfrac{P(z)}{Q(z)}$라 하자. 만일에 모든 실수 $x$에 대해서 $Q(x)\neq 0$이고, $n \geqq m+2$이면

$$P.V.\int_{-\infty}^{\infty}\frac{P(x)}{Q(x)}dx=2\pi i\sum_{j=1}^{k}Res\left(\frac{P(z)}{Q(z)},\ z_j\right) \tag{76}$$

이다. 여기서 $z_1$, $z_2$, $\cdots$, $z_k$는 상반평면에 있는 $\dfrac{P(z)}{Q(z)}$의 극이다.

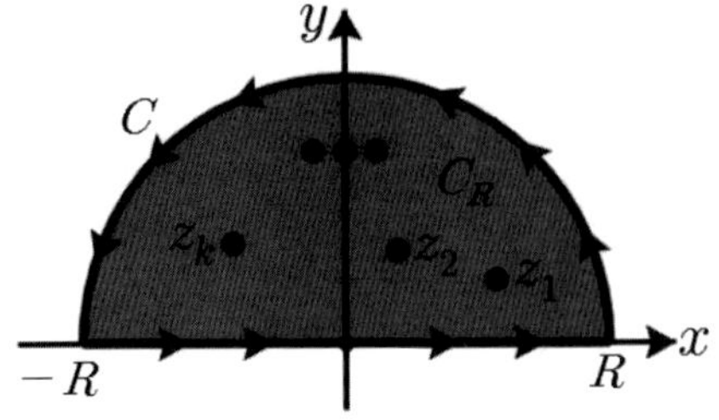


**그림 5.14** 상반평면에 있는 $\dfrac{P(z)}{Q(z)}$의 극 $z_1$, $z_2$, $\cdots$, $z_k$

**증명**

상반평면에 있는 $\dfrac{P(z)}{Q(z)}$의 극은 유한개이므로 극이 모두 곡선 $C$ 내부에 있도록 $R$을 택할 수 있다. 곡선 $C$는 그림 5.14에 표시된 바와 같이 $x$축 상의 선분 $-R \leq x \leq R$과 반지름이 $R$인 상반원 $C_R$로 구성된다. 따라서

$$\int_{-R}^{R} \frac{P(x)}{Q(x)} dx = \int_C \frac{P(z)}{Q(z)} dz - \int_{C_R} \frac{P(z)}{Q(z)} dz \tag{77}$$

이다. 유수의 정리를 사용하면 식 (77)을

$$\int_{-R}^{R} \frac{P(x)}{Q(x)} dx = 2\pi i \sum_{j=1}^{k} Res\left(\frac{P(z)}{Q(z)},\ z_j\right) - \int_{C_R} \frac{P(z)}{Q(z)} dz \tag{78}$$

로 표현할 수 있다.

식 (78)의 우변의 $C_R$ 위에서의 $\dfrac{P(z)}{Q(z)}$의 적분이 $R \to \infty$일 때 영으로 접근하면 정리가 증명된다. 다항식 $Q(z)$의 차수가 $zP(z)$의 차수보다 크므로 대수학의 기본정리의 증명에서와 같은 방법으로

$$\lim_{R \to \infty} \frac{zP(z)}{Q(z)} = 0 \tag{79}$$

임을 보일 수 있다. 따라서 주어진 $\epsilon > 0$에 대해서 다음 식이 성립하는 $R > 0$가 존재한다.

$$\left| \frac{zP(z)}{Q(z)} \right| < \frac{\epsilon}{\pi} \quad (|z| \geq R)$$

그리하여 $|z| \geq R$일 때

$$\left| \frac{P(z)}{Q(z)} \right| < \frac{\epsilon}{\pi R} \tag{80}$$

이다. 그러므로

$$\left| \int_{C_R} \frac{P(z)}{Q(z)} dz \right| \leq \int_{C_R} \frac{\epsilon}{\pi R} |dz| = \frac{\epsilon}{\pi R} \pi R = \epsilon \tag{81}$$

이 성립한다. $\epsilon > 0$는 임의이므로 식 (81)은

$$\lim_{R\to\infty}\int_{C_R}\frac{P(z)}{Q(z)}dz=0 \tag{82}$$

임을 나타낸다. 식 (78)에 $\lim_{R\to\infty}$을 취하고, 정의식 (75)와 식 (82)를 이용하면 다음을 얻는다.

$$P.V.\int_{-\infty}^{\infty}\frac{P(x)}{Q(x)}dx=\lim_{R\to\infty}\int_{-R}^{R}\frac{P(x)}{Q(x)}dx$$
$$=2\pi i\sum_{j=1}^{k}Res\left(\frac{P(z)}{Q(z)},\ z_j\right)$$ ■

---

**예제 3**

$P.V\int_{-\infty}^{\infty}\frac{1}{x^2+10}dx$를 계산하라.

**풀이**

복소 유리함수 $f(z)=\frac{1}{z^2+10}$은 분모의 다항식이 분자의 다항식보다 2차 크고 $\pm\sqrt{10}\,i$에서 고립특이점이며, $\sqrt{10}\,i$만이 상반 평면에 있는 단순극이다. 따라서 유리함수의 특이적분에 관한 유수 정리에 의하여

$$P.V\int_{-\infty}^{\infty}\frac{1}{x^2+10}dx=2\pi i\ Res\left(\frac{1}{z^2+10},\ \sqrt{10}\,i\right)$$

이다. $\sqrt{10}\,i$가 단순극이므로

$$Res\left(\frac{1}{z^2+10},\ \sqrt{10}\,i\right)=\frac{1}{2z}\bigg|_{z=\sqrt{10}\,i}=\frac{1}{2\sqrt{10}\,i}$$

이 된다. 그러므로

$$P.V\int_{-\infty}^{\infty}\frac{1}{x^2+10}dx=2\pi i\frac{1}{2\sqrt{10}\,i}=\frac{\pi}{\sqrt{10}}$$

이다. ■

**예제 4**

$P.V\int_{-\infty}^{\infty}\frac{x^2}{(x^2+2x+2)(x^2+1)}dx$를 구하라.

**풀이**

유리함수 $f(z)=\frac{z^2}{(z^2+2z+2)(z^2+1)}$에서 분모의 다항식의 차수가 분자의 다항식의 차수보다 2차 크고 $z^2+2z+2=0$로부터 $z=-1\pm i$이고 $z^2+1=0$로부터 $z=\pm i$를 얻게 되어 $z=-1\pm i$, $\pm i$는 $f(z)$의 고립특이점으로서 단순극이다. 그 중에서 $-1+i$와 $i$는 상반평면에 있는 단순극이다. 따라서 유리함수의 특이적분에 관한 유수정리에 의하여

$$\int_{-\infty}^{\infty}\frac{x^2}{(x^2+2x+2)(x^2+1)}dx=2\pi i[Res(f(z),\ i)+Res(f(z),\ -1+i)]$$

이다.

$$Res(f(z),\ i)=\lim_{z\to i}(z-i)\frac{z^2}{(z^2+2z+2)(z-i)(z+i)}=\frac{-1}{2i(2i+1)}$$

이고

$$Res(f(z),\ -1+i)=\lim_{z\to -1+i}(z-(-1+i))\frac{z^2}{(z-(-1-i))(z-(-1+i))(z^2+1)}$$

$$=\frac{(-1+i)^2}{2i((-1+i)^2+1)}=\frac{-1}{1-2i}$$

이므로

$$\int_{-\infty}^{\infty}\frac{x^2}{(x^2+2x+2)(x^2+1)}dx=2\pi i\left[\frac{-1}{2i(1+2i)}+\frac{1}{1-2i}\right]=\frac{3\pi}{5}$$

이다. ■

### ◆ 삼각함수를 포함하는 특이적분

$P(z)$, $Q(z)$를 각각 $m$차, $n$차의 다항식이라 하고 $n \geqq m+1$라고 하자. 모든 실수 $x$에 대해서 $Q(x) \neq 0$이면,

$$P.V\int_{-\infty}^{\infty} \frac{P(x)}{Q(x)} \cos \alpha x\, dx$$

$$P.V\int_{-\infty}^{\infty} \frac{P(x)}{Q(x)} \sin \alpha x\, dx \qquad (\alpha > 0)$$

는 수렴하는 특이적분이다. Fourier 변환(Fourier transform) 및 Fourier 적분에서 이런 형태의 적분이 나타나며

$$P.V\int_{-\infty}^{\infty} \frac{P(x)}{Q(x)} e^{i\alpha x} dx$$

$$= P.V\int_{-\infty}^{\infty} \frac{P(x)}{Q(x)} \cos \alpha x\, dx + i\, P.V\int_{-\infty}^{\infty} \frac{P(x)}{Q(x)} \sin \alpha x\, dx \tag{83}$$

이다.

삼각함수를 포함하는 유리함수의 특이적분(정리 5.29)은 Jordan의 보조정리(Jordan's Lemma)를 이용하여 증명할 수 있다.

우선 $P(z)$와 $Q(z)$를 각각 $m$차, $n$차인 다항식이고 $n \geqq m+1$이라 할 때

$$\lim_{|z| \to \infty} \left| \frac{P(z)}{Q(z)} \right| = 0$$

임을 보이자.

$$P(z) = a_m z^m + a_{m-1} z^{m-1} + \cdots + a_1 z + a_0$$

이고,

$$Q(z) = b_n z^n + b_{n-1} z^{n-1} + \cdots + b_1 z + b_1$$

이라 하면

$$\left|\frac{P(z)}{Q(z)}\right| = \left|\frac{a_m z^m + a_{m-1}z^{m-1} + \cdots + az + a_0}{b_n z^n + b_{n-1}z^{n-1} + \cdots + b_1 z + b_0}\right|$$

$$= \left|\frac{z^m\left(a_m + a_{m-1}z^{-1} + \cdots + a_1 z^{1-m} + a_0 z^{-m}\right)}{z^n\left(b_n + b_{n-1}z^{n-1} + \cdots + b_1 z^{1-n} + b_0 z^{-n}\right)}\right|$$

$$= \frac{1}{|z|^{n-m}}\left|\frac{a_m + a_{m-1}z^{-1} + \cdots + a_1 z^{1-m} + a_0 z^{-m}}{b_n + b_{n-1}z^{-1} + \cdots + b_1 z^{1-n} + b_0 z^{-n}}\right|$$

$n \geq m+1$이므로 $n-m \geq 1$이다. 따라서 $\dfrac{1}{|z|^{n-m}} \to 0 \ (|z| \to \infty)$이다. 또한 $|z| = r \to \infty$이면

$$\frac{|a_k|}{|z|^{m-k}} = \frac{|a_k|}{r^{m-k}} \to 0 \qquad (k-0,\ 1,\ 2,\ \cdots,\ m)$$

이고

$$\frac{|b_l|}{|z|^{n-l}} = \frac{|b_l|}{r^{n-l}} \to 0 \qquad (l=0,\ 1,\ 2,\ \cdots,\ n)$$

이므로

$$a_m + a_{m-1}z^{-1} + \cdots + a_1 z^{1-m} + a_0 z^{-m} \ \to\ a_m \qquad (|z| \to \infty)$$

이고

$$b_n + b_{n-1}z^{n-1} + \cdots + b_1^{1-n} + b_0 z^{-n} \ \to\ b_n \qquad (|z| \to \infty)$$

이 성립한다. 따라서 $n-m \geq 1$에 대하여 $\left|\dfrac{P(z)}{Q(z)}\right| \to 0 \ (|z| \to \infty)$이다.

---

**보조정리 5.3 Jordan의 보조정리(Jordan's Lemma)**

$P(z)$와 $Q(z)$를 각각 $m$차, $n$차인 나항식이고 $n \geqq m+1$이라 하자. $z = Re^{i\theta}$, $0 \leqq \theta \leqq \pi$에 의하여 정의된 상반원을 $C_R$이라 하면

$$\lim_{R \to \infty} \int_{C_R} \frac{e^{iz}P(z)}{Q(z)} dz = 0 \tag{84}$$

**증명**

$n \geq m+1$이므로 $\lim_{|z| \to \infty} \left| \frac{P(z)}{Q(z)} \right| = 0$이다. 따라서 임의의 $\epsilon > 0$에 대하여 $|z| \geq R_\epsilon$일 때 $\left| \frac{P(z)}{Q(z)} \right| < \frac{\epsilon}{\pi}$이 성립되는 $R_\epsilon > 0$을 택할 수 있다. 그리고 상반원 $C_R$의 매개변수 표현에서

$$z = Re^{i\theta} \ (0 \leq \theta \leq \pi), \ |dz| = R\,d\theta, \ |e^{iz}| = e^{-y} = e^{-R\sin\theta}$$

이므로

$$\left| \int_{C_R} \frac{e^{iz} P(z)}{Q(z)} dz \right| \leq \int_{C_R} \left| \frac{P(z)}{Q(z)} \right| |e^{iz}| \, |dz| \leq \int_0^\pi \frac{\epsilon}{\pi} e^{-R\sin\theta} R d\theta \quad (|z| = R \geq R_\epsilon)$$

이다. 삼각항등식 $\sin(\pi - \theta) = \sin\theta$을 사용하여

$$\int_{\frac{\pi}{2}}^{\pi} e^{-R\sin\theta} d\theta = -\int_{\frac{\pi}{2}}^{0} e^{-R\sin(\pi-\theta)} d(\pi - \theta) = \int_0^{\frac{\pi}{2}} e^{-R\sin\theta} d\theta$$

이 성립하고, 구간 $0 \leq \theta \leq \frac{\pi}{2}$에서 부등식

$$0 \leq \frac{2\theta}{\pi} \leq \sin\theta$$

을 사용하여

$$\int_0^\pi \frac{\epsilon}{\pi} e^{-R\sin\theta} R d\theta \leq \frac{2\epsilon}{\pi} \int_0^{\frac{\pi}{2}} e^{-\frac{2R\theta}{\pi}} R d\theta = \frac{2\epsilon}{\pi} \left( -\frac{R\pi}{2R} e^{-\frac{2R\theta}{\pi}} \right) \Bigg|_0^{\frac{\pi}{2}} = \epsilon(1 - e^{-R}) < \epsilon$$

이다. 따라서 $|z| = R \geq R_\epsilon$에 대하여

$$\left| \int_{C_R} \frac{e^{iz} P(z)}{Q(z)} dz \right| \leq \int_0^\pi \frac{\epsilon}{\pi} e^{-R\sin\theta} R d\theta < \epsilon$$

이다. 즉

$$\lim_{R\to\infty}\int_{C_R}\frac{e^{iz}P(z)}{Q(z)}dz=0$$

이 성립한다. ■

**정리 5.29 삼각함수를 포함하는 유리함수의 특이적분**

$P(z)$와 $Q(z)$를 각각 $m$차, $n$차인 다항식이라 하고 $n \geq m+1$이고 모든 실수 $x$에 대해서 $Q(x)\neq 0$이라 하자. $\alpha > 0$이고

$$f(z)=\frac{e^{i\alpha z}P(z)}{Q(z)} \tag{85}$$

이면

$$P.V\int_{-\infty}^{\infty}\frac{P(x)}{Q(x)}e^{i\alpha x}dx=2\pi i\sum_{j=1}^{k}Res(f(z),\ z_j) \tag{86}$$

이다. 특히

$$P.V\int_{-\infty}^{\infty}\frac{P(x)}{Q(x)}\cos\alpha x\,dx=Re\left[2\pi i\sum_{j=1}^{k}Res(f(z),\ z_j)\right]$$

$$=-2\pi\sum_{j=1}^{k}Im\left[Res(f(z),\ z_j)\right] \tag{87}$$

$$P.V\int_{-\infty}^{\infty}\frac{P(x)}{Q(x)}\sin\alpha x\,dx=Im\left[2\pi i\sum_{j=1}^{k}Res(f(z),\ z_j)\right]$$

$$=2\pi\sum_{j=1}^{k}Re\left[Res(f(z),\ z_j)\right] \tag{88}$$

이다. 여기서 $z_1,\ z_2,\ \cdots,\ z_{k-1},\ z_k$는 상반평면에 있는 $f(z)$의 극이다.

**증명**

$C$를 보조정리 5.3의 반원 $C_R$ 및 실수축의 선분 $-R\leq x\leq R$로서 이루어진 곡선이라 하자. 즉 $C=C_R\cup[-R,\ R]$이라 하자. 그러면

$$\int_{-R}^{R}\frac{e^{i\alpha x}P(x)dx}{Q(x)}=\oint_{C}\frac{e^{i\alpha z}P(z)dz}{Q(z)}-\int_{C_R}\frac{e^{i\alpha z}P(z)dz}{Q(z)}$$

이 성립한다.

$f(z)$의 모든 극 $z_1,\ z_2,\ \cdots,\ z_k$가 모두 $C$의 내부에 포함되도록 $R$을 충분히 크게 잡고, 유수 정리를 사용하여

$$\int_{-R}^{R}\frac{e^{i\alpha x}P(x)dx}{Q(x)}=2\pi i\sum_{j=1}^{k}Res(f(z),\ z_j)-\int_{C_R}\frac{e^{i\alpha z}P(z)dz}{Q(z)} \tag{89}$$

를 얻는다.

피적분함수 $\dfrac{e^{i\alpha z}P(z)}{Q(z)}$에서 $Z=\alpha z$로 치환하면 이 피적분함수에 대해 Jordan의 보조정리가 성립한다. 구체적으로 $m$차 다항식과 $n$차 다항식을 각각

$$P(z)=a_m z^m+a_{m-1}z^{m-1}+\cdots+a_1 z+a_0$$

$$Q(z)=b_n z^n+b_{n-1}z^{n-1}+\cdots+b_1 z+b_0$$

라 하면

$$\begin{aligned}P(z)=P\left(\frac{Z}{\alpha}\right)&=a_m\left(\frac{Z}{\alpha}\right)^m+a_{m-1}\left(\frac{Z}{\alpha}\right)^{m-1}+\cdots+a_1\left(\frac{Z}{\alpha}\right)+a_0\\&=\frac{1}{\alpha^m}\left[a_m Z^m+(a_{m-1}\alpha)Z^{m-1}+\cdots+(a_1\alpha^{m-1})Z+a_0\alpha^m\right]\\&=\frac{1}{\alpha^m}\widetilde{P}(Z)\end{aligned}$$

$$\begin{aligned}Q(z)=Q\left(\frac{Z}{\alpha}\right)&=b_n\left(\frac{Z}{\alpha}\right)^n+b_{n-1}\left(\frac{Z}{\alpha}\right)^{n-1}+\cdots+b_1\left(\frac{Z}{\alpha}\right)+b_0\\&=\frac{1}{\alpha^n}\left[b_n Z^n+(b_{n-1}\alpha)Z^{n-1}+\cdots+(b_1\alpha^{n-1})Z+b_0\alpha^n\right]\\&=\frac{1}{\alpha^n}\widetilde{Q}(Z)\end{aligned}$$

와 같이 쓸 수 있으므로

$$\frac{P(z)}{Q(z)} = \frac{P\left(\frac{Z}{\alpha}\right)}{Q\left(\frac{Z}{\alpha}\right)} = \alpha^{n-m}\frac{\widetilde{P}(Z)}{\widetilde{Q}(Z)} \qquad (n \geq m+1) \tag{90}$$

이 된다.

경로 $C_R$이 $z = Re^{i\theta}$ $(0 \leq \theta \leq \pi)$로 정의된 상반원이므로

$$Z = \alpha z = \alpha Re^{i\theta} = \widetilde{R}e^{i\theta} \ (0 \leq \theta \leq \pi)$$

로 정의된 상반원을 $C_{\widetilde{R}}$이라 두면 $R \to \infty$일 때 $\widetilde{R} = \alpha R \to \infty$이다. $dZ = \alpha dz$이므로

$$\lim_{R\to\infty}\int_{C_R}\frac{e^{i(\alpha z)}P(z)}{Q(z)}dz = \lim_{R\to\infty}\int_{C_{\alpha R}}\frac{e^{iZ}P\left(\frac{Z}{\alpha}\right)}{Q\left(\frac{Z}{\alpha}\right)}\left(\frac{1}{\alpha}dZ\right)$$

$$= \frac{1}{\alpha}\lim_{R\to\infty}\int_{C_{\alpha R}}\alpha^{n-m}\frac{e^{iZ}\,\widetilde{P}(Z)}{\widetilde{Q}(Z)}dZ$$

$$= \alpha^{n-(m+1)}\lim_{\widetilde{R}\to\infty}\int_{C_{\widetilde{R}}}\frac{e^{iZ}\,\widetilde{P}(Z)}{\widetilde{Q}(Z)}dZ$$

이 된다. 이 때 $\widetilde{P}(Z)$은 $m$차 다항식이고 $\widetilde{Q}(Z)$은 $n$차 다항식이므로 Jordan의 보조정리에 의해

$$\lim_{\widetilde{R}\to\infty}\int_{C_{\widetilde{R}}}\frac{e^{iZ}\,\widetilde{P}(Z)}{\widetilde{Q}(Z)}dZ = 0$$

이므로

$$\lim_{R\to\infty}\int_{C_R}\frac{e^{i(\alpha z)}P(z)}{Q(z)}dz = 0 \tag{91}$$

임을 알 수 있다. 식 (89)의 양변에 $\lim\limits_{R\to\infty}$를 취하고, 식 (91)을 적용하여

$$P.V\int_{-\infty}^{\infty}\frac{(\cos\alpha x+i\sin\alpha x)P(x)dx}{Q(x)}=2\pi i\sum_{j=1}^{k}Res(f(z),\ z_j)$$

를 얻는다. 식 (91)의 실수부와 허수부를 계산하면 각각 식 (87)과 (88)로 되고 정리 5.29가 증명된다. ■

---

예제 4

삼각함수를 포함하는 특이적분정리를 이용하여 $\alpha$가 양의 실수일 때, 다음 실함수의 특이적분을 구하라.

$$P.V\int_{-\infty}^{\infty}\frac{\cos\alpha x}{1+x^2}dx$$

**풀이**

$f(z)=\dfrac{e^{i\alpha z}}{1+z^2}$은 $z=\pm i$에서 고립특이점이고 상반평면에서 $i$만 단순극이므로 삼각함수를 포함하는 특이적분정리에 의해

$$P.V\int_{-\infty}^{\infty}\frac{e^{i\alpha x}}{1+x^2}dx=2\pi i\,Res(f(z),\ i)$$

이고

$$Res(f(z),\ i)=\left.\frac{e^{i\alpha z}}{2z}\right|_{z=i}=\frac{e^{-\alpha}}{2i}$$

이므로

$$P.V\int_{-\infty}^{\infty}\frac{e^{i\alpha x}}{1+x^2}dx=2\pi i\frac{e^{-\alpha}}{2i}=\frac{\pi}{e^{\alpha}}$$

이다. 따라서

$$\int_{-\infty}^{\infty}\frac{\cos\alpha x}{1+x^2}dx=Re\left[P.V\int_{-\infty}^{\infty}\frac{e^{i\alpha x}}{1+x^2}dx\right]=\frac{\pi}{e^{\alpha}}$$

이 된다. ■

**예제 5**

다음 특이적분을 계산하라.

$$P.V\int_{-\infty}^{\infty}\frac{\cos x}{(x^2+1)^2}dx$$

**풀이**

$f(z)=\dfrac{e^{iz}}{(z^2+1)^2}$은 $z=\pm i$에서 고립특이점이고 상반평면에서 $i$는 2차 극이다. 삼각함수를 포함하는 특이적분정리에 의해

$$P.V\int_{-\infty}^{\infty}\frac{e^{ix}}{(x^2+1)^2}dx=2\pi i\,Res(f(z),\ i)$$

이고

$$Res(f(z),\ i)=\lim_{z\to i}\frac{d}{dz}\left[(z-i)^2\frac{e^{iz}}{(z+i)^2(z-i)^2}\right]=\lim_{z\to i}\frac{ie^{iz}(z+i)^2-e^{iz}2(z+i)}{(z+i)^4}$$

$$=-\frac{i}{2e}$$

이므로

$$P.V\int_{-\infty}^{\infty}\frac{e^{ix}}{(x^2+1)^2}dx=2\pi i\left(-\frac{i}{2e}\right)=\frac{\pi}{e}$$

이다. 따라서

$$\int_{-\infty}^{\infty}\frac{\cos x}{(x^2+1)^2}dx=Re\left[P.V\int_{-\infty}^{\infty}\frac{e^{ix}}{(x^2+1)^2}dx\right]=\frac{\pi}{e}$$

이 된다. ■

**예제 6**

$P.V\int_{-\infty}^{\infty}\frac{x\sin\pi x}{x^2+2x+2}dx$와 $P.V\int_{-\infty}^{\infty}\frac{x\cos\pi x}{x^2+2x+2}dx$를 계산하라.

**풀이**

$f(z)=\frac{ze^{i\pi z}}{z^2+2z+2}$은 $z^2+2z+2=0$인 점 즉, $z=-1\pm i$에서 고립특이점이며 $z=-1+i$는 상반평면에서의 $f(z)$의 단순극이다. 따라서 삼각함수를 포함하는 특이적분 정리에 의해

$$P.V.\int_{-\infty}^{\infty}\frac{xe^{i\pi x}}{x^2+2x+2}dx=2\pi i\ Res\left(\frac{z\,e^{i\pi z}}{z^2+2z+2},\ -1+i\right)$$

이다.

$$\begin{aligned}Res\left(\frac{z\,e^{i\pi z}}{z^2+2z+2},\ -1+i\right)&=\left.\frac{ze^{i\pi z}}{2z+2}\right|_{z=-1+i}\\&=\frac{(-1+i)e^{i\pi(-1+i)}}{2(-1+i)+2}\\&=\frac{(-1+i)e^{-\pi}(\cos\pi-i\sin\pi)}{2i}\\&=\frac{-(-1+i)e^{-\pi}}{2i}\end{aligned}$$

이므로

$$P.V\int_{-\infty}^{\infty}\frac{xe^{i\pi x}}{x^2+2x+2}dx=2\pi i\frac{(1-i)e^{-\pi}}{2i}=\frac{\pi}{e^{\pi}}(1-i)$$

이다. 그러므로

$$P.V\int_{-\infty}^{\infty}\frac{x\sin\pi x}{x^2+2x+2}dx=Im\left[P.V\int_{-\infty}^{\infty}\frac{xe^{i\pi x}}{x^2+2x+2}dx\right]=-\frac{\pi}{e^{\pi}}$$

이고

$$P.V\int_{-\infty}^{\infty}\frac{x\cos\pi x}{x^2+2x+2}dx = Re\left[P.V\int_{-\infty}^{\infty}\frac{xe^{i\pi x}}{x^2+2x+2}dx\right] = \frac{\pi}{e^{\pi}}$$

이다. ■

### ◆ 실수축 위에 단순극을 갖는 특이적분

만일 $f$가 구간 $b < x \leqq c$에서 연속이면 $(b,\ c]$상의 $f$의 특이적분은 극한이 존재하면

$$\int_b^c f(x)dx = \lim_{r\to b+}\int_r^c f(x)dx \tag{92}$$

로 정의된다.

같은 방법으로 만일에 $f$가 구간 $a \leqq x < b$에서 연속이면 $[a,\ b)$상의 $f$의 특이적분은 극한이 존재하는 경우

$$\int_a^b f(x)dx = \lim_{R\to b-}\int_a^R f(x)dx \tag{93}$$

로 정의된다.

예컨대

$$\int_0^4 \frac{dx}{2\sqrt{x}} = \lim_{r\to 0+}\int_r^4 \frac{dx}{2\sqrt{x}} = \lim_{r\to 0+}\left[\sqrt{x}\,\Big|_r^4\right] = 2 \ (x > 0)$$

이다.

$a < b < c$ 일 때 값 $x = b$를 제외한 구간 $[a,\ c]$의 모든 $x$값에 대해서 $f$가 연속이라 하자. $[a,\ c]$ 상의 $f$의 Cauchy 주값(Cauchy principal value)는 극한이 존재하는 경우

$$P.V\int_a^c f(x)dx = \lim_{r\to 0+}\left[\int_a^{b-r} f(x)dx + \int_{b+r}^c f(x)dx\right] \tag{94}$$

로 정의된다. 예를 들어

$$P.V\int_{-1}^{8}\frac{dx}{x^{1/3}}=\lim_{r\to 0^+}\left[\int_{-1}^{-r}x^{-\frac{1}{3}}dx+\int_{r}^{8}x^{-\frac{1}{3}}dx\right]\qquad (x\neq 0)$$

$$=\lim_{r\to 0^+}\left[\left(\frac{3}{2}r^{2/3}-\frac{3}{2}\right)+\left(6-\frac{3}{2}r^{2/3}\right)\right]=\frac{9}{2}$$

이다.

적분 $\int_{-1}^{1}\frac{1}{x^3}dx$의 값은 정의되지 않으나 주값을 구하면

$$P.V\left[\int_{-1}^{1}\frac{1}{x^3}dx\right]=\lim_{\epsilon\to 0^+}\left[\int_{-1}^{-\epsilon}\frac{1}{x^3}dx+\int_{\epsilon}^{1}\frac{1}{x^3}dx\right]=0$$

이다.

함수 $f$가 $x$축 위에 단순극을 갖는 경우 $(-\infty,\ \infty)$상에서 $f$의 적분에 대한 Cauchy 주값을 구하는 데 유수를 어떻게 사용하는가 알아보자.

---

**정리 5.30 실수축 위에 단순극을 가지는 유리함수의 특이적분**

$P(z)$, $Q(z)$가 각각 $m$차, $n$차의 다항식이고 $n\geq m+2$일 때 $f(z)=\dfrac{P(z)}{Q(z)}$라 하자. $Q(z)$가 $x$축 상의 점 $t_1,\ t_2,\ \cdots,\ t_l$에서 단순영점(simple zero)을 가지면

$$P.V\int_{-\infty}^{\infty}\frac{P(x)}{Q(x)}dx=2\pi i\sum_{j=1}^{k}Res(f(z),\ z_j)+\pi i\sum_{j=1}^{l}Res(f(z),\ t_j)\qquad (95)$$

단, $z_1,\ z_2,\ \cdots,\ z_k$는 상반평면에 있는 $f(z)$의 극이다.

---

**정리 5.31 실수축 위에 단순극을 가지고 삼각함수를 포함한 유리함수의 특이적분**

$P$, $Q$를 각각 $m$차, $n$차인 다항식이라 하고, $n\geq m+1$, $Q(z)$는 $x$축상의 점 $t_1,\ t_2,\ \cdots,\ t_l$에서 단순영점(simple zero)을 갖는다 하자. $\alpha$가 양의 실수이고

$$f(z)=\frac{e^{i\alpha z}P(z)}{Q(z)}\qquad (96)$$

이면,

$$P.V\int_{-\infty}^{\infty}\frac{e^{i\alpha x}P(x)}{Q(x)}dx = 2\pi i\sum_{j=1}^{k}Res(f(z),\ z_j)+\pi i\sum_{j=1}^{l}Res(f(z),\ t_j) \tag{97}$$

이고

$$P.V\int_{-\infty}^{\infty}\frac{P(x)}{Q(x)}\cos\alpha x\,dx$$

$$= Re\left[2\pi i\sum_{j=1}^{k}Res(f(z),\ z_j)+\pi i\sum_{j=1}^{l}Res(f(z),\ t_j)\right]$$

$$=-2\pi\sum_{j=1}^{k}Im\left[Res(f(z),\ z_j)\right]-\pi\sum_{j=1}^{l}Im\left[Res(f(z),\ t_j)\right] \tag{98}$$

이며

$$P.V\int_{-\infty}^{\infty}\frac{P(x)}{Q(x)}\sin\alpha x\,dx$$

$$= Im\left[2\pi i\sum_{j=1}^{k}Res(f(z),\ z_j)+\pi i\sum_{j=1}^{l}Res(f(z),\ t_j)\right]$$

$$=2\pi\sum_{j=1}^{k}Re\left[Res(f(z),\ z_j)\right]+\pi\sum_{j=1}^{l}Re\left[Res(f(z),\ t_j)\right] \tag{99}$$

이다. 단, $z_1,\ z_2,\ \cdots,\ z_k$는 상반평면에 있는 $f$의 극이다.

---

다음 보조정리를 사용하여 정리 5.30과 정리 5.31을 증명한다.

---

**보조정리 5.4**

---

$f$는 $x$축 상의 점 $t_0$에서 단순극을 갖는다고 하자. 구간 $0\leq\theta\leq\pi$상에서 $z=t_0+re^{i\theta}$에 의하여 정의된 곡선을 $C_r$라면

$$\lim_{r\to 0}\int_{C_r}f(z)dz = i\pi\, Res(f(z),\ t_0) \tag{100}$$

이다.

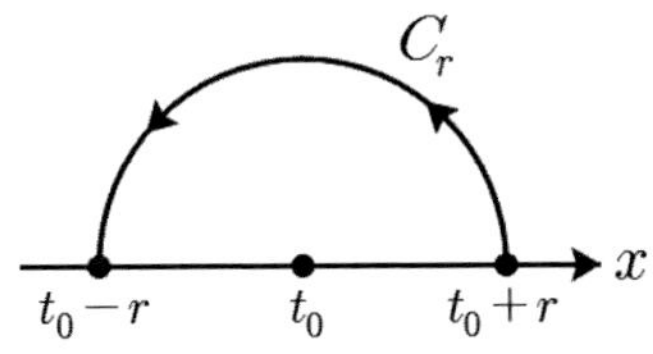


**그림 5.15** 작은 반원 경로

**증명**

$z = t_0$에서 $f(z)$에 대한 Laurent 급수는 다음과 같이 표시할 수 있다.

$$f(z) = \frac{Res(f(z),\ t_0)}{z - t_0} + g(z)$$

단, $g(z)$는 $z = t_0$에서 해석적이다. $C$의 매개변수표현을 이 식에 사용하면

$$\int_{C_r} f(z)dz = Res(f(z),\ t_0)\int_0^{\pi} \frac{ire^{i\theta}}{re^{i\theta}}d\theta + ir\int_0^{\pi} g(t_0 + re^{i\theta})e^{i\theta}d\theta$$

$$= i\pi\, Res(f(z),\ t_0) + ir\int_0^{\pi} g(t_0 + re^{i\theta})e^{i\theta}d\theta \tag{101}$$

이다. $g(z)$는 $t_0$에서 연속이므로 이 점 근방에서 유계이다. 즉 $\left|g(t_0 + re^{i\theta})\right| \leq M$를 만족하는 $M > 0$가 존재한다. 따라서

$$\left|\lim_{r\to 0} ir\int_0^{\pi} g(t_0 + re^{i\theta})e^{i\theta}d\theta\right| \leq \lim_{r\to 0} r\int_0^{\pi} M d\theta = \lim_{r\to 0} r\pi M = 0 \tag{102}$$

식 (101)에 $\lim\limits_{r\to 0}$를 취하고 식 (102)에 의하여 식 (100)을 얻게 된다. ■

---

**정리 5.30과 정리 5.31의 증명**

$f$는 유한개의 극을 가지므로 $r$을 충분히 작게 선택하여 반원,

$$C_j : z = t_j + re^{i\theta} \qquad 0 \leq \theta \leq \pi,\ j = 1,\ 2,\ \cdots,\ l$$

들이 서로 만나지 않고 상반평면에 있는 $f$의 극 $z_1,\ z_2,\ \cdots,\ z_k$는 그림 5.16에서 표시된 바

와 같이 이들 위에 있도록 할 수 있다.

$R$을 충분히 크게 택하여 상반평면 $f$의 극이, $0 \leqq \theta \leqq \pi$ 상에 $z = Re^{i\theta}$로 정의된 반원 $C_R$ 아래에 있고, $x$축 상의 $f$의 단순극이 구간 $-R \leqq x \leqq R$에 있도록 하자.

$C$를 그림5.16에 표시된 바와 같이 $C_R$, $-C_1$, $-C_2$, $\cdots$, $-C_l$ 및 반원들 사이에 있는 실수축의 선분으로 이루어진 양방향의 단순 폐곡선이라 하자.

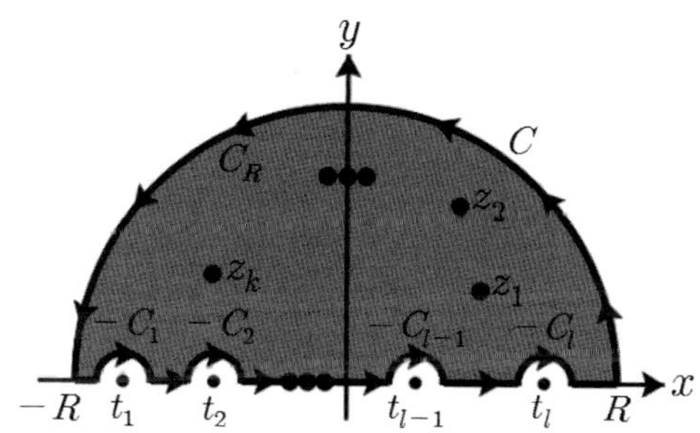


**그림 5.16** 다중반원경로와 $x$축 위에 있는 $f$의 극 $t_1, t_2, \cdots, t_l$

유수의 정리를 사용하면

$$\int_C f(z)dz = 2\pi i \sum_{i=1}^{k} Res(f(z),\ z_i) \tag{103}$$

를 얻는다. 식 (103)은

$$\int_{I_R} f(x)dx = 2\pi i \sum_{j=1}^{k} Res(f(z), z_j) + \sum_{j=1}^{l} \int_{C_j} f(z)dz - \int_{C_R} f(z)dz \tag{104}$$

와 같이 표기될 수 있다. 여기서 $I_R$은 $j = 1,\ 2,\ \cdots,\ l$에 대해서 구간 $(t_j - r,\ t_j + r)$의 외부에 있는 $-R \leqq x \leqq R$의 부분이다.

정리 5.28 및 5.29의 증명과정에서 정리 5.30에 주어진 $f(z) = \dfrac{P(z)}{Q(z)}$과 정리 5.31에 주어진 $f(z) = \dfrac{e^{i\alpha z}P(z)}{Q(z)}$에 대하여

$$\lim_{R \to \infty} \int_{C_R} f(z)dz = 0 \tag{105}$$

이 성립한다. 식 (104)에서 $R \to \infty$, $r \to 0$를 취하고, 식 (105)와 보조정리 5.4의 식 (100)을 사용하면

$$P.V\int_{-\infty}^{\infty} f(x)dx = 2\pi i\sum_{j=1}^{k} Res(f(z),\ z_j) + \pi i\sum_{j=1}^{l} Res(f(z),\ t_j) \tag{106}$$

를 얻는다. 그러므로 정리 5.30에 주어진 $f(z) = \dfrac{P(z)}{Q(z)}$에 대하여 식 (106)은 식 (95)로 된다.

또한 식 (106)으로부터 정리 5.31에 주어진 $f(z) = \dfrac{e^{i\alpha z}P(z)}{Q(z)}$에 대하여 식 (97)의 양변의 실수부와 허수부를 비교하여 각각 식 (98)과 (99)를 얻는다. 즉

$$\begin{aligned} &P.V\int_{-\infty}^{\infty} \frac{P(x)}{Q(x)}\cos\alpha x\,dx \\ &= Re\left[P.V\int_{-\infty}^{\infty} \frac{P(x)}{Q(x)}e^{i\alpha x}dx\right] \\ &= Re\left[2\pi i\sum_{j=1}^{k} Res(f(z),\ z_j) + \pi i\sum_{j=1}^{l} Res(f(z),\ t_j)\right] \\ &= -2\pi\sum_{j=1}^{k} Im\left[Res(f(z),\ z_j)\right] - \pi\sum_{j=1}^{l} Im\left[Res(f(z),\ t_j)\right] \end{aligned}$$

이며

$$\begin{aligned} &P.V\int_{-\infty}^{\infty} \frac{P(x)}{Q(x)}\sin\alpha x\,dx \\ &= Im\left[P.V\int_{-\infty}^{\infty} \frac{P(x)}{Q(x)}e^{i\alpha x}dx\right] \\ &= Im\left[2\pi i\sum_{j=1}^{k} Res(f(z),\ z_j) + \pi i\sum_{j=1}^{l} Res(f(z),\ t_j)\right] \\ &= 2\pi\sum_{j=1}^{k} \left[Res(f(z),\ z_j)\right] + \pi\sum_{j=1}^{l} Re\left[Res(f(z),\ t_j)\right] \end{aligned}$$

가 성립한다. ■

**예제 7**

$P.V\int_{-\infty}^{\infty}\frac{\sin x}{x}dx$를 계산하라.

**풀이**

$f(z)=\frac{e^{iz}}{z}$에 대하여 $z=0$는 실수축 위에서의 단순극이다. 따라서 실수축 위에서 단순극을 가지는 삼각함수를 포함하는 특이적분정리 5.31의 공식 (99)를 이용하면

$$P.V\int_{-\infty}^{\infty}\frac{\sin x}{x}dx = Im\left[P.V\int_{-\infty}^{\infty}\frac{e^{ix}}{x}dx\right]$$
$$= Im[\pi i\,Res(f(z),\ 0)]$$

이다.

$$Res(f(z),\ 0)=\lim_{z\to 0} z\,\frac{e^{iz}}{z}=1$$

이므로

$$P.V\int_{-\infty}^{\infty}\frac{\sin x}{x}dx = Im[\pi i]=\pi$$

이다. ■

실제로 복소선적분을 수행하여 $P.V\int_{-\infty}^{\infty}\frac{\sin x}{x}dx$를 계산해보자.

**예제 8**

다음의 실함수에 관한 특이적분의 값을 복소함수의 선적분을 이용하여 계산하라.

$$P.V\int_{-\infty}^{\infty}\frac{\sin x}{x}dx$$

**풀이**

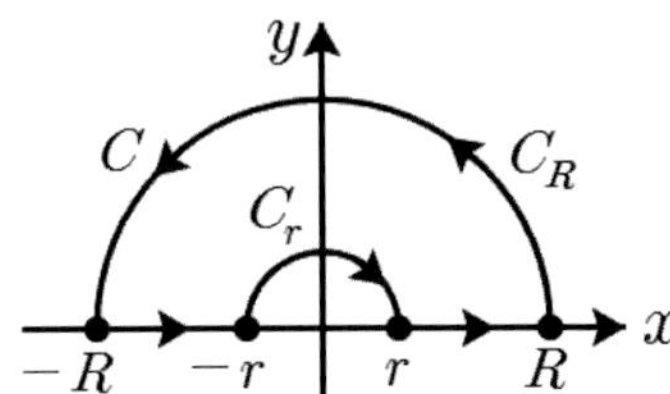


**그림 5.17** 폐곡선 $C = C_R \cup [-R, -r] \cup C_r \cup [r, R]$

$C$가 그림 5.17에서와 같은 2개의 반원으로 이루어진 폐곡선, 즉

$$C = C_R \cup [-R, -r] \cup C_r \cup [r, R]$$

일 때, 선적분

$$\oint_C \frac{e^{iz}}{z}dz$$

의 값을 계산하여 보자.

복소함수 $f(z) = \dfrac{e^{iz}}{z}$는 폐곡선 $C$와 그의 내부의 모든 점에서 해석적이므로, Cauchy–Goursat 적분정리에 의하여

$$\oint_C \frac{e^{iz}}{z}dz = 0$$

이 성립함을 알 수 있다. 그러면

$$P.V\int_{-\infty}^{\infty}\frac{e^{ix}}{x}dx + \lim_{R\to\infty}\int_{C_R}\frac{e^{iz}}{z}dz + \lim_{r\to 0}\int_{C_r}\frac{e^{iz}}{z}dz = \oint_C \frac{e^{iz}}{z}dz = 0 \qquad (107)$$

가 된다.

먼저 식 (107)에서 $R \to \infty$일 때 $C_R$을 따라서의 선적분에 대하여

$$\int_{C_R} \frac{e^{iz}}{z} dz \to 0 \tag{108}$$

이 성립함을 밝혀보자.

$C_R$상의 점을 $z = Re^{i\theta}$, $0 \le \theta \le \pi$라고 두면 $dz = izd\theta$이므로

$$\begin{aligned} \left| \int_{C_R} \frac{e^{iz}}{z} dz \right| &= \left| \int_0^\pi e^{iR(\cos\theta + i\sin\theta)} i d\theta \right| \\ &\le \int_0^\pi \left| e^{iR(\cos\theta + i\sin\theta)} \right| d\theta \\ &= \int_0^\pi e^{-R\sin\theta} d\theta \end{aligned} \tag{109}$$

이 성립한다. 한편, $\sin\theta = \sin(\pi - \theta)$ 이므로

$$\int_0^\pi e^{-R\sin\theta} d\theta = 2\int_0^{\frac{\pi}{2}} e^{-R\sin\theta} d\theta$$

이다. $\frac{2\theta}{\pi} \le \sin\theta \left(0 \le \theta \le \frac{\pi}{2}\right)$이므로

$$2\int_0^{\frac{\pi}{2}} e^{-R\sin\theta} d\theta \le 2\int_0^{\frac{\pi}{2}} e^{-R\frac{2\theta}{\pi}} d\theta = \frac{\pi}{R}\left(1 - e^{-R}\right)$$

이다. 따라서 식 (109)에 대입하면

$$\lim_{R \to \infty} \left| \int_{C_R} \frac{e^{iz}}{z} dz \right| \le \lim_{R \to \infty} \frac{\pi}{R}\left(1 - e^{-R}\right) = 0$$

이므로 식 (108)이 성립한다.

다음으로 $r \to 0$일 때 식 (107)에서 작은 반원 경로 $C_r$을 따라서의 선적분

$$\int_{C_r} \frac{e^{iz}}{z} dz$$

의 값을 계산하여 보자.

$$\int_{C_r} \frac{e^{iz}}{z} dz = \int_{C_r} \frac{1}{z} dz + \int_{C_r} \frac{e^{iz}-1}{z} dz \tag{110}$$

을 얻는다. $r \to 0$일 때 위식 (110)의 첫 번째 선적분을 계산하면 $C_r$상의 점 $z = re^{i\theta}(0 \le \theta \le \pi)$로 표현했을 때 $dz = ire^{i\theta}d\theta$이고

$$\lim_{r\to 0}\int_{C_r} \frac{1}{z} dz = \lim_{r\to 0}\int_{\pi}^{0} \frac{1}{re^{i\theta}} ire^{i\theta} d\theta = -\pi i \tag{111}$$

이다.

또 $r \to 0$ 일 때 식 (110)의 두 번째 선적분을 계산해 보자.

$e^z$의 Maclaurin 급수전개

$$e^z = 1 + z + \frac{z^2}{2!} + \frac{z^3}{3!} + \cdots$$

을 이용하여 원점 중심으로 $f(z)$을 Laurent 급수전개하면

$$\begin{aligned} f(z) &= \frac{e^{iz}-1}{z} \\ &= \frac{1}{z}\left[1 + (iz) + \frac{1}{2!}(iz)^2 + \frac{1}{3!}(iz)^3 + \cdots\right] - \frac{1}{z} \\ &= i + \frac{1}{2!}(-z) + \frac{1}{3!}(-iz^2) + \frac{1}{4!}z^3 + \frac{1}{5!}iz^4 + \cdots \end{aligned}$$

이다. 따라서 $f(z)$은 복소평면전체에서 해석적이므로 연속이고, $C_r$상의 점 $z = re^{i\theta}$에서 $|z| = r < \infty$이므로 유계(bounded)이다. 그러므로 $C_r$상의 점 $z$에서 연속함수 $f$에 의한 함수값 $|f(z)|$도 유계이다. 그리하여

$$|f(z)| = \left|\frac{e^{iz}-1}{z}\right| \le M \quad \left(z = re^{i\theta},\ 0 \le \theta \le \pi\right)$$

이라 두면

$$\lim_{r\to 0}\left|\int_{C_r}\frac{e^{iz}-1}{z}dz\right| \le \lim_{r\to 0}\int_{C_r}\left|\frac{e^{iz}-1}{z}\right||dz| \le \lim_{r\to 0}M\int_{C_r}|dz| = \lim_{r\to 0}M\pi r = 0$$

이 성립하므로

$$\lim_{r\to 0}\int_{C_r}\frac{e^{iz}-1}{z}dz = 0 \tag{112}$$

이 된다. 식 (110)에 $\lim\limits_{r\to 0}$를 취하고 식 (111)과 (112)의 결과를 적용하면

$$\lim_{r\to 0}\int_{C_r}\frac{e^{iz}}{z}dz = -\pi i \tag{113}$$

를 얻는다. 따라서 식 (108)과 (113)의 결과를 식 (107)에 대입하면

$$P.V\int_{-\infty}^{\infty}\frac{e^{ix}}{x}dx = \pi i \tag{114}$$

이다. 위 식 (114)의 양변에서 허수부를 취하면

$$P.V\int_{-\infty}^{\infty}\frac{\sin x}{x}dx = Im\left[P.V\int_{-\infty}^{\infty}\frac{e^{ix}}{x}dx\right] = Im[\pi i] = \pi$$

가 된다. ■

예제 9

$P.V\displaystyle\int_{-\infty}^{\infty}\frac{dx}{(x^2+1)(x-1)}$을 계산하라.

**풀이**

$f(z)=\dfrac{1}{(z^2+1)(z-1)}$은 $z=\pm i,\ 1$에서 고립특이점이고 $i$는 상반평면에서 단순극이고

1은 실수축에서의 단순극이다. 실수축상에 단순극을 가지는 유리함수의 특이적분정리에 의하여

$$P.V\int_{-\infty}^{\infty}\frac{1}{(x^2+1)(x-1)}dx=2\pi i\,Res(f(z),\ i)+\pi i\,Res(f(z),\ 1)$$

이다.

$$Res(f(z),\ 1)=\left.\frac{1}{[(z^2+1)(z-1)]'}\right|_{z=1}=\left.\frac{1}{2z(z-1)+(z^2+1)}\right|_{z=1}=\frac{1}{2}$$

이고

$$Res(f(z),\ i)=\left.\frac{1}{[(z^2+1)(z-1)]'}\right|_{z=i}=\left.\frac{1}{2z(z-1)+(z^2+1)}\right|_{z=i}$$
$$=\frac{1}{2i(i-1)}=\frac{-1}{2(1+i)}$$

이므로

$$P.V\int_{-\infty}^{\infty}\frac{1}{(x^2+1)(x-1)}dx=2\pi i\frac{-1}{2(1+i)}+\pi i\frac{1}{2}=-\frac{\pi}{2}$$

가 된다. ■

### 예제 10

$P.V.\int_{-\infty}^{\infty}\frac{\sin x}{x(x^2+1)}dx$를 계산하라.

**풀이**

$f(z)=\frac{e^{iz}}{z(z^2+1)}$은 $z=0,\ \pm i$에서 고립특이점을 갖고 $i$는 상반평면 위에서 $f(z)$의 단순극이고 $z=0$은 실수축에서 단순극이다. 실수축 위에 단순극을 가지는 삼각함수를 포함하는 특이적분정리에 의해

$$P.V\int_{-\infty}^{\infty}\frac{\sin x}{x(x^2+1)}dx$$

$$=Im\left[P.V\int_{-\infty}^{\infty}\frac{e^{ix}}{x(x^2+1)}dx\right]$$

$$=Im\left[2\pi i\,Res\left(\frac{e^{iz}}{z(z^2+1)},\ i\right)+\pi i\,Res\left(\frac{e^{iz}}{z(z^2+1)},\ 0\right)\right]$$

이다.

$$Res\left(\frac{e^{iz}}{z(z^2+1)},\ i\right)=\lim_{z\to i}\frac{e^{iz}}{z(z+i)}=\frac{e^{-1}}{-2}=-\frac{1}{2e}$$

이고

$$Res\left(\frac{e^{iz}}{z(z^2+1)},\ 0\right)=\lim_{z\to 0}\frac{e^{iz}}{z^2+1}=1$$

이므로

$$Im\left[2\pi i\left(-\frac{1}{2e}\right)+\pi i\right]=\pi\left(1-\frac{1}{e}\right)$$

이다. 그러므로

$$P.V\int_{-\infty}^{\infty}\frac{\sin x}{x(x^2+1)}dx=\pi\left(1-\frac{1}{e}\right)$$

이다. ■

## 연습문제 5.6

1. $\int_0^{\pi}\frac{1}{5+4\cos\theta}d\theta$를 계산하라.

(답) $\dfrac{2\pi}{3}$

2. $\displaystyle\int_0^{2\pi} \frac{d\theta}{(5+3\cos\theta)^2}$를 구하라.

(답) $\dfrac{5\pi}{32}$

3. $\displaystyle\int_0^{2\pi} \frac{1+2\cos\theta}{5+4\cos\theta} d\theta$를 구하라.

(답) 0

4. 유리함수의 특이적분정리를 이용하여 다음의 특이적분을 구하라.

(1) $\displaystyle P.V \int_{-\infty}^{\infty} \frac{x^2+2}{x^4+5x^2+4} dx$

(2) $\displaystyle P.V \int_{-\infty}^{\infty} \frac{dx}{(x^2+1)^3} dx$

(3) $\displaystyle P.V \int_{-\infty}^{\infty} \frac{dx}{x^2+4x+13}$

(답) (1) $\dfrac{2\pi}{3}$ (2) $\dfrac{3\pi}{8}$ (3) $\dfrac{\pi}{3}$

5. 다음의 특이적분을 계산하라.

(1) $\displaystyle P.V \int_{-\infty}^{\infty} \frac{x\sin x}{x^2+2x+2} dx$

(2) $\displaystyle P.V \int_{-\infty}^{\infty} \frac{x\cos x}{x^2+2x+2} dx$

(답) (1) $\dfrac{\pi}{e}(\cos 1+\sin 1)$ (2) $\dfrac{\pi}{e}(-\cos 1+\sin 1)$

6. $\displaystyle P.V \int_{-\infty}^{\infty} \frac{x\sin x}{x^2+1} dx$를 계산하라.

(답) $\frac{\pi}{e}$

7. $P.V\int_{-\infty}^{\infty}\frac{x^2\cos(\pi x)}{(x^2+1)(x^2+2)}dx$를 계산하라.

(답) $\frac{-\pi}{e^{\pi}}-\frac{\sqrt{2}\,\pi}{e^{\sqrt{2}\,\pi}}$

8. $P.V\int_{-\infty}^{\infty}\frac{xdx}{x^3-8}$을 계산하라.

(답) $\frac{\sqrt{3}\,\pi}{6}$

9. 다음의 특이적분을 계산하라.

(1) $P.V\int_{-\infty}^{\infty}\frac{\sin x}{(x-1)(x^2+4)}dx$

(2) $P.V\int_{-\infty}^{\infty}\frac{\cos x}{(x-1)(x^2+4)}dx$

(답) (1) $\frac{\pi}{5}\left(\cos 1-\frac{1}{e^2}\right)$ (2) $-\frac{\pi}{5}\left(\sin 1+\frac{1}{2e^2}\right)$

# 부록

# 부록 A. 기본공식

## A1. 삼각함수

$$\sin\theta = \frac{y}{r}, \quad \cos\theta = \frac{x}{r},$$

$$\tan\theta = \frac{\sin\theta}{\cos\theta}, \quad \csc\theta = \frac{1}{\sin\theta}, \quad \sec\theta = \frac{1}{\cos\theta}, \quad \cot\theta = \frac{1}{\tan\theta}$$

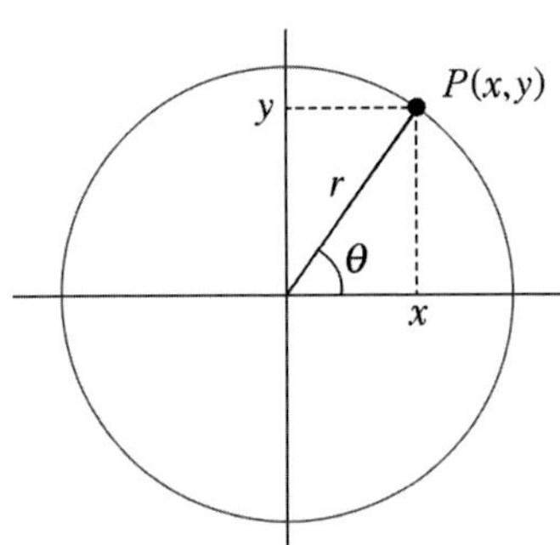


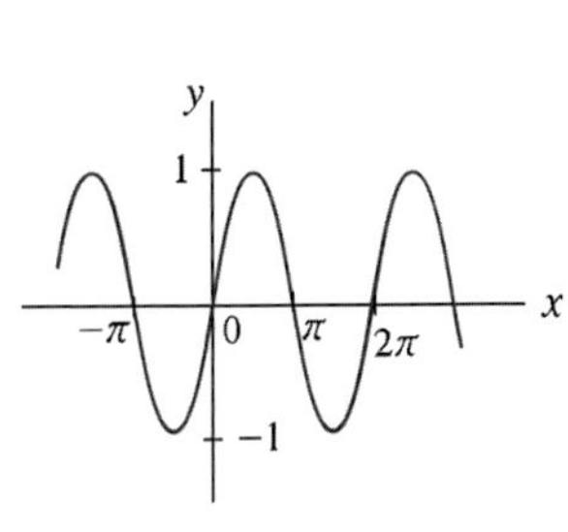


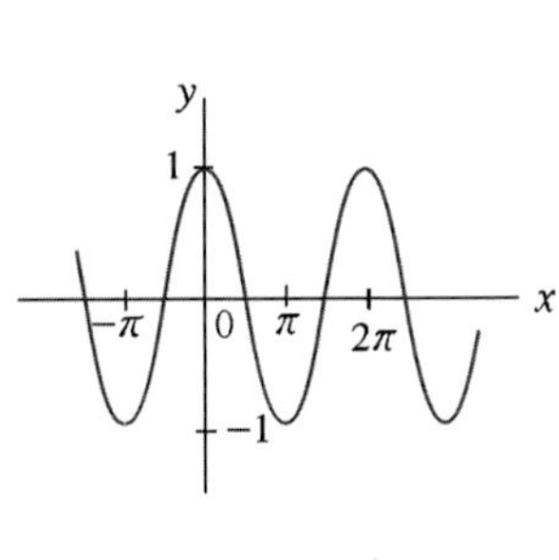


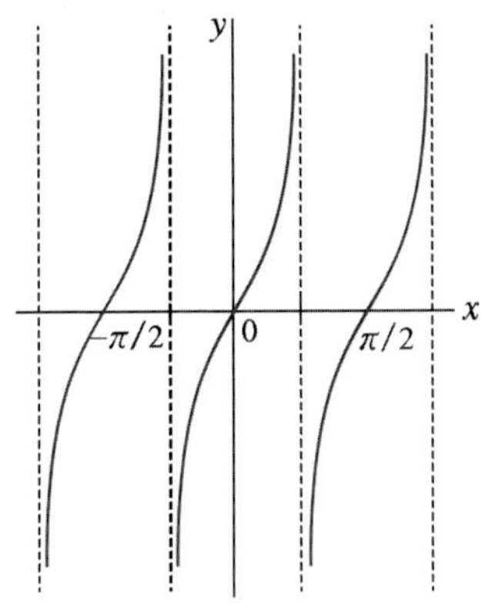


$y = \sin x$ $\qquad$ $y = \cos x$ $\qquad$ $y = \tan x$

| $\theta$(도) | $\theta$(라디안) | $\sin\theta$ | $\cos\theta$ | $\tan\theta$ |
|---|---|---|---|---|
| 0° | 0 | 0 | 1 | 0 |
| 30° | $\pi/6$ | $1/2$ | $\sqrt{3}/2$ | $1/\sqrt{3}$ |
| 45° | $\pi/4$ | $1/\sqrt{2}$ | $1/\sqrt{2}$ | 1 |
| 60° | $\pi/3$ | $\sqrt{3}/2$ | $1/2$ | $\sqrt{3}$ |
| 90° | $\pi/2$ | 1 | 0 | $\infty$ |

## A2. 삼각함수에 관한 항등식

$\cos^2\theta+\sin^2\theta=1,\quad 1+\tan^2\theta=\sec^2\theta,\quad \cot^2\theta+1=\csc^2\theta$

## A3. 덧셈 공식

$$\sin(x\pm y)=\sin x\cos y\pm\cos x\sin y$$
$$\cos(x\pm y)=\cos x\cos y\mp\sin x\sin y$$
$$\tan(x\pm y)=\frac{\tan x\pm\tan y}{1\mp\tan x\tan y}$$

## A4. 배각 공식

$$\sin 2x=2\sin x\cos x$$
$$\cos 2x=\cos^2 x-\sin^2 x=2\cos^2 x-1=1-2\sin^2 x$$
$$\tan 2x=\frac{2\tan x}{1-\tan^2 x}$$

## A5. 반각 공식

$$\sin^2 x=\frac{1-\cos 2x}{2},\quad \cos^2 x=\frac{1+\cos 2x}{2},\quad \tan^2 x=\frac{1-\cos 2x}{1+\cos 2x}$$

## A6. 곱을 합 또는 차로 변형하는 공식

$$\sin x\cos y=\frac{1}{2}[\sin(x+y)+\sin(x-y)]$$
$$\cos x\sin y=\frac{1}{2}[\sin(x+y)-\sin(x-y)]$$
$$\cos x\cos y=\frac{1}{2}[\cos(x+y)+\cos(x-y)]$$
$$\sin x\sin y=-\frac{1}{2}[\cos(x+y)-\cos(x-y)]$$

## A7. 합 또는 차를 곱으로 변형하는 공식

$$\sin A+\sin B=2\sin\frac{A+B}{2}\cos\frac{A-B}{2}$$
$$\sin A-\sin B=2\cos\frac{A+B}{2}\sin\frac{A-B}{2}$$
$$\cos A+\cos B=2\cos\frac{A+B}{2}\cos\frac{A-B}{2}$$
$$\cos A-\cos B=-2\sin\frac{A+B}{2}\sin\frac{A-B}{2}$$

## A8. 삼각함수 합성

$$a\cos x+b\sin x=\sqrt{a^2+b^2}\,\sin(x+\theta),\ \tan\theta=\frac{a}{b}$$

$$a\cos x + b\sin x = \sqrt{a^2+b^2}\,\cos(x-\theta),\ \tan\theta = \frac{b}{a}$$

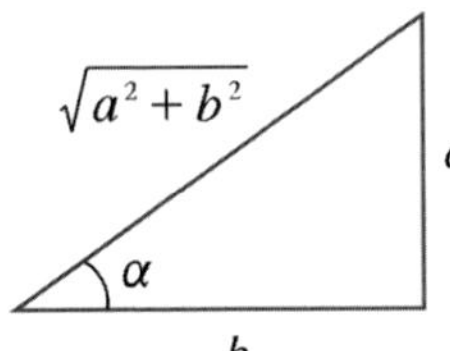


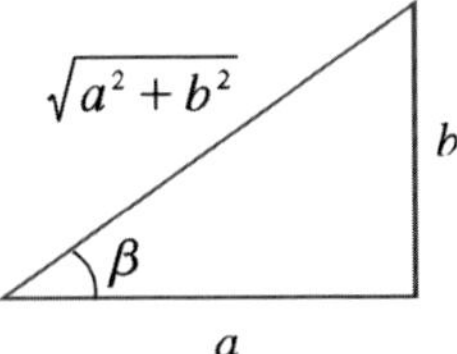


## A9. 삼각함수의 도함수

(1) $(\cos x)' = -\sin x$ (2) $(\sin x)' = \cos x$ (3) $(\tan x)' = \sec^2 x$

(4) $(\sec x)' = \sec x \tan x$ (5) $(\csc x)' = -\csc x \cot x$ (6) $(\cot x)' = -\csc^2 x$

## A10. 삼각함수의 적분

(1) $\int \sin x\, dx = -\cos x + c$ (2) $\int \cos x\, dx = \sin x + c$

(3) $\int \sec^2 x\, dx = \tan x + c$ (4) $\int \sec x \tan x\, dx = \sec x + c$

(5) $\int \csc x \cot x\, dx = -\csc x + c$ (6) $\int \csc^2 x\, dx = -\cot x + c$

## A11. 쌍곡선함수

$$\cosh x = \frac{e^x + e^{-x}}{2},\quad \sinh x = \frac{e^x - e^{-x}}{2}$$

$$\tanh x = \frac{\sinh x}{\cosh x},\quad \operatorname{sech} x = \frac{1}{\cosh x},\quad \operatorname{csch} x = \frac{1}{\sinh x},\quad \coth x = \frac{1}{\tanh x}$$

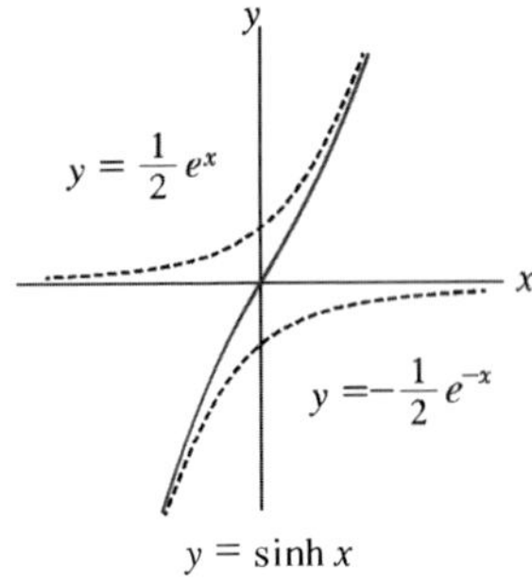

y = sinh x

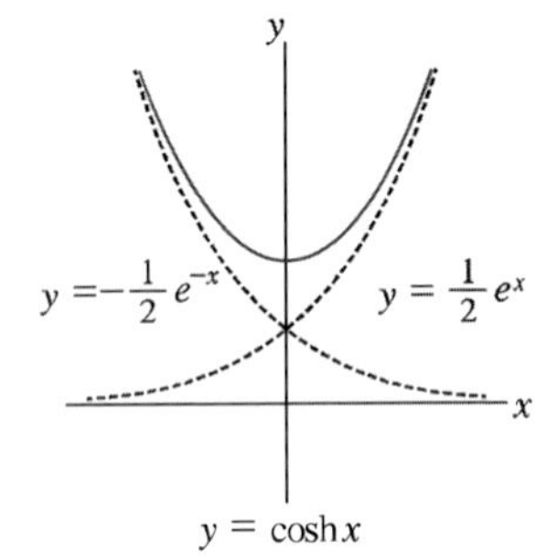

y = cosh x

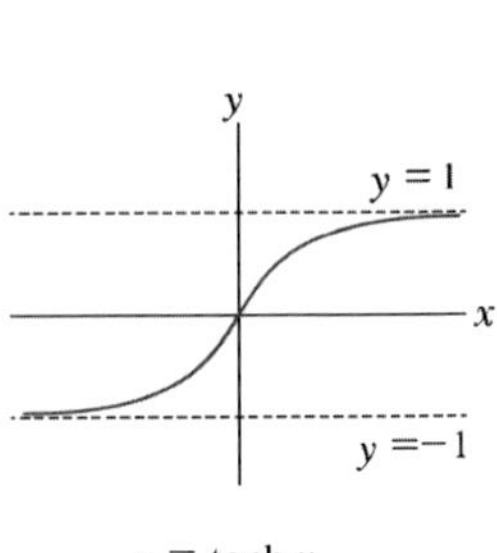

y = tanh x

## A12. 쌍곡선함수의 도함수

(1) $(\cosh x)' = \sinh x$ (2) $(\sinh x)' = \cosh x$

(3) $(\tanh x)' = \operatorname{sech}^2 x$ (4) $(\operatorname{sech} x)' = -\operatorname{sech} x \tanh x$

(5) $(\operatorname{csch} x)' = -\operatorname{csch} x \coth x$ (6) $(\coth x)' = -\operatorname{csch}^2 x$

## A13. 쌍곡선함수의 적분

(1) $\int \sinh x \, dx = \cosh x + c$

(2) $\int \cosh x \, dx = \sinh x + c$

(3) $\int \operatorname{sech}^2 x \, dx = \tanh x + c$

(4) $\int \operatorname{sech} x \tanh x \, dx = -\operatorname{sech} x + c$

(5) $\int \operatorname{csch} x \coth x \, dx = -\operatorname{csch} x + c$

(6) $\int \operatorname{csch}^2 x \, dx = -\coth x + c$

## A14. 역삼각함수의 도함수

(1) $(\sin^{-1}x)' = \dfrac{1}{\sqrt{1-x^2}}$, $|x| < 1$

(2) $(\cos^{-1}x)' = -\dfrac{1}{\sqrt{1-x^2}}$, $|x| < 1$

(3) $(\tan^{-1}x)' = \dfrac{1}{1+x^2}$

(4) $(\sec^{-1}x)' = \dfrac{1}{|x|\sqrt{x^2-1}}$, $|x| > 1$

(5) $(\csc^{-1}x)' = \dfrac{-1}{|x|\sqrt{x^2-1}}$, $|x| > 1$

(6) $(\cot^{-1}x)' = -\dfrac{1}{1+x^2}$

## A15. 역삼각함수의 적분

(1) $\int \dfrac{dx}{\sqrt{1-x^2}} = \sin^{-1}x + c$, $|x| < 1$

(2) $\int \dfrac{dx}{1+x^2} = \tan^{-1}x + c$

(3) $\int \dfrac{dx}{x\sqrt{x^2-1}} = \sec^{-1}|x| + c$, $|x| > 1$

## A16. 역쌍곡선함수의 도함수

(1) $\dfrac{d}{dx}\sinh^{-1}\left(\dfrac{x}{a}\right) = \dfrac{1}{\sqrt{a^2+x^2}}$

(2) $\dfrac{d}{dx}\cosh^{-1}\left(\dfrac{x}{a}\right) = \dfrac{1}{\sqrt{x^2-a^2}}$

## A17. 지수의 성질

$a, b$는 양의 실수, $x, y$는 임의의 실수

(1) $a^x a^y = a^{x+y}$

(2) $\dfrac{a^x}{a^y} = a^{x-y}$

(3) $(a^x)^y = a^{xy}$

(4) $(ab)^x = a^x b^x$

(5) $\left(\dfrac{a}{b}\right)^x = \dfrac{a^x}{b^x}$

## A18. 자연로그와 로그의 성질

$y = \log_a x \Leftrightarrow x = a^y \quad (a > 0, x > 0)$

$\log_e x = \ln x \quad (x > 0)$

(1) $\log_a a = 1, \log_a 1 = 0 \ (a > 0, a \neq 1)$, $\ln 1 = 0$

(2) $\log_a(xy) = \log_a x + \log_a y$, $\log_a \dfrac{x}{y} = \log_a x - \log_a y$, $(a > 0, x > 0, y > 0)$

(3) $\ln(a+b) = \ln a + \ln b$, $\quad \ln\left(\dfrac{a}{b}\right) = \ln a - \ln b \ (a > 0, b > 0)$

(4) $\log_c a = \log_c b \times \log_b a \ (a>0, b>0, c>0)$

(5) $\ln a = \ln b \times \log_b a,\ \log_b a \times \log_b a = 1 \ (a>0, b>0)$

(6) $\ln a^r = r \ln a \ (a>0)$

## A19. 항등식

(1) $x^2 - y^2 = (x+y)(x-y)$

(2) $x^3 + y^3 = (x+y)(x^2 - xy + y^2)$

(3) $x^3 - y^3 = (x-y)(x^2 + xy + y^2)$

## A20. 이항정리

(1) $(x+y)^2 = x^2 + 2xy + y^2$

(2) $(x-y)^2 = x^2 - 2xy + y^2$

(3) $(x+y)^3 = x^3 + 3x^2y + 3xy^2 + y^3$

(4) $(x+y)^3 = x^3 - 3x^2y + 3xy^2 - y^3$

(5) $(x+y)^n = x^n + nx^{n-1}y + \dfrac{n(n-1)}{2}x^{n-2}y^2 + \cdots + \dbinom{n}{k}x^{n-k}y^k + \cdots + nxy^{n-1} + y^n$

여기서, $\dbinom{n}{k} = \dfrac{k(k-1)\cdots(k-n+1)}{n!}$

## A21. 부등식과 절대값

(1) $a<b, b<c$이면 $a<c$

(2) $a<b$이면 $a+c<b+c$

(3) $a<b,\ c>0$이면 $ca<cb$

$a<b,\ c<0$이면 $ca>cb$

(4) $a>0$에 대하여

$|x|=a$이면 $x=a$ 또는 $x=-a$

$|x|<a$이면 $-a<x<a$ 또는 $x=-a$

$|x|>a$이면 $x>a$ 또는 $x<-a$

## A22. 급수

(1) 등차급수

$a$가 초항(처음 항), $d$가 공차(이웃한 항끼리의 같은 차이), $l$가 끝항(마지막 항), $S$가 총합(sum)일 때

$$l = a + (n-1)d,\quad S = \frac{1}{2}n(a+l)$$

$$S = a + (a+d) + (a+2d) + \cdots + [a+(n-1)d] = \frac{1}{2}n[2a+(n-1)d]$$

(2) 등비급수

$a$가 초항(처음 항), $d$가 공비(이웃한 항끼리의 같은 비율), $l$이 끝항(마지막 항), $S$가 총합(sum)일 때

$$l = ar^{n-1},\quad S = a\frac{1-r^n}{1-r}$$

$$S = a + ar + ar^2 + \cdots + ar^{n-1} = \frac{a(1-r^n)}{1-r}$$

(3) 무한등비급수

$a$가 초항, $d$가 공비, $S$가 총합일 때

$$S = \frac{a}{1-r}\ (|r|<1)$$

## A23. 산술평균, 기하평균, 조화평균

(1) 산술평균

$$x=\frac{1}{n}\sum_{i=1}^{n}x_i \qquad (예)\ \frac{a+b}{2}$$

(2) 기하평균

$$gm(x)=(x_1 \cdot x_2 \cdots x_n)^{\frac{1}{n}} \qquad (예)\ \sqrt{ab}$$

(3) 조화평균

$$hm(x),\ \frac{1}{hm(x)}=\frac{1}{n}\sum_{i=1}^{n}\frac{1}{x_i} \qquad (예)\ \frac{2ab}{a+b}$$

(4) Cauchy의 정리

$$x \geq gm(x) \geq hm(x) \qquad (예)\ \frac{a+b}{2} \geq \sqrt{ab} \geq \frac{2ab}{a+b}$$

## A24. 기하

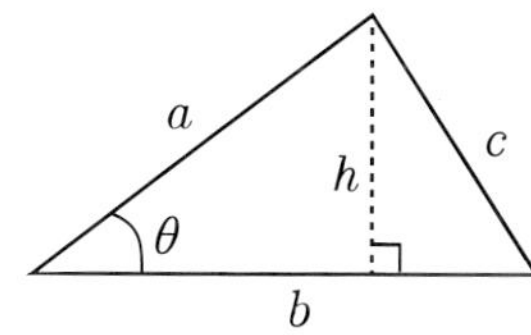


삼각형의 넓이= $\frac{1}{2}bh=\frac{1}{2}ab\sin\theta$

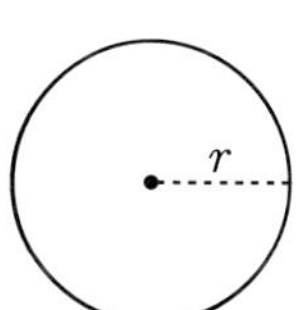


원의 넓이= $\pi r^2$ 원주= $2\pi r$

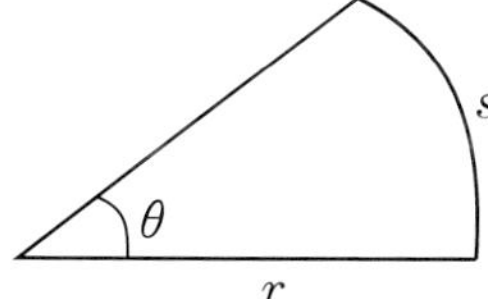


부채꼴의 넓이= $\frac{1}{2}r^2\theta$ 부채꼴의 호의 길이= $r\theta$

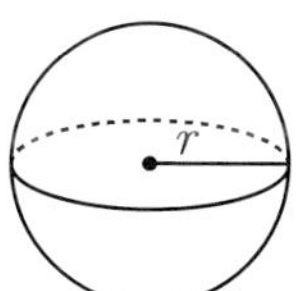


구의 넓이= $4\pi r^2$ 구의 부피= $\frac{4}{3}\pi r^3$

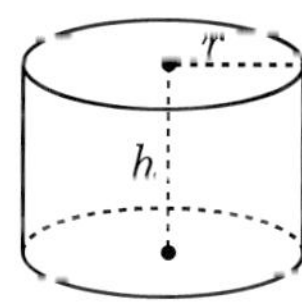


원기둥의 부피= $\pi r^2 h$

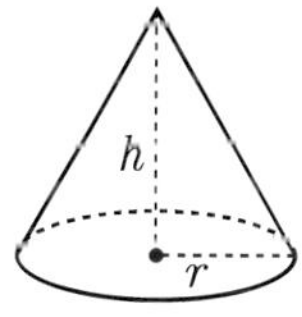


원뿔의 부피= $\frac{1}{3}\pi r^2 h$

## B. 미분공식

$u, v$는 $x$의 함수, $c_1, c_2$는 상수일 때

1. $\dfrac{d}{dx}(c_1u+c_2v)=c_1u'+c_2v'$

2. $\dfrac{d}{dx}uv=uv'+u'v$

3. $\dfrac{d}{dx}\dfrac{u}{v}=\dfrac{vu'-uv'}{v^2}$

4. $\dfrac{dy}{dx}=\dfrac{dy}{du}\cdot\dfrac{du}{dx}$

5. $\dfrac{d}{dx}u^n=u^{n-1}\dfrac{du}{dx}$ ($n$은 정수)

6. $\dfrac{d}{dx}e^u=e^u\dfrac{du}{dx}$

7. $\dfrac{d}{dx}\ln u=\dfrac{1}{u}\dfrac{du}{dx}$ $(u>0)$

8. $\dfrac{d}{dx}a^u=a^u\ln a\dfrac{du}{dx}$ $(a>0)$

9. $\dfrac{d}{dx}\log_a u=\dfrac{1}{u\ln a}\dfrac{du}{dx}$ $(a>0, u>0, a\neq 1)$

10. $\dfrac{d}{dx}\sin x=\cos x$

11. $\dfrac{d}{dx}\cos x=-\sin x$

12. $\dfrac{d}{dx}\tan x=\sec^2 x$

13. $\dfrac{d}{dx}\cot x=-\operatorname{cosec}^2 x$

14. $\dfrac{d}{dx}\sec x=\sec x\tan x$

15. $\dfrac{d}{dx}\operatorname{cosec} x=-\operatorname{cosec} x\cot x$

16. $\dfrac{d}{dx}\sinh x=\cosh x$

17. $\dfrac{d}{dx}\cosh x=\sinh x$

18. $\dfrac{d}{dx}\tanh x=\operatorname{sech}^2 x$

19. $\dfrac{d}{dx}\coth x=-\operatorname{cosech}^2 x$

20. $\dfrac{d}{dx}\operatorname{sech} x=-\operatorname{sech} x\tanh x$

21. $\dfrac{d}{dx}\operatorname{cosech} x=-\operatorname{cosech} x\coth x$

22. $\dfrac{d}{dx}\sin^{-1}x=\dfrac{1}{\sqrt{1-x^2}}$, $|x|<1$

22. $\dfrac{d}{dx}\cos^{-1}x=-\dfrac{1}{\sqrt{1-x^2}}$, $|x|<1$

23. $\dfrac{d}{dx}\tan^{-1}x=\dfrac{1}{1+x^2}$

24. $\dfrac{d}{dx}\sec^{-1}x=\dfrac{1}{|x|\sqrt{x^2-1}}$, $|x|>1$

25. $\dfrac{d}{dx}\operatorname{cosec}^{-1}x=-\dfrac{1}{|x|\sqrt{x^2-1}}$, $|x|>1$

26. $\dfrac{d}{dx}\cot^{-1}x=-\dfrac{1}{1+x^2}$

## 부록 C. 적분공식

1. $\int (ax+b)^n dx = \frac{(ax+b)^{n+1}}{a(n+1)} + c$, $n \neq -1$

2. $\int (ax+b)^{-1} dx = \frac{1}{a} \ln|ax+b| + c$

3. $\int x(ax+b)^n dx = \frac{(ax+b)^{n+1}}{a^2}\left(\frac{ax+b}{n+2} - \frac{b}{n+1}\right) + c$, $n \neq -1, -2$

4. $\int x(ax+b)^{-1} dx = \frac{x}{a} - \frac{b}{a^2} \ln|ax+b| + c$

5. $\int x(ax+b)^{-2} dx = \frac{1}{a^2}\left[\ln|ax+b| + \frac{b}{ax+b}\right] + c$

6. $\int \frac{dx}{x(ax+b)} = \frac{1}{b} \ln\left|\frac{x}{ax+b}\right| + c$

7. $\int (\sqrt{ax+b})^n dx = \frac{2}{a} \frac{(\sqrt{ax+b})^{n+2}}{n+2} + c$, $n \neq -2$

8. $\int \frac{\sqrt{ax+b}}{x} dx = 2\sqrt{ax+b} + b\int \frac{dx}{x\sqrt{ax+b}}$

9. (a) $\int \frac{dx}{x\sqrt{ax+b}} = \frac{2}{\sqrt{-b}} \tan^{-1}\sqrt{\frac{ax+b}{-b}} + c$, $b < 0$

   (b) $\int \frac{dx}{x\sqrt{ax+b}} = \frac{1}{\sqrt{b}} \ln\left|\frac{\sqrt{ax+b} - \sqrt{b}}{\sqrt{ax+b} + \sqrt{b}}\right| + c$, $b > 0$

10. $\int \frac{\sqrt{ax+b}}{x^2} dx = -\frac{\sqrt{ax+b}}{x} + \frac{a}{2}\int \frac{dx}{x\sqrt{ax+b}} + c$

11. $\int \frac{dx}{x^2\sqrt{ax+b}} = -\frac{\sqrt{ax+b}}{bx} - \frac{a}{2b}\int \frac{dx}{x\sqrt{ax+b}} + c$

12. $\int \frac{dx}{a^2+x^2} = \frac{1}{a} \tan^{-1}\frac{x}{a} + c$

13. $\int \frac{dx}{(a^2+x^2)^2} = \frac{x}{2a^2(a^2+x^2)} + \frac{1}{2a^3} \tan^{-1}\frac{x}{a} + c$

14. $\int \frac{dx}{a^2-x^2} = \frac{1}{2a} \ln\left|\frac{x+a}{x-a}\right| + c$

15. $\int \frac{dx}{(a^2-x^2)^2} = \frac{x}{2a^2(a^2-x^2)} + \frac{1}{2a^2}\int \frac{dx}{a^2-x^2}$

16. $\int \frac{dx}{\sqrt{a^2+x^2}} = \sinh^{-1}\frac{x}{a} + c = \ln\left(x + \sqrt{a^2+x^2}\right) + c$

17. $\int \sqrt{a^2+x^2}\, dx = \frac{x}{2}\sqrt{a^2+x^2} + \frac{a^2}{2} \ln\left(x + \sqrt{a^2+x^2}\right) + c$

18. $\int x^2\sqrt{a^2+x^2}\, dx = \frac{x}{8}(a^2+2x^2)\sqrt{a^2+x^2} - \frac{a^4}{8} \ln\left(x + \sqrt{a^2+x^2}\right) + c$

19. $\int \frac{\sqrt{a^2+x^2}}{x}dx=\sqrt{a^2+x^2}-a\ln\left|\frac{a+\sqrt{a^2+x^2}}{x}\right|+c$

20. $\int \frac{\sqrt{a^2+x^2}}{x^2}dx=\ln\left(x+\sqrt{a^2+x^2}\right)-\frac{\sqrt{a^2+x^2}}{x}+c$

21. $\int \frac{x^2}{\sqrt{a^2+x^2}}dx=-\frac{a^2}{2}\ln\left(x+\sqrt{a^2+x^2}\right)+\frac{x\sqrt{a^2+x^2}}{2}+c$

22. $\int \frac{dx}{x\sqrt{a^2+x^2}}=-\frac{1}{a}\ln\left|\frac{a+\sqrt{a^2+x^2}}{x}\right|+c$

23. $\int \frac{dx}{x^2\sqrt{a^2+x^2}}=-\frac{\sqrt{a^2+x^2}}{a^2x}+c$

24. $\int \frac{dx}{\sqrt{a^2-x^2}}=\sin^{-1}\frac{x}{a}+c$

25. $\int \sqrt{a^2-x^2}\,dx=\frac{x}{2}\sqrt{a^2-x^2}+\frac{a^2}{2}\sin^{-1}\frac{x}{a}+c$

26. $\int x^2\sqrt{a^2-x^2}\,dx=\frac{a^4}{8}\sin^{-1}\frac{x}{a}-\frac{1}{8}x\sqrt{a^2-x^2}\left(a^2-2x^2\right)+c$

27. $\int \frac{\sqrt{a^2-x^2}}{x}dx=\sqrt{a^2-x^2}-a\ln\left|\frac{a+\sqrt{a^2-x^2}}{x}\right|+c$

28. $\int \frac{\sqrt{a^2-x^2}}{x^2}dx=-\sin^{-1}\frac{x}{a}-\frac{\sqrt{a^2-x^2}}{x}+c$

29. $\int \frac{x^2}{\sqrt{a^2-x^2}}dx=\frac{a^2}{2}\sin^{-1}\frac{x}{a}-\frac{1}{2}x\sqrt{a^2-x^2}+c$

30. $\int \frac{dx}{x\sqrt{a^2-x^2}}=-\frac{1}{a}\ln\left|\frac{a+\sqrt{a^2-x^2}}{x}\right|+c$

31. $\int \frac{dx}{x^2\sqrt{a^2-x^2}}=-\frac{\sqrt{a^2-x^2}}{a^2x}+c$

32. $\int \frac{dx}{\sqrt{x^2-a^2}}=\cosh^{-1}\frac{x}{a}+c=\ln\left|x+\sqrt{x^2-a^2}\right|+c$

33. $\int \sqrt{x^2-a^2}\,dx=\frac{x}{2}\sqrt{x^2-a^2}-\frac{a^2}{2}\ln\left|x+\sqrt{x^2-a^2}\right|+c$

34. $\int \left(\sqrt{x^2-a^2}\right)^n dx=\frac{x\left(\sqrt{x^2-a^2}\right)^n}{n+1}-\frac{na^2}{n+1}\int\left(\sqrt{x^2-a^2}\right)^{n-2}dx,\ n\neq-1$

35. $\int \frac{dx}{\left(\sqrt{x^2-a^2}\right)^n}=\frac{x\left(\sqrt{x^2-a^2}\right)^{2-n}}{(2-n)a^2}-\frac{n-3}{(n-2)a^2}\int\frac{dx}{\left(\sqrt{x^2-a^2}\right)^{n-2}},\ n\neq 2$

36. $\int x\left(\sqrt{x^2-a^2}\right)^n dx=\frac{\left(\sqrt{x^2-a^2}\right)^{n+2}}{n+2}+c,\ n\neq-2$

37. $\int x^2\sqrt{x^2-a^2}\,dx=\frac{x}{8}\left(2x^2-a^2\right)\sqrt{x^2-a^2}-\frac{a^4}{8}\ln\left|x+\sqrt{x^2-a^2}\right|+c$

38. $\int \frac{\sqrt{x^2-a^2}}{x}\,dx = \sqrt{x^2-a^2} - a\sec^{-1}\left|\frac{x}{a}\right| + c$

39. $\int \frac{\sqrt{x^2-a^2}}{x^2}\,dx = \ln\left|x+\sqrt{x^2-a^2}\right| - \frac{\sqrt{x^2-a^2}}{x} + c$

40. $\int \frac{x^2}{\sqrt{x^2-a^2}}\,dx = \frac{a^2}{2}\ln\left|x+\sqrt{x^2-a^2}\right| + \frac{x}{2}\sqrt{x^2-a^2} + c$

41. $\int \frac{dx}{x\sqrt{x^2-a^2}}\,dx = \frac{1}{a}\sec^{-1}\left|\frac{x}{a}\right| + c = \frac{1}{a}\cos^{-1}\left|\frac{a}{x}\right| + c$

42. $\int \frac{dx}{x^2\sqrt{x^2-a^2}} = \frac{\sqrt{x^2-a^2}}{a^2x} + c$

43. $\int \frac{dx}{\sqrt{2ax-x^2}} = \sin^{-1}\left(\frac{x-a}{a}\right) + c$

44. $\int \sqrt{2ax-x^2}\,dx = \frac{x-a}{2}\sqrt{2ax-x^2} + \frac{a^2}{2}\sin^{-1}\left(\frac{x-a}{a}\right) + c$

45. $\int \left(\sqrt{2ax-x^2}\right)^n dx = \frac{(x-a)\left(\sqrt{2ax-x^2}\right)^n}{n+1} + \frac{na^2}{n+1}\int \left(\sqrt{2ax-x^2}\right)^{n-2} dx,\ n \neq -1$

46. $\int \frac{dx}{\left(\sqrt{2ax-x^2}\right)^n} = \frac{(x-a)\left(\sqrt{2ax-x^2}\right)^{2-n}}{(n-2)a^2} + \frac{n-3}{(n-2)a^2}\int \frac{dx}{\left(\sqrt{2ax-x^2}\right)^{n-2}}$

47. $\int x\sqrt{2ax-x^2}\,dx = \frac{(x+a)(2x-3a)\sqrt{2ax-x^2}}{6} + \frac{a^3}{2}\sin^{-1}\left(\frac{x-a}{a}\right) + c$

48. $\int \frac{\sqrt{2ax-x^2}}{x}\,dx = \sqrt{2ax-x^2} + a\sin^{-1}\left(\frac{x-a}{a}\right) + c$

49. $\int \frac{\sqrt{2ax-x^2}}{x^2}\,dx = -2\sqrt{\frac{2a-x}{x}} - \sin^{-1}\left(\frac{x-a}{a}\right) + c$

50. $\int \frac{x\,dx}{\sqrt{2ax-x^2}} = a\sin^{-1}\left(\frac{x-a}{a}\right) - \sqrt{2ax-x^2} + c$

51. $\int \frac{dx}{x\sqrt{2ax-x^2}} = -\frac{1}{a}\sqrt{\frac{2a-x}{x}} + c$

52. $\int \sin ax\,dx = -\frac{1}{a}\cos ax + c$

53. $\int \cos ax\,dx = \frac{1}{a}\sin ax + c$

54. $\int \sin^2 ax\,dx = \frac{x}{2} - \frac{\sin 2ax}{4a} + c$

55. $\int \cos^2 ax\,dx = \frac{x}{2} + \frac{\sin 2ax}{4a} + c$

56. $\int \sin^n ax\,dx = -\frac{\sin^{n-1}ax\cos ax}{na} + \frac{n-1}{n}\int \sin^{n-2}ax\,dx$

57. $\int \cos^n ax\,dx = \frac{\cos^{n-1}ax\sin ax}{na} + \frac{n-1}{n}\int \cos^{n-2}ax\,dx$

58. (a) $\int \sin ax\cos bx\,dx = -\frac{\cos(a+b)x}{2(a+b)} - \frac{\cos(a-b)x}{2(a-b)} + c,\ a^2 \neq b^2$

(b) $\int \sin ax\sin bx\,dx = \frac{\sin(a-b)x}{2(a-b)} - \frac{\sin(a+b)x}{2(a+b)} + c,\ a^2 \neq b^2$

(c) $\int \cos ax\cos bx\,dx = \frac{\sin(a-b)x}{2(a-b)} + \frac{\sin(a+b)x}{2(a+b)} + c,\ a^2 \neq b^2$

59. $\int \sin ax\cos ax\,dx = -\frac{\cos 2ax}{4a} + c$

60. $\int \sin^n ax\cos ax\,dx = \frac{\sin^{n+1}ax}{(n+1)a} + c,\ n \neq -1$

61. $\int \cos^n ax\sin ax\,dx = -\frac{\cos^{n+1}ax}{(n+1)a} + c,\ n \neq -1$

62. $\int \sin^n ax\cos^m ax\,dx = -\frac{\sin^{n-1}ax\cos^{m+1}ax}{a(m+n)} + \frac{n-1}{m+n}\int \sin^{n-2}ax\cos^m ax\,dx$,

$n \neq -m$ ($n = -m$ 이면 식 82)

63. $\int \sin^n ax\cos^m ax\,dx = \frac{\sin^{n+1}ax\cos^{m-1}ax}{a(m+n)} + \frac{m-1}{m+n}\int \sin^n ax\cos^{m-2}ax\,dx$,

$n \neq -m$ ($n = -m$ 이면 식 83)

64. $\int \frac{dx}{b+c\sin ax} = -\frac{2}{a\sqrt{b^2-c^2}}\tan^{-1}\left[\sqrt{\frac{b-c}{b+c}}\tan\left(\frac{\pi}{4}-\frac{ax}{2}\right)\right] + c,\ b^2 > c^2$

65. $\int \frac{dx}{b+c\sin ax} = -\frac{1}{a\sqrt{c^2-b^2}}\ln\left|\frac{c+b\sin ax+\sqrt{c^2-b^2}\cos ax}{b+c\sin ax}\right| + c,\ b^2 < c^2$

66. $\int \frac{dx}{1+\sin ax} = -\frac{1}{a}\tan\left(\frac{\pi}{4}-\frac{ax}{2}\right) + c$

67. $\int \frac{dx}{1-\sin ax} = \frac{1}{a}\tan\left(\frac{\pi}{4}+\frac{ax}{2}\right) + c$

68. $\int \frac{dx}{b+c\cos ax} = \frac{2}{a\sqrt{b^2-c^2}}\tan^{-1}\left[\sqrt{\frac{b-c}{b+c}}\tan\frac{ax}{2}\right] + c,\ b^2 > c^2$

69. $\int \frac{dx}{b+c\cos ax} = \frac{1}{a\sqrt{c^2-b^2}}\ln\left|\frac{c+b\cos ax+\sqrt{c^2-b^2}\sin ax}{b+c\cos ax}\right| + c,\ b^2 < c^2$

70. $\int \frac{dx}{1+\cos ax} = \frac{1}{a}\tan\frac{ax}{2} + c$

71. $\int \frac{dx}{1-\cos ax} = -\frac{1}{a}\cot\frac{ax}{2} + c$

72. $\int x\sin ax\,dx = -\frac{x}{a}\cos ax + \frac{1}{a^2}\sin ax + c$

73. $\int x\cos ax\,dx = \frac{x}{a}\sin ax + \frac{1}{a^2}\cos ax + c$

74. $\int x^n \sin ax\,dx = -\frac{x^n}{a}\cos ax + \frac{n}{a}\int x^{n-1}\cos ax\,dx$

75. $\int x^n \cos ax\,dx = \frac{x^n}{a}\sin ax - \frac{n}{a}\int x^{n-1}\sin ax\,dx$

76. $\int \tan ax\,dx = \frac{1}{a}\ln|\sec ax| + c$

77. $\int \cot ax\,dx = \frac{1}{a}\ln|\sin ax| + c$

78. $\int \tan^2 ax\,dx = \frac{1}{a}\tan ax - x + c$

79. $\int \cot^2 ax\,dx = -\frac{1}{a}\cot ax - x + c$

80. $\int \tan^n ax\,dx = \frac{\tan^{n-1}ax}{a(n-1)} - \int \tan^{n-2}ax\,dx\,,\ n \neq 1$

81. $\int \cot^n ax\,dx = -\frac{\cot^{n-1}ax}{a(n-1)} - \int \cot^{n-2}ax\,dx\,,\ n \neq 1$

82. $\int \sec ax\,dx = \frac{1}{a}\ln|\sec ax + \tan ax| + c$

83. $\int \csc ax\,dx = -\frac{1}{a}\ln|\csc ax + \cot ax| + c$

84. $\int \sec^2 ax\,dx = \frac{1}{a}\tan ax + c$

85. $\int \csc^2 ax\,dx = -\frac{1}{a}\cot ax + c$

86. $\int \sec^n ax\,dx = \frac{\sec^{n-2}ax\tan ax}{a(n-1)} + \frac{n-2}{n-1}\int \sec^{n-2}ax\,dx\,,\ n \neq 1$

87. $\int \csc^n ax\,dx = -\frac{\csc^{n-2}ax\cot ax}{a(n-1)} + \frac{n-2}{n-1}\int \csc^{n-2}ax\,dx\,,\ n \neq 1$

88. $\int \sec^n ax\tan ax\,dx = \frac{\sec^n ax}{na} + c\,,\ n \neq 0$

89. $\int \csc^n ax\cot ax\,dx = -\frac{\csc^n ax}{na} + c\,,\ n \neq 0$

90. $\int \sin^{-1}ax\,dx = x\sin^{-1}ax + \frac{1}{a}\sqrt{1-a^2x^2} + c$

91. $\int \cos^{-1}ax\,dx = x\cos^{-1}ax - \frac{1}{a}\sqrt{1-a^2x^2} + c$

92. $\int \tan^{-1}ax\,dx = x\tan^{-1}ax - \frac{1}{2a}\ln(1+a^2x^2) + c$

93. $\int x^n\sin^{-1}ax\,dx = \frac{x^{n+1}}{n+1}\sin^{-1}ax - \frac{a}{n+1}\int\frac{x^{n+1}dx}{\sqrt{1-a^2x^2}}\,,\ n \neq -1$

94. $\int x^n\cos^{-1}ax\,dx = \frac{x^{n+1}}{n+1}\cos^{-1}ax + \frac{a}{n+1}\int\frac{x^{n+1}dx}{\sqrt{1-a^2x^2}}\,,\ n \neq -1$

95. $\int x^n \tan^{-1}ax\,dx = \frac{x^{n+1}}{n+1}\tan^{-1}ax - \frac{a}{n+1}\int \frac{x^{n+1}dx}{1+a^2x^2}$, $n \neq -1$

96. $\int e^{ax}\,dx = \frac{1}{a}e^{ax} + c$

97. $\int b^{ax}\,dx = \frac{1}{a}\frac{b^{ax}}{\ln b} + c$, $b > 0$, $b \neq 1$

98. $\int x e^{ax}\,dx = \frac{e^{ax}}{a^2}(ax-1) + c$

99. $\int x^n e^{ax}\,dx = \frac{1}{a}x^n e^{ax} - \frac{n}{a}\int x^{n-1}e^{ax}\,dx$

100. $\int x^n b^{ax}\,dx = \frac{x^n b^{ax}}{a\ln b} - \frac{n}{a\ln b}\int x^{n-1}b^{ax}\,dx$, $b > 0$, $b \neq 1$

101. $\int e^{ax}\sin bx\,dx = \frac{e^{ax}}{a^2+b^2}(a\sin bx - b\cos bx) + c$

102. $\int e^{ax}\cos bx\,dx = \frac{e^{ax}}{a^2+b^2}(a\cos bx + b\sin bx) + c$

103. $\int \ln ax\,dx = x\ln ax - x + c$

104. $\int x^n(\ln ax)^m dx = \frac{x^{n+1}(\ln ax)^m}{n+1} - \frac{m}{n+1}\int x^n(\ln ax)^{m-1}dx$, $n \neq -1$

105. $\int x^{-1}(\ln ax)^m dx = \frac{(\ln ax)^{m+1}}{m+1} + c$, $m \neq -1$

106. $\int \frac{dx}{x\ln ax} = \ln|\ln ax| + c$

107. $\int \sinh ax\,dx = \frac{1}{a}\cosh ax + c$

108. $\int \cosh ax\,dx = \frac{1}{a}\sinh ax + c$

109. $\int \sinh^2 ax\,dx = \frac{\sinh 2ax}{4a} - \frac{x}{2} + c$

110. $\int \cosh^2 ax\,dx = \frac{\sinh 2ax}{4a} + \frac{x}{2} + c$

111. $\int \sinh^n ax\,dx = \frac{\sinh^{n-1}ax\cosh ax}{na} - \frac{n-1}{n}\int \sinh^{n-2}ax\,dx$, $n \neq 0$

112. $\int \cosh^n ax\,dx = \frac{\cosh^{n-1}ax\sinh ax}{na} + \frac{n-1}{n}\int \cosh^{n-2}ax\,dx$, $n \neq 0$

113. $\int x\sinh ax\,dx = \frac{x}{a}\cosh ax - \frac{1}{a^2}\sinh ax + c$

114. $\int x\cosh ax\,dx = \frac{x}{a}\sinh ax - \frac{1}{a^2}\cosh ax + c$

115. $\int x^n \sinh ax\,dx = \frac{x^n}{a}\cosh ax - \frac{n}{a}\int x^{n-1}\cosh ax\,dx$

116. $\int x^n \cosh ax\,dx = \frac{x^n}{a}\sinh ax - \frac{n}{a}\int x^{n-1}\sinh ax\,dx$

117. $\int \tanh ax\,dx = \frac{1}{a}\ln|\cosh ax| + c$

118. $\int \coth ax\,dx = \frac{1}{a}\ln|\sinh ax| + c$

119. $\int \tanh^2 ax\,dx = x - \frac{1}{a}\tanh ax + c$

120. $\int \coth^2 ax\,dx = x - \frac{1}{a}\coth ax + c$

121. $\int \tanh^n ax\,dx = -\frac{\tanh^{n-1}ax}{(n-1)a} + \int \tanh^{n-2}ax\,dx\,,\ n \neq -1$

122. $\int \coth^n ax\,dx = -\frac{\coth^{n-1}ax}{(n-1)a} + \int \coth^{n-2}ax\,dx\,,\ n \neq 1$

123. $\int \operatorname{sech} ax\,dx = \frac{1}{a}\tan^{-1}(\sinh ax) + c$

124. $\int \operatorname{csch} ax\,dx = \frac{1}{a}\ln\left|\tanh\frac{ax}{2}\right| + c$

125. $\int \operatorname{sech}^2 ax\,dx = \frac{1}{a}\tanh ax + c$

126. $\int \operatorname{csch}^2 ax\,dx = -\frac{1}{a}\coth ax + c$

127. $\int \operatorname{sech}^n ax\,dx = \frac{\operatorname{sech}^{n-2}ax\tanh ax}{(n-1)a} + \frac{n-2}{n-1}\int \operatorname{sech}^{n-2}ax\,dx\,,\ n \neq 1$

128. $\int \operatorname{csch}^n ax\,dx = -\frac{\operatorname{csch}^{n-2}ax\coth ax}{(n-1)a} - \frac{n-2}{n-1}\int \operatorname{csch}^{n-2}ax\,dx\,,\ n \neq 1$

129. $\int \operatorname{sech}^n ax\tanh ax\,dx = -\frac{\operatorname{sech}^n ax}{na} + c\,,\ n \neq 0$

130. $\int \operatorname{csch}^n ax\coth ax\,dx = -\frac{\operatorname{csch}^n ax}{na} + c\,,\ n \neq 0$

131. $\int e^{ax}\sinh bx\,dx = \frac{e^{ax}}{2}\left[\frac{e^{bx}}{a+b} - \frac{e^{-bx}}{a-b}\right] + c\,,\ a^2 \neq b^2$

132. $\int e^{ax}\cosh bx\,dx = \frac{e^{ax}}{2}\left[\frac{e^{bx}}{a+b} + \frac{e^{-bx}}{a-b}\right] + c\,,\ a^2 \neq b^2$

133. $\int_0^\infty x^{n-1}e^{-x}\,dx = \Gamma(n) = (n-1)!\,,\ n > 0$인 정수

134. $\int_0^\infty e^{-ax^2}\,dx = \frac{1}{2}\sqrt{\frac{\pi}{a}}\,,\ a > 0$

135. $\int_0^{\pi/2}\sin^n x\,dx = \int_0^{\pi/2}\cos^n x\,dx = \begin{cases} \frac{1\cdot 3\cdot 5\cdot \cdots \cdot(n-1)}{2\cdot 4\cdot 6\cdot \cdots \cdot n}\cdot\frac{\pi}{2}, & n\text{은 2이상 짝수} \\ \frac{2\cdot 4\cdot 6\cdot \cdots \cdot(n-1)}{3\cdot 5\cdot \cdots \cdot n}, & n\text{은 3이상 홀수} \end{cases}$

## 부록 D. Laplace 변환표

| | $f(t)$ | $\mathcal{L}[f(t)]$ | | $f(t)$ | $\mathcal{L}[f(t)]$ |
|---|---|---|---|---|---|
| 1. | $1$ | $\frac{1}{s}$ | 20. | $e^{at}\cosh bt$ | $\frac{s-a}{(s-a)^2-b^2}$ |
| 2. | $t$ | $\frac{1}{s^2}$ | 21. | $t\sin at$ | $\frac{2as}{(s^2+a^2)^2}$ |
| 3. | $t^2$ | $\frac{2!}{s^3}$ | 22. | $t\cos at$ | $\frac{s^2-a^2}{(s^2+a^2)^2}$ |
| 4. | $t^n$ $(n=0,1,2,\cdots)$ | $\frac{n!}{s^{n+1}}$ | 23. | $\sin at+at\cos at$ | $\frac{2as^2}{(s^2+a^2)^2}$ |
| 5. | $t^a$ $(a>-1)$ | $\frac{\Gamma(a+1)}{s^{a+1}}$ | 24. | $\sin at-at\cos at$ | $\frac{2a^3}{(s^2+a^2)^2}$ |
| 6. | $e^{at}$ | $\frac{1}{s-a}$ | 25. | $t\sinh at$ | $\frac{2as}{(s^2-a^2)^2}$ |
| 7. | $\sin at$ | $\frac{a}{s^2+a^2}$ | 26. | $t\cosh at$ | $\frac{s^2+a^2}{(s^2-a^2)^2}$ |
| 8. | $\cos at$ | $\frac{s}{s^2+a^2}$ | 27. | $\frac{e^{at}-e^{bt}}{a-b}$ | $\frac{1}{(s-a)(s-b)}$ |
| 9. | $\sin^2 at$ | $\frac{2a^2}{s(s^2+4a^2)}$ | 28. | $\frac{ae^{at}-be^{bt}}{a-b}$ | $\frac{s}{(s-a)(s-b)}$ |
| 10. | $\cos^2 at$ | $\frac{s^2+2a^2}{s(s^2+4a^2)}$ | 29. | $1-\cos at$ | $\frac{a^2}{s(s^2+a^2)}$ |
| 11. | $\sinh at$ | $\frac{a}{s^2-a^2}$ | 30. | $at-\sin at$ | $\frac{a^3}{s^2(s^2+a^2)}$ |
| 12. | $\cosh at$ | $\frac{s}{s^2-a^2}$ | 31. | $\cos at-\cos bt$ | $\frac{s(b^2-a^2)}{(s^2+a^2)(s^2+b^2)}$ |
| 13. | $\sinh^2 at$ | $\frac{2a^2}{s(s^2-4a^2)}$ | 32. | $\sin at\sinh at$ | $\frac{2a^2s}{s^4+4a^4}$ |
| 14. | $\cosh^2 at$ | $\frac{s^2-2a^2}{s(s^2-4a^2)}$ | 33. | $\sin at\cosh at$ | $\frac{a(s^2+2a^2)}{s^4+4a^4}$ |
| 15. | $te^{at}$ | $\frac{1}{(s-a)^2}$ | 34. | $\cos at\sinh at$ | $\frac{a(s^2-2a^2)}{s^4+4a^4}$ |
| 16. | $t^n e^{at}$, $(n=1,2,\cdots)$ | $\frac{n!}{(s-a)^{n+1}}$ | 35. | $\cos at\cosh at$ | $\frac{s^3}{s^4+4a^4}$ |
| 17. | $e^{at}\sin bt$ | $\frac{b}{(s-a)^2+b^2}$ | 36. | $\delta(t)$ | $1$ |
| 18. | $e^{at}\cos bt$ | $\frac{s-a}{(s-a)^2+b^2}$ | 37. | $\delta(t-a)$ | $e^{-as}$ |
| 19. | $e^{at}\sinh bt$ | $\frac{b}{(s-a)^2-b^2}$ | 38. | $U(t-a)$ | $\frac{e^{-as}}{s}$ |

| | $f(t)$ | $\mathcal{L}[f(t)]$ |
|---|---|---|
| 39. | $J_0(at)$ | $\dfrac{1}{\sqrt{s^2+a^2}}$ |
| 40. | $\dfrac{e^{at}-e^{bt}}{t}$ | $\ln\dfrac{s-b}{s-a}$ |
| 41. | $\dfrac{2(1-\cos at)}{t}$ | $\ln\dfrac{s^2+a^2}{s^2}$ |
| 42. | $\dfrac{2(1-\cosh at)}{t}$ | $\ln\dfrac{s^2-a^2}{s^2}$ |
| 43. | $\dfrac{\sin at}{t}$ | $\tan^{-1}\left(\dfrac{a}{s}\right)$ |
| 44. | $\dfrac{\sin at\cos bt}{t}$ | $\dfrac{1}{2}\tan^{-1}\left(\dfrac{a+b}{s}\right)+\dfrac{1}{2}\tan^{-1}\left(\dfrac{a-b}{s}\right)$ |
| 45. | $\dfrac{1}{\sqrt{\pi t}}e^{-a^2/4t}$ | $\dfrac{e^{-a\sqrt{s}}}{\sqrt{s}}$ |
| 46. | $\dfrac{a}{2\sqrt{\pi t^3}}e^{-a^2/4t}$ | $e^{-a\sqrt{s}}$ |
| 47. | $\mathrm{erfc}\left(\dfrac{a}{2\sqrt{t}}\right)$ | $\dfrac{e^{-a\sqrt{s}}}{s}$ |
| 48. | $2\sqrt{\dfrac{t}{\pi}}e^{-a^2/4t}-a\,\mathrm{erfc}\left(\dfrac{a}{2\sqrt{t}}\right)$ | $\dfrac{e^{-a\sqrt{s}}}{s\sqrt{s}}$ |
| 49. | $e^{ab}e^{b^2t}-a\,\mathrm{erfc}\left(b\sqrt{t}+\dfrac{a}{2\sqrt{t}}\right)$ | $\dfrac{e^{-a\sqrt{s}}}{\sqrt{s}(\sqrt{s}+b)}$ |
| 50. | $-e^{ab}e^{b^2t}-\mathrm{erfc}\left(b\sqrt{t}+\dfrac{a}{2\sqrt{t}}\right)$ | $\dfrac{be^{-a\sqrt{s}}}{s(\sqrt{s}+b)}$ |
| 51. | $e^{at}f(t)$ | $F(s-a)$ |
| 52. | $f(t-a)\,U(t-a)$ | $e^{-as}F(s)$ |
| 53. | $f(t)\,U(t-a)$ | $e^{-as}\mathcal{L}[f(t+a)]$ |
| 54. | $f'(t)$ | $sF(s)-f(0)$ |
| 55. | $f''(t)$ | $s^2F(s)-sf(0)-f'(0)$ |
| 56. | $f^{(n)}(t)$ | $s^nF(s)-s^{n-1}f(0)-\cdots-sf^{(n-2)}(0)-f^{(n-1)}(0)$ |
| 57. | $t^nf(t)$ | $(-1)^n\dfrac{d^nF(s)}{ds^n}$ |
| 58. | $\displaystyle\int_0^t f(\tau)g(t-\tau)d\tau$ | $F(s)G(s)$ |

# 부록 E. Cauchy-Gousat 정리의 증명

## 정리 4.2 Cauchy-Gousat 정리

$f$는 단순연결영역 $D$에서 해석적이라 하자. $C$가 $D$내에 있는 단순폐곡선이면

$$\oint_C f(z)dz = 0$$

이다.

**증명**

첫째로 양의 방향을 갖는 삼각형에 대하여 이 결과를 증명한다. 아래 그림에 표시된 바와 같이 삼각형 $C$의 각 변의 중점을 이어서 얻어지는 양의 방향을 가진 네 개의 삼각형으로 된 곡선 $C^1$, $C^2$, $C^3$, $C^4$을 구성한다. 네 개 삼각형상의 적분을 합하면 $C$ 내부에 있는 선분상의 적분은 서로 소거된다. 이 결과는

$$\int_C f(z)dz = \sum_{k=1}^{4} \int_{C^k} f(z)dz \tag{1}$$

이다. $C_1$ 을 $C^1$, $C^2$, $C^3$, $C^4$에서 선택하여 다음 관계가 성립하도록 하자.

$$\left| \int_C f(z)dz \right| \leq \sum_{k=1}^{4} \left| \int_{C^k} f(z)dz \right| \leq 4 \left| \int_{C_1} f(z)dz \right| \tag{2}$$

귀납법적으로 진행하여 같은 분할 과정을 실시하면 삼각형 연결선의 열 $\{C_n\}$을 얻는다. 단 $C_{n+1}$의 내부는 $C_n$의 내부에 있고, 다음 부등식이 성립한다.

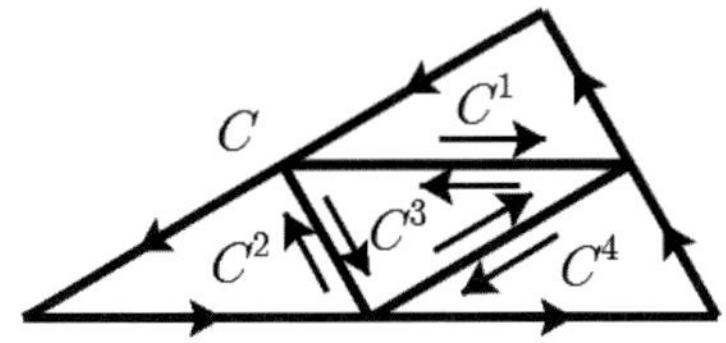


**그림 1** 삼각형의 연결형 $C$ 와 $C^1$, $C^2$, $C^3$, $C^4$

$$\left|\int_{C_n} f(z)dz\right| \leq 4\left|\int_{C_{n+1}} f(z)dz\right| \qquad (n=1,\ 2,\ \cdots) \tag{3}$$

$C_n$ 및 그 내부로 구성된 폐영역을 $T_n$으로 표시하자. $C_n$의 길이는 $n\to\infty$일 때 영으로 접근하므로 모든 삼각형 영역 $T_n$에 속하는 유일한 점 $z_0$가 존재한다. $f$는 점 $z_0$에서 해석적이므로 도함수 $f'(z_0)$가 존재한다.

$$f(z)=f(z_0)+f'(z_0)(z-z_0)+\eta(z)(z-z_0)$$

를 만족하는 함수 $\eta(z)$가 존재한다.

이 식을 사용하여 $C_n$상에서 $f$를 적분하면

$$\begin{aligned}\int_{C_n} f(z)dz &= \int_{C_n} f(z_0)dz + \int_{C_n} f'(z_0)(z-z_0)dz + \int_{C_n}\eta(z)(z-z_0)dz \\ &= [f(z_0)-f'(z_0)z_0]\int_{C_n} 1\,dz + f'(z_0)\int_{C_n} z\,dz + \int_{C_n}\eta(z)(z-z_0)dz \\ &= \int_{C_n}\eta(z)(z-z_0)dz\end{aligned} \tag{4}$$

이다. $\epsilon>0$가 주어지면 $\delta>0$를

$$|z-z_0|<\delta\text{이면 } |\eta(z)|<\frac{\epsilon}{L^2} \tag{5}$$

이 되게 택할 수 있다. 단, $L$은 처음 주어진 삼각형 세 변의 길이이다. 이제 삼각형 영역 $T_n$이 원판 $|z-z_0|<\delta$내에 있도록 하는 큰 $n$값을 선택할 수 있다. $L_n$은 삼각형 $C_n$의 길이라 하자. 삼각형 상의 점 $z$와 이 삼각형 내부의 점 $z_0$ 사이의 거리는 삼각형 세 변의 길이의 반을 넘지 않기 때문에 $C_n$상의 $z$에 대해서

$$|z-z_0|<\frac{1}{2}L_n \tag{6}$$

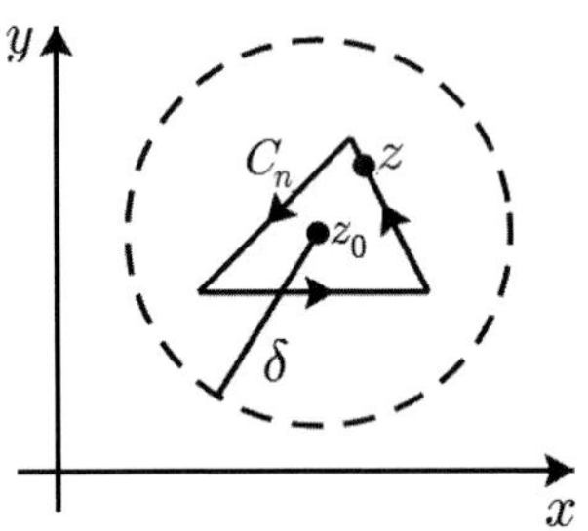


**그림 2** 근방 $|z-z_0|<\delta$에 있는 연결선 $C_n$

가 성립한다. 위 구성 과정에서부터 $C_n$상의 $z$에 대하여

$$L_n = \left(\frac{1}{2}\right)^{''} L \quad |z-z_0| < \left(\frac{1}{2}\right)^{n+1} L \tag{7}$$

이 성립한다. 따라서, 식 (3), (4), (5), (7)로부터

$$\begin{aligned}\left|\int_C f(z)dz\right| &\leqq 4^n \int_{C_n} |\eta(z)(z-z_0)|\,|dz| \\ &\leqq 4^n \int_{C_n} \frac{\epsilon}{L^2}\left(\frac{1}{2}\right)^{n+1} L|dz| \\ &= \frac{2^{n-1}\epsilon}{L}\int_{C_n}|dz| \\ &= \frac{2^{n-1}\epsilon}{L}\left(\frac{1}{2}\right)^n L \\ &= \frac{\epsilon}{2}\end{aligned}$$

을 얻는다. $\epsilon$은 임의의 양수이니 식 (1)이 삼각형의 세 변으로 구성된 $C$에 대해서 성립한다.

이제 $C$가 다각형의 경계이면, 다각형의 내부에 몇 개의 변을 추가하여, 다각형이 삼각형의 합으로 표시되게 할 수 있다. 각 삼각형(경계)상의 적분은 0이고, 이들 적분의 합은 다각형(경계)상의 적분과 같다. 따라서 다각형의 경계상의 적분은 영이다. 임의의 단순폐곡선은 다각형(경계)으로 충분히 접근시킬 수 있다. 따라서 임의의 단순폐곡선상의 적분은 0이다.

# 부록 F. 최대 절대값의 원리 증명

## 정리 4.12 최대 절대값의 원리

$f$는 영역 $D$에서 해석적이고 상수가 아니라 하자. 그러면 $|f(z)|$는 $D$내에서 최대값을 갖지 않는다.

**증명**

정리가 사실이 아니라 하자. 그러면 $D$내의 모든 $z$에 대하여

$$|f(z)| \leqq |f(z_0)| \tag{1}$$

를 만족시키는 점 $z_0$가 $D$내에 존재한다. 만일 $C_0 : |z-z_0| = R$이 $D$에 포함되는 어떤 원이면 Gauss 평균값정리를 이용하여

$$\begin{aligned} |f(z_0)| &= \left| \frac{1}{2\pi} \int_0^{2\pi} f(z_0 + re^{i\theta}) d\theta \right| \\ &\leqq \frac{1}{2\pi} \int_0^{2\pi} \left| f(z_0 + re^{i\theta}) \right| d\theta \qquad (0 \leqq r \leqq R) \end{aligned} \tag{2}$$

를 얻는다. 한편 식 (1)에 의하여

$$|f(z)| = \left| f(z_0 + re^{i\theta}) \right| \leqq |f(z_0)|$$

이므로

$$\begin{aligned} \frac{1}{2\pi} \int_0^{2\pi} \left| f(z_0 + re^{i\theta}) \right| d\theta &\leqq \frac{1}{2\pi} \int_0^{2\pi} |f(z_0)| d\theta \\ &= |f(z_0)| \qquad (0 \leqq r \leqq R) \end{aligned} \tag{3}$$

를 얻는다. 식 (2)와 (3)을 함께 생각하면

$$|f(z_0)| = \frac{1}{2\pi} \int_0^{2\pi} \left| f(z_0 + re^{i\theta}) \right| d\theta$$

를 얻는다. 이것은 다음과 같이 표기될 수 있다.

$$\int_0^{2\pi} \left( |f(z_0)| - \left| f(z_0 + re^{i\theta}) \right| \right) d\theta = 0 \qquad (0 \leqq r \leqq R) \tag{4}$$

만일에 어떤 구간 상에서 음수가 아닌 연속함수의 적분이 영이면, 이 함수는 항등적으로 영이다. 식 (4)의 피적분함수는 음수가 아닌 실함수이므로,

$$|f(z_0)| = |f(z_0 + re^{i\theta})| \qquad 0 \leqq r \leqq R,\ 0 \leqq \theta \leqq 2\pi \tag{5}$$

이다. 따라서 원판 $D_0 : |z - z_0| \leqq R$내의 모든 $z$에 대해서

$$f(z) = f(z_0) \tag{6}$$

이다. 이제 $Z$를 $D$내의 임의의 점을 나타낸다 하고 $C$를 $z_0$와 $Z$를 잇는 $D$내의 곡선이라 하자. $2d$는 $C$에서 $D$의 경계까지의 최소 거리를 나타낸다 하자. 이 경우 $k = 0, 1, \cdots, n$에 대해서 원판 $D_k : |z - z_k| \leqq d$가 그림에 표시된 바와 같이 $D$에 포함되며 $C$를 피복(cover)할 수 있으며, $|z_{k+1} - z_k| \leqq d$를 만족하는 $C$상의 연속적인 점 $z_0, z_1, \cdots, z_n = Z$를 택할 수 있다.

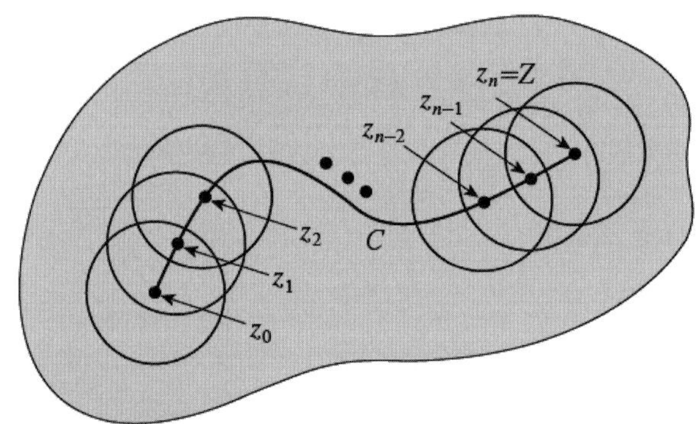


**그림 3** $C$를 피복하는 원판 $D_0, D_1, \cdots, D_n$의 연쇄

각 원판 $D_k$는 다음 원판 $D_{k+1}$의 중심 $z_{k+1}$를 포함하기 때문에 $z_1$은 $D_0$내에 있고 식 (6)으로부터 $f(z_1) = f(z_0)$임을 알 수 있다. 따라서 $|f(z)|$는 또한 $z_1$에서 최대를 갖는다고 할 수 있다. 위에서 주어진 이론과 같은 논법에 의해 원판 $D_1$에 있는 모든 $z$에 대해서

$$f(z) = f(z_1) = f(z_0) \tag{7}$$

임을 밝힐 수 있다.

귀납적으로 진행하여 원판 $D_{k+1}$에 있는 모든 $z$에 대해서

$$f(z) = f(z_{k+1}) = f(z_k) \tag{8}$$

임을 밝힌다. 식 (6), (7), (8)을 사용하면 $f(Z) = f(z_0)$가 성립한다. 따라서 $f$는 $D$에서 상수이다. 이것은 모순이므로 정리가 증명되었다.

---

최대 절대값 원리를 간혹 다음과 같이 진술한다.

**정리 4.12 최대 절대값의 원리**

$f$는 유계영역 $D$에서 해석적이고 상수가 아니라 하자. 영역 $D$ 및 $D$의 경계 $B$로 구성한 폐집합 $R$에서 연속이면, $|f(z)|$는 그 경계 $B$ 위의 어떤 점 $z_0$에서 최대값을 가진다.

# 부록 H. Greece 문자표

| | |
|---|---|
| $\alpha$ | Alpha |
| $\beta$ | Beta |
| $\gamma$, $\Gamma$ | Gamma |
| $\delta$, $\Delta$ | Delta |
| $\epsilon$, $\varepsilon$ | Epsilon |
| $\zeta$ | Zeta |
| $\eta$ | Eta |
| $\theta$, $\vartheta$, $\Theta$ | Theta |
| $\iota$ | Iota |
| $\kappa$ | Kappa |
| $\lambda$, $\Lambda$ | Lambda |
| $\mu$ | Mu |
| $\nu$ | Nu |
| $\xi$ | Xi |
| $o$ | Omicron |
| $\pi$ | Pi |
| $\rho$ | Rho |
| $\sigma$, $\Sigma$ | Sigma |
| $\tau$ | Tau |
| $\upsilon$, $\Upsilon$ | Upsilon |
| $\phi$, $\vartheta$, $\Theta$ | Phi |
| $\chi$ | Chi |
| $\psi$, $\Psi$ | Psi |
| $\omega$, $\Omega$ | Omega |

# 찾아보기

## (바)



## (사)



## (아)

### (자)



### (차)



### (카)



### (타)



### (파)



### (하)

**(영문)**